U0389259

# 《运筹与管理科学丛书》编委会

主　编：袁亚湘

编　委：（以姓氏笔画为序）

叶荫宇　　刘宝碇　　汪寿阳　　张汉勤

陈方若　　范更华　　赵修利　　胡晓东

修乃华　　黄海军　　戴建刚

运筹与管理科学丛书 30

# 排序与时序最优化引论

## Introduction to Scheduling and Sequential Optimization

林诒勋 著

科学出版社

北京

# 内 容 简 介

线性模型的一阶可解性从可分离系数的排序规则开始，发展为梯度递增的凸性规则，再到拟阵与独立系统，从而概括一大类经典问题. 二阶可解性是借助限位结构，将求解途径纳入基于交错链变换的匹配型算法. 可解性的另一线索是从局部的偏序关系扩展为整体的全序关系，即偏序集的线性扩张方法. 进而，一旦遇到划分结构，便进入难解性境地. 证明 NP-困难性的方法，是运用模拟、强迫及变尺度的技巧，构造时序问题的划分模型. 在判定 NP-困难性之后，精确算法主要是隐枚举，即动态规划与分枝定界. 运用动态规划建立伪多项式时间算法，为近似算法做准备. 难解性问题的最终归宿是近似算法设计与分析，其中性能比分析的主导思想是运用均值下界及关键工件进行结构松弛，任意精度逼近是运用伸缩尺度方法. 最后，概述空间模式的顺序优化，包括车行路线、电路布线、矩阵运算、DNA 基因序列重构等.

本书适合高等院校运筹、管理、信息等专业的高年级本科生、研究生及教师使用，同时也可供从事系统工程及计划设计的研究人员使用.

**图书在版编目(CIP)数据**

排序与时序最优化引论/林诒勋著. —北京：科学出版社，2019.11
(运筹与管理科学丛书; 30)
ISBN 978-7-03-063197-8

I. ①排… II. ①林… III. ①最优化算法-研究 IV. ①O224

中国版本图书馆 CIP 数据核字(2019) 第 257915 号

责任编辑：胡庆家 贾晓瑞 / 责任校对：邹慧卿
责任印制：吴兆东 / 封面设计：陈 敬

**斜 学 出 版 社** 出版

北京东黄城根北街 16 号
邮政编码：100717
http://www.sciencep.com

**北京虎彩文化传播有限公司** 印刷
科学出版社发行 各地新华书店经销

\*

2019 年 11 月第 一 版 开本：720×1000 B5
2019 年 11 月第一次印刷 印张：27 1/4
字数：550 000
**定价：178.00 元**
(如有印装质量问题，我社负责调换)

# 《运筹与管理科学丛书》序

运筹学是运用数学方法来刻画、分析以及求解决策问题的科学. 运筹学的例子在我国古已有之,春秋战国时期著名军事家孙膑为田忌赛马所设计的排序就是一个很好的代表. 运筹学的重要性同样在很早就被人们所认识,汉高祖刘邦在称赞张良时就说道:"运筹帷幄之中,决胜千里之外."

运筹学作为一门学科兴起于第二次世界大战期间,源于对军事行动的研究. 运筹学的英文名字 Operational Research 诞生于 1937 年. 运筹学发展迅速,目前已有众多的分支,如线性规划、非线性规划、整数规划、网络规划、图论、组合优化、非光滑优化、锥优化、多目标规划、动态规划、随机规划、决策分析、排队论、对策论、物流、风险管理等.

我国的运筹学研究始于 20 世纪 50 年代,经过半个世纪的发展,运筹学研究队伍已具相当大的规模. 运筹学的理论和方法在国防、经济、金融、工程、管理等许多重要领域有着广泛应用,运筹学成果的应用也常常能带来巨大的经济和社会效益. 由于在我国经济快速增长的过程中涌现出了大量迫切需要解决的运筹学问题,因而进一步提高我国运筹学的研究水平、促进运筹学成果的应用和转化、加快运筹学领域优秀青年人才的培养是我们当今面临的十分重要、光荣,同时也是十分艰巨的任务. 我相信,《运筹与管理科学丛书》能在这些方面有所作为.

《运筹与管理科学丛书》可作为运筹学、管理科学、应用数学、系统科学、计算机科学等有关专业的高校师生、科研人员、工程技术人员的参考书, 同时也可作为相关专业的高年级本科生和研究生的教材或教学参考书. 希望该丛书能越办越好,为我国运筹学和管理科学的发展做出贡献.

袁亚湘

2007 年 9 月

# 前　　言

　　组合数学的主要研究对象是有限集上的配置方式, 如元素选取、排列、组合、划分、装填、覆盖、匹配、对应、连接、标号、染色, 等等. 尽管这些配置方式千变万化, 它们却可以概括为一种"状态模式", 即集合中每一个元素赋予一个"状态"所构成的形式. 例如, 元素的选择可以赋予状态 1 (选取) 或状态 0 (不取); 在排列问题中排在第 1 位的元素赋予状态 1, 排在第 2 位的元素赋予状态 2, 如此类推; 在球装入盒的模型中, 球看作基本元素, 盒看作状态 (或者反过来), 球的状态是它处在哪个盒中, 盒的状态是它装着怎样的球. 一个图是这样的模式: 每一对顶点构成的二元组看作基本元素, 它的状态是"有边相连" (有关系) 或"无边相连" (无关系). 在一个交通网络中, 每一条线路的状态是它的流量, 所有线路流量构成的模式就是运输方案. 在农田试验中, 每一块试验田的状态是它播种的作物, 整个试验区的状态模式就是作物布局方案.

　　一般地说, 给定基本集 $X$ 与状态集 $Y$, 一个映射 $f: X \to Y$ 便称为一状态模式 (简称模式). 一种状态模式的优劣往往用它关联的某个参数 $v$ 来衡量, 如某种特定元素的个数或权值, 或者效率、费用等性能指标. 所谓组合最优化问题就是寻求满足一定条件的状态模式 $f$, 使其目标参数 $v(f)$ 达到最大或最小.

　　组合数学是关于集合上状态模式的理论, 着重研究状态模式的存在性、计数、设计与优化. 组合最优化是组合数学与最优化学科的交叉领域, 即离散系统最优化.

　　在千姿百态的组合最优化问题中, 存在一类状态模式依赖于时间进程的问题, 其典型形式是任务、资源与作业时间的配置. 此类问题在工程、管理及信息技术中有广泛的应用. 其中最简单的模式是组合论意义的排列, 表示执行任务的时间顺序. 这是历史上最早出现的"序列最优化问题", 如旅行商问题等, 已包含于典型的组合优化问题之列. 随着研究的深入发展, "任务–资源–时间"的三元配置形式日趋复杂, 运作中的时间因素涉及开工、完工、等待、衔接、选弃、串并、划分、装填、传递等, 问题就不能单单用排列或序列来描述了. 由此促使人们把一般时序模式的优化模型提到议事日程上, 开拓出一个新领域 —— 时序最优化.

　　熟知的排序 (scheduling), 与选址、连接、存储、物流、排队、可靠性、通信网络等并列构成运筹学的应用性专题 (属于 MR 分类中的 90B). 另一方面, 时序最优化, 作为研究序结构优化的数学理论, 亦应在最优化学科中占有一席之地 (属于 MR 分类中的 90C). 从运筹与管理的角度, 人们已熟悉 "排序论" 的名称. 现在将其投影到组合最优化学科, 又得到一个别名 "时序最优化". 从不同分类视角给出的两种叫法, 有着相近的渊源和领域. 联想到运筹学的分类, 如数学规划与最优化、排队论与随机服务系统理论、博弈论与对策论, 同一研究领域有不同的称呼, 这是学科成熟发展的标志.

早在 20 世纪 50 年代运筹学的奠基时期, 经典的排序问题已经出现. 特别是那些简洁优美的解法, 如 Johnson 规则、Smith 规则、EDD 序等, 引起理论界与应用界的很大兴趣. 我国在 1958 年兴起运筹学 "群众运动" 时, 专用线机车调度及列车编组等排序问题也一度被提出来研究. 但由于没有找到清晰的数学模型与简洁的解法, 而被历史遗忘. 1975 年越民义、韩继业在《中国科学》发表《$n$ 个零件在 $m$ 台机床上的加工顺序问题》, 拉开了我国研究排序论的序幕. 先前华罗庚推广普及的优选法与统筹法, 也是涉及时间进程的优化方法. 在一代先驱学者的倡导下, 我国运筹学事业的一支队伍从排序、工序统筹、试验序列优化起步, 逐步成熟壮大, 现已融入组合最优化的学科主流. 经过国内国外 50 多年的发展, 排序与时序优化已不再是一个个孤立的应用模型, 而是形成了具有自身方法论的离散数学分支.

撰写这部引论的构想, 只是试图写下学习时一些连贯起来的认识, 特别考虑了如何总结前人的智慧, 用尽量自然的方式表达出来. 目前时序优化领域的专著及教科书 (如 [13~18]), 大多是按照模型的分类来组织的, 先写单机模型, 再写多机模型, 按不同的目标函数及不同的工件约束, 分门别类地进行讨论. 这有利于陈列结果, 展示学科的现状. 但是, 基于揭示思想发展过程的宗旨, 我们尝试以结构性质与方法途径为线索, 众多的模型及算法只作为例子. 为便于对照, 在附录中列出了模型分类索引.

谨此感谢越民义教授和韩继业教授引领作者进入这一研究领域, 感谢秦裕瑗教授、张福基教授与唐国春教授的学术支持, 感谢郑州大学数学与统计学院的多方关切, 感谢郑州团队原晋江教授、李文华教授、王秀梅教授、何程教授及张新功教授等对书稿提出的意见建议, 感谢科学出版社赵彦超老师和胡庆家老师的精心编辑工作.

无论组合优化还是时序优化, 学科前沿领域的发展已经远远超出一部引论的视野. 我们只希望首先掌握一定的基本思想与方法, 进入研究阶段再去读专著及研究论文. 当然, 我们离期望的目标还很远. 探索只是起步, 能力所限, 疏漏之处在所难免, 恳请批评指正. 一些不成熟的构想, 如能引起进一步的讨论, 便达到此项工作的初衷.

作　者

2018 年 6 月

# 目　　录

# 第1章 绪　　论

## 1.1　学科的定位

### 1.1.1　组合最优化

组合数学的主要研究对象是有限集上的配置方式, 或者叫做安排、布局、构形、态势、样案等等, 概括地说就是"状态模式". 设 $X$ 为若干基本元素构成的有限集, $Y$ 为若干个状态构成的有限集. 那么, 一个状态模式是指每一个元素赋予一个状态, 这样构成的整体配置形式, 即满足一定条件的映射 $f : X \to Y$. 这一概念, 通常用"球–盒模型"来解释, 其中球为基本元素, 盒为状态, 将球装入盒形成的布局就是状态模式. 这里的"球"可以是粒子、棋牌、物品、人员、车辆等, "盒"可以是能级、位置、轨道、设施、作业类型等等. 球与盒都有可辨与不可辨之分, 球与盒又有相容关系、容量限制以及种种约束, 这样就衍生出形形色色的组合问题. 在各种组合数学题目 (排列、组合、分配、安放等) 中, 从所求的排法、取法、分法、配法、装法、着法等中抽象出的"法", 即运作的方式方法, 就是模式.

组合数学是关于集合上状态模式的理论. 其中, 组合计数研究特定模式的数目; 组合设计研究模式的存在性及构造; 组合结构研究模式的代数性质与关联结构; 组合最优化研究模式的最优化.

组合最优化问题就是求一种状态模式 $f : X \to Y$, 满足一定的约束条件, 使某种模式参数 (目标函数) $v(f)$ 达到最小值或最大值. 例如, 在旅行商问题 (求 $n$ 城市间的最短巡回路线) 中, $n$ 个城市对应于 $n$ 个球之集 $X$, 巡回路线的 $n$ 个位置对应于 $n$ 个有标号的盒之集 $Y$, 不妨设 $Y = \{1, 2, \cdots, n\}$, 并设城市 $x, x' \in X$ 的距离为 $d(x, x')$. 那么一个巡回路线就是 $n$ 个球分别装入 $n$ 个盒的方式, 即状态模式 (双射) $f : X \to Y$. 对此, 巡回路线的长度为 $v(f) = \sum_{i=1}^{n} d(f^{-1}(i), f^{-1}(i+1))$ (其中 $f^{-1}(n+1) = f^{-1}(1)$). 问题就是求模式 $f$, 使目标函数 $v(f)$ 为最小. 这样的例子不胜枚举, 状态模式的映射 $f$ 可以包罗万象, 由此衍生出许多具有理论与应用意义的优化问题.

换一种具体的说法, 基本元素集 $X$ 的一个子集 $S \subseteq X$ 表示一种选取, 这也可以表示状态模式. 所有状态模式的集合构成一个子集系统 $(X, \mathcal{F})$, 其中 $\mathcal{F}$ 是由 $X$ 中满足一定约束条件的子集组成的子集族. 例如, 子集 $S$ 是图的边集 $X$ 的路、树、圈或匹配等. 再者, 在此子集族上定义一个集函数 $v : \mathcal{F} \to \mathbb{R}$, 作为目标函数. 那么,

许多组合最优化问题可表示为

$$\min\{v(S) : S \in \mathcal{F}\}.$$

组合最优化, 亦称离散系统最优化, 其研究问题类型很多, 如最短路问题、最小支撑树问题、网络最大流问题、最小费用流问题、最优匹配问题、拟阵优化问题、中国邮递员问题、旅行商问题、机器排序问题、车辆路线问题、选址问题、装箱问题、Steiner 树问题等. 信息科学与系统科学的蓬勃兴起, 提出大量的离散问题, 成为组合最优化迅速发展的动力源泉.

关于组合最优化的基本概念与基本方法, 可参见这一学科的专著及教材, 如 [1~5]. 我们在下面讨论时间进程中的组合最优化问题时, 也可以从一个侧面反映这个学科的概貌.

### 1.1.2　时序性组合最优化

在经典的组合最优化问题中, 有一类问题, 其状态模式是一个排列 (或序列). 例如, 上述旅行商 (货郎) 问题, 其状态模式就是 $n$ 个城市的排列. 又如任务安排 (匹配) 问题, 若事先把 $n$ 个任务排成一个顺序, 则任务分配方案就是 $n$ 个人员的一个排列. 在最短路问题及车辆路线问题中, 所求的配置方式都是路线 (边) 的序列. 在矩阵的消元顺序问题中, 运算方案就用矩阵的行列置换表示. 我们把这一类组合最优化问题叫做 "序列最优化问题". 这是今后研究工作的基础. 其中的排列或序列, 往往在实际应用中蕴含着时间的先后次序.

在广泛的应用领域中, 提出了更多时间进程中的组合最优化问题. 这里, 时间因素不仅仅体现在顺序性, 而且还有工序衔接切换以及资源分配关系等, 表现出更复杂的时空结构形式. 我们以下面几个简单例题为引子.

**例 1.1.1**　华罗庚在 20 世纪 60 年代为中学生数学竞赛出了一道排队接水的题目: 有 $n$ 个人拿着大小不同的水桶在一个水龙头前排队接水, 问怎样排法才使所有人排队等候的总时间最小? 根据水桶的大小, 设排在第 $j$ 位的人接满一桶水的时间为 $p_j$ $(j = 1, 2, \cdots, n)$. 那么他的等候时间就是 $C_j = \sum_{i=1}^{j} p_i$. 于是 $n$ 个人的总等候时间是

$$\sum_{j=1}^{n} C_j = \sum_{j=1}^{n} \sum_{i=1}^{j} p_i = \sum_{i=1}^{n}(n - i + 1)p_i. \tag{1.1}$$

中学生都知道一个古典的不等式 (参见 [6, 20]): 两组非负数 $\{a_1, a_2, \cdots, a_n\}, \{b_1, b_2, \cdots, b_n\}$ 对应相乘后相加 $S = \sum_{i=1}^{n} a_i b_i$, 当 $a_1 \leqslant a_2 \leqslant \cdots \leqslant a_n, b_1 \geqslant b_2 \geqslant \cdots \geqslant b_n$ 时, 和式 $S$ 达到最小 (老师称之为 "排序原理"). 由于序列 $w_i = n - i + 1$ 是单调递减的 $(1 \leqslant i \leqslant n)$, 所以当 $p_1 \leqslant p_2 \leqslant \cdots \leqslant p_n$ 时, 和式 (1.1) 的 $\sum_{j=1}^{n} C_j$ 为最小. 也就是说, 当水桶由小到大排列时, 所有人排队等候的总时间最小.

在这个例子中, 主要是求运作的顺序, 但关键是要搞清楚排列顺序与时间持续长度的关系, 建立时间进程优化模型, 并运用优化原理求解.

**例 1.1.2** 华罗庚在《统筹方法平话及补充》[7] 开篇中举过泡茶的例子. 有这样几道工序: 洗水壶 ($A$, 2 分钟), 烧开水 ($B$, 10 分钟), 洗茶具 ($C$, 5 分钟), 找茶叶 ($D$, 2 分钟), 泡茶 ($E$, 1 分钟). 不言而喻, 这里有两个 "设施": 烧开水的炉子 ($M_1$) 和操作泡茶过程的人 ($M_2$), 并且泡茶必须在其他工序都完成后才能进行. 怎样安排这些工序, 才能使最终完工时间最短? 稍加思索, 便知图 1.1 表示的安排方案是最优的. 在此, 烧开水必须在洗水壶之后, 在烧开水的同时可以洗茶具和找茶叶, 所有准备工序完成后泡茶. 如果不分清楚轻重缓急 (如先找茶叶或洗茶具, 再洗水壶), 盲目安排, 必然出现 "窝工", 浪费时间. 相反, 只要协调好工序的时间进程, 便能顺理成章地以最短时间完成任务.

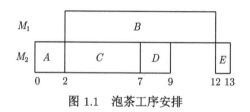

图 1.1 泡茶工序安排

这个日常生活的例子, 通俗地揭示了一门工序组织安排的学问. 在一个作业系统中, 有多种资源 (设施或操作者) 与多个任务 (工序), 它们之间存在着分配关系与先后约束, 欲求资源与任务在时间进程中的配置, 使得某一性能指标 (比如最终完工时间) 达到最优. 这是一个包含时间运作的组合最优化问题.

**例 1.1.3** 在运筹学的初创时期, 铁路专用线调车问题就引起人们的关注. 在大型的工矿企业 (如矿区或冶炼厂) 中都有铁路专用线系统, 承担企业内部的运输任务. 设系统中有 $m$ 个站点, 位置设在各个矿井或车间. 假定机车从站点 $i$ 到站点 $j$ 的运行时间是 $t_{ij}$. 于是 $m$ 阶方阵 $(t_{ij})$ 表示运行时间表. 假定某天下达 $n$ 个运输任务 $A, B, C, \cdots$, 其中每个任务都规定出起点与终点, 以及出发与到达时间. 试问如何派遣若干台机车平行作业, 在按时完成任务的前提下, 使得运行的机车数为最小. 作业计划的要点是确定 $n$ 个任务之间的先后次序. 若任务 $A$ 规定从站点 $i$ 到站点 $j$ 执行运输任务, 则记为 $A = (i, j)$. 若规定出发时间是 $a_i$, 则到达时间是 $b_j = a_i + t_{ij}$. 对另一个任务 $B = (k, l)$, 即从站点 $k$ 到站点 $l$ 执行运输任务, 若 $b_j + t_{jk} \leqslant a_k$ (即任务 $A$ 在站点 $j$ 完成后, 机车来得及转移到站点 $k$ 执行任务 $B$), 则定义任务 $A$ 在任务 $B$ 之前, 表示为 $A \to B$. 这样, $n$ 个任务之间的先后关系就构成一个有向图, 称为工序流程图. 例如, 任务 $A, B, \cdots, I$ 的先后关系如图 1.2 所示. 那么一台机车的作业路线就是工序流程图中一条首尾相

接的有向路 (链), 不同机车的作业路线是不相交的链. 全部作业所使用的最小机车数就是将工序流程图分解为不相交的链的最小数目. 例如, 图 1.2 的工序流程图可分解为 3 条链: $A \to C \to G$, $B \to D \to F \to H$, $E \to I$, 如图中的粗线所示. 也可能有其他的分解, 但 3 条链是最小可能的. 所以最小的运行机车数是 3.

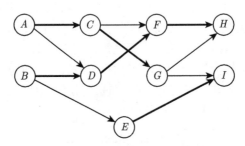

图 1.2   机车任务的工序流程图

工序流程图 (无圈有向图) 一般表示一个偏序集. 所以上述问题称为偏序集最小链分解 (将来第 4 章再详细讨论). 这是组合最优化中的经典问题, 其应用背景有着十分鲜明的时序运作特征. 这一应用例子虽然当初以线性规划文献出现 (见[9]), 也应归入机器排序的先驱工作.

在工程与管理科学中提出大量时间进程中的组合最优化问题, 如车间零件加工、机场航班调度、工程项目的进度设计、计算机操作系统的程序编制等等. 概括起来, 所有这些问题的研究对象是如下的时序系统:

$$f_t := (f, t), \quad f \in Y^X, t \in T,$$

其中 $X$ 是基本集, $Y$ 为状态集, $Y^X$ 表示所有映射 (状态模式) $f : X \to Y$ 之集, $T$ 为时间集. 在每一个时刻 $t$, 系统都呈现一个状态模式 $f_t$, 表现为各种组合构形 (排列、组合、划分、装填、匹配等) 在时间维度上的动态变化. 此系统的主要应用背景是描述一个作业时间进程: 随着时间的推移, 资源如何分配, 工序如何组合衔接, 部门之间如何相互作用——各种运作的空间布局均以组合结构的形式表现出来. 在每一个时刻 $t$, 系统都呈现一个状态 (或状态模式), 这是动态决策过程的基本特征. 简言之, 时序系统是 "球–盒–时间" 的三元结构.

对时序系统中众多最优化问题的研究, 划分出组合最优化学科的分支领域, 称之为时序性组合最优化, 简称时序最优化. 当时间进程离散化时, 时序系统简化为一个时间序列, 其中的优化形式就是求一个最优的排列 (或序列), 便特殊化为序列最优化.

### 1.1.3 历史注记

1939 年康特洛维奇[8] 首先提出 $m$ 台机床加工 $n$ 种零件的机床任务分配问题. 这是最早研究工件–机器模型的代表作. 实际上, 在线性规划的起源中, 包含着许多离散与时序性问题, 如运输、分配、路由、仓储、下料等. 特别是 1954 年 Dantzig 及 Fulkerson[9] 研究的最小车辆数平行作业及飞行时间表设计 (即例 1.1.3), 直接切入偏序集优化的主题. 在 Dantzig 的线性规划奠基之作[10] 中还有更多的介绍 (包括整数规划). 20 世纪 50 年代, 在离散规划兴起的思潮下, 一系列经典的排序论文应运而生, 如 Johnson[33], Jackson[34], Smith[35] 等, 开拓出一个新领域.

由于研究时间进程配置从序列优化问题开始, 早期文献把此课题叫做 sequencing (安排顺序). 后来出现外延更广的 scheduling(安排作业进程), 所以 Sequencing and Scheduling 形成运筹学的一个应用专题. 中文一直以来把它称为 "排序". 从狭义上理解, 它是指顺序安排; 但从广义上说, 它可以包含 "排布程序" (排序与布程) 的意思, 不仅表示离散意义的次序关系, 还可以描述作业时空安排的连续配置. 从最优化学科来看, 我们倾向于把排序、布程、工序调度、流程安排等统一地称为时序优化. 其研究范围既包括经典组合论意义的序列最优化, 也包括运筹学观念的作业进程安排, 还可以涵盖信息系统中涌现的各种时序运作模式 (比如路由、布线、装配、嵌入、矩阵存储与消元顺序、计算机网络的分布式与并行计算等) 以及来自其他领域的序结构优化问题 (如编码排序及分子生物学的基因序列重构等).

传统的组合最优化问题, 如图与网络的优化问题, 主要关注空间位置的布列. 时序最优化问题则把注意力集中于时间进程的运作. 然而, 时间与空间是不可分离的. 事实上, 时间概念比空间概念更抽象, 因而人们总是用直观的空间形式来描写时间进程.① 例如, 用带空间刻度的钟表 (包括日晷和沙漏) 来度量时间, 用带时间坐标的平面图表来表示时间进程, 如运行曲线、流程图、调度图、进度表、程序表、计划一览表等. 所以 "时间进程的配置" 总是以时间安排与空间作业相结合的形式出现 (把时间作为一维空间), 不存在孤立的时间形式.

由此联想到, 在汉语中往往用表示空间度量的 "程" 字 (路程、里程、射程、冲程) 来描述事件的时间安排, 如日程、议程、旅程、航程、课程、工程、流程、操程、历程、进程、过程、程序、程式等. 之所以出现这么多 "程" 字术语, 是因为人们竭力用 "程" 来概括抽象的时空安排形式, 并与各种具体事物相结合体现出来. 因此, 汉语的 "程" 意义深广, 与英文的 schedule, 虽有不同的文化背景, 却可相抵相通.

运筹学的兴起, 把 "运作" (operation) 作为研究对象. 运作必须在时间与空间中进行. 因此, 上述 "时序运作" 在运筹思潮的萌发时期已经出现. 在随后的发展

---

① 用空间形式来表示时间是人类文明的里程碑. 从结绳记事、立杆观影开始, 离开空间形式, 似乎我们无法表示时间. 没有空间运作, 没有运动变化, 就没有时间.

中, 它始终是管理与系统科学中兼有理论与应用特色的领域. 追溯历史, 除了线性规划与动态规划之外, 研究工序组织安排的网络计划法 (统筹法), 也应属于时序优化的起源, 它留下了工序、工时、工期、关键路等术语. 尤其是其中表示作业时间安排的横道图 (如图 1.1), 即甘特框图 (Gantt charts), 是 H.L. Gantt 在 "一战" 期间首先使用的, 一直沿袭至今. 它作为时间安排模式的直观描述有着不可替代的作用. 此外, 从关键路引导出 "关键工件" 的概念, 成为理论分析的工具, 也是得益于其中 CPM (关键路线法) 的启发.

顺便一提, 组合优化的先驱学者, 如 E.L. Lawler 及 R.L. Graham 等, 同时是时序优化的奠基人. 时序优化的问题常常被他们引用为组合优化的典型例子. 由此也可以佐证学科的发展渊源.

时序优化的形式可能很多, 但从研究现状来看, 目前主要关注的典型问题是任务–资源–作业时间的最优配置. 这是今后要着重讨论的选题.

## 1.2　基本概念

### 1.2.1　工件–机器模型

就当前的研究课题来说, 我们把时序优化问题 (以后也可以简称为时序问题) 限定为任务、资源与作业时间的最优配置. 如果问题的优化模式只是一个排列或序列, 仍可沿用 "排序问题" 的称呼; 但如果优化模式涉及多机器多工序的组织安排 (如分配、串并、装填等), 称之为 "时序问题" 应该在外延上更宽适些.

通常组合问题采用 "球–盒模型" 描述, 如排列问题表示为球放入有顺序的盒, 组合问题表示为球放入无序的盒, 还有可辨与不可辨的球与盒. 类似地, 多种多样的时序优化问题一般概括为 "工件–机器模型". 任务、工作、操作事项等作为基本元素, 称为工件. 执行任务的资源、机构、设施等称为机器. 工件在机器中加工, 犹如球放入盒一样, 表示一种安排方式; 而机器加工是进行性的, 故这种安排方式不仅包括操作空间, 还包括运行时间的安排. 虽然这种模型起源于机械制造业, 其含义已脱离了工件与机器的具体性质, 成为模式化的语言.

今后设工件的集合为 $J = \{J_1, J_2, \cdots, J_n\}$, 机器的集合为 $M = \{M_1, M_2, \cdots, M_m\}$. 工件作为基本元素, 一般不分类型, 但用不同的参数刻画其特征. 例如:

- 工时 $p_{ij}$——工件 $J_j$ 在机器 $M_i$ 上的作业时间或加工时间 (processing time).
- 工期 $d_j$——工件 $J_j$ 的计划完工期 (due date), 作为界定延误的合同预约期限 (沿用统筹法术语).
- 截止期 $\bar{d}_j$——工件 $J_j$ 的加工截止时刻 (deadline), 即最后完工的期限.
- 到达期 $r_j$——工件 $J_j$ 的到达 (就位) 时刻 (release date, ready time), 与排队

论的顾客到达时间相仿.

- 权值 $w_j$——工件 $J_j$ 的重要性 (地位) 指标 (weight).
- 费用 $f_j$——工件 $J_j$ 的费用函数 (一般是完工时间的非降函数).

按照工程框图 (flow chart) 的习惯, 以单台机器为例, 工件 $J_j$ 通常用一个可以在时间坐标轴上滑动的矩形框表示, 其横向长度是工时 $p_j$, 与其他时间要素的关系如图 1.3 所示.

图 1.3　工件的时间四要素

关于时间度量的术语, 有必要作一点阐明. 一般地说, 在汉语与英语中"时" (time) 表示时间长度, "期" (date) 表示时刻点. 但也不尽然, "时" 也可以表示点 (如准时、过时), "期" 也可以表示长度 (如长期、短期). 从物理量上说, 时间与时刻并无严格的区分, 如果一个时刻以零时刻为参照, 它就成为时间长度了. 上午八点钟的时刻表示零点后 8 个小时的时间. 事实上, 在时间坐标轴上, 一个点与其离原点的距离 (一个实数) 是一一对应的, 即一个时刻点与一个时间长度是一一对应的, 没有本质不同. 比如说完工时间 (completion time) 与完工时刻是同一个意思, 到达时间 (arrival time) 与到达期没有差别. 在后面研究的时序问题中, 最基本的目标函数是 "最终完工时间", 记为 $C_{\max}$. 一方面, 它是指作业完成的时刻点; 另一方面, 作为相对于零时刻的时间, 它又是指全部作业过程的长度, 所以亦称为全程 (makespan, the total time that elapses from the beginning to the end). 又如刚才说的 "工期", 它既可以是计划预定的施工期长度 (多少小时), 也可以是任务预期的竣工时刻 (某时某分). 从数学上说, 只要把时间看作一维空间, 把时间坐标原点及单位取定, 参照系确定了, 几何意义的时间点与作为实数的时间长就是一样的度量. 归根结底, 时间的瞬间表示 (时刻) 必须通过空间度量 (时长) 来实现. 所以不必刻意去区分, 视讨论问题环境强调哪方面而定.

机器是分类型的. 一台机器没有类型之分. 多台机器情形主要分为两类: 平行 (并行) 机与串联 (专用) 机. 对平行机而言, 工件任选一台机器加工; 对串联机而言, 工件要在每一台机器上加工一次 (叫做一个工序). 平行机又分为三类:

(1) 恒同机 $P$——$m$ 台机器的功能作用完全相同 (identical machine).

(2) 匀速机 $Q$——每台机器对不同工件有一致的加工速度, 而不同机器可以有不同的均匀速度 (uniform machine).

(3) 交联机 $R$——各机器的加工能力随工件不同而不同, 即机器效率与工件难度交相作用, 不存在单方的一致性联系 (unrelated machine).

以上三类平行机模型, 对一定任务量的加工效率而言, 第 (1) 类与机器选择无关; 第 (2) 类与机器选择有关, 但与工件无关; 第 (3) 类与机器及工件都有关 (二者的交互作用确定加工效率). 有的文献称之为同型机、同类机及非同类机, 我们倾向于机器性能的描述.

串联机也分为如下类型:

(a) 流水作业 $F$——每个工件以相同的次序进入 $m$ 台机器上加工 (flow shop).

(b) 自由作业 $O$——每个工件以任意的次序在 $m$ 台机器上加工 (open shop).

(c) 异序作业 $J$——每个工件以各自规定的次序在 $m$ 台机器上加工 (job shop).

(d) 一般多工序作业 $G$——每个工件都有多道工序 (工序数不一定等于机器数), 以一定的次序与规则分配到 $m$ 台机器上加工 (general shop).

以上只是前人总结的基本类型 (参见 [11, 13, 14]), 在以后讨论具体问题时再做进一步解释与细分. 这些基本类型只是研究的开始, 其中机器之间的结构只有并联与串联; 至于 $m$ 台机器构成一般网络的作业系统, 参见第 8 章的车行路由问题.

### 1.2.2    数学模型中的机程方案

在 “工件–机器模型” 里, 我们需要一个表示时序优化问题可行解——时间进程运作方式的概念, 这就是这一小节论述的机程方案 (意即机器运作的时空安排). 它从词义上来源于汉语中的日程、议程、流程等术语, 并沿袭运筹学中作为可行解的 “方案”, 如决策方案、抽样方案、分配方案、调度方案等. 欧美学者直接采用日常用语 schedule, 不加任何限制与解释. 我们则缩小概念的外延, 强调限制在工件–机器模型之内, 给这种特殊时空安排形式赋予更具体的数学内涵. 事实上, 欲要描述一个组合最优化问题, 必须界定其可行解的组合结构, 使之成为明确的数学对象. 这是表述数学模型的必要环节.

如前所述, 任务与资源已经用工件集 $J$ 及机器集 $M$ 表示. 进而用给定的有限区间 $T \subseteq [0, +\infty) = \mathbb{R}^+$ 表示时间范围. 关于一个工件的作业时间集, 我们有一个基本假设: 一台机器在任意时刻至多加工一个工件. 为此, 我们约定: 一个工件的作业时间集是一个左闭右开的区间 (包括开工时刻但不包括完工时刻), 如 $[a, b)$, 或者若干个这样的区间的并, 这些区间的长度之和等于此工件的工时 $p_j$. 因此我们定义 $T$ 的子集族

$$\mathscr{T} := \{I \subseteq T : I \text{ 是若干个不相交的左闭右开的区间的并}\}, \qquad (1.2)$$

作为所有可能的作业时间集构成的集族. 在一台机器上, 不同工件的作业时间不能重叠, 即它们的作业时间集不相交. 如工件 $J_i, J_j$ 的作业时间集分别为 $I_i, I_j$, 那么

$I_i \cap I_j = \varnothing$. 注意, 由于前者的完工时刻不计入作业时间, 它可以与后者的开工时刻重合而不算相交 (否则违背上述基本假设). 理论上我们允许有工时为零的工件, 即作业时间集是 $[a, a + \varepsilon)$ 的情形 (其中 $\varepsilon$ 为无穷小量). 即使如此, 也不允许它与其他工件同时开工, 而必须相隔 $\varepsilon$ 的距离. 其次, $I$ 也可以由 $T$ 中无限个子区间组成; 但从应用的观点看, 假定作业时间集能分成有限个子区间 (包括中断加工) 就足够了. 此外, 工件的作业时间集的长度 (Lebesgue 测度) 用记号 $L$ 表示. 如工件 $J_j$ 的作业时间集为 $I_j$, 则 $L(I_j) = p_j$.

世间任何事件的描述都是 "地点–时间–活动" 的三元组合. 对工件–机器模型而言, 一个运作的时空安排也是 "机器–时间–工件" 的三元匹配所形成的模式.

**定义 1.2.1**   对工件–机器模型的时序优化问题, 其可行解, 称为**机程方案** (或**机程解**), 一般地定义为这样的映射

$$\varphi : \boldsymbol{M} \times T \to \boldsymbol{J}. \qquad (1.3)$$

其意义是: 对 $M_i \in \boldsymbol{M}, t \in T$, 若 $\varphi(M_i, t) = J_j \in \boldsymbol{J}$, 则认为机器 $M_i$ 在时刻 $t$ 正在加工工件 $J_j$. 这里每台机器在一个时刻至多只能加工一个工件. 如果机器 $M_i$ 在时刻 $t$ 不加工任何工件, 则补充定义 $\varphi(M_i, t)$ 为一个 "空工件", 即机器 $M_i$ 在时刻 $t$ 空闲. 当上述映射 $\varphi$ 满足不同的约束条件时, 便得到不同的时序优化问题的可行解.

在学习函数概念时, 离不开几何直观的函数图像. 上述机程方案 (映射) 的图像表示可以采用统筹法中的 "横道图", 即甘特框图, 今后称之为**机程图**[①]. 简言之, 在工程计划上, 工序作业流程用如下的框图来描述: 其中任务 (工序) 用矩形框表示, 放置在一个平面直角坐标系中 (坐标轴是默认的, 不一定画出来), 其横轴方向表示时间进程, 纵轴方向表示空间 (机器) 配置. 在同一台机器上作业的任务框处于一条水平线上, 沿时间方向依次排列; 它们的横向长度是其作业时间. 不同机器的作业处在不同的平行线位置上, 按相同的时间坐标 $t$ 安排任务; 任务框之间同一个 $t$ 值的纵向毗邻表示不同机器的同时作业.

以图 1.1 为例, 上述泡茶工序安排的机程方案是: 从时刻 0 到 2, 机器 $M_2$ 执行工序 $A$ 的作业; 从时刻 2 到 7, 两台机器 $M_1$ 及 $M_2$ 分别对工序 $B, C$ 同时作业; 从时刻 7 到 9, 两台机器 $M_1$ 及 $M_2$ 分别对工序 $B, D$ 同时作业; 从时刻 9 到 12, 又只有 $M_1$ 操作 $B$; 最后从时刻 12 到 13, $M_2$ 执行 $E$. 这样就定义了一个映射 $\varphi : \boldsymbol{M} \times T \to \boldsymbol{J}$, 即每台机器在每个时刻执行什么任务. 将这一过程用图像表示出来, 便得到图 1.1 的甘特框图 (机程图).

---

① 长期以来, 甘特框图或横道图 (bar charts) 被工程界公认为表示作业安排的有效工具, 其发展历史参见 Wilson J M. Gantt charts: A centenary appreciation. European J. Oper. Res., 2003, 149: 430-437.

由于时序模型的种类繁多, 一般定义 (1.3) 过于笼统, 需要分开若干具体形式来叙述.

**定义 1.2.2**    对单机模型, 时序优化问题的一个机程方案 $\sigma$ 是指这样的映射

$$\sigma : \boldsymbol{J} \to \mathscr{T}, \tag{1.4}$$

它满足如下约束条件:

(1) $\sigma(J_j) \in \mathscr{T}$ 是一个区间 $[S_j, C_j]$ 且 $C_j - S_j = p_j$;

(2) $\sigma(J_i) \cap \sigma(J_j) = \varnothing$ (当 $i \neq j$).

对任意工件 $J_j \in \boldsymbol{J}$, 若 $\sigma(J_j) = I_j \in \mathscr{T}$, 则认为工件 $J_j$ 安排在时间集 $I_j$ 上加工. 上述 $S_j$ 是工件 $J_j$ 的开工时刻, $C_j$ 是其完工时刻. 此处只是基本的单机模型, 一般情形的 $\sigma(J_j) \in \mathscr{T}$ 也可以不是一个区间, 而是若干个区间的并.

这里的映射 $\sigma$ 相当于一般定义 (1.3) 中的 $\varphi^{-1}$. 对此机程方案 $\sigma$, 其机程图如图 1.4 所示. 由于只有一台机器, 只有横向的连接, 没有纵向的毗邻.

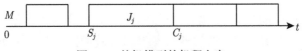

图 1.4    单机模型的机程方案

对工件的开工时刻 $S_j$ $(1 \leqslant j \leqslant n)$, 设 $S_{j_1} < S_{j_2} < \cdots < S_{j_n}$, 则映射 $\sigma$ 唯一地对应于一个排列 $\pi = (J_{j_1}, J_{j_2}, \cdots, J_{j_n})$. 于是, 这样的单机排序问题的可行解也可以用一个排列 $\pi$ 来描述. 在组合论中, 排列是指双射 $\pi : \{1, 2, \cdots, n\} \to \boldsymbol{J}$, 通常记为 $\pi = (\pi(1), \pi(2), \cdots, \pi(n))$, 其中 $\pi(i)$ 是排在第 $i$ 位的工件下标. 对下文中大量的基本排序问题, 我们都用排列 $\pi$ 来表示其机程方案. 这样的表示比较简洁, 但每一个工件的加工区间有时还需要加以说明. 比如对有到达期的问题, 机器可能因等待工件到达而不得不空闲 (如图 1.4 中第一个工件后有一段空闲时间), 此时只用加工顺序 $\pi$ 不足以确切描述运作过程, 还必须指出工件的作业起止时间. 尤其当工件允许中断加工时, 上述条件 (1) 中的 $\sigma(J_j) \in \mathscr{T}$ 不再是一个区间, 而是若干个不相交的区间的并, 机程方案就更不能只用排列 $\pi$ 来描述了.

又如在单机分批排序问题中, 若干个工件放在一批中同时加工 (突破基本假设, 批加工机器可以同时加工若干个工件), 批的加工时间等于其中工件的最大工时. 那么机程方案表示为工件集的有序划分 (组合序列) $\sigma = (B_1, B_2, \cdots, B_r)$, 也就是这样的映射 $\sigma : \boldsymbol{J} \to \mathscr{T}$, 其中当 $J_i, J_j \in B_k$ 时, $\sigma(J_i) = \sigma(J_j)$, $L(\sigma(J_i)) = \max_{J_j \in B_k} p_j$, 且当 $J_i \in B_l, J_j \in B_k, l \neq k$ 时, $\sigma(J_i) \cap \sigma(J_j) = \varnothing$.

机程方案的表示, 会随着模型的变化而变化. 我们进一步讨论平行机模型.

**定义 1.2.3**    对恒同平行机模型, 时序优化问题的一个机程方案 $\sigma$ 是指这样的映射

$$\sigma : \boldsymbol{J} \to \boldsymbol{M} \times \mathscr{T}, \tag{1.5}$$

其中 $\sigma = (\sigma_1, \sigma_2)$ 满足如下约束条件:

(1) $\sigma_1(J_j) \in \boldsymbol{M}$ 表示机器选择 $(J_j \in \boldsymbol{J})$;

(2) $\sigma_2(J_j) \in \mathscr{T}$ 是一个时间区间 $[S_j, C_j)$ 且 $C_j - S_j = p_j$ $(J_j \in \boldsymbol{J})$;

(3) 若 $\sigma_1(J_i) = \sigma_1(J_j)$, 则 $\sigma_2(J_i) \cap \sigma_2(J_j) = \varnothing$ $(i \neq j)$.

对任意工件 $J_j \in \boldsymbol{J}$, 若 $\sigma(J_j) = (M_i, I_j)$, 其中 $M_i \in \boldsymbol{M}$, $I_j \in \mathscr{T}$, 则认为工件 $J_j$ 安排在机器 $M_i$ 的时间集 $I_j$ 上加工.

上述机程方案 $\sigma$ 意味着: 每一工件 $J_j$ 选择唯一的机器 $M_i$ 及唯一的时段 $I_j$ 进行加工. 所以这个方案包括工件集 $\boldsymbol{J}$ 的一个划分 $\{\boldsymbol{J}_1, \cdots, \boldsymbol{J}_m\}$ 以及 $m$ 个排列之集 $\{\pi_1, \cdots, \pi_m\}$, 其中 $\boldsymbol{J}_i$ 是在机器 $M_i$ 上加工的工件子集, $\pi_i$ 是 $\boldsymbol{J}_i$ 的排列. 作业过程的机程图如图 1.5 所示. 注意平行机的特征是, 在同一个时刻 $t$, 不同的机器可以平行地加工不同的工件; 每一台机器 $M_i$ 有各自加工工件的顺序 $\pi_i$ $(1 \leqslant i \leqslant m)$.

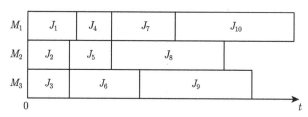

图 1.5 平行机模型的机程方案

对平行机的几种类型 (恒同机、匀速机、交联机), 上述定义的约束条件 (2) 有所不同, 依赖于机器的速度. 对恒同机来说, 一个工件 $J_j$ 放在不同机器上的时间长度 $p_j$ 是一样的. 对匀速机来说, 工件 $J_j$ 放在机器 $M_i$ 上的时间长度是 $p_j/s_i$ (其中 $s_i$ 是 $M_i$ 的速度), 作业时间长度要按机器速度 $s_i$ 的比例缩放. 对交联机来说, 一个工件 $J_j$ 放在不同机器 $M_i$ 上的时间长度 $p_{ij}$ 是不同的.

对多台串联机 (专用机) 的情形, 要安排的不是工件, 而是 "工序", 因为每个工件可以有多道工序 (如经过车床、钻床、铣床、镗床、磨床等操作才能完成零件加工). 通常情形是一台专用机只执行同一道工序的操作. 所以每个工件的工序数都是 $m$, 工序集表示为 $\boldsymbol{M} \times \boldsymbol{J}$. 至于工序数不等于 $m$ 的情形 (多功能机器可执行多道工序), 在下面一般多工序作业模型再讨论. 现在从最基本的自由作业模型讲起.

**定义 1.2.4** 对自由作业串联机模型, 时序优化问题的一个机程方案 $\sigma$ 是指这样的映射

$$\sigma : \boldsymbol{M} \times \boldsymbol{J} \to \mathscr{T}, \tag{1.6}$$

它满足如下约束条件:

(1) $\sigma(M_i, J_j)$ 是一个区间 $I_{ij}$ 且 $L(I_{ij}) = p_{ij}$ $(M_i \in \boldsymbol{M}, J_j \in \boldsymbol{J})$;

(2) $\sigma(M_i, J_j) \cap \sigma(M_i, J_k) = \varnothing$ $(M_i \in \boldsymbol{M}, j \neq k)$;

(3) $\sigma(M_i, J_j) \cap \sigma(M_l, J_j) = \varnothing$ $(J_j \in \boldsymbol{J}, i \neq l)$.

对任意工件 $J_j \in \boldsymbol{J}$ 及机器 $M_i \in \boldsymbol{M}$, 若 $\sigma(M_i, J_j) = I_{ij} \in \mathscr{T}$, 则认为工序 $(M_i, J_j)$ 安排在区间 $I_{ij}$ 上加工. 上述约束条件描述了自由作业的基本要求: 一台机器上不同工件的作业时间不重叠 (约束条件 (2)), 一个工件在不同机器上的作业时间不重叠 (约束条件 (3)). 作业过程的机程图如图 1.6 所示, 特别注意在同一个时刻 $t$, 各机器加工的工件不相同.

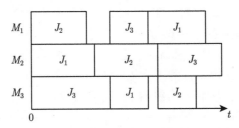

图 1.6   自由作业串联机模型的机程方案

在此基础上, 首先, 考察流水作业模型. 对每一个给定的工件 $J_j$ $(1 \leqslant j \leqslant n)$, 设区间 $I_{ij}$ 的左端点为 $S_{ij}$ (工序 $(M_i, J_j)$ 的开工时刻), 且 $S_{i_1 j} < S_{i_2 j} < \cdots < S_{i_m j}$, 则 (1.6) 的映射 $\sigma$ 确定出工件 $J_j$ 进入机器的顺序 $\pi(J_j) = (M_{i_1}, M_{i_2}, \cdots, M_{i_m})$. 对流水作业串联机而言, 机程方案 $\sigma$ 除了满足上述条件 (1)~(3) 之外, 必须加上每个工件具有相同的机器顺序的约束条件. 因此, 它还必须满足

(4) $\pi(J_1) = \pi(J_2) = \cdots = \pi(J_n)$.

假定机器的编号顺序是 $(M_1, M_2, \cdots, M_m)$, 则所有工件均按照此顺序进入机器加工 (这是 "流水作业" 的意思).

对每一给定的机器 $M_i$ 而言 $(1 \leqslant i \leqslant m)$, 设 $S_{ij_1} < S_{ij_2} < \cdots < S_{ij_n}$, 则方案 $\sigma$ 唯一地确定一个排列 $\pi_i = (J_{j_1}, J_{j_2}, \cdots, J_{j_n})$, 这表示机器 $M_i$ 上所有工件的加工顺序. 对流水作业而言, 若机程方案 $\sigma$ 进一步满足每台机器具有相同加工顺序, 即 $\pi_1 = \pi_2 = \cdots = \pi_m$, 则称之为同顺序流水作业 (permutation flow shop). 此时, 其机程方案可以用一个公共的排列 $\pi$ 来描述. 作业过程的机程图如图 1.7 所示. 注意第一台机器总可以连续加工, 没有空闲; 对第二台及以后的机器, 有时为了等待前一机器的工序完成才能开工, 而不得不出现空闲.

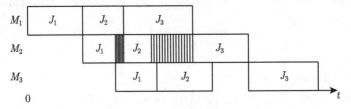

图 1.7   同顺序流水作业串联机模型的机程方案

其次, 考察异序作业模型. 对异序作业串联机模型而言, 每个工件进行加工的工序次序是给定的. 比如有的工件先进入刨床, 然后车床、磨床等等; 有的工件先进入车床, 然后铣床、钻床等等. 因此, 在上述约束条件 (1)~(3) 的基础上, 机程方案 $\sigma$ 还必须满足

(4)′ $\pi(J_j) = \pi_j^0$, 其中 $\pi_j^0$ 是给定的排列 ($1 \leqslant j \leqslant n$).

例如, 当给定 $\pi(J_1) = (M_2, M_3, M_1)$, $\pi(J_2) = (M_1, M_2, M_3)$, $\pi(J_3) = (M_3, M_1, M_2)$ 时, 机程方案可用图 1.6 表示.

以上讲述的甘特框图称为 "以机器为主导的", 即对每台机器沿水平时间方向安排工件作业. 另一方面, 也可以采用 "以工件为主导的" 甘特框图, 即按照每个工件进入机器的顺序, 沿水平时间方向安排机器作业. 那么, 对上述例子 (图 1.6) 给定的机器顺序, 相同的机程方案也可用图 1.8 以工件为主导的甘特框图表示. 比较两种对称的表示法, 每个工序 $(M_i, J_j)$ 的时间区间 $I_{ij}$ 是相同的, 只是沿纵向上下作了平移.

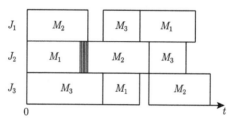

图 1.8 异序作业串联机的工件主导机程图

异序作业串联机模型, 也可以推广为工序数不等于机器数的情形. 这样, 一个工件可以具有任意多道工序, 一台机器也可以执行不同功能的工序 (可以重复加工同一个工件的不同工序). 设工件 $J_j$ 有 $n_j$ 道工序, 其给定的顺序为

$$O_{j1} \prec O_{j2} \prec \cdots \prec O_{jn_j}, \quad 1 \leqslant j \leqslant n.$$

对每一道工序 $O_{jk}$ 都有进入机器的顺序. 对此, 可按照如下的更一般情形考虑其机程方案.

对一般的多工序作业模型, 设所有工件的工序之集为 $\Omega = \bigcup_{1 \leqslant j \leqslant n}\{O_{j1}, O_{j2}, \cdots, O_{jn_j}\}$. 那么机程方案的映射可定义为

$$\sigma: \Omega \to \boldsymbol{M} \times \mathscr{T},$$

它满足类似于前述 (1) 的工时要求、类似于前述 (2) 和 (3) 的不重叠条件以及其他加工约束 (如 $\mathcal{M}_{jk}$ 是容许加工工序 $O_{jk}$ 的机器之集). 对任意工序 $O_{jk} \in \Omega$, 若 $\sigma(O_{jk}) = (M_i, I_{ijk})$, 其中 $M_i \in \mathcal{M}_{jk}$, $I_{ijk} \in \mathscr{T}$, 则认为工序 $O_{jk}$ 安排在机器 $M_i$ 的时间区间 $I_{ijk}$ 上加工. 这种一般多工序作业模型概括了前述的几种串联机模型以及它们的推广.

又如对平行机可中断情形, 工件 $J_j$ 分配到机器 $M_i$ 的部分可看作一个工序 $(M_i, J_j) \in \boldsymbol{M} \times \boldsymbol{J}$, 故其机程方案也可用 (1.6) 定义, 只是其中约束条件 (1) 改为 $L(\bigcup_{1 \leqslant i \leqslant m} \sigma(M_i, J_j)) = p_j \ (1 \leqslant j \leqslant n)$.

以上只是 "机程方案" 的基本形式. 随着研究问题的不同, 机器的功能及工件的特征等要素复杂多变, 这些基本形式还不足以全面概括, 特别是映射 $\sigma$ 满足的约束条件还会有诸多补充. 就目前的情形来看, 机程方案 $\sigma$ 已涵盖了多种组合构形: 对单机的基本模型, 它作为一个排列; 对分批排序, 它相当于工件集的一个有序划分 (其中每一个子集是无序的组合); 对可中断排序, 它是剖分工件的序列; 对平行机模型, 它又可表示为有序划分 (但每一个子集也是排列); 对串联机模型, 它成为 $m \times n$ 个工序偏序关系的有向网格. 以后还会遇到其他的构形. 总之, 我们用形式化定义 1.2.1 ~ 定义 1.2.4 来界定工件–机器模型中的可行解 (机程解) $\sigma$. 这样做, 只是为了在叙述数学模型时, 有明确的模型要素 (它到底是什么数学对象), 避免泛泛而论, 随便意会. 即使称之为 "时间表", 也不应该包罗万象, 而只局限于机器对工件与时间的运作安排时间表.

最后, 作为最优化问题, 时序优化问题有一个目标函数 $f(\sigma)$, 它是机程方案 $\sigma$ 的实值函数. 达到目标函数 $f(\sigma)$ 所求最小值或最大值的机程方案 $\sigma$ 称为 **最优方案** 或 **最优解**. 至于目标函数的具体形式, 下面再作介绍.

### 1.2.3  有向图与无向图

在离散性数学中, 人们常常用有向图或无向图来表示具有一定关系的研究对象 (如工件、位置、站点等). 在集合论中, 有限集 $X$ 上的二元关系(简称关系) $R$ 定义为笛卡儿乘积 $X \times X = \{(x, y) : x, y \in X\}$ 的子集 $R \subseteq X \times X$, 其中 $(x, y) \in R$ 表示元素 $x$ 与 $y$ 有关系. 关系的概念含义极广, 如家族、供销、联络、配置、映射关系等等.

一个有限集 $V$ 及其中一个关系 $E \subseteq V \times V$ 组成的二元组 $G = (V, E)$ 称为一个 **有向图**, 其中 $v \in V$ 称为 **顶点**, $(u, v) \in E$ 称为 **有向边或弧**. 注意这里 $(u, v) \in E$ 是有序的元素对, 表示从 $u$ 到 $v$ 的关系 (不同于从 $v$ 到 $u$ 的关系), 例如, 工件之间的先后关系. 我们只讨论简单有向图, 即不考虑一个顶点 $v \in V$ 到其自身的有向边 $(v, v) \in E$ (称为环边), 也不考虑两个顶点之间有多条有向边 (称为重边). 只要有可能, 我们往往把 $V$ 中的顶点表示为平面上的点, 把有向边 $(u, v) \in E$ 表示为从 $u$ 点到 $v$ 点的矢线, 这样得到的图形作为抽象的有向图 $G = (V, E)$ 的图示. 如图 1.9 的 (a) 与 (b) 是同一个有向图的两个不同的图示.

对二元关系 $R$, 如果满足对称性, 即 $(u, v) \in R \Rightarrow (v, u) \in R$, 则称为 **对称关系**. 如朋友、同类、连通、共线关系等. 一个有限集 $V$ 及其中一个对称关系 $E$ 组成的二元组 $G = (V, E)$ 称为一个 **无向图** (简称图), 其中 $v \in V$ 称为 **顶点**, $(u, v) \in E$ 称为边. 无向图的图示也是把 $V$ 中的顶点表示为平面上的点, 而把边 $(u,v) \in E$ 表示为 $u$ 点与 $v$ 点之间的连线 (直线或曲线), 如图 1.9 的 (c)~(e) 所示.

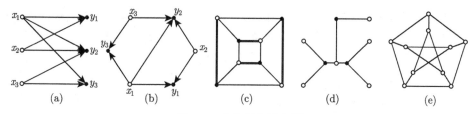

图 1.9　有向图与无向图

对有向或无向图 $G = (V, E)$, 若 $(u,v) \in E$, 则称顶点 $u$ 与 $v$ 是相邻的, 并称边 $e = (u,v)$ 关联于顶点 $u$ 及 $v$ (同时称顶点 $u$ 及 $v$ 关联于边 $e = (u,v)$). 两条边称为相邻的, 是指它们关联于同一个顶点. 对无向图而言, 定义顶点 $u$ 的邻集为 $N_G(u) := \{v \in V : (u,v) \in E\}$; 并定义 $d_G(u) := |N_G(u)|$ 为顶点 $u$ 的度. 即是说, 一个顶点的度是与它相邻的顶点数 (或它关联的边数). 对有向图而言, 分别定义顶点 $u$ 的前邻集及后邻集为

$$N_G^+(u) := \{v \in V : (u,v) \in E\}, \quad N_G^-(u) := \{v \in V : (v,u) \in E\}.$$

并分别定义顶点 $u$ 的出度及入度为

$$d_G^+(u) := |N_G^+(u)|, \quad d_G^-(u) := |N_G^-(u)|.$$

即是说, 一个顶点的出度是它关联的引出边数 (或通过这些边到达的相邻顶点数); 一个顶点的入度是它关联的引入边数 (或通过这些边可到达它的相邻顶点数).

对图 $G = (V, E)$, 若有另一个图 $G' = (V', E')$ 使得 $V' \subseteq V, E' \subseteq E$, 则 $G'$ 称为 $G$ 的子图. 特别地, 当 $V' = V$ 时, $G'$ 称为 $G$ 的支撑子图. 对顶点子集 $S \subseteq V$, 记 $E(S) := \{(u,v) \in E : u, v \in S\}$, 则子图 $G' = (S, E(S))$ 称为 $S$ 的导出子图, 记为 $G[S]$. 对边子集 $E' \subseteq E$, 记 $V(E') := \{u \in V : (u,v) \in E'\}$, 则子图 $G' = (V(E'), E')$ 称为 $E'$ 的导出子图, 记为 $G[E']$.

在有向图 $G = (V, E)$ 中, 若存在一个顶点与边的交错序列 $P = (v_0, e_1, v_1, e_2, \cdots, e_k, v_k)$ 满足:

(i) $e_i = (v_{i-1}, v_i) \in E$, $i = 1, 2, \cdots, k$;

(ii) $v_0, v_1, \cdots, v_k \in V$ 各不相同,

则称 $P$ 为一有向路, 其中边数 $k$ 为其长度. 对无向图而言, 满足上述条件的序列 $P$ 称为一条路, 其中 $e_i = (v_{i-1}, v_i) \in E$ 为无向的边. 在无歧义的情况下, 往往用顶点序列 $P = (v_0, v_1, \cdots, v_k)$ 表示一条路.

在有向图中, 如果上述条件 (ii) 改为: $v_0 = v_k$ 且 $v_1, \cdots, v_k \in V$ 各不相同, 则这样的循环序列 $C = (v_0, e_1, v_1, e_2, \cdots, e_k, v_k)$ 称为有向圈. 相应地, 在无向图中称之为圈.

下面着重讨论无向图. 在图 $G$ 中, 若任意两顶点之间均存在连接它们的路, 则称 $G$ 为连通图. 在图 1.9 中, (c)~(e) 都是连通图. 一个图 $G$ 的极大连通子图称为连通分支 (简称分支). 例如, 在图 1.9 中, 如果将 (c)~(e) 拼在一起作为一个图, 那么三个部分就是三个连通分支.

一个不含圈的图称为森林. 连通的森林称为树. 这就是说, 森林的每一个连通分支都是树. 例如, 在图 1.9 中, (d) 是树. 在 (c) 中, 粗线的边导出一个支撑子图, 它是森林, 所以称为支撑森林. 在一个连通图 $G$ 中, 一定存在一个支撑子图是树, 它称为图 $G$ 的支撑树. 比如图 $G$ 代表一个通信网的候选布线图, 每条边都有一个建造费用, 那么求 $G$ 的最小费用支撑树就是求建造费用最小的通信网 (使得任意两个机站之间都有通道相连). 这是有广泛应用的最优支撑树问题.

一个图 $G$ 称为二部图, 是指它的顶点集 $V$ 可划分为两部分 $(X, Y)$, 其中 $X \cup Y = V$, $X \cap Y = \varnothing$, 使得任意一条边 $(u, v) \in E$ 的一端在 $X$, 一端在 $Y$. 一般二部图可表示为 $G = (X \cup Y, E)$. 例如, 在图 1.9 中, (c) 及 (d) 都是二部图, 其中 $X$ 用白点表示, $Y$ 用黑点表示. 二部图也可以看作有向图, 其中有向边从 $X$ 指向 $Y$. 例如, 在图 1.9(a)(b) 中, $X = \{x_1, x_2, x_3\}$, $Y = \{y_1, y_2, y_3\}$, 它们都是二部图. 图 1.9(e) 称为 Petersen 图, 它不是二部图. 容易证明: 一个图 $G$ 是二部图当且仅当它不含长度为奇数的圈 (奇圈). 所以树一定是二部图 (图 1.9((d)).

一个图 $G$ 称为可平面图, 是指它可以画在平面上, 每个顶点是一个点, 每条边是连接两个关联顶点的连续曲线, 使得任意两条边除可能相交于端点外, 别无其他交点. 这种在平面上的画法称为图 $G$ 的平面嵌入, 简称为平面图. 判别一个图是否可以嵌入于平面 (或曲面), 是拓扑图论的深入课题, 在印刷线路板设计中有应用.

在图 $G$ 中, 一个边子集 $M \subseteq E$ 称为匹配, 是指其中任意两边均不相邻. 如果 $M$ 的边关联于 (覆盖) $G$ 的所有顶点, 则称之为完美匹配. 例如, 图 1.9(c) 中粗线的边构成完美匹配. 设有二部图 $G = (X \cup Y, E)$, 其中 $X = \{x_1, x_2, \cdots, x_n\}$ 为工件集, $Y = \{y_1, y_2, \cdots, y_n\}$ 为机器–时间位置集, $(x_i, y_j) \in E$ 表示工件 $x_i$ 允许安排在位置 $y_j$, $c_{ij}$ 表示边 $(x_i, y_j)$ 的费用. 那么, 一个完美匹配 $M$ 就表示一个机程方案 ($M$ 中的边表示工件与位置的配置关系), 求最优机程方案就归结为求费用最小的完美匹配. 这是下文的一个基本模型.

有向图中的树有特殊的意义. 有向树亦称为有根树, 有如下两种形式. 所谓出树 (outtree), 是有一个顶点 (树根)只有引出边, 没有引入边 (入度为零), 而其他每一个顶点至多有一条引入边, 但可以有若干条引出边. 对称地, 所谓入树 (intree), 是其树根只有引入边, 没有引出边 (出度为零), 而其他每一个顶点至多有一条引出边, 但可以有若干条引入边. 例子见于第 4 章.

如前所述, 我们用图的边来表示关系 (对称或不对称). 对有向图 $G$ 而言, 有向边的表示一般都是 $(u,v) \in E$. 但对无向图的边, 文献中有不同的记号: 如 [1] 仍用圆括号 $(u,v)$, 而在 [2~4,23] 中则记为 $[u,v], \{u,v\}, uv$ 等. 我们对有向图 (网络) 及二部图, 约定用 $(u,v)$ 表示边. 只是到第 8 章的图论问题, 为了与引文一致, 改用 $uv$ 表示.

以上只是对图论的基本概念作一提要. 以后在讲述需要时再做介绍.

### 1.2.4 偏序关系与偏序集

研究时序问题, 较多地涉及 "序" 的概念. 在此, 要做一些说明. 特别在不同文献中, "偏序" 概念有不同的定义形式, 我们必须明确约定. 一个集合 $S$ 上的偏序关系 $\prec$ 是指满足如下条件的二元关系:

(i) 非自反性: 对任意 $a \in S$, $a \prec a$ 不成立;

(ii) 反对称性: $a \prec b$ 与 $b \prec a$ 中至多有一个成立;

(iii) 传递性: 若 $a \prec b, b \prec c$, 则 $a \prec c$.

若进一步满足 (iv) 完全性: 对任意 $a,b \in S$, 均有 $a \prec b$ 或 $b \prec a$ 成立, 则称之为全序关系.

在集合 $S$ 上赋予偏序关系后, $(S, \prec)$ 称为偏序集. 其中两个元素 $a, b$ 称为可比较的, 是指 $a \prec b$ 或 $b \prec a$ 成立; 否则称为不可比较的 (记为 $a \| b$). 若 $a \prec b$, 则 $a$ 称为 $b$ 的先行, $b$ 称为 $a$ 的后继. 进而, 若不存在元素 $c$ 使得 $a \prec c \prec b$, 则 $a$ 称为 $b$ 的直接先行, $b$ 称为 $a$ 的直接后继. 对偏序集 $(S, \prec)$ 而言, $a \in S$ 称为极小元, 是指不存在 $b \in S$ 使得 $b \prec a$ (无先行). 对称地, $a \in S$ 称为极大元, 是指不存在 $b \in S$ 使得 $a \prec b$ (无后继).

一个全序子集称为链. 一组相互不可比较的元素构成反链 (或无关集). 对一个给定的偏序集 $(S, \prec)$, 若一个全序关系 $R$ 包含此偏序 $\prec$ (即 $a \prec b \Rightarrow aRb$), 则 $R$ 称为 $\prec$ 的线性扩张. 在时序问题中, 一个排列 $\pi$ 实质上是一个全序集 (链). 若工件之间有一个先后约束, 即一个偏序关系, 那么满足这个先后约束的排列就是这个偏序关系的线性扩张.

在一些传统文献中, 和我们一样, 把上述具有非自反性、反对称性及传递性的关系 $\prec$ 称为偏序 (partial order), 例如, 图论专著 [23]. 这种定义的好处是一个偏序集等价于一个无圈有向图, 其中每一条有向边 (弧) 是有确定方向的, 且没有顶点到其自身的环. 在时序问题中的先后约束也应该是这种含义的偏序 $\prec$, 因为后面的工件必须在前面的工件完工之后才能开工, 没有 "或先或后" 的余地. 况且单独一个工件没有先后关系, 所以自反性不成立. 为适应时序问题的讨论, 今后约定采取这种定义, 并称之为严格意义 (狭义) 的偏序概念.

另外有的文献把具有自反性、反对称性及传递性的关系 $\preceq$ 称为偏序. 我们不妨称之为广义的偏序概念. 那就是满足如下条件的二元关系:

(i) 自反性: 对任意 $a \in S$, 有 $a \preceq a$;

(ii) 反对称性: 若 $a \preceq b$ 且 $b \preceq a$, 则 $a = b$;

(iii) 传递性: 若 $a \preceq b, b \preceq c$, 则 $a \preceq c$.

若进一步满足 (iv) 完全性: 对任意 $a, b \in S$, 均有 $a \preceq b$ 或 $b \preceq a$ 成立, 则称之为全序关系.

对此, 根据反对称性, $a \preceq b, b \preceq a \Rightarrow a = b$, 可定义 $a \prec b$ 为 $a \preceq b$ 且 $a \neq b$, 自反性自然不成立, 即得到上述严格意义的偏序. 反过来, 若先有严格意义的偏序 $\prec$, 则可定义 $a \preceq b$ 为 $a \prec b$ 或 $a = b$. 因此, 上述狭义与广义的偏序概念没有本质区别. 对不同元素来说, 关系 $a \prec b$ 与 $a \preceq b$ 是一致的. 究竟采用哪种术语并不重要, 重要的是要明确地叙述定义中的三条性质.

另一方面, 有时会遇到这样的关系 $\preceq$, 称为半序关系, 是指满足如下条件的二元关系:

(i) 自反性: 对任意 $a \in S$, 有 $a \preceq a$;

(ii) 反对称性: 若 $a \preceq b$ 且 $b \preceq a$, 则 $a \sim b$, 其中 $\sim$ 为一等价关系;

(iii) 传递性: 若 $a \preceq b, b \preceq c$, 则 $a \preceq c$.

这里等价关系 $a \sim b$ 满足的性质是自反性、对称性及传递性. 上述半序关系有时也叫做拟序关系. 如果用有向图表示, 图中可能出现有向圈; 一个圈中的元素构成一个等价类. 这样的序结构比较复杂, 使用时要特别小心. 我们一般运用严格的偏序 $\prec$ 比较清楚, 比较简单.

对 $n$ 维向量 $\boldsymbol{a} = (a_1, a_2, \cdots, a_n)$ 及 $\boldsymbol{b} = (b_1, b_2, \cdots, b_n)$, 可定义 $\boldsymbol{a} \preceq \boldsymbol{b}$ 为 $a_i \leqslant b_i, 1 \leqslant i \leqslant n$. 这是一个 (广义) 偏序关系.

对于两个正整数序列 $a = (a_1, a_2, \cdots, a_m)$ 及 $b = (b_1, b_2, \cdots, b_n)$, 可定义 $a \prec b$ 为如下二者之一成立:

(i) $m < n$ 且 $a_i = b_i, 1 \leqslant i \leqslant m$;

(ii) 存在 $i \geqslant 1$ 使得 $a_j = b_j, 1 \leqslant j \leqslant i - 1$ 而 $a_i < b_i$.

这是一个全序关系, 称为字典序. 例如, $(1, 2) \prec (1, 2, 1)$, $(1, 2, 1, 3) \prec (1, 2, 2, 1)$.

## 1.2.5  数据结构中的顺序表示

在算法设计与分析中, 数据结构, 即以什么格式存取数据, 有着重要的作用. 如大家熟知的, 在线性代数中, 用向量 (一维数组) 及矩阵 (二维数组) 来存放数据, 解线性方程组的算法十分紧凑有效. 在此, 我们没有必要讲述数据结构的一般理论, 只想提一下几个有关的概念.

通常用有限序列或数组表示一列数据. 对一个序列 $Q = (a_1, a_2, \cdots, a_n)$, 如果优先顺序是从前到后 (在存储时是先存先取), 则称之为队列 (queue). 如果优先顺序是从后到前 (在存储时是后存先取), 则称之为堆栈 (stack). 队列 (堆栈) 与数组的区别是它没有固定的长度, 且有动态的存取规则 (先存先取或后存先取), 或附带一个指针, 指示执行当前指令的位置.

在组合最优化中, 寻求最优解往往归结为搜索某种组合构形. 搜索过程可以在一个有向树 (称为决策树) 上进行. 从树根开始, 搜索顺序有两种: ① 广探法 BFS (breadth-first search, 广度优先), 即把搜索点邻近的点都扫描过后, 再推进到新的搜索点; ② 深探法 DFS (depth-first Search, 深度优先), 即从一个点出发, 推进到一个未扫描的邻点, 不断开辟新的搜索方向, 至无路可走再折回. 两种途径, 一纵一横, 各有优劣. 在广探法中, 已访问的顶点用队列存储 (先标先查); 在深探法中, 已访问的顶点用堆栈存储 (新标先查).

队列与堆栈统称为线性表 (list). 注意今后我们遇到 list 时, 它不是日常理解的 "列表", 而是数据结构的专门术语 "线性表". 特别地, 当它的指针顺序是从前到后时, 它就是一个队列①.

另一种常用的数据结构是有向树 (有根树), 可以把数据存放在它的顶点上, 按照一定的规则进行运算. 下文会引进一些与时序问题算法有关的树状数据结构. 这里先讲一个例子, 就是在数据排顺算法 (sorting) 中, 如何用树来存储数据.

所谓排顺, 就是将 $n$ 个数排成从小到大的顺序. 如果先把 $n$ 个数存放成一个队列, 逐个数进行大小比较, 然后交换顺序, 这种排法的比较次数是 $\sum_{i=1}^{n-1}(n-i) = \frac{1}{2}n(n-1) = O(n^2)$. 然而, 下面以树为数据结构的 "合并法" (merge sorting) 可以节省计算时间. 这就是在计算过程中用一个有根的二分树来存储数据 (图 1.10). 事先将 $n$ 个数排在最低层的树叶上. 从两个相邻树叶 $S = (i)$ 及 $T = (j)$ 开始进行比较合并. 运算的一般规则是: 对两个已经排顺的序列 $S$ 及 $T$, 通过逐项比较二者的首位元素, 取出较小者排在首位; 续行此法, 直至合并出 $S \cup T$ 的一个序列为止. 这样逐层进行, 直至得到树根的长度为 $n$ 的序列.

假设二分树是完全二分树, 且其层数是 $x$, 则其树叶数为 $2^x = n$. 因此层数为 $x = \log n$ (按照习惯, 这里的对数是指以 2 为底的对数). 当我们对序列 $S$ 及 $T$ 进行合并运算时, 比较次数是 $|S| + |T| - 1$. 由此可知, 对二分树的每一层, 至多进行 $n$ 次比较, 从而总的比较次数不超过 $n \log n$. 所以合并排顺算法的运行时间是 $O(n \log n)$.

---

① 英文 list 的词意是一连串地列举事项 (如名单目录), 实质上是一维的序列. 例如, 队列的定义是 a list of data. 而汉语 "列表" 往往被理解为编制二维表格 (有纵有横, 如课程表或账目表等), 意义较泛.

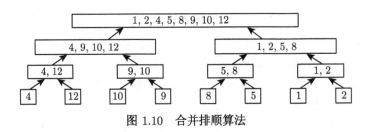

图 1.10  合并排顺算法

数据排顺算法是各种离散算法的基础. 下文的众多时序算法具有运行时间 $O(n\log n)$, 理由都是调用了这种排顺过程.

### 1.2.6  模型的分类

一般地说, 工件–机器模型的时序系统包含如下的要素:

- 工件 (任务);
- 机器 (资源);
- 作业时间因素 (输入参数);
- 结构与运作规则 (约束条件);
- 优化指标 (目标函数).

具体的时序优化问题种类繁多. 目前人们普遍接受一种三参数分类法 $\alpha|\beta|\gamma$, 详见综述 [11, 13, 14] (最初使用四参数法, 后来把工件数 $n$ 一项省略了). 其中 $\alpha$ 表示机器环境, $\beta$ 表示工件特征 (运作规则), $\gamma$ 表示优化指标.

关于机器环境 $\alpha$, 根据前面的机器分类, $\alpha = 1$ 代表单台机器, $\alpha = P$ 代表多台恒同平行机 ($\alpha = Pm$ 代表机器数 $m$ 固定的情形), $\alpha = Q$ 为匀速平行机, $\alpha = R$ 为交联平行机, $\alpha = F$ 代表串联机中的流水作业, $\alpha = O$ 为自由作业, $\alpha = J$ 为异序作业, 如此类推.

关于工件特征 $\beta$, 根据前面的工件参数, 默认情形不写, 只写出特殊的约束条件. 例如, $\beta = r_j$ 表示工件是陆续到达的 (工件有不同到达期), $\beta = \bar{d}_j$ 表示工件有截止期约束, $\beta = \text{prec}$ 表示工件有偏序 (先后) 约束 (precedence relation), $\beta = \text{pmtn}$ 表示工件允许中断 (preemption), 如此等等. 这里的偏序约束是指给定一个偏序关系 (用一个无圈有向图表示), 工件的加工顺序 (全序关系) 必须满足这个偏序关系. 所谓允许中断, 就是工件在任意时刻可以暂停加工, 机器先去处理其他工件, 等到以后某个时刻再继续这个工件的加工.

关于目标函数 $\gamma$, 先介绍几个参数: $S_j$ 为工件 $J_j$ 的开工时刻; $C_j$ 为工件 $J_j$ 的完工时刻; $L_j = C_j - d_j$ 为工件 $J_j$ 的延迟时间; $F_j = C_j - r_j$ 为工件 $J_j$ 的流程 (flow time); $T_j = \max\{C_j - d_j, 0\}$ 为工件 $J_j$ 的延误时间; $U_j$ 为工件 $J_j$ 的延误指标 ($U_j = 1$ 当且仅当 $T_j > 0$, 否则 $U_j = 0$). 那么常见的目标函数有:

$C_{\max} = \max\{C_j : 1 \leqslant j \leqslant n\}$: 最终完工时间或全程.

$L_{\max} = \max\{L_j : 1 \leqslant j \leqslant n\}$: 最大延迟.

$T_{\max} = \max\{T_j : 1 \leqslant j \leqslant n\}$: 最大延误.

$f_{\max} = \max\{f_j(C_j) : 1 \leqslant j \leqslant n\}$: 最大费用.

$\sum_{1 \leqslant j \leqslant n} C_j$: 总完工时间 (求和指标范围可省略, 下同).

$\sum_{1 \leqslant j \leqslant n} F_j$: 总流程.

$\sum_{1 \leqslant j \leqslant n} T_j$: 总延误.

$\sum_{1 \leqslant j \leqslant n} f_j$: 总费用.

$\sum_{1 \leqslant j \leqslant n} U_j$: 延误 (工件) 数.

$\sum_{1 \leqslant j \leqslant n} w_j C_j$: 加权总完工时间.

$\sum_{1 \leqslant j \leqslant n} w_j T_j$: 加权总延误.

$\sum_{1 \leqslant j \leqslant n} w_j U_j$: 加权延误 (工件) 数.

这里, 一般假定目标函数是**正则**的, 即它是诸工件完工时刻 $C_j$ 的非降函数.

把三部分结合起来, $\alpha|\beta|\gamma$ 表示一个问题. 例如:

$1||\sum C_j$——单机最小化总完工时间 (例 1.1.1).

$1|r_j|\sum U_j$——单机工件陆续到达最小化延误工件数.

$1|\bar{d}_j|T_{\max}$——单机有截止期最小化最大延误.

$P|\text{pmtn}|\sum w_j C_j$——平行机最小化加权总完工时间, 其中工件允许中断.

$F2||C_{\max}$——两台流水作业机最小化全程.

$J2|\text{prec}|C_{\max}$——两台异序作业机工件有序约束最小化全程.

譬如 $\alpha, \beta, \gamma$ 每一个参数有 10 种可能选择, 这样组合出来的模型就有 1000 个. 事实上, 据 20 世纪 70 年代的统计, 已研究的时序模型有近 9000 个[11]. 我们只可能讨论一些基本性质及典型的问题.

至此, 我们从工件–机器模型中提出了一系列超出数学范围的术语, 如工件、机器、工时、工期、全程、延误、到达期、截止期等等. 由于这些术语的使用频率很高, 我们希望尽量简短, 能用两个字就不用三个字, 能用三个字就不用四个字. 至于 "机程方案" 或 "机程解", 待概念熟悉之后, 上口了, 也不妨简称为 "机程" (如平常说日程、议程那样).

## 1.3　选题线索概览

### 1.3.1　时序问题的组合特性

组合结构的形式变化无常. 在此基础上, 又加上时间因素, 机程方案的优劣性态将更加错综复杂, 往往不是直观经验所能把握的. 下面举一个有代表性例子 (取自经典文献 [12]).

**例 1.3.1**　设有 10 个任务 $A, B, \cdots, J$, 其工序流程图 (先后关系) 如图 1.11 所示. 按照工程计划的习惯, 任务 (工序) 用一箭头线表示, 箭头指示时间方向, 线旁括号中的数字表示作业时间 (天数).

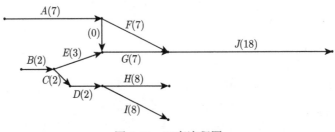

图 1.11　工序流程图

在统筹法[7] 中有一个关键路线法 (critical path method, CPM), 其基本原理是: 在工序流程图中的最长路 (称为**关键路**) 长度就是总工时 (全程) 的最小值. 在上图中, $A$-$F$-$J$ 是关键路, 它的长度 32 (天) 就是全程的最小值. 现在将所有任务安排在两台机器上进行平行作业, 应该如何配置才使全程 $C_{\max}$ 为最小? 这是两台平行机有偏序约束的最小化全程问题, 记为 $P2|\mathrm{prec}|C_{\max}$.

**方案 1**　基于不拖延的想法, 一个习惯的安排原则是: 机器不能闲着, 可以开工的任务立即开工 (称之为**即时规则**). 根据这一原则, 按任务的先后顺序, 将它们安排在两台机器上, 得到如下的机程方案, 用甘特框图 1.12 表示.

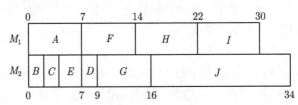

图 1.12　方案 1: 两台机器的机程方案

上述机程方案的全程是 34, 未能达到关键路所确定的最优值下界 32.

**方案 2**　仍然坚持 "机器不能闲着, 可开工者立即开工" 的原则, 但为了赶进度, 加大投资, 使每项任务提前一天完工. 这样得到如下的机程方案 (图 1.13).

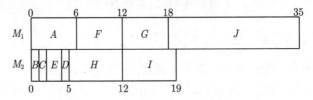

图 1.13　方案 2: 缩短工时的机程方案

结果更糟! 全程增加到 35.

**方案 3** 那么是不是设备不够? 增加一台设备试试, 机程方案如图 1.14 所示.

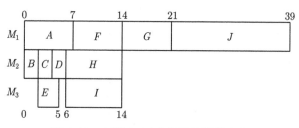

图 1.14 方案 3: 三台机器的机程方案

情况坏透了, 多了一台机器反而添乱! 真所谓 "多了厨子坏了汤" (too many cooks spoil the broth)! 这种有悖常理的效应在组合最优化中并非个别例子.

**方案 4** 冷静下来, 不得不怀疑 "机器有空就赶紧安排加工" 的原则. 联想到统筹法中还有这样的原理: 关键路上的工序 (关键工序) 紧接着安排, 其余非关键工序按照关键路上的时间进程机动地插空安排. 我们让一台机器安排关键工序, 另一台机器跟随着安排非关键工序, 得到如下机程方案 (图 1.15). 由于目标函数达到了下界 32, 它就是最优方案. 回顾图 1.1 的泡茶工序问题, 那也是按照关键路 A-B-E 紧接着安排的.

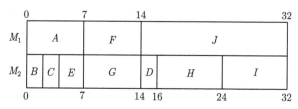

图 1.15 方案 4: 最优的机程方案

以上例子说明, 安排最优的机程方案, 不能凭经验想当然. 有时即使加班加点, 费钱费力也无济于事. 只有深入掌握问题的特性与规律, 才能求得有效的求解途径. 对时间进程中的组合结构, 有时受简单的原理所支配, 问题的求解轻而易举 (如例 1.1.1 和例 1.1.2), 但进一步深入, 我们会遇到越来越复杂的性状形态, 甚至难以克服的困难. 上述例子 $P2|prec|C_{max}$ 的一般情形是 NP-困难的.

### 1.3.2 可解性与难解性

时序优化问题是一类特殊的组合优化问题. 组合最优化是应用数学与运筹学的重要分支. 时序优化问题的研究方法承袭应用数学的传统 —— 强调算法的可行性与有效性. 在详细讲述算法的有效性与复杂性理论之前, 先对一些基本概念有初步的认识. 比如讲到某个问题, 会说它是 NP-困难的, 所以要粗略了解什么是 NP-困难问题; 但 NP-困难性的严格论证留待第 5 章再讲.

算法理论首先研究一类基本的问题, 称为判定性问题, 它表述为一个问句, 要求回答是或否. 一个最优化问题 (比如最小化问题) 对应的判定性问题, 是指判定其目标函数值是否不超过某个门槛值.

算法的有效性主要通过它的运行时间来衡量. 运行时间是指算法所有步骤中初等运算 (包括加、减、乘、除及比较等) 的次数. 在估计这些运算次数时, 我们往往忽略常数因子. 所以仿照数学分析课程中的 “大 $O$ 记号”, 用以表示运行时间的 “阶次”. 设 $f(n), g(n): \mathbb{N} \to \mathbb{R}^+$ 是两个整变量函数. 记号 $f(n) = O(g(n))$ 定义为: 存在常数 $c > 0$ 使得 $f(n) \leqslant cg(n)$ 对充分大的 $n$ 成立. 一个算法 $A$ 称为多项式时间的, 是指存在整数 $k$ 使得算法 $A$ 的运行时间是 $O(n^k)$, 其中 $n$ 是实例的输入规模 (如时序问题中的工件数, 或图论问题中的顶点数). 所谓有效算法, 是指多项式时间算法. 在判定性问题中, 具有多项式时间算法的问题称为 $P$ 类问题, 俗称 “容易” 问题.

在判定性问题中, 有一类最为广泛的问题, 就是如果给出了 (猜到了) 解答, 要验证它确实是解答 (提供判断证据) 可以在多项式时间完成, 这样的问题称为 NP 类问题 (也不妨称之为 “可有效验证” 问题). 自然, $P$ 类问题一定是 NP 类问题, 因为它的多项式时间求解过程本身就是证据. 事实上, 验证一个解总比求一个解更容易.

在 NP 类问题当中, 存在这样一类问题, 如果它有多项式时间算法, 则任意 NP 类问题都存在多项式时间算法, 这类问题称为 NP-完全问题. 也就是说, NP-完全问题是所有 “可有效验证” 问题中难度最大的问题, 如若能够解决其中之一 (找到有效算法), 则全部问题皆可解决. 这一复杂性分类是对判定性问题来说的. 对最优化问题来说, 如果其对应的判定性问题是 NP-完全问题, 则称之为 NP-困难问题. 目前所谓 “困难” 问题, 都是指 NP-完全问题 (对判定性问题) 或 NP-困难问题 (对非判定性问题). 对任何一个研究问题, 从定性分析的角度确定它是 “容易” 问题或 “困难” 问题, 是具有重要理论意义的.

在组合最优化及计算机科学领域中, 当前最重大的征解难题 (open problem)[①] 是 “$P \neq \text{NP}$ 猜想”, 即不存在这样的判定性问题, 它既是 $P$ 类问题又是 NP-完全问题 (不存在 NP-完全问题可在多项式时间求解).

---

① 英语 open problem (open question) 在一般英汉词典中的解释是悬而未决的问题. *Longman Dictionary* 的解释是 not finally decided or answer. *Wikipedia Encyclopedia* (维基百科) 中说: In science and mathematics, an open problem or an open question is a known problem which can be accurately stated, and which is assumed to have an objective and verifiable solution, but which has not yet been solved (no solution for it is known). 对此, open problem 译作 “未解问题” 似乎有些平淡, 不足以显现其被关注程度. 我们建议译为 “征解难题”, 供讨论.

时序优化问题主要研究工件、机器及作业时间的三元配置. 粗略来看, 假定工件集、机器集及时间集都是 $n$ 元素集, 并且三者之间有一个相容关系 (即哪个工件可以在哪台机器的哪个时间加工), 那么时序问题实质上蕴涵着如下的组合问题 (称为 "三维匹配问题"): 是否存在一个机程方案, 使得在满足上述相容关系前提下, 每个工件恰在一台机器的一个时间上加工, 每一台机器恰在一个时间加工一个工件, 每一个时间恰有一个机器加工一个工件? 如果存在, 这样的机程方案就是一个 "完美匹配". 已知三维匹配是著名的 NP-完全问题. 由此可以想象到, 一般形式的时序优化问题是困难的. 事实上, 据早期文献 [11] 对近九千个时序优化模型的统计, 77% 已证明是 NP- 困难的 (目前已知的比例更高).

因此多项式时间可解的模型只占一小部分. 然而正是这少数的可解模型揭示出时序性组合最优化问题的特征. 如果没有那些经典排序问题的优美结果, 将不可能吸引那么多研究者, 形成今日兴旺繁荣的局面. 作为入门, 我们将从可解性结构开始, 着重探讨多项式时间可解问题的基本性质. 然后逐步过渡到困难问题.

### 1.3.3  难易程度的层次分类

从可解性过渡到难解性, 我们将一层一层地向前推进. 关于可解性结构, 我们划分出三个层次:

**一阶可解性: 贪婪生成**    在单机的情形, 最简单的算法是按照工件的某个指标 (称为 "梯度") 从小到大 (或从大到小) 一次排出顺序, 呈现出 "线性结构" 性质. 例如, 例 1.1.1 的水桶由小到大排列.

**二阶可解性: 交错变换**    在组合最优化中, 二部图匹配算法及网络流算法是具有代表性的, 其理论基础是交错路扩张. 此类问题具有这样的性质: 若一个可行解经过交错路变换不能得到改进, 则它就是最优解. 许多时序问题可转化为匹配问题或网络流问题, 因而具有这种可解性.

**局部扩张途径**    这是基于时序问题特殊结构的方法, 包括偏序扩张 (从偏序扩张为全序)、图的扩张 (区间图扩张及弦图扩张等)、多阶段递推、分枝、消去等, 由局部最优序逐步扩展为整体最优序. 这些特殊技巧, 从可解结构绵延到某些 NP-困难问题.

时序优化的第二个研究重点是计算复杂性, 其主要任务是划分清楚多项式可解与 NP-困难性的界限. 关于 NP-困难性也有两个层次:

**数值性困难**    这种困难归因于问题的数据大 (如工时、工期大). 如果限制小数据问题, 还是可以存在有效算法的. 对这类困难问题, 称为常义 NP-困难的, 可以存在伪多项式时间算法, 即它的运行时间是问题规模 $n$ 及最大数据 $N_{max}$ 的多项式. 如果限定 $N_{max}$ 不超过 $n$ 的某个多项式, 那么它就变成多项式时间算法了.

**结构性困难**　如果一个问题, 即使限定最大数据 $N_{\max}$ 不超过规模 $n$ 的某个多项式时, 仍然是 NP-困难的, 则称为强 NP-困难的. 它的困难不在于数据大, 而在于结构复杂.

在证明一个问题是 NP-困难之后, 主要的研究方向就是近似算法的设计与分析. 这是时序优化的第三个研究重点, 它又有如下三个层次:

**可任意精度逼近**　以最小化问题为例, 目标函数的最优值叫做"精确值"OPT. 对近似算法来说, 其目标函数所能达到的界叫做"近似值"APP. 按传统观点, APP – OPT 称为绝对误差, (APP – OPT)/OPT 称为相对误差. 那么

$$\frac{\text{APP} - \text{OPT}}{\text{OPT}} < \varepsilon \quad \text{或} \quad \frac{\text{APP}}{\text{OPT}} < 1 + \varepsilon \tag{1.7}$$

就表示相对误差小于精度 $\varepsilon > 0$. 最好的近似算法是可以任意精度逼近: 对任意给定的精度 $\varepsilon > 0$, 都存在多项式时间算法 (运行时间依赖于 $\varepsilon$, 但它被看作常数), 使得 (1.7) 成立. 这样的问题称为具有多项式时间逼近方案. 特别地, 当近似算法的运行时间是问题规模 $|I|$ 及 $1/\varepsilon$ 的多项式时, 此问题称为具有全多项式时间逼近方案. 这是最好的逼近结果.

**具有常数性能比**　对于近似算法的近似值 APP 及问题的最优值 OPT, 如果

$$\frac{\text{APP}}{\text{OPT}} \leqslant k, \tag{1.8}$$

则这个算法称为 $k$-近似的. 这个比值的界也称为算法的性能比或性能保证. 可近似性的第二个层次是具有常数性能比的算法, 例如, 1.5-近似算法, 2-近似算法. 如果某个算法是 $\log n$-近似算法, 就不是具有常数性能比的了.

**不可近似性**　对某些特别困难的问题, 已经有这样的结果: 除非 $P = \text{NP}$, 不可能存在任何常数 $k$ 的 $k$-近似算法 (或者说, "判定此问题存在 $k$-近似算法"是 NP-完全的). 这称为负面结果, 例如旅行商问题.

纵观以上所述的层次, 我们得到所研究问题困难程度分类的总体印象.

### 1.3.4　结构性质提要

我们尝试以结构性质与求解途径为线索, 其中要点是如下几种结构.

**独立性**　时序优化问题从"可分离系数"情形开始, 即工件与位置相对独立地对目标函数起作用. 进而独立性表现最优解可通过工件与位置的两两交换得到, 称之为"独立相邻关系". 再继续发展, 就进入独立系统与拟阵的贪婪算法模式.

**凸性**　在组合最优化中, 一大类多项式时间可解的问题, 具有这样的特征: 对每一个组合构形 $x$, 经某种基本变换得到的全部构形构成 $x$ 的邻域 $N(x)$, 若 $x$ 是 $N(x)$ 的局部最优解, 则它一定是整体最优解. 这种性质称为离散凸性. 具体地说,

Monge 性质及子模函数也有离散凸性之称. 其次, Lawler[1] 提出"凸二部图"的概念, 与区间图及区间超图一脉相承. 时序问题的有效算法都具有某种凸性的体现.

**限位结构 (可匹配性)** 基本的时序问题表现为工件与位置的匹配. 每个工件的容许位置集构成一个子集族, 称为限位结构. 工件与位置的完美匹配对应于这个子集族的相异代表系 (或称横贯). 存在完美匹配或相异代表系称为可匹配性. 许多时序问题可转化为匹配问题或网络流问题求解, 这是可匹配性的表现.

**偏序结构** 偏序结构与排序问题有天生的联系, 因为排序问题的解是一个全序关系——排列. 由偏序关系扩张为全序关系的线性扩张方法, 称为研究时序问题的一般途径. 虽然有的问题没有偏序约束, 但根据最优性分析, 可以建立两个相邻工件的优先关系, 从而得到一个类似于偏序的关系, 可进一步将其扩张为整体最优的全序关系.

**划分结构** 已知一些划分问题是 NP-完全的, 如划分问题、背包问题、3- 划分问题、奇偶划分问题等. 它们是时序问题进入难解性领域的"入口". 证明 NP-完全性的一般方法是构造一个时序问题的实例, 运用序列性与门槛的强迫作用, 塑造出一个划分问题的"模型".

**递推结构** 在证明一个时序问题是 NP-困难问题之后, 研究工作的重心转移到精确算法及近似算法. 对此, 动态规划方法发挥重要的作用. 动态规划方法的基础是多阶段决策过程的可递推性. 由此推演出的伪多项式时间算法, 不仅成为小数据实例的有效算法, 而且可以建立任意精度逼近的近似算法.

**图与网络结构** 在空间模式的顺序最优化问题中, 作为可行解的状态模式主要运用图与网络的组合构形表示, 如通过路、圈、树、流等构形, 把一些复杂的数量关系转化为清晰的几何 (图论) 模型. 在信息科学 (如数值计算与电路设计) 的序结构优化问题中, 图论方法是有力的工具.

时序问题种类繁多, 其特性也丰富多彩, 未能一一罗列.

### 1.3.5 选题范围的约定

约定本书所研究的时序优化问题具有如下的基础性特征:

(1) 它是确定性的 (即所有工件与机器的输入参数都是给定的常数), 不是随机性的, 也不是可控的.

(2) 它是离线的 (所有输入信息是事先已知的), 不是在线的 (输入信息是随着时间的进行逐步释放);

(3) 它是单目标的 (只有一个目标函数), 不是多目标的 (即同时优化多个目标函数).

(4) 工件在时间上是串行的 (在任意时刻, 一个工件只能在一台机器上加工), 不是并行的 (一个工件可以有若干台机器同时加工).

作为推广, 随机排序问题、可控排序问题、在线排序问题、多目标排序问题、并行工件问题等构成新兴的研究邻域, 称之为现代排序论 (参见 [22]). 这是进一步研习的范围.

对一个组合最优化问题, 包括时序优化问题, 主要研究内容有如下几方面:

(a) 计算复杂性分析: 它是多项式时间可解还是 NP-困难的?

(b) 对容易问题, 研究最优性条件及多项式时间算法.

(c) 对困难问题, 研究:

- 多项式时间可解的特殊情形 (如单位工时或可中断).
- 精确算法 (隐枚举算法, 如动态规划、分枝定界).
- 近似算法的设计与分析.
- 局部搜索及其他启发式算法.

仿照传统组合优化书籍的编排, 我们将从多项式时间可解的问题入手, 从易到难. 在证明 NP-困难性之后, 进入近似算法的设计与分析.

在一般时序优化问题中, 最优方案往往有这样的特点: 只要一些关键工件按照一定规范准则排布好, 其他非关键工件可以违背这种规则, 有一定程度的散乱. 但是如果非关键工件也按照这种规则排布, 也不失为最优方案. 换言之, 这种规则并不是最优方案的必要条件, 而是存在最优方案满足此条件. 对此, 我们有这样的约定: 首先着重寻求整齐规范的最优方案, 忽略在非关键环节不规范的最优方案. 欲进一步得到全部最优解, 或得到最优性的充分必要条件, 须再做更深入细致的分析.

关于排序论, scheduling, 或时序最优化, 可参阅综述及专著 [8~19].

## 习  题  1

1.1 直接证明排序原理: 对两组非负实数 $\{a_1, a_2, \cdots, a_n\}, \{b_1, b_2, \cdots, b_n\}$, 相对于所有可能排列而言, 当 $a_1 \leqslant a_2 \leqslant \cdots \leqslant a_n, b_1 \geqslant b_2 \geqslant \cdots \geqslant b_n$ 时, 它们的数量积 $\sum_{i=1}^{n} a_i b_i$ 达到最小. 其次, 试考虑求最大的对偶命题.

1.2 在统筹法中, 工序流程用有向图来表示. 在 "双标号法" 中, 每个工序用一条有向边表示, 其起点和终点有不同标号, 且有向边的长度等于工序的作业时间. 若工序 $B$ 是工序 $A$ 的后继工序, 则令 $B$ 的起点与 $A$ 的终点重合. 这样得到一个有向图 $G$. 试证: (1) 图 $G$ 不存在有向圈. (2) 所有工序的总工时 (从起始工序的零时刻到最终工序的完工时刻) 等于图 $G$ 的最长路 (关键路) 长度. 进而, 对无圈有向图 $G$ 设计求最长路的算法.

1.3 在上题中, 如果每个工序用一个顶点表示 ("单标号法"), 如何平推这些结果.

1.4 在一个偏序集 $(S, \prec)$ 中, 每一个元素对应于一个顶点, 若 $a \prec b$, 则从 $a$ 到 $b$ 连一条有向边. 这样得到一个有向图 $G$. 试证: 图 $G$ 不存在有向圈. 反之, 任意无圈有向图对应于一个偏序集.

1.5 试证: 对任意无圈有向图 $G = (V, E)$, 存在一个顶点标号 (称为 "拓扑序标号") $l : V \to \{1, 2, \cdots, |V|\}$ 使得每条边 $(u, v) \in E$ 均有 $l(u) < l(v)$. 因此, 对任意偏序集 $(S, \prec)$ 也存在这种拓扑序. 由此证明了偏序理论中的一个结论: 任意偏序关系都存在线性扩张. [提示: 只要每次选择没有先行元素的元素先标即可.]

1.6 试建立如下实际问题的数学模型. 1958 年平顶山煤矿枢纽站提出机车调度问题: 设 $n$ 个矿井与枢纽站有铁路专用线相连 (图 1.16), 当矿井的煤仓装满煤时, 就需要枢纽站派机车将空车皮送到矿井去装煤; 当空车皮装满煤后, 又需要派机车将重车皮拉回枢纽站, 集结成列车将煤运出矿区. 由于各矿井的生产进度不一致, 需要送空车和取重车的时间不同, 如何调度机车, 才能在按时完成任务的前提下, 使总作业时间 (全程) 为最小? 下面分几个子问题讨论.

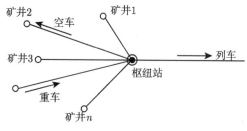

图 1.16　矿区取送车作业

(1) 送空车模型. 设 $n$ 个矿井送空车的任务为 $J_1, J_2, \cdots, J_n$, 只有一台机车 (机器 $M$), 从枢纽站到矿井 $j$ 的运行时间是 $t_j$ $(j = 1, 2, \cdots, n)$. 并根据生产进度, 设矿井 $j$ 煤仓储满煤的时刻为 $a_j$, 空车皮必须在此时刻前到达. 那么任务 $J_j$ 的截止期应该是 $\bar{d}_j = a_j - t_j + p_j$. 再者, 任务 $J_j$ 的作业时间包括机车从枢纽站到矿井 $j$, 在矿井站放置车皮操作 $o_j$, 以及从矿井返回枢纽站的时间, 故其工时为 $p_j = 2t_j + o_j$. 试求机车作业顺序, 使最早开工时刻 $S_{\min}$ 为最大.

(2) 取重车模型. 设 $n$ 个矿井取重车的任务为 $J_1, J_2, \cdots, J_n$, 并设矿井 $j$ 的空车皮装满煤的时刻为 $b_j$, 重车必须在此时刻之后才能取走. 那么任务 $J_j$ 的到达期是 $r_j = b_j - t_j$. 再者, 任务 $J_j$ 的作业时间包括机车从枢纽站到矿井 $j$, 在矿井站钩挂车皮操作 $o_j$, 以及从矿井返回枢纽站的时间, 故其工时为 $p_j = 2t_j + o_j$. 试求机车作业顺序, 使最后完工时间 $C_{\max}$ 为最小.

(3) 取送车模型. 设 $n$ 个矿井送空车的任务为 $J_1, J_2, \cdots, J_n$, 取重车的任务为 $J_1', J_2', \cdots, J_n'$, 其中 $J_j'$ 是 $J_j$ 的后继任务. 这里, 矿井 $j$ 的空车皮装满煤的时刻 $b_j$ 不是给定的常数, 而是依赖于先行任务 $J_j$ 的完工时间. 设 $J_j$ 的完工时间是 $C_j$, 则 $b_j = C_j - t_j + l_j$, 其中 $l_j$ 是空车的装煤时间. 这样就得到 $2n$ 个取送车任务交叉作业的调度问题. 目标是总流程 $C_{\max} - S_{\min}$ 为最小, 其中 $S_{\min}$ 是最早开工时刻. 进一步讨论参见 [28~30].

1.7 20 世纪 70 年代一机部郑州机械研究所提出如下的汽轮机叶片排序问题 (参见 [31], 国外也有相应的研究). 在汽轮机中有 100 多个叶片, 每个叶片的质量与几何形状不尽相同 (考虑到共振因素); 当转子转动时, 它们各自产生的惯性离心力参差不齐. 为达到良好的动平衡, 必须将诸叶片适当排序, 使各个方向的离心力的合力达到最小. 今设有 $n$ 个叶片, 转动时第 $j$

个叶片产生的离心力数值为 $r_j$ $(1 \leqslant j \leqslant n)$. 转子的一周 (单位圆) 分为 $n$ 等份, 每个分点为安装叶片的位置, 也是 $n$ 个离心力的作用点. 求 $n$ 个叶片的圆排列, 使得模为 $r_1, r_2, \cdots, r_n$ 的 $n$ 个力的合力为最小. 试建立数学模型.

1.8 河南油田电力调度部门提出如下的电网检修时间表问题. 一个小型电网有 $n$ 条线路 $L_1, L_2, \cdots, L_n$, 其中每条线路在一年 $[0, T]$ 中要停电检修一次. 运行期 $[0, T]$ 划分为 $t$ 个时段 (比如一天作为一个时段). 根据电网运行及用户需求等因素, 每条线路在每一时段因停电造成的负荷损失是已知的 (根据历史数据统计得到). 设线路 $L_j$ 在时段 $i$ 停电的损失为 $c_{ij}(1 \leqslant i \leqslant t, 1 \leqslant j \leqslant n)$. 每条线路检修看作一个任务 (工件). 假定只有一个检修作业队 (机器). 每条线路检修的作业时间依赖于线路的长短和设施. 设线路 $L_j$ 的作业时间为 $p_j$ 个时段 $(1 \leqslant j \leqslant n)$. 问在运行期 $[0, T]$ 内如何安排线路的检修作业时间, 使总的负荷损失为最小. 试建立其数学模型.

1.9 在工业材料加工中经常采用截断切割方式, 即将物体沿某个切割平面分成两部分. 现要从一个长方体材料中通过 6 次截断切割, 切出一个预定位置的长方体部件 (一个面切一次). 设原长方体的长宽高为 $A, B, C$, 而加工的长方体的长宽高为 $a, b, c$, 且两个长方体的对应面是平行的. 假定切割费用与截面的面积成正比. 问如何安排 6 次截断切割的顺序, 使得总切割费用为最小. 设两个长方体对应面的距离分别为 $h_1, h_2, \cdots, h_6$(称为切割深度). 类似于 1.1 题的排序原理, 试证如下的最优排序规则: 切割深度的非减顺序, 即 $h_{i_1} \geqslant h_{i_2} \geqslant \cdots \geqslant h_{i_6}$ 的顺序, 是一个最优排序. [选自 1997 年全国大学生数模竞赛, 参见 [32].]

1.10 考虑这样的排序问题: $n$ 个工件 $J_1, J_2, \cdots, J_n$ 在一台机器上加工, 每个工件的工时为 1; 从加工 $J_i$ 到加工 $J_j$, 机器有一个调整时间 $s_{ij}$ $(1 \leqslant i, j \leqslant n, i \neq j)$; 目标是最小化全程 $C_{\max}$. 此问题记为 $1|p_j = 1, s_{ij}|C_{\max}$. 试证其可归结为旅行商问题 (求 $n$ 城市间的最短巡回路线).

1.11 设 $n$ 个工件 $J_1, J_2, \cdots, J_n$ 在一台机器上加工, 每个工件的工时为 1. 工件 $J_j$ 与 $J_{j+1}$ 有通信关系 $(1 \leqslant j \leqslant n, J_{n+1} = J_1)$. 求一个作业顺序, 使有通信关系的工件的最大距离为最小. 试证: 当 $n$ 为偶数时, 顺序 $\pi = (1, n, 2, n-1, \cdots, n/2, n/2+1)$ 是最优解; 当 $n$ 为奇数时, 顺序 $\pi = (1, n, 2, n-1, \cdots, (n-1)/2, (n+3)/2, (n+1)/2)$ 是最优解, 且最大距离的最小值为 2. [工件之间的通信关系是一般二元关系的情形称为 "带宽问题", 见第 8 章.]

1.12 考虑排序问题 $1|p_j = 1|\sum w_j T_j$. 设 $n$ 个工件 $J_1, J_2, \cdots, J_n$ 在一台机器上加工, 工件 $J_j$ 的工时为 1, 工期为 $d_j$, 权因子为 $w_j$ $(1 \leqslant j \leqslant n)$. 若工件 $J_j$ 的完工时间为 $C_j$, 则它的延误时间是 $T_j = \max\{C_j - d_j, 0\}$. 目标是最小化加权总延误时间 $\sum_{1 \leqslant j \leqslant n} w_j T_j$. 试证其可归结为一个线性规划问题 (分配问题).

1.13 考虑排序问题 $1||\sum w_j C_j$. 设 $n$ 个工件 $J_1, J_2, \cdots, J_n$ 在一台机器上加工, 工件 $J_j$ 的工时为 $p_j$, 权因子为 $w_j$ $(1 \leqslant j \leqslant n)$. 设工件 $J_j$ 的完工时间为 $C_j$. 目标是最小化加权总完工时间 $\sum_{1 \leqslant j \leqslant n} w_j C_j$. 试证其可归结为一个线性规划问题 (分配问题).

# 第2章　独立性与贪婪型算法

最简单的时序优化问题是工件与位置 (状态) "独立地" 对目标函数做出贡献, 或者说二者的作用是可分离的. 这里借鉴概率论中的独立性概念: 两个独立事件的概率可以分别计算, 然后直接相乘得到. 在众多学科的线性模型中, 联合的作用都等于分别的作用 "叠加" 起来. 在数理统计中也有二者 "没有交互作用" 的说法 (只有分离的作用). 由此联想到, 最简单的微分方程是可分离变量的方程; 最简单的重积分是被积函数可分离变量的积分; 最简单的二维密度函数是可分离变量的函数. 我们就从这种可分离的独立作用谈起.

## 2.1　可分离性结构

### 2.1.1　可分离系数的分配问题

如前一章所述, 一般的时序优化问题就是工件–机器–时间的三维匹配. 对单机问题来说, 它就是工件与时间的二维匹配. 因此我们从二部图匹配问题, 即任务分配问题开始讨论.

任务分配问题 (the assignment problem) 是线性规划与组合最优化中的典型问题, 它是研究若干人员与若干任务之间的最优匹配 (亦有安排问题、指派问题之称). 设人员集为 $X = \{x_1, x_2, \cdots, x_n\}$, 任务集为 $Y = \{y_1, y_2, \cdots, y_n\}$. 若人员 $x_i$ 分配给任务 $y_j$, 则令变量 $x_{ij} = 1$, 否则令 $x_{ij} = 0$. 并设 $c_{ij}$ 表示人员 $x_i$ 执行任务 $y_j$ 的费用. 于是任务分配问题的 0-1 线性规划形式是

$$\min \quad \sum_{i=1}^{n} \sum_{j=1}^{n} c_{ij} x_{ij} \tag{2.1}$$

$$\text{s.t.} \quad \sum_{j=1}^{n} x_{ij} = 1, \quad 1 \leqslant i \leqslant n, \tag{2.2}$$

$$\sum_{i=1}^{n} x_{ij} = 1, \quad 1 \leqslant j \leqslant n, \tag{2.3}$$

$$x_{ij} \in \{0, 1\}, \tag{2.4}$$

其中目标函数 (2.1) 为总费用, 约束 (2.2) 表示每个人员 $x_i$ 分配给一个任务, 约束 (2.3) 表示每个任务 $y_j$ 分配到一个人员; 根据此类线性规划问题的整数解性质, (0,1)

选择性约束 (2.4) 也可改写为 $x_{ij} \geqslant 0$. 另外, 也可以用 $X$ 与 $Y$ 定义一个二部图 $G$, 其中 $c_{ij}$ 表示边 $(x_i, y_j)$ 的权, 问题转化求图 $G$ 的最小权完美匹配. 已知此问题已有十分有效的解法, 称为匈牙利算法 (见 [1~4]).

现在讨论一个特殊情形, 称为可分离系数的分配问题: $c_{ij} = a_i b_j\, (1 \leqslant i, j \leqslant n)$. 这相当于人员与任务对目标函数的贡献是"相互独立"的. 对此, 我们有更简单的解法.

**定理 2.1.1**    对可分离系数的分配问题, 即 $c_{ij} = a_i b_j\, (1 \leqslant i, j \leqslant n)$, 若 $a_1 \leqslant a_2 \leqslant \cdots \leqslant a_n$, $b_1 \geqslant b_2 \geqslant \cdots \geqslant b_n$, 则 $x_{ii} = 1\, (1 \leqslant i \leqslant n)$, $x_{ij} = 0\, (i \neq j)$ 为最优解.

**证明**    可用熟知的线性规划方法 (见 [4, 25, 26]) 证明. 欲证: 在矩阵 $(x_{ij})$ 中对角元素为 1, 其余元素为 0 的基可行解是最优解. 只要证明所有非基变量的检验数为非负. 对这个退化的基可行解, 基变量除 $x_{ii} = 1\, (1 \leqslant i \leqslant n)$ 之外, 补上 $n - 1$ 个零元 $x_{i,i+1} = 0$ 的基变量. 那么, 用回路法计算, 非基变量 $x_{ji}(j > i)$ 的检验数为

$$\lambda_{ji} = c_{j,i} - c_{i,i} + c_{i,i+1} - c_{i+1,i+1} + c_{i+1,i+2} - c_{i+2,i+2} + \cdots + c_{j-1,j} - c_{j,j}$$

$$= a_j b_i - a_i b_i + a_i b_{i+1} - a_{i+1} b_{i+1} + a_{i+1} b_{i+2} - a_{i+2} b_{i+2} + \cdots + a_{j-1} b_j - a_j b_j$$

$$= (a_j - a_i) b_i + (a_i - a_{i+1}) b_{i+1} + (a_{i+1} - a_{i+2}) b_{i+2} + \cdots + (a_{j-1} - a_j) b_j$$

$$\geqslant (a_j - a_i + a_i - a_{i+1} + a_{i+1} - a_{i+2} + \cdots + a_{j-1} - a_j) b_i = 0.$$

非基变量 $x_{ij}(i < j)$ 的检验数可对称地计算. 故上述基可行解是最优解.    □

也可以直接用交换位置的方法证明 (参见推论 2.1.3).

上述分配问题的最优解 $x_{ii} = 1\, (1 \leqslant i \leqslant n)$, $x_{ij} = 0\, (i \neq j)$ 相当于这样的匹配: 人员 $x_i$ 与任务 $y_i$ 按顺序直接一一配对 $(i = 1, 2, \cdots, n)$. 故可称之为顺序匹配. 求这样的最优解, 算法十分简单: 先将人员按 $\{a_i\}$ 递增顺序且任务按 $\{b_i\}$ 递减顺序排列, 然后按顺序逐一配对.

任意可行解 $\{x_{ij}\}$ 可以表示为一个排列: 若 $x_{ij} = 1$, 则将元素 $j$ 排在第 $i$ 位. 如果 $x_{1,i_1} = x_{2,i_2} = \cdots = x_{n,i_n} = 1$, 则它对应于一个排列 $\pi = (i_1, i_2, \cdots, i_n)$. 排列 $\pi$ 通常记为 $\pi = (\pi(1), \pi(2), \cdots, \pi(n))$. 当我们用 $\pi = (\pi(1), \pi(2), \cdots, \pi(n))$ 表示 $n$ 个元素 (比如工件) 的排列顺序时, 它是指元素 $\pi(1)$ 排在第 1 位, 元素 $\pi(2)$ 排在第 2 位, 直至元素 $\pi(n)$ 排在第 $n$ 位. 特别是, 上述顺序匹配对应于"自然排列" $\pi = (1, 2, \cdots, n)$, 相当于单位置换 (元素 1 排在第 1 位, 元素 2 排在第 2 位, 直至元素 $n$ 排在第 $n$).

由定理 2.1.1 立即得到

**推论 2.1.2**    对两组非负数 $\{a_1, a_2, \cdots, a_n\}$ 及 $\{b_1, b_2, \cdots, b_n\}$, 设 $a_1 \leqslant a_2 \leqslant \cdots \leqslant a_n$. 则对所有可能的排列 $\pi = (\pi(1), \pi(2), \cdots, \pi(n))$, 当 $b_{\pi(1)} \geqslant b_{\pi(2)} \geqslant \cdots \geqslant$

$b_{\pi(n)}$ 时, 函数

$$f(\pi) = \sum_{k=1}^{n} a_k b_{\pi(k)} \tag{2.5}$$

达到最小.

对称地, 当 $a_1 \leqslant a_2 \leqslant \cdots \leqslant a_n$, $b_{\pi(1)} \leqslant b_{\pi(2)} \leqslant \cdots \leqslant b_{\pi(n)}$ 时, 函数 $f(\pi) = \sum_{k=1}^{n} a_k b_{\pi(k)}$ 达到最大. 这是例 1.1.1 讲过的 "排序原理". 至于这一称呼, 也是华罗庚对中学生讲数学竞赛时流传开来的 (见 [20]). 其实这个经典不等式最早出自著作 [6] 的第十章重新排列. 时至今日, 排序论已有许多 "原理", 我们不妨用 "分离性排序原理" 来特指这种二序列分别按单调性进行排列的性质. 此性质还有如下多种表现形式, 体现出两个排序过程在最优性驱动下此消彼长的对称趋势.

首先, 当上述论断中的乘法 × 变为加法 + (作为运算 ⊗), 把加法 + 变为取最大 max (作为运算 ⊕) 时, 便得到另一种分离排序形式如下.

**推论 2.1.3** 对两组实数 $\{a_1, a_2, \cdots, a_n\}$ 及 $\{b_1, b_2, \cdots, b_n\}$, 设 $a_1 \leqslant a_2 \leqslant \cdots \leqslant a_n$. 则对所有可能的排列 $\pi = (\pi(1), \pi(2), \cdots, \pi(n))$, 当 $b_{\pi(1)} \geqslant b_{\pi(2)} \geqslant \cdots \geqslant b_{\pi(n)}$ 时, 函数

$$f(\pi) = \max_{1 \leqslant k \leqslant n} (a_k + b_{\pi(k)}) \tag{2.6}$$

达到最小.

**证明** 假定存在一个最优排列 $\pi$, 使得 $b_{\pi(i)} < b_{\pi(i+1)}$. 则构造另一个排列 $\pi'$, 使得 $\pi'(i) = \pi(i+1)$, $\pi'(i+1) = \pi(i)$, $\pi'(j) = \pi(j)$ $(j \neq i, i+1)$ (即交换 $i$ 与 $i+1$ 两个位置). 由于 $a_i \leqslant a_{i+1}$ 及 $b_{\pi(i)} < b_{\pi(i+1)}$, 对函数 $f(\pi)$ 中 $k = i, i+1$ 的两项, 我们有

$$\max\{a_i + b_{\pi(i)}, a_{i+1} + b_{\pi(i+1)}\} = a_{i+1} + b_{\pi(i+1)}$$
$$\geqslant \max\{a_i + b_{\pi(i+1)}, a_{i+1} + b_{\pi(i)}\} = \max\{a_i + b_{\pi'(i)}, a_{i+1} + b_{\pi'(i+1)}\}.$$

设 $R = \max\{a_j + b_{\pi(j)} : 1 \leqslant j \leqslant n, j \neq i, i+1\}$. 则

$$f(\pi) = \max\{R, a_i + b_{\pi(i)}, a_{i+1} + b_{\pi(i+1)}\}$$
$$\geqslant \max\{R, a_i + b_{\pi'(i)}, a_{i+1} + b_{\pi'(i+1)}\} = f(\pi').$$

因此排列 $\pi'$ 也是最优解. 倘若 $\pi'$ 仍不满足条件 $b_{\pi'(1)} \geqslant b_{\pi'(2)} \geqslant \cdots \geqslant b_{\pi'(n)}$, 则施行同样的变换. 这样, 终究得到满足要求条件的最优排列. 然而所有满足此条件的排列具有相同的目标函数值 $f(\pi)$. 故任意满足 $b_{\pi(1)} \geqslant b_{\pi(2)} \geqslant \cdots \geqslant b_{\pi(n)}$ 的排列都是最优解. □

对称地, 当 $a_1 \leqslant a_2 \leqslant \cdots \leqslant a_n$, $b_{\pi(1)} \leqslant b_{\pi(2)} \leqslant \cdots \leqslant b_{\pi(n)}$ 时, 函数 $f(\pi) = \max_{1 \leqslant k \leqslant n}(a_k + b_{\pi(k)})$ 为最大. 这是平凡的, 因为此时的最大值为 $a_n + b_{\pi(n)}$. 上述论断, 当加法换成乘法时, 依然成立. 所以又得到一种分离排序形式.

至此, 对求最小值而言, 二序列 $\{a_i\}$ 与 $\{b_i\}$ 都按相反升降顺序排列. 现在考虑一个 "对偶" 问题, 把前者的加法 + 变为取最大 max, 把取最大 max 变成求和: 求排列 $\pi$, 使 $\sum_{1 \leqslant k \leqslant n} \max\{a_k, b_{\pi(k)}\}$ 达到最小. 其最优解将是二序列按同顺序排列, 呈现另一种分离形式.

**推论 2.1.4**  设 $a_1 \leqslant a_2 \leqslant \cdots \leqslant a_n$. 则当 $b_{\pi(1)} \leqslant b_{\pi(2)} \leqslant \cdots \leqslant b_{\pi(n)}$ 时, 函数

$$f(\pi) = \sum_{k=1}^{n} \max\{a_k, b_{\pi(k)}\} \tag{2.7}$$

达到最小.

**证明**  假如存在一个最优排列 $\pi$, 使 $b_{\pi(i)} > b_{\pi(i+1)}$, 则构造另一个排列 $\pi'$, 使得 $\pi'(i) = \pi(i+1)$, $\pi'(i+1) = \pi(i)$, $\pi'(j) = \pi(j)$ $(j \neq i, i+1)$. 由于 $a_i \leqslant a_{i+1}$ 及 $b_{\pi(i)} > b_{\pi(i+1)}$, 所以 $a_{i+1} + b_{\pi(i)} \geqslant \max\{a_i + b_{\pi(i)}, a_{i+1} + b_{\pi(i+1)}\}$. 从而对函数 $f(\pi)$ 中 $k = i, i+1$ 的两项, 我们有

$$
\begin{aligned}
&\max\{a_i, b_{\pi(i)}\} + \max\{a_{i+1}, b_{\pi(i+1)}\} \\
={}&\max\{a_i + a_{i+1}, a_i + b_{\pi(i+1)}, b_{\pi(i)} + a_{i+1}, b_{\pi(i)} + b_{\pi(i+1)}\} \\
\geqslant{}&\max\{a_i + a_{i+1}, a_i + b_{\pi(i)}, b_{\pi(i+1)} + a_{i+1}, b_{\pi(i)} + b_{\pi(i+1)}\} \\
={}&\max\{a_i, b_{\pi(i+1)}\} + \max\{a_{i+1}, b_{\pi(i)}\}.
\end{aligned}
$$

设 $R = \sum_{1 \leqslant j \leqslant n, j \neq i, i+1} \max\{a_j, b_{\pi(j)}\}$. 则

$$
\begin{aligned}
f(\pi) &= R + \max\{a_i, b_{\pi(i)}\} + \max\{a_{i+1}, b_{\pi(i+1)}\} \\
&\geqslant R + \max\{a_i, b_{\pi(i+1)}\} + \max\{a_{i+1}, b_{\pi(i)}\} = f(\pi').
\end{aligned}
$$

因此排列 $\pi'$ 也是最优解. 倘若 $\pi'$ 仍不满足要求的条件, 则施行同样的变换. 最终得到满足要求条件的最优排列. $\qquad\square$

对称地, 当 $a_1 \leqslant a_2 \leqslant \cdots \leqslant a_n$, $b_{\pi(1)} \geqslant b_{\pi(2)} \geqslant \cdots \geqslant b_{\pi(n)}$ 时, $f(\pi) = \sum_{k=1}^{n} \max\{a_k, b_{\pi(k)}\}$ 为最大.

总之, 两组数, 无论按照乘法、加法或取最大运算结合起来, 都有分离性排序的性质. 此类性质将在一系列简单排序问题中体现出来.

### 2.1.2 贪婪型算法的一般形式

自然界的优化现象, 时常受最小势能原理支配, 如水往低处流, 光沿最短路径传播, 炽热熔岩逐步冷却, 肥皂膜缩到最小, 力系趋于平衡状态, 等等. 变分问题的

解常常体现出这种趋势. 对组合优化问题而言, 人们往往能够发现某种效能指标, 表示每个元素对优化目标的潜在贡献或影响程度. 在不受制约的情况下, 这种指标总是自然而然地倾向于最小状态, 好像受到势能的驱动作用那样. 由此引导出如下的算法模式: 每一步总是选择效能指标最小 (或最大) 的元素, 按照指标由小到大 (或由大到小) 一遍生成求解序列. 我们称之为贪婪型算法 (greedy algorithm) 或线性生成算法. 最简单的例子是线性规划中的分数背包问题:

$$\max \quad \sum_{j=1}^{n} c_j x_j$$

$$\text{s.t.} \quad \sum_{j=1}^{n} a_j x_j \leqslant b,$$

$$0 \leqslant x_j \leqslant 1, \quad 0 \leqslant j \leqslant n,$$

其中 $c_j$ 是物品 $j$ 的价值, $a_j$ 是物品 $j$ 的体积, $b$ 是背包的容量. 问题是在背包容量的约束下, 使选取物品的总价值为最大. 假定物品的数量不一定取整数. 此问题的效能指标是 $c_j/a_j$, 物品单位体积的价值, 即此物品对目标函数的贡献率. 最优解将是按照贡献率由大到小的顺序选择物品.

由于在一般的时序优化问题中, 约定以讨论最小化问题为主, 所以首先选择效能指标最小者, 然后依次递增. 在工件集 $\boldsymbol{J}$ 中, 我们把工件 $j$ 的效能指标 (贡献率) 称为梯度 $g(j)$. 其确切含义, 随后加以解释. 那么贪婪型算法的一般形式是:

**算法 GREEDY$(g(j))$**

---

(1) 计算梯度 $g(j)$ $(j = 1, 2, \cdots, n)$.
(2) 构造排列 $\pi = (\pi(1), \pi(2), \cdots, \pi(n))$ 使得 $g(\pi(1)) \leqslant g(\pi(2)) \leqslant \cdots \leqslant g(\pi(n))$.

---

在前面的可分离系数分配问题中, 把人员看作工件, 把任务看作位置 (时段). 当表示位置特征的 $\{b_i\}$ 按递减顺序已排定时, 工件的最优排序就是按 $\{a_j\}$ 的递增顺序排列的. 这里 $a_j$ 表示工件 $j$ 对目标函数的贡献率, 即梯度. 随着研究问题的不同, 梯度可以表现为不同的参数. 以后将看到, 在经典的排序问题中, 梯度可以是工时 $p_j$, 工期 $d_j$, 到达期 $r_j$, 权值 $w_j$, 或者其他比值参数, 视哪个参数对问题起主导作用而定. 定义 2.2.3 将给出更具体的描述. 以后众多例子将帮助我们理解这个概念.

关于贪婪算法的运行次数, 作如下说明. 假定计算每一个梯度可在常数时间完成. 那么步骤 (1) 的运行时间是 $O(n)$. 在步骤 (2) 中, 要运用 $n$ 个数的排顺算法, 其运行时间 $O(n \log n)$. 这在前一章已做过介绍. 所以贪婪算法 GREEDY$(g(j))$ 的时间界为 $O(n \log n)$.

### 2.1.3 可分离费用的时序问题

许多开创时期研究的排序问题都可以纳入分离系数的框架.

**例 2.1.1** 费用选择问题 $P||\sum w_i p_j$.

设有 $n$ 台平行机与 $n$ 个工件, 每个工件可以选择任一台机器加工, 每一机器只加工一个工件. 机器 $M_i$ 加工一单位时间的费用为 $w_i$ (与工件无关), 工件 $J_j$ 的工时为 $p_j$ (与机器无关). 那么机程方案 $\pi$ 可表为安排机器 $M_i$ 加工工件 $J_{\pi(i)}$ $(1 \leqslant i \leqslant n)$. 其总费用为 $\sum_{1\leqslant i\leqslant n} w_i p_{\pi(i)}$. 由定理 2.1.1 立得

**命题 2.1.5** 对费用选择问题 $P||\sum w_i p_j$, 设 $w_1 \geqslant w_2 \geqslant \cdots \geqslant w_n$, 则由 $p_{\pi(1)} \leqslant p_{\pi(2)} \leqslant \cdots \leqslant p_{\pi(n)}$ 确定的方案 $\pi$ 是最优的.

这是平凡的道理: 让费用小的机器去加工时间长的工件.

附带说明一下, 由于我们把众多具体的时序问题看作例子, 今后关于它们的一般性结果只写成 “命题” (相对于每个问题来说, 或许应该是 “定理”). 只对具有方法论意义的重要结果才称为 “定理”.

**例 2.1.2** 单机总完工时间问题 $1||\sum C_j$.

设 $n$ 个工件 $J_1, J_2, \cdots, J_n$ 在一台机器上加工, 其中工件 $J_j$ 的工时为 $p_j$ $(1 \leqslant j \leqslant n)$. 对机程方案的排列 $\pi = (\pi(1), \pi(2), \cdots, \pi(n))$, 工件 $J_{\pi(i)}$ 的完工时间是 $C_{\pi(i)} = \sum_{1\leqslant j\leqslant i} p_{\pi(j)}$. 问题的目标函数 (总完工时间) 是

$$f(\pi) = \sum_{i=1}^n C_{\pi(i)} = \sum_{i=1}^n \sum_{j=1}^i p_{\pi(j)} = \sum_{i=1}^n (n-i+1) p_{\pi(i)}. \tag{2.8}$$

令 $w_i = n - i + 1$. 则这个目标函数就变成前一例子的总费用. 注意到 $w_1 \geqslant w_2 \geqslant \cdots \geqslant w_n$, 我们得到

**命题 2.1.6** 对单机总完工时间问题 $1||\sum C_j$, 排列 $\pi$ 是最优方案的充分必要条件是 $p_{\pi(1)} \leqslant p_{\pi(2)} \leqslant \cdots \leqslant p_{\pi(n)}$.

**证明** 充分性由推论 2.1.2 或命题 2.1.5 得到. 下面证明必要性. 倘若排列 $\pi$ 不满足此条件, 则存在某个 $i$ 使得 $p_{\pi(i)} > p_{\pi(i+1)}$. 构造另一个排列 $\pi'$, 使得 $\pi'(i) = \pi(i+1)$, $\pi'(i+1) = \pi(i)$, $\pi'(j) = \pi(j)$ $(j \neq i, i+1)$. 则

$$f(\pi') - f(\pi) = (n-i+1)(p_{\pi(i+1)} - p_{\pi(i)}) + (n-i)(p_{\pi(i)} - p_{\pi(i+1)}) = p_{\pi(i+1)} - p_{\pi(i)} < 0.$$

故 $f(\pi') < f(\pi)$, 从而 $\pi$ 不是最优解. 必要性得证. □

这种按工时非降顺序排列的规则称为 SPT 规则 (shortest processing time first), 出自 Smith 1956 年的经典论文[35]. 写成算法形式, 就是执行贪婪算法 GREEDY($p_j$), 其中 $p_j$ 是工件 $J_j$ 的梯度. 在第 1 章的排队接水问题 (例 1.1.1) 中, 水桶的大小就是工件的梯度 (对目标函数的贡献率), 直观意义是很清楚的.

**例 2.1.3**　单机最大延迟问题 $1||L_{\max}$.

设 $n$ 个工件 $J_1, J_2, \cdots, J_n$ 在一台机器上加工, 其中工件 $J_j$ 的工时为 $p_j$, 工期为 $d_j$ $(1 \leqslant j \leqslant n)$. 对加工顺序的排列 $\pi = (\pi(1), \pi(2), \cdots, \pi(n))$, 工件 $J_{\pi(i)}$ 的完工时间是 $C_{\pi(i)} = \sum_{1 \leqslant j \leqslant i} p_{\pi(j)}$, 延迟是 $L_{\pi(i)} = C_{\pi(i)} - d_{\pi(i)}$. 问题的目标函数 (最大延迟) 是

$$f(\pi) = L_{\max}(\pi) = \max_{1 \leqslant i \leqslant n} L_{\pi(i)} = \max_{1 \leqslant i \leqslant n} (C_{\pi(i)} - d_{\pi(i)}).$$

这里的目标函数具有类似于推论 2.1.3 的运算形式——两个序列对应相加后取最大. 由于其中序列 $\{C_{\pi(i)}\}$ 是严格递增的, 可以预想到在最优解中, 另一序列 $\{-d_{\pi(i)}\}$ 应该单调递减, 即 $\{d_{\pi(i)}\}$ 单调递增. 只是现在严格地说, 还不能直接从推论 2.1.3 推出此结果. 事实上, 上述推论中两个序列的顺序是完全自由的, 其中之一 $\{a_i\}$ 的顺序可以固定, 只让 $\{b_{\pi(i)}\}$ 的顺序变动; 而当前的两个序列 $\{C_{\pi(i)}\}$ 及 $\{-d_{\pi(i)}\}$ 的顺序均依赖于同一个排列 $\pi$. 所以二者的前提条件不一致, 不能直接蕴涵. 然而值得庆幸的是, 在下面的命题证明中, 可仿照着推论 2.1.3 的证明再写一遍.

**命题 2.1.7**　对单机最大延迟问题 $1||L_{\max}$, 由 $d_{\pi(1)} \leqslant d_{\pi(2)} \leqslant \cdots \leqslant p_{\pi(n)}$ 确定的方案 $\pi$ 是最优的.

**证明**　假定存在一个最优排列 $\pi$, 使得 $d_{\pi(i)} > d_{\pi(i+1)}$, 则构造另一个排列 $\pi'$, 使得 $\pi'(i) = \pi(i+1)$, $\pi'(i+1) = \pi(i)$, $\pi'(j) = \pi(j)$ $(j \neq i, i+1)$. 由于 $C_{\pi(i)} < C_{\pi(i+1)}$ 及 $d_{\pi(i)} > d_{\pi(i+1)}$, 对目标函数 $f(\pi)$ 中 $i, i+1$ 的两项, 有

$$\max\{C_{\pi(i)} - d_{\pi(i)}, C_{\pi(i+1)} - d_{\pi(i+1)}\} = C_{\pi(i+1)} - d_{\pi(i+1)}$$
$$\geqslant \max\{C_{\pi(i+1)} - d_{\pi(i)}, C_{\pi(i-1)} + p_{\pi(i+1)} - d_{\pi(i+1)}\}$$
$$= \max\{C_{\pi'(i+1)} - d_{\pi'(i+1)}, C_{\pi'(i)} - d_{\pi'(i)}\}.$$

设

$$R = \max\{L_j(\pi) : 1 \leqslant j \leqslant n, j \neq i, i+1\}.$$

则

$$f(\pi) = \max\{R, C_{\pi(i)} - d_{\pi(i)}, C_{\pi(i+1)} - d_{\pi(i+1)}\}$$
$$\geqslant \max\{R, C_{\pi'(i+1)} - d_{\pi'(i+1)}, C_{\pi'(i)} - d_{\pi'(i)}\} = f(\pi').$$

因此排列 $\pi'$ 也是最优解. 倘若 $\pi'$ 仍不满足所求条件, 则续行此法. 这样, 终究得到满足要求条件的最优排列.　　　　　　　　　　　　　　　　　　　　□

这种按工期非降顺序排列的规则称为 EDD 规则 (earliest due date first), 出自 Jackson 1955 年的先驱工作[34]. 其算法形式就是贪婪算法 GREEDY($d_j$), 其中 $d_j$ 是工件 $J_j$ 的梯度.

在此, EDD 规则是最优排列的充分条件, 不是必要的. 对给定的排列 $\pi$, 工件 $J_{\pi(k)}$ 称为关键工件, 是指它具有最大延迟 (由它确定目标函数值), 即 $L_{\pi(k)} = L_{\max}(\pi)$.

**命题 2.1.8**   对单机最大延迟问题 $1||L_{\max}$, 排列 $\pi$ 是最优方案的充分必要条件是: 存在一个关键工件 $J_{\pi(k)}$, 使得对所有 $i < k$ 有 $d_{\pi(i)} \leqslant d_{\pi(k)}$.

**证明**   对关键工件的数目运用归纳法证明必要性. 设排列 $\pi$ 是最优方案. 若 $\pi$ 只有一个关键工件 $J_{\pi(k)}$, 且存在 $i < k$ 使得 $d_{\pi(i)} > d_{\pi(k)}$, 则 $\pi = (\cdots, \pi(i), \cdots, \pi(k), \cdots)$ 可变换为 $\pi' = (\cdots, \pi(k), \pi(i), \cdots)$. 可知 $L_{\pi(i)}(\pi') = C_{\pi(k)} - d_{\pi(i)} < C_{\pi(k)} - d_{\pi(k)} = L_{\pi(k)}(\pi)$, 而其余工件的延迟不增. 所以 $L_{\max}(\pi') < L_{\max}(\pi)$, 与 $\pi$ 的最优性矛盾. 现设有 $l$ 个关键工件, 其中 $l \geqslant 2$. 取最左边的关键工件 $J_{\pi(k)}$. 若存在 $i < k$ 使得 $d_{\pi(i)} > d_{\pi(k)}$, 则施行上述变换得到 $\pi'$, 其中 $J_{\pi(k)}$ 的延迟下降, 不再成为关键工件 ($J_{\pi(i)}$ 也不可能成为关键工件). 由于其他关键工件不变, 故 $\pi'$ 仍为最优排列, 但关键工件数小于 $l$. 由归纳假设, $\pi'$ 存在关键工件满足所述条件. 此关键工件也是 $\pi$ 的关键工件, 且满足欲证条件.

关于充分性, 设排列 $\pi$ 满足所述条件. 则可断言: 对所有 $j > k$ 有 $d_{\pi(j)} \geqslant d_{\pi(k)}$. 若不然, 存在 $j > k$ 使得 $d_{\pi(j)} < d_{\pi(k)}$, 从而 $L_{\pi(k)} = C_{\pi(k)} - d_{\pi(k)} < C_{\pi(j)} - d_{\pi(j)} = L_{\pi(j)}$, 与 $L_{\pi(k)} = L_{\max}$ 矛盾. 于是得到 $d_{\pi(i)} \leqslant d_{\pi(k)} \leqslant d_{\pi(j)}$ 对所有 $i < k < j$ 成立. 将 $J_{\pi(k)}$ 之前与之后的工件分别按 EDD 规则重排, 得到排列 $\pi'$. 根据命题 2.1.7, $\pi'$ 是最优排列. 又因上述重排并不改变 $L_{\pi(k)}$, 故 $L_{\max}(\pi) \leqslant L_{\max}(\pi')$, 从而 $\pi$ 也是最优的.                                                                    □

**简注**   对一个排列 $\pi$ 验证其是否是最优方案, 如果运用 EDD 条件, 则涉及数据结构中的排顺运算, 运行时间是 $O(n \log n)$. 现在判定条件减弱为只检查关键工件, 即对关键工件序列 (如有多个) 与非关键工件序列依次进行比较, 至多比较 $n$ 次即可找到符合条件的关键工件. [以后的 "简注" 均为不证自明的简易性质 (observation).]

对这样的时序问题, 如果只要求找一个最优解, 只考虑满足 EDD 规则的整齐的最优方案即可, 不必顾及在非关键环节不规范的最优方案. 这正是 1.3.5 小节所述 "首先寻求整齐规范的最优方案的" 约定. 但如果想找到多个最优解或全部最优解, 就必须运用上述充分必要条件. 下面是一个类似的例子.

**例 2.1.4**   单机任务陆续到达问题 $1|r_j|C_{\max}$.

设 $n$ 个工件在一台机器上加工, 其中工件 $J_j$ 的工时为 $p_j$, 到达期为 $r_j$ ($1 \leqslant j \leqslant n$). 这就是说, 工件 $J_j$ 在时刻 $r_j$ 才就位, 此后才能开始加工. 对 $\pi =$

$(\pi(1), \pi(2), \cdots, \pi(n))$，工件 $J_{\pi(i)}$ 的完工时间定义为

$$C_{\pi(i)} = \max\{C_{\pi(i-1)}, r_{\pi(i)}\} + p_{\pi(i)},$$

其中约定 $C_{\pi(0)} = 0$. 问题的目标函数是最终完工时间 (全程) $f(\pi) = C_{\max} = \max_{1 \leqslant i \leqslant n} C_{\pi(i)}$. 举一个例子，其工时及到达期列于下表，而排列 $\pi = (J_1, J_2, J_3, J_4)$ 对应的机程方案如图 2.1 的甘特框图所示. 注意此问题的机程方案，可能因为等待工件到达而出现机器空闲，不能连续加工. 如在图 2.1 的方案中，$J_2$ 之前有一空闲时间. 所以工件顺序 $\pi$ 还不足以确切表达作业进程安排，必须顾及每一个工件的作业区间.

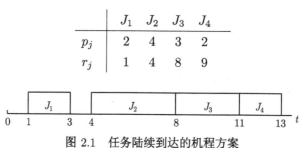

|       | $J_1$ | $J_2$ | $J_3$ | $J_4$ |
| ----- | ----- | ----- | ----- | ----- |
| $p_j$ | 2     | 4     | 3     | 2     |
| $r_j$ | 1     | 4     | 8     | 9     |

图 2.1 任务陆续到达的机程方案

对每一个到达期 $r_{\pi(i)}$，工件 $J_{\pi(i)}, \cdots, J_{\pi(n)}$ 必须在它之后才能加工. 所以我们有目标函数的下界

$$C_{\max}(\pi) \geqslant \max_{1 \leqslant i \leqslant n} \left( r_{\pi(i)} + \sum_{j=i}^{n} p_{\pi(j)} \right).$$

这个下界有类似于推论 2.1.3 的分离系数形式. 由于序列 $\sum_{j=i}^{n} p_{\pi(j)}$ 是单调递减的，可以想象到序列 $r_{\pi(i)}$ 应该以单调递增为好. 下面给出证明.

**命题 2.1.9** 对单机问题 $1|r_j|C_{\max}$，由 $r_{\pi(1)} \leqslant r_{\pi(2)} \leqslant \cdots \leqslant r_{\pi(n)}$ 确定的方案 $\pi$ 是最优的.

**证明** 只需证明存在最优排列满足此条件. 假如存在一个最优排列 $\pi$，使得 $r_{\pi(i)} > r_{\pi(i+1)}$，则构造另一个排列 $\pi'$，交换 $i$ 和 $i+1$ 两个位置. 设 $R = C_{\pi(i-1)}$. 容易逐项验证:

$$\max\{R, r_{\pi(i+1)}, r_{\pi(i)} - p_{\pi(i+1)}\} \leqslant \max\{R, r_{\pi(i)}, r_{\pi(i+1)} - p_{\pi(i)}\},$$

注意其中有 $r_{\pi(i)} - p_{\pi(i+1)} < r_{\pi(i)}$. 在此不等式两端加上 $p_{\pi(i+1)} + p_{\pi(i)}$ 即得

$$C_{\pi(i)}(\pi') = \max\{\max\{R, r_{\pi(i+1)}\} + p_{\pi(i+1)}, r_{\pi(i)}\} + p_{\pi(i)}$$
$$\leqslant \max\{\max\{R, r_{\pi(i)}\} + p_{\pi(i)}, r_{\pi(i+1)}\} + p_{\pi(i+1)} = C_{\pi(i+1)}(\pi).$$

从而 $f(\pi') \leqslant f(\pi)$. 因此 $\pi'$ 也是最优排列. 倘若 $\pi'$ 仍不满足所述条件, 则续行此法, 终究得到满足所述条件的最优排列. 　　　　　　　　　　　　　　　□

这种按到达期非降顺序排列的规则称为 ERD 规则 (earliest release date first), 相当于执行算法 GREEDY$(r_j)$, 其中 $r_j$ 是工件 $J_j$ 的梯度.

上述规则是最优排列的充分条件, 不是必要的. 对给定的排列 $\pi$, 工件 $J_{\pi(k)}$ 称为关键工件, 是指 $r_{\pi(k)} + \sum_{k \leqslant j \leqslant n} p_{\pi(j)} = C_{\max}(\pi)$. 其意思是任务 $J_{\pi(k)}$ 的到达期 $r_{\pi(k)}$ 确定了 $\pi$ 的目标函数值: 从此刻直到最后, 机器不停顿地连续加工. 例如, 在图 2.1 的方案中, $J_2$ 及 $J_3$ 是关键工件. 注意常常有多个关键工件, 但只在最左边的关键工件前面有一段机器空闲时间 (除非它是 $J_{\pi(1)}$ 而 $r_{\pi(1)} = 0$). 下面有对称于命题 2.1.8 的结果.

**命题 2.1.10**　对单机问题 $1|r_j|C_{\max}$, 排列 $\pi$ 是最优方案的充分必要条件是: 存在一个关键工件 $J_{\pi(k)}$, 使得对所有 $j > k$ 有 $r_{\pi(k)} \leqslant r_{\pi(j)}$.

**证明**　充分性是显然的, 因为此时所有 $j > k$ 的工件 $J_{\pi(j)}$ 必须在 $r_{\pi(k)}$ 之后加工, 而 $\pi$ 达到了目标函数的下界 $r_{\pi(k)} + \sum_{k \leqslant j \leqslant n} p_{\pi(j)}$, 故 $\pi$ 是最优解.

下证必要性. 假设最优排列 $\pi$ 只有一个关键工件 $J_{\pi(k)}$, 而存在 $j > k$ 使得 $r_{\pi(j)} < r_{\pi(k)}$. 那么在 $J_{\pi(k)}$ 前面必有一段机器空闲时间. 我们将 $J_{\pi(j)}$ 向前移至 $J_{\pi(k)}$ 之前, 得到排列 $\pi'$. 这样做必然缩小空闲时间, 使 $C_{\max}(\pi)$ 下降, 与 $\pi$ 的最优性矛盾. 进而考虑有 $l$ 个关键工件情形 $(l \geqslant 2)$, 并运用归纳法. 取最左面的关键工件 $J_{\pi(k)}$, 若有 $j > k$ 使得 $r_{\pi(j)} < r_{\pi(k)}$, 则将工件 $J_{\pi(j)}$ 移到 $J_{\pi(k)}$ 之前, 得到排列 $\pi'$. 由于 $J_{\pi(k)}$ 后面的关键工件不变, 故 $\pi'$ 仍然是最优排列. 若 $J_{\pi(k)}$ 的开工时间推迟, 则它不再是关键工件. 否则它之前的空闲时间可容纳下工件 $J_{\pi(j)}$, 从而在 $J_{\pi(k)}$ 之后出现新的空闲 (因为 $J_{\pi(j)}$ 的缺失), 使得 $J_{\pi(k)}$ 不再是关键工件. 于是对 $\pi'$ 运用归纳假设, 可知存在关键工件满足所述条件. 而它也是 $\pi$ 的关键工件, 且满足欲证条件. 　　　　　　　　　　　　　　　□

**例 2.1.5**　任务陆续到达的最大延迟问题 $1|r_j, p_j = 1|L_{\max}$.

将前两个问题结合起来, 任务陆续到达的最大延迟问题 $1|r_j|L_{\max}$ 是 NP- 困难的 (见第 5 章). 现在考虑单位工时的情形 $(p_j = 1)$. 其解法是 ERD 规则与 EDD 规则相结合, 称为修订的 EDD 规则[38].

**命题 2.1.11**　问题 $1|r_j, p_j = 1|L_{\max}$ 的最优方案可由如下规则产生: 按照工件到达的时间进程, 在任意时刻 $t = r_j$ 对已到达的工件按 EDD 顺序安排加工.

**证明提要**　对任务陆续到达的问题, 机程方案中的一个 "区段" (block) 是指这样的一组工件, 其首位工件从到达期开始加工, 其余工件一直连续加工, 没有丝毫空闲时间①. 当只有一个区段时, 上述命题就是关于 EDD 规则的命题 2.1.7 的推

---

① 在城市布局中, 两个路口红绿灯之间的连续建筑称为一个 block (街区). 在图论中, block 称为 "块". 在组合设计中, block 称为 "区组". 类似地, 今后我们把排序中的 block 叫做区段.

论. 一般情形可对区段数进行归纳 (先取出最后一个区段). □

**例 2.1.6** 任务陆续到达且可中断的总完工时间问题 $1|r_j, \text{pmtn}|\sum C_j$.

任务陆续到达的总完工时间问题 $1|r_j|\sum C_j$ 是 NP- 困难的. 现在考虑工件可中断加工的情形, 就是作业时间集可以是若干个区间的并, 其总长度等于它的工时 $p_j$. 其解法是上述 SPT 规则的推广, 称为 SRPT (shortest remaining processing time first) 规则: 按照工件到达的时间进程, 在任意时刻 $t = r_j$ 对已到达的工件, 选择最小剩余工时的工件开始加工. 这是进行性的贪婪算法.

**命题 2.1.12** 问题 $1|r_j, \text{pmtn}|\sum C_j$ 的最优方案可由 SRPT 规则产生.

**证明提要** 对每一个决策时刻 $t$, 证明存在一个最优排列, 使得具有最小剩余工时的工件排在首位. 若不然, 将其交换到首位. □

**例 2.1.7** 单机总延误问题 $1||\sum T_j$.

设 $n$ 个工件在一台机器上加工, 其中工件 $J_j$ 的工时为 $p_j$, 工期为 $d_j$ ($1 \leqslant j \leqslant n$). 对加工顺序 $\pi = (\pi(1), \pi(2), \cdots, \pi(n))$, 工件 $J_{\pi(i)}$ 的延误时间定义为 $T_{\pi(i)} = \max\{C_{\pi(i)} - d_{\pi(i)}, 0\}$. 目标函数是总延误 (时间)

$$\sum_{i=1}^{n} T_{\pi(i)} = \sum_{i=1}^{n} \max\{C_{\pi(i)} - d_{\pi(i)}, 0\} = \sum_{i=1}^{n} \max\{C_{\pi(i)}, d_{\pi(i)}\} - \sum_{i=1}^{n} d_{\pi(i)},$$

其中后一和式是常数. 因此可设目标函数为

$$f(\pi) = \sum_{i=1}^{n} \max\{C_{\pi(i)}, d_{\pi(i)}\}.$$

这里的目标函数貌似推论 2.1.4 的运算形式——两个序列对应取最大后相加. 仿照推论 2.1.4 的同顺序排列性质, 由于序列 $\{C_{\pi(i)}\}$ 是递增的, 可以设想另一序列 $\{d_{\pi(i)}\}$ 在最优解中也单调递增. 或许有一些实例符合这样的趋势, 所以人们长期寄希望于找到多项式时间算法. 然而, 事情并不像前面例子那么幸运: 此问题终究被证明为 NP-困难的 (见第 5 章). 由于两个序列 $\{C_{\pi(i)}\}$ 及 $\{d_{\pi(i)}\}$ 并不是分离的 (它们受同一个排列 $\pi$ 的牵制), 推论 2.1.4 的分离性排序原理对此失效.

为体现上述同顺序排列的趋势, 我们考虑一种特殊情形, 即工时与工期一致变化的情形: 当 $p_1 \leqslant p_2 \leqslant \cdots \leqslant p_n$ 时, 也有 $d_1 \leqslant d_2 \leqslant \cdots \leqslant d_n$ (即 SPT 规则与 EDD 规则一致). 此条件记为 $p_i < p_j \Rightarrow d_i \leqslant d_j$. 对此, 贪婪算法也有效.

**命题 2.1.13** 对单机问题 $1|p_i < p_j \Rightarrow d_i \leqslant d_j|\sum T_j$, 由 EDD 规则或 SPT 规则确定的方案 $\pi$ 是最优的.

**证明** 设 $p_1 \leqslant p_2 \leqslant \cdots \leqslant p_n$. 欲证 $\pi = (1, 2, \cdots, n)$ 是最优方案. 对工件数 $n$ 运用归纳法. 当 $n = 1$ 时论断是平凡的. 假定 $n > 1$ 且工件数小于 $n$ 时论断成立. 先证存在最优排列 $\pi$, 使得 $J_1$ 排在第一位. 倘若 $\pi = (i, \cdots, 1, \cdots)$ 是最优排

列, 则构造另一个排列 $\pi' = (1, \cdots, i, \cdots)$ 使得 $J_1$ 排在第一位. 设 $R$ 表示在目标函数 $f(\pi)$ 中除工件 $J_1, J_i$ 之外的各项之和, $R'$ 为 $f(\pi')$ 中相应的各项之和. 则由 $p_1 \leqslant p_i$ 可知, 当 $\pi$ 变为 $\pi'$ 时, 位于 $J_1, J_i$ 之间的工件的完工时间不推迟, 位于它们之后的工件的完工时间不变. 因此 $R' \leqslant R$. 我们通过逐项检验, 比较二者的目标函数值:

$$
\begin{aligned}
f(\pi') &= \max\{p_1, d_1\} + \max\{C_1, d_i\} + R' \\
&= \max\{p_1 + C_1, p_1 + d_i, d_1 + C_1, d_1 + d_i\} + R' \\
&\leqslant \max\{p_i + C_1, p_i + d_1, d_i + C_1, d_i + d_1\} + R \\
&= \max\{p_i, d_i\} + \max\{C_1, d_1\} + R = f(\pi),
\end{aligned}
$$

注意其中有 $p_1 + C_1 \leqslant p_i + C_1$, $p_1 + d_i \leqslant d_i + C_1$, $d_1 + C_1 \leqslant d_i + C_1$. 故 $\pi'$ 也是最优排列, 而且 $J_1$ 排在第一位. 那么将 $J_1$ 固定在第一位, 考虑其余 $n-1$ 个工件的排列. 由归纳假设可得欲证.　　　　　　　　　　　　　　　　□

　　最后, 关于可分离费用, 再看一个多台平行机的例子. 特别值得注意的是, 对匀速机模型, 若机器 $M_i$ 的速度是 $s_i$, 工件 $J_j$ 的工时为 $p_j$, 则工件 $J_j$ 分配到 $M_i$ 上的实际加工时间是 $\dfrac{1}{s_i} p_j$. 这是可分离系数的形式. 而对交联机模型, 工件 $J_j$ 分配到 $M_i$ 上的加工时间是 $p_{ij}$, 就不是可分离系数的形式了.

　　**例 2.1.8**　匀速平行机总完工时间问题 $Q || \sum C_j$.

　　设 $n$ 个工件 $J_1, J_2, \cdots, J_n$ 在 $m$ 台匀速平行机 $M_1, M_2, \cdots, M_m$ 上加工, 其中工件 $J_j$ 的工时为 $p_j$ $(1 \leqslant j \leqslant n)$, 机器 $M_i$ 的速度为 $s_i$ $(1 \leqslant i \leqslant m)$. 所谓 "平行机" 是指每一个工件可以选择在任意一台机器上加工. 所谓 "匀速机" 是指每台机器对所有工件具有一致的速度 (故称为 uniform machine). 对平行机问题, 机程方案 $\sigma : \boldsymbol{J} \to \boldsymbol{M} \times \mathscr{T}$ 包括工件对机器的选择与时间顺序的安排. 现在令 $\pi_i$ 表示机器 $M_i$ 上工件的加工顺序. 那么机程方案可表示为 $\sigma = (\pi_1, \pi_2, \cdots, \pi_m)$. 于是目标函数为

$$
f(\sigma) = \sum_{i=1}^{m} f(\pi_i).
$$

　　现设 $M_i$ 的速度为 $s_i$. 则工件 $J_j$ 在机器 $M_i$ 上的实际加工时间就是 $p_j/s_i$. 若在机器 $M_i$ 上工件的加工顺序为 $\pi_i = (i_1, i_2, \cdots, i_r)$, 则工件 $J_{i_k}$ 的完工时间是 $C_{i_k} = \sum_{1 \leqslant j \leqslant k} p_{i_j}/s_i$ $(1 \leqslant k \leqslant r)$. 那么在机器 $M_i$ 上诸工件的完工时间和就是 (如同 (2.8) 所示)

$$
f(\pi_i) = \sum_{k=1}^{r} C_{i_k} = \sum_{k=1}^{r} \sum_{j=1}^{k} \frac{p_{i_j}}{s_i} = \sum_{k=1}^{r} \frac{r-k+1}{s_i} p_{i_k}.
$$

此目标函数具有明显的可分离性特征: 机器的速度与工件的工时 "独立" 地对目标函数做出贡献. 设表示工件贡献的序列为 $(p_1, p_2, \cdots, p_n)$, 其中 $p_1 \geqslant p_2 \geqslant \cdots \geqslant p_n$. 而表示机器位置贡献的序列为

$$q = \left( \frac{1}{s_1}, \frac{1}{s_2}, \cdots, \frac{1}{s_m}, \frac{2}{s_1}, \frac{2}{s_2}, \cdots, \frac{2}{s_m}, \cdots, \frac{n}{s_1}, \frac{n}{s_2}, \cdots, \frac{n}{s_m} \right),$$

其中 $k/s_i$ 表示机器 $M_i$ 中倒数第 $k$ 位的单位工时费用. 那么, 如果在目标函数表达式中 $p_j$ 与 $k/s_i$ 相乘, 则表示工件 $J_j$ 排在机器 $M_i$ 的倒数第 $k$ 个位置. 根据推论 2.1.2 (仿照例 2.1.1, 让费用小的机器加工时间长的工件), 问题的最优方案可以构造如下: 从序列 $q$ 中取出 $n$ 个最小的数, 按非降顺序排列为 $(t_1, t_2, \cdots, t_n)$, 将工件 $J_j$ 与位置 $t_j$ 匹配. 这样得到的机程方案 $\sigma^*$ 具有最小目标函数值 $f(\sigma^*) = \sum_{j=1}^{n} t_j p_j$.

于是得到如下贪婪算法 (参见 [19]).

**算法 2.1.1** 求解问题 $Q||\sum C_j$.

(1) 将所有工件排成 $p_1 \geqslant p_2 \geqslant \cdots \geqslant p_n$ 的顺序. 对 $1 \leqslant i \leqslant m$, 令 $\pi_i := \varnothing$, $w_i := \dfrac{1}{s_i}$.

(2) 对 $j := 1$ 到 $n$ 执行:

找出最大的指标 $i$ 使得 $w_i = \min_{1 \leqslant h \leqslant m} w_h$.

令 $\pi_i := (j, \pi_i)$, $w_i := w_i + \dfrac{1}{s_i}$.

(3) 输出方案 $\sigma = (\pi_1, \pi_2, \cdots, \pi_m)$.

---

**命题 2.1.14** 算法 2.1.1 在 $O(n \log n)$ 时间给出问题 $Q||\sum C_j$ 的最优方案.

**证明** 算法是在 $m$ 台机器从后向前的位置中, 选择 $n$ 个位置权值 $w_i = k/s_i$ 最小的位置, 把工件安放进去. 算法的正确性来源于推论 2.1.2 的 "分离性排序原理". 关于算法的时间界, 通常假定 $m \leqslant n$. 在算法步骤 (1), 把工件排顺的运行时间是 $O(n \log n)$. 其他运算的时间是 $O(m)$. 步骤 (2) 执行 $n$ 次运算, 每一次从 $m$ 个数 $\{w_1, w_2, \cdots, w_m\}$ 中找出最小者. 如果用一个顺序队列来存储这些数 (当某个 $w_i$ 改变时, 把它插入相应的顺序位置), 则用对分法求最小值可在 $O(\log m)$ 时间完成. 所以步骤 (2) 的运行时间是 $O(n \log m)$, 即 $O(n \log n)$. □

**例 2.1.9** 恒同机总完工时间问题 $P||\sum C_j$.

在前一例子中, 当所有机器的速度均为 $s_i = 1$ 时, 匀速机就变为恒同机. 恒同机的总完工时间问题 $P||\sum C_j$ 就是前一例子的特殊情形. 算法将变得更简单, 更加类似单机情形的 SPT 算法 (证明从略).

**算法 2.1.2**    求解问题 $P||\sum C_j$.

(1) 将所有工件排成 $p_1 \leqslant p_2 \leqslant \cdots \leqslant p_n$ 的顺序. 对 $1 \leqslant i \leqslant m$, 令 $\pi_i := \varnothing$, $i := 0$.

(2) 对 $j := 1$ 到 $n$ 执行:

令 $i := i + 1\,(\mathrm{mod}\ m)$, $\pi_i := (\pi_i, j)$.

(3) 输出方案 $\sigma = (\pi_1, \pi_2, \cdots, \pi_m)$.

## 2.2    可分离系数的推广——凸性排序原理

### 2.2.1    局部交换性条件

对于任务分配问题 (2.1)~(2.4), 其最优解取决于系数矩阵 $C = (c_{ij})$ 的结构. 对可分离系数的矩阵 $C$, 即 $c_{ij} = a_i b_j$, 其最优解呈现出对称整齐的排序形式: $a_1 \leqslant a_2 \leqslant \cdots \leqslant a_n$, $b_1 \geqslant b_2 \geqslant \cdots \geqslant b_n$, 且 $x_{ii} = 1\,(1 \leqslant i \leqslant n)$, $x_{ij} = 0\,(i \neq j)$. 这是前一节讨论的分离性排序原理, 其中的匹配称为顺序匹配 (对应于自然排列). 由于这种整体的分离性条件太强, 适用范围受限. 我们应该进一步考虑其推广, 探讨局部化的可分离性条件.

容易看出, 当 $a_1 \leqslant a_2 \leqslant \cdots \leqslant a_n$, $b_1 \geqslant b_2 \geqslant \cdots \geqslant b_n$ 时, 可分离系数的矩阵 $C$ 一定满足如下的不等式: 对任意 $1 \leqslant i < p \leqslant n, 1 \leqslant j < q \leqslant n$, 有

$$c_{ij} + c_{pq} \leqslant c_{iq} + c_{pj}. \tag{2.9}$$

事实上, 由简单计算得到

$$
\begin{aligned}
& c_{ij} + c_{pq} - c_{iq} - c_{pj} \\
= {} & a_i b_j + a_p b_q - a_i b_q - a_p b_j \\
= {} & (a_i - a_p)(b_j - b_q) \leqslant 0.
\end{aligned}
$$

这里, 不等式 (2.9) 的直观意义是: 对矩阵 $C$ 的任意 $2 \times 2$ 子矩阵, 主对角线的元素之和不超过次对角线的元素之和. 或者说, 对任意两个工件 (人员) $i < p$ 及任意两个位置 $j < q$, "顺序匹配" $\{(i, j), (p, q)\}$ 不劣于 "交叉匹配" $\{(i, q), (p, j)\}$. 我们称这样的交换性判定条件 (2.9) 为对角不等式或对角规则. 以上得到的结论是: 对可分离系数的矩阵 $C$, 若其行列顺序已按 $\{a_i\}$ 非降及 $\{b_i\}$ 非增排定, 则一定满足对角不等式. 但反之不然, 即当矩阵 $C$ 满足对角不等式时, 它不一定是可分离系数的. 那么, 这一新的规则是否依然能够保证分配问题具有顺序匹配的最优性呢? 下面是定理 2.1.1 的推广:

**定理 2.2.1** 若分配问题的系数矩阵 $C$ 满足对角不等式 (2.9), 则 $x_{ii} = 1 \, (1 \leqslant i \leqslant n)$, $x_{ij} = 0 \, (i \neq j)$ 为最优解.

**证明** 如定理 2.1.1 的证明, 欲证在矩阵 $(x_{ij})$ 中对角元素为 1, 其余元素为 0 的基可行解是最优解, 只要验证它的检验数为非负. 为证明非基变量 $x_{ji} \, (j > i)$ 的检验数

$$\lambda_{ji} = c_{j,i} - c_{i,i} + c_{i,i+1} - c_{i+1,i+1} + c_{i+1,i+2} - c_{i+2,i+2} + \cdots + c_{j-1,j} - c_{j,j} \geqslant 0,$$

当 $j - i = 1$ 时, 这就是 (2.9) 本身. 假定 $j - i \geqslant 2$ 并且已证得

$$c_{j-1,i} - c_{i,i} + c_{i,i+1} - c_{i+1,i+1} + c_{i+1,i+2} - c_{i+2,i+2} + \cdots + c_{j-2,j-1} - c_{j-1,j-1} \geqslant 0.$$

进一步加上

$$c_{j,i} - c_{j-1,i} + c_{j-1,j} - c_{j,j} \geqslant 0$$

即得欲证. 非基变量 $x_{ij} (i < j)$ 的检验数可对称地计算. 故上述基可行解是最优解.

$\square$

此定理表明: 分配问题的矩阵 $C$ 有一种特殊的结构, 使得其局部最优性, 即对所有 $2 \times 2$ 子矩阵的不等式 (2.9) 一致成立 (其 "顺序匹配" 不劣于 "交叉匹配"), 可以推出整体最优性 (整体顺序匹配成为最优解). 由局部最优推出整体最优的性质通常称为凸性. 从几何观点来看, 考察当前顺序匹配的可行点, 任意交换其两个位置, 移步到邻近的可行点, 费用函数立即变大或者相等. 对所有这种 "邻域" 中的点都这样, 说明费用函数在当前点是凸的.

在文献中, 这种满足对角不等式 (2.9) 的矩阵称为 Monge 矩阵, 因 18 世纪法国数学家 G. Monge 而得名. 分配问题及其推广的这种特殊最优性特征称为 Monge 性质或离散凸性 (discrete convexity), 参见 [39].

将上述原理应用于时序优化问题, 可发现一类结构简单的问题, 只要任意两个工件及其位置满足类似的局部最优性 ("顺排" 不劣于 "逆排"), 则可按照局部最优次序直接连接出整体最优排列. 我们将此统一途径称为凸性排序原理, 详见后面的例子.

在分配问题、运输问题、最优匹配问题 (甚至旅行商问题) 中, 流行一种简易的启发式算法, 称为 "二交换法": 如果交换两对匹配元素可使费用下降, 则执行交换; 这样继续进行下去, 直至不能再交换为止. 对一般情形, 此法未必有效. 但对于一些结构简单的特例 (比如 Monge 矩阵的分配问题或运输问题), 一定可以通过这种交换运算得到最优解. 其理论依据就是离散凸性. 对于这些特殊例子, 贪婪算法或二交换法之所以有效, 说明工件与位置对目标的贡献仍然具有某种可分离性, 即两两的位置选择 "一致地" 对整体最优性起作用. 这种局部化的优化条件, 可认为是比可分离系数更加广泛的独立性.

推论 2.1.3 讨论过一种分离性形式: 当 $a_1 \leqslant a_2 \leqslant \cdots \leqslant a_n$ 且 $b_{\pi(1)} \geqslant b_{\pi(2)} \geqslant \cdots \geqslant b_{\pi(n)}$ 时, $\max_{1 \leqslant i \leqslant n}(a_i + b_{\pi(i)})$ 达到最小. 作为另一个例子, 考虑把加法 $+$ 变为取最小 $\min$, 求排列 $\pi$, 使 $\max_{1 \leqslant i \leqslant n}\min\{a_i, b_{\pi(i)}\}$ 为最小. 下面也是一种 "分离性排序原理".

**推论 2.2.2**   设 $a_1 \leqslant a_2 \leqslant \cdots \leqslant a_n$. 则当 $b_{\pi(1)} \geqslant b_{\pi(2)} \geqslant \cdots \geqslant b_{\pi(n)}$ 时, 函数

$$f(\pi) = \max_{1 \leqslant i \leqslant n}\min\{a_i, b_{\pi(i)}\} \tag{2.10}$$

达到最小.

**证明**   考虑这样的分配问题, 其中 $c_{ij} = \min\{a_i, b_j\}$, 费用和变为取最大. 欲证: 当 $a_i \leqslant a_p$, $b_j \geqslant b_q$ 时, 有类似于对角不等式 (2.9) 的不等式:

$$\max\{\min\{a_i, b_j\}, \min\{a_p, b_q\}\} \leqslant \max\{\min\{a_i, b_q\}, \min\{a_p, b_j\}\}.$$

事实上, 由

$$\min\{a_i, b_j\} \leqslant \min\{a_p, b_j\}$$

及

$$\min\{a_p, b_q\} \leqslant \min\{a_p, b_j\}$$

即得.                                                                                          $\square$

这一排序规则可以这样解释: 设有 $n$ 台恒同机, 其中 $M_i$ 的加工截止期为 $a_i$ (到此时刻, 即使未完工也要停机); 并有 $n$ 个工件, 其中 $J_j$ 的工时为 $b_j$. 试求一机程方案 $\pi$, 使得最终完工时间 $C_{\max}$ 为最小. 由于机器 $M_i$ 的完工时间是 $\min\{a_i, b_{\pi(i)}\}$, 所以目标函数是 $C_{\max} = \max_{1 \leqslant i \leqslant n}\min\{a_i, b_{\pi(i)}\}$.

在以上列举的分离性排序原理中, 随着两个序列的结合运算不同, 排列形式也有多种变化, 如 (2.5)~(2.7) 及 (2.10). 对凸性排序原理 (Monge 性质) 而言, 对角不等式 (2.9) 中的加法运算也可以换为其他运算. 典型的例子是下面二机器流水作业问题 (例 2.2.4) 的 Johnson 条件 (2.20), 就是把加法换为 $\min$. 又如我们讨论瓶颈 (最大最小) 分配问题:

$$\min \quad \max_{x_{ij} > 0} c_{ij}$$

$$\text{s.t.} \quad \sum_{j=1}^{n} x_{ij} = 1, \quad 1 \leqslant i \leqslant n,$$

$$\sum_{i=1}^{n} x_{ij} = 1, \quad 1 \leqslant j \leqslant n,$$

$$x_{ij} \in \{0, 1\},$$

那么对角不等式 (2.9) 中的加法就换成 max, 即

$$\max\{c_{ij}, c_{pq}\} \leqslant \max\{c_{iq}, c_{pj}\}.$$

在时序优化问题中, 往往遇到两个参数序列的运算, 都会呈现一些有趣的排序规律. 至于 Monge 性质更多的应用, 如对运输问题及旅行商问题等, 详见 [39].

### 2.2.2 凸性的解释

差分是离散化的微分概念. 对一个二元函数 $f(x, y)$, 它对 $x$ 的一阶差分是 $\Delta_x = f(x+1, y) - f(x, y)$, 对 $y$ 的二阶差分是 $\Delta_{xy} = (f(x+1, y+1) - f(x, y+1)) - (f(x+1, y) - f(x, y)) = f(x+1, y+1) - f(x, y+1) - f(x+1, y) + f(x, y)$. 现在, 如果把 $c_{ij}$ 看作两个整变量的函数, 则它的二阶差分是

$$\Delta^2 c_{ij} = c_{i+1, j+1} - c_{i+1, j} - c_{i, j+1} + c_{i,j},$$

其中第一次差分对变量 $i$ 执行, 第二次差分对变量 $j$ 执行 (或者反之). 那么对角规则 (2.9) 的意义就是 $c_{ij}$ 的二阶差分恒为非正, 即 $\Delta^2 c_{ij} \leqslant 0$. 正如在微积分中, 二阶导数的符号刻画函数的凹凸性: 二阶导数非负的函数为凸函数 (函数图像凸向下); 二阶导数非正的函数为凹函数 (函数图像凸向上). 现在把二阶导数换成二阶差分, 这里 $c_{ij}$ 的二阶差分 $\Delta^2 c_{ij} \leqslant 0$ 相当于凹函数的特征. 自然, 凹函数也是一种凸性表现. 这正是为什么人们把上述局部判优条件 (Monge 性质) 叫做 "离散凸性" 的理由.

在连续型最优化中, 凸性对保证局部最优解成为整体最优解起着决定性作用. 在离散最优化中, 也有相应的理论. 但是这种类比有不同的描述方式. 上述 Monge 性质叫做 "离散凸性", 这只是其中一种描述. 又如子模函数往往被称为 "离散凸函数" (参见 [4]). 设 $E$ 是一个有限集. 一个实值集函数 $f : 2^E \to \mathbb{R}$ 称为子模函数是指: 对任意 $X, Y \subseteq E$ 有

$$f(X \cap Y) + f(X \cup Y) \leqslant f(X) + f(Y).$$

这等价于

$$f(X) + f(X + a + b) \leqslant f(X + a) + f(X + b)$$

对任意 $X \subseteq E$ 及 $a, b \in X$ 成立 (这里 $X + a := X \cup \{a\}$). 已知集函数 $f$ 在 $a$ 点的差分定义为 $f_a(X) = f(X + a) - f(X)$. 进而它的二阶差分是

$$
\begin{aligned}
f_{ab}(X) &= f_a(X + b) - f_a(X) \\
&= f(X + a + b) - f(X + b) - f(X + a) + f(X).
\end{aligned}
$$

那么, 子模函数就是它的二阶差分恒为非正, 即 $f_{ab}(X) \leqslant 0$. 严格地说, 它也相当于实值函数中的凹函数. 但是, 从集函数的整体作用上考虑, 文献中习惯于把子模函数叫做 "离散凸函数" (没有 "离散凹函数" 的说法).

从更广泛的意义上说, 在组合最优化中, 有一大类多项式可解问题具有这样的特征: 在借助某种交错路变换定义的局部变换邻域中, 局部最优解一定是整体最优解 (这样的局部邻域称为精确的, 参见 [2]). 我们把这种特性称为广义 "离散凸性". 在今后的讨论中, 对凸性概念将逐步加以解释.

对排序问题, 工件的排列看作是工件与位置的匹配. 如果工件 $i$ 排放在位置 $j$ 的费用为 $c_{ij}$, 而且费用 $c_{ij}$ 满足对角规则 (2.9), 则可以用贪婪算法一遍排出最优方案. 上述分配问题的顺序匹配 $x_{ii} = 1(1 \leqslant i \leqslant n)$, $x_{ij} = 0(i \neq j)$ 相当于排序问题中的自然排列 $\pi = (1, 2, \cdots, n)$. 对一般的排列 $\pi = (\pi(1), \pi(2), \cdots, \pi(n))$, 它也对应于分配问题的完美匹配. 就定理 2.2.1 的形式而言, 要验证其最优性, 必须对矩阵 $C$ 经过行列置换 (即对工件位置重新编号), 使得匹配元素变到主对角线上, 然后判定其是否满足对角不等式 (2.9). 以后我们将直接对排列 $\pi$ 建立最优性条件, 而不再借助于矩阵形式.

由于可分离系数结构是对角规则的特殊情形, 所以在前一节见到的所有可分离系数排序问题, 都可认为是凸性排序原理的应用. 下面将进行更深入的分析.

### 2.2.3  工件的独立相邻关系

为简单起见, 今后不妨用工件 $J_j$ 的下标来表示工件本身, 用 $\{1, 2, \cdots, n\}$ 表示工件集. 约定工件的排列 $\pi = (J_{i_1}, J_{i_2}, \cdots, J_{i_n})$ 与下标的排列 $\pi = (i_1, i_2, \cdots, i_n)$ 是一回事, 使用上不加区别. 相对于排列 $\pi$, 工件 $j$ 的完工时间可记为 $C_j(\pi)$; 在 $\pi$ 默认时直接记为 $C_j$. 其他参数也如此约定.

在对角规则 (2.9) 中, 只比较两个行 $i, p$ 及两个列 $j, q$. 相应地, 在排序问题中往往要分析两个工件及两个位置的关系. 现考虑下标集 $N = \{1, 2, \cdots, n\}$ (代表工件集) 的一个排列 $\pi = \alpha i j \beta$, 其中 $i, j$ 为两个相邻工件, $\alpha$ 是排在 $i$ 之前的工件组成的部分序列, $\beta$ 是排在 $j$ 之后的工件组成的部分序列. 那么交换相邻工件 $i, j$ 的位置, 而其他工件的位置不变的排列记为 $\pi' = \alpha j i \beta$. 假定工件 $i$ 在 $\pi = \alpha i j \beta$ 中排在位置 $p$, 其费用为 $c_{ip}$; 工件 $j = i + 1$ 在 $\pi$ 中排在位置 $p + 1$, 其费用为 $c_{i+1, p+1}$. 设 $f(\pi)$ 为排列 $\pi$ 的费用 (目标函数). 并设交换 $i, j$ 的位置时, 部分序列 $\alpha, \beta$ 的费用不变. 那么交换相邻工件 $i, j$ 所产生的目标函数下降量为

$$f(\pi) - f(\pi') = (c_{i+1, p+1} - c_{i+1, p}) - (c_{i, p+1} - c_{i, p}).$$

这就是一个二阶差分的形式, 其中第一次差分是对位置 $p$ 进行 ($p$ 增加到 $p+1$), 第二次差分是对工件 $i$ 进行 ($i$ 增加到 $i+1$). 如果 $\pi$ 是最优排列, 则 $f(\pi) \leqslant f(\pi')$, 从

而

$$c_{i,p} + c_{i+1,p+1} \leqslant c_{i+1,p} + c_{i,p+1}.$$

这正是上述对角规则 (2.9) 的形式. 由此看出, 比较交换相邻工件的费用变化是对角规则的具体体现.

■ 一个排序问题称为具有独立相邻关系是指: 若关系

$$f(\alpha i j \beta) \leqslant f(\alpha j i \beta)$$

对某个部分序列 $\alpha$ 及 $\beta$ 成立, 则当 $\alpha$ 及 $\beta$ 替换为任意部分序列 $\alpha'$ 及 $\beta'$ 时亦成立. 换言之, 上述不等式只与工件 $i, j$ 有关, 与其前后的工件的划分及排序无关. 在此, 我们把排序过程看作多阶段决策过程, 当前阶段判定相邻工件 $i, j$ 的先后优劣, 不受过去的决策 $\alpha$ 与未来的决策 $\beta$ 的影响 (相当于其他阶段的效益是附加的常数). 在动态规划中, 这称为 "无后效性", 即当前决策 "独立地" 对目标函数起作用. 相反地, 如果工件 $i, j$ 的优先关系随着前面序列 $\alpha$ (或后面序列 $\beta$) 的不同而不同, 那就不是独立的相邻关系了. 这种 "有后效性" 将成为难解性的特征, 使决策过程复杂化.

**定义 2.2.3** 对具有独立相邻关系的排序问题, 若存在函数 $g: N \to \mathbb{R}$ 使得

$$g(i) < g(j) \Rightarrow f(\alpha i j \beta) \leqslant f(\alpha j i \beta), \tag{2.11}$$

$$g(i) = g(j) \Rightarrow f(\alpha i j \beta) = f(\alpha j i \beta), \tag{2.12}$$

则 $g$ 称为工件集上的**梯度函数**, 其中 $g(j)$ 称为工件 $j$ 的**梯度**. 其次, 一个使梯度函数单调非减的排列 $\pi$, 即

$$g(\pi(1)) \leqslant g(\pi(2)) \leqslant \cdots \leqslant g(\pi(n)), \tag{2.13}$$

称为凸排列.

在这个定义中, 用函数 $g$ 的增量 $\Delta g = g(j) - g(i)$ 来描写交换运算的增量 $\Delta^2 f = f(\alpha j i \beta) - f(\alpha i j \beta)$. 而后者看作是 $f$ 的二阶差分, 所以函数 $g$ 可认为等效于一阶差分, 从而称为梯度. 那么工件 $j$ 的梯度 $g(j)$ 意味着目标函数 $f$ 在 $j$ 处的增长率 (相当于导数). 正如在微积分中一阶导数单调上升的函数叫做凸函数一样, 现在把梯度单调上升的排列称为凸排列. 总之, 我们通过梯度函数, 把二阶差分 $\Delta^2$ 的正负性约化为函数 $g$ 的增减性, 把相邻工件的二元关系变为单指标的比较. 这也是惯用的线性化方法或标量化方法. 之所以能够这样做, 还是归因于问题的独立性结构.

**定理 2.2.4** (凸性排列原理) 若具有独立相邻关系的排序问题存在梯度函数 $g$, 则相应的凸排列一定是最优排列.

**证明**　设 $\pi$ 是一个最优排列, 但不满足凸性条件 (2.13), 比如 $\pi = \alpha i j \beta$ 但 $g(i) > g(j)$. 令 $\pi' = \alpha j i \beta$. 由 (2.11) 得知 $f(\pi') \leqslant f(\pi)$, 因而 $\pi'$ 也是最优排列. 若 $\pi'$ 仍不满足 (2.13), 则续行此法, 终究能够找到满足 (2.13) 的最优排列. 而所有满足 (2.13) 的排列只有在其中等号成立的项之间有所不同. 根据条件 (2.12), 这些不同排列具有相同的目标函数值, 从而它们都是最优排列.　　　　□

回顾 2.1 节讨论的例子, 在单机总完工时间问题 $1||\sum C_j$ (例 2.1.2) 中, 工时 $p_i$ 是工件 $i$ 的梯度. 事实上, 若 $p_i \leqslant p_j$, 则 $f(\alpha j i \beta) - f(\alpha i j \beta) = p_j - p_i \geqslant 0$, 即 $f(\alpha i j \beta) \leqslant f(\alpha j i \beta)$. 因此按照 SPT 规则得到的排列就是凸排列. 又如在单机最大延迟问题 $1||L_{\max}$ (例 2.1.3) 中, 工期 $d_i$ 是工件 $i$ 的梯度, 按照 EDD 规则得到的排列也是凸排列. 同样, 对任务陆续到达问题 $1|r_j|C_{\max}$ (例 2.1.4), 由 ERD 规则得到的排列也是凸排列. 总之, 这里的凸排列与前面用贪婪算法 GREEDY$(g(j))$ 得到的最优排列一致. 所有这些算法都是优先选择梯度最小者, 然后依次递增.

并非所有排序问题都存在梯度函数. 上述途径只是概括一类具有 "一阶可解性 (具有贪婪算法)" 的排序问题, 相当于时序最优化的线性模型. 本章的其他例子将不断加入这一家族. 为理解梯度的概念, 我们再看一个简单例子.

**例 2.2.1**　习题 1.9 介绍一个切割顺序问题: 从一个已知长方体材料中切割出一个预定规格的长方体部件, 且两个长方体的对应面是平行的. 假定切割费用与截面的面积成正比. 问如何安排 6 次截断切割的顺序, 使得总切割费用为最小. 设一次切割为一个任务, 因而有 6 个任务 (工件). 设两个长方体对应面的距离 (切割深度) 分别为 $h_1, h_2, \cdots, h_6$. 按直观感觉, 先前切得越深, 后继的截面面积越小. 下面将证明 $g(i) = 1/h_i$ 是工件 $i$ (第 $i$ 次切割) 的梯度. 考虑切割顺序 $\pi = \alpha i j \beta$ 及 $\pi' = \alpha j i \beta$. 设在顺序 $\pi = \alpha i j \beta$ 之下, 切割 $i$ 及 $j$ 的截面面积分别为 $A_i$ 及 $A_j$; 在顺序 $\pi' = \alpha j i \beta$ 之下, 切割 $j$ 及 $i$ 的截面面积分别为 $A_j'$ 及 $A_i'$. 由于在这两次切割之前的顺序不变, 假定它们是从某个立方体开始切割, 切完得到同一个立方体的. 那么切下来的材料的体积是

$$h_i A_i + h_j A_j = h_j A_j' + h_i A_i'.$$

因此

$$h_i(A_i - A_i') = h_j(A_j' - A_j) > 0,$$

这里 $A_j' > A_j$ 是由于先切的面积大于后切的面积. 若 $\dfrac{1}{h_i} \leqslant \dfrac{1}{h_j}$, 则 $A_i - A_i' \leqslant A_j' - A_j$, 即 $A_i + A_j \leqslant A_j' + A_i'$. 由于除 $i, j$ 之外, 其他截面面积不变, 故 $f(\alpha i j \beta) \leqslant f(\alpha j i \beta)$. 当 $h_i = h_j$ 时, $f(\alpha i j \beta) = f(\alpha j i \beta)$. 根据定义 2.2.3 的 (2.11) 及 (2.12), 这就证明了 $g(i) = 1/h_i$ 是切割 $i$ 的梯度. 因此, 选择梯度递增的顺序为最优顺序.

附带讲一个牵引机车的简化模型. 设机车的牵引速度为 $v$, 负载为 $m$, 则牵引运动产生的动量为 $P = mv$. 如果负载 $m$ 作为作用力 (重力或摩擦力), 则 $P = mv$ 也可解释为单位时间做的功 (功率). 现设有两台机车 $J_1, J_2$, 其牵引速度分别为 $v_1, v_2$, 其自身负载分别为 $m_1, m_2$. 此外, 列车的负载为 $M$. 若两台机车同时牵引列车, 而顺序不同, 则产生的动量 (或功率) 亦不同. 若顺序为 $(J_1, J_2)$, 则有

$$P(J_1, J_2) = v_1(m_1 + m_2 + M) + v_2(m_2 + M).$$

若顺序为 $(J_2, J_1)$, 则

$$P(J_2, J_1) = v_2(m_1 + m_2 + M) + v_1(m_1 + M).$$

因此

$$P(J_1, J_2) - P(J_2, J_1) = v_1 m_2 - v_2 m_1.$$

从而

$$P(J_1, J_2) \geqslant P(J_2, J_1) \Leftrightarrow \frac{v_1}{m_1} \geqslant \frac{v_2}{m_2}.$$

如果考虑动量为最大的机车顺序问题, 则可把 $v_i/m_i$ 作为工件 $J_i$ 的梯度 $(i = 1, 2)$, 表示机车的性能, 优先选择梯度最大者排在前面 (对最大化问题而言). 同理, 可以讨论任意多台机车的牵引顺序问题.

下面着重分析几个典型的问题, 阐述线性模型及贪婪算法的统一途径.

### 2.2.4 加权总完工时间问题

作为单机总完工时间问题 (例 2.1.2) 的推广, 考虑工件加权情形.

**例 2.2.2** 单机加权总完工时间问题 $1 || \sum w_j C_j$.

设 $n$ 个工件在一台机器上加工, 其中工件 $J_j$ 的工时为 $p_j$, 权值为 $w_j$ $(1 \leqslant j \leqslant n)$. 对排列 $\pi = (\pi(1), \pi(2), \cdots, \pi(n))$, 工件 $J_{\pi(i)}$ 的完工时间是 $C_{\pi(i)} = \sum_{1 \leqslant j \leqslant i} p_{\pi(j)}$. 目标函数是加权总完工时间:

$$f(\pi) = \sum_{i=1}^{n} w_{\pi(i)} C_{\pi(i)} = \sum_{i=1}^{n} \left( \sum_{j=i}^{n} w_{\pi(j)} \right) p_{\pi(i)}. \tag{2.14}$$

如下是命题 2.1.6 的推广.

**命题 2.2.5** 对单机加权总完工时间问题 $1 || \sum w_j C_j$, 排列 $\pi$ 是最优方案的充分必要条件是

$$\frac{p_{\pi(1)}}{w_{\pi(1)}} \leqslant \frac{p_{\pi(2)}}{w_{\pi(2)}} \leqslant \cdots \leqslant \frac{p_{\pi(n)}}{w_{\pi(n)}}. \tag{2.15}$$

**证明**　由目标函数表达式的求和形式可知, 此问题是具有独立相邻关系的. 对排列 $\pi = \alpha i j \beta$ 而言, 设 $A$ 为子序列 $\alpha$ 的最终完工时间, 则由简单计算得到

$$f(\alpha j i \beta) - f(\alpha i j \beta) = w_j(A + p_j) + w_i(A + p_j + p_i) - w_i(A + p_i) - w_j(A + p_i + p_j)$$
$$= w_i p_j - w_j p_i.$$

因此

$$\frac{p_i}{w_i} \leqslant \frac{p_j}{w_j} \Leftrightarrow f(\alpha i j \beta) \leqslant f(\alpha j i \beta).$$

取 $g(i) = \dfrac{p_i}{w_i}$ 为梯度函数, 则条件 (2.15) 确定的排列 $\pi$ 就是凸排列. 由定理 2.2.4 可知 $\pi$ 是最优排列.

反之, 倘若排列 $\pi$ 不满足条件 (2.15), 则存在某个 $i$ 使得 $\dfrac{p_{\pi(i)}}{w_{\pi(i)}} > \dfrac{p_{\pi(i+1)}}{w_{\pi(i+1)}}$. 构造另一个排列 $\pi'$, 使得 $\pi'(i) = \pi(i+1)$, $\pi'(i+1) = \pi(i)$, $\pi'(j) = \pi(j)$ $(j \neq i, i+1)$, 则

$$f(\pi') - f(\pi) = w_{\pi(i)} p_{\pi(i+1)} - w_{\pi(i+1)} p_{\pi(i)} < 0.$$

故 $f(\pi') < f(\pi)$, 从而 $\pi$ 不是最优解. □

**简注**　进一步可以这样定义工件之间的偏序关系 $\prec$ 为

$$J_i \prec J_j \Leftrightarrow \frac{p_i}{w_i} < \frac{p_j}{w_j}.$$

则这个偏序关系的任意线性扩张都是最优排列. 并且任意最优排列都可以这样得到 (即在 (2.15) 的等号成立处任意交换工件的次序).

总之, 求解单机加权总完工时间问题, 就是执行贪婪算法 GREEDY $\left(\dfrac{p_j}{w_j}\right)$, 其中比值 $\dfrac{p_i}{w_i}$ 是工件 $i$ 的梯度. 这种按照比值 $\dfrac{p_i}{w_i}$ 非降顺序排列的规则称为 WSPT (weighted shortest processing time first) 规则, 亦称 Smith 规则[35].

这个经典排序问题有许多推广, 如工件有不同到达期、可中断加工、有先后 (偏序) 约束等, 以后陆续讨论. 具有一般偏序约束的情形 $1|\text{prec}|\sum w_j C_j$ 是 NP-困难的 (见第 5 章). 在此讨论一个特殊情形: 定义偏序约束的偏序关系是若干条平行 (不相交) 的链, 如

$$J_{i_1} \prec J_{i_2} \prec \cdots \prec J_{i_r},$$
$$J_{j_1} \prec J_{j_2} \prec \cdots \prec J_{j_s},$$
$$J_{k_1} \prec J_{k_2} \prec \cdots \prec J_{k_t},$$

这样的约束记为 "chains". 下面的例子说明 WSPT 规则具有某种 "可结合性", 即

一组一组的工件可放在一起计算比值 $\frac{p_i}{w_i}$. 这可称为"合比性质".

**例 2.2.3** 具有链状约束的加权总完工时间问题 $1|\text{chains}|\sum w_j C_j$.

设约束条件中第 $i$ 条链的工件序列 (有序集) 为 $X_i$ $(i = 1, 2, \cdots, k)$. 首先考虑一个限制情形: 每一条链中的所有工件必须接连加工, 不许间断. 这样, 每一条链就构成一个"大工件", 称为链工件. 设 $\pi = (\pi(1), \pi(2), \cdots, \pi(k))$ 是 $\{1, 2, \cdots, k\}$ 的一个排列, 则链工件的排列 $(X_{\pi(1)}, X_{\pi(2)}, \cdots, X_{\pi(k)})$ 也就表示 $n$ 个工件的排列 (没有序约束的工件看作单元素的链). 问题变为求链工件的排列 $\pi$, 使加权总完工时间为最小. 此问题记为 $1|\{X_1, X_2, \cdots, X_k\}|\sum w_j C_j$. 对任意工件子集 $X \subseteq \boldsymbol{J}$, 定义 $p(X) = \sum_{J_j \in X} p_j$ 及 $w(X) = \sum_{J_j \in X} w_j$.

**命题 2.2.6** 对问题 $1|\{X_1, X_2, \cdots, X_k\}|\sum w_j C_j$, 排列 $\pi$ 是最优方案的充分必要条件是

$$\frac{p(X_{\pi(1)})}{w(X_{\pi(1)})} \leqslant \frac{p(X_{\pi(2)})}{w(X_{\pi(2)})} \leqslant \cdots \leqslant \frac{p(X_{\pi(k)})}{w(X_{\pi(k)})}.$$

**证明** 先证明必要条件. 假设 $\{X_1, X_2, \cdots, X_k\}$ 的排列 $\pi$ 是最优方案, 但不满足上述条件, 即其中存在两个相邻的链工件 $X, Y$ 满足 $p(X)/w(X) < p(Y)/w(Y)$ 而 $Y$ 排在 $X$ 之前. 设 $\pi(Y) = (J_{i_1}, J_{i_2}, \cdots, J_{i_y})$ 是 $Y$ 在 $\pi$ 中的子序列, $\pi(X) = (J_{j_1}, J_{j_2}, \cdots, J_{j_x})$ 是 $X$ 在 $\pi$ 中的子序列. 排列 $\pi$ 表示为 $\pi = (\cdots, \pi(Y), \pi(X), \cdots)$. 现在交换 $X, Y$ 的位置, 得到新排列 $\pi' = (\cdots, \pi(X), \pi(Y), \cdots)$. 由目标函数表达式 $f(\pi) = \sum_{j=1}^{n}(\sum_{i=j}^{n} w_{\pi(i)}) p_{\pi(j)}$, 得到

$$\begin{aligned}
&f(\pi') - f(\pi) \\
&= (p_{j_1} + p_{j_2} + \cdots + p_{j_x})(w_{i_1} + w_{i_2} + \cdots + w_{i_y}) \\
&\quad - (p_{i_1} + p_{i_2} + \cdots + p_{i_y})(w_{j_1} + w_{j_2} + \cdots + w_{j_x}) \\
&= p(X)w(Y) - p(Y)w(X) \\
&= w(X)w(Y)\left(\frac{p(X)}{w(X)} - \frac{p(Y)}{w(Y)}\right) < 0.
\end{aligned}$$

因此 $f(\pi') < f(\pi)$, 与 $\pi$ 是最优排列矛盾.

至于条件的充分性, 只要注意到所有满足此条件的排列具有相同的目标函数值. 事实上, 在上述证明中如果 $p(X)/w(X) = p(Y)/w(Y)$, 则 $f(\pi') = f(\pi)$. 因此所有满足命题条件的方案是等价的, 它们都是最优解. $\square$

现在回到无限制情形, 考虑链工件可以中断拆分的场合. 设 $X = (J_1, J_2, \cdots, J_x)$ 是一个链工件, 其中的工件 $J_r$ $(1 \leqslant r \leqslant x)$ 称为 $X$ 的**关键工件**是指

$$\frac{\sum\limits_{j=1}^{r} p_j}{\sum\limits_{j=1}^{r} w_j} = \min_{1 \leqslant l \leqslant x} \frac{\sum\limits_{j=1}^{l} p_j}{\sum\limits_{j=1}^{l} w_j}.$$

若在上述求最小值中出现并列 (达到最小值的工件不唯一), 则取在序列 $X$ 中位置最前者.

**命题 2.2.7**　设 $J_r$ 是链 $X = (J_1, J_2, \cdots, J_x)$ 中的关键工件, 则在任意最优的机程方案 $\pi$ 中, 子序列 $(J_1, J_2, \cdots, J_r)$ 是连续加工的, 不被其他链的工件所打断.

**证明**　假定在最优的机程方案 $\pi$ 中, 序列 $(J_1, J_2, \cdots, J_r)$ 被打断, 划分为两段 $X_1 = (J_1, J_2, \cdots, J_u)$ 及 $X_2 = (J_{u+1}, J_{u+2}, \cdots, J_r)$ $(u < r)$. 那么 $\pi = (\cdots, X_1, \cdots, X_2, \cdots)$. 根据关键工件的定义可知

$$\frac{\sum\limits_{j=1}^{r} p_j}{\sum\limits_{j=1}^{r} w_j} \leqslant \frac{\sum\limits_{j=1}^{u} p_j}{\sum\limits_{j=1}^{u} w_j}.$$

如果上式等号成立, 则按照出现并列的规则, $J_u$ 应该是链 $X$ 的关键工件, 与假设矛盾. 因此上式实际上是严格不等式, 即

$$\frac{p(X_1) + p(X_2)}{w(X_1) + w(X_2)} < \frac{p(X_1)}{w(X_1)}.$$

由此得到

$$\frac{p(X_2)}{w(X_2)} < \frac{p(X_1)}{w(X_1)},$$

与命题 2.2.6 的最优性条件矛盾.　　　　　　　　　　　　　　　　　　　　　□

综合上述结果, 得到如下贪婪算法[16].

**算法 2.2.1**　求解问题 $1|\text{chains}|\sum w_j C_j$.

---

(1) 在当前未加工的链工件中, 选择比值 $\dfrac{p(X)}{w(X)}$ 最小的链工件 $X$.

(2) 求出 $X$ 的关键工件 $J_r$. 连续加工链 $X$ 中从开始直到 $J_r$ 的部分. 剩下部分作为新的链工件.

(3) 若所有工件均已加工, 则终止; 否则转 (1).

---

### 2.2.5 二机器流水作业问题

二机器流水作业问题是历史上最早的著名例子, 出自 Johnson 1954 年的肇始之作[33], 也是最先在我国引起研究的排序问题 [42~44].

**例 2.2.4** 二机器流水作业问题 $F2||C_{\max}$.

对两台机器流水作业问题, 容易证明: 一定存在最优的机程方案, 使得两台机器的作业顺序相同 (见习题 2.3). 因此, 我们只要讨论同顺序流水作业情形.

设 $n$ 个工件 $J_1, J_2, \cdots, J_n$ 以相同的顺序在两台机器 $M_1, M_2$ 上加工, 并且先进入 $M_1$ 加工, 完成后再进入 $M_2$ 加工. 设工件 $J_j$ 在 $M_1$ 上的工时为 $p_{1j} = a_j$, 在 $M_2$ 上的工时为 $p_{2j} = b_j$ $(1 \leqslant j \leqslant n)$. "机器 $M_i$ 加工工件 $J_j$" 称为一个**工序**, 记作 $(M_i, J_j)$. 所以这里有 $2n$ 个工序. 既然所有工件按照同一顺序进入两台机器, 机程方案的简化形式仍可用一个排列 $\pi = (\pi(1), \pi(2), \cdots, \pi(n))$ 来表示. 对给定排列 $\pi$, $2n$ 个工序之间的先后关系 (偏序) 用如下的有向图表示, 按工程上的习惯称之为**工序流程图**:

$$
\begin{array}{ccccc}
a_{\pi(1)} & \to & a_{\pi(2)} & \to \cdots \to & a_{\pi(n)} \\
\downarrow & & \downarrow & & \downarrow \\
b_{\pi(1)} & \to & b_{\pi(2)} & \to \cdots \to & b_{\pi(n)}
\end{array}
$$

这里, 为简单起见, 工序 $(M_1, J_j)$ 记为 $a_j$, 工序 $(M_2, J_j)$ 记为 $b_j$, 同时代表相应工序的工时. 由此有向图可以看出, 工序 $(M_1, J_{\pi(j)})$ 的先行工序是 $(M_1, J_{\pi(j-1)})$; 工序 $(M_2, J_{\pi(j)})$ 的先行工序是 $(M_2, J_{\pi(j-1)})$ 及 $(M_1, J_{\pi(j)})$. 设工序 $(M_i, J_{\pi(j)})$ 的完工时间为 $C_{i,\pi(j)}$, 则各工序的完工时间有如下的递推公式:

$$C_{1,\pi(j)} = C_{1,\pi(j-1)} + a_{\pi(j)} \quad (1 \leqslant j \leqslant n), \tag{2.16}$$

$$C_{2,\pi(j)} = \max\{C_{2,\pi(j-1)}, C_{1,\pi(j)}\} + b_{\pi(j)} \quad (1 \leqslant j \leqslant n), \tag{2.17}$$

这里约定 $C_{i,\pi(0)} = 0$. (2.17) 与任务陆续到达问题 (例 2.1.4) 的完工时间公式相似: 对机器 $M_2$ 而言, $C_{1,\pi(j)}$ 相当于工件 $J_{\pi(j)}$ 的到达期 $r_{\pi(j)}$. 对此, 问题的目标函数是最终完工时间 (全程) $f(\pi) = C_{2,\pi(n)}$.

我们用 $2 \times n$ 矩阵 $P(\pi) = (p_{ij})$ 及 $C(\pi) = (C_{ij})$ 分别表示各工序的工时及完工时间, 其中两行对应于两台机器, $n$ 列对应于 $n$ 个工件 (列的顺序代表工件的顺序). 下面的数字例子说明运用递推公式 (2.16) 和 (2.17) 计算完工时间的结果.

$$P(\pi) = \begin{pmatrix} 6 & 5 & 8 \\ 4 & 3 & 9 \end{pmatrix}, \quad C(\pi) = \begin{pmatrix} 6 & 11 & 19 \\ 10 & 14 & 28 \end{pmatrix}.$$

对上述矩阵的工件顺序 $\pi$, 机程方案的确切形式 $\sigma : M \times J \to \mathscr{T}$ 是各工序 $(M_i, J_{\pi(j)})$ 的作业时间安排, 如图 2.2 的甘特框图所示.

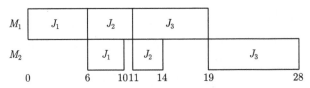

图 2.2  两台机器流水作业的机程方案

类似于任务陆续到达问题 (例 2.1.4), 对给定的排列 $\pi$, 工件 $J_{\pi(k)}$ 称为关键工件, 是指 $C_{1,\pi(k)} + \sum_{k \leqslant j \leqslant n} b_{\pi(j)} = C_{\max}(\pi)$, 即是说, 从工件 $J_{\pi(k)}$ 的 "到达时刻" $C_{1,\pi(k)}$ 开始, 机器 $M_2$ 始终连续加工, 没有空闲, 直到最后完工为止. 因此

$$C_{\max}(\pi) = \sum_{1 \leqslant j \leqslant k} a_{\pi(j)} + \sum_{k \leqslant j \leqslant n} b_{\pi(j)}.$$

在图 2.2 的例子中, $J_3$ 是关键工件. 一般而论, 每一个工件 $J_{\pi(k)}$ 都可能成为关键工件, 故得到目标函数 (全程) 的表达式

$$f(\pi) = \max_{1 \leqslant k \leqslant n} \left\{ \sum_{j=1}^{k} a_{\pi(j)} + \sum_{j=k}^{n} b_{\pi(j)} \right\}. \tag{2.18}$$

这正是在工序流程图中从开始工序 $a_{\pi(1)}$ 到最终工序 $b_{\pi(n)}$ 的最长路 (关键路) 的长度. 现在把确定关键路的特殊工件, 即 (2.18) 中达到最大值的工件 $J_{\pi(k)}$, 叫做关键工件, 也是来源于统筹法的思想.

按照在无圈有向图中求最长路的动态规划算法 (参见 [27]), 在递推方程求出最长路的长度之后, 运用回溯法找出最长路. 现在, 根据递推公式 (2.16) 和 (2.17) 已经求出各工序的完工时间, 即从起始时间到各工序的最长路长度. 那么就可以用回溯法找出关键路. 对前面的数字例子, 在完工时间矩阵 $C(\pi)$ 中用回溯法逐次找出紧前工序, 可得关键路如下面的箭头所示, 其中 $J_3$ 为关键工件.

$$C(\pi) = \begin{pmatrix} 6 & \rightarrow & 11 & \rightarrow & 19 \\ & & & & \downarrow \\ 10 & & 14 & & 28 \end{pmatrix}.$$

由关键路与关键工件的定义可看出如下简易性质:

**简注**   对 $a_j = b_j$ 的工件 $J_j$, 若它不是唯一关键工件, 则目标函数 $f(\pi)$ 与 $J_j$ 的排列位置无关, 因为它在任何位置对目标函数的贡献都是 $a_j$. 但是当 $a_j = b_j$ 比较大时, 它可能成为唯一关键工件, 其排列位置对目标函数起决定作用. 因此, 除唯一关键工件之外, $a_j = b_j$ 的工件 $J_j$ 在排序时可以先行忽略, 待其他工件排定后再随意插入.

目标函数表达式 (2.18) 与前面可分离系数形式 (2.6) 相似, 都涉及加法与取最大. 下面的最优性条件更是与对角规则 (2.9) 有着内在的联系 (只是 + 换成 min).

**命题 2.2.8** 对排列 $\pi^* = \alpha ij\beta$ 及 $\pi = \alpha ji\beta$, 其中 $i,j$ 为相邻工件, $\alpha$ 及 $\beta$ 分别为它们前面与后面的部分序列, 若

$$\min\{a_i, b_j\} \leqslant \min\{a_j, b_i\}, \tag{2.19}$$

则 $f(\pi^*) \leqslant f(\pi)$.

**证明** 在表达式 (2.18) 中, 记 $L_k(\pi) = \sum_{j=1}^{k} a_{\pi(j)} + \sum_{j=k}^{n} b_{\pi(j)}$, 表示工序流程图中从 $a_{\pi(1)}$ 到 $b_{\pi(n)}$ 且在 $\pi(k)$ 处转折 (包含工件 $J_{\pi(k)}$ 两个工序) 的有向路的长度, 则

$$f(\pi) = \max_{1 \leqslant k \leqslant n} L_k(\pi).$$

现对排列 $\pi^* = \alpha ij\beta$ 及 $\pi = \alpha ji\beta$, 记 $a(\alpha) = \sum_{h \in \alpha} a_h$, $b(\beta) = \sum_{h \in \beta} b_h$ 且

$$R = \max_{k \in \alpha \cup \beta} L_k(\pi^*) = \max_{k \in \alpha \cup \beta} L_k(\pi).$$

根据 $\min\{x, y\} = x + y - \max\{x, y\}$, 条件 (2.19) 等价于

$$a_i + b_j + \max\{a_j, b_i\} \leqslant a_j + b_i + \max\{a_i, b_j\}. \tag{2.19a}$$

由此得到

$$\max\{L_i(\alpha ij\beta), L_j(\alpha ij\beta)\} = a(\alpha) + a_i + b_j + \max\{a_j, b_i\} + b(\beta)$$
$$\leqslant a(\alpha) + a_j + b_i + \max\{a_i, b_j\} + b(\beta) = \max\{L_j(\alpha ji\beta), L_i(\alpha ji\beta)\}.$$

从而

$$f(\pi^*) = \max\{R, \max\{L_i(\pi^*), L_j(\pi^*)\}\} \leqslant \max\{R, \max\{L_j(\pi), L_i(\pi)\}\} = f(\pi). \quad \square$$

由于条件 (2.19) 只依赖于相邻工件 $i, j$, 与其前后的部分序列 $\alpha, \beta$ 无关, 所以此问题具有独立相邻关系. 现将所有工件划分为三部分: $\boldsymbol{J}^+ = \{J_j : a_j < b_j\}$, $\boldsymbol{J}^- = \{J_j : a_j > b_j\}$, $\boldsymbol{J}^0 = \{J_j : a_j = b_j\}$. 然后将 $\boldsymbol{J}^0$ 任意划分为两部分 $\boldsymbol{J}_1^0$ 及 $\boldsymbol{J}_2^0$, 并定义 $\boldsymbol{J}_1 = \boldsymbol{J}^+ \cup \boldsymbol{J}_1^0$ 及 $\boldsymbol{J}_2 = \boldsymbol{J}^- \cup \boldsymbol{J}_2^0$.

**推论 2.2.9** 对问题 $F2\|C_{\max}$, 若梯度函数定义为

$$g(j) = \begin{cases} a_j, & J_j \in \boldsymbol{J}_1, \\ M - b_j, & J_j \in \boldsymbol{J}_2, \end{cases}$$

其中常数 $M \geqslant \max_{1 \leqslant j \leqslant n} a_j + \max_{1 \leqslant j \leqslant n} b_j$, 则运用贪婪算法 GREEDY($g(j)$) 可得到最优方案.

**证明**    根据定理 2.2.4, 对这个具有独立相邻关系的问题, 只要证明此处定义的函数 $g(j)$ 是梯度函数 (定义 2.2.3), 即

$$g(i) < g(j) \Rightarrow \min\{a_i, b_j\} \leqslant \min\{a_j, b_i\},$$
$$g(i) = g(j) \Rightarrow \min\{a_i, b_j\} = \min\{a_j, b_i\}.$$

事实上, 设 $g(i) < g(j)$. 若 $J_i, J_j \in \boldsymbol{J}_1$, 则 $a_i < a_j \leqslant b_j$, 从而 $\min\{a_i, b_j\} = a_i \leqslant \min\{a_j, b_i\}$. 若 $J_i, J_j \in \boldsymbol{J}_2$, 则 $a_i \geqslant b_i > b_j$, 从而 $\min\{a_i, b_j\} = b_j \leqslant \min\{a_j, b_i\}$. 若 $J_i \in \boldsymbol{J}_1, J_j \in \boldsymbol{J}_2$, 则 $a_i \leqslant b_i$ 且 $b_j \leqslant a_j$, 从而 $\min\{a_i, b_j\} = \min\{a_i, b_i, a_j, b_j\} \leqslant \min\{a_j, b_i\}$.

其次, 设 $g(i) = g(j)$, 则 $J_i, J_j \in \boldsymbol{J}_1$ 或 $J_i, J_j \in \boldsymbol{J}_2$. 不妨只考虑前一情形 (后一情形对称可得). 那么 $b_i \geqslant a_i = a_j \leqslant b_j$, 可知 $\min\{a_i, b_j\} = a_i = a_j = \min\{a_j, b_i\}$.

因此这样定义的函数 $g(j)$ 的确是梯度函数, 从而按照 $g(\pi(1)) \leqslant g(\pi(2)) \leqslant \cdots \leqslant g(\pi(n))$ 得到的凸排列, 即贪婪算法 GREEDY($g(j)$) 得到的排列, 一定是最优方案.                                                        □

这贪婪算法 GREEDY($g(j)$) 就是在 $\boldsymbol{J}_1$ 中按照 $\{a_j\}$ 的非减序排列 (机器 $M_1$ 的 SPT 规则), 然后在 $\boldsymbol{J}_2$ 中按照 $\{b_j\}$ 的非增序排列 (机器 $M_2$ 的逆向 SPT 规则). 历史上称之为 Johnson 算法. 正如前面简注所述, $\boldsymbol{J}^0$ 的工件无论放入 $\boldsymbol{J}_1$ 或 $\boldsymbol{J}_2$ 都没有关系. 为整齐起见, 也可将其全部放入 $\boldsymbol{J}_1$.

当初在分离性排序原理 (推论 2.1.3) 中看到, 序列 $\{a_j\}$ 按顺序排列, 序列 $\{b_j\}$ 按逆序排列. 目前, 在这个涉及两个序列的二机器排序问题中, 前部的 $\{a_j\}$ 按顺序排列, 后部的 $\{b_j\}$ 按逆序排列. 这又再现了对称排序规则的优美结构, 真是机缘巧合!

来看前面的数值例子. 设工件的排列为 $\pi = (J_1, J_2, J_3)$ (即矩阵 $P$ 的列的顺序), $f(\pi) = 28$. 工件集划分为 $\boldsymbol{J}_1 = \{J_3\}$ 及 $\boldsymbol{J}_2 = \{J_1, J_2\}$. 按照贪婪算法得到最优排列 $\pi^* = (J_3, J_1, J_2)$. 它的工时矩阵及完工时间矩阵如下, 其中 $f(\pi^*) = 24$.

$$P(\pi^*) = \begin{pmatrix} 8 & 6 & 5 \\ 9 & 4 & 3 \end{pmatrix}, \quad C(\pi^*) = \begin{pmatrix} 8 & 14 & 19 \\ 17 & 21 & 24 \end{pmatrix}.$$

作为总结, 我们写出下面著名的 Johnson 规则或 Johnson 条件[33].

**命题 2.2.10**    对二机器流水作业问题 $F2||C_{\max}$, 若排列 $\pi$ 满足

$$\min\{a_{\pi(i)}, b_{\pi(j)}\} \leqslant \min\{a_{\pi(j)}, b_{\pi(i)}\}, \quad i < j, \tag{2.20}$$

则 $\pi$ 为最优排列.

**证明**    只要证明 $\pi$ 等价于一个由 Johnson 算法得到的最优排列 $\pi^*$. 由条件 (2.20), 对 $\boldsymbol{J}^+$ 及 $\boldsymbol{J}^-$ 中的工件, 它们在两个排列中的次序是一致的. 所不同的只是

$J^0$ 中的工件, 即 $a_j = b_j$ 的工件. 将它们与任意其他工件交换位置均有 $f(\pi') = f(\pi)$. 由此可知 $f(\pi) = f(\pi^*)$. □

以后在第 4 章将说明, Johnson 条件是最优解的充分条件, 并不是必要的, 并用偏序关系的观点讨论其充要条件.

### 2.2.6 二机器自由作业问题

讨论前一例子的松弛问题, 工件之间的可分离性作用更为显著.

**例 2.2.5** 二机器自由作业问题 $O2||C_{\max}$.

设 $n$ 个工件 $J_1, J_2, \cdots, J_n$ 在两台机器 $M_1, M_2$ 上加工, 其中工件 $J_j$ 在 $M_1$ 上的工时为 $p_{1j} = a_j$, 在 $M_2$ 上的工时为 $p_{2j} = b_j$ $(1 \leqslant j \leqslant n)$, 加工次序没有限制. "机器 $M_i$ 加工工件 $J_j$" 称为一个工序, 记作 $(M_i, J_j)$. 这里有 $2n$ 个工序. 目标是最小化全程 $C_{\max}$. 在前一例子中, 由于两台机器的加工顺序相同, 机程方案仍可用一个排列来表示. 现在情况不同了.

如同 1.2.2 小节所述, 对多台串联机的情形, 机程方案定义为 $\sigma: \boldsymbol{M} \times \boldsymbol{J} \to \mathscr{T}$. 对当前的问题, $\boldsymbol{J} = \{J_1, J_2, \cdots, J_n\}$, $\boldsymbol{M} = \{M_1, M_2\}$. 若 $\sigma(M_i, J_j) = I_{ij} \in \mathscr{T}$, 其中 $I_{ij} = [S_{ij}, C_{ij})$, $C_{ij} = S_{ij} + p_{ij}$, 则工序 $(M_i, J_j)$ 安排在时间区间 $I_{ij}$ 上加工. 对此, 机程方案 $\sigma$ 要满足的约束条件是:

(1) $I_{ij} \cap I_{ik} = \varnothing$ $(i = 1, 2, j \neq k)$;

(2) $I_{1j} \cap I_{2j} = \varnothing$ $(1 \leqslant j \leqslant n)$.

其中 (1) 表示同一机器上的不同工序不能重叠, (2) 表示同一工件的不同工序不能重叠. 由此不可重叠性立刻得到如下的目标函数下界.

**简注** $C_{\max}(\sigma) \geqslant \max\{\max_{1 \leqslant j \leqslant n}(a_j + b_j), \sum_{1 \leqslant j \leqslant n} a_j, \sum_{1 \leqslant j \leqslant n} b_j\}$.

下面将证明此下界是可达的. 对此, 若存在某个工件 $J_r$ 使得

$$a_r + b_r = \max_{1 \leqslant j \leqslant n}(a_j + b_j) = C_{\max}(\sigma),$$

则 $J_r$ 称为 $\sigma$ 的关键工件. 若存在关键工件, 则 $\sigma$ 一定是最优方案 (因为它达到了目标函数的下界).

其次, 按照习惯记号, 对任意 $X \subseteq \boldsymbol{J}$, 记 $a(X) = \sum_{J_j \in X} a_j$, $b(X) = \sum_{J_j \in X} b_j$.

前述的分离性排序原理、对角规则 (2.9) 及 Johnson 规则 (2.20) 等最优性条件, 都呈现出某种 "大小交叉互补" 的态势. 就当前的问题来说, 这种交叉性质表现得尤其简单. 考虑只有两个工件 $J_1, J_2$ 情形. 如果 $J_1$ 的工序 $(M_1, J_1)$ 在工序 $(M_2, J_1)$ 之前, 而 $J_2$ 的工序 $(M_1, J_2)$ 在工序 $(M_2, J_2)$ 之后, 则称工件 $J_1$ 与 $J_2$ 是交叉的. 在最优形态下, 两个工件总是交叉的. 因为工序之间不许重叠, 一者向前错位, 一者向后错位, 二者位置互补, 缩短时间跨度. 相反地, 二者顺排必然会拉长占位, 浪费空间. 这种交叉分离规则将成为如下算法的主导思想.

**命题 2.2.11**    对问题 $O2||C_{\max}$, 若存在关键工件 $J_r$, 则机程方案 $\sigma$ 是最优方案的充分必要条件是: 在 $\sigma$ 中, 关键工件 $J_r$ 与其他任一工件 $J_j$ 都是交叉的.

**证明**    在机程方案 $\sigma$ 中, 不妨设工序 $(M_1, J_r)$ 在工序 $(M_2, J_r)$ 之后. 若关键工件 $J_r$ 与某个工件 $J_j$ 不交叉, 则工序 $(M_1, J_j)$ 也在工序 $(M_2, J_j)$ 之后. 那么, 若工序 $(M_1, J_r)$ 在工序 $(M_1, J_j)$ 之前, 则 $C_{\max}(\sigma) \geqslant a_r + b_r + a_j > a_r + b_r$; 若工序 $(M_2, J_j)$ 在工序 $(M_2, J_r)$ 之前, 则 $C_{\max}(\sigma) \geqslant a_r + b_r + b_j > a_r + b_r$. 这均与 $J_r$ 是关键工件矛盾.

反之, 设在机程方案 $\sigma$ 中, 关键工件 $J_r$ 与其他工件 $J_j$ 都是交叉的. 同前, 设工序 $(M_1, J_r)$ 在工序 $(M_2, J_r)$ 之后. 那么对其他工件 $J_j$ 而言, 工序 $(M_1, J_j)$ 在工序 $(M_2, J_j)$ 之前. 又因 $a_r + b_r = C_{\max} \geqslant \max\{a(\boldsymbol{J}), b(\boldsymbol{J})\}$, 我们有 $a(\boldsymbol{J} \setminus \{J_r\}) \leqslant b_r$, $b(\boldsymbol{J} \setminus \{J_r\}) \leqslant a_r$. 故方案 $\sigma$ 的机程图如图 2.3 所示, 其中全程达到下界 $a_r + b_r$, 从而 $\sigma$ 是最优方案.    □

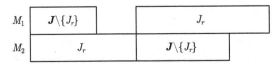

图 2.3    关键工件与其他工件交叉作业

在一般情形, 不一定存在直接确定全程 $C_{\max}$ 的关键工件. 设法寻找替代物. 仿照前例, 把工件集 $\boldsymbol{J}$ 划分为两部分:

$$\boldsymbol{J}_1 = \{J_j : a_j \leqslant b_j, 1 \leqslant j \leqslant n\}, \quad \boldsymbol{J}_2 = \{J_j : a_j > b_j, 1 \leqslant j \leqslant n\}.$$

基于对称的考虑, 不妨设 $\max\{a_j : J_j \in \boldsymbol{J}_1\} \geqslant \max\{b_j : J_j \in \boldsymbol{J}_2\}$. 若不然, 则可以交换机器 $M_1$ 与 $M_2$, 因而交换 $\boldsymbol{J}_1$ 与 $\boldsymbol{J}_2$. 现设

$$a_r = \max\{a_j : J_j \in \boldsymbol{J}_1\} \geqslant \max\{b_j : J_j \in \boldsymbol{J}_2\}.$$

并称工件 $J_r$ 为拟关键工件. 当存在关键工件时, 它一定是拟关键工件. 这是因为: 若 $J_r$ 是关键工件, 不妨设 $a_r \leqslant b_r$, 则 $J_r \in \boldsymbol{J}_1$. 由 $a_r \geqslant b(\boldsymbol{J} \setminus \{J_r\}) \geqslant b(\boldsymbol{J}_1 \setminus \{J_r\}) \geqslant \max\{a_j : J_j \in \boldsymbol{J}_1\}$ 得知 $a_r = \max\{a_j : J_j \in \boldsymbol{J}_1\}$. 所以 $J_r$ 是拟关键工件.

此问题的 $O(n)$ 算法出自 Gonzalez 与 Sahni[40]. 尔后几经修改, 演变出多个版本 (参见 [16, 17, 19, 21]). 这里主要参考 [19].

**算法 2.2.2**    求解问题 $O2||C_{\max}$.

(1) 确定拟关键工件 $J_r$ 使得 $a_r = \max\{a_j : J_j \in \boldsymbol{J}_1\} \geqslant \max\{b_j : J_j \in \boldsymbol{J}_2\}$. 在 $\boldsymbol{J}_2$ 中找出 $J_l$ 使得 $a_l = \max\{a_j : J_j \in \boldsymbol{J}_2\}$.

(2) 在 $M_1$ 上按如下顺序排列: $\boldsymbol{J}_1 \setminus \{J_r\}$ 的工件按任意顺序, 在 $\boldsymbol{J}_2$ 的工件中使 $J_l$ 处于末位, 接着排工件 $J_r$.

(3) 在 $M_2$ 上按如下顺序排列: 工件 $J_r$, $\boldsymbol{J}_1 \setminus \{J_r\}$ 的工件按 $M_1$ 中的顺序, $\boldsymbol{J}_2$ 的工件按 $M_1$ 中的顺序.

(4) 对工件 $J_r$, 如果在 $M_1$ 中的先行工序已经完成, 而 $(M_2, J_r)$ 尚未结束, 则 $(M_1, J_r)$ 必须等待到 $(M_2, J_r)$ 结束才能开工. 对任意工件 $J_j$ $(j \neq r)$, 若在 $M_2$ 的先行工序已经完成, 则 $(M_2, J_j)$ 必须紧接着在 $(M_1, J_j)$ 结束时开工.

---

上述算法给出的机程方案如图 2.3 及图 2.4(a)(b) 所示. 其中步骤 (4) 的等待规则会导致空闲时间的出现, 其中前一句话包含 $J_r$ 是关键工件的情形 (其空闲见图 2.3); 后一句话涉及的情形会产生图 2.4(b) 的空闲.

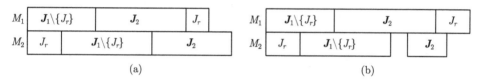

图 2.4 算法 2.2.2 的机程方案

**命题 2.2.12** 算法 2.2.2 给出问题 $O2 \| C_{\max}$ 的最优方案.

**证明** 设算法给出的机程方案为 $\sigma$. 关于 $\sigma$ 的最优性, 分如下两种情形讨论.

(i) $b_r \geqslant a(\boldsymbol{J} \setminus \{J_r\})$. 若有 $a_r \geqslant b(\boldsymbol{J} \setminus \{J_r\})$, 则 $J_r$ 为关键工件且 $\sigma$ 的目标函数值 $C_{\max}$ 达到下界 $a_r + b_r$, 因而是最优方案 (如命题 2.2.11). 若 $a_r < b(\boldsymbol{J} \setminus \{J_r\})$, 则 $C_{\max}(\sigma) = b(\boldsymbol{J})$. 由上述简注得知, 目标函数值 $C_{\max}(\sigma)$ 同样达到下界, 从而 $\sigma$ 是最优方案. 对称地, 若 $b_r < a(\boldsymbol{J} \setminus \{J_r\})$, $a_r \geqslant b(\boldsymbol{J} \setminus \{J_r\})$, 则 $C_{\max}(\sigma) = a(\boldsymbol{J})$, 同样得证.

(ii) $b_r < a(\boldsymbol{J} \setminus \{J_r\})$, $a_r < b(\boldsymbol{J} \setminus \{J_r\})$. 则 $\sigma$ 如图 2.4 所示. 对工件 $J_j \in \boldsymbol{J}_1 \setminus \{J_r\}$, 设工序 $(M_1, J_j)$ 的开工时间为 $S_{1j}$, 则工序 $(M_2, J_j)$ 的开工时间为 $S_{2j} = S_{1j} + b_r \geqslant S_{1j} + a_r \geqslant S_{1j} + a_j$. 所以工序 $(M_1, J_j)$ 与 $(M_2, J_j)$ 不重叠, 也没有空闲. 另一方面, 对工件 $J_j \in \boldsymbol{J}_2$, 若 $M_2$ 的工序间不出现空闲, 如图 2.4(a) 所示, 则 $C_{\max}(\sigma) = \max\{C_{1r}, C_{2l}\} = \max\{a(\boldsymbol{J}), b(\boldsymbol{J})\}$, 其中 $C_{1r}, C_{2l}$ 分别是 $(M_1, J_r)$, $(M_2, J_l)$ 的完工时间. 由于目标函数值达到下界, 所以 $\sigma$ 是最优方案.

剩下考虑, 工件 $J_j \in \boldsymbol{J}_2$ 在 $M_2$ 的工序之间可能出现空闲, 尤其在 $a(\boldsymbol{J}_2) \gg b(\boldsymbol{J}_2)$ 的情形, 如图 2.4(b) 所示. 对此, 下面将证明 $C_{\max}(\sigma) = a(\boldsymbol{J})$, 同样得到 $\sigma$ 的最优性. 事实上, 设在工件 $J_j \in \boldsymbol{J}_2$ 处出现空闲, 即在时刻 $t = C_{1j} = S_{2j}$ 之前出现一段机器空闲. 并设在 $\boldsymbol{J}_2$ 中随后的工件为 $\{J_{j+1}, \cdots, J_{l-1}, J_l\}$, 则由 $J_l$ 的选择得知 $a_l \geqslant a_j > b_j$. 又由 $\boldsymbol{J}_2$ 的定义得知 $a_{j+1} + \cdots + a_{l-1} > b_{j+1} + \cdots + b_{l-1}$. 因此

$$C_{1l} = t + a_{j+1} + \cdots + a_{l-1} + a_l > t + b_j + b_{j+1} + \cdots + b_{l-1} = C_{2,l-1}.$$

从而 $S_{2l} = \max\{C_{1l}, C_{2,l-1}\} = C_{1l}$. 于是 $C_{1r} = C_{1l} + a_r \geqslant S_{2l} + b_l = C_{2l}$. 这就证明了 $C_{\max}(\sigma) = C_{1r} = a(\boldsymbol{J})$. 从而 $\sigma$ 是最优方案. □

算法的运行时间 $O(n)$ 不难验证. 因为拟关键工件 $J_r$ 及殿后工件 $J_l$ 可在 $O(n)$ 时间求出. 然后, 所有工件在 $M_1$ 及 $M_2$ 上的排列可依次安排, 可在 $O(n)$ 时间完成.

在算法得到的最优工序安排中, 只有拟关键工件 $J_r$ 是"逆序的", 即工序 $(M_1, J_r)$ 在工序 $(M_2, J_r)$ 之后, 而其他工件 $J_j$ 都是"顺序的", 即工序 $(M_1, J_j)$ 在工序 $(M_2, J_j)$ 之前. 这就是所谓"交叉分离性"的体现.

## 2.3　独立系统上的贪婪算法

独立系统方法在组合最优化中占据重要地位. 这一理论工具不可能不影响到时序最优化领域. 这一节只介绍一些基础性结果, 进一步联系还有待探讨.

### 2.3.1　独立系统与拟阵

作为本章的思想渊源, 我们从线性规划的观点介绍任务分配问题. 现在改用二部图的语言来叙述. 设工件集 (人员集) 为 $X = \{x_1, x_2, \cdots, x_n\}$, 位置集 (任务集) 为 $Y = \{y_1, y_2, \cdots, y_n\}$. 以 $X \cup Y$ 为顶点集, 构造一个二部图 $G = (X \cup Y, E_{XY})$ 如下: 若工件 $x_i$ 允许排在位置 $y_j$, 则连一条边 $e_{ij}$, 否则不连边. 设 $E_{XY}$ 是这样定义的边 $e_{ij}$ 之集. 设边 $e_{ij}$ 的权值 (费用) 为 $c_{ij}$. 在图 $G$ 中, 一组两两不相邻的边所成之集 $M$ 称为匹配. 若 $M$ 关联于 (覆盖) 图 $G$ 的所有顶点, 则称之为完美匹配. 其意思是图 $G$ 的所有顶点, 即所有人员与任务, 可通过 $M$ 的边来配对. 因此任务分配问题 (2.1)~(2.4) 就是求二部图 $G$ 的最小权完美匹配.

图 $G$ 的匹配也称为边独立集. 图中一组两两不相邻的顶点所成之集称为 (点) 独立集. 这里, "独立"概念的基本特征是: 若一个集是独立的, 则它的任意子集也是独立的. 如匹配的子集也一定是匹配. 在数学中有许多结构具有这种性质 (亦称为遗传性). 例如, 一个线性无关的向量组的任意子集也是线性无关的; 一个无圈图的任意子图也无圈; 矩阵中一组不共线 (不同行不同列) 的元素的一部分仍然不共线; 在概率论中, 一组相互独立的事件的一部分仍然相互独立. 又如本章开头的例子, 可分离系数矩阵的子矩阵仍然是可分离系数的; 具有独立相邻关系的工件集的子集也具有独立相邻关系. 人们从所有这些结构中抽象出独立系统的概念.

设 $E$ 是一个有限集, $\mathcal{F} \subseteq 2^E$ 是一个子集族. $(E, \mathcal{F})$ 称为独立系统, 是指它满足:

(i) $\varnothing \in \mathcal{F}$;

(ii) 若 $I \in \mathcal{F}$ 且 $I' \subseteq I$, 则 $I' \in \mathcal{F}$.

在一个独立系统中, $\mathcal{F}$ 的元素称为**独立集**, $2^E \setminus \mathcal{F}$ 的元素称为**相关集**. 极大的独立集称为**基**; 极小的相关集称为**圈**. 这里的"极大"与"极小"是集合包含意义的, 不同于"最大"与"最小". "极大独立集"是指不存在真包含它的独立集, "最大独立集"是指基数达到最大的独立集.

独立系统的概念比较广泛, 其内涵还不够深刻. 下面介绍一种特殊的独立系统, 叫做拟阵. 一个独立系统 $(E, \mathcal{F})$ 称为**拟阵**是指它满足:

(iii) 若 $I_1, I_2 \in \mathcal{F}$ 且 $|I_1| > |I_2|$, 则存在 $e \in I_1 \setminus I_2$, 使得 $I_2 \cup \{e\} \in \mathcal{F}$.

这称为**交换公理**. 它是从线性无关向量组的性质中抽象出来的 (在线性代数中称为代换定理). 这种可交换性是拟阵的本质特征, 也是其优化问题具有贪婪算法的内在依据 (也是与前面局部交换条件发生联系之处). 它等价于:

(iii)′ 对任意 $X \subseteq E$, 若 $I_1, I_2 \in \mathcal{F}$ 是 $X$ 中的极大独立集, 则 $|I_1| = |I_2|$.

这也来源于线性代数的熟知命题: $X$ 中的极大线性无关组具有相同的基数, 由此可定义 $X$ 的**秩** (就是其中极大线性无关组的基数).

下面来看一些典型的例子, 容易验证拟阵公理 (i)~(iii).

- **向量拟阵**   设 $E$ 是矩阵 $A$ 的列向量之集, $\mathcal{F} = \{I \subseteq E : I$ 是线性无关向量组$\}$. 线性代数中关于线性无关及基的理论是拟阵概念的重要支撑.

- **圈拟阵**   设 $E$ 是无向图 $G$ 的边集, $\mathcal{F} = \{I \subseteq E : I$ 的导出子图 $G[I]$ 无圈$\}$. 图论中关于森林与树的理论也是拟阵概念的基础.

- **划分拟阵**   设 $E$ 为有限集, $\{E_1, E_2, \cdots, E_p\}$ 是 $E$ 的一个划分, 并设 $\mathcal{F} = \{I \subseteq E : |I \cap E_i| \leqslant 1, 1 \leqslant i \leqslant p\}$. 这里 $\{E_1, E_2, \cdots, E_p\}$ 表示 $p$ 类元素, 独立集 $I$ 的意义是: 从 $E$ 中抽取不同类元素的样本.

- **横贯拟阵**   设 $E = \{e_1, e_2, \cdots, e_n\}$, 并设 $\Sigma = \{E_1, E_2, \cdots, E_m\}$ 是 $E$ 的子集族, 其中 $E_i \subseteq E$ (这些子集可能有相同的). $E$ 的子集 $I = \{e_{i_1}, e_{i_2}, \cdots, e_{i_t}\}$ 称为 $\Sigma$ 的**部分横贯**$(1 \leqslant t \leqslant m)$, 是指存在 $\{E_{j_1}, E_{j_2}, \cdots, E_{j_t}\} \subseteq \Sigma$ 使得 $e_{i_k} \in E_{j_k}, 1 \leqslant k \leqslant t$. 当 $t = m$ 时, 这样的子集 $I$ 称为 $\Sigma$ 的**横贯**. 设 $\mathcal{F} = \{I \subseteq E : I$ 是 $\Sigma$ 的部分横贯 $\}$, 则 $(E, \mathcal{F})$ 是一个拟阵, 称为**横贯拟阵**.

这里做一些说明. 横贯相当于组合论中的相异代表系 SDR (system of distinct representative). 如果把 $\{E_1, E_2, \cdots, E_m\}$ 看作人群 $E$ 的各个阶层, $e_{j_k} \in E_{i_k}$ 表示 $e_{j_k}$ 作为阶层 $E_{i_k}$ 的代表, 那么 $I = \{e_{j_1}, e_{j_2}, \cdots, e_{j_m}\}$ 就是各阶层选出的"代表系". 因为不同阶层的代表不同, 所以称之为"相异代表系". 在图论中通常用二部图来研究相异代表系. 设 $X = \{x_1, x_2, \cdots, x_n\}$ 对应于 $E = \{e_1, e_2, \cdots, e_n\}$, $Y = \{y_1, y_2, \cdots, y_m\}$ 对应于 $\Sigma = \{E_1, E_2, \cdots, E_m\}$. 当且仅当 $e_i \in E_j$ 时, 连一边 $(x_i, y_j)$. 这样得到一个二部图 $G = (X \cup Y, E_{XY})$, 其中 $E_{XY}$ 为上述定义的边集. $X$ 的一个子集 $A$ 称为可匹配的, 是指图 $G$ 存在一个匹配使得 $A$ 与 $Y$ 的某个子集 $B$ 相匹配. 对称地, $Y$ 中的可匹配子集也同样定义. 那么子集族 $\Sigma$ 存在相异代表

系当且仅当在图 $G$ 中 $Y$ 是可匹配的. 其次, $I \subseteq E$ 是部分横贯当且仅当它对应于 $X$ 的子集 $X_I$ 是可匹配的. 因此, 横贯拟阵有更直接的表现形式: 给定一个二部图 $G = (X \cup Y, E_{XY})$, 设 $\mathcal{F} = \{A \subseteq X : A$ 是可匹配的 $\}$, 则 $(X, \mathcal{F})$ 称为可匹配集拟阵, 与横贯拟阵同构.

如下是一类组合最优化问题的抽象:

**最大权独立集问题**　给定一个独立系统 $(E, \mathcal{F})$, 其中每一个元素 $e \in E$ 赋予权值 $w(e) \geqslant 0$, 求 $I \in \mathcal{F}$ 使得 $w(I) = \sum_{e \in I} w(e)$ 为最大.

当 $(E, \mathcal{F})$ 是拟阵时, 最大权独立集问题有如下的贪婪算法:

**算法 GREEDY$(\mathcal{F}, w)$**

---

(1) 设 $E = \{e_1, e_2, \cdots, e_n\}$ 使得 $w(e_1) \geqslant w(e_2) \geqslant \cdots \geqslant w(e_n)$. 令 $I := \varnothing$.

(2) 对 $i := 1$ 到 $n$ 执行: 若 $I \cup \{e_i\} \in \mathcal{F}$, 则令 $I := I \cup \{e_i\}$.

(3) 输出 $I$.

---

这里权值 $w_i$ 代替前面梯度的作用. 此算法的关键步骤是独立性判定 $I \cup \{e_i\} \in \mathcal{F}$. 例如, 在向量拟阵中, 判定一组向量线性无关要计算矩阵的秩 (比如用高斯消去法). 在圈拟阵中, 判定一个子图无圈要计算圈秩 (边数 − 点数 + 分支数). 在横贯拟阵中, 判定部分横贯 (可匹配性) 要调用匹配算法 (或 Hall 定理). 故算法 GREEDY$(\mathcal{F}, w)$ 的时间复杂性主要取决于独立性判定. 至于算法的有效性证明参见组合最优化的教材 [1~4].

将贪婪算法 GREEDY$(\mathcal{F}, w)$ 应用于无向图 $G$, 即得到最大权森林问题的算法. 稍加变形, 便有熟知的最小支撑树算法: 在无圈的前提下, 每次选择一条权值最小的边, 直至得到一个支撑树为止. 这一算法框架还概括了其他问题的算法. 但是值得注意的是, 它不能概括二部图的最优匹配算法 (即任务分配问题的算法), 这是因为若 $E$ 是二部图 $G$ 的边集, $\mathcal{F}$ 是 $G$ 所有匹配构成的子集族, 则 $(E, \mathcal{F})$ 只是一个独立系统, 不是拟阵.

在图论中求最小支撑树, 还有对偶形式的 "破圈法": 在连通的前提下, 每次删去圈中一条权值最大的边, 直至得到一个支撑树为止. 对一般的拟阵最大权独立集问题, 如下的破圈算法成立.

**算法 DELETION$(\mathcal{F}, w)$**

---

(1) 设 $E = \{e_1, e_2, \cdots, e_n\}$ 使得 $w(e_1) \leqslant w(e_2) \leqslant \cdots \leqslant w(e_n)$. 令 $I := E$.

(2) 对 $i := 1$ 到 $n$ 执行: 若 $I \setminus \{e_i\} \notin \mathcal{F}$, 则令 $I := I \setminus \{e_i\}$.

(3) 输出 $I$.

---

### 2.3.2 拟阵算法应用于排序问题

Lawler[1] 首先将拟阵概念引入到排序问题研究中, 提供了一个重要的理论工具, 展示出新的贪婪算法类型. 他以单位工时加权延误数问题 $1|p_j = 1|\sum w_j U_j$ 作为引进拟阵概念的例子. 下面的例子略加推广 (加上到达期).

**例 2.3.1** 有到达期的单位工时加权延误数问题 $1|r_j, p_j = 1|\sum w_j U_j$.

设 $n$ 个工件 $J_1, J_2, \cdots, J_n$ 在一台机器上加工, 其中工件 $J_j$ 的工时为 $p_j$, 工期为 $d_j$ $(1 \leqslant j \leqslant n)$. 对排列 $\pi = (\pi(1), \pi(2), \cdots, \pi(n))$, 工件 $J_{\pi(i)}$ 的完工时间是 $C_{\pi(i)} = \sum_{1 \leqslant j \leqslant i} p_{\pi(j)}$, 其延误指标 $U_{\pi(i)} = 1$ 当且仅当 $C_{\pi(i)} > d_{\pi(i)}$, 否则 $U_{\pi(i)} = 0$. 那么 $\sum_{1 \leqslant i \leqslant n} U_{\pi(i)}$ 为延误工件数, 简称延误数. 再设工件 $J_j$ 的延误惩罚 (权值) 为 $w_j$. 那么单机加权延误数问题 $1||\sum w_j U_j$ 的目标函数为

$$f(\pi) = \sum_{i=1}^{n} w_{\pi(i)} U_{\pi(i)}. \tag{2.21}$$

已知此问题是 NP-困难的 (详见第 5 章). 下面讨论其单位工时的特殊情形, 即 $p_j = 1$, 并且工件 $J_j$ 有到达期 $r_j$, $1 \leqslant j \leqslant n$. 考虑到单位工时情形, 开工与完工时间均为整数, 可以假定 $r_j, d_j$ 均为整数.

设工件集为 $X = \{J_1, J_2, \cdots, J_n\}$. 对 $1 \leqslant j \leqslant n$, 定义工件 $J_j$ 的可行位置集为 $Y_j = \{i \in \mathbb{Z} : r_j + 1 \leqslant i \leqslant d_j\}$. 如果工件 $J_j$ 处在加工位置 $y \in Y_j$, 则认为是按时工件; 否则便认为是延误工件, 受到 $w_j$ 的惩罚. 现定义全部工件的位置集为 $Y = \bigcup_{1 \leqslant j \leqslant n} Y_j$, 并定义边集 $E_{XY} = \{(x, y) : x = J_j, y \in Y_j, 1 \leqslant j \leqslant n\}$. 这样得到一个二部图 $G = (X \cup Y, E_{XY})$. 由此考虑 $X$ 的可匹配子集构成的拟阵 (即横贯拟阵). 设 $A \subseteq X$ 是一个可匹配子集, 则存在一个匹配, 使得每一个工件 $J_j \in A$ 与一个位置 $y \in Y_j$ 配对. 于是 $J_j$ 安排在这个位置加工可以成为按时工件. 因此 $A$ 是一个按时工件集. 反之, 任意一个按时工件集 $A \subseteq X$ 必定是一个可匹配子集, 即将其中每一个工件与其加工位置配对. 再者, 按时工件集的权 $w(A)$ 为最大等价于延误工件的惩罚 $w(X \setminus A)$ 为最小. 所以我们可以运用拟阵的贪婪算法 $\mathrm{GREEDY}(\mathcal{F}, w)$ 来求解这个最大权独立集问题.

至于独立性的判定, 我们可以借用问题 $1|r_j, p_j = 1|L_{\max}$ 的算法 (例 2.1.5 的修订 EDD 规则). 对任意 $A \subseteq X$, 以 $A$ 为工件集执行此算法, 即在每一个到达时刻 $t = r_j$, 对已到达的工件按 EDD 顺序进行加工. 若 $L_{\max} = 0$, 则 $A$ 是可匹配子集 (它与其加工位置匹配). 否则 $L_{\max} > 0$, 从而 $A$ 不是可匹配的. 由此得到如下的具体算法步骤.

**算法 2.3.1** 求解问题 $1|r_j, p_j = 1|\sum w_j U_j$.

(1) 设 $X = \{J_1, J_2, \cdots, J_n\}$, 其中 $w_1 \geqslant w_2 \geqslant \cdots \geqslant w_n$. 令 $A := \varnothing$.

(2) 对 $i := 1$ 到 $n$ 执行: 运用修订 EDD 规则判定 $A \cup \{J_i\}$ 是否为可匹配子集. 若然, 令 $A := A \cup \{J_i\}$.

(3) 输出最小权延误工件集 $\bar{A} = X \setminus A$.

---

**命题 2.3.1**　算法 2.3.1 在 $O(n^2)$ 时间给出问题 $1|r_j, p_j = 1|\sum w_j U_j$ 的最优解.

**证明**　算法的正确性基于横贯拟阵的贪婪算法. 现在分析算法的时间界. 步骤 (1) 排顺所有工件的运行时间是 $O(n \log n)$. 在步骤 (2) 中, 对每一个 $i$ 执行一次独立性判定, 即执行一次 $1|r_j, p_j = 1|L_{\max}$ 的修订 EDD 规则算法 (见命题 2.1.11), 其运行时间是 $O(n)$ (假定所有工件已事先存储在一个 EDD 顺序的表中). 所以步骤 (2) 的运行时间是 $O(n^2)$. 因此总的运行时间是 $O(n^2)$. 　□

进一步可以考虑有固定工件约束的问题, 即要求某个子集 $A_0 \subseteq X$ 中的工件必须按时完工, 在这样的前提下使 $\sum w_j U_j$ 为最小. 此问题记为 $1|r_j, p_j = 1, A_0 \subseteq A|\sum w_j U_j$. 这仍可沿用算法 2.3.1, 只是在步骤 (1) 中改为 $A := A_0$, 即从子集 $A_0$ 开始进行扩张.

### 2.3.3　单机延误数问题的贪婪算法

作为独立系统的应用, 下面的例子虽然不是拟阵 (交换公理不成立), 贪婪算法仍可立足于另一种可交换性基础之上. 已知此问题有经典的 Moore 算法[36], 可看作特殊的 "破圈消去法". 下面先讲其对偶途径——贪婪生成算法 (出自 [45, 47]), 尔后[48] 称之为 SPT 型算法.

**例 2.3.2**　单机延误数问题 $1||\sum U_j$.

设 $n$ 个工件在一台机器上加工, 其中工件 $J_j$ 的工时为 $p_j$, 工期为 $d_j$ $(1 \leqslant j \leqslant n)$. 目标函数为延误数 $f(\pi) = \sum_{i=1}^n U_{\pi(i)}$.

为了用工件集构成独立系统, 这一节用 $E$ 表示工件集. 现设指标集 $E = \{1, 2, \cdots, n\}$ 表示工件集, 并设其中的工件已按 EDD 序排列, 即 $d_1 \leqslant d_2 \leqslant \cdots \leqslant d_n$. 对任意子集 $I \subseteq E$, 记 $p(I) = \sum_{j \in I} p_j$. 根据问题 $1||L_{\max}$ 的结果 (例 2.1.3), 若一组工件按照某个顺序可以按时完工 ($L_{\max} = 0$), 则按照 EDD 序排列也能按时完工. 因此可以约定: 按时工件集总是按 EDD 序 (自然顺序) 排列, 而延误工件排在最后 (或者插空). 这样一来, 问题的顺序性消失了, 变成一个集合选择问题: 求一个子集 $I \subseteq E$, 使得其中工件在自然顺序下都成为按时工件, 且 $|I|$ 为最大. 也就是说, 可行解 (机程方案) 的表示从排列变为组合.

设 $N_i = \{1, 2, \cdots, i\}$. 那么所有按时工件集组成的子集族可表为

$$\mathcal{F} = \{I \subseteq E : p(I \cap N_i) \leqslant d_i, i \in I\}.$$

显然, 按时工件集的子集也是按时的. 于是 $(E, \mathcal{F})$ 是一个独立系统. 延误数问题 $1 \| \sum U_j$ 就是这个独立系统的最大独立集问题 (所有元素的权 $w_j = 1$). 我们将证明, 它具有这样的贪婪算法, 在保证独立性 (无延误) 的前提下, 每次选择工时最小的工件. 这可纳入算法 GREEDY $(\mathcal{F}, p_j)$ 的框架. 其具体算法步骤如下.

**算法 2.3.2(A)** 求解问题 $1 \| \sum U_j$.

(1) 设 $E = \{1, 2, \cdots, n\}$, 其中 $d_1 \leqslant d_2 \leqslant \cdots \leqslant d_n$. 令 $S := S' := \varnothing$.

(2) 从 $E$ 中取出工时最小的工件 $k$. 令 $E := E \setminus \{k\}$.

(3) 若 $S \cup \{k\} \in \mathcal{F}$, 则令 $S := S \cup \{k\}$; 否则令 $S' := S' \cup \{k\}$.

(4) 若 $E = \varnothing$, 则终止 (输出按时工件集 $S$), 否则转 (2).

为证明算法的正确性, 我们有如下命题.

**命题 2.3.2** 算法 2.3.2(A) 输出的独立集 $S$ 是一个最大独立集.

**证明** 首先用归纳法证明如下的论断.

**论断** 对算法过程中得到的每个独立集 $S$, 都存在最大独立集包含它.

算法开始时, 对 $S = \varnothing$ 结论是平凡的. 现设当前的独立集 $S$ 已包含于某个最大独立集 $I$ 中. 并设 $k$ 是 $E \setminus (S \cup S')$ 中工时最小者, 且 $S \cup \{k\}$ 是独立的. 往证存在最大独立集 $I^*$ 包含 $S \cup \{k\}$.

假设 $I$ 是包含 $S$ 的最大独立集, 但不含 $k$, 则 $D = I \cup \{k\}$ 是一个相关集, 因而含有延误工件. 又因 $S \cup \{k\}$ 是独立的, 故 $S \cup \{k\}$ 是 $D$ 的真子集. 按约定, $D$ 中的工件按 EDD 序排列. 取 $i$ 是 $D \setminus (S \cup \{k\})$ 中第一个工件 (具有最小的工期 $d_i$). 可以断言这个 $i \in I$ 不可能属于 $S'$. 若不然, $i$ 是在先前某一步因为破坏独立性而被舍弃, 故 $S \cup \{i\}$ 是相关集, 不可能含于 $I$ 中. 于是由 $i \in E \setminus (S \cup S')$ 可知 $p_i \geqslant p_k$. 下面只要证明 $I^* = (I \setminus \{i\}) \cup \{k\} = D \setminus \{i\}$ 是独立集, 从而它就是包含 $S \cup \{k\}$ 的最大独立集 (因为 $|I^*| = |I|$). 分两种情形讨论:

情形 1: $i < k$.

设 $A, B$ 分别是 $D$ 中排在 $k$ 之前及 $k$ 之后的工件集. 当 $I$ 变为 $I^*$ 时, $B$ 中的工件不会推迟 (因为 $p_i \geqslant p_k$), 故仍为按时工件. 而由 $A \subseteq I$ 可知 $A$ 是独立集, 所以 $A \setminus \{i\}$ 在 $I^*$ 中是按时完工的. 至于工件 $k$, 设 $t$ 是在 $D$ 的排序中 $k$ 的开工时刻, 即 $A$ 的最后工件 $j$ 的完工时刻, 则 $t \leqslant d_j \leqslant d_k$. 当 $I$ 变为 $I^*$ 时, 工件 $k$ 的完工时刻不会大于 $t$ (还是因为 $p_i \geqslant p_k$). 因此 $k$ 也是按时完工的.

情形 2: $k < i$.

设 $A, B$ 分别是 $D$ 中排在 $i$ 之前及 $i$ 之后的工件集. 如前, 当 $I$ 变为 $I^*$ 时, $B$ 中的工件不会推迟 (因为 $p_i \geqslant p_k$), 故仍为按时工件. 由于 $i$ 是 $D$ 中第一个不属于

$S \cup \{k\}$ 的工件, 所以 $A$ 是 $S \cup \{k\}$ 的子集, 从而是独立的. 这样一来, $I^*$ 的工件都是按时的.

综上所述, 我们证明了 $I^*$ 是独立集, 从而是包含 $S \cup \{k\}$ 的最大独立集. 于是完成上述论断的证明.

当算法结束时, 对输出的独立集 $S$, 也存在最大独立集 $I^*$, 使得 $S \subseteq I^*$. 另一方面, 可以断言 $I^* \cap S' = \varnothing$. 这是因为如有 $i \in I^* \cap S'$, 则 $i$ 是在先前某一步因为破坏独立性而被舍弃的, 从而 $I^*$ 包含相关集 $S \cup \{i\}$, 与 $I^*$ 的独立性矛盾. 又因 $S \cup S' = E$, 所以 $S = I^*$, 即 $S$ 就是最大独立集. $\qquad\square$

**命题 2.3.3**    算法 2.3.2(A) 在 $O(n^2)$ 时间给出问题 $1||\sum U_j$ 的最优解.

**证明**    算法的正确性已由命题 2.3.2 给出, 只要说明算法的时间界. 步骤 (1) 排顺所有工件的运行时间是 $O(n \log n)$. 为在步骤 (2) 中从 $E$ 中取出最小工时的工件 $k$, 事先用一个队列按 SPT 序存储 $E$ 的元素 (取一个消去一个). 运行时间也是 $O(n \log n)$. 所以步骤 (2) 可在常数时间完成. 在步骤 (3) 中, 对 $S \cup \{k\}$ 执行一次独立性判定, 即执行一次 $1||L_{\max}$ 的算法判定是否 $L_{\max} = 0$. 其运行时间是 $O(n)$ (假定工件已事先按 EDD 序排好). 整个算法至多有 $n$ 个循环. 因此总的运行时间是 $O(n^2)$. $\qquad\square$

赵秋兰与原晋江[49] 运用精细的数据结构方法, 将此算法改进为时间界 $O(n \log n)$ 的算法.

上述贪婪算法是: 在保证独立性的前提下, 选取工时最小的工件. 那么, 对偶的途径 (破圈法) 是: 在遇到相关集 (圈) 时, 舍弃工时最大的工件. 这一对偶途径引导出经典的 Moore 算法如下 (参见 [13, 16, 17, 19, 36]).

**算法 2.3.2(B)**    求解问题 $1||\sum U_j$.

---

(1) 设 $E = \{1, 2, \cdots, n\}$, 其中 $d_1 \leqslant d_2 \leqslant \cdots \leqslant d_n$. 令 $S := \varnothing$, $c := 0$.

(2) 对 $j := 1$ 到 $n$ 执行:

令 $S := S \cup \{j\}$, $c := c + p_j$.

若 $c > d_j$, 则从 $S$ 中取出工时最大的工件 $k$. 令 $S := S \setminus \{k\}$, $c := c - p_k$.

(3) 输出最大按时工件集 $S$ (延误工件集 $E \setminus S$ 排在其后).

---

**命题 2.3.4**    算法 2.3.2(B) 在 $O(n \log n)$ 时间给出问题 $1||\sum U_j$ 的最优解.

**证明**    当算法第一次出现 $c > d_j$ 时, 在 $S = \{1, 2, \cdots, j\} = N_j$ 中 $j$ 为延误工件, 故 $S \notin \mathcal{F}$. 为证明算法的正确性, 首先证明如下论断.

**论断**    设 $k$ 是从相关集 $S$ 中取出的工时最大的工件 (被舍弃), 则必存在一个最大独立集 $I$ 不含 $k$.

设 $I$ 是一个最大独立集且包含 $k$. 由于相关集 $S$ 不可能含于独立集 $I$, 故必存在 $i \in S \setminus I$. 于是 $1 \leqslant i \leqslant j$, $i \neq k$ 且 $p_i \leqslant p_k$, 则 $D = I \cup \{i\}$ 是一个相关集. 往证: $I' = (I \cup \{i\}) \setminus \{k\} = D \setminus \{k\}$ 是独立集. 事实上, 设 $A = I' \cap S$, 即 $I'$ 中排在 $j$ 之前的工件集 (可包含 $j$); 设 $B = I' \setminus S$, 即 $I'$ 中排在 $j$ 之后的工件集. 当 $I$ 变为 $I'$ 时, $B$ 中的工件不会推迟 (因为 $p_i \leqslant p_k$), 故仍为按时工件. 另一方面, 由于 $j$ 是 $E$ 中第一个延误的工件, 而 $p_k \geqslant p_j$, 所以 $N_j \setminus \{k\}$ 中不再有延误工件, 从而 $A \subseteq N_j \setminus \{k\}$ 中也没有延误工件. 这样一来, $I'$ 不含延误工件, 因而是独立集. 又因 $|I'| = |I|$, 故 $I'$ 也是最大独立集, 且不含 $k$. 上述论断得证.

既然存在最大独立集不含工件 $k$, 就可以把它删去, 在 $E \setminus \{k\}$ 中求得的最大独立集也是 $E$ 中的最大独立集. 于是从 $E$ 中将 $k$ 删去, 继续执行算法, 如此类推. 当算法结束时, 设 $S'$ 为所有舍弃的工件之集, 则存在最大独立集 $I^*$ 使得 $I^* \cap S' = \varnothing$. 对算法输出的独立集 $S$ 有 $S \cup S' = E$. 因此 $I^* \subseteq S$, 从而 $S = I^*$, 即 $S$ 是最大独立集.

其次, 讨论算法的运行时间. 步骤 (1) 排顺所有工件在 $O(n \log n)$ 时间完成. 在步骤 (2) 中, 用一个长度为 $n$ 的表 $Q$ 来记录选择的工件, 其位置按工时 $\{p_j\}$ 由大到小的顺序排列. 构造表 $Q$ 的运行时间也是 $O(n \log n)$. 但是, 这个表只是给每个工件预留着位置. 开始时 $Q$ 是空的. 当 $S := S \cup \{j\}$ 时, 将工件 $j$ 按 $p_j$ 的大小存入 $Q$ 的相应位置. 当出现 $c > d_j$ 时, 从 $Q$ 中取出排在第一位的工件 (即 $S$ 中工时最大的工件 $k$), 并删去之. 对 $j = 1$ 到 $n$ 执行步骤 (2), 其运行时间是 $O(n)$. 因此算法总的运行时间是 $O(n \log n)$. $\qquad\square$

上述两个算法, 前者是 "取小" 的生成法, 后者是 "舍大" 的消去法. 共同的目标是求最大独立集. 后者由于简化了独立性判定, 运行时间有所改进.

举一个数值例子: 设 7 个工件的工时数组为 $p = (5, 4, 3, 2, 5, 6, 7)$, 工期数组为 $d = (6, 9, 10, 11, 13, 14, 18)$, 已按 EDD 规则排列. 根据算法 (B), 按顺序选取工件, 直到出现第一个延误工件为止. 计算过程列于下表, 其中延误工件处标以 "|", 具有最大工时的删除工件处标以 "*".

| | $J_1$ | $J_2$ | $J_3$ | |
|---|---|---|---|---|
| $p_j$ | 5* | 4 | 3 | |
| $d_j$ | 6 | 9 | 10 | |
| $c$ | 5 | 9 | 12 | \| |

| | $J_2$ | $J_3$ | $J_4$ | $J_5$ | |
|---|---|---|---|---|---|
| $p_j$ | 4 | 3 | 2 | 5* | |
| $d_j$ | 9 | 10 | 11 | 13 | |
| $c$ | 4 | 7 | 9 | 14 | \| |

| | $J_2$ | $J_3$ | $J_4$ | $J_6$ | |
|---|---|---|---|---|---|
| $p_j$ | 4 | 3 | 2 | 6* | |
| $d_j$ | 9 | 10 | 11 | 14 | |
| $c$ | 4 | 7 | 9 | 15 | \| |

| | $J_2$ | $J_3$ | $J_4$ | $J_7$ | |
|---|---|---|---|---|---|
| $p_j$ | 4 | 3 | 2 | 7 | |
| $d_j$ | 9 | 10 | 11 | 18 | |
| $c$ | 4 | 7 | 9 | 16 | \| |

最后得到最大独立集 $\{J_2, J_3, J_4, J_7\}$, 算法中舍弃的延误工件集 $\{J_1, J_5, J_6\}$ 可排在最后. 最小延误工件数为 $\sum U_j = 3$. 如果运用算法 (A) (不再另外列出计算表), 前三步选取工时最小的 $\{J_4, J_3, J_2\}$, 均无延误. 接着任意选择 $\{J_1, J_5, J_6\}$ 之一均导致延误 (见上述前三张表), 故舍弃之. 最后选择 $J_7$, 没有延误 (见前面最后一张表), 得到同样的最大独立集.

Lawler[13] 把 Moore 算法推广到权值与工时协同 (agreeable) 的情形, 即存在工件的一个排列使得 $p_1 \leqslant p_2 \leqslant \cdots \leqslant p_n, w_1 \geqslant w_2 \geqslant \cdots \geqslant w_n$, 简记为 $p_i < p_j \Rightarrow w_i \geqslant w_j$.

**例 2.3.3**　协同加权的延误数问题 $1|p_i < p_j \Rightarrow w_i \geqslant w_j| \sum w_j U_j$.

事实上, 这是一个最大权独立集问题, 即求一个具有最大权的按时工件集. 根据算法 2.3.2(B) (Moore 算法), 当第一次出现 $c > d_j$ 时, 从 $S$ 中消去工时最大 (权最小) 的工件 $k$. 仿照命题 2.3.4 的证明, 必存在一个最大权独立集 $I$ 不含 $k$ (若不然, 找出工件 $i \notin I$ 使得 $p_i \leqslant p_k$, 即 $w_i \geqslant w_k$, 来替换 $k$). 因此可以把 $k$ 消去. 这样一来, 执行上述算法可以求出最大权独立集. 这有 Moore-Lawler 算法之称, 运行时间仍为 $O(n \log n)$. 基于同样的思想, 也可以运用贪婪算法 (算法 2.3.2(A)) 求解, 只是时间界为 $O(n^2)$.

对于一个独立系统 $(E, \mathcal{F})$, 它是拟阵的充分必要条件是: 对任意的权函数 $w$, 贪婪算法 GREEDY$(\mathcal{F}, w)$ 都能有效地求出最大权独立集 (证明参见 [2, 4]). 那么自然提出这样的问题: 对不是拟阵的独立系统 $(E, \mathcal{F})$, 如何限制权函数 $w$, 才使贪婪算法有效地求出最大权独立集?

对独立系统 $(E, \mathcal{F})$, 满足如下条件的权函数 $w : E \to \mathbb{Z}^+$ 称为**正常权函数**: 若 $I \in \mathcal{F}$ 而 $I \cup \{x\} \notin \mathcal{F}$, 则在 $I \cup \{x\}$ 中存在一个圈 (极小相关集) $C$, 使得对任意 $y \in C$ 且 $w(y) \leqslant w(x)$ 均有 $(I \cup \{x\}) \setminus \{y\} \in \mathcal{F}$.

当 $I \in \mathcal{F}$, $I \cup \{x\} \notin \mathcal{F}$, $(I \cup \{x\}) \setminus \{y\} \in \mathcal{F}$ 时, 称 $y$ 与 $x$ 是可交换的. 上述 "正常权函数" 的意思是: 若 $w(y) \leqslant w(x)$, 则 $y$ 与 $x$ 是可交换的. 对拟阵而言, 任意 $y \in C$ 与 $x$ 都是可交换的. 所以对拟阵而言, 任意权函数都是正常的. 容易证明如下的推广结果.

**简注**　对独立系统 $(E, \mathcal{F})$, 若 $w : E \to \mathbb{Z}^+$ 是正常权函数, 则贪婪算法 GREEDY$(\mathcal{F}, w)$ 可以有效地求出最大权独立集 (证明参见 [45]).

将此结果应用于加权延误数问题 $1||\sum w_j U_j$. 我们把正常权函数记为 "proper-weight", 则正常加权的加权延误数问题 $1|$proper-weight$| \sum w_j U_j$ 可以运用贪婪算法求解. 这包括了上述协同加权的延误数问题 $1|p_i < p_j \Rightarrow w_i \geqslant w_j| \sum w_j U_j$ 的结果. 事实上, 容易验证: 若 $p_i < p_j \Rightarrow w_i \geqslant w_j$, 则权函数 $w$ 是正常的. 所以上述简注可得到 Moore-Lawler 算法的推广.

### 2.3.4 有到达期的延误数问题

有到达期的延误数问题 $1|r_j|\sum U_j$ 是 NP-困难的 (见第 5 章). Kise, Ibaraki 和 Mine[41] 研究了一种特殊情形, 即到达期与工期一致的情形, 得到推广的 Moore 算法. 尔后有 KIM (Kise-Ibaraki-Mine) 算法之称. 30 多年后, 在 [41] 的算法证明中一个引理被发现存在疏漏之处 (见 [50] 及其引文). 对此, 算法的正确性不受影响, 只是论证要谨慎些.

**例 2.3.4**  具有一致到达期的延误数问题 $1|r_i < r_j \Rightarrow d_i \leqslant d_j|\sum U_j$.

如前, 设工件集为 $E = \{1, 2, \cdots, n\}$, 其中工件 $j$ 的工时为 $p_j$, 工期为 $d_j$, 到达期为 $r_j$ ($1 \leqslant j \leqslant n$). 到达期与工期一致是指: 所有工件可按 EDD 序及 ERD 序排列成 $r_1 \leqslant r_2 \leqslant \cdots \leqslant r_n$ 且 $d_1 \leqslant d_2 \leqslant \cdots \leqslant d_n$. 其次, 约定对所有工件 $j$ 有 $r_j + p_j \leqslant d_j$ (否则它必定是延误工件, 可事先舍弃之). 目标函数是延误数 $f(\pi) = \sum_{i=1}^{n} U_{\pi(i)}$. 按照独立系统的观点, 无延误 (按时) 的工件集是独立集. 问题仍然相当于求最大独立集.

在考虑到达期时, 要注意完工时间的计算 (参见例 2.1.4). 对任意子集 $X \subseteq E$, 假定其在 EDD 序下的最后工件为 $x$, 则工件集 $X$ 的最终完工时间有递推公式

$$c(X) = \max\{c(X \setminus \{x\}), r_x\} + p_x.$$

若一个工件 $j$ 的完工时间满足 $C_j = r_j + p_j$ (即恰在到达期开工), 则称之为紧的; 否则, $C_j > r_j + p_j$, 称为松的. 注意在一个紧的工件之前, 机器可能有一段空闲时间 (如果前一工件在其到达期之前已完工). 如果不存在紧工件, 则松工件将连续地进行加工, 没有间歇. 因此, 如果在 $X$ 中从工件 $j$ 之后都是松工件, 那么当 $j$ 的工时 $p_j$ 减小充分小的 $\delta > 0$ 时, 完工时间 $c(X)$ 也下降 $\delta$. 这表示出函数 $c(X)$ 对松工件的线性依赖关系. 但是, 如果在工件 $j$ 之后存在紧工件, 则当 $p_j$ 减小 $\delta$ 时, $c(X)$ 保持不变, 呈现 "分段线性" 的态势.

其次, 对机程方案 $\pi$ 而言, 我们称最后一个紧工件为关键工件. 若 $t$ 为关键工件, 则 $c(E) = r_t + \sum_{j \geqslant t} p_j$, 即在关键工件之后有一个连续加工的区段.

下面的 KIM 算法就是略加修改的 Moore 算法 (破圈法).

**算法 2.3.3**  求解问题 $1|r_i < r_j \Rightarrow d_i \leqslant d_j|\sum U_j$.

(1) 设 $E = \{1, 2, \cdots, n\}$, 其中 $r_1 \leqslant r_2 \leqslant \cdots \leqslant r_n$ 且 $d_1 \leqslant d_2 \leqslant \cdots \leqslant d_n$. 令 $S := \varnothing$, $c := 0$.

(2) 对 $j := 1$ 到 $n$ 执行:

令 $S := S \cup \{j\}$, $c := c(S \cup \{j\})$.

若 $c > d_j$, 则从 $S$ 中取出这样的工件 $k$, 使得

$$c(S \setminus \{k\}) \leqslant c(S \setminus \{i\}), \quad \forall i \in S. \tag{$*$}$$

令 $S := S \setminus \{k\}$, $c := c(S \setminus \{k\})$.

(3) 输出最大按时工件集 $S$ (延误工件集 $E \setminus S$ 排在其后).

---

在 Moore 算法 (算法 2.3.2(B)) 中, 当出现延误时, 从 $S$ 中删去工时最大的工件 $k$. 当完工时间函数 $c(S)$ 是工时的线性和时, 选择工时最大的工件 $k$ 就是使完工时间函数下降率最大的工件. 上述推广算法也遵循同样的思想, 即在条件 $(*)$ 中, 删去使得完工时间 $c(S \setminus \{k\})$ 下降最大的工件 $k$.

推广算法的一个重要依据是当前的完工时间函数 $c(S)$ 具有这样的性质: 当 $S$ 替换为其子集 $S \setminus \{u\}$ (或更小的子集) 时, 工件 $k$ 仍然保持条件 $(*)$ 中的最大下降性. 这原来是 KIM 算法[41] 的主要引理, 我们将其叙述为如下的论断, 并参照 [50] 的修订方案 (其中只用到函数 $c(S)$ 对松工件呈线性变化情形).

**论断 L1**　设 $u \in S \setminus \{k\}$. 若 $c((S \setminus \{u\}) \setminus \{k\}) > r_j$, 则

$$c((S \setminus \{u\}) \setminus \{k\}) \leqslant c((S \setminus \{u\}) \setminus \{i\}), \quad \forall i \in S \setminus \{u\}.$$

**证明**　若 $c(S \setminus \{k, u\}) = c(S \setminus \{i, u\})$, 则论断显然成立 (称其为论断的平凡情形). 除此之外, 只要证明

$$0 \leqslant c(S \setminus \{i\}) - c(S \setminus \{k\}) = c((S \setminus \{u\}) \setminus \{i\}) - c((S \setminus \{u\}) \setminus \{k\}),$$

即

$$c(S \setminus \{i\}) - c((S \setminus \{u\}) \setminus \{i\}) = c(S \setminus \{k\}) - c((S \setminus \{u\}) \setminus \{k\}).$$

此等式左端记为 $\Delta(i)$, 右端记为 $\Delta(k)$, 这两个增量相等的意义是: 当 $S$ 变为 $S \setminus \{u\}$ 时, 函数 $c(S)$ 在 $i$ 处的下降率的增量等于其在 $k$ 处的下降率的增量, 因而工件 $k$ 的最大下降性得以保持. 这就是集函数 $c(S)$ 的局部线性表现. 下面分两种情形验证.

情形 1: $\max\{i, k\} < u \leqslant j$.

首先考虑 $u = j$. 由 $c((S \setminus \{k\}) \setminus \{j\}) > r_j$ 得知 $c(S \setminus \{k\}) = c((S \setminus \{k\}) \setminus \{j\}) + p_j$. 另一方面, 由 $c(S \setminus \{i\}) \geqslant c(S \setminus \{k\}) > r_j + p_j$ 得知 $c((S \setminus \{i\}) \setminus \{j\}) > r_j$, 从而 $c((S \setminus \{i\}) = c((S \setminus \{i\}) \setminus \{j\}) + p_j$. 因此 $\Delta(k) = p_j = \Delta(i)$.

其次考虑 $u < j$. 设 $Y = \{u+1, \cdots, j\}$. 若在 $Y$ 中存在紧工件, 则 $c(S \setminus \{i, u\}) = c(S \setminus \{k, u\})$, 归结为论断的平凡情形. 否则所有 $Y$ 中的工件都是松的, 因而机器在时间区间 $[r_u, c(S \setminus \{k, u\})]$ 内不停顿地连续加工 (注意 $c(S \setminus \{k, u\}) > r_j$). 于

是可以考虑工件集 $(S \setminus \{i, u\}) \setminus Y$ 及 $(S \setminus \{k, u\}) \setminus Y$, 其中 $u$ 是最后的工件且 $c((S \setminus \{k, u\}) \setminus Y) > r_u$ (因为 $u+1$ 是松的工件). 按照前面 $u = j$ 同样的证明方法, 得到

$$c((S \setminus \{k, u\}) \setminus Y) \leqslant c((S \setminus \{i, u\}) \setminus Y).$$

又因所有 $Y$ 中的工件是连续加工的, 上式两端加上 $p(Y)$ 即得 $c(S \setminus \{k, u\}) \leqslant c(S \setminus \{i, u\})$.

情形 2: $i < u < k$.

这里不妨只考虑 $i < k$ (对 $i > k$ 的情形可对称地证明). 设 $Y = \{k+1, \cdots, j\}$. 若 $Y$ 中存在紧工件, 则 $c(S \setminus \{i, u\}) = c(S \setminus \{k, u\})$, 归结为论断的平凡情形. 否则所有 $Y$ 中的工件都是松的, 因而 $Y$ 在机器中无空闲地连续加工, 历时 $p(Y)$. 于是在考虑工件集 $S \setminus \{i, u\}$ 及 $S \setminus \{k, u\}$ 时, 如同前一情形, 可不必考虑 $Y$, 而假定 $k$ 是 $S$ 的最后工件. 下面仍然验证 $\Delta(i) = \Delta(k)$.

设 $t$ 为工件集 $S = \{1, \cdots, i, \cdots, u, \cdots, k\}$ 的关键工件, 则按定义有 $c(S) = r_t + \sum_{t \leqslant j \leqslant k} p_j$. 由此得知, 当 $u < t \leqslant k$ 时 $\Delta(i) = \Delta(k) = 0$. 进而考虑 $t = u$ 为关键工件. 当关键工件 $u$ 删去后, 由于后继的工件提前, 必然出现新的紧工件 (比如 $u+1$) 及关键工件. 设 $u+h$ 成为 $S \setminus \{u\}$ 的关键工件, 其中 $1 \leqslant h \leqslant k - u$, 且 $r_u \leqslant r_{u+h}$. 由此得到

$$\Delta(k) = (r_u + p_u + \cdots + p_{k-1}) - (r_{u+h} + p_{u+h} + \cdots + p_{k-1}) = r_u + p_u + \cdots + p_{u+h-1} - r_{u+h}.$$

另一方面, 由于 $u$ 是 $S$ 的关键工件, $u+h$ 是 $S \setminus \{u\}$ 的关键工件, 而 $i < u$, 所以在 $S$ 及 $S \setminus \{u\}$ 中分别减去工件 $i$, 对完工时间函数没有影响. 故

$$\Delta(i) = (r_u + p_u + \cdots + p_k) - (r_{u+h} + p_{u+h} + \cdots + p_k) = r_u + p_u + \cdots + p_{u+h-1} - r_{u+h}.$$

由此得到 $\Delta(i) = \Delta(k)$. 再者, 当 $t < u$ 时 $\Delta(i) = \Delta(k) = p_u$.

综上所述, 论断得证. □

**命题 2.3.5** 算法 2.3.3 在 $O(n^2)$ 时间给出问题 $1 | r_i < r_j \Rightarrow d_i \leqslant d_j | \sum U_j$ 的最优方案.

**证明** 仿照命题 2.3.4 的证明, 当算法第一次出现 $c > d_j$ 时, 在 $S = \{1, 2, \cdots, j\}$ 中 $j$ 为延误工件, 故 $S$ 为相关集; 且工件 $k$ 满足条件 $(*)$. 往证存在一个最大独立集 $I$ 不含 $k$.

假设 $I$ 是一个最大独立集且包含 $k$. 由于相关集 $S$ 不可能含于独立集 $I$ 之中, 故 $S \setminus I \neq \varnothing$. 我们取 $l$ 为 $S \setminus I$ 中最小的工件 (按 EDD 序排在最前者). 于是 $1 \leqslant l \leqslant j$ 且 $l \neq k$. 另一方面, 由 $I$ 的最大性得知 $D = I \cup \{l\}$ 是相关集. 以下的任务是证明 $I' = (I \cup \{l\}) \setminus \{k\} = D \setminus \{k\}$ 是独立集. 事实上, 设 $A = I' \cap S$, 即 $I'$ 中

排在 $j$ 之前的工件集 (如果 $j \in I'$, 则 $A$ 也包括 $j$); 设 $B = I' \setminus S$, 即 $I'$ 中排在 $j$ 之后的工件集. 我们将分别证明 $A$ 和 $B$ 中不再有延误工件.

设 $U = S \setminus D$. 根据前述论断 L1, 依次剔除 $U$ 的元素 $u$, 对 $|U|$ 施行归纳法, 可以得到如下的论断.

**论断 L2**　若 $c((S \setminus U) \setminus \{k\}) > r_j$, 则

$$c((S \setminus U) \setminus \{k\}) \leqslant c((S \setminus U) \setminus \{i\}), \quad \forall i \in S \setminus D.$$

由于 $U = S \setminus D$ 且 $S \setminus U = S \cap D$, 所以 $(S \setminus U) \setminus \{k\} = I' \cap S$, $(S \setminus U) \setminus \{l\} = I \cap S$. 故由论断 L2 得到 (取 $i$ 为 $l$):

**断言 1**　若 $c(I' \cap S) > r_j$, 则 $c(I' \cap S) \leqslant c(I \cap S)$.

因此, 当 $I$ 变为 $I'$ 时, $B = I' \setminus S$ 中的工件均不推迟, 因而没有延误工件.

另一方面, 如果 $c(I' \cap S) \leqslant r_j$, 则 $j \notin I' \cap S$ (否则不可能 $r_j + p_j \leqslant r_j$), 且 $B = I' \setminus S = I \setminus S$ 的第一个工件在 $I'$ 的开工时间已达到其最小值, 即它的到达期. 所以当 $I$ 变为 $I'$ 时, $B$ 的工件只会提前, 不会推迟, 从而也没有延误工件.

其次, 由论断 L2 得到 (取 $i$ 为 $S$ 的最后工件 $j$):

**断言 2**　若 $c(I' \cap S) > r_j$, 则 $c(I' \cap S) \leqslant c((S \setminus U) \setminus \{j\}) \leqslant c(S \setminus \{j\}) \leqslant d_{j-1} \leqslant d_j$.

即 $A = I' \cap S$ 的最终完工时间 $c(I' \cap S)$ 不超过 $d_j$. 这意味着, 即使 $A$ 包含 $j$, $j$ 也不会延误; 而它前面的工件更不会延误 (根据算法). 因此 $A$ 中没有延误工件. 另一方面, 如果 $c(I' \cap S) \leqslant r_j$, 则 $j \notin I' \cap S$, 在 $A = I' \cap S$ 中更没有延误工件.

这就证明了 $I'$ 是独立集. 又因 $|I'| = |I|$, 故 $I'$ 是最大独立集, 并且的确不含 $k$. 既然存在最大独立集不含工件 $k$, 就可以把它删去, 继续执行算法, 如此类推. 算法的正确性得证.

最后, 关于算法的运行时间. 算法有 $n$ 个阶段, 其中对 $S$ 每增加一个 $j$ 作为一个阶段. 在每一个阶段里, 根据条件 $(*)$ 计算 $c(S \setminus \{i\})$ $(\forall i \in S)$, 并选择 $k$. 假定前一阶段的 $c(S \setminus \{i\})$ 已经记录下来, 那么对每一个 $S \setminus \{i\}$ 增加最后一个元素 $j$, 完工时间的修改可在常数时间完成. 所以这一阶段计算 $c(S \setminus \{i\})$ 以及选择 $k$ 可在 $O(n)$ 时间完成. 因此总的运行时间是 $O(n^2)$.　　　　□

### 2.3.5　有截止期的延误数问题

这一小节讨论单机延误数问题 $1 || \sum U_j$ 的另一推广——工件有截止期约束情形. 对每一个工件 $J_j$, 除了有工期 $d_j$ 之外, 还有截止期 $\bar{d}_j$, 即有约束 $C_j \leqslant \bar{d}_j$. 已知有截止期约束的延误数问题 $1 | \bar{d}_j | \sum U_j$ 是 NP-困难的 (出自 Lawler 一篇未发表的论文, 参见 [51]). 尔后, [51, 52] 对一些特殊情形给出了多项式时间算法. 作为贪婪算法的一个例子, 我们只讨论其中一种情形: 工时、工期与截止期满足一致性条件 $d_i < d_j \Rightarrow \bar{d}_i \leqslant \bar{d}_j, p_i \leqslant p_j$. 其他情形的算法参见 [51, 52].

**例 2.3.5** 具有一致截止期的延误数问题 $1|d_i < d_j \Rightarrow \bar{d}_i \leqslant \bar{d}_j, p_i \leqslant p_j|\sum U_j$.

如前, 设工件集为 $E = \{1, 2, \cdots, n\}$, 其中工件 $j$ 的工时为 $p_j$, 工期为 $d_j$, 截止期为 $\bar{d}_j$ $(1 \leqslant j \leqslant n)$. 并设所有工件已按 EDD 序排列: $d_1 \leqslant d_2 \leqslant \cdots \leqslant d_n$, $p_1 \leqslant p_2 \leqslant \cdots \leqslant p_n$, $\bar{d}_1 \leqslant \bar{d}_2 \leqslant \cdots \leqslant \bar{d}_n$. 约定 $d_j \leqslant \bar{d}_j$ (否则修改 $d_j := \bar{d}_j$). 对工件排列 $\pi$, 设 $C_j(\pi)$ 为工件 $j$ 的完工时间, 则任意可行排列 $\pi$ 必须满足 $C_j(\pi) \leqslant \bar{d}_j, 1 \leqslant j \leqslant n$. 目标函数仍为延误数 $f(\pi) = \sum_{i=1}^n U_{\pi(i)}$.

对任意给定子集 $S \subseteq E$, 工件 $j$ 的修订工期定义为

$$d_j^*(S) = \begin{cases} d_j, & j \in S, \\ \bar{d}_j, & j \in E \setminus S. \end{cases}$$

对子集 $S \subseteq E$, 关于 $S$ 的修订工期 $\{d_j^*(S)\}$ 的 EDD 序 $\pi$, 即 $d_{\pi(1)}^*(S) \leqslant d_{\pi(2)}^*(S) \leqslant \cdots \leqslant d_{\pi(n)}^*(S)$, 称为 $S$ 的检验序, 记作 $\pi(S)$.

一个子集 $S \subseteq E$ 称为独立子集, 是指按照检验序 $\pi(S)$, 所有工件都没有延误, 即对所有 $j \in E$ 均有 $C_j(\pi(S)) \leqslant d_j^*(S)$. 此时检验序 $\pi(S)$ 称为可行的. 对独立子集 $S$, 若工件 $j \in S$, 则 $C_j(\pi(S)) \leqslant d_j^*(S) = d_j$, 即 $j$ 为按时工件. 若工件 $j \in E \setminus S$, 则 $C_j(\pi(S)) \leqslant d_j^*(S) = \bar{d}_j$, 即 $j$ 仍然满足截止期约束. 当 $S = \varnothing$ 时, 修订工期就是截止期. 我们假定按照截止期的 EDD 序 $\pi(\varnothing)$ 排列时, 所有工件都没有延误 (否则问题是不可行的, 没有意义). 因此 $\varnothing$ 是独立集. 另外, 一个独立子集的子集仍然是独立的 (因为约束更松). 设 $\mathcal{F}$ 为 $E$ 中所有独立子集构成的集族, 则 $(E, \mathcal{F})$ 是一个独立系统. 当前的排序问题等价于求独立系统 $(E, \mathcal{F})$ 的最大独立集.

按照前面的贪婪算法模式, 在保证独立性的前提下, 每次选择工时最小的工件, 即执行算法 GREEDY$(\mathcal{F}, p_j)$.

**算法 2.3.4** 求解问题 $1|d_i < d_j \Rightarrow \bar{d}_i \leqslant \bar{d}_j, p_i \leqslant p_j|\sum U_j$.

---

(1) 设 $E = \{1, 2, \cdots, n\}$, 其中 $d_1 \leqslant d_2 \leqslant \cdots \leqslant d_n$, $p_1 \leqslant p_2 \leqslant \cdots \leqslant p_n$, $\bar{d}_1 \leqslant \bar{d}_2 \leqslant \cdots \leqslant \bar{d}_n$.

令 $S := S' := \varnothing$.

(2) 从 $E$ 中取出工时 $p_k$ 最小的工件 $k$. 如出现并列, 则取其中最小 $d_k$ 者 (进而取其中最小 $\bar{d}_k$ 者). 令 $E := E \setminus \{k\}$.

(3) 若 $S \cup \{k\} \in \mathcal{F}$, 则令 $S := S \cup \{k\}$; 否则令 $S' := S' \cup \{k\}$.

(4) 若 $E = \varnothing$, 则终止 (输出最大独立集 $S$), 否则转 (2).

---

为证明算法的正确性, 先证如下的论断.

**论断** 在算法第 1 阶段, 若 $S = \{1\}$ 是独立集, 则存在最大独立集 $I$ 包含工件 1, 且 1 排在检验序 $\pi(I)$ 的首位. 若 $S = \{1\}$ 不是独立集, 且 $\bar{d}_1 \leqslant d_2$, 则存在最

大独立集 $I$ 使得 1 排在检验序 $\pi(I)$ 的首位, 但 $1 \notin I$.

**证明**  设 $S = \{1\}$ 是独立集, $I$ 是最大独立集但不包含工件 1. 并设 $i$ 是排在检验序 $\pi = \pi(I)$ 首位的工件 $(i > 1)$, 则 $p_1 \leqslant p_i$, $\bar{d}_1 \leqslant \bar{d}_i$. 构造一个排列 $\pi'$ 使得 1 和 $i$ 交换位置. 由于 $C_1(\pi') = p_1 \leqslant d_1$ 而 $C_i(\pi') = C_1(\pi) \leqslant \bar{d}_1 \leqslant \bar{d}_i$, 所以对 $\pi'$ 而言, 工件 1 是按时工件, 而工件 $i$ 满足截止期约束. 再者, 在 1 与 $i$ 之间的工件不会推迟 (因为 $p_1 \leqslant p_i$), 在 $i$ 之后的工件不变. 因此对子集 $I' = (I \setminus \{i\}) \cup \{1\}$, $\pi'$ 是可行的检验序, 从而 $I'$ 是独立集. 又因 $|I'| = |I|$, 故 $I'$ 是包含 1 的最大独立集, 且 1 排在检验序 $\pi(I') = \pi'$ 的首位.

其次, 若 $S = \{1\}$ 是相关集, 则它不能含于任何独立集中. 因此对任意独立集 $S$, $d_1^*(S) = \bar{d}_1 \leqslant d_2 \leqslant \cdots \leqslant d_n$. 而对任一最大独立集 $I$, 它的检验序 $\pi(I)$ 是按 $\{d_j^*(S)\}$ 的非降顺序 (修订工期 EDD 序) 排列的. 故 1 总是排在检验序 $\pi(I)$ 的首位. 论断得证.  □

**命题 2.3.6**  算法 2.3.4 在 $O(n^2)$ 时间给出问题 $1|d_i < d_j \Rightarrow \bar{d}_i \leqslant \bar{d}_j, p_i \leqslant p_j| \sum U_j$ 的最优方案.

**证明**  对 $n$ 施行归纳法证明算法的正确性. $n = 1$ 情形是平凡的. 假定工件数小于 $n$ 时结论为真. 当 $S = \{1\}$ 是独立集时, 由上述论断得知, 存在最大独立集 $I$ 包含工件 1, 且 1 排在检验序 $\pi(I)$ 的首位. 因此我们可以固定 1 排在首位, 而考虑其余 $n-1$ 个工件的问题和算法. 由归纳假设可得欲证. 若 $S = \{1\}$ 不是独立集, 但 $\bar{d}_1 \leqslant d_2$, 则由上述论断亦可把 1 固定在首位而运用归纳假设.

否则 $\bar{d}_1 > d_2$. 这样, 在以后的检验序中工件 1 可能往后排. 设在算法中, $S = \{k\}$ 是第一个独立集. 那么对 $1 \leqslant i \leqslant k-1$, $d_i^*(S) = \bar{d}_i$. 若 $\bar{d}_1 \leqslant d_k$, 则在任意独立集的修订工期 EDD 序中, 1 总是排在首位, 因而亦可把 1 固定在首位而运用归纳假设. 否则 $d_k < \bar{d}_1 \leqslant \cdots \leqslant \bar{d}_{k-1}$. 仿照前面的论断, 往证: 存在最大独立集 $I$ 包含工件 $k$; 且 $k$ 排在检验序 $\pi(I)$ 的首位. 事实上, 假设 $I$ 是一个最大独立集, 其中排在第一位的是 $i > k$, 则 $p_k \leqslant p_i$, $\bar{d}_k \leqslant \bar{d}_i$. 构造一个排列 $\pi'$, 使其在 $\pi = \pi(I)$ 中 $k$ 和 $i$ 交换位置. 同前面论断证明一样, 对 $I' = (I \setminus \{i\}) \cup \{k\}$ 而言, $\pi'$ 是可行的检验序, 从而 $I'$ 是包含 $k$ 最大独立集, 且 $k$ 排在检验序 $\pi(I') = \pi'$ 的首位. 因此可把 $k$ 固定在首位而运用归纳假设. 算法的正确性得证.

关于算法的运行时间, 步骤 (1) 排顺所有工件的运行时间是 $O(n \log n)$. 从步骤 (2) 到步骤 (4) 至多有 $n$ 个循环. 在每一个循环中, 主要在步骤 (3) 中, 对 $S \cup \{k\}$ 执行一次独立性判定, 也就是对修订工期按 EDD 序排列, 检查是否有延误工件. 假定前一循环对 $S$ 的修订工期 EDD 序 (检验序) 已经排好. 对工件 $k$ 修改工期, 然后插入到上述顺序中, 并依次计算完工时间及延误. 这可在 $O(n)$ 时间完成. 因此总的运行时间是 $O(n^2)$.  □

以上只是贪婪算法的基本原理. 在算法设计上再多下点功夫, 可以得到 $O(n \log n)$ 算法 (参见 [52]).

## 2.4 后向贪婪算法

最后讨论另一类贪婪算法, 即自后而前的逐次优先选择. 对最大费用的目标函数 $\max_{1 \leqslant j \leqslant n} f_j(C_j)$ 而言, 最后一个阶段的决策 "独立地" 对目标函数作贡献 (不依赖于前面的决策).

### 2.4.1 一般最大费用模型

在例 2.1.3, 我们研究了最大延迟问题 $1||L_{\max}$. 现在加以推广.

**例 2.4.1** 具有偏序约束的最大费用问题 $1|\text{prec}|f_{\max}$.

设 $n$ 个工件在一台机器上加工, 其中工件 $J_j$ 的工时为 $p_j$ $(1 \leqslant j \leqslant n)$. 对每个工件 $J_j$ 有一个单调非减的费用函数 $f_j$, 使得当 $J_j$ 的完工时间是 $C_j$ 时, 它的费用为 $f_j(C_j)$. 例如, 在最大延迟问题中, $f_j(C_j) = C_j - d_j$ 是 $C_j$ 的递增函数. 现在, 对加工顺序 $\pi = (\pi(1), \pi(2), \cdots, \pi(n))$, 工件 $J_{\pi(j)}$ 的完工时间是 $C_{\pi(j)} = \sum_{1 \leqslant i \leqslant j} p_{\pi(i)}$. 那么问题的目标函数是最大费用:

$$f_{\max}(\pi) = \max_{1 \leqslant j \leqslant n} f_{\pi(j)}(C_{\pi(j)}).$$

其次, 考虑任意的偏序约束, 即在工件集 $\boldsymbol{J}$ 上有一个偏序关系 $\prec$, 若 $J_i \prec J_j$, 则工件 $J_i$ 必须在 $J_j$ 开工之前完工. 在 $\boldsymbol{J}$ 中, "$J_j$ 无后继" 是指不存在 $J_h$ 使得 $J_j \prec J_h$ (即 $J_j$ 是此偏序关系的极大元).

下面是著名的 Lawler 算法[37] (亦见于 [13]). 简言之, 从最后位置开始, 在可排的工件中选择费用最小者. 所以这是从后向前的贪婪算法.

**算法 2.4.1** 求解问题 $1|\text{prec}|f_{\max}$.

---

(1) 设 $\boldsymbol{J} = \{1, 2, \cdots, n\}$. 令 $t = \sum_{1 \leqslant j \leqslant n} p_j$, $k := n$.

(2) 取出 $L \subseteq \boldsymbol{J}$ 是关于偏序 $\prec$ 无后继的工件之集. 取工件 $l \in L$, 使得 $f_l(t) = \min\{f_j(t) : j \in L\}$. 令 $\pi(k) := l$.

(3) 令 $\boldsymbol{J} := \boldsymbol{J} \setminus \{l\}$, $t := t - p_l$, $k := k - 1$. 若 $\boldsymbol{J} = \varnothing$, 则终止 (输出最优方案 $\pi$); 否则转 (2).

---

**命题 2.4.1** 算法 2.4.1 在 $O(n^2)$ 时间给出问题 $1|\text{prec}|f_{\max}$ 的最优方案.

**证明** 设 $L \subseteq \boldsymbol{J}$ 是无后继的工件之集. 任意可行排列的最终完工时间都是 $t = \sum_{1 \leqslant j \leqslant n} p_j$. 现在选择工件 $l \in L$ 使得 $f_l(t) = \min\{f_j(t) : j \in L\}$. 只要证明存在最优排列使得工件 $l$ 排在最后. 倘若最优排列 $\pi$ 使得工件 $r$ 排在最后 $(r \neq l)$. 不

妨设 $\pi = \alpha l \beta r$, 其中 $\alpha$ 是排在工件 $l$ 之前的工件子序列, $\beta$ 是排在工件 $l$ 与 $r$ 之间的工件子序列. 现构造另一排列 $\pi' = \alpha \beta r l$, 其目标函数值为

$$f_{\max}(\pi') = f_{\max}(\alpha \beta r l) = \max\{f_{\max}(\alpha \beta r), f_l(t)\}.$$

一方面, 当在 $\alpha l \beta r$ 中删去工件 $l$ 时, $\alpha$ 中的工件不受影响, 而 $\beta r$ 中的工件均提前完工, 所以费用下降. 由此得到 $f_{\max}(\alpha \beta r) \leqslant f_{\max}(\alpha l \beta r) = f_{\max}(\pi)$. 另一方面, $f_l(t) \leqslant f_r(t) \leqslant f_{\max}(\alpha l \beta r) = f_{\max}(\pi)$. 因此 $f_{\max}(\pi') \leqslant f_{\max}(\pi)$, 从而 $\pi'$ 也是最优排列, 而且工件 $l$ 排在最后. 于是算法的正确性得证.

关于算法的运行时间, 假定对于给定的 $t$, 计算每一个函数值 $f_j(t)$ 可在常数时间完成. 那么在步骤 (2) 中求最小值的比较次数是 $O(n)$. 而算法有 $n$ 个循环. 故总的运行时间是 $O(n^2)$. □

### 2.4.2  有截止期的最大费用问题

在上述最大费用问题中, 由于费用函数 $f_j$ 是单调递增的, 起关键作用是在最后时刻. 与此类似, 容易得到下面的平行结果 (也可以考虑加上偏序约束).

**例 2.4.2**   具有截止期的最大费用问题 $1|\bar{d}_j|f_{\max}$.

对工件 $J_j$ 的费用函数 $f_j(C_j)$ 同前. 另外, 工件 $J_j$ 的截止期为 $\bar{d}_j$ $(1 \leqslant j \leqslant n)$. 算法的基本思想仍然是: 从最后位置开始, 在可排的工件中选择费用最小者.

**算法 2.4.2**   求解问题 $1|\bar{d}_j|f_{\max}$.

---

(1) 设 $\boldsymbol{J} = \{1, 2, \cdots, n\}$. 令 $t = \sum_{1 \leqslant j \leqslant n} p_j$, $k := n$.

(2) 取 $L = \{j \in \boldsymbol{J} : \bar{d}_j \geqslant t\}$. 若 $L = \varnothing$, 则终止 (问题是不可行的). 否则取出工件 $l \in L$, 使得 $f_l(t) = \min\{f_j(t) : j \in L\}$. 令 $\pi(k) := l$.

(3) 令 $\boldsymbol{J} := \boldsymbol{J} \setminus \{l\}$, $t := t - p_l$, $k := k - 1$. 若 $\boldsymbol{J} = \varnothing$, 则终止 (输出最优方案 $\pi$), 否则转 (2).

---

**命题 2.4.2**   算法 2.4.2 在 $O(n^2)$ 时间给出问题 $1|\bar{d}_j|f_{\max}$ 的最优方案.

**证明**   开始时 $t = \sum_{1 \leqslant j \leqslant n} p_j$. 设 $L = \{j \in \boldsymbol{J} : \bar{d}_j \geqslant t\}$ 是可在 $t$ 时刻完工的工件之集. 若 $L = \varnothing$, 则没有工件可在 $t$ 时刻完工, 从而问题没有可行解. 否则选择工件 $l \in L$ 使得 $f_l(t) = \min\{f_j(t) : j \in L\}$. 同前一例子, 只要证明存在最优排列使得工件 $l$ 排在最后. 若不然, 则把 $l$ 移到最后. 其余证明与命题 2.4.1 一样. 算法的运行时间也一样. □

### 2.4.3  有到达期的最大费用问题

在例 2.1.5 说过, 有到达期的最大延迟问题 $1|r_j|L_{\max}$ 是 NP-困难的. 所以有到

达期的最大费用问题 $1|r_j|f_{\max}$ 也是 NP-困难问题. 在例 2.1.5, 我们讨论了单位工时的问题 $1|r_j, p_j = 1|L_{\max}$. 现在考虑工件可中断加工情形 (可中断 preemption 的简写记号是 "pmtn").

**例 2.4.3** 有到达期偏序约束且可中断的最大费用问题 $1|r_j, \mathrm{prec}, \mathrm{pmtn}|f_{\max}$.

对工件 $J_j$ 的费用函数 $f_j(C_j)$ 以及偏序约束同前面的例子. 另外, 工件允许中断加工, 即作业时间集可以是若干个区间的并, 其总长度等于它的工时 $p_j$. 这样, 机程方案 $\sigma: \boldsymbol{J} \to \mathcal{T}$ 就不再是一个排列, 其中 $J_j$ 的作业时间集 $\sigma(J_j) \in \mathcal{T}$ 是若干个不相交的区间的并. 其实际含义包括作业区间的划分、衔接以及机器空闲等运作的安排. 此外, 还要满足到达期与偏序关系的约束.

作为预处理, 我们先对工件集按偏序 $\prec$ 的 "拓扑序" 编号 (见习题 1.5), 即若 $J_i \prec J_j$, 则 $i < j$. 其次, 如果 $J_i \prec J_j$, 而 $r_i + p_i > r_j$, 则工件 $J_j$ 不可能在 $r'_j = r_i + p_j$ 之前开工. 故工件 $J_j$ 的到达期应该修改为 $r'_j$. 因此我们对所有工件的到达期执行如下的修订运算: 对所有 $i < j$,

$$J_i \prec J_j \Rightarrow r_j := \max\{r_j, r_i + p_i\}.$$

如前所述, 有到达期约束的时序问题的特点是: 工件被划分成一个一个连续加工的区段 (参见例 2.1.5). 作为算法的准备, 先叙述划分区段的过程如下:

**分段过程 BLOCK(S)**

---

(1) 设工件集为 $S = \{1, 2, \cdots, m\}$, 其中 $r_1 \leqslant r_2 \leqslant \cdots \leqslant r_m$.
令 $k := 1, B_1 = \varnothing, t := r_1$.
(2) 对 $j := 1$ 到 $m$ 执行:
若 $t \geqslant r_j$, 则令 $B_k := B_k \cup \{j\}, t := t + p_j$.
若 $t < r_j$, 则令 $k := k + 1, B_k = \varnothing, t := r_j$.
(3) 输出区段序列 $(B_1, B_2, \cdots, B_k)$.

---

对每一个区段 $B_i$ $(1 \leqslant i \leqslant k)$, 定义

$$r(B_i) = \min_{h \in B_i} r_h, \quad p(B_i) = \sum_{h \in B_i} p_h, \quad c(B_i) = r(B_i) + p(B_i),$$

则 $r(B_i)$ 及 $c(B_i)$ 分别是区段 $B_i$ 的开工时间及完工时间.

易知问题可约化为对各个区段进行求解 (详见下面命题 2.4.3 的证明). 因此我们先讨论一个区段 $B$ 的求解方法, 然后建立递推算法. 基本思路仍然是从最后时刻开始, 在可排的工件中选择费用最小者, 即执行后向贪婪算法.

**单区段过程 PROC($B$)**

(1) 设 $B$ 是给定的区段. 令 $t := c(B)$.

(2) 取出 $L \subseteq B$ 是关于偏序 $\prec$ 无后继的工件之集. 取工件 $l \in L$, 使得 $f_l(t) = \min\{f_j(t) : j \in L\}$.

(3) 对 $B \setminus \{l\}$ 执行分段过程 BLOCK($B \setminus \{l\}$), 得到子区段 $B_1, B_2, \cdots, B_b$.

(4) 在空闲区间 $[r(B), c(B)) \setminus \bigcup_{1 \leqslant i \leqslant b}[r(B_i), c(B_i))$ 中, 从 $r_l$ 开始可中断地安排工件 $l$.

(5) 对 $i := 1$ 到 $b$ 递归地调用单区段过程 PROC($B_i$).

这样一来, 得到完整的算法如下 (参见 [17, 19]).

**算法 2.4.3**　求解问题 $1|r_j, \mathrm{prec}, \mathrm{pmtn}|f_{\max}$.

(1) 设 $\boldsymbol{J} = \{1, 2, \cdots, n\}$, 其中 $r_1 \leqslant r_2 \leqslant \cdots \leqslant r_n$. 执行分段过程 BLOCK($\boldsymbol{J}$), 得到区段 $B_1, B_2, \cdots, B_k$.

(2) 对 $i := 1$ 到 $k$ 调用单区段过程 PROC($B_i$).

**命题 2.4.3**　算法 2.4.3 在 $O(n^2)$ 时间给出问题 $1|r_j, \mathrm{prec}, \mathrm{pmtn}|f_{\max}$ 的最优方案.

**证明**　首先证明分段过程的正确性. 为此, 证明存在最优的机程方案 $\sigma$, 使得由分段过程产生的区间 $[r(B_i), c(B_i))$ $(i = 1, 2, \cdots, k)$ 全部占满, 没有空闲. 若不然, 假定对某个最优方案, 在某个区间 $[r(B_i), c(B_i))$ 中存在空闲区间 $[s, t)$ (并假定它是最早出现的空闲). 我们断言: 必存在某个工件 $j$, 其到达期 $r_j \leqslant s$, 而完工时间在时刻 $s$ 之后. 否则设 $A$ 为所有在时刻 $s$ 之后加工的工件之集, 必有 $r = \min\{r_j : j \in A\} > s$. 那么在分段过程产生的区段划分中, 区间 $[s, r)$ 一定是空闲的, 与分段矛盾. 于是由此断言, 可以把工件 $j$ 或其一部分向前移动, 填入空闲区间 $[s, t)$ 之中. 这样仍然得到最优方案. 继续此过程, 在有限步之后得到欲证的性质.

其次证明单区段过程的正确性. 为此, 对区段 $B$, 证明存在最优的机程方案, 使得工件 $l$ 在最终时刻 $t = c(B)$ 完工. 事实上, 设 $f_{\max}^*(B)$ 是关于区段 $B$ 的最优解的目标函数值, 则可往证不等式

$$f_{\max}^*(B) \geqslant \max\{f_{\max}^*(B \setminus \{l\}), f_l(t)\}.$$

这里, $f_{\max}^*(B \setminus \{l\})$ 是关于工件集 $B \setminus \{l\}$ 的最优值. 显然有 $f_{\max}^*(B \setminus \{l\}) \leqslant f_{\max}^*(B)$ (由于前者不计工件 $l$ 的费用). 其次, 在 $B$ 的最优解中必有某个无后继工件 $u$ 在时

刻 $t = c(B)$ 完工, 故 $f_l(t) := \min\{f_j(t) : j \in L\} \leqslant f_u(t) \leqslant f_{\max}^*(B)$. 这样两方面结合起来, 得到上述不等式.

对于单区段过程 PROC$(B)$, 问题归结为求工件集 $B \setminus \{l\}$ 的最优方案. 这个工件集同样具有区段划分结构. 如同前一部分关于分段过程的证明, 存在 $B \setminus \{l\}$ 的最优方案占满 $B \setminus \{l\}$ 的区间; 而工件 $l$ 可安排在这些区段的空闲区间之中. 这样构造出来的机程方案具有目标函数值 $f_{\max}(B) = \max\{f_{\max}^*(B \setminus \{l\}), f_l(t)\} \leqslant f_{\max}^*(B)$. 因此它是最优方案.

关于算法的运行时间, 我们把每次排定一个最后完工的工件 $l$ 称为一个阶段. 那么算法有 $n$ 个阶段. 在每一个阶段里, 执行单区段过程 PROC$(B)$, 在步骤 (2) 选择工件 $l$ 以及在步骤 (3) 中执行分段过程 BLOCK $(B \setminus \{l\})$, 都可在 $O(n)$ 中完成. 所以总的运行时间是 $O(n^2)$.　　　　　　　　　　　　　　　　　　　　□

**简注**　当所有数据均为整数时, 每一个区段的开始和结束时间都是整数. 那么当上述算法应用于单位工时情形, 中断没有必要. 因此上述算法可以用于求解排序问题 $1|r_j, \text{prec}, p_j = 1|f_{\max}$.

# 习　题　2

2.1 运用最优解的充分必要条件, 对下列问题设计求全部最优解的算法:

(1) 单机最大延迟问题 $1||L_{\max}$.

(2) 单机任务陆续到达问题 $1|r_j|C_{\max}$.

(3) 单机加权总完工时间问题 $1||\sum w_j C_j$.

2.2 如下的运输问题是任务分配问题的推广:

$$\min \quad \sum_{i=1}^{m} \sum_{j=1}^{n} c_{ij} x_{ij}$$

$$\text{s.t.} \quad \sum_{j=1}^{n} x_{ij} = s_i, \quad 1 \leqslant i \leqslant m,$$

$$\sum_{i=1}^{m} x_{ij} = t_j, \quad 1 \leqslant j \leqslant n,$$

$$x_{ij} \geqslant 0.$$

研究可分离系数的运输问题: $c_{ij} = a_i b_j$ $(1 \leqslant i \leqslant m, 1 \leqslant j \leqslant n)$. 试证: 当 $a_1 \leqslant a_2 \leqslant \cdots \leqslant a_m$, $b_1 \geqslant b_2 \geqslant \cdots \geqslant b_n$ 时, 亦有贪婪算法成立 (即常用的 "西北角规则" 可一遍排出最优解).

2.3 在流水作业问题 $F2||C_{\max}$ 中, 我们假定两台机器上的加工顺序是相同的, 这称为 "同顺序 $2 \times n$ 排序". 试证明: 在两台机器上的加工顺序允许不相同的情形, 存在最优解使得两机器的加工顺序是相同的.

2.4 对二机器自由作业问题 $O2||C_{\max}$, 试证明允许中断并不能得到更好的最优解 (允许中断并不能使最优值下降). 因此算法 2.2.2 可应用于求解 $O2|\text{pmtn}|C_{\max}$.

2.5 对二机器自由作业问题 $O2||C_{\max}$, 试证明: 一个机程方案是最优方案的充要条件是: 确定全程的关键工件满足交叉性质或 "关键机器" (总负荷最长的机器) 没有空闲.

2.6 详细写出问题 $P||\sum C_j$ 的算法 2.1.2 的证明.

2.7 在例 2.1.5 中, 问题 $1|r_j, p_j = 1|L_{\max}$ 的最优方案可由如下规则产生: 按照工件到达的时间进程, 在任意时刻 $t = r_j$ 对已到达的工件按 EDD 顺序安排加工. 试写出算法的详细证明. 并按照同样的思想研究可中断情形 $1|r_j, \text{pmtn}|L_{\max}$.

2.8 研究具有公共工期的问题 $1|r_j, d_j = d|L_{\max}$. 试证: 其最优方案可由 ERD 规则 (即按到达期非降顺序) 产生. 如何推广到有偏序约束的情形?

2.9 研究可中断问题 $1|r_j, \text{pmtn}|\sum C_j$. 试证: 其最优方案可由修订的 SPT 规则 (在每一决策时刻, 选择未加工的工件中最短工时者) 得到.

2.10 对单机延误数问题 $1||\sum U_j$, 一个子集 $S = \{i_1, i_2, \cdots, i_k\}$ 的工时序列是指 $(p_{i_1}, p_{i_2}, \cdots, p_{i_k})$, 其中 $p_{i_1} \leqslant p_{i_2} \leqslant \cdots \leqslant p_{i_k}$. 一个按时工件集 $S$ 称为关键子集, 是指它是极大独立集, 并且它的工时序列按字典序是极小的. 贪婪算法 2.3.2 说明: 关键子集 $I^*$ 是问题的最优解. 按习惯, 独立集之间的变换 $I' = (I \setminus \{i\}) \cup \{k\}$ 称为基本变换. 试证: 独立集 $I$ 是问题 $1||\sum U_j$ 的最优解的充分必要条件是: 它可以由关键子集 $I^*$ 经过若干次基本变换得到 (参考 [47]).

2.11 在 2.3.3 小节最后, 对独立系统 $(E, \mathcal{F})$, 满足如下条件的权函数 $w : E \to \mathbb{Z}^+$ 称为正常权函数: 若 $I \in \mathcal{F}$ 而 $I \cup \{x\} \notin \mathcal{F}$, 则在 $I \cup \{x\}$ 中存在一个圈 $C$, 使得对任意 $y \in C$ 且 $w(y) \leqslant w(x)$ 均有 $(I \cup \{x\}) \setminus \{y\} \in \mathcal{F}$. 试证: 对任意独立系统 $(E, \mathcal{F})$ 及正常权函数 $w$, 贪婪算法 $\text{GREEDY}(\mathcal{F}, w)$ 可以有效地求出最大权独立集 (参考 [45]).

2.12 对具有截止期约束的延误数问题 $1|\bar{d}_j|\sum U_j$, 前面只讨论其中一种特殊情形: $d_i < d_j \Rightarrow \bar{d}_i \leqslant \bar{d}_j, p_i \leqslant p_j$. 仿此讨论其他情形, 例如, (1) $p_i < p_j \Rightarrow d_i - d_j \leqslant p_i - p_j$; (2) 具有相等工时 (参考 [51, 52]).

2.13 研究具有截止期的加权完工时间和问题 $1|\bar{d}_j|\sum w_j C_j$. 一般情形是 NP-困难的. 考虑一致加权情形: $p_i < p_j \Rightarrow w_i \geqslant w_j$. 试证明 "后向 Smith 规则" 有效: 取 $t = \sum_{1 \leqslant j \leqslant n} p_j$, $L = \{j \in J : \bar{d}_j \geqslant t\}$, 在 $L$ 中取比值 $p_j/w_j$ 最大的工件排在最后位置. 此算法的运行时间是 $O(n \log n)$ (参考 [17]).

2.14 考虑折扣加权完工时间和问题 $1||\sum w_j(1 - e^{-rC_j})$ $(0 < r < 1)$. 试证: 最优方案可按梯度函数

$$g(j) = \frac{1 - e^{-rp_j}}{w_j e^{-rp_j}}$$

的非减顺序排列. 这称为加权折扣最短工时优先 (weighted discount shortest processing time first) 规则 (参见 [16, 21]).

2.15 将二机器流水作业问题 $F2||C_{max}$ 的算法推广到二机器异序作业问题 $J2||C_{max}$. 假定每个工件至多有两个工序. 设 $J_1$ 为只在 $M_1$ 上加工的工件集; $J_2$ 为只在 $M_2$ 上加工的工件集; $J_{12}$ 为先在 $M_1$ 上加工, 然后在 $M_2$ 上加工的工件集; $J_{21}$ 为先在 $M_2$ 上加工, 然后在 $M_1$ 上加工的工件集. 首先用 $F2||C_{max}$ 的算法分别求出工件集 $J_{12}$ 的最优排列 $\pi_{12}$ 以及工件集 $J_{21}$ 的最优排列 $\pi_{21}$. 试证明问题 $J2||C_{max}$ 的如下算法:

(1) 在机器 $M_1$ 上, 先按 $\pi_{12}$ 安排 $J_{12}$ 的工件, 再以任意顺序安排 $J_1$ 的工件, 最后按 $\pi_{21}$ 安排 $J_{21}$ 的工件;

(2) 在机器 $M_2$ 上, 先按 $\pi_{21}$ 安排 $J_{21}$ 的工件, 再以任意顺序安排 $J_2$ 的工件, 最后按 $\pi_{12}$ 安排 $J_{12}$ 的工件 (参考 [19, 21]).

2.16 考察单位工时的平行机问题 $P|p_j = 1|\sum w_j U_j$ (最小化加权延误数). 试证明如下的贪婪型算法 (类似于 Moore 算法) 有效. 设 $n$ 个工件已按 EDD 序排列, 即 $d_1 \leqslant d_2 \leqslant \cdots \leqslant d_n$. 按照如下规则选择按时工件集 $S$: 选择前 $m$ 个工件安排在时刻 0, 再接着选 $m$ 个工件安排在时刻 1, 如此类推; 当第一个工件 $j$ 出现延误时, 在已选工件中删去权因子 $w_i$ 最小者, 然后继续选择.

# 第3章 限位结构与分配型算法

时序优化问题的基本形式是工件集与时间位置集的匹配关系. 由此可匹配性得到一个二部图. 时序问题的可行解就是这个二部图的完美匹配, 或者说机程方案就是分配方案. 这里二部图或相应的子集族表示的限位结构可以演变出多种形式: 它可以是顺序位置的容许范围, 也可以是加工机器的选择资格, 还可以是加工位置的其他模式 (如可中断或连贯作业) 等. 处理这一类问题的主要工具就是分配型算法, 包括任务分配问题、运输问题、网络流问题等的组合优化算法. 此类算法是基于交错链变换的迭代方法, 成为比逐项选取的贪婪算法更高层次的求解途径.

## 3.1 工件与位置的可匹配性

### 3.1.1 二部图的匹配算法

可匹配性有多种表达形式. 前一章的线性规划分配问题使用矩阵形式: 矩阵 $C = (c_{ij})$ 的行对应于工件 (人员), 列对应于位置 (任务), 工件 $i$ 安排在位置 $j$ 的费用为 $c_{ij}$. 特别地, 当工件 $i$ 允许安排在位置 $j$ (人员 $i$ 可胜任工作 $j$) 时, 可令 $c_{ij} = 1$; 否则令 $c_{ij} = +\infty$. 用此方式可以表示工件与位置的可匹配关系.

另一种形式是二部图的匹配问题. 在此复习一下 2.3 节的概念. 设工件集为 $X = \{x_1, x_2, \cdots, x_n\}$, 位置集为 $Y = \{y_1, y_2, \cdots, y_n\}$. 以 $X \cup Y$ 为顶点集, 构造一个二部图 $G$ 如下. 若工件 $x_i$ 允许排在位置 $y_j$, 则连一条边 $e_{ij} = (x_i, y_j)$, 否则不连边. 设 $E$ 是这样定义的边 $e_{ij}$ 之集. 于是得到一个二部图 $G = (X \cup Y, E)$. 在图 $G$ 中, 一个匹配 $M$ 是指一组两两不相邻的边所成之集. 这里, 所谓 "匹配" 是指工件与位置通过 $M$ 的边来安排配对, 使得没有两个工件安排在同一个位置, 没有两个位置安排同一个工件. 若 $M$ 关联于 (覆盖) 图 $G$ 的所有顶点, 则称之为完美匹配.

第三种形式是子集族的代表系 (回顾 2.3 节的横贯拟阵). 设 $X = \{x_1, x_2, \cdots, x_n\}$ 是工件集, 并设 $\mathcal{F} = \{S_1, S_2, \cdots, S_m\}$ 是 $X$ 的子集族, 其中 $S_i \subseteq X$ 表示允许排在位置 $i$ 的工件之集 (这些子集可能有相同的). 如前所述, $X$ 的子集 $A = \{x_{i_1}, x_{i_2}, \cdots, x_{i_t}\}$ 称为 $\mathcal{F}$ 的部分横贯, 是指存在 $\{S_{j_1}, S_{j_2}, \cdots, S_{j_t}\} \subseteq \mathcal{F}$ 使得 $x_{i_k} \in S_{j_k}, 1 \leqslant k \leqslant t$. 这就是说, 工件 $i_k$ 可以安排在位置 $j_k$ $(1 \leqslant k \leqslant t)$. 如果用二部图来表示, 令 $Y = \{y_1, y_2, \cdots, y_m\}$ 对应于 $\mathcal{F} = \{S_1, S_2, \cdots, S_m\}$, 并且当且仅当 $x_i \in S_j$ 时, 连一边 $(x_i, y_j)$. 这样得到一个二部图 $G = (X \cup Y, E)$. 那么, $X$ 的子集 $A$ 是部

分横贯当且仅当图 $G$ 存在一个匹配使得 $A$ 与 $Y$ 的某个子集 $B$ 相匹配. 故 $A$ 也称为可匹配子集. 进而, 如果 $|A| = m$, 则 $A$ 称为子集族 $\mathcal{F}$ 的横贯 (或相异代表系). 特别地, 当 $m = n$ 时, $\mathcal{F}$ 存在横贯等价于图 $G$ 存在完美匹配.

以上三种形式是等价的. 这里的子集系统 $(X, \mathcal{F})$ 有时亦称为超图. 今后我们尽量不用超图的术语, 而用二部图或子集族的语言来讨论问题就够了.

给定二部图 $G = (X \cup Y, E)$, 其中 $X = \{x_1, x_2, \cdots, x_n\}$, $Y = \{y_1, y_2, \cdots, y_m\}$, $E \subseteq X \times Y$. 对任意子集 $A \subseteq X$, 如何判定 $A$ 是可匹配子集 (部分横贯)? 也就是 $A$ 的工件是否能够安排在合适的位置上? 为回答此问题, 我们一般地考虑对二部图 $G$, 是否存在一个匹配 $M$ 覆盖 $X$ (这里 $X$ 可替换为子集 $A$). 对任意子集 $S \subseteq X$, 定义 $S$ 的邻集为 $N(S) := \{y \in Y : x \in S, (x, y) \in E\}$. 下面是著名的判定定理 (证明参见 [1~4]).

**定理 3.1.1** (Hall 定理)    设 $G$ 是具有二部划分 $V(G) = X \cup Y$ 的二部图, 则 $G$ 存在匹配 $M$ 覆盖 $X$ 当且仅当对任意子集 $S \subseteq X$ 有

$$|N(S)| \geqslant |S|.$$

此条件的直观意义是: 对 $X$ 中任意 $k$ 个工件之集 $S$, 它在 $Y$ 中至少有 $k$ 个相邻 (可匹配) 的位置. 条件的必要性是显然的. 充分性的证明需要一定图论技巧.

考虑 $m = n$ 情形, 设 $A_j = N(x_j)$ $(j \in \mathbf{N})$, 其中 $\mathbf{N} = \{1, 2, \cdots, n\}$. Hall 定理也可叙述为: 子集族 $\{A_j : j \in \mathbf{N}\}$ 存在相异代表系 (图 $G$ 存在完美匹配) 当且仅当对任意 $S \subseteq \mathbf{N}$ 有

$$\left| \bigcup_{j \in S} A_j \right| \geqslant |S|.$$

从算法的观点上看, 上述定理也可用以判定是否存在最大的匹配 $M$ 使得 $|M| = |X|$. 由此引出如下的

**二部图最大匹配问题**    对二部图 $G$, 求匹配 $M$ 使 $|M|$ 为最大. 这亦称为基数匹配问题.

设 $M$ 是图 $G$ 的一个匹配. 一条路 $P$ 称为 $M$-交错路是指 $E(P) \setminus M$ 也是一个匹配; 也就是 $P$ 的边依次交错地属于 $M$ 与不属于 $M$. 一条 $M$- 交错路 $P$ 称为 $M$-可扩路是指 $P$ 的两个端点均不被 $M$ 覆盖.

**定理 3.1.2** (Berge 定理)    设 $M$ 是图 $G$ 的一个匹配, 则 $M$ 是最大匹配当且仅当不存在 $M$- 可扩路.

如果存在 $M$- 可扩路 $P$, 则对 $M$ 作局部变换, 将 $P$ 中处于偶数位置的匹配边替换为处于奇数位置的非匹配边 (比前者多一), 即作对称差 $M' = M \triangle E(P)$, 可得更大的匹配 $M'$.

　　基于这样的局部变换, 可建立求最大匹配的算法. 也可以转化为网络最大流问题求解, 其运行时间是 $O(|V(G)||E(G)|)$([1, 2]). 目前更好的算法的时间界是 $O(|V(G)|^{0.5}|E(G)|)$ (见 [3, 4]).

　　进而考虑赋权图情形, 即边 $e_{ij}$ 赋予权值 $c_{ij}$, 得到如下的

　　**二部图最小权完美匹配问题**　　对二部图 $G$, 求完美匹配 $M$ 使得 $c(M) := \sum_{x_i y_j \in M} c_{ij}$ 最小. 这亦称为最优匹配问题.

　　这等价于前一章的任务分配问题 (2.1)~(2.4). 已知求解此问题的有效解法称为匈牙利算法. 也可以转化为网络最小费用流问题求解, 其运行时间是 $O(|V(G)||E(G)| + |V(G)|^2 \log |V(G)|)$ (见 [1~4]). 粗略地说, 基数匹配问题及最优匹配问题都存在 $O(n^3)$ 时间算法, 其中 $n$ 为图的顶点数.

　　以上这些组合最优化的基础知识, 是本章所必需的.

### 3.1.2　匹配算法应用于时序问题

　　本章讲述的基本方法就是把时序问题转化为匹配问题. 由于匹配构成特殊的独立系统, 所以这种转化是前一章的独立系统方法的发展.

　　最简单的例子是单机总完工时间问题 $1||\sum C_j$ (例 2.1.2). 设工件集 $X = \{x_1, x_2, \cdots, x_n\}$, 位置集 $Y = \{y_1, y_2, \cdots, y_n\}$, 边集为 $X \times Y$, 得到完全二部图 $G = (X \cup Y, E)$. 若工件 $x_i$ 安排在位置 $y_j$, 则产生费用 $c_{ij} = (n - j + 1)p_i$, 以此作为边 $(x_i, y_j)$ 的权. 于是时序问题等价于二部图 $G$ 的最小权完美匹配问题. 鉴于边权的特殊形式 (可分离系数), 我们不必调用匈牙利算法, 直接导出 SPT 规则的贪婪算法. 前一章的许多贪婪算法例子, 都可以这样纳入匹配算法的框架. 下面再举几例子.

　　**例 3.1.1**　　单机单位工时加权总延误问题 $1|p_j = 1|\sum w_j T_j$.

　　设 $n$ 个工件在一台机器上加工, 其中工件 $J_j$ 的工时为 $p_j$, 工期为 $d_j$, 权值为 $w_j$ $(1 \leqslant j \leqslant n)$. 对加工顺序 $\pi = (\pi(1), \pi(2), \cdots, \pi(n))$, 工件 $J_{\pi(i)}$ 的延误时间定义为 $T_{\pi(i)} = \max\{C_{\pi(i)} - d_{\pi(i)}, 0\}$. 目标函数是加权总延误时间

$$f(\pi) = \sum_{i=1}^{n} w_{\pi(i)} T_{\pi(i)}.$$

这是一个 NP-困难问题. 现在考虑单位工时情形. 由于工件的开工与完工时间都是整数, 机程方案就是将 $n$ 个工件分配于 $n$ 个时段的分配方案. 将工件 $J_j$ 分配到时段 $i$ 的费用是

$$c_{ij} = \begin{cases} w_j(i - d_j), & i > d_j, \\ 0, & \text{否则.} \end{cases}$$

这样一来, 当前的时序问题可转化为最小费用完美匹配问题. 由此得到

**命题 3.1.3** 问题 $1|p_j = 1|\sum w_j T_j$ 可在 $O(n^3)$ 时间求出最优方案.

在前一章讨论过单机有到达期的单位工时问题 $1|r_j, p_j = 1|\sum w_j U_j$, 运用拟阵的贪婪算法给出 $O(n^2)$ 时间算法 (算法 2.3.1). 现在也可以直接调用匹配算法. 事实上, 将工件 $J_j$ 分配到整数时段 $i$ 的费用是

$$c_{ij} = \begin{cases} w_j, & i > d_j, \\ 0, & r_j \leqslant i \leqslant d_j, \\ \infty, & i < r_j. \end{cases}$$

于是, 问题 $1|r_j, p_j = 1|\sum w_j U_j$ 转化为最小费用匹配问题 (其中工件数可能小于位置数). 下例是一个推广, 其中对工件的可行位置做了限制.

**例 3.1.2** 单机单位工时费用和问题 $1|r_j, p_j = 1|\sum f_j(C_j)$.

设 $n$ 个工件在一台机器上加工, 其中工件 $J_j$ 的到达期是 $r_j$, 单位工时, 且费用是完工时间的非减函数 $f_j(C_j)$ $(1 \leqslant j \leqslant n)$. 不妨假设 $r_1 \leqslant r_2 \leqslant \cdots \leqslant r_n$. 由费用函数的单调性, $n$ 个单位工件应安排在 $n$ 个尽可能早的可行位置时段 $t_1, t_2, \cdots, t_n$ 上, 其中

$$t_i = \begin{cases} r_1, & i = 1, \\ \max\{r_i, t_{i-1} + 1\}, & i \geqslant 2. \end{cases}$$

如前, 机程方案就是将 $n$ 个工件分配于 $n$ 个时段. 将工件 $J_j$ 分配到时段 $t_i$ 的费用是

$$c_{ij} = \begin{cases} f_j(t_i + 1), & t_i \geqslant r_j, \\ \infty, & \text{否则}. \end{cases}$$

这样, 当前的时序问题可转化为一个分配问题. 于是得到

**命题 3.1.4** 问题 $1|r_j, p_j = 1|\sum f_j$ 可在 $O(n^3)$ 时间求出最优方案.

下面讨论一个较为普遍的平行机模型 (取自 [55]).

**例 3.1.3** 交联平行机总完工时间问题 $R||\sum C_j$.

例 2.1.8 讨论了匀速平行机总完工时间问题 $Q||\sum C_j$. 现考虑交联机情形 (不像匀速机那样有协同一致的加工速度). 设 $n$ 个工件 $J_1, J_2, \cdots, J_n$ 在 $m$ 台交联平行机 $M_1, M_2, \cdots, M_m$ 上加工, 机器 $M_i$ 加工工件 $J_j$ 的工时为 $p_{ij}$ $(1 \leqslant i \leqslant m, 1 \leqslant j \leqslant n)$. 机程方案是 $\sigma : \boldsymbol{J} \to \boldsymbol{M} \times \mathscr{T}$. 根据目标函数 $\sum C_j$ 的性质 (见例 2.1.2 与例 2.1.8), 当 $J_{j_1}, J_{j_2}, \cdots, J_{j_h}$ 是在机器 $M_i$ 上加工的工件序列时, 它们对目标函数的贡献是

$$hp_{ij_1} + (h-1)p_{ij_2} + \cdots + 1p_{ij_h}.$$

鉴于此, 我们定义一个机器的第一个位置是它最后加工的位置, 第二个位置是它倒数第二个加工位置, 如此类推. 机器 $M_i$ 的第 $k$ 个位置记为 $(i, k)$. 那么所有位置的

集合就是 $Y = \{(i,k) : 1 \leqslant i \leqslant m, 1 \leqslant k \leqslant n\}$. 工件 $J_j$ 安排在位置 $(i,k)$ 的费用是

$$c_{(i,k),j} = kp_{ij}.$$

这样一来, 问题 $R||\sum C_j$ 等价于工件集 $X = \{J_1, J_2, \cdots, J_n\}$ 与位置集 $Y$ 的最小费用匹配问题. 设 $[p_{ij}]$ 为 $m \times n$ 工时矩阵, 其中行对应于机器, 列对应于工件. 现构造 $mn \times n$ 矩阵 $Q$ 如下:

$$Q = \begin{pmatrix} [p_{ij}] \\ 2[p_{ij}] \\ \vdots \\ n[p_{ij}] \end{pmatrix},$$

其中 $mn$ 个行对应于 $mn$ 个位置, $n$ 个列仍然对应于 $n$ 个工件. 问题是从矩阵 $Q$ 中选择 $n$ 个元素, 使得每一列恰有一个元素 (每一工件排在一个位置), 每一行至多一个元素 (每一位置至多放置一个工件), 而所取元素之和为最小. 当然, 目前的情况是工件数小于位置数, 这不是标准的分配问题. 但仍然可以运用传统的算法求解 (例如, 添加一些零工时的工件). 值得注意的是, 此问题的最优解具有如下性质: 若有工件 $j$ 安排在位置 $(i,k), k > 1$, 则必有另一工件排在位置 $(i, k-1)$. 若不然, 将工件 $j$ 移到位置 $(i, k-1)$ 将使目标函数值下降. 因此这个分配问题的最优解的确给出当前时序问题的最优安排. 如果直接调用分配问题或运输问题的匈牙利算法, 对机器数 $m$ 而言, 相应二部图的顶点数是 $O(mn)$, 则算法运行时间的粗略估计是 $O(m^3 n^3)$.

　　但是对此特殊的分配模型, 可以得到更快捷的算法. 例如, 考虑转化为网络最小费用流问题 (见 [2, 4]). 按照求解分配问题及运输问题的方法, 首先构造一个运输网络如下. 设 $X = \{x_1, x_2, \cdots, x_n\}$ 对应于 $n$ 个工件 (发点) 之集, $Y = \{y_1, y_2, \cdots, y_{mn}\}$ 对应于 $mn$ 个位置 (收点) 之集. 另外, 设 $s$ 是源, $t$ 是汇. 那么运输网络的顶点集为 $V = \{s, t\} \cup X \cup Y$. 边集 $E$ 由如下三部分具有单位容量的有向边组成: $\{(s, x_j) : 1 \leqslant j \leqslant n\}$ 费用为零; $\{(y_i, t) : 1 \leqslant i \leqslant mn\}$ 费用为零; $\{(x_j, y_i) : 1 \leqslant j \leqslant n, 1 \leqslant i \leqslant mn\}$ 费用为 $\{c_{ij}\}$. 这样得到运输网络 $N = (s, t, V, E, c)$, 如图 3.1 所示. 问题是求此运输网络中从 $s$ 到 $t$ 的流值为 $n$ 的最小费用流. 可以运用逐次最短路算法 (successive shortest path algorithm) 求最小费用流, 即首先找出一条从 $s$ 到 $t$ 的最短路, 增加一个单位流量; 接着在剩余网络中再找最短路, 这样进行 $n$ 次. 目前最短路算法的最好时间界是 $O(|E| + |V| \log |V|)$ (这是运用 Dijkstra 算法求最短路的时间界). 本来在剩余网络中求最短路时会出现负的边权, 不能直接运用非负权的 Dijkstra 算法. 但借助于既约费用的技巧, 可以转化为非负权的情形 (详见 [3] 的定理 17.4 及 [4] 的定理 9.12). 就当前的运输网络

而言, 顶点数是 $O(mn)$, 边数是 $O(mn^2)$, 所以调用最短路算法的时间界是 $O(mn^2)$. 故总的运行时间是 $O(mn^3)$. 由此得到如下结论.

**命题 3.1.5** 问题 $R||\sum C_j$ 可在 $O(mn^3)$ 时间求出最优方案.

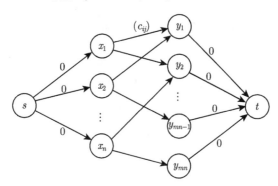

图 3.1 特殊分配问题的运输网络

当一个容易问题加上偏序约束时, 会变得困难得多. 现考虑一种较弱的位置约束. 假定每一个工件 $J_j$ 都有一个顺序位置集 $R_j \subseteq \{1, 2, \cdots, n\}$. 例如, $R_1 = \{1, 2, 4\}$ 表示工件 $J_1$ 只能排在第 1 位、第 2 位或第 4 位. 此条件就是排列 $\pi = (\pi(1), \pi(2), \cdots, \pi(n))$ 必须满足 $\pi^{-1}(j) \in R_j$. 这称为有限位约束的问题. 在一般可转化为二部图匹配问题的时序问题中, 如果加上这种限位约束, 则只要对二部图 $G$ 中表示可匹配性的边集作出限制, 仍然可以调用匹配算法. 例如, 考虑例 3.1.1, 每个工件有限位约束集 $R_j$, 则问题记为 $1|p_j = 1, \pi^{-1}(j) \in R_j|\sum w_j T_j$. 此时仍可转化为最小费用完美匹配问题, 其中工件 $J_j$ 分配到时段 $i$ 的费用是

$$c_{ij} = \begin{cases} w_j(i - d_j), & i > d_j, i \in R_j, \\ 0, & i \leqslant d_j, i \in R_j, \\ \infty, & i \notin R_j. \end{cases}$$

### 3.1.3 凸二部图

在前一章的贪婪型算法中, 一般算法的运行时间是 $O(n \log n)$ 或 $O(n^2)$. 现在的匹配型算法, 如果直接调用匈牙利算法, 其运行时间是 $O(n^3)$. 为得到更好的时间界, 我们应寻求适用于排序问题的特殊可匹配结构.

考虑二部图 $G = (X \cup Y, E)$, 其中 $X = \{x_1, x_2, \cdots, x_n\}$, $Y = \{y_1, y_2, \cdots, y_m\}$, $E \subseteq X \times Y$. 对任意顶点 $x \in X$, 定义 $x$ 的邻集为 $N(x) := \{y \in Y : (x, y) \in E\}$. 图 $G$ 称为凸二部图, 是指对任意 $x \in X$, 若 $y_i, y_k \in N(x), i < k$, 则对任意 $i \leqslant j \leqslant k$ 的 $j$ 亦有 $y_j \in N(x)$. 这是 Lawler[1] 提出的概念. 用排序的语言来说, 任意工件 $x \in X$ 的邻集 $N(x)$ (可安排位置集) 在位置序列 $(y_1, y_2, \cdots, y_m)$ 中是连续排列的. 此处

的 "凸性" 概念模仿凸集的几何定义: 若任意两点 $x, y$ 属于此集, 则 $x$ 与 $y$ 连线中所有的点亦属于此集. 注意: 上述定义依赖于位置集 $Y$ 的排列顺序, 所以它可称为相对于 $Y$ 的凸二部图. 当然也可以定义相对于 $X$ 的凸二部图 (或相对于 $X, Y$ 的凸二部图). 这里约定只讨论相对于 $Y$ 的凸二部图, 如图 3.2 的例子所示. 至于如何识别 (刻画) 凸二部图, 留待 3.4.1 小节再详细讨论.

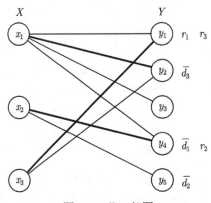

图 3.2　凸二部图

对于凸二部图 $G$, 最大匹配问题有比较简单的算法. 为直观起见, 我们用排序的语言来描述此算法的思想. 现设位置集为 $Y = \{1, 2, \cdots, m\}$. 对每个工件 $x_j$ $(1 \leqslant j \leqslant n)$, 记

$$r_j = \min\{i : i \in N(x_j)\}, \quad \bar{d}_j = \max\{i : i \in N(x_j)\},$$

分别称为工件 $x_j$ 的到达位置及截止位置. 那么工件 $x_j$ 可安排在 $r_j$ 与 $\bar{d}_j$ 之间的任意位置上.

**算法 3.1.1**　求凸二部图 $G = (X \cup Y, E)$ 的最大匹配.

---

(1) 令 $M := \varnothing$.

(2) 对 $i =: 1$ 到 $m$ 执行:

取 $X_i = \{x \in X : i \in N(x)$ 且 $x$ 是未匹配的$\}$.

若 $X_i = \varnothing$, 则令 $i := i + 1$.

否则取 $x_j$ 是 $X_i$ 中截止位置 $\bar{d}_j$ 最小者 (若出现并列, 则取其下标最小者). 令 $M := M \cup \{(x_j, i)\}$.

---

这是一个贪婪算法, 其中 $X_i$ 为可排在位置 $i$ 的工件集, 取其中截止位置最小者即为 "最紧迫者". 故此算法可称为 "紧迫优先" 规则. 对图 3.2 的凸二部图执行此算法, 所得的最大匹配如图中粗线所示.

**定理 3.1.6** 算法 3.1.1 在 $O(nm)$ 时间给出凸二部图 $G = (X \cup Y, E)$ 的最大匹配, 其中 $n = |X|$, $m = |Y|$.

**证明** 先证算法输出的匹配 $M$ 是最大匹配. 不妨设 $M = \{(x_{j_1}, 1), (x_{j_2}, 2), \cdots,$ $(x_{j_k}, k)\}$. 若不然可将未匹配的位置删去. 只需证明存在最大匹配 $M^*$ 使得 $|M^*| = |M|$. 为此, 又只需证明存在最大匹配使得工件 $x_{j_1}$ 排在位置 1. 然后, 存在最大匹配使得工件 $x_{j_2}$ 排在位置 2, 如此类推. 倘若 $M'$ 是一个最大匹配, 其中工件 $x_i$ 排在位置 1, 而 $x_{j_1}$ 排在后面位置 $l$ ($i \neq j_1, l > 1$). 那么 $x_i, x_{j_1} \in X_1$, 且 $\bar{d}_{j_1} \leqslant \bar{d}_i$. 即是说, $x_{j_1}$ 可以排在位置范围 $\{1, 2, \cdots, \bar{d}_{j_1}\}$, $x_i$ 可以排在位置范围 $\{1, 2, \cdots, \bar{d}_i\}$; 而且对匹配 $M'$ 而言, $x_{j_1}$ 的位置 $l \leqslant \bar{d}_{j_1} \leqslant \bar{d}_i$, 故此位置 $l$ 可用以安置工件 $x_i$. 于是我们交换 $x_i$ 与 $x_{j_1}$ 的位置, 得到另一个匹配 $M''$. 由于 $|M''| = |M'|$, 可知 $M''$ 也是最大匹配, 并且工件 $x_{j_1}$ 排在位置 1. 于是可以把 $x_{j_1}$ 固定在位置 1, 然后考虑其他工件的匹配. 如此类推, 可得欲证论断.

至于算法的运行时间, 算法从 $i = 1$ 到 $m$ 有 $m$ 个阶段. 在每一个阶段中, 从 $X_i$ 中取截止位置 $\bar{d}_j$ 最小的 $x_j$, 可在 $O(n)$ 时间完成. 事先可将所有工件按 $\{\bar{d}_j\}$ 非减顺序排成一个队列, 这种排顺算法的运行时间是 $O(n \log n)$. 假定 $\log n \leqslant m$. 所以算法 3.1.1 的运行时间是 $O(nm)$. □

这样的算法相当于 $O(|V|^2)$ 时间算法, 比一般的 $O(|V|^3)$ 时间算法简单. 由上述证明可知, 由于凸二部图具有某种基于连通邻集的 "可交换性", 所以算法又回归到贪婪类型.

**例 3.1.4** 有时间窗口的单位工时问题 $1|r_j, \bar{d}_j, p_j = 1|C_{\max}$.

设 $n$ 个工件在一台机器上加工, 其中工件 $J_j$ 的到达期是 $r_j$, 截止期是 $\bar{d}_j$, 且具有单位工时 ($1 \leqslant j \leqslant n$). 假设到达期与截止期均为整数, 并且 $r_1 \leqslant r_2 \leqslant \cdots \leqslant r_n$. 设 $X$ 为工件集, $Y = \{t_1, t_2, \cdots, t_n\}$ 为位置集, 其中

$$t_i = \begin{cases} r_1, & i = 1, \\ \max\{r_i, t_{i-1} + 1\}, & i \geqslant 2. \end{cases}$$

根据到达期与截止期的约束, 工件 $x_j$ 的容许位置集为 $N(x_j) = \{t_i : r_j \leqslant t_i \leqslant \bar{d}_j\}$. 这样得到的二部图 $G = (X \cup Y, E)$ 是凸二部图. 当前排序问题的可行解对应于二部图 $G$ 的完美匹配, 使得它覆盖 $X$ 的所有顶点 (每个工件均排在容许的位置上). 因此我们可以运用算法 3.1.1, 求二部图 $G$ 的最大匹配 $M$. 若 $|M| < |X| = n$, 则排序问题不存在可行解. 否则 $|M| = |X|$, 得到排序问题的可行解. 于是我们有如下算法.

**算法 3.1.2**　求解问题 $1|r_j, \bar{d}_j, p_j = 1|C_{\max}$.

(1) 对 $i := 1$ 到 $n$ 执行:

取 $X_i = \{x_j \in X : r_j \leqslant t_i \leqslant \bar{d}_j$ 且 $x_j$ 尚未安排 $\}$.

若 $X_i = \varnothing$, 则终止 (问题没有可行解).

否则取 $x_j$ 是 $X_i$ 中截止期 $\bar{d}_j$ 最小者 (若出现并列, 则取下标最小者). 令 $x_j$ 安排在位置 $t_i$ 上.

(2) 输出所有工件的位置安排 (机程方案).

注意到上述算法的位置参数 $t$ 从 $t_1$ 到 $t_n$ 进行判定和安排, 一旦得到可行解, 这个位置 $t$ 是最小可能的. 由此得知, 算法所得的机程方案具有最小的全程 $C_{\max} = t_n$, 也就是得到最优解.

**命题 3.1.7**　问题 $1|r_j, \bar{d}_j, p_j = 1|C_{\max}$ 可在 $O(n^2)$ 时间求出最优方案.

这个算法的紧迫优先规则, 与问题 $1|r_j, p_j = 1|L_{\max}$ (例 2.1.5) 的修订 EDD 规则 (在每一个决策时刻 $t$, 选择已到达工件中工期 $d_j$ 最小者先行加工) 如出一辙. 循此思路, 可以考虑相应的可中断问题:

**例 3.1.5**　有时间窗口可中断的单机问题 $1|r_j, \bar{d}_j, \text{pmtn}|C_{\max}$.

同样假设 $r_1 \leqslant r_2 \leqslant \cdots \leqslant r_n$. 首先令 $t = r_1$. 在每一个决策时刻 $t$ (工件的到达期或完工时间), 选择已到达工件中截止期 $\bar{d}_j$ 最小者先行加工, 直到下一个决策时刻. 这样做, 任一工件至多中断 $n$ 次. 由此可知, 决策时刻 $t$ 至多有 $O(n^2)$ 个值, 故算法的运行时间是 $O(n^3)$.

### 3.1.4　区间图

在图论中, 区间图是一个重要图类. 一个无向图 $G$ 称为区间图, 是指它的顶点一一对应于直线上一组闭区间 $\mathcal{I}$, 使得两个顶点相邻当且仅当其对应的区间有非空的交. 这组区间 $\mathcal{I}$ 称为图 $G$ 的区间表示. 例如, 给定具有二部划分 $X \cup Y$ 的凸二部图, 将位置集 $Y$ 用实直线上的整数点表示, 则 $I_j = N(x_j) = [r_j, \bar{d}_j]$ 就是一个区间. 且 $\mathcal{I} = \{[r_j, \bar{d}_j] : 1 \leqslant j \leqslant n\}$ 是 $n$ 个区间所成之集, 与 $X$ 形成一一对应. 在 $X$ 中定义 $x_i$ 与 $x_j$ 相邻当且仅当 $I_i \cap I_j \neq \varnothing$. 这样便得到一个以 $X$ 为顶点集的区间图, 以 $\mathcal{I}$ 为区间表示. 例如, 对图 3.2 的凸二部图而言, 其区间表示如图 3.3 所示.

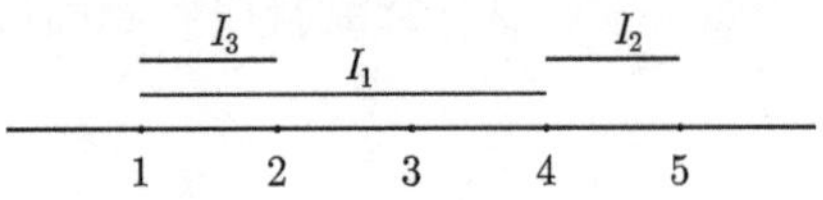

图 3.3　凸二部图对应的区间表示

反之, 对任意的区间图 $G$, 设其区间表示为 $I_i = [a_i, b_i], 1 \leqslant i \leqslant n$, 则可构造一个凸二部图 $G' = (X \cup Y, E)$ 如下: 令 $X := \{x_1, x_2, \cdots, x_n\}$, 其中 $x_i$ 对应于 $I_i$ $(1 \leqslant i \leqslant n)$; 令 $Y := \{y_1, y_2, \cdots, y_m\}$ 为 $\{a_1, b_1, a_2, b_2, \cdots, a_n, b_n\}$ 中不同的数排成的递增序列; 并令 $E := \{(x_i, y_j) : y_j \in I_i, 1 \leqslant i \leqslant n, 1 \leqslant j \leqslant m\}$. 那么凸二部图 $G'$ 可以表示区间图 $G$.

其次, 也可以把凸二部图 $G = (X \cup Y, E)$ 表示为子集族的形式: 设 $Y$ 是基础集, 考虑子集族 $\mathcal{I} = \{I_i \subseteq Y : I_i = N(x_i), 1 \leqslant i \leqslant n\}$, 其中每一个子集 $I_i$ 的元素都是连续排列的. 这样的子集族 $(Y, \mathcal{I})$ 称为凸子集族. 同时, 子集族 $(Y, \mathcal{I})$ 对应于一个区间图 $(X, E_X)$, 其中 $E_X = \{(x_i, x_j) : I_i \cap I_j \neq \varnothing\}$.

再者, 二部图 $G$ 或子集族 $\mathcal{F}$ 可以用一个 $(0,1)$- 矩阵 $A = (a_{ij})$ 表示, 其中 $a_{ij} = 1$ 当且仅当 $(x_i, y_j) \in E$ (或 $y_i \in I_i$). 一个 $(0,1)$- 矩阵 $A$ 称为具有连一性, 是指其存在行 (列) 的排列, 使得每一列 (行) 的 1- 元素是连续排列的. 那么二部图 $G$ 是凸二部图当且仅当它对应的 $(0,1)$- 矩阵 $A$ 具有连一性.

总之, 上述这些概念, 凸二部图、凸子集族、区间图、连一性矩阵, 从不同角度描述的 "凸性", 不仅在组合最优化中有深刻的内涵 (参见 [1, 53]), 而且与时序问题有着密切的联系, 下文将一再涉及.

有一种特殊的区间图, 称为正则区间图或单位区间图, 是指其区间表示中没有一个区间包含于另一个区间之中 (比如在直线上这些区间的长度都是 1). 这种区间图的序列特征更加明显, 结构更为简单.

### 3.1.5 连续型匹配问题的 Hall 型定理

在第 1 章关于机程方案的一般定义中, 时间本来是连续变化的. 只是在研究一些具体例子时, 我们才把时间参数离散化. 所以讨论连续时间问题也是有意义的.

前面讨论问题 $1|r_j, \bar{d}_j, p_j = 1|C_{\max}$ 时, 假定到达期 $r_j$ 及截止期 $\bar{d}_j$ 都是整数, 因而可设工件的位置集 $Y$ 是一个离散的有限集. 这样就可以将问题转化为二部图的最大匹配问题. 从实际应用的观点来看, 这种假设也许是足够的. 然而, 在 Garey 等的文献 [56] 中提出了非整数时间 $r_j$ 及 $\bar{d}_j$ 的问题, 揭开更深入的序结构性质, 理论上有探讨价值. 这样就不能直接套用传统二部图的匹配算法了. 作为此类非整数数据排序问题的理论模型, 我们考虑如下的连续型匹配问题, 希望能继承匹配方法的一些思想 (见 [57]).

在实直线上, 给定区间 $A = [a, b]$ 以及 $n$ 个子区间 $A_j = [a_j, b_j]$, 其中 $a \leqslant a_j < b_j \leqslant b, j \in \mathbf{N} = \{1, 2, \cdots, n\}$. 由此定义子集族 $\mathscr{A} = \{A_j : j \in \mathbf{N}\}$, 其中 $A_j$ 称为元素 (工件) $j$ 的容许区间 (它们之间允许有相同的). 这里, $a_j$ 相当于到达期, $b_j$ 相当于截止期. 实直线上的长度 (测度) 记为 $L$. 例如, $A_j$ 的长度为 $L(A_j) = b_j - a_j$. 此外, 工件 $j$ 的作业时间构成一个单位区间 $I_j \subseteq A_j$. 如前, 我们约定 $I_j$ 是一个半

开半闭区间, 如 $I_j = [\alpha_j, \beta_j)$, $\beta_j - \alpha_j = 1$. 那么不同工件的作业区间不重叠表示为 $I_i \cap I_j = \varnothing$.

**定义 3.1.8**   有限集 $N$ 到实数区间 $A$ 的**连续型匹配**, 是指这样的二元组之集 $M = \{(j, I_j) : j \in S, I_j \subseteq A\}$, 其中 $S \subseteq N$ 且 $\{I_j : j \in S\}$ 满足如下条件:

(i) 子区间 $I_j \subseteq A_j$ 且 $L(I_j) = 1$ $(j \in S)$;

(ii) $I_i \cap I_j = \varnothing$ $(i \neq j)$.

若 $S = N$, 则 $M$ 称为**完美匹配**.

在此, 我们研究这样的无限 "二部图": 其中工件集是有限集 $N$, 位置集是无限集, 即区间 $A$ 的所有单位子区间之集 $\{I \subseteq A : L(I) = 1\}$; 对每一个 $j \in N$, 若单位子区间 $I$ 满足 $I \subseteq A_j$ (即工件 $j$ 可安排在位置 $I$), 则在 $j$ 与 $I$ 之间连一条 "边". 这样得到一个有无限个顶点与无限条边的 "二部图". 上述连续型匹配就是在这个无限 "二部图" 中的工件位置安排.

我们先讨论一种特殊的子区间族 $\mathscr{A} = \{A_j : j \in N\}$. $\mathscr{A}$ 称为**一致的**子区间族, 是指

$$a_i < a_j \Rightarrow b_i \leqslant b_j \quad (\forall i, j \in N).$$

若以 $\mathscr{A}$ 为顶点集构造一个区间图, 则当它是正则区间图 (单位区间图) 时, 此子区间族 $\mathscr{A}$ 是一致的. 但反之不然, 因为上式有可能 $b_i = b_j$.

下面的判定定理是 Hall 定理的推广 (对照定理 3.1.1).

**定理 3.1.9**   设 $\mathscr{A}$ 是一致的子区间族, 则对 $\mathscr{A}$ 存在完美匹配当且仅当对任意子集 $S \subseteq N$ 有

$$L\left(\bigcup_{j \in S} A_j\right) \geqslant |S|. \tag{3.1}$$

**证明**   若对 $\mathscr{A}$ 存在完美匹配, 则对任意 $S \subseteq N$, 并集 $\bigcup_{j \in S} A_j$ 中含有 $|S|$ 个单位区间, 故有 (3.1) 成立. 反之, 若 (3.1) 成立, 则对任意 $j \in N$ 必有 $L(A_j) \geqslant 1$, 即 $b_j \geqslant a_j + 1$. 由一致性, 可假设 $n$ 个子区间已排成这样的顺序, 使得

$$a_1 \leqslant a_2 \leqslant \cdots \leqslant a_n, \quad b_1 \leqslant b_2 \leqslant \cdots \leqslant b_n.$$

我们可以构造 $n$ 个单位区间 $I_j = [t_j, t_j + 1]$ $(1 \leqslant j \leqslant n)$, 其中

$$t_j = \begin{cases} a_1, & j = 1, \\ \max\{a_j, t_{j-1} + 1\}, & j \geqslant 2. \end{cases}$$

下面验证 $M = \{(j, I_j) : j \in N\}$ 是一个完美匹配, 即上述定义中的条件 (i)(ii) 成立. 首先, 由 $t_j \geqslant t_{j-1} + 1$ $(j \geqslant 2)$ 可知 $I_i \cap I_j = \varnothing$ $(i \neq j)$. 其次, 由 $a_1 + 1 \leqslant b_1$ 可

知 $I_1 \subseteq A_1$. 对 $j \geqslant 2$, 若 $t_j = a_j$, 则 $I_j$ 的右端点 $t_j + 1 \leqslant b_j$, 从而 $I_j \subseteq A_j$. 否则 $t_j = t_{j-1} + 1$. 于是必存在 $h < j$ 使得

$$t_h = a_h, \quad t_{h+1} = t_h + 1, \cdots, \quad t_j = t_{j-1} + 1.$$

故 $t_j = a_h + j - h$. 取 $S = \{h, h+1, \cdots, j\}$. 由条件 (3.1) 得到

$$b_j - a_h = L\left(\bigcup_{j \in S} A_j\right) \geqslant |S| = j - h + 1.$$

故 $I_j$ 的右端点 $t_j + 1 = a_h + j - h + 1 \leqslant b_j$, 从而 $I_j \subseteq A_j$. 这就证明了 $M = \{(j, I_j) : j \in \mathbf{N}\}$ 是一个匹配. 又因 $|M| = |\mathbf{N}|$, 所以它是完美匹配. $\square$

由此可知, 对于到达期 $r_j$ 及截止期 $\bar{d}_j$ 为非整数的问题 $1|r_j, \bar{d}_j, p_j = 1|C_{\max}$, 只要 $r_i < r_j \Rightarrow \bar{d}_i \leqslant \bar{d}_j$, 则可以仿照算法 3.1.2 求解, 即沿用凸二部图的贪婪算法构造完美匹配. 但在到达期与截止期不一致的情形, 连续型匹配方法还要做进一步推广.

### 3.1.6 连续型匹配问题迭代方法

定理 3.1.9 的必要性对一般的子区间族 $\mathscr{A} = \{A_j : j \in \mathbf{N}\}$ 仍然成立, 但充分性不成立. 例如, $n = 2$, $A_1 = [0, 2]$, $A_2 = [1/2, 3/2]$ 满足条件 (3.1), 但 $\mathscr{A} = \{A_1, A_2\}$ 不存在完美匹配. 因此条件 (3.1) 必须加强.

下面主要运用连续型匹配的观点, 解释 Garey 等[56] 的禁用区间方法. 我们回到排序问题 $1|r_j, \bar{d}_j, p_j = 1|C_{\max}$, 其中 $r_j, \bar{d}_j$ 为任意非负实数. 由于在迭代过程中, 有的工件可能突破截止期的限制, 所以暂且把截止期 $\bar{d}_j$ 作为工期 $d_j$ 看待, 允许出现延误. 当迭代过程结束时, 没有延误, 工期自然恢复为截止期.

算法的基本思想是首先运用紧迫优先规则或修订的 EDD 规则, 建立一个 "主过程". 由主过程产生一个机程方案. 若它不出现延误, 此方案即为所求. 若出现延误, 说明各工件的容许区间发生冲突. 由此引入 "禁用区间", 对开工时间进行限制. 继续执行主过程, 这样进行迭代, 直至所有工件安排完毕, 没有延误为止.

设 $\mathbf{N} = \{1, 2, \cdots, n\}$ 为工件集, $A_j = [r_j, d_j]$ $(1 \leqslant j \leqslant n)$, 且 $r_1 \leqslant r_2 \leqslant \cdots \leqslant r_n$.

**主过程** 修订的 EDD 规则.

(1) 令 $t := 0$, $S := \varnothing$, $k := 1$.

(2) 若 $t' = \min\{r_j : j \in \mathbf{N} \setminus S\} > t$, 则令 $t := t'$.

(3) 取 $j_k \in \mathbf{N} \setminus S$ 使得 $d_{j_k} = \min\{d_j : j \in \mathbf{N} \setminus S, r_j \leqslant t\}$. 令 $t_k := t$ 为工件 $j_k$

的单位区间 $I_k$ 的左端点. 令 $S := S \cup \{j_k\}$.

(4) 若 $k = n$, 则终止; 否则令 $k := k + 1$, $t := t + 1$, 转 (2).

---

如果上述过程得到的机程方案不出现延误, 则它是问题 $1|r_j, \bar{d}_j, p_j = 1|C_{\max}$ 的可行解. 由于时间参数 $t$ 是尽可能小的, 一旦得到可行解, 最终的 $t$ (即全程 $C_{\max}$) 是最小的, 因而得到最优解. 如果出现延误, 则进行如下的处理.

为简单起见, 不妨设主过程执行的工件序列为 $(1, 2, \cdots, n)$, 并设第一个出现延误的工件为 $q$, 即 $t_q + 1 > d_q$. 注意 $\bigcup_{1 \leqslant j \leqslant q} A_j$ 可能是一个连续区间或若干个不相交的区间的并.

**论断 1**　取 $S$ 为 $\bigcup_{1 \leqslant j \leqslant q} A_j$ 最后一个区间中的 $A_j$ 的指标集. 若 $L(\bigcup_{j \in S} A_j) < t_q + 1 - \min_{j \in S} r_j$, 则排序问题 $1|r_j, \bar{d}_j, p_j = 1|C_{\max}$ 不存在可行解 (相应匹配问题不存在完美匹配).

**证明**　倘若排序问题存在可行解 (无延误), 则在容许范围 $\bigcup_{j \in S} A_j$ 内存在 $|S|$ 个作业单位区间之集 $\{I_j : j \in S\}$, 使得 $I_j \subseteq A_j$. 设 $\alpha, \beta$ 分别是这些单位区间的最早开工时刻及最晚完工时刻. 由于 $\bigcup_{j \in S} A_j$ 覆盖这些单位区间, 我们有 $L(\bigcup_{j \in S} A_j) \geqslant \beta - \alpha$. 另一方面, 按照主过程的步骤对单位区间集 $\{I_j : j \in S\}$ 进行重新安排, 使得第一个区间的起点为 $\min_{j \in S} r_j$, 接着使第二个区间的起点尽可能提前, 如此类推, 直至最后的区间的起点至多为 $t_q$. 这样得到 $\beta - \alpha \geqslant t_q + 1 - \min_{j \in S} r_j$. 因此 $L(\bigcup_{j \in S} A_j) \geqslant t_q + 1 - \min_{j \in S} r_j$, 导致矛盾. □

于是得到可行性的必要条件 $L(\bigcup_{j \in S} A_j) \geqslant t_q + 1 - \min_{j \in S} r_j$. 前面的必要条件 (3.1) 是说, 容许范围 $\bigcup_{j \in S} A_j$ 必须足以包含 $|S|$ 个单位工件. 现在的必要条件加强为: 容许范围 $\bigcup_{j \in S} A_j$ 必须可以容纳按主过程安排的 (尽可能提前的) $S$ 中的所有单位工件. 今后假定此必要条件成立.

**论断 2**　当 $L(\bigcup_{j \in S} A_j) \geqslant t_q + 1 - \min_{j \in S} r_j$ 时, 必存在指标 $p \in S$ 且 $p < q$ 使得 $d_p > d_q$.

**证明**　倘若所有 $j \in S$ 均有 $d_j \leqslant d_q$, 则

$$t_q + 1 - \min_{j \in S} r_j > d_q - \min_{j \in S} r_j = L\left(\bigcup_{j \in S} A_j\right),$$

与假设矛盾. □

**论断 3**　在论断 2 的前提下, 设 $p$ 是 $S = \{\cdots, p, \cdots, q\}$ 中最后一个满足 $d_p > d_q$ 的指标. 倘若在区间 $F := [t_p, \min_{p < j \leqslant q} r_j)$ 内安排一个工件的开工时刻, 则后面的工件必然出现延误 (不可能成为可行解).

**证明**　首先, 由 $p$ 的选择可知: 对 $p < j \leqslant q$ 有 $d_j \leqslant d_q < d_p$. 由主过程的规

则得知, 在时刻 $t = t_p$ 选 $p$ 而不选 $j$, 说明 $j$ 尚未到达 (否则由 $d_j < d_p$ 应选 $j$). 因此 $r_p \leqslant t_p < r_j$. 于是 $t_p < \min_{p < j \leqslant q} r_j$.

进而可以断言: $\min_{p < j \leqslant q} r_j < t_p + 1$. 若不然, $\min_{p < j \leqslant q} r_j \geqslant t_p + 1$. 那么在主过程时刻 $t = t_p$ 的下一步必有 $t_k = r_k$ (恰在到达期开工). 以前说过, 一个 "区段" (block) 是指恰在到达期开工, 以后一直没有空闲地接连加工的一组工件. 现在我们来取最后一个区段, 设 $l$ 是满足 $t_l = r_l = \min_{l \leqslant j \leqslant q} r_j$ 及 $p < l < q$ 的最后一个指标. 那么设这个区段的指标集为 $S' = \{l, l+1, \cdots, q\}$, 则有 $t_q = r_l + q - l$ 且

$$|S'| = q - l + 1 = t_q + 1 - r_l > d_q - r_l = L\left(\bigcup_{j \in S'} A_j\right).$$

根据定理 3.1.9 的必要条件 (3.1), 此排序问题不存在可行解.

这样一来, 我们有 $t_p < \min_{p < j \leqslant q} r_j < t_p + 1$. 考虑区间 $F = [t_p, \min_{p < j \leqslant q} r_j)$. 对 $p < j \leqslant q$, 工件 $j$ 不可能在 $F$ 内开工 (因为没有到达). 倘若有其他工件 (包括 $p$) 的开工时刻落入区间 $F$, 则它的完工时刻至少为 $t_p + 1$. 那么 $p < j \leqslant q$ 的工件 $j$ 都排在时刻 $t_p + 1$ 之后. 设 $j_0$ 是 $p < j \leqslant q$ 中排在最后的工件, 其单位区间是 $I_{j_0}$. 那么 $I_{j_0}$ 的终点, 即使尽可能提前 (像主过程那样), 至少是 $t_q + 1 > d_q \geqslant d_{j_0}$, 故工件 $j_0$ 是延误的. $\qquad\square$

根据论断 3, 为得到可行的机程方案 (不希望主过程那样的延误发生), 应该把 $F = [t_p, \min_{p < j \leqslant q} r_j)$ 规定为禁用区间, 不允许任何工件的开工时刻落入此区间之中. 由此对主过程进行修订: 若 $F = [f_1, f_2)$ 为禁用区间, 而在算法的某一步有 $t \in F$, 则修改它为 $t := f_2$. 在加入禁用区间后, 继续执行修订的主过程. 如再出现延误, 再加入禁用区间. 如此类推, 直至得到可行的机程方案. 这里, 禁用区间 $F$ 的作用是强迫工件 $p$ 移到所有 $p < j \leqslant q$ 的工件 $j$ 之后, 使得它们提前而不致延误.

**算法 3.1.3** 求解问题 $1|r_j, \bar{d}_j, p_j = 1|C_{\max}$ (非整数据).

(1) 运用主过程安排工件 $j_k$ 的单位区间 $I_k$ $(k = 1, 2, \cdots, n)$. 若所有工件均不延误, 则终止 (得到最优的机程方案).

(2) 取第一个延误的工件 $q$ 使得 $t_q + 1 > d_q$. 取 $S$ 为 $\bigcup_{1 \leqslant j \leqslant q} A_j$ 最后一个区间的 $A_j$ 的指标集. 若 $L(\bigcup_{j \in S} A_j) < t_q + 1 - \min_{j \in S} r_j$, 则终止 (问题不存在可行解).

(3) 取 $p$ 是 $\{1, 2, \cdots, q\}$ 中最后一个满足 $d_p > d_q$ 的指标. 令 $F = [t_p, \min_{p < j \leqslant q} r_j)$ 为禁用区间. 修订主过程: 若在算法的某一步有 $t \in F = [f_1, f_2)$, 则令 $t := f_2$. 转 (1).

此算法是在主过程的基础上增加禁用区间, 而增加禁用区间的合理性是依据上述论断 1~ 论断 3. 在容许子区间族 $\mathscr{A}$ 一致的情形, Hall 型定理 3.1.9 给出的条件

是: 任意 $|S|$ 个单位工件的容许范围 $\bigcup_{j \in S} A_j$ 长度至少为 $|S|$. 在区间族 $\mathscr{A}$ 不一致的情形, 增加禁用区间就是拉大容许范围的跨度, 以便容纳有位置冲突的单位工件. 所以这是定理 3.1.9 的推广. 然而, 上述算法 3.1.3 只是一个原则性的算法, 在算法设计与数据结构方面还有一些细节. 经过细致的分析, 可以得到一个 $O(n \log n)$ 时间算法, 详见 [56].

## 3.2    工件与机器的相容关系

前面除例 3.1.3 的交联平行机之外, 着重讨论单机情形工件与位置的匹配关系. 下面注意力转向多台机器情形的限位.

### 3.2.1    有机器限位约束的平行机问题

前面讨论过平行机问题 $P||C_{\max}$. 给定 $m$ 台恒同机之集 $\boldsymbol{M} = \{M_1, M_2, \cdots, M_m\}$, 用以加工 $n$ 个工件 $J_1, J_2, \cdots, J_n$. 每个工件 $J_j$ 只要选择一台机器进行加工 (作为一个工序), 其工时为 $p_j$ $(1 \leqslant j \leqslant n)$. 目标是最小化全程 $C_{\max}$.

在实际应用中, 不同的机器可能有不同的性能与适应性, 每个工件 $J_j$ 只允许选择某些相容的机器进行加工 (或者说每台机器 $M_i$ 只有资格加工某些工件). 现设 $\mathcal{M}_j \subseteq \boldsymbol{M}$ 为工件 $J_j$ 容许加工的机器之集 $(1 \leqslant j \leqslant n)$, 称之为容许集. 这样便得到一个子集族 $\mathcal{F} = \{\mathcal{M}_j : 1 \leqslant j \leqslant n\}$. 当我们考虑工件与机器进行匹配时, 每个工件 $J_j$ 只允许与 $\mathcal{M}_j$ 中的机器匹配. 这样的问题称为有机器限位的平行机问题, 或有容许机器约束的平行机问题, 简记为 $P|\mathcal{M}_j|C_{\max}$. 事实上, 这也可以看作一个特殊的交联平行机问题 $R||C_{\max}$, 其中的工时为

$$p_{ij} = \begin{cases} p_j, & M_i \in \mathcal{M}_j, \\ \infty, & M_i \notin \mathcal{M}_j. \end{cases}$$

由于 $P||C_{\max}$ 是 NP-困难问题, 其推广形式 $P|\mathcal{M}_j|C_{\max}$ 也自然是 NP-困难的.

Pinedo[16] 首先研究了单位工时情形 $P|p_j = 1, \mathcal{M}_j|C_{\max}$, 对子集族 $\mathcal{F} = \{\mathcal{M}_j\}$ 是嵌套族的特殊情形给出多项式时间算法. 这里, 子集族 $\mathcal{F} = \{\mathcal{M}_j\}$ 称为嵌套的 (nested, laminar), 是指其任意两个子集或者相互不交, 或者相互包含, 即对任意 $\mathcal{M}_i, \mathcal{M}_j \in \mathcal{F}$,

$$\mathcal{M}_i \cap \mathcal{M}_j \neq \varnothing \Rightarrow \mathcal{M}_i \subseteq \mathcal{M}_j \text{ 或 } \mathcal{M}_j \subseteq \mathcal{M}_i.$$

随后的工作 [58, 59] 得到一般子集族情形的有效算法. 由此展开了对不同目标函数的研究, 形成一个专题, 进一步结果可参看 [60, 61].

**例 3.2.1**    有机器限位的单位工时平行机问题 $P|p_j = 1, \mathcal{M}_j|C_{\max}$.

如前所述, 子集族 $\mathcal{F}$ 可以用二部图来表示. 而二部图匹配问题通常又可转化为网络流问题 (参见 [1, 2, 54]). 现在就用网络流的观点来考察当前的时序问题. 为简单起见, 不妨假定子集族 $\mathcal{F}$ 的约束是相容的, 即存在可行解满足这种可匹配性约束. 若不然可事先运用前面的二部图基数匹配算法 (或 Hall 定理) 判定其可行性. 我们把关注焦点集中在求最优解上.

对给定的子集族 $\mathcal{F} = \{\mathcal{M}_j\}$, 构造网络 $N$ 如下. $X = \{x_1, x_2, \cdots, x_m\}$ 对应于 $m$ 台平行机之集, $Y = \{y_1, y_2, \cdots, y_n\}$ 对应于 $n$ 个工件之集. 网络 $N$ 的顶点集为 $V = \{s, t\} \cup X \cup Y$, 其中 $s$ 是源, $t$ 是汇. 网络 $N$ 的边集 $E$ 由如下三部分有向边组成:

- $\{(s, x_i) : 1 \leqslant i \leqslant m\}$;
- $\{(x_i, y_j) : M_i \in \mathcal{M}_j\}$;
- $\{(y_j, t) : 1 \leqslant j \leqslant n\}$.

所有边 $(x_i, y_j)$ 及 $(y_j, t)$ 具有单位容量, 而所有边 $(s, x_i)$ 的容量为参变量 $c$. 不失一般性, 假定 $c$ 为正整数. 这样得到有向网络 $N = (s, t, V, E, c)$, 如图 3.4 所示.

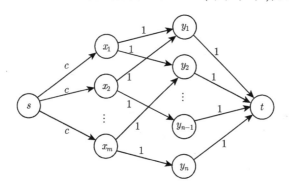

图 3.4 网络 $N$ 的构造

在此, 复习一下网络最大流问题. 现给定一个有向网络 $N = (s, t, V, E, c)$, 其中 $(V, E)$ 是一个有向图, $V = \{1, 2, \cdots, |V|\}$ 为顶点集, $E$ 为有向边集, $(i, j) \in E$ 表示起点为 $i$ 终点为 $j$ 的有向边, $s \in V$ 为源, $t \in V$ 为汇. 同时, 对每一条边 $(i, j)$, 定义一个容量 $c(i, j)$. 一个可行流是指定义在边集 $E$ 上的函数 $f$, 满足如下条件:

$$\sum_{j:(i,j)\in E} f(i,j) - \sum_{j:(j,i)\in E} f(j,i) = \begin{cases} v, & i = s, \\ -v, & i = t, \\ 0, & \text{其他}, \end{cases}$$

$$0 \leqslant f(i,j) \leqslant c(i,j), \quad (i,j) \in E,$$

其中 $f(i,j)$ 为边 $(i,j)$ 上的流量. 上述前一约束条件称为流的守恒方程, 其中等式左端表示在顶点 $i$ 的净流出量, 当 $i = s$ 时净流出量为 $v$, 当 $i = t$ 时净流入量为 $v$,

对其他顶点, 流入等于流出. 上述后一约束条件称为容量限制, 在任意一条边上, 流量不超过容量. 此外, $v$ 称为流 $f$ 的值, 亦记为 $v(f)$. 所谓 "最大流问题", 就是求可行流 $f$ 使其值 $v(f)$ 为最大.

在网络 $N = (s, t, V, E, c)$ 中, 设 $S \subset V, \bar{S} = V \setminus S$. 记从 $S$ 到 $\bar{S}$ 的有向边之集为 $(S, \bar{S}) := \{(i, j) \in E : i \in S, j \in \bar{S}\}$. 网络 $N$ 的一个截集是指这样的有向边的集 $(S, \bar{S})$, 其中 $s \in S, t \in \bar{S}$. 截集的容量就是其各边容量之和. 网络流理论的基本定理是最大流–最小截定理: 网络 $N$ 的最大流的值等于最小截集的容量. 至于如何寻求网络最大流与最小截, 目前已有 $O(|V|^3)$ 时间算法 (参见 [2, 54]).

**命题 3.2.1**　问题 $P | p_j = 1, \mathcal{M}_j | C_{\max}$ 存在可行解使其目标函数值 $C_{\max} \leqslant c$ 当且仅当网络 $N = (s, t, V, E, c)$ 的最大流的值为 $n$.

**证明**　设时序问题存在可行解使得 $C_{\max} \leqslant c$, 则每一台机器上至多安排 $c$ 个工件. 我们可以定义网络 $N$ 上的流 $f$ 如下. 若工件 $J_j$ 安排在机器 $M_i$ 之上, 则令 $f(x_i, y_j) = 1$; 否则令 $f(x_i, y_j) = 0$. 相应地, 令

$$f(y_j, t) = \sum_{i=1}^{m} f(x_i, y_j) = 1, \quad 1 \leqslant j \leqslant n,$$

$$f(s, x_i) = \sum_{j=1}^{n} f(x_i, y_j) \leqslant c, \quad 1 \leqslant i \leqslant m.$$

这样就得到网络 $N$ 上的可行流 $f$, 且流的值为 $v(f) = n$. 进而可以断言这就是最大流. 这是因为从 $Y$ 到 $t$ 的 $n$ 条边均已饱和, 流的值等于这 $n$ 条边构成的截集的容量.

反之, 若网络 $N = (s, t, V, E, c)$ 的最大流的值为 $n$, 则存在一个整值的可行流 $f$, 使得所有边 $(y_j, t)$ 均已饱和 $(1 \leqslant j \leqslant n)$. 这是因为这些边的容量为 1, 且它们构成容量为 $n$ 的截集. 于是可以根据流 $f$ 构造时序问题的可行解如下: 若 $f(x_i, y_j) = 1$, 则令工件 $J_j$ 安排在机器 $M_i$ 之上. 由于每一条边 $(s, x_i)$ 的容量为 $c$, 所以每一台机器 $M_i$ 至多安排 $c$ 个工件. 因此 $C_{\max} \leqslant c$, 如所欲证.　　　　□

基于此结果, 问题归结为搜索最小的参数 $c$. 假定 $c$ 为整数, 在范围 $1 \leqslant c \leqslant n$ 内运用对分法 (binary search) 寻找其最小值 $C_{\max}^*$. 于是得到如下算法.

**算法 3.2.1**　求解问题 $P | p_j = 1, \mathcal{M}_j | C_{\max}$.

---

(1) 由子集族 $\mathcal{F} = \{\mathcal{M}_j\}$ 构造网络 $N = (s, t, V, E, c)$ (其中 $c$ 待定). 令 $l := 1, u := n$.

(2) 若 $l = u$, 则终止, 输出最小值 $C_{\max}^* = l$ 以及相应的机程方案.

(3) 令 $c := \left\lfloor \frac{1}{2}(l + u) \right\rfloor$. 求网络 $N = (s, t, V, E, c)$ 的最大流 $f$.

若 $v(f) = n$, 则 $C_{\max}^* \leqslant c$; 令 $u := c$, 并根据可行流 $f$ 记下相应的机程方案.

否则 $v(f) < n$, 故 $C_{\max}^* > c$; 令 $l := c + 1$, 转 (2).

**命题 3.2.2** 算法 3.2.1 在 $O(n^3 \log n)$ 时间正确地求出问题 $P|p_j = 1, \mathcal{M}_j|C_{\max}$ 的最优方案.

**证明** 由命题 3.2.1, 在算法过程中始终保持 $l \leqslant C_{\max}^* \leqslant u$. 而 $u - l$ 单调下降. 一旦达到 $l = u$, $l = C_{\max}^* = u$, 便得到最优值及最优解. 至于算法的运行时间, 由于初始搜索区间长度 $u - l \leqslant n$, 每次搜索使区间长度缩短 $1/2$, 所以对分法的运行次数至多为 $\log n$. 每一轮搜索调用一次网络最大流算法, 其运行时间是 $O(|V|^3)$ (参见 [2, 54]). 一般假定 $m = O(n)$, 故 $|V| = m + n + 2 = O(n)$. 所以总的运行时间是 $O(n^3 \log n)$. □

**简注** 上述最大流算法的时间界 $O(|V|^3)$ 是对任意网络而言, 而这里构造的 $N = (s, t, V, E, c)$ 是特殊的网络. 它可以转化为一种所谓的简单网络, 即除了源与汇之外, 每个顶点至多有一条进入边 (入弧) 或一条发出边 (出弧), 且具有单位容量. 对这种简单网络 (常常应用于组合问题), 最大流问题具有 $O(|V|^{1/2}|E|)$ 时间算法 (参见 [2, 54]). 所以上述算法的运行时间可以有所改进 (读者可自行计算).

以上基本方法可推广到匀速平行机情形如下 (参见 [59] 的改进算法).

**例 3.2.2** 有机器限位的匀速机问题 $Q|p_j = 1, \mathcal{M}_j|C_{\max}$.

设 $n$ 个工件 $J_1, J_2, \cdots, J_n$ 选择在 $m$ 台匀速平行机 $M_1, M_2, \cdots, M_m$ 之一上加工, 其中工件 $J_j$ 的工时为 $p_j = 1 \ (1 \leqslant j \leqslant n)$, 机器 $M_i$ 的速度为 $s_i \ (1 \leqslant i \leqslant m)$. 那么工件 $J_j$ 在机器 $M_i$ 上的实际加工时间就是 $1/s_i$. 不妨假定所有速度 $s_1, s_2, \cdots, s_m$ 均为正整数 (其中 $s_i = 1$ 的机器称为标准机器). 并且假定工件有容许机器集约束 $\mathcal{F} = \{\mathcal{M}_j\}$.

现在根据子集族 $\mathcal{F} = \{\mathcal{M}_j\}$, 构造修订网络 $N = (s, t, V, E, c)$ 同前, 只是每条边 $(s, x_i)$ 的容量改为 $\lfloor s_i c \rfloor \ (1 \leqslant i \leqslant m)$, 如图 3.5 所示.

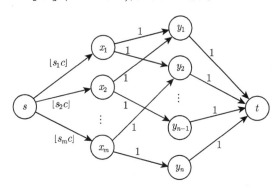

图 3.5 修订网络 $N$ 的构造

注意表示全程的参变量 $c$ 不再假定为整数. 对机器 $M_i$ 而言, 若全程为 $c$, 则它至多安排 $\lfloor s_i c \rfloor$ 个工件 (每一个工件占据时间长度 $1/s_i$). 然而, 每台机器上安排的工件数总是整数. 如果机器 $M_i$ 的作业时间长度确定出全程 $C_{\max} = c$ $(1 \leqslant i \leqslant m)$, 而此机器上安排 $k$ 个工件, 则 $c = k/s_i$. 这样一来, 参变量 $c$ 的取值范围是 $\left\{ \dfrac{k}{s_i} : 1 \leqslant k \leqslant n, 1 \leqslant i \leqslant m \right\}$ (其中可能有相同的数). 现在将此范围中所有不同的数值排顺, 得到有序集 $R_c = \{c_1, c_2, \cdots, c_r\}$, 其中 $c_1 < c_2 < \cdots < c_r$, $r \leqslant mn$. 这就是如下算法中最优值 $c$ 的可能取值集合. 按照算法 3.2.1 的框架, 得到匀速机情形的算法.

**算法 3.2.2**    求解问题 $Q|p_j = 1, \mathcal{M}_j|C_{\max}$.

---

(1) 由子集族 $\mathcal{F} = \{\mathcal{M}_j\}$ 构造修订网络 $N = (s, t, V, E, c)$ (图 3.5, $c$ 待定). 令 $l := 1$, $u := r$.

(2) 若 $l = u$, 则终止, 输出最小值 $C^*_{\max} = c_l$ 以及相应的机程方案.

(3) 令 $c := c_q$, 其中 $q = \left\lfloor \dfrac{1}{2}(l + u) \right\rfloor$. 求网络 $N = (s, t, V, E, c)$ 的最大流 $f$.

若 $v(f) = n$, 则 $C^*_{\max} \leqslant c_q$; 令 $u := q$, 并根据可行流 $f$ 记下相应的机程方案. 否则 $v(f) < n$, 故 $C^*_{\max} > c_q$; 令 $l := q + 1$, 转 (2).

---

**命题 3.2.3**    算法 3.2.2 在 $O(n^3 \log n)$ 时间正确地求出问题 $Q|p_j = 1, \mathcal{M}_j|C_{\max}$ 的最优方案.

**证明**    仿照命题 3.2.1, 可以证明: 问题 $Q|p_j = 1, \mathcal{M}_j|C_{\max}$ 存在可行解使其目标函数值 $C_{\max} \leqslant c$ 当且仅当修订网络 $N = (s, t, V, E, c)$ 的最大流的值为 $n$. 因此问题归结为搜索最小的参数 $c$. 根据前面的分析, 参数 $c$ 的取值集合是 $R_c = \{c_1, c_2, \cdots, c_r\}$. 所以可以在离散集合 $R_c$ 中运用对分法, 也就是对 $R_c$ 的指标集 $\{1, 2, \cdots, r\}$ (看作是 $r$ 个整数点) 运用对分法, 求出 $c$ 的最小值以及相应的机程方案.

至于算法的运行时间, 在算法之前对 $\left\{ \dfrac{k}{s_i} : 1 \leqslant k \leqslant n, 1 \leqslant i \leqslant m \right\}$ 中的 $mn$ 个数 (可能有重复) 运用排顺算法, 排成递增序列 $(c_1, c_2, \cdots, c_r)$, 其运行时间是 $O(mn \log mn) = O(n^2 \log n)$ (假定 $m = O(n)$). 构造修订网络 $N$ 可在 $O(mn) = O(n^2)$ 时间完成. 对算法主体的对分法而言, 初始搜索区间长度 $r \leqslant mn$, 每次搜索使区间长度缩短 $1/2$, 所以对分法的运行次数至多为 $\log mn = O(\log n)$. 每一轮搜索调用一次网络最大流算法, 其运行时间是 $O(n^3)$. 所以总的运行时间是 $O(n^3 \log n)$. $\qquad \square$

**简注** 如果运用更快捷的最大流算法, 上述时间界 $O(n^3 \log n)$ 可以略有改善 (参见 [54, 59]).

### 3.2.2 具有一般目标函数的模型

对工件有机器限位约束的平行机问题 $P|p_j=1, \mathcal{M}_j|C_{\max}$ 或 $Q|p_j=1, \mathcal{M}_j|C_{\max}$, 我们主要把子集族 $\mathcal{F}$ 的约束用二部图或相应网络来表示, 进而转化为网络最大流问题. 进一步可考虑一般的目标函数, 包括瓶颈型费用及总和型费用 (工作出自 [59]). 首先讨论瓶颈型费用 (单机情形参见例 2.4.1).

**例 3.2.3** 有机器限位的匀速机最大费用问题 $Q|p_j=1, \mathcal{M}_j|f_{\max}$.

问题的表述与前一例子大致相同, 只是目标函数 $C_{\max}$ 换成 $f_{\max}$. 对每个工件 $J_j$ 有一个单调非减的费用函数 $f_j$, 使得当 $J_j$ 的完工时间是 $C_j$ 时, 它的费用为 $f_j(C_j)$. 所以目标函数是 $f_{\max} = \max_{1 \leqslant j \leqslant n} f_j(C_j)$.

仿照例 3.1.3 交联机问题构造二部图的方法, 设 $X = \{x_1, x_2, \cdots, x_n\}$ 表示 $n$ 个工件之集, 设 $Y = \{(i,k) : 1 \leqslant i \leqslant m, 1 \leqslant k \leqslant n\}$ 表示 $mn$ 个位置之集, 其中机器 $M_i$ 的第 $k$ 个位置记为 $(i,k)$ (按从前到后的次序排列). 进而定义边集 $E$ 如下: 若 $M_i \in \mathcal{M}_j$, 则在工件 $x_j$ 与位置 $(i,k)$ 之间连一边, 否则不连边. 这样得到二部图 $G = (X \cup Y, E)$. 其次, 按照当前时序问题的含义, 工件 $J_j$ 安排在位置 $(i,k)$ 的费用为

$$c_{j,(i,k)} = \begin{cases} f_j(k/s_i), & M_i \in \mathcal{M}_j, \\ \infty, & \text{否则}. \end{cases} \tag{3.2}$$

这就是二部图 $G$ 中各条边的权. 由上述构造可知, 当前时序问题存在可行解当且仅当二部图 $G$ 存在覆盖 $X$ 的匹配; 而此可行解的目标函数值 $f_{\max}$ 就是此匹配的最大权. 因此问题转化为求二部图 $G$ 中覆盖 $X$ 的匹配, 使其最大权为最小. 这称为*瓶颈分配问题*, 或二部图的*最大最小匹配问题*. 此问题的通常解法是对目标函数值进行对分搜索. 在每一步搜索, 为判定最优值是否不超过参数 $c$, 可将 $G$ 中权大于 $c$ 的边删去, 然后求最大匹配 $M$. 若 $M$ 饱和 $X$, 则可断定最优值不超过 $c$, 否则不然.

与前一例子类似, 我们用参变量 $c$ 来表示目标函数的最优值. 如果对于一个最优解 (匹配), 目标函数值为 $f_{\max} = c_{j,(i,k)}$ (即匹配中具有最大权的边是 $(j,(i,k))$), 则 $c = f_j(k/s_i)$. 因此参变量 $c$ 的可能取值范围是 $\left\{ f_j\left(\dfrac{k}{s_i}\right) : M_i \in \mathcal{M}_j, 1 \leqslant k \leqslant n, 1 \leqslant i \leqslant m \right\}$, 其中至多有 $n^2 m$ 个值. 现在将此范围中所有不同的数值排顺, 得到有序集 $R_c = \{c_1, c_2, \cdots, c_r\}$, 其中 $c_1 < c_2 < \cdots < c_r, r \leqslant n^2 m$. 这就是最优值 $c$ 的可能取值集合. 下面是算法 3.2.2 的推广.

**算法 3.2.3**　求解问题 $Q|p_j = 1, \mathcal{M}_j|f_{\max}$.

(1) 由子集族 $\mathcal{F} = \{\mathcal{M}_j\}$ 构造二部图 $G = (X \cup Y, E)$. 令 $l := 1$, $u := r$.

(2) 若 $l = u$, 则终止, 输出最小值 $f_{\max}^* = c_l$ 以及相应的机程方案.

(3) 令 $c := c_q$, 其中 $q = \left\lfloor \dfrac{1}{2}(l + u) \right\rfloor$. 构造二部图 $G_c = (X \cup Y, E_c)$, 其中 $E_c$ 由所有 $c_{j,(i,k)} \leqslant c$ 的边组成. 求二部图 $G_c$ 的最大匹配 $M$.

(4) 若 $|M| = n$, 则 $f_{\max}^* \leqslant c_q$; 令 $u := q$, 并根据匹配 $M$ 记下相应的机程方案. 否则 $|M| < n$, 故 $f_{\max}^* > c_q$; 令 $l := q + 1$, 转 (2).

**命题 3.2.4**　算法 3.2.3 在 $O(n^{2.5} m \log n)$ 时间正确地求出问题 $Q|p_j = 1$, $\mathcal{M}_j|f_{\max}$ 的最优方案.

**证明**　算法的正确性是基于当前的时序问题等价于二部图的最大最小匹配问题, 而上述算法就是求二部图 $G = (X \cup Y, E)$ 中覆盖 $X$ 的匹配 $M$, 使其最大权为最小. 其次来分析算法的运行时间. 在参数 $c$ 的可能取值集合 $R_c = \{c_1, c_2, \cdots, c_r\}$ 中运用对分搜索, 其搜索次数为 $\log(n^2 m) = O(\log n)$ (假定 $m = O(n)$). 在每一次搜索中要调用一次二部图的最大基数匹配算法. 根据已知文献, 二部图的最大基数匹配可在 $O(\nu(G)^{1/2}|E(G)|)$ 时间求出, 其中 $\nu(G)$ 是图 $G$ 的最大匹配数 (参见 [3] 定理 16.5). 就当前的情形来说, $\nu(G) = |X| = n$, $|E(G)| = O(n^2 m)$. 所以算法 3.2.3 的运行时间是 $O(n^{2.5} m \log n)$. □

其次讨论一般总和型费用 (单机情形参见例 3.1.2).

**例 3.2.4**　有机器限位的匀速机费用和问题 $Q|p_j = 1, \mathcal{M}_j|\sum f_j(C_j)$.

问题的机器环境及工件约束与前例完全相同, 只是目标函数 $f_{\max}$ 换成 $\sum f_j(C_j)$. 对此, 同样构造二部图 $G = (X \cup Y, E)$, 其中 $X = \{x_1, x_2, \cdots, x_n\}$ 为 $n$ 个工件之集, $Y = \{(i, k) : 1 \leqslant i \leqslant m, 1 \leqslant k \leqslant n\}$ 为 $mn$ 个位置之集, 并且 $E$ 中边 $(j, (i, k))$ 的费用如 (3.2) 所示. 于是当前时序问题的可行解对应于二部图 $G$ 中覆盖 $X$ 的匹配, 而且此可行解的目标函数值就是相应匹配的权值 (即各边费用之和). 因此问题转化为求二部图 $G$ 中覆盖 $X$ 的匹配, 使它的权值为最小. 这就是熟知的分配问题, 或二部图的最优匹配问题. 只是现在 $|X| < |Y|$, 它不是前面讨论的标准形式分配问题 ($|X| = |Y|$). 这一点并不重要, 因为文献中调用网络流算法有一定灵活性, 并不要求二部划分的基数 $|X|, |Y|$ 相等.

**算法 3.2.4**　求解问题 $Q|p_j = 1, \mathcal{M}_j|\sum f_j(C_j)$.

(1) 由子集族 $\mathcal{F} = \{\mathcal{M}_j\}$ 构造二部图 $G = (X \cup Y, E)$, 并定义边的权值如 (3.2).

(2) 求二部图 $G$ 中覆盖 $X$ 的匹配 $M$, 使它的权 $c(M)$ 为最小. 输出相应的机程方案.

**命题 3.2.5** 算法 3.2.4 在 $O(n^3 m)$ 时间正确地求出问题 $Q|p_j = 1, \mathcal{M}_j| \sum f_j(C_j)$ 的最优方案.

**证明** 当前的时序问题等价于求二部图 $G = (X \cup Y, E)$ 中覆盖 $X$ 的匹配 $M$, 使它的权 $c(M)$ 为最小. 上述算法就是直接调用这种二部图匹配算法. 通常处理这种匹配问题的方法是转化为网络最小费用流问题, 然后运用逐次最短路算法求解 (参见 [3, 4]). 这样做的运行时间是 $O(B(|E| + |V| \log |V|))$, 其中 $B$ 是沿最短路增流的次数, $O(|E| + |V| \log |V|)$ 是运用 Dijkstra 算法求最短路的时间界 (关于出现负权的处理, 参见命题 3.1.5 前面的说明). 对当前二部图 $G = (X \cup Y, E)$ 对应的网络而言, $B = |X| = n$, $|E| = O(n^2 m)$, $|V| = O(mn)$. 所以算法 3.2.4 的运行时间为 $O(n(n^2 m + mn \log mn)) = O(n^3 m)$. $\qquad \square$

### 3.2.3 具有凸性约束的特殊模型

在以上研究的问题中, 要运用一般二部图的匹配算法, 算法的时间界至少是 $O(|V|^3)$. 如 3.1.3 小节所述, 凸二部图的匹配算法会简单一些. 所以现在有必要讨论对应于凸二部图的特殊模型, 以求得到更快捷的算法.

这一节开始时说过, Pinedo[16] 首先研究了 $P|p_j = 1, \mathcal{M}_j|C_{\max}$, 对子集族 $\mathcal{F} = \{\mathcal{M}_j\}$ 是嵌套族的特殊情形给出多项式时间算法. 这里, 子集族 $\mathcal{F}$ 称为嵌套的, 是指其任意两个子集或者相互不交, 或者相互包含. 现在对此加以推广. 子集族 $\mathcal{F} = \{\mathcal{M}_j\}$ 称为凸子集族, 是指 $m$ 台机器可以排成一个顺序, 比如 $(M_1, M_2, \cdots, M_m)$, 使得每一个子集 $\mathcal{M}_j$ 都是连续排列的. 按照 3.1.2 小节的说法, 如果凸子集族 $\mathcal{F}$ 用二部图来表示, 那么它就对应于凸二部图 (凸子集族在文献中亦称为 "区间超图").

容易验证, 嵌套子集族一定是凸子集族. 事实上, 若 $\mathcal{F} = \{\mathcal{M}_j\}$ 是嵌套族, 则把每一个子集 $\mathcal{M}_j$ 看作一个节点, 按照偏序关系 $\subset$ 作出这些子集的 Hasse 图, 则它是一个以全集 $M$ 为树根的有根树. 于是我们可以从树叶开始, 逐层对所有机器进行排序, 使得若 $\mathcal{M}_i \subset \mathcal{M}_j$, 则在 $\mathcal{M}_j$ 中保持 $\mathcal{M}_i$ 中的顺序. 这样直到树根 $M$ 为止, 得到所有机器的排列, 其中每一个子集 $\mathcal{M}_i$ 都是连续排列的. 这样就证明了子集族 $\mathcal{F}$ 是凸的.

反之, 凸子集族不一定是嵌套的. 例如, $\mathcal{F} = \{A, B\}$, 其中 $A \cap B, A \backslash B, B \backslash A \neq \varnothing$, 则 $\mathcal{F}$ 是凸的, 却不是嵌套的.

**例 3.2.5** 有凸子集族约束的单位工时平行机问题 $P|p_j = 1, \mathcal{M}_j(\text{conv})|C_{\max}$.

现在来考虑 $\mathcal{F} = \{\mathcal{M}_j\}$ 是凸子集族的问题 $P|p_j = 1, \mathcal{M}_j(\text{conv})|C_{\max}$, 其中 conv 是 convex (凸) 的简写. 为简单计, 设机器集为 $M = \{1, 2, \cdots, m\}$. 其次, 整数区间记为 $[a, b] := \{x \in \mathbb{Z} : a \leqslant x \leqslant b\}$, 其中 $a, b \in \mathbb{Z}$, $a \leqslant b$. 对凸子集族情形, 假定 $m$ 台机器已排成顺序 $(1, 2, \cdots, m)$, 使得每一个子集 $\mathcal{M}_j$ 都是整数区间:

$$\mathcal{M}_j = [a_j, b_j], \quad a_j, b_j \in \boldsymbol{M}, \quad a_j \leqslant b_j.$$

称之为工件 $J_j$ 的容许区间. 对任意 $\alpha, \beta \in \boldsymbol{M}$, $\alpha \leqslant \beta$, 定义容许区间包含于 $[\alpha, \beta]$ 的工件集为

$$J[\alpha, \beta] := \{J_j \in \boldsymbol{J} : \alpha \leqslant a_j \leqslant b_j \leqslant \beta\}.$$

对任意 $\alpha, \beta \in \boldsymbol{M}$, $J[\alpha, \beta]$ 中的工件只能在 $[\alpha, \beta]$ 的机器中加工. 那么这些机器的最终完工时间 $c(\alpha, \beta)$ 必须满足

$$c(\alpha, \beta) \geqslant \frac{|J[\alpha, \beta]|}{\beta - \alpha + 1}.$$

事实上, 不等式右端是这些机器的平均承担工件数 (平均负荷). 由 $\alpha, \beta$ 的任意性, 我们得到最优目标函数值 $C_{\max}^*$ 的下界:

$$\lambda = \max_{1 \leqslant \alpha \leqslant \beta \leqslant m} \left\lceil \frac{|J[\alpha, \beta]|}{\beta - \alpha + 1} \right\rceil.$$

下面将证明这就是最优值 $C_{\max}^*$. 为此, 只要设计一个算法, 找到具有全程 $C_{\max} = \lambda$ 的机程方案. 现设 $\lambda$ 为已知常数. 下面的过程类似于凸二部图最大匹配算法 (算法 3.1.1) 的 "紧迫优先" 规则.

**λ-过程**

(1) 设 $S$ 是已安排的工件集. 令 $S := \varnothing$.

(2) 对 $i := 1$ 到 $m$ 执行:

令 $X_i = \{J_j \in \boldsymbol{J} \setminus S : a_j \leqslant i \leqslant b_j\}$ 为可安排于机器 $i$ 的工件之集.

若 $X_i = \varnothing$, 则令 $i := i + 1$.

否则在 $X_i$ 中按照 $\{b_j\}$ 非减顺序取出前 $\lambda$ 个工件 (若 $|X_i| < \lambda$, 则取出 $X_i$ 全部工件). 令这些工件安排在机器 $i$ 上, 并置入 $S$.

**命题 3.2.6**    问题 $P|p_j = 1, \mathcal{M}_j(\mathrm{conv})|C_{\max}$ 的最优值为

$$C_{\max}^* = \max_{1 \leqslant \alpha \leqslant \beta \leqslant m} \left\lceil \frac{|J[\alpha, \beta]|}{\beta - \alpha + 1} \right\rceil. \tag{3.3}$$

**证明**    由前面的分析得知, $\lambda$ 是最优值 $C_{\max}^*$ 的下界. 下面只要证明, 如果上述 $\lambda$- 过程构造出具有全程 $\lambda$ 的机程方案, 那么它就是最优方案. 若不然, 则必有某个工件 $J_j$ 不能被安排于任何机器上. 假定 $J_j$ 是第一个不被安排的工件, 即它是所有被舍弃工件中 $b_j$ 最小者. 那么对 $a_j \leqslant i \leqslant b_j$, 机器 $i$ 必定是满的 (即已经安排

了 $\lambda$ 个工件), 以致无法再容纳工件 $J_j$. 令 $\beta := b_j$, 并令 $\alpha$ 是这样的最小数, 使得 $[\alpha, \beta]$ 中所有机器都是满的. 于是 $1 \leqslant \alpha \leqslant a_j$. 注意: 如果 $\alpha > 1$, 则机器 $(\alpha - 1)$ 一定是不满的. 我们断言: $J_j$ 以及所有安排在 $[\alpha, \beta]$ 的机器中的工件都属于 $J[\alpha, \beta]$. 事实上, 对任意安排在 $[\alpha, \beta]$ 的机器中的工件 $J_h$, 由算法的取舍规则 (取 $J_h$ 而不取 $J_j$) 可知 $b_h \leqslant b_j = \beta$. 另一方面, 如果 $a_h \leqslant \alpha - 1$, 则 $J_h$ 应该安排在机器 $(\alpha - 1)$, 因为它是不满的. 由此得到 $a_h \geqslant \alpha$. 这就证明了 $J_h \in J[\alpha, \beta]$. 于是我们有

$$|J[\alpha, \beta]| \geqslant (\beta - \alpha + 1)\lambda + 1, \quad \text{即} \quad \frac{|J[\alpha, \beta]|}{\beta - \alpha + 1} > \lambda,$$

与 $\lambda$ 的定义矛盾. □

如果我们事先按照 (3.3) 计算出最优值 $\lambda$, 则算法就是执行一次 $\lambda$- 过程. 然而, 直接计算 $\lambda$ 值的运算量较大, 也可以对它进行对分搜索. 于是有如下算法.

**算法 3.2.5** 求解问题 $P|p_j = 1, \mathcal{M}_j(\text{conv})|C_{\max}$.

---

(1) 令 $l := 1$, $u := n$.

(2) 若 $l = u$, 则终止, 输出最小值 $C_{\max}^* = l$ 以及相应的机程方案.

(3) 令 $\lambda := \left\lfloor \dfrac{1}{2}(l + u) \right\rfloor$. 执行 $\lambda$- 过程.

若得到可行的机程方案, 则 $C_{\max}^* \leqslant \lambda$; 令 $u := \lambda$, 并记下相应的机程方案.

否则令 $l := \lambda + 1$, 转 (2).

---

**命题 3.2.7** 算法 3.2.5 在 $O(mn \log n)$ 时间正确地求出问题 $P|p_j = 1$, $\mathcal{M}_j(\text{conv})|C_{\max}$ 的最优方案.

**证明** 算法的正确性是基于命题 3.2.6. 下面来看算法的时间界. 用对分法搜索 $\lambda$ 的最小值, 运行次数是 $\log n$. 对于给定的 $\lambda$, $\lambda$- 过程对 $i = 1$ 到 $m$ 执行步骤 (2), 而每一次执行步骤 (2) 是从 $X_i$ 中取出至多 $\lambda$ 个工件, 可在 $O(n)$ 时间完成. 所以 $\lambda$- 过程的运行时间是 $O(mn)$, 从而整个算法的运行时间是 $O(mn \log n)$. □

文献 [16] 举出如下的反例 (这里前两台机器交换了次序), 它不是嵌套的, 故其 LFJ (least flexible job first) 算法不适用:

$$\mathcal{M}_1 = \{1, 2\}, \quad \mathcal{M}_2 = \mathcal{M}_3 = \{2, 3, 4\}, \quad \mathcal{M}_4 = \{1\}, \quad \mathcal{M}_5 = \cdots = \mathcal{M}_8 = \{3, 4\}.$$

然而它是一个凸子集族, 可以运用算法 3.2.5. 事实上, 为确定 $\lambda$, 先计算 $m$ 阶方阵 $(N_{\alpha\beta})$, 其中

$$N_{\alpha\beta} = \begin{cases} |J[\alpha, \beta]|, & \alpha \leqslant \beta, \\ 0, & \text{否则}. \end{cases}$$

对当前的例子, 有

$$(N_{\alpha\beta}) = \begin{pmatrix} 1 & 2 & 2 & 8 \\ 0 & 0 & 0 & 6 \\ 0 & 0 & 0 & 4 \\ 0 & 0 & 0 & 0 \end{pmatrix},$$

由此得到

$$\lambda = \max_{1 \leqslant \alpha \leqslant \beta \leqslant m} \left\lceil \frac{N_{\alpha\beta}}{\beta - \alpha + 1} \right\rceil = 2.$$

执行 $\lambda$- 过程得到如下机程方案:

| $M_1$ | $J_4$ | $J_1$ |
|-------|-------|-------|
| $M_2$ | $J_2$ | $J_3$ |
| $M_3$ | $J_5$ | $J_6$ |
| $M_4$ | $J_7$ | $J_8$ |

## 3.3　可分拆工件的位置分配

前两节主要讨论单位工时问题, 组合特色明显, 容易建立分配型算法, 即转化为匹配问题或网络流问题. 另一类可充分发挥分配作用的问题是可中断工件情形. 此时, 由于松弛了整值约束, 整数规划变成线性规划, 限位结构变成可以被剪裁与拆分, 分配方案有更多的活动余地.

### 3.3.1　可中断的平行机问题

**例 3.3.1**　　可中断的恒同平行机问题 $P|\text{pmtn}|C_{\max}$.

给定 $m$ 台恒同机之集 $\boldsymbol{M} = \{M_1, M_2, \cdots, M_m\}$ 以及 $n$ 个工件之集 $\boldsymbol{J} = \{J_1, J_2, \cdots, J_n\}$. 在不中断情形, 每个工件 $J_j$ 只要选择一台机器进行加工 (一个工序), 其工时为 $p_j$ $(1 \leqslant j \leqslant n)$. 即使两台机器情形, 问题 $P2||C_{\max}$ 是 NP-困难的 (见第 5 章). 现在讨论其允许中断的松弛问题.

首先对机程方案作一点注释. 前面讨论过单机情形的可中断问题 (见例 2.4.3 及例 3.1.5), 只要把作业区间改为若干个不相交的区间的并即可. 对平行机可中断情形, 工件 $J_j$ 分配到机器 $M_i$ 的部分可看作一个工序 $(M_i, J_j) \in \boldsymbol{M} \times \boldsymbol{J}$, 故机程方案可以定义为

$$\sigma : \boldsymbol{M} \times \boldsymbol{J} \to \mathscr{T},$$

其中每个工序的作业时间集为 $I_{ij} = \sigma(M_i, J_j) \in \mathscr{T}$. 那么 $\sigma$ 应满足如下约束条件:

(1) $I_{ij} \cap I_{ik} = \varnothing$ $(1 \leqslant i \leqslant m, j \neq k)$;

(2) $I_{ij} \cap I_{lj} = \varnothing \ (i \neq l, 1 \leqslant j \leqslant n)$;

(3) $L(\bigcup_{1 \leqslant i \leqslant m} I_{ij}) = p_j \ (1 \leqslant j \leqslant n)$.

其中 (1) 表示同一机器的工序不能重叠, (2) 表示同一工件的工序不能重叠, (3) 表示工件 $J_j$ 的总加工时间为 $p_j$. 上述某些作业时间集 $I_{ij}$ 可以为空集.

根据机程方案中的不重叠性, 得到问题 $P|\text{pmtn}|C_{\max}$ 目标函数的下界 (类似 2.2.6 小节的简注):

$$\lambda := \max \left\{ \max_{1 \leqslant j \leqslant n} p_j, \frac{1}{m} \sum_{1 \leqslant j \leqslant n} p_j \right\}.$$

由此可知, 达到此下界的机程方案是最优的. 于是有如下简易的"裁纸法"(见 [13, 19]): 将 $n$ 个工件的加工时间以任意顺序连接成一个纸条, 然后将纸条按长度 $\lambda$ 剪裁成一段一段的 (最后一段可能不足长度 $\lambda$), 作为加工区段, 分别安排在 $m$ 台机器上加工.

容易证明: 此法得到的机程方案是最优的. 事实上, 在裁纸法得到安排中, 在一台机器加工区段末尾的工件可能被中断, 剩下的加工时间移到下一台机器的首位. 由于 $\lambda \geqslant p_j$, 这个工件的两部分加工时间不重叠. 因此它是一个可行的机程方案. 进而由于其目标函数值 $C_{\max}$ 达到下界 $\lambda$, 所以它是最优的. 再者, 显然算法的运行时间是 $O(n)$. 既然算法与证明都这么简单, 也不必古板地写成标准的算法格式了.

进一步考虑匀速平行机的情形.

**例 3.3.2** 可中断的匀速平行机问题 $Q|\text{pmtn}|C_{\max}$.

设 $n$ 个工件 $J_1, J_2, \cdots, J_n$ 选择在 $m$ 台匀速平行机 $M_1, M_2, \cdots, M_m$ 上加工, 其中工件 $J_j$ 的工时为 $p_j \ (1 \leqslant j \leqslant n)$, 机器 $M_i$ 的速度为 $s_i \ (1 \leqslant i \leqslant m)$. 在可中断情形, 一个工件可以分配到不同机器上加工, 机程方案如上例中的说明. 其次, 不妨设 $p_1 \geqslant p_2 \geqslant \cdots \geqslant p_n, s_1 \geqslant s_2 \geqslant \cdots \geqslant s_n$. 并且假定 $m \leqslant n$, 若不然可考虑 $n$ 台最快的机器. 再设

$$P_j = p_1 + p_2 + \cdots + p_j, \quad S_i = s_1 + s_2 + \cdots + s_i,$$

其中 $1 \leqslant j \leqslant n, 1 \leqslant i \leqslant m$. 若所有工件可以安排在时间区间 $[0, c]$ 内, 则由总工作量得到

$$P_n = p_1 + p_2 + \cdots + p_n \leqslant s_1 c + s_2 c + \cdots + s_m c = S_m c,$$

故得 $c$ 的下界

$$c \geqslant P_n / S_m.$$

同理, 对工件集 $\{J_1, J_2, \cdots, J_i\} \ (1 \leqslant i < m)$ 可得下界 $P_i / S_i$. 因此我们有目标函数 $C_{\max}$ 的下界:

$$\lambda := \max \left\{ \max_{1 \leqslant i < m} P_i / S_i, P_n / S_m \right\}. \tag{3.4}$$

如同前例, 只要构造达到此下界的机程方案, 即为最优方案. 以下算法称为 **层次算法** (参见 [17, 19, 21]). 对任意时刻 $t$, 工件 $J_j$ 直至时刻 $t$ 尚未加工的部分的加工时间, 记为 $p_j(t)$, 称为此工件的 **层次** (level). 层次愈高者愈迫切, 愈应优先安排加工. 因此我们将选择层次最高的工件先行加工, 这样一层一层地分配到机器上. 但是工件的层次是随时间变化的. 当工件 $J_j$ 在时刻 $t$ 安排在机器 $M_i$ 上开始加工时, 其层次 $p_j(t)$ 在时刻 $t + \Delta t$ 将单调下降为 $p_j(t + \Delta t) = p_j(t) - s_i \Delta t$. 对于时刻 $t$, 下一个 **决策时刻** $s = \text{next}(t)$ 定义为这样的最早时刻 $s > t$, 它是某个工件的完工时刻或存在 $p_i(t) > p_j(t)$ 的工件 $i, j$, 使得 $p_i(s) = p_j(s)$. 此时刻之后, 最高层次的工件子集会发生变化.

算法将分两阶段: 第一阶段先构造一个机器联合加工的预备方案, 第二阶段才转化为标准形式的机程方案.

**算法 3.3.1** (阶段 I)    求联合加工方案.

---

(1) 令 $t := 0$.

(2) 令 $\boldsymbol{J} := \{j : p_j(t) > 0\}, \boldsymbol{M} := \{M_i : 1 \leqslant i \leqslant m\}$.

(3) 当 $\boldsymbol{J} \neq \varnothing, \boldsymbol{M} \neq \varnothing$ 时执行如下分配:

　　(3.1) 找出 $\boldsymbol{J}$ 中具有最高层次的工件子集 $\boldsymbol{J}'$, 并取 $r := \min\{|\boldsymbol{J}'|, |\boldsymbol{M}|\}$. 设 $\boldsymbol{M}'$ 是 $\boldsymbol{M}$ 中 $r$ 台最快的机器之集.

　　(3.2) 从时刻 $t$ 开始安排 $\boldsymbol{J}'$ 的工件在 $\boldsymbol{M}'$ 上联合加工, 即 $\boldsymbol{M}'$ 的机器以平均速度同时加工 $\boldsymbol{J}'$ 中各个工件的相等部分.

　　(3.3) 令 $\boldsymbol{J} := \boldsymbol{J} \setminus \boldsymbol{J}', \boldsymbol{M} := \boldsymbol{M} \setminus \boldsymbol{M}'$, 返回 (3).

(4) 对前一步骤的工件–机器分配方案, 计算下一决策时刻 $\text{next}(t)$, 并令机器从时刻 $t$ 到时刻 $\text{next}(t)$ 进行联合加工. 令 $t := \text{next}(t)$, 更新工件层次 $p_j(t)$, 转 (2).

---

用一个数值例子来说明. 设 $n = 4, m = 3$, 工件的加工时间 $p_j$ 分别为 $41, 25, 13, 11$, 机器的速度 $s_i$ 分别为 $6, 2, 1$. 求联合加工方案的计算过程如下表所示.

| $t$ | $p_1(t)$ | $p_2(t)$ | $p_3(t)$ | $p_4(t)$ | 联合加工 |
|---|---|---|---|---|---|
| 0 | 41 | 25 | 13 | 11 | $(M_1, J_1), (M_2, J_2), (M_3, J_3)$ |
| 2 | 29 | 21 | 11 | 11 | $(M_1, J_1), (M_2, J_2), (M_3, J_3 J_4)$ |
| 4 | 17 | 17 | 10 | 10 | $(M_1 M_2, J_1 J_2), (M_3, J_3 J_4)$ |
| 6 | 9 | 9 | 9 | 9 | $(M_1 M_2 M_3, J_1 J_2 J_3 J_4)$ |

得到联合加工方案的机程图如图 3.6 所示.

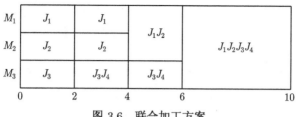

图 3.6 联合加工方案

进而把联合加工方案转化为最优机程方案.

**算法 3.3.1** (阶段 II) 　求最优机程方案.

---

(1) 若在阶段 I 中从时刻 $t_1$ 到 $t_2$, $\boldsymbol{J}'$ 的工件安排在 $\boldsymbol{M}'$ 上联合加工, 其中 $|\boldsymbol{J}'| = k$, $|\boldsymbol{M}'| = r$, 且 $k \geqslant r$, 则将时间区间 $[t_1, t_2]$ 划分为 $k$ 个等长的子区间, 然后安排每一个工件在 $r$ 个不同机器的不同位置上加工, 使其加工时间不重叠.

(2) 输出修改后的机程方案.

---

例如, 在前面的例子中, 在时间区间 $[6, 10]$ 中工件 $J_1, J_2, J_3, J_4$ 在机器 $M_1, M_2$, $M_3$ 上联合加工. 那么把区间等分为 4 个子区间, 然后将各个工件在下面的 $3 \times 4$ 表格中按 "轮换" 规则分配 (行列均不重叠).

| 1 | 2 | 3 | 4 |
|---|---|---|---|
| 4 | 1 | 2 | 3 |
| 3 | 4 | 1 | 2 |

在上述联合加工方案的重新分配中, $\boldsymbol{J}'$ 的每一个工件在 $r$ 台不同机器的不同速度下经历相同的加工时间 $(t_2 - t_1)/k$, 与 $r$ 台机器按平均速度运行区间 $[t_1, t_2]$ 加工任务, 其总工作量 $(s_1 + \cdots + s_r)(t_2 - t_1)$ 是一致的. 由于每一个工件的加工时间不重叠, 每一台机器的加工时间不重叠, 所以这样可得到可行的机程方案. 再者, 这样的机程方案与前面的联合加工方案具有相同的目标函数值. 虽然各机器的速度不同, 但作业时间是平摊的.

**命题 3.3.1** 　算法 3.3.1 在 $O(n^2 m)$ 时间正确地求出问题 $Q|\text{pmtn}|C_{\max}$ 的最优方案.

**证明** 　由于 (3.4) 是目标函数的下界, 只要证明算法构造的机程方案达到此下界. 在算法开始时, 由假设知 $p_1(0) \geqslant p_2(0) \geqslant \cdots \geqslant p_n(0)$. 在算法的每一步, 最高层次的工件被加工, 最大的 $p_j(t)$ 开始下降, 直至某个等号 $p_i(s) = p_j(s)$ 成立. 因此对任意时刻 $t$, 顺序 $p_1(t) \geqslant p_2(t) \geqslant \cdots \geqslant p_n(t)$ 保持不变. 关于算法的正确性, 分两种情形讨论.

首先, 设所有工件安排在时间区间 $[0, c]$, 且所有机器没有空闲. 那么 $c(s_1 + s_2 + \cdots + s_m) = p_1 + p_2 + \cdots + p_n$, 即 $c = P_n/S_m$. 故算法得到的机程方案达到 $C_{\max}$ 的下界 $\lambda$, 从而它是最优解.

其次, 假设在最终时刻 $c$ 之前有机器空闲. 那么可设 $m$ 台机器的最终完工时刻分别为 $c_1, c_2, \cdots, c_m$. 我们断言:

$$c_1 \geqslant c_2 \geqslant \cdots \geqslant c_m. \tag{3.5}$$

事实上, 只要看阶段 I 的联合加工方案 (因为阶段 II 的机程方案不改变各机器的最终完工时刻). 由于每一次联合加工都是首先选择最快的机器, 即任意两个相邻决策时刻之间的加工任务都是分配给编号尽可能小的机器, 而后面的机器可能因为工件分配完毕而提前完工, 故有 (3.5) 成立. 并且, 其中至少有一个不等号是严格的 (因为有空闲).

于是可设 $c = c_1 = \cdots = c_i > c_{i+1}$, 其中 $1 \leqslant i < m$. 由此将证明 $c = P_i/S_i$, 从而算法得到的机程方案达到下界 $\lambda$, 最优性得证. 为得到 $P_i = cS_i$, 只要证明如下论断.

**论断**    那些在时刻 $c$ 完工的工件都是在时刻 0 开工的.

若不然, 则存在某个工件 $j$ 在时刻 $s > 0$ 开工, 而在时刻 $c$ 完工. 根据算法 3.3.1 (阶段 I) 的步骤 (3), 对 $t = 0$ 而言, 只有步骤 (3) 进行到 $M = \varnothing$ 时才会转到步骤 (2), 才有可能安排工件 $j$ 在时刻 $s > 0$ 开工. 因此至少有 $m$ 个工件, 比如 $1, 2, \cdots, m$, 首先安排在 $m$ 台机器的时刻 0 开工. 由此得到 $p_1(0) \geqslant p_2(0) \geqslant \cdots \geqslant p_m(0) \geqslant p_j(0)$. 那么对 $0 \leqslant t \leqslant s$, 我们有 $p_1(t) \geqslant p_2(t) \geqslant \cdots \geqslant p_m(t) \geqslant p_j(t) > 0$. 这就说明这 $m$ 个工件和工件 $j$ 一样, 直到时刻 $c$ 才完工. 于是与机器有空闲的假设矛盾, 得到欲证的论断.

至于算法的运行时间, 在一个决策时刻执行一次步骤 (3) 称为一个阶段. 在每一个决策时刻, 或者某个工件的完工, 或者合并一个层次. 所以决策时刻的数目 (阶段的数目) 至多是 $O(n)$. 在每一个阶段中执行步骤 (3), 安排每一台机器上的联合加工工件子集, 其运算次数至多是 $O(mn)$. 因此总的运行时间是 $O(n^2 m)$.    □

我们在例 2.1.8 讨论了问题 $Q \| \sum C_j$ 的贪婪算法. 那么在可中断情形, 算法自然可以进一步简化.

**例 3.3.3**    可中断的匀速平行机问题 $Q | \text{pmtn} | \sum C_j$.

回顾以总完工时间 $\sum C_j$ 为目标的问题, 在单机情形 $1 \| \sum C_j$ (例 2.1.2) 有 SPT 规则. 在平行机情形 $P \| \sum C_j$ 及 $Q \| \sum C_j$ (例 2.1.7 及例 2.1.8) 有推广的 SPT 规则. 在可中断情形, 如下的推广 SPT 规则就更加自然了 (参考 [19, 21]).

假定工件 $J_j$ 的工时 $p_j$ $(1 \leqslant j \leqslant n)$ 已排成顺序 $p_1 \leqslant p_2 \leqslant \cdots \leqslant p_n$, 机器 $M_i$ 的速度 $s_i$ $(1 \leqslant i \leqslant m)$ 已排成顺序 $s_1 \geqslant s_2 \geqslant \cdots \geqslant s_n$. 并且假定 $m \leqslant n$ (否则考虑 $n$ 台最快的机器).

**算法 3.3.2** 求解问题 $Q|\text{pmtn}|\sum C_j$.

(1) 令 $h := 1$.

(2) 将工件 $h, h+1, \cdots, h+m-1$ 依次安排在机器 $M_1, M_2, \cdots, M_m$ 上加工, 直至 $M_1$ 的完工时刻.

(3) 若 $h = n - m + 1$, 则终止 (输出机程方案); 否则令 $h := h + 1$, 转 (2).

用如下数值例子说明: 设 $n = 4, m = 3$, 工件的工时 $p_j$ 分别为 $3, 8, 8, 10$, 机器的速度 $s_i$ 分别为 $3, 2, 1$. 算法得到的机程方案如图 3.7 所示.

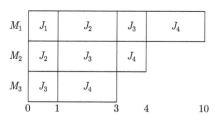

图 3.7 $Q|\text{pmtn}|\sum C_j$ 的最优方案

算法的证明可用常规的二交换法得到 (留作习题).

例 3.3.2 以全程 $C_{\max}$ 为目标, 工时长的工件在速度快的机器上加工, 这样的算法可看作 LPT 规则 (longest processing time first) 的推广. 目前的例子以总完工时间 $\sum C_j$ 为目标, 工时短的工件在速度快的机器上加工, 这样的算法看作 SPT 规则的推广. 由此联想到前一章的分离性排序原理, 对工件特征的序列与位置特征的序列, 或者一个递增一个递减交叉地排列 (如推论 2.1.2 和推论 2.1.3), 或者二者都按递增 (递减) 顺向地排列 (如推论 2.1.4). 现在的 LPT 规则与 SPT 规则再现了分离性排序原理中的对称态势.

### 3.3.2 可中断的自由作业问题

我们在例 2.2.5 讨论了自由作业问题 $O2||C_{\max}$, 建立了贪婪算法. 当 $m \geqslant 3$ 时, $Om||C_{\max}$ 是 NP-困难的. 现在考虑其可中断的松弛问题.

**例 3.3.4** 可中断的自由作业问题 $O|\text{pmtn}|C_{\max}$.

设 $n$ 个工件 $J_1, J_2, \cdots, J_n$ 在 $m$ 台机器 $M_1, M_2, \cdots, M_m$ 上加工, 其中工件 $J_j$ 在 $M_i$ 上的工时为 $p_{ij}$ $(1 \leqslant j \leqslant n, 1 \leqslant i \leqslant m)$, 加工次序没有限制. "机器 $M_i$ 加工工件 $J_j$" 称为一个工序, 记作 $(M_i, J_j)$. 注意现在一个工序中的工件是可分拆的. 目标是最小化全程 $C_{\max}$.

如前所述, 对自由作业的多台串联机而言, 机程方案是工序的安排, 使得同一个

工件的加工时间不重叠, 同一台机器的加工时间不重叠. 因此我们有目标函数 $C_{\max}$ 的下界:

$$\lambda := \max\left\{ \max_{1\leqslant i\leqslant m}\sum_{j=1}^{n} p_{ij}, \ \max_{1\leqslant j\leqslant n}\sum_{i=1}^{m} p_{ij} \right\}. \tag{3.6}$$

同前面的例子一样, 只要构造出达到此下界的机程方案, 它就是最优方案. 为进一步计算, 工时矩阵记为

$$P = \begin{pmatrix} p_{11} & p_{12} & \cdots & p_{1n} \\ p_{21} & p_{22} & \cdots & p_{2n} \\ \vdots & \vdots & & \vdots \\ p_{m1} & p_{m2} & \cdots & p_{mn} \end{pmatrix}$$

其行和与列和分别为

$$r_i := \sum_{j=1}^{n} p_{ij}, \ 1\leqslant i\leqslant m; \quad s_j := \sum_{i=1}^{m} p_{ij}, \ 1\leqslant j\leqslant n.$$

于是 (3.6) 可改写为

$$\lambda := \max\left\{ \max_{1\leqslant i\leqslant m} r_i, \ \max_{1\leqslant j\leqslant n} s_j \right\}.$$

矩阵 $P$ 的第 $i$ 行称为紧的是指 $r_i = \lambda$, 第 $j$ 列称为紧的是指 $s_j = \lambda$, 否则称为松的.

对非负矩阵 $P$, 定义削减集 $D$ 如下: $D$ 是 $P$ 中非零元素的集合, 其中每一个紧的行 (列) 恰含 $D$ 的一个元素, 每一个松的行 (列) 至多包含 $D$ 的一个元素. 未来的算法将是从找到的削减集 $D$ 中逐次削减 $P$ 的工时, 把削减下来的工时构造一个部分安排. 这样一层一层地进行分配, 直至 $P$ 的所有元素削减为零. 这里的情形类似于线性规划的运输问题: 工件 (发点)$J_j$ 把 $p_{ij}$ 的货物分配给机器 (收点)$M_i$. 所以要找出不同行不同列的位置集 $D$ 进行部分分配. 当前问题的关键是这种削减集的存在性.

**引理 3.3.2**　对任意非负矩阵 $P$ 及满足 (3.6) 的 $\lambda$, 必存在削减集.

**证明**　我们补充 $n$ 台虚设的机器及 $m$ 个虚设的工件, 使得矩阵 $P$ 扩充为 $(m+n)\times(m+n)$ 矩阵如下

$$U = \begin{pmatrix} P & D_m \\ D_n & P^{\mathrm{T}} \end{pmatrix},$$

其中 $D_m = \operatorname{diag}(\lambda - r_1, \lambda - r_2, \cdots, \lambda - r_m)$ 是 $m$ 阶对角阵, $D_n = \operatorname{diag}(\lambda - s_1, \lambda - s_2, \cdots, \lambda - s_n)$ 是 $n$ 阶对角阵, $P^{\mathrm{T}}$ 是 $P$ 的转置. 这样, 方阵 $U$ 的行和与列和都

是 $\lambda$. 于是 $\frac{1}{\lambda}U = (u_{ij})$ 是一个双随机阵 (行和与列和都是 1). 现在构造一个二部图 $G = (X \cup Y, E)$, 其中 $X = \{x_1, x_2, \cdots, x_{m+n}\}$ 对应于 $\frac{1}{\lambda}U$ 的 $m+n$ 个行, $Y = \{y_1, y_2, \cdots, y_{m+n}\}$ 对应于 $\frac{1}{\lambda}U$ 的 $m+n$ 个列, 且 $E := \{(x_i, y_j) : u_{ij} > 0\}$. 那么可以证明二部图 $G = (X \cup Y, E)$ 一定存在完美匹配. 事实上, 根据定理 3.1.1 (Hall 定理), 只要证明对任意 $S \subseteq X$ 有 $|N(S)| \geqslant |S|$. 设 $|S| = k$, 则在 $S$ 对应于 $\frac{1}{\lambda}U$ 的 $k$ 个行中, 所有非零元之和等于 $k$. 由于每一列中这些非零元之和至多为 1, 所以这些非零元所占据的列数至少为 $k$. 故 $|N(S)| \geqslant k$. 这就证明了二部图 $G$ 存在完美匹配. 这个完美匹配对应于矩阵 $U$ 的 $m+n$ 个不同行不同列的非零元. 注意到在 $D_m$ 中每一个紧行的对角元素为零, 在 $D_n$ 中每一个紧列的对角元素为零, 可知上述矩阵 $U$ 的 $m+n$ 个不同行不同列的非零元局限于矩阵 $P$ 中就是一个削减集. □

这样一来, 在工时矩阵 $P$ 中求削减集也可以调用二部图的最大匹配算法.

在找到一个削减集 $D$ 之后, 希望在削减集的每一个元素减去至多为 $\delta > 0$ 的量, 使得关于新的矩阵 $P'$ 的下界变为 $\lambda - \delta$, 而且仍然满足 (3.6). 那么削减量 $\delta$ 必须满足如下条件:

(1) 对每一个紧行或紧列的元素 $p_{ij} \in D$, 有 $\delta \leqslant p_{ij}$;

(2) 若 $p_{ij} \in D$ 是一个松行 $i$ 的元素, 则 $\delta \leqslant p_{ij} + \lambda - r_i$;

(3) 若 $p_{ij} \in D$ 是一个松列 $j$ 的元素, 则 $\delta \leqslant p_{ij} + \lambda - s_j$;

(4) 若行 $i$ 不含 $D$ 的元素 (因而是松的), 则 $\delta \leqslant \lambda - r_i$;

(5) 若列 $j$ 不含 $D$ 的元素 (因而是松的), 则 $\delta \leqslant \lambda - s_j$.

我们取 $\delta$ 为满足上述条件的 $\delta$ 的最大值. 于是当从 $D$ 的每一个元素减去 $\min\{p_{ij}, \delta\}$ 时, 所得的工时矩阵 $P'$ (保持非负性) 具有目标函数下界 $\lambda - \delta$. 这是因为所有新的行和或列和 (不管是否改变) 都有 $r_i' \leqslant \lambda - \delta$, $s_j' \leqslant \lambda - \delta$. 并且当 $\delta$ 达到 (1) 或 (4) 或 (5) 的上界时, 至少增加一个紧行或紧列; 当 $\delta$ 达到 (2) 或 (3) 的上界时, 至少增加一个零元.

对这样求出的削减量 $\delta$, 使每一个元素 $p_{ij} \in D$ 减去 $\min\{p_{ij}, \delta\}$, 同时构造一个全程为 $\delta$ 的部分安排如下: 当 $p_{ij} \geqslant \delta$ 时, 令 $p_{ij}$ 减去 $\delta$, 并在机器 $i$ 上对工件 $j$ 加工 $\delta$ 单位时间; 当 $p_{ij} < \delta$ 时, 令 $p_{ij}$ 变为 0, 并在机器 $i$ 上对工件 $j$ 加工 $p_{ij}$ 单位时间, 再加上一段长为 $\delta - p_{ij}$ 的空闲时间. 这样一来, 在削减集 $D$ 中, 把每一个元素 $p_{ij}$ 替换为 $\max\{0, p_{ij} - \delta\}$, 便得到工时矩阵 $P'$. 对新的工时矩阵继续行执行同样步骤, 如此类推, 直至 $P$ 变为零矩阵. 基于上述迭代原理, 得到如下算法 (参照 [13] 总结前人的算法).

**算法 3.3.3**    求解问题 $O|pmtn|C_{\max}$.

(1) 对当前的工时矩阵 $P$, 寻求削减集 $D$ 并计算削减量 $\delta$.

(2) 令削减集 $D$ 中的元素减去 $\min\{p_{ij}, \delta\}$, 得到新的工时矩阵 $P'$; 同时在已有部分方案的基础上, 接着构造长度为 $\delta$ 的部分机程方案.

(3) 若 $P'$ 是零矩阵, 则终止 (输出完整的机程方案); 否则令 $P := P'$, 转 (1).

---

**命题 3.3.3**    算法 3.3.3 在 $O(r^2(m+n)^{0.5})$ 时间求出问题 $O|pmtn|C_{\max}$ 的最优方案, 其中 $r$ 是工时矩阵 $P$ 中的非零元数目.

**证明**    由于 (3.6) 中的 $\lambda$ 是目标函数的下界, 而每一步迭代使得此下界减少 $\delta$, 且构造的部分方案的长度增加 $\delta$, 所以最后构造的机程方案的目标函数 $C_{\max}$ 恰好是 $\lambda$. 因此这样的机程方案是最优的. 至于算法的运行时间, 称每一次工时矩阵的削减为一个阶段. 由于每一阶段至少减少一个非零元, 或者增加一个紧行或紧列, 所以阶段数至多为 $O(r)$ (假定 $r \geqslant m+n$). 在每一个阶段中, 主要运算是通过求二部图 $G$ 的最大匹配找出削减集 $D$. 根据目前求二部图 $G$ 最大匹配的计算复杂性, 这一部分的运行时间是 $O(r^2(m+n)^{0.5})$ (其中 $r$ 是边数, $(m+n)$ 是顶点数, 参见 [4]). 因此总的运行时间是 $O(r^2(m+n)^{0.5})$.    □

算法用下面数值例子说明 (取自 [13]). 对下面列出的工时矩阵 $P$, 右侧的一列数字为行和 $r_i$, 下方的一行数字为列和 $s_j$, 圆圈里的元素构成削减集. 后一个矩阵是前者经过削减运算的矩阵 $P'$, 如此类推.

$$
\begin{pmatrix} 3 & ④ & 0 & 4 \\ ④ & 0 & 6 & 0 \\ 4 & 0 & 0 & ⑥ \end{pmatrix}
\begin{matrix} 11 \\ 10 \\ 10 \end{matrix}
\qquad
\begin{pmatrix} ③ & 0 & 0 & 4 \\ 0 & 0 & ⑥ & 0 \\ 4 & 0 & 0 & ② \end{pmatrix}
\begin{matrix} 7 \\ 6 \\ 6 \end{matrix}
\qquad
\begin{pmatrix} 0 & 0 & 0 & ④ \\ 0 & 0 & ③ & 0 \\ ④ & 0 & 0 & 0 \end{pmatrix}
\begin{matrix} 4 \\ 3 \\ 4 \end{matrix}
$$

$$
\begin{matrix} 11 & 4 & 6 & 10 \end{matrix}
\qquad\qquad
\begin{matrix} 7 & 0 & 6 & 6 \end{matrix}
\qquad\qquad
\begin{matrix} 4 & 0 & 3 & 4 \end{matrix}
$$

第一阶段 $\lambda = 11, \delta = 4$; 第二阶段 $\lambda = 7, \delta = 3$; 第三阶段 $\lambda = 4, \delta = 4$. 各阶段构造的部分方案如图 3.8(a)~(c) 所示.

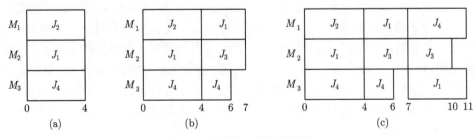

图 3.8    部分方案的构造过程

### 3.3.3 分配型线性规划方法的应用

前面讨论过恒同机问题 $P|\text{pmtn}|C_{\max}$ 及匀速机问题 $Q|\text{pmtn}|C_{\max}$. 现在进而考虑交联机问题 $R|\text{pmtn}|C_{\max}$.

**例 3.3.5** 可中断的交联平行机问题 $R|\text{pmtn}|C_{\max}$.

设 $n$ 个工件 $J_1, J_2, \cdots, J_n$ 选择在 $m$ 台交联平行机 $M_1, M_2, \cdots, M_m$ 上加工, 其中工件 $J_j$ 在机器 $M_i$ 上的工时为 $p_{ij}$ $(1 \leqslant i \leqslant m, 1 \leqslant j \leqslant n)$. 在可中断情形, 一个工件可以分成若干部分, 分配到不同机器上加工, 其机程方案类似于串联机自由作业的方案. 问题的关键是工件如何拆分. 由此引导出如下的线性规划 (参考 [13, 19]). 设 $t_{ij}$ 是机器 $M_i$ 加工工件 $J_j$ 的时间. 那么 $t_{ij}/p_{ij}$ 就是工件 $J_j$ 拆分到机器 $M_i$ 的比例份额. 确定拆分方案的线性规划如下:

$$\min \quad \lambda$$
$$\text{s.t.} \quad \sum_{j=1}^{n} t_{ij} \leqslant \lambda, \qquad 1 \leqslant i \leqslant m, \tag{3.7}$$
$$\sum_{i=1}^{m} t_{ij} \leqslant \lambda, \qquad 1 \leqslant j \leqslant n, \tag{3.8}$$
$$\sum_{i=1}^{m} t_{ij}/p_{ij} = 1, \quad 1 \leqslant j \leqslant n, \tag{3.9}$$
$$t_{ij} \geqslant 0, \qquad 1 \leqslant i \leqslant m, 1 \leqslant j \leqslant n, \tag{3.10}$$

其中变量 $\lambda$ 代表全程 $C_{\max}$; 条件 (3.7) 表示每一台机器中的工件作业时间不重叠, 总和不超过全程; 条件 (3.8) 表示每一个工件拆分出的部分在时间上不重叠, 总和也不超过全程; 条件 (3.9) 表示每一个工件的拆分比例之和为 1 (完全被拆分). 这一线性规划可在多项式时间求解 (比如用椭球法或其他内点法, 不知是否有更简单的特殊解法). 对于此规划问题给定的最优解 $\{t_{ij}\}$, 问题 $R|\text{pmtn}|C_{\max}$ 相当于以 $P = (t_{ij})$ 为工时矩阵的自由作业问题 $O|\text{pmtn}|C_{\max}$ (工件可以再中断). 由此得出结论:

**命题 3.3.4** 问题 $R|\text{pmtn}|C_{\max}$ 存在多项式时间算法.

运用类似的线性规划方法, 可以得到问题 $R|\text{pmtn}|L_{\max}$ 的多项式时间算法 (留作习题). 下面考察另一个例子, 目标函数也是 $L_{\max}$, 有到达期约束 $r_j \geqslant 0$, 但机器环境变为恒同机 $P$.

**例 3.3.6** 有到达期可中断的平行机问题 $P|r_j, \text{pmtn}|L_{\max}$.

给定 $m$ 台恒同机及 $n$ 个工件. 每个工件 $J_j$ 有工时 $p_j$, 工期 $d_j$ 及到达期 $r_j$ $(1 \leqslant j \leqslant n)$. 假定 $r_j \leqslant d_j$. 在可中断情形, 一个工件可以分配到若干机器上加工. 对于机程方案 $\sigma$, 设 $C_j(\sigma)$ 是工件 $J_j$ 的完工时间, 则目标函数是 $L_{\max}(\sigma) :=$

$\max_{1\leqslant j\leqslant n}(C_j(\sigma)-d_j)$.

首先研究相应的判定问题: 给定门槛值 $L$, 是否存在一个机程方案 $\sigma$, 使得 $L_{\max}(\sigma)\leqslant L$? 对给定的 $L\geqslant 0$, 我们定义修订工期 (类似于截止期) 为

$$d_j^L:=d_j+L,\quad 1\leqslant j\leqslant n.$$

那么可行的机程方案是指满足

$$r_j+p_j\leqslant C_j(\sigma)\leqslant d_j^L,\quad 1\leqslant j\leqslant n$$

的方案. 因此可把 $[r_j,d_j^L]$ 称为工件 $J_j$ 的时间窗口 (意即工件 $J_j$ 必须在此区间中加工). 于是上述判定问题就是: 是否存在一个机程方案, 使得每一个工件都安排在它的时间窗口中?

联想线性规划的运输问题: 把时间作为货物从发点 (工件) 分配到收点 (时间窗口). 首先把 $n$ 个工件作为发点 $s_1,s_2,\cdots,s_n$, 发出的货物量 (加工时间) 分别为 $p_1,p_2,\cdots,p_n$. 其次, 接纳货物的收点是各机器上的时间窗口. 设所有时间点 $\{r_j:1\leqslant j\leqslant n\}$ 及 $\{d_j^L:1\leqslant j\leqslant n\}$ 排成的单调序列为

$$t_1<t_2<\cdots<t_r.$$

取出区间 $I_k:=[t_k,t_{k+1}]$, 其长度为 $|I_k|=t_{k+1}-t_k, 1\leqslant k\leqslant r-1$. 于是把 $r$ 个时段 $I_1,I_2,\cdots,I_r$ 作为需求点. 当且仅当 $I_k\subseteq[r_j,d_j^L]$ (工件 $J_j$ 可在时间 $I_k$ 加工) 时, 在供应点 $s_j$ 与需求点 $I_k$ 之间连一条边, 作为传输线路 (允许分配时间). 现在考虑这样的供求系统中的运输方案. 设 $x_{jk}$ 为从供应点 $s_j$ 到需求点 $I_k$ 的运输量, 即工件 $J_j$ 分配到时段 $I_k$ 上的加工时间. 那么运输方案 $\{x_{jk}\}$ 满足如下的约束条件:

$$\sum_{k=1}^{r-1}x_{jk}=p_j,\quad 1\leqslant j\leqslant n,\qquad(3.11)$$

$$\sum_{j=1}^{n}x_{jk}\leqslant m|I_k|,\quad 1\leqslant k\leqslant r-1,\qquad(3.12)$$

$$0\leqslant x_{jk}\leqslant|I_k|,\quad 1\leqslant j\leqslant n,1\leqslant k\leqslant r-1,\qquad(3.13)$$

其中 (3.11) 为供应量限制, 即各工件的加工时间约束; (3.12) 为需求量限制, 即 $m$ 台机器上时段 $I_k$ 的总容纳量约束; (3.13) 为每条线路上运输量限制, 即每一个工件的分配量约束. 如果加上一个运输费用的目标函数, 这就是有容量限制的运输问题 (产销不平衡). 但是现在考虑判定问题, 即问上述不等式组 (3.11)~(3.13) 是否存在可行解, 所以没有目标函数. 也可以随便编造一个目标函数 (比如 $\sum_{j=1}^{n}\sum_{k=1}^{r-1}x_{jk}$), 然后调用线性规划算法求解.

此问题也可以运用网络流方法求解. 构造网络 $N$ 的顶点集为 $\{s_1, s_2, \cdots, s_n\} \cup \{I_1, I_2, \cdots, I_r\}$ 加上源 $s$ 和汇 $t$. 边集 $E$ 由如下三部分有向边 (弧) 组成:

- $(s, s_j)$ 的容量为 $p_j$, 其中 $1 \leqslant j \leqslant n$;
- $(s_j, I_k)$ 的容量为 $|I_k|$, 其中 $I_k \subseteq [r_j, d_j^L]$, $1 \leqslant j \leqslant n, 1 \leqslant k \leqslant r-1$;
- $(I_k, t)$ 的容量为 $m|I_k|$, 其中 $1 \leqslant k \leqslant r-1$.

这样得到的有向网络如图 3.9 所示. 容易验证: 上述运输问题 (3.11)~(3.13) 存在可行解当且仅当网络 $N$ 的最大流的值为 $\sum_{1 \leqslant j \leqslant n} p_j$.

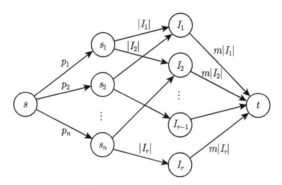

图 3.9 网络 $N$ 的构造

这样一来, 我们可以用对分法搜索最小的 $L$ 值. 假定 $d_j \leqslant r_j + np_{\max}$, 其中 $p_{\max} := \max_{1 \leqslant j \leqslant n} p_j$ (否则工期可以减小而不影响问题的求解). 故有 $L_{\max} \leqslant np_{\max}$. 因此 $np_{\max}$ 可以取作 $L$ 值的上界. 其次假定最小的 $L_{\max}$ 为整数 (计算误差为 1).

**算法 3.3.4** 求解问题 $P|r_j, \text{pmtn}|L_{\max}$.

---

(1) 令 $l := 0$, $u := np_{\max}$.

(2) 若 $l = u$, 则终止, 输出最小值 $L_{\max}^* = l$ 以及相应的机程方案.

(3) 令 $L := \left\lfloor \dfrac{1}{2}(l+u) \right\rfloor$. 定义修订工期 $d_j^L := d_j + L$ 及时间窗口 $[r_j, d_j^L]$ ($1 \leqslant j \leqslant n$). 根据不等式组 (3.11)~(3.13) 构造网络 $N$.

(4) 求网络 $N$ 的最大流 $f$.

若 $v(f) = \sum_{1 \leqslant j \leqslant n} p_j$, 则最大流 $f$ 对应的机程方案满足 $L_{\max} \leqslant L$; 令 $u := L$. 否则 $v(f) < \sum_{1 \leqslant j \leqslant n} p_j$, 令 $l := L+1$, 转 (2).

---

**命题 3.3.5** 算法 3.3.4 在 $O(n^3(\log n + \log p_{\max}))$ 时间求出问题 $P|r_j, \text{pmtn}|L_{\max}$ 的最优方案.

**证明**　根据前面的分析, 问题的判定形式 $L_{\max} \leqslant L$ 可转化为网络最大流问题, 而对变动的 $L$ 值运用对分法搜索最小的 $L_{\max}$, 所以当算法终止时, 得到问题的最优解. 至于算法的运行时间, 对分法的执行次数为 $\log np_{\max} = \log n + \log p_{\max}$. 由于网络 $N$ 的顶点数为 $O(n)$ (因为 $r \leqslant 2n$), 构造网络 $N$ 可在时间 $O(n^2)$ 完成, 调用一次最大流算法的运行时间是 $O(n^3)$. 所以总的计算复杂性是 $O(n^3(\log n + \log p_{\max}))$.

□

# 3.4　连贯加工的位置约束

　　前面讨论的主题是工件与机器或时间位置的匹配关系, 把时序问题转化为匹配问题求解. 当二部图是凸二部图时, 匹配问题有更加简捷的算法. 所以我们特别关注这种凸结构在算法实施方面的优点. 从另一角度来看, 这一节将讲述凸二部图的直接应用, 即用它表示一种新型的时序优化问题——工件具有连续加工位置约束的问题. 前一节讨论工件位置的拆断, 这一节关注工件位置的连贯.

## 3.4.1　凸二部图与凸子集族的刻画

　　3.1 节引进凸二部图的概念. 二部图 $G = (X \cup Y, E)$ 称为凸的, 是指对任意顶点 $x \in X$, 它的邻集 $N(x) := \{y \in Y : (x, y) \in E\}$ 在 $Y$ 中是连续排列的. 之所以重视凸二部图, 是因为对凸二部图的最大匹配问题存在贪婪算法. 在 3.2 节中, 机器集 $M$ 的子集族 $\mathcal{F} = \{\mathcal{M}_j\}$ 称为凸子集族, 是指相对于机器集的顺序 $(M_1, M_2, \cdots, M_m)$ 而言, 每一个子集 $\mathcal{M}_j$ 都是连续排列的. 这两个凸性概念是一致的, 因为如果凸子集族 $\mathcal{F}$ 用二部图来表示, 那么它就是凸二部图. 与凸集的几何定义 (集合中任意两点联线均含于此集) 一样, 这里所说的凸性也反映出某种"连贯性"及"封闭性"特征.

　　对一个凸二部图 $G = (X \cup Y, E)$, 所有邻集 $N(x)$ 对应一组区间, 因而 $G$ 对应于一个区间图. 同时, 凸子集族 $\mathcal{F}$ 也称为"区间超图". 再者, 二部图 $G$ (或子集族 $\mathcal{F}$) 可以用一个 $(0,1)$- 矩阵 $A = (a_{ij})$ 表示. 它具有连一性, 是指其存在行 (列) 的排列, 使得每一列 (行) 的 1- 元素是连续排列的. 不同领域的这些概念, 凸二部图、凸子集族、区间图、区间超图、连一性矩阵, 其内涵是完全一致的 (参见 [1, 53, 63, 64]).

　　前面的讨论留下一个基本的理论问题: 如何判定一个二部图 $G$ 或一个子集族 $\mathcal{F}$ 是凸的. 这关系到最大匹配问题及机器限位问题是否存在简捷的算法. 不仅如此, 还要为下面具有连贯加工约束问题做准备. 因此, 先把话题转移到这个凸性刻画问题. 为了专注, 我们只采用子集族 $\mathcal{F}$ 的表述方式, 而不用二部图或矩阵的说法. 同时换一个视角, 考虑工件集的子集族, 而不是机器集的子集族.

设 $J = \{J_1, J_2, \cdots, J_n\}$ 是工件集. 并设 $\mathcal{F} = \{S_1, S_2, \cdots, S_m\}$ 是 $J$ 的子集族. 子集族 $\mathcal{F}$ 称为凸子集族是指存在工件集 $J$ 的一个排列 $\pi = (J_{\pi(1)}, J_{\pi(2)}, \cdots, J_{\pi(n)})$, 使得每一个子集 $S_i \in \mathcal{F}$ 在 $\pi$ 中构成一个连续的子序列 $(1 \leqslant i \leqslant m)$. 这个排列 $\pi$ 称为凸子集族 $\mathcal{F}$ 的一个实现.

判定一个子集族 $\mathcal{F}$ 是凸子集族与否, 文献中使用图、超图或矩阵术语, 分别称为区间图、区间超图或连一性矩阵识别问题. 这是一个备受关注的理论课题, 且有广泛应用. 至于这个识别 (判定) 问题的研究, 首先由 Booth 与 Lueker[62] 建立了基于数据结构 "PQ-树" 的算法. 此算法的描述十分繁琐 (每加入一个子集, 要检验 9 种模板是否相容). 尔后众多的工作致力于此类算法的简化 (例如 [53, 63, 64]). 我们在此探讨一种适合于教学的处理途径, 对刻画问题的基本思想给出简明的解释 (参见 [65]).

在研究子集族 $\mathcal{F}$ 时, 有两个熟知的典型特例 (详见 [4]):

• 子集族 $\mathcal{F}$ 称为**嵌套族**, 是指其任意两个子集或者相互不交, 或者相互包含, 即对任意 $X, Y \in \mathcal{F}$, $X \cap Y \neq \varnothing \Rightarrow X \subseteq Y$ 或 $Y \subseteq X$.

• 子集族 $\mathcal{F}$ 称为**无序族** (clutter), 是指其任意两个子集之间均没有包含关系, 即对任意 $X, Y \in \mathcal{F}$ 有 $X \not\subset Y$.

一般的刻画问题将归结为对这两种类型的刻画. 前面 3.2.3 小节已经讲过如下论断. 现在不妨从工件集 $J$ 的角度再写一次证明.

**引理 3.4.1** 嵌套子集族 $\mathcal{F}$ 一定是凸的.

**证明** 嵌套子集族 $\mathcal{F}$ 可以用一个有根树 $T_{\mathcal{F}}$ 表示: 全集 $J$ 是树根, 每一个子集 $X \in \mathcal{F}$ 是一个节点; 若 $X, Y \in \mathcal{F}$ 有 $X \subset Y$, 但不存在 $Z \in \mathcal{F}$ 使得 $X \subset Z \subset Y$, 则定义 $X$ 是 $Y$ 的儿子 (直接后继); 并规定 $J$ 的所有元素 (工件) 的单点集为树叶. 由嵌套性得知, 一个子集的所有子集 (后继) 构成一个分枝; 不相交的子集没有相同的后继, 形成不同的分枝. 所以按照偏序关系 $\subset$, 这样构造的有向图 $T_{\mathcal{F}}$ 的确是一个有根树. 对此, 假定同一个节点的所有儿子按从左到右的顺序排列. 那么对所有树叶从左到右的排列 $\pi$ 而言, 每一个子集 $X \in \mathcal{F}$ 的元素都是连续排列的. 故 $\mathcal{F}$ 是凸子集族. $\square$

在上述证明中, 有根树 $T_{\mathcal{F}}$ 叫做嵌套族 $\mathcal{F}$ 的 PQ-树. 更确切地说, 我们把全集及单点集添加到 $\mathcal{F}$ 中, 得到扩展的子集族 $\tilde{\mathcal{F}} := \mathcal{F} \cup \{J, \{J_1\}, \cdots, \{J_n\}\}$. 在子集族 $\tilde{\mathcal{F}}$ 中按照偏序关系 $\subset$ 确定的有根树 $T_{\mathcal{F}}$, 称为嵌套族 $\mathcal{F}$ 的 PQ-树, 其中树叶用方框表示, 其他节点用圆圈表示, 称为 P-节点. 例如, $J = \{J_1, J_2, \cdots, J_7\}$, $\mathcal{F} = \{\{J_1, J_2, J_3, J_4\}, \{J_2, J_3, J_4\}, \{J_6, J_7\}\}$. 则 PQ-树 $T_{\mathcal{F}}$ 如图 3.10 所示. 在偏序集理论中, 这种偏序集的表示称为 Hasse 图.

这种数据结构的特征是: 每一个 P-节点 (除树根外) 都代表 $\mathcal{F}$ 中的子集 $S_i$, 它由这个节点的所有后代树叶 (工件) 组成. 注意每一个子集 $S_i$ 中的元素本来是没有顺序的, 它的儿子也没有固定顺序, 但是上述表示法把各个节点画在平面上, 后继节点有左右之分, 所以画法不唯一. 例如, $S_2 = \{J_2, J_3, J_4\}$ 的儿子 (树叶) 顺序也可以是 $(J_4, J_2, J_3)$, 树根的三个儿子顺序也可以是 $(\{J_6, J_7\}, \{J_1, J_2, J_3, J_4\}, \{J_5\})$. 这些不同的表示认为是等价的. 值得强调指出的是, 这里 $PQ$-树是数据结构意义的 "树", 其中的后继节点是有左右次序之分, 不同画法认为是不同的 "树". 这不同于图论意义的有向树, 其中把同构的树看作相同的. 所以这里沿用数据结构的术语 "节点" (node), 以区别于图论的 "顶点" (vertex).

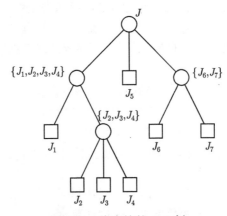

图 3.10　嵌套族的 $PQ$-树

另一方面, 我们来考察无序子集族 $\mathcal{F}$, 其中对任意 $X, Y \in \mathcal{F}$ 有 $X \not\subset Y$, 或换言之

$$X \cap Y \neq \varnothing \Rightarrow X \setminus Y \neq \varnothing \text{ 且 } Y \setminus X \neq \varnothing.$$

这里有一个平凡情形, 就是 $X \cap Y = \varnothing$. 除此平凡情形之外, 我们有如下定义: 对 $X, Y \in \mathcal{F}$, 若 $X \cap Y, X \setminus Y, Y \setminus X \neq \varnothing$, 则称 $X$ 与 $Y$ 是交叉的. 因此在无序族 $\mathcal{F}$ 中, 任意两个子集或者是不相交的, 或者是交叉的. 显然, 子集族 $\mathcal{F}$ 是嵌套的当且仅当它的任意两个子集都是不交叉的.

由此引出如下重要特殊情形: 一个无序族 $\mathcal{F}$ 称为交叉族, 是指其中的所有子集按照 "交叉" 关系构成一个连通图; 即是说, 存在这样的连通图, 其中 $\mathcal{F}$ 的每一个子集看作一个顶点, 两个顶点是相邻的当且仅当它们对应的子集是交叉的. 任意无序族都由若干个交叉族组成, 每一个交叉族都看作它的连通分支.

在集合论中, 一个子集序列 $\mathcal{Q} = (X_1, X_2, \cdots, X_l)$ 称为集 $\boldsymbol{J}$ 的有序划分 (简称划分), 是指

$$\bigcup_{1 \leqslant i \leqslant l} X_i = \boldsymbol{J}, \quad X_i \cap X_j = \varnothing \quad (i \neq j).$$

自然, 有序划分可以认为是特殊的子集族, 它既是嵌套族, 也是无序族, 其中任意两个子集都是不相交 (不交叉) 的. 注意有序划分是一个序列, 其中的子集之间是有顺序的. 不过, 我们认为正反两个方向的序列是一回事. 所以定义 $\mathcal{Q} = (X_1, X_2, \cdots, X_l)$ 与 $\mathcal{Q}' = (X_l, X_{l-1}, \cdots, X_1)$ 是等价的.

此外, 我们说子集族 $\mathcal{F}$ 与有序划分 $\mathcal{Q}$ 是等价的, 是指一个排列 $\pi$ 是 $\mathcal{F}$ 的实现当且仅当它是 $\mathcal{Q}$ 的实现.

**引理 3.4.2** 一个交叉子集族 $\mathcal{F}$ 是凸的, 当且仅当它等价于一个有序划分 $\mathcal{Q}$.

**证明** 若交叉族 $\mathcal{F}$ 等价于有序划分 $\mathcal{Q}$, 则因为有序划分一定是凸的 (引理 3.4.1), 可知它存在实现 $\pi$, 从而 $\pi$ 也是 $\mathcal{F}$ 的实现, 故 $\mathcal{F}$ 是凸的.

反之, 设 $\mathcal{F}$ 是凸的, 即它存在一个实现 $\pi$. 不妨设这个排列 $\pi$ 用实直线上 $n$ 个整数点 $\{1, 2, \cdots, n\}$ 的序列表示. 那么每一个子集 $S_i$ 对应于直线上的一个区间. 由于 $\mathcal{F}$ 是一个交叉族, 这 $m$ 个区间互不包含. 所以它们构成一个正则 (单位) 区间图. 设 $S_i = \{a_i, a_i + 1, \cdots, b_i\}$ 对应于区间 $I_i = [a_i, b_i]$ $(1 \leqslant i \leqslant m)$. 由于对 $i \neq j, S_i \not\subset S_j$, 所以 $a_i \neq a_j, b_i \neq b_j$. 不失一般性, 设 $a_1 < a_2 < \cdots < a_m$, $b_1 < b_2 < \cdots < b_m$. 现在构造有序划分 $\mathcal{Q}$ 如下.

对 $m$ 运用归纳法. 当 $m = 2$ 时, $\mathcal{F} = \{S_1, S_2\}$, 且 $S_1 \cap S_2 \neq \varnothing$, 则它对应于划分 $\mathcal{Q} = (X_1, X_2, X_3)$, 其中 $X_1 = S_1 \setminus S_2 = \{a_1, a_1 + 1, \cdots, a_2 - 1\}$, $X_2 = S_1 \cap S_2 = \{a_2, a_2 + 1, \cdots, b_1\}$, $X_3 = S_2 \setminus S_1 = \{b_1 + 1, \cdots, b_2\}$. 显然 $\pi$ 也是 $\mathcal{Q}$ 的实现. 因此 $\mathcal{F}$ 等价于 $\mathcal{Q}$. 其次, 假定子集族 $\mathcal{F} = \{S_1, S_2, \cdots, S_{m-1}\}$ 已等价于划分 $\mathcal{Q} = (X_1, X_2, \cdots, X_l)$. 现考虑最后的子集 $S_m = \{a_m, a_m + 1, \cdots, b_m\}$. 如果 $S_m$ 与某个 $X_k$ 是交叉的 (其中 $1 \leqslant k \leqslant l$), 则得到一个加细的划分

$$\mathcal{Q}' := (X_1, \cdots, X_{k-1}, X_k \setminus S_m, X_k \cap S_m, X_{k+1}, \cdots, X_l, S_m \setminus (X_1 \cup X_2 \cup \cdots \cup X_l)),$$

如图 3.11(a) 所示. 如果 $S_m$ 与所有 $X_k$ 不交叉 $(1 \leqslant k \leqslant l)$, 则得到

$$\mathcal{Q}' := (X_1, \cdots, X_l, S_m \setminus (X_1 \cup X_2 \cup \cdots \cup X_l)),$$

如图 3.11(b) 所示 (即前一式中 $X_k \subseteq S_m$ 情形). 那么子集族 $\mathcal{F}' = \{S_1, S_2, \cdots, S_{m-1}, S_m\}$ 与划分 $\mathcal{Q}'$ 是等价的. □

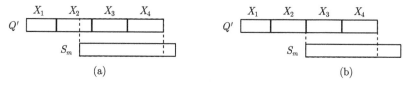

图 3.11 加细的划分

这一节开始时说过, 一般凸子集族对应于区间图. 在上述证明中看出, 凸的交叉子集族对应于正则区间图.

现设交叉子集族 $\mathcal{F} = \{S_1, S_2, \cdots, S_m\}$ 等价于有序划分 $\mathcal{Q} = (X_1, X_2, \cdots, X_l)$, 则我们用一个长方形来表示划分 $\mathcal{Q}$, 称之为 $\mathcal{Q}$-节点, 作为树根. 它的儿子依次为 $X_1, X_2, \cdots, X_l$. 同时把单点集 $\{J_1\}, \cdots, \{J_n\}$ 作为树叶 (用方框表示). 不是树叶的儿子仍然是 $P$-节点 (用圆圈表示). 这样得到的有向树 $T_{\mathcal{F}}$ 称为交叉族 $\mathcal{F}$ 的 $PQ$-树. 例如, $\mathcal{F} = \{\{J_1, J_2, J_3, J_4\}, \{J_2, J_3, J_4, J_5, J_6\}\}$, 则其等价的划分为 $\mathcal{Q} = (\{J_1\}, \{J_2, J_3, J_4\}, \{J_5, J_6\})$. 划分 $\mathcal{Q}$ 对应的 $\mathcal{Q}$-节点以及 $PQ$-树如图 3.12 所示.

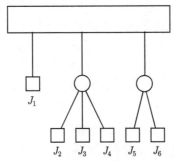

图 3.12　交叉族的 $PQ$-树

对于一个 $PQ$-树中的 $Q$-节点而言, 由于划分 $\mathcal{Q} = (X_1, X_2, \cdots, X_l)$ 与 $\mathcal{Q}' = (X_l, X_{l-1}, \cdots, X_1)$ 是等价的, 所以 $Q$-节点的儿子之间有两个可能顺序, 即一个给定的顺序 (从 $X_1$ 到 $X_l$) 及其反向的顺序 (从 $X_l$ 到 $X_1$). 这与 $P$-节点不同 (其中儿子的顺序可以任意变动), 它的儿子固定着只取两个相反的顺序, 就好像挂着的衣架一样只可以两边翻转.

目前问题是如何判定一个交叉族等价于有序划分与否. 下面只要对引理 3.4.2 的归纳证明 (即有序划分的递归构造) 再作详细解释. 对两个交叉子集 $X$ 与 $Y$ 而言, 由它们直接产生出划分 $(X \setminus Y, X \cap Y, Y \setminus X)$ 或 $(Y \setminus X, Y \cap X, X \setminus Y)$, 这样的运算称为交叉运算.

现设 $\mathcal{Q} = (X_1, X_2, \cdots, X_l)$ 是集合 $X \subseteq \boldsymbol{J}$ 的一个有序划分. 另外一个子集 $Y \in \mathcal{F}$ 称为与 $\mathcal{Q}$ 是交叉的, 是指它与 $X$ 或某个 $X_i$ 是交叉的. 对此, 子集 $Y$ 与划分 $\mathcal{Q}$ 称为相容的, 是指可以通过 $Y$ 与 $X$ 或 $X_i$ 的交叉运算得到 $X \cup Y$ 的加细划分 $\mathcal{Q}'$ (这里说一个划分的加细是对划分中的子集再作划分), 即如下条件成立:

(i) 若 $Y \subset X$ 且 $Y$ 与 $X_i$ 是交叉的, 则

$$\mathcal{Q}' = (X_1, \cdots, X_{i-1}, X_i \setminus Y, X_i \cap Y, X_{i+1}, \cdots, X_{j-1}, X_j \cap Y, X_j \setminus Y, X_{j+1}, \cdots, X_l),$$
$$X_{i+1}, \cdots, X_{j-1} \subseteq Y$$

(其中子集 $X_i$ 被细分; 如果 $X_j \setminus Y \neq \varnothing$, 则 $X_j$ 也被细分).

(ii) 若 $Y$ 与 $X$ 是交叉的, 则

$$\mathcal{Q}' = (X_1, \cdots, X_{k-1}, X_k \setminus Y, X_k \cap Y, X_{k+1}, \cdots, X_l, Y \setminus X), \quad X_{k+1}, \cdots, X_l \subseteq Y,$$

或

$$\mathcal{Q}' = (Y \setminus X, X_1, \cdots, X_{k-1}, X_k \cap Y, X_k \setminus Y, X_{k+1}, \cdots, X_l), \quad X_1, \cdots, X_{k-1} \subseteq Y$$

(其中增加新的子集 $Y \setminus X$, 且如果 $X_k \setminus Y \neq \varnothing$, 则子集 $X_k$ 被细分). 上述三种情形见图 3.13 的说明. 如果 $Y \subset X$ 且 $Y$ 与任意 $X_i$ 都不交叉, 则有两种可能: 或者 $Y$ 是有序划分 $\mathcal{Q} = (X_1, X_2, \cdots, X_l)$ 的连续子序列的并, 或者 $Y$ 是某个 $X_i$ 的子集. 对于前者, $Y$ 是多余的约束 (满足 $\mathcal{Q}$ 的约束必然满足 $Y$ 的约束), 故 $Y$ 可以删去. 对于后者, 在交叉族中不会出现这种嵌套关系, 故不必考虑.

(a) $Y \subset X$, $X_3 \subseteq Y$     (b) $Y \not\subset X$, $X_1 \subseteq Y$     (c) $Y \not\subset X$, $X_l \subseteq Y$

图 3.13 $Y$ 与 $\mathcal{Q}$ 是相容的

对于一个交叉族 $\mathcal{F} = \{S_1, S_2, \cdots, S_m\}$, 可以从两个子集开始, 对已生成的有序划分 $\mathcal{Q}$ 逐次添加子集 $Y = S_i$. 若 $Y$ 与 $\mathcal{Q}$ 是相容的, 则得到加细的划分 $\mathcal{Q}'$, 续行此法. 若 $Y$ 对 $\mathcal{Q}$ 是多余的, 则删去之. 若 $Y$ 与 $\mathcal{Q}$ 是不相容的, 则 $\mathcal{F}$ 不能等价于有序划分, 构造过程终止. 实际上, 文献 [53, 62, 63] 的检验算法的核心就是这一构造过程.

至此, 我们定义了嵌套族与交叉族的 $PQ$-树. 这是两种基本的结构. 一般凸子集族 $\mathcal{F}$ 的 $PQ$-树将是这两种基本结构的组合.

现在进行一般凸子集族的刻画. 一个子族 $\mathcal{F}' \subseteq \mathcal{F}$ 称为 $\mathcal{F}$ 的交叉分支, 是指 $\mathcal{F}$ 中极大的交叉子族, 即 $\mathcal{F}$ 中所有子集按照 "交叉" 关系定义的图 (每一个子集作为一个顶点; 两个顶点相邻当且仅当它们对应的子集是交叉的) 的连通分支. 于是, $\mathcal{F}$ 中的每一个子集 $S_i$ 都属于某个交叉分支.

**引理 3.4.3** 一个子集族 $\mathcal{F}$ 是凸的, 当且仅当它的任意交叉分支 $\mathcal{F}_i \subseteq \mathcal{F}$ 都是凸的, 其中 $1 \leqslant i \leqslant k$.

**证明** 必要性是显然的. 只要考虑充分性. 设 $\mathcal{F}$ 的所有交叉分支都是凸的. 设 $\mathcal{F}$ 的交叉分支是 $\mathcal{F}_1, \mathcal{F}_2, \cdots, \mathcal{F}_k$, 并且它们等价于划分 $\mathcal{Q}_1, \mathcal{Q}_2, \cdots, \mathcal{Q}_k$. 那么对 $i \neq j$, $\mathcal{Q}_i$ 中的子集与 $\mathcal{Q}_j$ 中的子集不可能交叉, 因为否则 $\mathcal{F}_i$ 与 $\mathcal{F}_j$ 将合并为一个交叉分支, 与分支的极大性矛盾. 现在每一个划分 $\mathcal{Q}_i$ 的基础集 (即其中

---

(Clearing)

所有子集的并) 记为 $Q_i$ $(1 \leqslant i \leqslant k)$, 则不同的 $Q_i, Q_j$ 之间也是不交叉的. 定义子集族 $\mathcal{F}^0 := \{Q_1, Q_2, \cdots, Q_k\}$. 同时定义 $\mathcal{F}'$ 为所有划分 $Q_i$ 中的子集 (如 $Q_i = (X_1, X_2, \cdots, X_l)$ 中的子集 $X_1, X_2, \cdots, X_l$) 所构成的子集族. 那么 $\mathcal{F}'$ 中的子集相互不交叉, 并且与 $\mathcal{F}^0$ 中的子集也不交叉. 由此, 我们进而定义扩展的子集族 $\tilde{\mathcal{F}} := \mathcal{F}^0 \cup \mathcal{F}' \cup \{\boldsymbol{J}, \{J_1\}, \cdots, \{J_n\}\}$. 由于其中所有子集之间均不交叉, 可知 $\tilde{\mathcal{F}}$ 是一个嵌套族. 根据引理 3.4.1, 这个嵌套族是凸的, 因而存在一个实现 $\pi$. 最后得到结论, 这个排列 $\pi$ 也是子集族 $\mathcal{F}$ 的实现. 因此 $\mathcal{F}$ 是凸的. □

根据上述证明, 对凸的子集族 $\mathcal{F}$, 可定义 $PQ$-树如下. 首先找出所有交叉分支 (不包括单个子集构成的分支) 及其等价的划分, 由它们确定出 $Q$-节点. 如果出现多余的子划分, 则删去之. 其次, 找出 $\mathcal{F}$ 中未取出的子集以及由每一个划分产生出的子集, 由它们确定出 $P$-节点 (如果它不是单点集的话). 最后, 添上全集 $\boldsymbol{J}$ 及所有单点集 $\{J_j\}$, 并在所有节点之间按照集合包含关系连接成一个有根树 $T_{\mathcal{F}}$. 这就是 $\mathcal{F}$ 的 $PQ$- 树. 粗略地说, 对 $\mathcal{F}$ 中的交叉部分用 $Q$-节点表示, 对无顺序部分用 $P$-节点表示, 整体用嵌套关系的有根树串起来.

用一个例子来说明. 设 $\boldsymbol{J} = \{J_1, J_2, \cdots, J_{12}\}$, $\mathcal{F} = \{\{J_1, J_2\}, \{J_1, J_2, J_3\}, \{J_3, J_4, J_5, J_6, J_7\}, \{J_5, J_6\}, \{J_6, J_7\}, \{J_8, J_9, J_{10}, J_{11}, J_{12}\}, \{J_9, J_{10}, J_{11}\}, \{J_{10}, J_{11}, J_{12}\}\}$. 首先, 找出三个交叉分支 $\mathcal{F}_1 = \{\{J_1, J_2, J_3\}, \{J_3, J_4, J_5, J_6, J_7\}\}$, $\mathcal{F}_2 = \{\{J_5, J_6\}, \{J_6, J_7\}\}$, $\mathcal{F}_3 = \{\{J_9, J_{10}, J_{11}\}, \{J_{10}, J_{11}, J_{12}\}\}$. 得到对应的三个划分 $Q_1 = \{\{J_1, J_2\}, \{J_3\}, \{J_4, J_5, J_6, J_7\}\}$, $Q_2 = \{\{J_5\}, \{J_6\}, \{J_7\}\}$, $Q_3 = \{\{J_9\}, \{J_{10}, J_{11}\}, \{J_{12}\}\}$. 它们确定出三个 $Q$-节点. 其次, $\mathcal{F}$ 中未取出的子集 $\{J_1, J_2\}, \{J_8, J_9, J_{10}, J_{11}, J_{12}\}$ 以及划分产生的子集 $\{J_{10}, J_{11}\}$ (除单点集外) 作为 $P$-节点. 加上树根和树叶, 得到 $PQ$-树如图 3.14 所示.

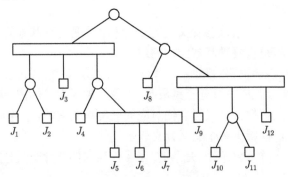

图 3.14　具有 $P$-节点和 $Q$-节点的 $PQ$-树

综上所述, 若子集族 $\mathcal{F}$ 是凸的, 则必存在 $PQ$-树. 反之, 若存在 $PQ$-树, 则按其树叶从左到右的顺序确定的排列 $\pi$ 必定是 $\mathcal{F}$ 的一个实现, 从而它是凸的. 这样我们就得到凸子集族的刻画: 一个子集族是凸的当且仅当存在 $PQ$-树. 这里还要强

调的是, 两个 $PQ$-树称为等价的是指其一可通过如下运算得到另一:

(i) 任意改变一个 $P$-节点的所有儿子的顺序;

(ii) 将一个 $Q$-节点的所有儿子的顺序逆转过来.

### 3.4.2 有连贯加工约束的时序问题

设 $\boldsymbol{J} = \{J_1, J_2, \cdots, J_n\}$ 是工件集, 并设 $\mathcal{F} = \{S_1, S_2, \cdots, S_m\}$ 是 $\boldsymbol{J}$ 的子集族, 其中 $S_i \subseteq \boldsymbol{J}, 1 \leqslant i \leqslant m$. 现在考虑这样的限位时序问题: 每一个子集 $S_i$ 中的工件必须在机器中连贯地进行加工, 但顺序不限. 这样的限位约束有着广泛的应用背景, 例如:

• 由于工件的物理或化学性质 (如热处理性质), 同一个子集 $S_i$ 中的工件必须不间断地一个接一个进行加工 (以免延迟冷却). 这一要求类似于无等待排序 (no-wait scheduling).

• 假定 $n$ 个工件代表 $n$ 批产品, 供应不同用途类型的顾客, 如军用、民用、科研或其他特殊需求的用户 (有的产品可能是不同用户兼用的). 设用途类型 $i$ 需要的产品之集为 $S_i$ $(1 \leqslant i \leqslant m)$. 那么在生产-配送系统中, 希望同一用途的产品连续生产, 使用相同的工艺条件, 保持统一的技术标准, 完工后成批运送出去.

• 一台机器相当于一条生产流水线. 另外有 $m$ 种连续提供的辅助资源, 如技术设备、操作人员、监控器具等, 相当于 $m$ 台并行的附加器械, 其中需要辅助资源 $i$ 进行运作的工件集为 $S_i$ $(1 \leqslant i \leqslant m)$. 那么每一个资源必须对其负责的工件连贯地提供服务 (如在一个手术室里, 一个医疗团队对其施治的一组病人进行连贯的手术).

• 在列车编组问题中, 货运列车的 $n$ 个车厢看作工件序列, 每个车厢的装卸货物作业作为一个工序 (一个车厢可以在不同站点有装卸任务). 那么在每个站点 $i$(比如郑州) 有装卸任务的车厢之集 $S_i$ 应该连贯地挂接成一段, 以便于车站的装卸作业.

• 在某种重构问题 (如基因重组) 中, 已知序列的每个局部 $S_i$ 是紧密连接的, 如具有某种相同的信息特征 $(1 \leqslant i \leqslant m)$. 试考虑如何复原出整体的序列结构, 使得每个局部 $S_i$ 是连续排列的.

现在考虑一个单机排序问题, 对给定的子集族 $\mathcal{F} = \{S_i : 1 \leqslant i \leqslant m\}$, 求一个排列 $\pi = (J_{\pi(1)}, J_{\pi(2)}, \cdots, J_{\pi(n)})$, 其中每一个子集 $S_i \in \mathcal{F}$ 在 $\pi$ 中构成一个连续的子序列 $(1 \leqslant i \leqslant m)$, 使得某个目标函数 $f(\pi)$ 达到最小. 这个问题记为 $1|\Pi(\mathcal{F})|f$, 其中 $\Pi(\mathcal{F})$ 表示满足上述连贯加工约束的排列 $\pi$ 的集合, 即 $\mathcal{F}$ 的实现 (可行解) 的集合, $f$ 为目标函数.

这里虽然讨论单机问题, 但是如果把 $m$ 个子集看作来自 $m$ 台辅助机器的可匹配关系, 就会变成机器有工件限位的问题. 在 3.2 节工件与机器有相容性约束中, 机

器集 $M$ 的子集族 $\mathcal{F} = \{\mathcal{M}_j : 1 \leqslant j \leqslant n\}$ 表示每个工件对机器的选择范围. 现在考虑一种对偶的限位约束: 工件集 $J$ 的子集族 $\mathcal{F} = \{S_i : 1 \leqslant i \leqslant m\}$ 表示每个辅助机器 (资源) 对工件的作用范围. 前面讨论过机器子集族 $\{\mathcal{M}_j\}$ 是连贯的, 现在讨论工件子集族 $\{S_i\}$ 是连贯的.

根据 3.4.1 节的分析, 问题 $1|\Pi(\mathcal{F})|f$ 存在可行解当且仅当 $\mathcal{F}$ 是凸子集族. 这种可行性研究已经完成. 因此在下面的讨论中, 假定 $\mathcal{F}$ 是凸子集族, 并且相应的 PQ-树 $T_{\mathcal{F}}$ 是已知的. 在一个 PQ-树 $T_{\mathcal{F}}$ 中 (图 3.14), 所有工件 (树叶) 从左到右读出的顺序称为前沿序 (frontier)[53]. 每一个前沿序 $\pi$ 都是 $\mathcal{F}$ 的实现, 即 $1|\Pi(\mathcal{F})|f$ 的可行解. 因此 $\pi \in \Pi(\mathcal{F})$. 反之, 对 $\mathcal{F}$ 的任意一个实现 (可行解) $\pi$, 按照其工件顺序构造一个 PQ-树 $T_{\mathcal{F}}$, 则 $\pi$ 就是 $T_{\mathcal{F}}$ 的前沿序. 由此得出结论: 问题 $1|\Pi(\mathcal{F})|f$ 的可行解集 $\Pi(\mathcal{F})$ 就是所有等价的 PQ-树 $T_{\mathcal{F}}$ 的前沿序的集合. 这样一来, 求解问题 $1|\Pi(\mathcal{F})|f$ 就是在所有这样的前沿序中寻找使目标函数 $f$ 达到最小的最优排列. 下面看几个典型例子.

**例 3.4.1**　有连贯约束的加权总完工时间问题 $1|\Pi(\mathcal{F})|\sum w_j C_j$.

在例 2.2.2 研究了经典问题 $1||\sum w_j C_j$, 其中工件 $J_j$ 的工时为 $p_j$, 权值为 $w_j$ $(1 \leqslant j \leqslant n)$. 对排列 $\pi = (\pi(1), \pi(2), \cdots, \pi(n))$, 工件 $J_{\pi(i)}$ 的完工时间是 $C_{\pi(i)} = \sum_{1 \leqslant j \leqslant i} p_{\pi(j)}$, 目标函数为

$$f(\pi) = \sum_{i=1}^{n} w_{\pi(i)} C_{\pi(i)} = \sum_{i=1}^{n} \left( \sum_{j=i}^{n} w_{\pi(j)} \right) p_{\pi(i)}.$$

进而在例 2.2.3 讨论了有链状约束的情形 $1|\text{chains}|\sum w_j C_j$, 即其中的偏序关系是若干条不相交的链. 这似乎类似于有连贯约束中子集 $S_i$ 不相交的情形, 但是对链约束情形而言, 工件的先后顺序是给定的, 且不同链的工件允许交叉加工, 与连贯加工的要求不同.

现在考虑有连贯加工约束情形. 假定问题是可行的, 即 $\mathcal{F}$ 是凸子集族, 并假定 PQ-树 $T_{\mathcal{F}}$ 已经给定. 如前所述, 产生等价的 PQ-树的规则是: ① 一个 P-节点的所有儿子的顺序可以任意重排; ② 一个 Q-节点的所有儿子的次序可按顺序或逆序排列. 所有可能的可行排序都可以通过这样的等价变换得到.

如例 2.2.2 所述, 无约束问题 $1||\sum w_j C_j$ 的最优排列可由 WSPT 规则产生, 即按照比值 $\dfrac{p_i}{w_i}$ 非降顺序排列. 下面将其推广于有连贯约束情形. 一个基本思想是 WSPT 规则的 "合比性质", 即一组工件可以合并起来计算 $p/w$ 比值.

对任意子集 $X \subseteq J$, 记 $p(X) = \sum_{J_j \in X} p_j$ 及 $w(X) = \sum_{J_j \in X} w_j$. 在 PQ-树 $T_{\mathcal{F}}$ 中, 在每一个代表子集 $X$ 的节点上有两个标号 $p(X), w(X)$ 以及比值 $\rho(X) = p(X)/w(X)$. 在如下算法中, 一个 P-节点的所有儿子按照比值 $\rho(X)$ 的非降顺序排

列. 这是 $P$-节点的规则.

另一方面, 对排列 $\pi$ 的连贯子序列 $\pi(X) = (J_{i_1}, J_{i_2}, \cdots, J_{i_k})$, 可计算其部分目标函数值

$$f(\pi(X)) = \sum_{j=1}^{k} w_{i_j} \left( \sum_{h=1}^{j} p_{i_h} \right).$$

如果在此子序列 $\pi(X)$ 之前及之后的工件顺序是固定的, 则部分目标函数值 $f(\pi(X))$ 与整体目标函数值 $f(\pi)$ 只相差一个常数, 而此常数与 $\pi(X)$ 中的工件顺序无关. 现在考虑一个 $Q$-节点 $X$, 它代表 $X$ 的一个划分 $\mathcal{Q} = (X_1, X_2, \cdots, X_l)$. 假设其每个儿子 $X_1, X_2, \cdots, X_l$ 中的顺序都是给定的. 设 $\pi(X_i)$ 是子集 $X_i$ 按给定顺序的序列 $(1 \leqslant i \leqslant l)$. 那么 $\pi(X) = (\pi(X_1), \pi(X_2), \cdots, \pi(X_l))$ 就是 $Q$-节点 $X$ 对应的连贯子序列. 它的逆序记为 $\pi'(X) = (\pi(X_l), \pi(X_{l-1}), \cdots, \pi(X_1))$, 其中每一个儿子内的顺序 $\pi(X_i)$ 不变. 在如下算法中, 对一个 $Q$-节点 $X$, 计算两个部分目标函数值 $f(\pi(X))$ 及 $f(\pi'(X))$, 从中选择较小者来确定 $X$ 的顺序. 这就是 $Q$-节点的规则.

对于 $PQ$-树 $T_{\mathcal{F}}$, 每个节点规定一个层次: 树根为第 1 层; 第 $i$ 层节点的儿子属于第 $i+1$ 层.

**算法 3.4.1** 求解问题 $1|\Pi(\mathcal{F})|\sum w_j C_j$.

(1) 对可行子集族 $\mathcal{F}$ 构造 $PQ$-树 $T_{\mathcal{F}}$. 设 $U$ 为未扫描的 $P$-节点及 $Q$-节点之集.

(2) 取 $X \in U$ 为具有最大层次的节点 (其儿子内的顺序已给定). 对 $X$ 的儿子执行如下排序:

(2.1) 若 $X$ 是 $P$-节点, 则将它的所有儿子 $Y$ 按照比值 $\rho(Y) = p(Y)/w(Y)$ 非降顺序排列.

(2.2) 若 $X$ 是 $Q$-节点且对应于划分 $\mathcal{Q} = (X_1, X_2, \cdots, X_l)$, 则计算 $\pi(X) = (\pi(X_1), \pi(X_2), \cdots, \pi(X_l))$ 及 $\pi'(X) = (\pi(X_l), \pi(X_{l-1}), \cdots, \pi(X_1))$ 的部分目标函数值 $f(\pi(X))$ 及 $f(\pi'(X))$. 若 $f(\pi'(X)) < f(\pi(X))$, 则将 $X$ 所有儿子的顺序 $\pi(X)$ 变为逆序 $\pi'(X)$.

(3) 令 $U := U \setminus \{X\}$ ($X$ 是已扫描的). 若 $U \neq \varnothing$, 则转 (2).

(4) 由上述各节点顺序的重排, 得到等价的 $PQ$-树 $T_{\mathcal{F}}^0$. 输出它的前沿序 $\pi^0$.

**命题 3.4.4** 算法 3.4.1 在 $O(n^2 + r)$ 时间求出问题 $1|\Pi(\mathcal{F})|\sum w_j C_j$ 的最优方案, 其中 $r = \sum_{1 \leqslant i \leqslant m} |S_i| \leqslant mn$.

**证明** 根据前面的结论, 问题的可行解集 $\Pi(\mathcal{F})$ 就是所有等价的 $PQ$-树 $T_{\mathcal{F}}$ 的前沿序的集合, 只需证明: 算法输出的前沿序 $\pi^0$ 是所有前沿序中的最优者. 现设算法得到的等价 $PQ$-树为 $T^0$, 其前沿序为 $\pi^0$. 另一方面, 设 $T^*$ 是其前沿序具有最

小目标函数值的等价 $PQ$-树, 其前沿序 $\pi^*$ 是最优解. 对两个树 $T^0$ 与 $T^*$ 进行比较, 如果 $T^0$ 中各个节点的顺序与 $T^*$ 中各个节点的顺序完全相同, 则得欲证. 否则它们必在某个节点处有不同顺序. 下面分别对两类节点进行讨论.

情形 1: 存在某个 $P$-节点, 使得它在 $T^*$ 上的儿子顺序与在 $T^0$ 上的儿子顺序不同. 因此这个 $P$-节点存在两个相邻的儿子 $X, Y$, 其中 $p(X)/w(X) \leqslant p(Y)/w(Y)$, 但在 $T^*$ 上 $Y$ 排在 $X$ 的左边 (与 $T^0$ 上的次序相反). 设 $\pi^*(Y) = (J_{i_1}, J_{i_2}, \cdots, J_{i_k})$ 是 $Y$ 在 $\pi^*$ 中的子序列, $\pi^*(X) = (J_{j_1}, J_{j_2}, \cdots, J_{j_l})$ 是 $X$ 在 $\pi^*$ 中的子序列. 整个排列 $\pi^*$ 表示为 $\pi^* = (\cdots, \pi^*(Y), \pi^*(X), \cdots)$. 现在构造新的 $PQ$-树 $T'$, 其中交换 $X, Y$ 的位置, 于是得到新排列 $\pi' = (\cdots, \pi^*(X), \pi^*(Y), \cdots)$. 与链约束情形的命题 2.2.6 类似, 由目标函数表达式 $f(\pi) = \sum_{j=1}^{n} (\sum_{i=j}^{n} w_{\pi(i)}) p_{\pi(j)}$ 得到

$$
\begin{aligned}
& f(\pi') - f(\pi^*) \\
&= (p_{j_1} + p_{j_2} + \cdots + p_{j_l})(w_{i_1} + w_{i_2} + \cdots + w_{i_k}) \\
&\quad - (p_{i_1} + p_{i_2} + \cdots + p_{i_k})(w_{j_1} + w_{j_2} + \cdots + w_{j_l}) \\
&= p(X)w(Y) - p(Y)w(X) \\
&= w(X)w(Y)\left( \frac{p(X)}{w(X)} - \frac{p(Y)}{w(Y)} \right) \leqslant 0.
\end{aligned}
$$

因此 $f(\pi') \leqslant f(\pi^*)$. 也就是 $T'$ 的前沿序 $\pi'$ 也是最优解.

情形 2: 存在某个 $Q$-节点 $X$, 使得它在 $T^*$ 上的儿子顺序与在 $T^0$ 上的儿子顺序相反. 假设 $X$ 处于尽可能高的层次, 并设 $X$ 对应于划分 $\mathcal{Q} = (X_1, X_2, \cdots, X_l)$. 那么构造新的 $PQ$-树 $T'$, 使得 $X$ 所有儿子的顺序 $\pi^*(X)$ 变为逆序 $\pi'(X)$. 由于 $\pi'(X)$ 是在子序列 $\pi^*(X)$ 及 $\pi'(X)$ 中使得部分目标函数值最小者, 所以 $f(\pi'(X)) \leqslant f(\pi^*(X))$. 而整体目标函数与部分目标函数只相差常数, 所以 $f(\pi') \leqslant f(\pi^*)$. 故 $T'$ 的前沿序 $\pi'$ 也是最优解.

运用上述变换, 我们可以将最优的 $PQ$-树 $T^*$ 等价地变换为 $PQ$-树 $T^0$, 并保持目标函数不增. 所以 $f(\pi^0) \leqslant f(\pi^*)$, 即 $\pi^0$ 也是最优解.

至于算法的时间界, 首先构造初始的 $PQ$-树可在 $O(m+n+r)$ 时间完成 (参见 [53, 62, 63]). 其中 $m = |\mathcal{F}| \leqslant \sum_{1 \leqslant i \leqslant m} |S_i| = r$.

其次, 估计 $PQ$-树中的节点数 $N$. 为此, 可考虑任意一个有根树, 其中树叶数为 $n$, 且每个内点 (非树叶) 至少有两个儿子. 从树叶开始计数, 删去这些树叶后至多还有 $n/2$ 个树叶, 再删去这些树叶, 如此类推. 因此总的节点数 $N \leqslant n(1 + 1/2 + 1/4 + \cdots) = 2n$. 从而 $P$-节点与 $Q$-节点的数目至多为 $n$. 对每一个 $P$-节点, 要计算比值 $p(X)/w(X)$, 可在 $O(n)$ 时间完成. 因此计算所有这些比值 $p(X)/w(X)$ 的运行时间是 $O(n^2)$. 对每一个 $Q$-节点, 要计算部分目标函数值 $f(\pi(X))$ 及 $f(\pi'(X))$, 可在 $O(n)$ 时间完成. 因此计算所有这些部分目标函数值的运行时间是 $O(n^2)$.

再者, 在每一 $P$-节点处要将其儿子按照比值 $p(X)/w(X)$ 的非降顺序排列. 设有 $k$ 个 $P$-节点, 且其儿子数分别为 $n_1, n_2, \cdots, n_k$, 则有 $n_1 + n_2 + \cdots + n_k \leqslant 2n$ (因为它们包括树叶与非树叶). 所以将所有 $P$-节点的儿子排顺的运行时间是 $n_1 \log n_1 + n_2 \log n_2 + \cdots + n_k \log n_k \leqslant (n_1 + n_2 + \cdots + n_k) \log n \leqslant 2n \log n$. 另一方面, 所有 $Q$-节点的顺序调整可在 $O(n)$ 时间完成.

综上所述, 算法的时间界是 $O(n^2 + r)$. □

**例 3.4.2** 有连贯约束的最大延迟问题 $1|\Pi(\mathcal{F})|L_{\max}$.

在例 2.1.3 研究了无约束问题 $1||L_{\max}$. 设 $n$ 个工件在一台机器上加工, 其中工件 $J_j$ 的工时为 $p_j$, 工期为 $d_j$ $(1 \leqslant j \leqslant n)$. 对加工顺序 $\pi = (\pi(1), \pi(2), \cdots, \pi(n))$, 工件 $J_{\pi(i)}$ 的完工时间是 $C_{\pi(i)} = \sum_{1 \leqslant j \leqslant i} p_{\pi(j)}$, 延误是 $L_{\pi(i)} = C_{\pi(i)} - d_{\pi(i)}$. 目标函数是最大延迟:

$$f(\pi) = \max_{1 \leqslant i \leqslant n} (C_{\pi(i)} - d_{\pi(i)}).$$

现在加上约束条件 $\pi \in \Pi(\mathcal{F})$. 假定子集族 $\mathcal{F}$ 是可行的, 并且 $PQ$-树 $T_{\mathcal{F}}$ 是已知的. 与上例类似, 算法将是对 $P$-节点及 $Q$-节点重排顺序.

如前 (参见例 2.1.5 及例 2.4.3), 定义一个区段 (block) 为一组按照固定顺序连续排列的工件. 在一个区段 $B$ 中, 具有最大延迟的工件称为这个区段的关键工件 (如不唯一, 取其最后者). 显然, 这个关键工件的位置与此区段的开工时间 $S$ 无关, 因为其中所有工件的完工时间 $C_j$ 以及延迟 $C_j - d_j$ 都加上同一个常数 $S$.

现在考虑 $k$ 个区段 $B_1, B_2, \cdots, B_k$ 的最优顺序问题. 对 $1 \leqslant i \leqslant k$, 令 $p(B_i)$ 为 $B_i$ 中所有工件的工时之和, 令 $l(B_i)$ 为 $B_i$ 中所有工件相对于开工时间 $S = 0$ 的最大延迟 (即其关键工件的延迟). 对这些区段的排列顺序 $\pi_B = (\pi(1), \pi(2), \cdots, \pi(k))$, 区段 $B_{\pi(i)}$ 的开工时间是 $S_{\pi(i)} = \sum_{j=1}^{i-1} p(B_{\pi(j)})$. 而部分目标函数为

$$f(\pi_B) = \max_{1 \leqslant i \leqslant k} \{S_{\pi(i)} + l(B_{\pi(i)})\}.$$

问题是求 $k$ 个区段的排列 $\pi_B$ 使得函数 $f(\pi_B)$ 为最小. 如果我们把上述表达式中的 max 看作加法 $\oplus$, 而加法看作乘法 $\otimes$, 则这个目标函数与前例的目标函数 $f(\pi) = \sum_{i=1}^{n} w_{\pi(i)} C_{\pi(i)}$ 完全类似 (参见可分离系数的推论 2.1.2 与推论 2.1.3). 有趣的是二者的最优性判定准则也十分相似, 只是其中的比值换成差值.

**命题 3.4.5** 若区段 $B_1, B_2, \cdots, B_k$ 按照差值 $p(B_i) - l(B_i)$ 的非减顺序排列, 则部分目标函数 $f(\pi_B)$ 达到最小.

**证明** 设 $\pi_B^0$ 是各区段按照差值 $p(B_i) - l(B_i)$ 非减顺序的排列. 并设 $\pi_B^*$ 是一最优排列, 而与 $\pi_B^0$ 不同. 那么在 $\pi_B^*$ 中必有两个相邻的区段 $B_j$ 及 $B_i$ 使得 $p(B_j) - l(B_j) \geqslant p(B_i) - l(B_i)$, 与 $\pi_B^0$ 中的次序不同. 我们构造新的排列 $\pi_B'$ 为在 $\pi_B^*$ 中交换 $B_j$ 与 $B_i$ 的位置. 也就是 $\pi_B^* = (\cdots, B_j, B_i, \cdots)$ 变为 $\pi_B' = (\cdots, B_i, B_j, \cdots)$.

由 $p(B_i) + l(B_j) \leqslant p(B_j) + l(B_i)$ 得到

$$\max\{l(B_i), p(B_i) + l(B_j)\} \leqslant p(B_j) + l(B_i) \leqslant \max\{l(B_j), p(B_j) + l(B_i)\}.$$

设 $S$ 是 $B_i$ 在 $\pi'_B$ 中的开工时间, 而 $L$ 是除 $B_i$ 及 $B_j$ 之外的最大延迟, 则

$$f(\pi'_B) = \max\{S + l(B_i), S + p(B_i) + l(B_j), L\}$$
$$\leqslant \max\{S + l(B_j), S + p(B_j) + l(B_i), L\} = f(\pi^*_B).$$

若 $\pi'_B$ 仍然与 $\pi^0_B$ 有不同顺序, 则继续执行上述变换. 这样最终得到 $f(\pi^0_B) \leqslant f(\pi^*_B)$, 从而 $\pi^0_B$ 也是最优的, 如所欲证.                                                    □

对每一个 $P$-节点, 假如它的儿子内的顺序已经固定, 考虑这些儿子的最优顺序, 就是求它们对应的区段的最优顺序. 因此, 上述命题可作为处理 $P$-节点顺序的规则. 至于 $Q$-节点的规则, 和前例一样, 可直接比较两个方向的目标函数值 (即最大延迟). 这样一来, 就有如下几乎一样算法.

**算法 3.4.2**    求解问题 $1|\Pi(\mathcal{F})|L_{\max}$.

(1) 对可行子集族 $\mathcal{F}$ 构造 $PQ$-树 $T_{\mathcal{F}}$. 设 $U$ 为未扫描的 $P$-节点及 $Q$-节点之集.

(2) 取 $X \in U$ 为具有最大层次的节点 (其儿子内的顺序已给定). 对 $X$ 的儿子执行如下排序:

(2.1) 若 $X$ 是 $P$-节点, 则将它的所有儿子 $Y$ 按照差值 $p(Y) - l(Y)$ 非降顺序排列.

(2.2) 若 $X$ 是 $Q$-节点且对应于划分 $\mathcal{Q} = (X_1, X_2, \cdots, X_l)$, 则计算 $\pi(X) = (\pi(X_1), \pi(X_2), \cdots, \pi(X_l))$ 及 $\pi'(X) = (\pi(X_l), \pi(X_{l-1}), \cdots, \pi(X_1))$ 的部分目标函数值 $f(\pi(X))$ 及 $f(\pi'(X))$. 若 $f(\pi'(X)) < f(\pi(X))$, 则将 $X$ 所有儿子的顺序 $\pi(X)$ 变为逆序 $\pi'(X)$.

(3) 令 $U := U \setminus \{X\}$ ($X$ 是已扫描的). 若 $U \neq \varnothing$, 则转 (2).

(4) 由上述各节点顺序的重排, 得到等价的 $PQ$-树 $T^0_{\mathcal{F}}$. 输出它的前沿序 $\pi^0$.

**命题 3.4.6**    算法 3.4.2 在 $O(n^2 + r)$ 时间求出问题 $1|\Pi(\mathcal{F})|L_{\max}$ 的最优方案, 其中 $r = \sum_{1 \leqslant i \leqslant m} |S_i| \leqslant mn$.

**证明**    关于 $P$-节点的最优性由上述命题 3.4.5 得到. 关于 $Q$-节点的最优性由直接比较目标函数值得到. 由此可证明算法的正确性. 至于算法的运行时间, 与命题 3.4.4 一样, 不再复述.                                                    □

**例 3.4.3**    有连贯约束的同顺序二机器流水作业问题 $F2|\Pi(\mathcal{F})|C_{\max}$.

在例 2.2.4 研究了无约束的问题 $F2||C_{\max}$. 设 $n$ 个工件 $J_1, J_2, \cdots, J_n$ 以相同的顺序在两台机器 $M_1, M_2$ 上加工, 工时分别为 $a_1, a_2, \cdots, a_n$ 及 $b_1, b_2, \cdots, b_n$. 对

同顺序流水作业, 简化的机程方案仍用排列 $\pi = (\pi(1), \pi(2), \cdots, \pi(n))$ 来表示, 其中 $2n$ 个工序的流程图 (先后关系) 为

$$
\begin{array}{ccccc}
a_{\pi(1)} & \to & a_{\pi(2)} & \to \cdots \to & a_{\pi(n)} \\
\downarrow & & \downarrow & & \downarrow \\
b_{\pi(1)} & \to & b_{\pi(2)} & \to \cdots \to & b_{\pi(n)}
\end{array}
$$

目标函数的表达式为

$$
C_{\max}(\pi) = \max_{1 \leqslant k \leqslant n} \left\{ \sum_{j=1}^{k} a_{\pi(j)} + \sum_{j=k}^{n} b_{\pi(j)} \right\}.
$$

这是在工序流程图中从开始工序 $a_{\pi(1)}$ 到最终工序 $b_{\pi(n)}$ 的最长路 (关键路) 的长度. 工件 $J_{\pi(k)}$ 称为关键工件, 是指 $C_{\max}(\pi) = \sum_{1 \leqslant j \leqslant k} a_{\pi(j)} + \sum_{k \leqslant j \leqslant n} b_{\pi(j)}$. 此问题的最优性有著名的 Johnson 规则: 若排列 $\pi$ 满足

$$
\min\{a_{\pi(i)}, b_{\pi(j)}\} \leqslant \min\{a_{\pi(j)}, b_{\pi(i)}\}, \quad i < j,
$$

则 $\pi$ 为最优排列.

现在考察有连贯约束情形 $F2|\Pi(\mathcal{F})|C_{\max}$. 如前, 一个区段是指一组按照固定顺序连续排列的工件. 根据前两个例子的经验, 当一个节点的儿子内部顺序已经固定时, 要考虑这些区段的最优排列.

设 $B_i = (J_{i_1}, J_{i_2}, \cdots, J_{i_k})$ 是 $k$ 个工件的区段. 那么这个区段的加工过程可用如下工序流程图的子图表示:

$$
\begin{array}{ccccccc}
a_{i_1} & \to & \cdots & \to & a_{i_r} & \to & \cdots & \to & a_{i_k} \\
\downarrow & & & & \downarrow & & & & \downarrow \\
b_{i_1} & \to & \cdots & \to & b_{i_r} & \to & \cdots & \to & b_{i_k}
\end{array}
$$

其中设 $P_{i_r} = (a_{i_1}, \cdots, a_{i_r}, b_{i_r}, \cdots, b_{i_k})$ 是从 $a_{i_1}$ 到 $b_{i_k}$ 的最长路. 我们称 $J_{i_r}$ 为 $B_i$ 的关键工件. 那么工序 $b_{i_r}$ 紧接在工序 $a_{i_r}$ 之后, 它们之间没有任何空闲. 由此定义

$$
\hat{a}_i = (a_{i_1} + \cdots + a_{i_r}) - (b_{i_1} + \cdots + b_{i_{r-1}}),
$$

$$
\hat{b}_i = (b_{i_r} + \cdots + b_{i_k}) - (a_{i_{r+1}} + \cdots + a_{i_k}),
$$

以及

$$
\hat{c}_i = (b_{i_1} + \cdots + b_{i_{r-1}}) + (a_{i_{r+1}} + \cdots + a_{i_k}).
$$

那么 $\hat{a}_i + \hat{b}_i + \hat{c}_i = a_{i_1} + \cdots + a_{i_r} + b_{i_r} + \cdots + b_{i_k}$, 即 $P_{i_r}$ 的长度 (亦即 $B_i$ 的全程).

于此, 区段 $B_i$ 的加工过程可以这样看待: 首先机器 $M_1$ 加工工序 $\hat{a}_i$; 然后两机器同时加工 $\hat{c}_i$; 最后机器 $M_2$ 加工工序 $\hat{b}_i$. 其实, 在关键工件之前的工序 $b_{i_1}, \cdots, b_{i_{r-1}}$ 可能有空闲时间, 但可以将它们尽量向后移到靠近 $b_{i_r}$ 以便消除空闲. 因此在 $M_2$ 开始之前, $M_1$ 有一个工序 $\hat{a}_i = (a_{i_1} + \cdots + a_{i_r}) - (b_{i_1} + \cdots + b_{i_{r-1}})$. 类似地, 在 $M_1$ 结束之后, $M_2$ 有一个工序 $\hat{b}_i = (b_{i_r} + \cdots + b_{i_k}) - (a_{i_{r+1}} + \cdots + a_{i_k})$. 基于这样的考虑, 可以定义一个新的工件 $J(B_i)$: 它在机器 $M_1$ 上的工时为 $\hat{a}_i$, 在机器 $M_2$ 上的工时为 $\hat{b}_i$ (把工序 $\hat{c}_i$ 收缩掉), 示意图如图 3.15 所示. 工件 $J(B_i)$ 称为区段 $B_i$ 的等效工件.

(a) 区段的变换　　　　　　　　　(b) 等效工件

图 3.15　区段的等效工件

**命题 3.4.7**　对有固定区段 $B_i$ 的问题 $F2|\Pi(\mathcal{F})|C_{\max}$, 可等价地变换为这样的问题, 其中区段 $B_i$ 替换为等效工件 $J(B_i)$.

**证明**　设 $\pi$ 是一个可行排列, 其中 $B_i$ 是满足连贯约束的区段. 设 $B_i = (J_{i_1}, J_{i_2}, \cdots, J_{i_k})$. 其次, 设 $A = (J_{h_1}, J_{h_2}, \cdots, J_{h_p})$ 是在区段 $B_i$ 之前的工件子序列, $C = (J_{j_1}, J_{j_2}, \cdots, J_{j_q})$ 是在区段 $B_i$ 之后的工件子序列. 则 $\pi$ 可以表示为 $\pi = (A, B_i, C)$, 其中 $A, B_i, C$ 也看作工件子集. 现将区段 $B_i$ 替换为工件 $J(B_i)$, 得到新的排序 $\pi' = (A, J(B_i), C)$. 往证 $\pi$ 的最优性等价于 $\pi'$ 的最优性.

设 $J_{\pi(r)}$ 是排列 $\pi$ 的一个关键工件. 若 $J_{\pi(r)} \in A$ 且 $\pi(r) = h_l$, 则

$$C_{\max}(\pi) = \sum_{t=1}^{l} a_{h_t} + \sum_{t=l}^{p} b_{h_t} + \hat{c}_i + \hat{b}_i + \sum_{t=1}^{q} b_{j_t} = C_{\max}(\pi') + \hat{c}_i.$$

若 $J_{\pi(r)} \in B_i$, 则这个 $\pi$ 的关键工件一定是 $B_i$ 的关键工件 (这是因为整个工序流程图的最长路一定是关于 $B_i$ 的子图的最长路). 所以我们有 $J_{\pi(r)} = J_{i_r}$. 从而

$$C_{\max}(\pi) = \sum_{t=1}^{p} a_{h_t} + \hat{a}_i + \hat{c}_i + \hat{b}_i + \sum_{t=1}^{q} b_{j_t} = C_{\max}(\pi') + \hat{c}_i.$$

最后, 若 $J_{\pi(r)} \in C$ 且 $\pi(r) = j_l$, 则

$$C_{\max}(\pi) = \sum_{t=1}^{p} a_{h_t} + \hat{a}_i + \hat{c}_i + \sum_{t=1}^{l} a_{j_t} + \sum_{t=l}^{q} b_{j_t} = C_{\max}(\pi') + \hat{c}_i.$$

综上, 得到 $C_{\max}(\pi) = C_{\max}(\pi') + \hat{c}_i$. 即两个目标函数只相差一个常数. 因此两个问题的最优解是等价的.　　　　　　　　　　　　　　　　　　　　□

由此可以考虑 $l$ 个区段 $B_1, B_2, \cdots, B_l$ 的最优顺序问题, 其中每一个区段 $B_i$ 等价于一个工件 $J(B_i)$ $(1 \leqslant i \leqslant l)$. 问题是求一排列 $\pi_B = (B_{\pi(1)}, B_{\pi(2)}, \cdots, B_{\pi(l)})$ 使其全程为最小. 根据上述命题, 这些区段的最优排列等价于工件 $\{J(B_1), J(B_2), \cdots, J(B_l)\}$ 的最优排列. 而后者可由执行 Johnson 规则得到. 这就是如下算法中安排 $P$-节点的儿子顺序的规则.

对一个 $Q$-节点 $X$, 它代表 $X$ 的一个划分 $\mathcal{Q} = (X_1, X_2, \cdots, X_l)$, 设其顺序及逆序分别为 $\pi(X) = (\pi(X_1), \pi(X_2), \cdots, \pi(X_l))$ 及 $\pi'(X) = (\pi(X_l), \pi(X_{l-1}), \cdots, \pi(X_1))$, 则在如下算法中, $Q$-节点的规则就是直接比较两个部分目标函数值 $C_{\max}(\pi(X))$ 及 $C_{\max}(\pi'(X))$.

**算法 3.4.3**　求解问题 $F2|\Pi(\mathcal{F})|C_{\max}$.

(1) 对可行子集族 $\mathcal{F}$ 构造 $PQ$-树 $T_{\mathcal{F}}$. 设 $U$ 为未扫描的 $P$-节点及 $Q$-节点之集.

(2) 取 $X \in U$ 为具有最大层次的节点 (其儿子内的顺序已给定). 对 $X$ 的儿子执行如下排序:

(2.1) 若 $X$ 是 $P$-节点且具有儿子 $B_1, B_2, \cdots, B_l$, 则对其等效工件 $J(B_1), J(B_2), \cdots, J(B_l)$ 按照 Johnson 规则排序.

(2.2) 若 $X$ 是 $Q$-节点且对应得区段为 $\pi(X)$, 其儿子逆序对应的区段为 $\pi'(X)$, 则计算部分目标函数值 $C_{\max}(\pi(X))$ 及 $C_{\max}(\pi'(X))$. 若 $C_{\max}(\pi'(X)) < C_{\max}(\pi(X))$, 则将 $X$ 的区段 $\pi(X)$ 变为儿子逆序的区段 $\pi'(X)$.

(3) 将确定了儿子顺序的 $X$ 变为一个区段. 令 $U := U \setminus \{X\}$ ($X$ 是已扫描的). 若 $U \neq \varnothing$, 则转 (2).

(4) 由上述各节点顺序的重排, 得到等价的 $PQ$-树 $T_{\mathcal{F}}^0$. 输出它的前沿序 $\pi^0$.

**命题 3.4.8**　算法 3.4.3 在 $O(n^2 + r)$ 时间求出问题 $F2|\Pi(\mathcal{F})|C_{\max}$ 的最优方案, 其中 $r = \sum_{1 \leqslant i \leqslant m} |S_i| \leqslant mn$.

**证明**　关于 $P$-节点的最优性由命题 3.4.7 得到. 关于 $Q$-节点的最优性由直接比较目标函数值得到. 算法的运行时间与命题 3.4.4 一样.　□

# 习　题　3

3.1 前面讨论了单机单位工时问题 $1|p_j = 1|\sum w_j T_j$ 及 $1|r_j, p_j = 1|\sum w_j U_j$ 的匹配算法. 试将条件 $p_j = 1$ 推广为 $p_j = p$.

3.2 前一章从可分离性引出的贪婪型算法理解为一阶 (线性) 算法, 其典型代表是拟阵的贪婪算法. 由于二部图匹配算法是二拟阵交算法的特殊情形, 所以基于匹配算法的一类算法看作二阶的算法. 试总结一下前一章哪些问题可以直接运用匹配类型方法解决.

3.3 对二部图 $G = (X \cup Y, E)$, 其中 $X = \{x_1, x_2, \cdots, x_m\}$, $Y = \{y_1, y_2, \cdots, y_n\}$, 它关联着一个 $m \times n$ $(0, 1)$-矩阵 $M = (a_{ij})$, 其中 $a_{ij} = 1$ 当且仅当 $(x_i, y_j) \in E$. 一个 $(0, 1)$-矩阵 $M$ 称为具有连一性, 是指其存在行的排列, 使得每一列的 1-元素是连续排列的. 试证明 $G$ 是凸二部图当且仅当 $M$ 具有连一性. 其次, 二部图 $G$ 的一个匹配对应于矩阵 $M$ 中的一组不同行不同列的 1-元素. 试用矩阵语言叙述凸二部图求最大匹配的算法.

3.4 在连续匹配问题中, 已有推广的 Hall 定理 (定理 3.1.9). 在二部图匹配问题中, 有著名的 König 最大最小定理: 对子集族 $\{A_j : j \in \boldsymbol{N}\}$ 定义的二部图图 $G$, 其最大匹配的基数是

$$\max |M| = \min_{S \subseteq \boldsymbol{N}} \left( |\boldsymbol{N} \setminus S| + \left| \bigcup_{j \in S} A_j \right| \right),$$

其中右端为最小点覆盖的基数. 试将此结果推广到一致子区间族 $\mathcal{A}$ 的连续匹配问题中.

3.5 在例3.2.5中, 讨论了有凸子集族约束的单位工时平行机问题 $P|p_j = 1, \mathcal{M}_j(\mathrm{conv})|C_{\max}$, 即 $\mathcal{F} = \{\mathcal{M}_j\}$ 是凸子集族的情形. 试将其算法推广到一般最大费用目标函数 $f_{\max}$ 情形. 并讨论匀速平行机情形.

3.6 与例 3.1.5 类似, 讨论有时间区间可中断的单机问题 $1|r_j, \bar{d}_j, \mathrm{pmtn}|L_{\max}$.

3.7 对例 3.3.3 讨论的可中断的匀速平行机问题 $Q|\mathrm{pmtn}|\sum C_j$, 试证明算法 3.3.2 的正确性及时间界 $O(n \log n + mn)$.

3.8 在例 3.3.5 中, 建立了可中断的交联平行机问题 $R|\mathrm{pmtn}|C_{\max}$ 的线性规划方法. 按照类似的方法, 研究问题 $R|\mathrm{pmtn}|L_{\max}$(参考 [19] 5.1 节).

3.9 考虑可中断问题 $1|r_j, \mathrm{pmtn}|\sum U_j$, 试建立多项式时间算法 (参考 [19] 4.4.4 小节).

3.10 仿照例 3.4.2: $1|\Pi(\mathcal{F})|L_{\max}$, 研究有连贯约束及到达期的问题 $1|r_j, \Pi(\mathcal{F})|C_{\max}$, 建立多项式时间算法. 进一步寻找更多的可解问题.

3.11 排课表问题. 学校里有 $m$ 个教师 $x_1, x_2, \cdots, x_m$ 及 $n$ 个班级 $y_1, y_2, \cdots, y_n$. 教师 $x_i$ 担任班级 $y_j$ 的 $p_{ij}$ 节课. 欲排出一个全校的课程表, 使得总的有课时段数为最小 (一节课为一个时段). 设教师之集为 $X = \{x_1, x_2, \cdots, x_m\}$, 班级之集为 $Y = \{y_1, y_2, \cdots, y_n\}$. 构造一个二部图 $G = (X \cup Y, E)$, 其中边集 $E$ 由 $x_i$ 到 $y_j$ 的 $p_{ij}$ 条边 $(1 \leqslant i \leqslant m, 1 \leqslant j \leqslant n)$ 组成. 这样, 一条边就代表一堂课, 一个教师到一个班级上一节课. 学校里同一时段上的所有课对应于这样的边集 $M$, 其中的边在 $X$ 中没有公共端点 (一个教师不能同时去上两个班的课), 在 $Y$ 中也没有公共端点 (一个班不能同时有两个老师上课). 因此这个边集 $M$ 就是图 $G$ 的一个匹配. 排课表问题就是求边集 $E$ 的划分, 使得划分的每一个子集都是一个匹配, 而使划分的匹配数为最小. 如果我们对每一个匹配染一种颜色, 则同色的边不相邻, 而使颜色数为最小. 这相当于图论中的边染色问题, 使用的最小颜色数称为图 $G$ 的边色数. 一个熟知的图论结果是: 二部图 $G$ 的边色数等于它的最大度 (参见图论教科书, 如 [24]). 由此, 试建立排课表问题 (确定二部图边色数) 的多项式时间算法.

3.12 考察单位工时的自由作业问题 $O|p_{ij} = 1|C_{\max}$. 把 $m$ 台机器看作 $m$ 个教师, $n$ 个工件看作 $n$ 个班级, 每个班级要求一个教师上一节课, 则此问题等价于一个排课表问题. 假定

$m \leqslant n$, 则全程 $C_{\max}$ 的最小值就是边色数 $n$. 容易排出这样的 "课表": 第 1 台机器按 $n$ 个工件的任意顺序排列, 第 2 台机器的顺序是前者的轮换, 如此类推, 直至第 $m$ 台机器.

3.13 考察单位工时的自由作业问题 $O|p_{ij} = 1|\sum w_j C_j$. 将所有工件按照权值非降顺序排列, 即 $w_1 \leqslant w_2 \leqslant \cdots \leqslant w_n$. 设 $n = lm + r$, 其中 $r < m$. 将工件依次分成 $l + 1$ 组, 前 $l$ 组每组 $m$ 个工件, 最后一组 $r$ 个工件. 在最后一组补充 $n - r$ 个 "空操作" 工件, 使得每一组均有 $m$ 个工件. 试证明如下的 "课表" 为最优: 依次安排 $l + 1$ 组的工件, 在每一组的 $m \times m$ 表中按上题的轮换方案.

3.14 在文献中 (例如 [19] 第 7 章) 讨论工期的最优分配问题, 也就是把工期 $d_j$ 作为决策变量, 不再是给定常数. 早期文献一般只考虑公共工期 $d$. 现在我们考虑多个变量 $d_1, d_2, \cdots, d_n$ 的分配, 但它们的总和 (或平均工期) 是给定的. 例如, 讨论问题 $1|\sum d_j \leqslant D|L_{\max}$, 即求工期 $d_j$ 的分配, 在约束条件 $\sum_{1 \leqslant j \leqslant n} d_j \leqslant D$ 之下, 使原目标函数 $L_{\max}$ 达到最小. 试证明最优解的形式是: 首先工件按 SPT 序排列, 然后将工期总和 $D$ 分配给各个工件的 $d_j$, 使得 $C_j - d_j \leqslant L$ 且 $L$ 为最小. 可得 $\min L = \min_{0 \leqslant k \leqslant n-1} \max \left\{ C_k, \frac{1}{n-k} \left( \sum_{j=k+1}^{n} C_j - D \right) \right\}$ (其中 $C_0 = -\infty$).

3.15 与上题类似, 研究问题 $1|\sum d_j \leqslant D|\sum T_j$ 或 $1|\sum d_j \leqslant D|\sum U_j$. 试证工件也按 SPT 序排列, 然后将工期总和 $D$ 分配给各个工件的 $d_j$, 使得最前面尽可能多的工件恰好按时完工. 进而, 考虑更复杂的问题 $1|\sum d_j \leqslant D, d_j \leqslant \hat{d}_j|L_{\max}$.

# 第4章 偏序结构与线性扩张算法

由于时间进程的顺序性, 序的概念不可避免地成为时序优化理论的基础. 如果讨论有偏序约束问题, 所求的排列 (全序关系) 自然就是给定偏序的线性扩张. 对于没有偏序约束的情形, 在最优解的结构性质中往往可以发现某些相邻工件之间存在着优先关系, 从而诱导出一种潜在的偏序, 使得寻求最优解归结为构造这个偏序的线性扩张. 此外, 在串联机模型 (如前述二机器流水作业) 中, 工序流程图表示工序之间的偏序关系, 用以刻画机程方案的可行结构, 也相当于序约束. 再者, 偏序集理论中的链分解及跳跃数等与多台机器平行作业有密切联系, 可结合起来开拓出进一步的研究课题.

关于偏序、半序及全序的概念详见 1.2.4 节.

## 4.1 最优性条件中的偏序关系

### 4.1.1 局部优先关系扩充为最优顺序

回顾第 2 章关于独立相邻关系, 即若关系

$$f(\alpha i j \beta) \leqslant f(\alpha j i \beta)$$

对某个部分序列 $\alpha$ 及 $\beta$ 成立, 则当 $\alpha$ 及 $\beta$ 替换为任意部分序列 $\alpha'$ 及 $\beta'$ 时亦成立. 亦即上式只与工件 $i, j$ 有关, 与其前后的工件的划分与排序无关. 对最小化目标函数 $f$ 而言, 若上述不等式对任意部分序列 $\alpha$ 及 $\beta$ 成立, 则我们定义 "工件 $i$ 可优先于工件 $j$", 不妨记为 $J_i \lesssim J_j$. 其确切含义是存在最优排列使得工件 $i$ 排在工件 $j$ 之前 (不是工件 $i$ 必须排在工件 $j$ 之前). 严格地说, 这种二元关系只是孤立的两两关系, 不一定构成整体的偏序或全序 (因为不一定有传递性). 特别是可能 "$i$ 可优先于 $j$" 与 "$j$ 可优先于 $i$" 同时成立 (不一定有反对称性), 而无从取舍.

然而, 在一定条件下, 上述优先关系可以扩充为最优的全序关系 (最优排列). 关于这一点, 在定理 2.2.4 (凸排列原理) 运用标量化的梯度, 得到确切的论断: 对具有独立相邻关系的排序问题, 若存在梯度函数 $g : N \to \mathbb{R}$ 使得

$$g(i) < g(j) \Rightarrow f(\alpha i j \beta) \leqslant f(\alpha j i \beta),$$
$$g(i) = g(j) \Rightarrow f(\alpha i j \beta) = f(\alpha j i \beta),$$

则使梯度函数单调非减的排列 $\pi$ (凸排列), 即 $g(\pi(1)) \leqslant g(\pi(2)) \leqslant \cdots \leqslant g(\pi(n))$, 一定是最优排列.

现在运用偏序概念再来叙述这一原理. 若以 $g(i) < g(j)$ 定义一个偏序关系 $J_i \prec J_j$, 则凸排列是此偏序的线性扩张, 即全序关系. 反之, 若存在一个偏序关系 $J_i \prec J_j$, 它满足相邻工件的优先关系, 且当 $J_i$ 与 $J_j$ 不可比较时, 目标函数值与它们的先后无关, 那么可以按照这个偏序来规定梯度 $g$ 的大小, 使得它的线性扩张对应于此梯度函数的凸排列. 因此, 上述定理等价于如下论断:

**序扩张原理** 对具有独立相邻关系的排序问题, 若存在偏序关系 $\prec$ 使得

$$J_i \prec J_j \Rightarrow f(\alpha i j \beta) \leqslant f(\alpha j i \beta),$$

$$J_i \| J_j \Rightarrow f(\alpha i j \beta) = f(\alpha j i \beta),$$

则 $\prec$ 的线性扩张(排列) $\pi$ 一定是最优排列. 这里 $J_i \| J_j$ 是指 $J_i$ 与 $J_j$ 不可比较 (没有偏序关系).

由此可知, 如果相邻工件之间的局部优先关系中包含严格偏序, 并且可以添加与费用函数无关的关系, 使之成为全序关系, 则此全序关系就是最优解. 第 2 章众多存在梯度函数的例子都可以用来解释. 其中典型的例子如:

• 单机加权总完工时间问题 $1\|\sum w_j C_j$ (例 2.2.2) 中的偏序关系 $\prec$ 是 $J_i \prec J_j \Leftrightarrow \frac{p_i}{w_i} < \frac{p_j}{w_j}$, 并且 $J_i \| J_j \Leftrightarrow \frac{p_i}{w_i} = \frac{p_j}{w_j}$.

• 在单机最大延迟问题 $1\|L_{\max}$ (例 2.1.3) 中, 偏序关系是 $J_i \prec J_j \Leftrightarrow d_i < d_j$ 且 $J_i \| J_j \Leftrightarrow d_i = d_j$.

• 对任务陆续到达问题 $1|r_j|C_{\max}$ (例 2.1.4), 偏序关系是 $J_i \prec J_j \Leftrightarrow r_i < r_j$ 且 $J_i \| J_j \Leftrightarrow r_i = r_j$.

对这样的偏序关系 $\prec$, 其线性扩张一定构成最优排列. 这与前面讲述的凸排列原理及贪婪算法是一致的. 应该注意到, 对第一个例子而言, 偏序关系 $\prec$ 的线性扩张是最优排列的充分必要条件. 但是, 对后两个例子来说, 偏序关系 $\prec$ 的线性扩张只是最优排列的充分条件, 不是必要的 (详见第 2 章的讨论).

类似的简单例子不一一列举了, 因为换一种说法去重复以前的思想意义不大. 下面将深入到更复杂的偏序结构进行理论分析.

### 4.1.2 二机器流水作业问题的偏序与半序

1985 年加拿大 Ottawa 大学 Ivan Rival 访问武汉科技大学时讲述了下面的结果, 启发我们运用偏序概念去进行最优性研究.

**命题 4.1.1** 对二机器流水作业问题 $F2\|C_{\max}$, 若定义工件间的偏序关系

$$J_i \prec J_j \Leftrightarrow \min\{a_i, b_j\} < \min\{a_j, b_i\}, \tag{4.1}$$

则偏序关系 $\prec$ 的一切线性扩张都是最优解.

**证明**　首先证明上述关系 "$\prec$" 的确是 $J$ 上的偏序关系. 非自反性及反对称性显然成立, 主要是证明传递性: $J_i \prec J_j, J_j \prec J_k \Rightarrow J_i \prec J_k$. 设

$$\min\{a_i, b_j\} < \min\{a_j, b_i\}, \quad \min\{a_j, b_k\} < \min\{a_k, b_j\}.$$

分两种情形来检验:

● 若 $a_i = \min\{a_i, b_j\}$, 则由前式得 $a_i < b_i, a_i < a_j$. 若后式中 $a_j = \min\{a_j, b_k\}$, 则 $a_i < a_j < a_k$, 从而 $\min\{a_i, b_k\} \leqslant a_i < \min\{a_k, b_i\}$. 否则由 $b_k = \min\{a_j, b_k\}$ 可知 $b_k < a_k$, 从而 $\min\{a_i, b_k\} < \min\{a_k, b_i\}$.

● 若 $b_j = \min\{a_i, b_j\}$, 则由前式得 $b_j < b_i, b_j < a_j$. 从而由后式得 $b_k = \min\{a_j, b_k\}$ 且 $b_k < a_k, b_k < b_j < b_i$. 于是 $\min\{a_i, b_k\} \leqslant b_k < \min\{a_k, b_i\}$.

这样就验证了 "$\prec$" 是偏序关系. 对此, 不可比较的元素之间 (记为 $J_i \| J_j$) 必定使得 Johnson 条件 (2.20) 的等号成立, 即

$$J_i \| J_j \Leftrightarrow \min\{a_i, b_j\} = \min\{a_j, b_i\}.$$

因此偏序关系 $\prec$ 的任意线性扩张 (即添加某些原来不可比较的关系) 都是满足 Johnson 条件的排列, 由命题 2.2.10 得知它是最优排列.　　　　　　　　□

此命题运用 Johnson 条件 (2.20) 当中的严格不等式 (4.1), 可以建立一个严格意义的偏序关系. 那么原来带等号的 Johnson 条件定义的工件关系是否能够成为广义的偏序关系呢? 如下的反例说明传递性不成立:

|       | $J_1$ | $J_2$ | $J_3$ |
| ----- | ----- | ----- | ----- |
| $M_1$ | 5     | 2     | 4     |
| $M_2$ | 7     | 2     | 8     |

比如用 "$\preccurlyeq$" 表示 Johnson 条件的关系, 则有 $J_1 \preccurlyeq J_2, J_2 \preccurlyeq J_3$, 但 $J_1 \not\preccurlyeq J_3$. 因此, 当 Johnson 条件出现等式时, 不能构成广义偏序或半序关系, 故有待进行改造.

如前, 工件集 $J$ 划分为三部分: $J^+ = \{J_j : a_j < b_j\}$, $J^- = \{J_j : a_j > b_j\}$, $J^0 = \{J_j : a_j = b_j\}$. 我们把 $J^0 = \{J_j : a_j = b_j\}$ 中的工件称为退化工件; 把 $J^+ = \{J_j : a_j < b_j\}$ 及 $J^- = \{J_j : a_j > b_j\}$ 中的工件称为正常工件, 并记 $J^N = J^+ \cup J^-$.

**简注**　偏序关系 $J_i \prec J_j$ 的具体解释是:

(i) 若 $J_i \in J^+, J_j \in J^+ \cup J^0$, 则 $J_i \prec J_j \Leftrightarrow a_i < a_j$;

(ii) 若 $J_i \in J^0 \cup J^-, J_j \in J^-$, 则 $J_i \prec J_j \Leftrightarrow b_i > b_j$;

(iii) 对任意 $J_i \in J^+, J_j \in J^-$, 均有 $J_i \prec J_j$.

如果只有正常工件, 而且它们之间只有偏序关系 $J_i \prec J_j$, 最优性的判定就简单多了 (见习题 4.5). 麻烦出在有退化工件以及不可比较关系. 对此, 我们进一步定义一个等价关系如下:

**定义 4.1.2** 两个工件 $J_i, J_j$ 称为等价的, 记作 $J_i \sim J_j$, 是指:

(1) 当 $J_i, J_j \in \boldsymbol{J}^+$ 时, $a_i = a_j$;

(2) 当 $J_i, J_j \in \boldsymbol{J}^-$ 时, $b_i = b_j$;

(3) 当 $J_i, J_j \in \boldsymbol{J}^0$ 时, $a_i = a_j, b_i = b_j$.

容易验证 "$\sim$" 的确是一个等价关系 (满足自反性、对称性、传递性). 注意这里两个等价的工件 $J_i, J_j$, 对偏序关系 $\prec$ 而言是不可比较的 ($\min\{a_i, b_j\} = \min\{a_j, b_i\}$). 于是, 可把等价关系 "$\sim$" 补充到偏序关系 "$\prec$" 中去, 得到如下的半序关系(满足自反性、反对称性及传递性, 定义详见 1.2.4 小节).

**定义 4.1.3** 在工件集 $\boldsymbol{J}$ 上定义半序关系:

$$J_i \preceq J_j \Leftrightarrow J_i \prec J_j \text{ 或 } J_i \sim J_j. \tag{4.2}$$

在此, 必须验证 $\preceq$ 是半序关系. 事实上, 它的自反性来自 "$\sim$" 的自反性, 反对称性 ($J_i \preceq J_j, J_j \preceq J_i \Rightarrow J_i \sim J_j$) 来自 "$\sim$" 的对称性. 我们只需验证它的传递性. 设 $J_i \preceq J_j$ 且 $J_j \preceq J_k$. 若 $J_i \prec J_j$ 且 $J_j \prec J_k$, 则 $J_i \prec J_k$ 由严格偏序的传递性得到. 若 $J_i \sim J_j$ 且 $J_j \sim J_k$, 则 $J_i \sim J_k$ 由等价的传递性得到. 需要验证的是 $J_i \prec J_j, J_j \sim J_k$ 及 $J_i \sim J_j, J_j \prec J_k$. 我们只讨论前者 (后者可对称地得到). 仿照命题 4.1.1 的证明, 设 $\min\{a_i, b_j\} < \min\{a_j, b_i\}$ 且 $J_j \sim J_k$. 分两种情形证明 $J_i \prec J_k$:

- 若 $a_i = \min\{a_i, b_j\}$, 则 $a_i < b_i, a_i < a_j$. 若在等价关系中有 $a_j = a_k$, 则 $a_i < a_k$, 从而 $\min\{a_i, b_k\} \leqslant a_i < \min\{a_k, b_i\}$. 否则 $b_j = b_k$. 若 $J_j, J_k \in \boldsymbol{J}^0$, 则 $a_j = a_k$, 从而 $\min\{a_i, b_k\} = \min\{a_i, b_j\} < \min\{a_j, b_i\} = \min\{a_k, b_i\}$. 否则 $J_j, J_k \in \boldsymbol{J}^-$ 且 $a_k > b_k$, 从而 $\min\{a_i, b_k\} < \min\{a_k, b_i\}$.

- 若 $b_j = \min\{a_i, b_j\}$, 则 $b_j < b_i, b_j < a_j$. 从而由等价关系得知 $J_j, J_k \in \boldsymbol{J}^-$ 且 $a_k > b_k = b_j < b_i$. 于是 $\min\{a_i, b_k\} \leqslant b_k < \min\{a_k, b_i\}$.

由上述定义看出, 若 $J_i \preceq J_j$, 则 $J_i, J_j$ 必满足 Johnson 条件; 但反之不然. 换言之, 我们从 Johnson 条件确定的二元关系中取出一部分, 构成这个半序关系 $\preceq$. 以后将用它代替 Johnson 条件, 来进行最优性刻画.

如前所述, 对严格偏序 $\prec$ 而言, 使得 $\min\{a_i, b_j\} = \min\{a_j, b_i\}$ 成立的工件 $J_i$ 与 $J_j$ 称为关于偏序 $\prec$ 不可比较的. 现在, 对半序关系 $\preceq$ 而言, 也还有某些元素之间是不可比较的, 即这样的 $J_i$ 与 $J_j$, 既没有偏序关系 $\prec$, 又不等价. 我们称它们为关于半序 $\preceq$ 不可比较的. 由于正常工件之间必有偏序或等价关系, 所以两个关于半序 $\preceq$ 不可比较工件中必有其一是退化工件, 例如

$$J_i \in \boldsymbol{J}^+, \quad J_j \in \boldsymbol{J}^0, \quad a_i \geqslant a_j,$$

$$J_i \in \boldsymbol{J}^0, \quad J_j \in \boldsymbol{J}^-, \quad b_i \leqslant b_j,$$

$$J_i, J_j \in \boldsymbol{J}^0, \quad a_i \neq a_j, \quad b_i \neq b_j.$$

### 4.1.3    二机器流水作业问题的最优性准则

经过以上的分析, 继续讨论问题 $F2||C_{\max}$ 的最优性. 首先说明 Johnson 条件只是最优排列的充分条件, 不是必要的. 即使在命题 4.1.1 中减少了多余的不等式, 条件仍然太强. 例如, 在如下的反例中, 排列 $\pi = (1,2,3,4,5,6,7)$ 及 $\pi^* = (3,4,1,2,5,6,7)$ 具有相同的目标函数值 $f(\pi) = f(\pi^*) = 32$, 而后者满足 Johnson 条件, 所以二者都是最优方案. 但是前者并不满足 Johnson 条件 $(J_1 \succ J_3, J_2 \succ J_3)$.

$$P(\pi) = \begin{pmatrix} 4 & 7 & 3 & 3 & 9 & 2 & 2 \\ 5 & 4 & 6 & 3 & 3 & 2 & 1 \end{pmatrix}, \quad P(\pi^*) = \begin{pmatrix} 3 & 3 & 4 & 7 & 9 & 2 & 2 \\ 6 & 3 & 5 & 4 & 3 & 2 & 1 \end{pmatrix}.$$

为什么它违背 Johnson 条件, 却能达到最优呢? 让我们回顾目标函数表达式 (2.18), 其中用 $L_k(\pi) = \sum_{j=1}^{k} a_{\pi(j)} + \sum_{j=k}^{n} b_{\pi(j)}$ 表示工序流程图中从 $a_{\pi(1)}$ 到 $b_{\pi(n)}$ 并在工件 $J_{\pi(k)}$ 处转折的有向路的长度. 当且仅当 $J_{\pi(k)}$ 是关键工件 (上述有向路是关键路) 时, $C_{\max}(\pi) = \max_{1 \leqslant j \leqslant n} L_j(\pi) = L_k(\pi)$. 对上述反例 $\pi$, 可在完工时间矩阵中画出关键路来:

$$C(\pi) = \begin{pmatrix} 4 & \to & 11 & \to & 14 & \to & 17 & \to & 26 & & 28 & & 30 \\ & & & & & & & & \downarrow & & & & \\ 9 & & 15 & & 21 & & 24 & & 29 & \to & 31 & \to & 32 \end{pmatrix}.$$

其中关键工件是 $J_5$. 由此发现, 违背 Johnson 条件的工件 $J_1, J_2, J_3$ 都不是关键工件, 它们处于关键路的平直部分, 交换它们的位置对关键路的长度 (目标函数值) 没有影响. 这样看来, 非关键工件的位置对最优性而言并不重要; 唯独关键工件在最优解结构中起着骨干作用.

于是, 以后的任务是运用半序的观点改进 Johnson 条件, 以便建立最优解的充分必要条件. 先考虑最优方案 $\pi$ 具有唯一关键工件 $J_{\pi(k)}$ 的情形, 这是最优性刻画的主体部分.

**命题 4.1.4**    对问题 $F2||C_{\max}$, 设排列 $\pi$ 具有唯一的关键工件 $J_{\pi(k)}$, 则排列 $\pi$ 是最优方案的充分必要条件是:

(I) 对所有 $i < k$ 且 $J_{\pi(i)} \in \boldsymbol{J}^N$ 必有 $J_{\pi(i)} \preceq J_{\pi(k)}$;

(II) 对所有 $j > k$ 且 $J_{\pi(j)} \in \boldsymbol{J}^N$ 必有 $J_{\pi(k)} \preceq J_{\pi(j)}$.

**证明**    首先证明充分性. 设排列 $\pi$ 满足条件 (Ⅰ) 及 (Ⅱ). 并设 $\boldsymbol{J}_1 = \{J_{\pi(i)} : i < k\}$, $\boldsymbol{J}_2 = \{J_{\pi(j)} : j > k\}$. 根据 (I)(II) 的半序关系, 若 $J_{\pi(k)} \in \boldsymbol{J}^+ \cup \boldsymbol{J}^0$, 则 $\boldsymbol{J}^- \subseteq \boldsymbol{J}_2$; 若 $J_{\pi(k)} \in \boldsymbol{J}^- \cup \boldsymbol{J}^0$, 则 $\boldsymbol{J}^+ \subseteq \boldsymbol{J}_1$. 现在, 对 $\boldsymbol{J}_1, \boldsymbol{J}_2$ 及 $J_{\pi(k)}$, 定义一个正规排列 $\pi^*$ 如下:

(1) 分别对 $\boldsymbol{J}_1$ 及 $\boldsymbol{J}_2$ 中的正常工件按照半序关系 $\preceq$ 排列, 其中当 $J_i \prec J_j$ 时, $J_i$ 排在 $J_j$ 之前; 所有等价的工件排在连续的位置上.

(2) 将 $\boldsymbol{J}^0 \setminus \{J_{\pi(k)}\}$ 中的退化工件按照偏序关系 $\prec$ 插入上述排列中. 根据简注 (i), 如 $J_i \in \boldsymbol{J}^+, J_j \in \boldsymbol{J}^0$ 且 $a_i < a_j$, 则由 $J_i \prec J_j$ 定义 $J_i$ 为 $J_j$ 的先行. 由简注 (ii), 如 $J_i \in \boldsymbol{J}^0, J_j \in \boldsymbol{J}^-$ 且 $b_i > b_j$, 则由 $J_i \prec J_j$ 定义 $J_j$ 为 $J_i$ 的后继. 在 $\boldsymbol{J}_1$ 中, 将每一个退化工件排在紧接其最后的先行之后 (如果它在 $\boldsymbol{J}_1$ 中没有先行, 则将它排到最前). 在 $\boldsymbol{J}_2$ 中, 将每一个退化工件排在紧靠其最前的后继之前 (如果它在 $\boldsymbol{J}_2$ 中没有后继, 则将它排到最后).

(3) 将 $J_{\pi(k)}$ 插在 $\boldsymbol{J}_1$ 及 $\boldsymbol{J}_2$ 的两个排列之间.

在此正规排列 $\pi^*$ 中, 对任意 $J_{\pi(i)} \in \boldsymbol{J}_1 \cap \boldsymbol{J}^N$ 及任意 $J_{\pi(j)} \in \boldsymbol{J}_2 \cap \boldsymbol{J}^N$, 由 $J_{\pi(i)} \preceq J_{\pi(k)}$, $J_{\pi(k)} \preceq J_{\pi(j)}$, 以及半序的传递性可知 $J_{\pi(i)} \preceq J_{\pi(j)}$. 于是所有正常工件及关键工件排成一条链. 同时, 当 $\boldsymbol{J}^0 \setminus \{J_{\pi(k)}\}$ 中的退化工件插入规定位置之后, 也保持了正常工件与退化工件之间的已有偏序关系. 因此, $\pi^*$ 是偏序关系 $\prec$ 的线性扩张. 根据命题 4.1.1, $\pi^*$ 是最优排列. 另一方面, 将 $\pi$ 按照 $\pi^*$ 重新排列, 就是按照偏序关系 $\prec$ 及一些不可比较关系 (即按照 Johnson 条件) 进行置换得来的. 根据命题 2.2.8, 在 $\boldsymbol{J}_1$ 或 $\boldsymbol{J}_2$ 中的任意一次重排置换都使目标函数不增. 由此得到 $f(\pi^*) \leqslant f(\pi)$. 然而在上述变换中, 只分别在 $\boldsymbol{J}_1$ 及 $\boldsymbol{J}_2$ 中交换次序, 以致原关键路长度不变, $J_{\pi(k)}$ 仍然是关键工件. 所以 $f(\pi^*) = f(\pi)$, 从而 $\pi$ 也是最优排列.

其次证明必要性. 不妨设排列 $\pi = (1, 2, \cdots, n)$ 是最优排列, 且具有唯一的关键工件 $J_k$. 并设 $\boldsymbol{J}_1 = \{J_i : i < k\}$, $\boldsymbol{J}_2 = \{J_j : j > k\}$. 由于条件 ( I ) 及 ( II ) 与 $\boldsymbol{J}_1$ 及 $\boldsymbol{J}_2$ 中的工件顺序无关, 我们可以按照上述正规排列 $\pi^*$ 重新进行排序, 则 $\pi^*$ 仍然是最优排列, 并且当且仅当 $\pi^*$ 满足条件 ( I ) 和 ( II ) 时, $\pi$ 也满足条件 ( I ) 和 ( II ). 因此, 下面可用 $\pi^*$ 替代 $\pi$ 进行证明.

倘若条件 ( I ) 不成立, 则存在 $J_i \in \boldsymbol{J}_1 \cap \boldsymbol{J}^N$, 使得 $J_i \npreceq J_k$. 取 $\boldsymbol{J}_1$ 的最后工件 $J_h$, 不妨设 $J_h$ 是正常工件, 否则可删去之而不影响最优性 (见第 56 页 "简注"). 则可断言 $J_h \npreceq J_k$. 若不然, 则有 $J_h \preceq J_k$. 从而 $J_i \preceq J_h \preceq J_k$, 与假设矛盾.

首先考虑情形 $J_h \succ J_k$, 即 $\min\{a_h, b_k\} > \min\{a_k, b_h\}$. 在此可设 $\pi^* = \alpha h k \beta$. 将 $J_h$ 与 $J_k$ 交换位置, 得到新排列 $\pi' = \alpha k h \beta$. 按照命题 2.2.8 的证明过程 (只要把其中的不等式变为反向严格不等式), 便可得到

$$\max\{L_h(\pi^*), L_k(\pi^*)\} = a(\alpha) + a_h + b_k + \max\{a_k, b_h\} + b(\beta)$$

$$> a(\alpha) + a_k + b_h + \max\{a_h, b_k\} + b(\beta) = \max\{L_k(\pi'), L_h(\pi')\}.$$

又因 $J_k$ 是唯一关键工件, $L_j(\pi^*) < L_k(\pi^*)$ $(j \neq k)$. 故

$$f(\pi^*) = \max_{1 \leqslant j \leqslant n} L_j(\pi^*) > \max_{1 \leqslant j \leqslant n} L_j(\pi') = f(\pi'),$$

与 $\pi^*$ 的最优性矛盾.

其次考虑 $J_h$ 与 $J_k$ 是关于半序 $\preceq$ 不可比较的. 若 $J_h \in \boldsymbol{J}^+$, 则 $J_k \in \boldsymbol{J}^0$ 且 $b_h > a_h \geqslant a_k$, 从而 $L_h(\pi^*) > L_k(\pi^*)$, 与 $J_k$ 是关键工件矛盾. 若 $J_h \in \boldsymbol{J}^-$, 则 $J_k \in \boldsymbol{J}^0$ 且 $b_h \geqslant b_k = a_k$, 从而 $L_h(\pi^*) \geqslant L_k(\pi^*)$, 与 $J_k$ 是唯一关键工件矛盾.

对称地, 倘若条件 (II) 不成立, 则存在 $J_j \in \boldsymbol{J}_2 \cap \boldsymbol{J}^N$, 使得 $J_k \npreceq J_j$. 取 $\boldsymbol{J}_2$ 的最前工件 $J_q$, 不妨设 $J_q$ 是正常工件, 否则删去之. 则可按前面的推理得知 $J_k \npreceq J_q$, 即 $J_q \prec J_k$ 或者 $J_q$ 与 $J_k$ 是关于半序 $\preceq$ 不可比较的. 若 $J_q \prec J_k$, 则交换 $J_q$ 与 $J_k$ 的位置, 可使目标函数严格下降 (演算过程同前), 与 $\pi^*$ 的最优性矛盾. 若 $J_q$ 与 $J_k$ 是关于半序 $\preceq$ 不可比较的, 且 $J_q \in \boldsymbol{J}^+$, 则 $J_k \in \boldsymbol{J}^0$ 且 $a_q \geqslant a_k = b_k$, 从而 $L_q(\pi^*) \geqslant L_k(\pi^*)$, 与 $J_k$ 是唯一关键工件矛盾. 若 $J_q \in \boldsymbol{J}^-$, 则 $J_k \in \boldsymbol{J}^0$ 且 $a_q > b_q \geqslant b_k$, 从而 $L_q(\pi^*) > L_k(\pi^*)$, 与 $J_k$ 是关键工件矛盾. $\quad\square$

最后考虑关键工件不唯一的最优性刻画, 证明只是重复前一命题的方法.

**命题 4.1.5**　对问题 $F2||C_{\max}$, 排列 $\pi$ 是最优方案的充分必要条件是: 存在一个关键工件 $J_{\pi(k)}$, 使得

(I) 对所有 $i < k$ 且 $J_{\pi(i)} \in \boldsymbol{J}^N$ 有 $J_{\pi(i)} \preceq J_{\pi(k)}$;

(II) 对所有 $j > k$ 且 $J_{\pi(j)} \in \boldsymbol{J}^N$ 有 $J_{\pi(k)} \preceq J_{\pi(j)}$.

**证明**　充分性证明与命题 4.1.4 相同, 即按照满足条件 (I) 及 (II) 的关键工件 $J_{\pi(k)}$ 将其余工件划分为两部分 $\boldsymbol{J}_1 = \{J_{\pi(i)} : i < k\}$ 及 $\boldsymbol{J}_2 = \{J_{\pi(j)} : j > k\}$, 然后分别按照正规排列规则重排所有工件, 得到最优排列 $\pi^*$, 且 $f(\pi^*) = f(\pi)$, 故 $\pi$ 也是最优排列.

其次证明必要性. 设排列 $\pi = (1, 2, \cdots, n)$ 是最优排列. 设 $J_l$ 是下标最小 (最左边) 的关键工件, $J_r$ 是下标最大 (最右边) 的关键工件. 并记 $\boldsymbol{J}^c := \{J_l, J_{l+1}, \cdots, J_r\}$. 对 $|\boldsymbol{J}^c|$ 运用归纳法证明: 存在关键工件满足条件 (I) 及 (II). 当 $|\boldsymbol{J}^c| = 1$ 时命题 4.1.4 已证. 现设 $|\boldsymbol{J}^c| > 1$ 且当 $|\boldsymbol{J}^c|$ 更小时论断成立.

仿照命题 4.1.4, 首先证明: 对所有 $i < l$ 且 $J_i \in \boldsymbol{J}^N$ 有 $J_i \preceq J_l$. 若不然, 存在 $i < l$ 且 $J_i \in \boldsymbol{J}^N$ 使得 $J_i \npreceq J_l$. 仿前, 将 $\boldsymbol{J}_1 := \{J_i : i < l\}$ 按照正规排列规则重新排列, 得到其最后工件 $J_h$ 必有 $J_h \npreceq J_l$. 若 $J_h \succ J_l$, 则交换 $J_h$ 与 $J_l$ 的位置, 得到另一个最优排列 $\pi'$, 使得 $\max\{L_h(\pi), L_l(\pi)\}$ 严格下降, 从而 $J_l$ 不再是关键工件 (其他关键工件不变). 对 $|\boldsymbol{J}^c|$ 下降的 $\pi'$ 运用归纳假设, 可得欲证. 如果 $J_h$ 与 $J_l$ 是关于半序 $\preceq$ 不可比较的, 如前假定 $J_h$ 是正常工件. 则 $J_l \in \boldsymbol{J}^0$, 可将此退化工件 $J_l$ 删去, 保留其他关键工件 (参见第 56 页简注), 然后运用归纳假设.

现在取定 $J_k$ 为最左关键工件 $J_l$, 则 (I) 成立. 倘若 (II) 不成立, 则存在 $J_j \in \boldsymbol{J}^N$ 且 $j > l$, 使得 $J_l \npreceq J_j$. 与前一情形对称地, 将 $\boldsymbol{J}_2 := \{J_i : j > l\}$ 按照正规排列规则重新排列, 得到其最前的工件 $J_q$, 必有 $J_l \npreceq J_q$, 即 $J_q \prec J_l$ 或者 $J_q$ 与 $J_l$ 是关于半序 $\preceq$ 不可比较的. 仿照前一命题证明, 分如下两种情形讨论.

(i) $J_q \prec J_l$, 则交换 $J_q$ 与 $J_l$ 的位置, 得到另一个最优排列 $\pi'$, 使得 $\max\{L_i(\pi),$

$L_l(\pi)\}$ 严格下降, 从而 $J_l$ 不再是关键工件 (其他关键工件不变). 对 $\pi'$ 运用归纳假设便可完成证明.

(ii) $J_q$ 与 $J_l$ 是关于半序 $\preceq$ 不可比较的, 其中假定 $J_q$ 是正常工件. 那么 $J_l \in \boldsymbol{J}^0$. 同样可将此退化工件 $J_l$ 删去, 然后运用归纳假设.

综上, 证明了存在关键工件 $J_k$ 也满足 (II). $\square$

上述最优性刻画中诸工件的半序关系可用图 4.1 的示意图表示.

在前面不满足 Johnson 条件的例子中, 关键工件是 $J_5$, 最优性判定条件只要对排在前的正常工件 $J_1, J_2, J_3$ 及排在后的正常工件 $J_7$, 分别与关键工件 $J_5$ 进行比较. 其示意图如图 4.2 所示.

最后, 此例得到的最优方案如图 4.3 的机程图所示 (全程为 32).

这里的充要条件与关于问题 $1||L_{\max}$ 及 $1|r_j|C_{\max}$ 的充要条件 (命题 2.1.7 及命题 2.1.9) 相似, 都是借助于关键工件的作用. 这是最大最小形式目标函数具备的共同特征: 只要把关键工件站好位置, 其他工件有一定的自由度. 关于此问题的全部最优解结构参见 [46].

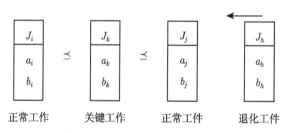

图 4.1 最优解判定条件示意图

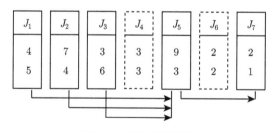

图 4.2 判定条件的例

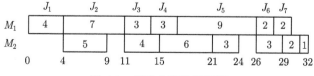

图 4.3 最优方案的机程图

### 4.1.4　总延误问题中的优先关系

在 4.1.1 小节及 4.1.3 小节, 对加权总完工时间问题 $1||\sum w_j C_j$ 及二机器流水作业问题 $F2||C_{\max}$, 已经用偏序的观点, 阐述了最优排列的充要条件. 除此之外, 对任何一个时序问题, 运用偏序集理论及关键工件概念, 研究其最优解集的结构性质 (包括充要条件、唯一性及全部解等), 都是很有意义的. 只是这方面的研究工作尚不多见. 比如延误数问题 $1||\sum U_j$, 算法方面已有充分的讨论, 结构性质的结果仍较少. 下面介绍一个历史上有持续兴趣的典型例子, 人们试图运用偏序概念, 却遇到较大困难.

**例 4.1.1**(续例 2.1.7)　单机总延误问题 $1||\sum T_j$.

如第 2 章所述, 设 $n$ 个工件在一台机器上加工, 其中工件 $J_j$ 的工时为 $p_j$, 工期为 $d_j$ $(1 \leqslant j \leqslant n)$. 对加工顺序 $\pi = (\pi(1), \pi(2), \cdots, \pi(n))$, 工件 $J_{\pi(i)}$ 的延误 (时间) 定义为 $T_{\pi(i)} = \max\{C_{\pi(i)} - d_{\pi(i)}, 0\}$. 目标函数是总延误

$$\sum_{i=1}^{n} T_{\pi(i)} = \sum_{i=1}^{n} \max\{C_{\pi(i)} - d_{\pi(i)}, 0\} = \sum_{i=1}^{n} \max\{C_{\pi(i)}, d_{\pi(i)}\} - \sum_{i=1}^{n} d_{\pi(i)},$$

其中后一和式是常数. 所以可设目标函数为

$$f(\pi) = \sum_{i=1}^{n} \max\{C_{\pi(i)}, d_{\pi(i)}\}. \tag{4.3}$$

例 2.1.7 曾考虑一种特殊情形, 即工时与工期的大小顺序一致的情形 $p_i < p_j \Rightarrow d_i \leqslant d_j$, 得到贪婪算法. 对一般情形的可解性, 历史上备受关注, 有过很广泛深入的研究工作. 其计算复杂性曾经是长时间的征解难题, 直至 1990 年才被 Du 和 Leung[66] 证明为 NP-困难的 (下一章再做介绍). 尽管如此, 此问题似乎处于易解与难解的分界线上, 有良好的局部变换性质, 所以吸引众多研究者的兴趣. 从上述目标函数式 (4.3) 可以看出, 当工期比较小时, 所有工件均延误, 问题退化为总完工时间问题, 从而 SPT 序为最优; 当工期比较大时, 所有工件均不延误, 工件顺序无关紧要; 唯有 $C_j$ 与 $d_j$ 参差交叉时, 工件被不规则地划分成延误与不延误两部分, 才显露出难解性. 困难在于工期的分配变化无常; 如果允许调整工期, 则可化解制约, 变为易解问题 (参见习题 3.14). 此类性质可在研讨实际应用时灵活运用.

此问题的早期基础理论研究中, 最具影响力的是 Emmons 优先规则[67] 以及 Lawler 分解原理[77]. 下面将依次讨论.

沿用第 2 章的记号, 工件集 $N = \{1, 2, \cdots, n\}$ 的一个排列 $\pi = \alpha i \beta j \gamma$ 表示 $i, j$ 为两个工件, $\alpha$ 是排在 $i$ 之前的工件的子序列, $\beta$ 是排在 $i, j$ 之间的工件的子序列, $\gamma$ 是排在 $j$ 之后的工件的子序列. 这里 $\alpha, \beta, \gamma$ 可以是空序列. 当交换工件 $i, j$ 的位置, 而其他工件的位置不变时得到的排列记为 $\pi' = \alpha j \beta i \gamma$. 类似地, $\pi' = \alpha \beta j i \gamma$ 表

示将工件 $i$ 移到紧接工件 $j$ 之后, 而其他工件顺序不变的排列. 设工件 $i, j$ 的完工时间分别是 $C_i, C_j$. 若 $\max\{C_i, C_j\} \leqslant \min\{d_i, d_j\}$, 则工期失去约束作用, 当两工件交换位置时均不延误. 此时称工件 $i$ 与工件 $j$ 为不相关的.

Emmons 优先规则主要关注两个工件的先后关系. 最基本的规则是: 若 $p_i \leqslant p_j$ 且 $d_i \leqslant d_j$, 则工件 $i$ 优先于工件 $j$ (即存在最优解使 $i$ 排在 $j$ 之前). 下面是它的精细化. 经过 [43, 68, 69, 71, 72] 的修改变形, 可概括为如下两个命题.

**命题 4.1.6** 对问题 $1||\sum T_j$, 设 $C_i$ 是工件 $i$ 在排列 $\pi = \alpha i \beta j \gamma$ 中的完工时间. 若

$$p_j \leqslant p_i, \quad d_j \leqslant \max\{C_i, d_i\}, \tag{4.4}$$

则 $f(\alpha j \beta i \gamma) \leqslant f(\alpha i \beta j \gamma)$. 若上述不等式均为严格的, 则 $f(\alpha j \beta i \gamma) < f(\alpha i \beta j \gamma)$, 除非工件 $i, j$ 是不相关的 (此时 $f(\alpha j \beta i \gamma) = f(\alpha i \beta j \gamma)$).

**证明** 设 $\pi' = \alpha j \beta i \gamma$. 从排列 $\pi$ 经过交换工件 $i, j$ 的位置变到排列 $\pi'$, $\alpha$ 及 $\gamma$ 中的工件位置不变, $\beta$ 中的工件位置提前或不变 (因为 $p_j \leqslant p_i$), 参见图 4.4. 根据目标函数式 (4.3), 为得到 $f(\pi') \leqslant f(\pi)$, 只需证明

$$\max\{C_i(\pi'), d_i\} + \max\{C_j(\pi'), d_j\} \leqslant \max\{C_i(\pi), d_i\} + \max\{C_j(\pi), d_j\}. \tag{4.5}$$

图 4.4 交换工件 $i, j$ 位置

事实上, $C_i(\pi') = C_j(\pi)$; 且由 $p_j \leqslant p_i$ 得知 $C_j(\pi') \leqslant C_i(\pi)$. 由条件 $d_j \leqslant \max\{C_i(\pi), d_i\}$ 以及 $C_j(\pi') \leqslant C_i(\pi) \leqslant \max\{C_i(\pi), d_i\}$, 得到 $\max\{C_j(\pi'), d_j\} \leqslant \max\{C_i(\pi), d_i\}$. 进而,

- 如果 $\max\{C_i(\pi'), d_i\} \leqslant \max\{C_j(\pi), d_j\}$ (如 $d_i \leqslant d_j$), 则 (4.5) 成立.
- 否则 $d_i = \max\{C_i(\pi'), d_i\} > \max\{C_j(\pi), d_j\}$. 若 $d_j = \max\{C_j(\pi), d_j\}$, 则工件 $i, j$ 不相关 ($\max\{C_i(\pi), C_j(\pi)\} \leqslant \min\{d_i, d_j\}$), 从而 $f(\pi) = f(\pi')$. 否则 $\max\{C_j(\pi), d_j\} = C_j(\pi) > \max\{C_j(\pi'), d_j\}$. 又因 $\max\{C_i(\pi'), d_i\} = d_i \leqslant \max\{C_i(\pi), d_i\}$, 所以 (4.5) 成立.

若 (4.4) 为严格不等式, 则在以上推导中, 除工件 $i, j$ 不相关, $f(\pi) = f(\pi')$ 之外, 每种情形均得到严格不等式. 因此 $f(\pi') < f(\pi)$. □

这一优先规则比基本规则 (若 $p_j \leqslant p_i$ 且 $d_j \leqslant d_i$, 则工件 $j$ 优先于工件 $i$) 略有改进, 其直观想法还是: 如果工件 $j$ 的工时及工期均比较小, 则适宜排在前. 在上述推导证明中, 条件 (4.4) 是直接从目标函数比较式 (4.5) 中消去多余的项, 简化而来的. 下一规则也有类似的直观解释.

**命题 4.1.7**　对问题 $1||\sum T_j$, 设 $C_i, C_j$ 分别是工件 $i, j$ 在排列 $\pi = \alpha i \beta j \gamma$ 中的完工时间. 若

$$\max\{C_j - p_i, d_j\} \leqslant \max\{C_i, d_i\}, \tag{4.6}$$

则 $f(\alpha \beta j i \gamma) \leqslant f(\alpha i \beta j \gamma)$. 若上述不等式是严格的, 则 $f(\alpha \beta j i \gamma) < f(\alpha i \beta j \gamma)$, 除非工件 $i, j$ 是不相关的 (此时 $f(\alpha \beta j i \gamma) = f(\alpha i \beta j \gamma)$).

**证明**　设 $\pi' = \alpha \beta j i \gamma$. 从排列 $\pi$ 经过将工件 $i$ 移至紧接工件 $j$ 之后, 变到排列 $\pi'$. 此时 $\alpha$ 及 $\gamma$ 中的工件位置不变, 而 $\beta$ 中的工件位置提前 (图 4.5). 因此, 欲有 $f(\pi') \leqslant f(\pi)$, 只需证明

$$\max\{C_i(\pi'), d_i\} + \max\{C_j(\pi'), d_j\} \leqslant \max\{C_i(\pi), d_i\} + \max\{C_j(\pi), d_j\}. \tag{4.7}$$

事实上, $C_i(\pi') = C_j(\pi)$, $C_j(\pi') = C_i(\pi') - p_i$. 故条件 (4.6) 就是 $\max\{C_j(\pi'), d_j\} \leqslant \max\{C_i(\pi), d_i\}$. 以下是几乎照抄前一命题的证明:

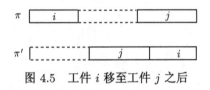

图 4.5　工件 $i$ 移至工件 $j$ 之后

- 如果 $\max\{C_i(\pi'), d_i\} \leqslant \max\{C_j(\pi), d_j\}$ (如 $d_i \leqslant d_j$), 则 (4.7) 成立.
- 否则 $d_i = \max\{C_i(\pi'), d_i\} > \max\{C_j(\pi), d_j\}$. 若 $d_j = \max\{C_j(\pi), d_j\}$, 则工件 $i, j$ 不相关 ($\max\{C_i(\pi), C_j(\pi)\} \leqslant \min\{d_i, d_j\}$), 从而 $f(\pi') = f(\pi)$. 否则 $\max\{C_j(\pi), d_j\} = C_j(\pi) > \max\{C_j(\pi'), d_j\}$. 又因 $\max\{C_i(\pi), d_i\} \geqslant d_i = \max\{C_i(\pi'), d_i\}$, 所以 (4.7) 成立. 至于严格不等式情形也与前面相同. □

下面的推论是最优解的必要条件. 如若不满足, 则一定不是最优解.

**推论 4.1.8**　若排列 $\pi$ 是问题 $1||\sum T_j$ 的最优解, 则对任意工件 $i$ 和 $j$, 其中 $C_i(\pi) < C_j(\pi)$ 且 $C_j(\pi) > \min\{d_i, d_j\}$, 必有

(i) 若 $p_i > p_j$, 则 $\max\{C_i(\pi), d_i\} \leqslant d_j$;

(ii) $\max\{C_i(\pi), d_i\} \leqslant \max\{C_j(\pi) - p_i, d_j\}$.

**证明**　若条件 (i) 不成立, 则由命题 4.1.6 中关于严格不等式的论断, 存在排列 $\pi'$, 使得 $f(\pi') < f(\pi)$, 与 $\pi$ 的最优性矛盾. 若条件 (ii) 不成立, 则由命题 4.1.7 中关于严格不等式的论断, 存在排列 $\pi'$, 使得 $f(\pi') < f(\pi)$, 与 $\pi$ 的最优性矛盾. □

将命题 4.1.7 应用于相邻工件, 得到如下推论.

**推论 4.1.9**　设 $\pi^* = \alpha i j \gamma$, $\pi = \alpha j i \gamma$ 且 $t = \sum_{h \in \alpha} p_h$. 则当 $t + p_i + p_j \leqslant$

$\min\{d_i, d_j\}$ 时, $f(\pi^*) = f(\pi)$; 否则当且仅当

$$\max\{t + p_i, d_i\} \leqslant \max\{t + p_j, d_j\} \tag{4.8}$$

时, $f(\pi^*) \leqslant f(\pi)$.

这里的相邻工件关系, 不同于第 2 章的独立相邻关系, 其判定条件只依赖于工件 $i, j$ 的参数, 与其他工件的排位无关. 而这里的条件与排在前面的工件的工时 $t$ 有关. 所以这样的相邻工件关系是 "动态" 改变的.

以上基本性质, 虽然没有得到最优性的完全刻画, 却揭示出一定的优劣特征. 我们由此可以推导一些必要条件、充分条件或存在性条件, 从而缩小搜索范围. 一些降维与消去规则参见文献及习题. 也可借助局部置换法, 对已有的可行解进行逐步改进, 以便建立实用的启发式算法. 根据上述相邻关系, 以下的贪婪型算法是十分自然的 (见于 [70, 71]). 设工件 $j$ 在时刻 $t$ 的 "梯度" 为

$$g_t(j) := \max\{t + p_j, d_j\}. \tag{4.9}$$

随着 $t$ 的增加, 按梯度的非降顺序构成的排列类似于第 2 章的 "凸排列".

**算法 4.1.1** $1 || \sum T_j$ 的启发式算法.

---

(1) 设 $\boldsymbol{J} = \{1, 2, \cdots, n\}$. 令 $t := 0$, $k := 1$.

(2) 取 $g_t(j^*) = \min\{g_t(j) : j \in \boldsymbol{J}\}$. 令 $\pi(k) := j^*$, $\boldsymbol{J} := \boldsymbol{J} \setminus \{j^*\}$.

(3) 若 $k = n$, 则终止 (输出方案 $\pi$); 否则令 $t := t + p_{j^*}$, $k := k + 1$, 转 (2).

---

此算法得到的排列满足上述最优解的必要条件, 不能通过交换相邻工件得以改进. 相对于二交换邻域而言, 这是局部最优解. 下面举一个数值例子 (取自 [67], 有所简化).

| $t = 0$ | $J_1$ | $J_2$ | $J_3$ | $J_4$ | $J_5$ |
|---|---|---|---|---|---|
| $t + p_j$ | 6 | 12 | 16 | 23 | 32 |
| $d_j$ | 25 | 73 | 31 | 67 | 32 |
| $g_t(j)$ | 25* | 73 | 31 | 67 | 32 |

| $t = 6$ | $J_1$ | $J_2$ | $J_3$ | $J_4$ | $J_5$ |
|---|---|---|---|---|---|
| $t + p_j$ | | 18 | 22 | 29 | 38 |
| $d_j$ | | 73 | 31 | 67 | 32 |
| $g_t(j)$ | | 73 | 31* | 67 | 38 |

| $t = 22$ | $J_1$ | $J_3$ | $J_2$ | $J_4$ | $J_5$ |
|---|---|---|---|---|---|
| $t + p_j$ | | | 34 | 45 | 54 |
| $d_j$ | | | 73 | 67 | 32 |
| $g_t(j)$ | | | 73 | 67 | 54* |

| $t = 54$ | $J_1$ | $J_3$ | $J_5$ | $J_2$ | $J_4$ |
|---|---|---|---|---|---|
| $t + p_j$ | | | | 66 | 77 |
| $d_j$ | | | | 73 | 67 |
| $g_t(j)$ | | | | 73* | 77 |

最后得到排列 $\pi = (1, 3, 5, 2, 4)$, 恰好是最优排列. 此类启发式算法, 就数值实验来说, 平均行为还算不错, 实用上有可取之处. 但是在最劣情形分析的观点上, 其近似性能是比较差的 (参见 [73, 75, 76]).

### 4.1.5　总延误问题的偏序扩张

上述 Emmons 优先规则被一些早期文献称为 "Emmons 偏序". 较普遍的说法如下 (见 [69]).

**Emmons 优先定理**　设 $B_j$ 为要求排在工件 $j$ 前面的工件之集, $A_j$ 为要求排在工件 $j$ 后面的工件之集. 若下述条件之一成立, 则必存在最优排列使工件 $i$ 排在工件 $j$ 之前:

(a) $p_i \leqslant p_j$, $d_i \leqslant \max\{\sum_{h \in B_j} p_h + p_j, d_j\}$;

(b) $p_i > p_j$, $d_i \leqslant d_j$, $\sum_{h \in \boldsymbol{N} \setminus A_i} p_h - p_j \leqslant d_j$;

(c) $\sum_{h \in \boldsymbol{N} \setminus A_i} p_h \leqslant d_j$.

在运用这一定理时, 有如下的递推做法. 当存在最优排列使工件 $J_i$ 排在工件 $J_j$ 之前时, 就定义一个先后关系 "$J_i \preceq J_j$", 并将 $J_i$ 加入到 $B_j$ (要求排在工件 $j$ 前面的工件之集) 中, 将 $J_j$ 加入到 $A_i$ (要求排在工件 $i$ 后面的工件之集) 中去. 然后再次运用上述定理, 确定出新的先后关系. 这样, 先后关系 "$\preceq$" 就逐步累积扩张起来, 直至不能添加任何新的关系为止. 在实际计算中, 一些文献就是这样介绍的. 然而, 严格地说, 这是不是偏序的线性扩张过程呢? 我们先要弄清楚 Emmons 优先定理确定的先后关系 "$J_i \preceq J_j$" 是不是广义偏序关系或半序关系, 即是否满足自反性、反对称性及传递性. 由于上述定理的条件 (a)~(c) 均用带等号的 $\leqslant$, 这里也暂且用 "$\preceq$" 来表示工件的先后关系. 也许正因为这些条件中包括等号 (好像前面的 Johnson 条件那样), 先后关系不够确定, 所以隐藏着漏洞.

考察下面的一个例子. 开始时 $A_j = B_j = \varnothing$ $(1 \leqslant j \leqslant 4)$.

|       | $J_1$ | $J_2$ | $J_3$ | $J_4$ |
|-------|-------|-------|-------|-------|
| $p_j$ | 30    | 40    | 20    | 31    |
| $d_j$ | 110   | 91    | 102   | 110   |

(1) 按照条件 (a), $p_1 \leqslant p_4$, $d_1 \leqslant \max\{p_4, d_4\}$, 确定 $J_1 \preceq J_4$, $A_1 := \{4\}, B_4 := \{1\}$.

(2) 按照条件 (b), $p_2 > p_3$, $d_2 \leqslant d_3$, $\sum_{h \in \boldsymbol{N} \setminus A_2} p_h - p_3 = p_1 + p_2 + p_4 = 101 \leqslant d_3$, 确定 $J_2 \preceq J_3$, $A_2 := \{3\}, B_3 := \{2\}$.

(3) 按照条件 (c), $\sum_{h \in \boldsymbol{N} \setminus A_1} p_h = p_1 + p_2 + p_3 = 90 \leqslant d_2$, 确定 $J_1 \preceq J_2$, $A_1 := \{2, 4\}, B_2 := \{1\}$.

(4) 再按照条件 (a), $p_3 \leqslant p_1$, $d_3 \leqslant d_1$, 最后确定 $J_3 \preceq J_1$.

至此确定出的先后关系 "$\preceq$" 可用如下有向图 (图 4.6) 表示.

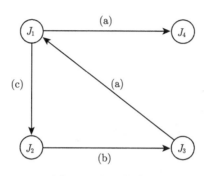

图 4.6 先后关系图

在此有向图中出现了 $J_1, J_2, J_3$ 之间的有向圈. 因此上述先后关系 $\preceq$ 不满足传递性: $J_1 \preceq J_2$, $J_2 \preceq J_3$, 但 $J_3 \preceq J_1$. 从而它不是广义偏序. 也就是不可能存在最优排列同时满足这些先后关系. Emmons 优先定理单独使用一次没有问题, 但是把所得的先后关系累积叠加起来 (即用到了传递性) 就出错了. 下面讨论补救的方法.

**定义 4.1.10** 在工件集 $J$ 中一个偏序关系称为相容的, 是指它可以扩张为最优排列 (即存在一个最优排列满足此偏序关系).

建立相容的偏序关系对问题的求解是有好处的, 虽然未必能达到最优, 但由于一部分工件的前后关系可以固定下来, 进一步即使运用枚举方法, 也可以节省可观的计算量. 一个相容的偏序关系愈稠密 (愈接近于全序关系), 就愈接近于最优解.

上述例子说明, 某个偏序可能是相容的, 如果扩张过程不当, 便有可能变成不相容的了. 其中关键点是要保持传递性. 顺便说一点, 由 Emmons 条件 (a)~(c) 确定的关系 $\preceq$ 应该满足自反性. 但是严格意义的反对称性 ($a \preceq b, b \preceq a \Rightarrow a = b$) 也不一定成立.

对 Emmons 优先规则, 运用偏序理论探讨偏序扩张方法是有意义的 (参见 [72]). 为清楚起见, 使用严格意义的偏序关系 $\prec$. 首先定义一个**基本序**$R_0$ 如下: 若工件 $i, j$ 满足下述条件之一:

- $p_i < p_j$, $d_i \leqslant d_j$;
- $p_i \leqslant p_j$, $d_i < d_j$;
- $p_i = p_j, d_i = d_j \Rightarrow i < j$,

则定义 $J_i \prec J_j$. 容易验证它是偏序关系, 并且由命题 4.1.6 证明它是相容的. 进而在基本序的基础上有如下的扩张算法.

**算法 4.1.2**　$1||\sum T_j$ 的偏序扩张算法.

(1) 在工件集 $N$ 中建立基本序 $R_0$. 令 $k := 0$.

(2) 定义 $B_j^k := \{h \in N : $ 在 $R_k$ 中 $J_h \prec J_j\}$, $A_j^k := \{h \in N : $ 在 $R_k$ 中 $J_j \prec J_h\}$. 计算完工时间的下界与上界:

$$LC_j^k := \sum_{h \in B_j^k} p_h + p_j, \quad UC_j^k := \sum_{h \in N \setminus A_j^k} p_h.$$

(3) 若存在工件 $i, j$ 满足 $\max\{LC_i^k, LC_j^k\} > \min\{d_i, d_j\}$ 以及下列条件之一:

(i) $p_i < p_j, d_i < \max\{LC_j^k, d_j\}$;

(ii) $\max\{UC_i^k - p_j, d_i\} < \max\{LC_j^k, d_j\}$,

则定义 $J_i \prec J_j$. 若无这样的工件 $i, j$, 则终止.

(4) 将新确定的 $J_i \prec J_j$ 以及由传递性导出的关系增添到 $R_k$ 中, 得到偏序关系 $R_{k+1}$.

令 $k := k + 1$, 转 (2).

---

上述条件 (i) 和 (ii) 相当于 Emmons 条件 (a)~(c) 的严格不等式. 所以扩张算法与前述运用 Emmons 优先定理的扩张过程大致相同, 只是减少了等号带来的不确定性.

**命题 4.1.11**　算法 4.1.2 得到的偏序关系是相容的.

**证明**　用归纳法. 开始时, 基本序是相容的. 假定偏序关系 $R_k$ 是相容的. 于是存在最优排列 $\pi^*$ 是 $R_k$ 的线性扩张. 设在算法第 $k+1$ 循环, 按照条件 (i) 或 (ii) 定义了新的关系 $J_i \prec J_j$. 倘若 $\pi^*$ 不符合 $J_i \prec J_j$, 比如 $\pi^* = \alpha j \beta i \gamma$, 则由条件 (i) 或 (ii) 得到

$$p_j > p_i, \quad \max\{C_j(\pi^*), d_j\} \geqslant \max\{LC_j^k, d_j\} > d_i$$

或

$$\max\{C_j(\pi^*), d_j\} \geqslant \max\{LC_j^k, d_j\} > \max\{UC_i^k - p_j, d_i\} \geqslant \max\{C_i(\pi^*) - p_j, d_i\}.$$

并且

$$\max\{C_i(\pi^*), C_j(\pi^*)\} \geqslant \max\{LC_i^k, LC_j^k\} > \min\{d_i, d_j\}.$$

上列不等式与推论 4.1.8 的最优解 $\pi^*$ 必要条件矛盾. 因此 $\pi^*$ 必须符合关系 $J_i \prec J_j$, 从而符合由传递性导出的关系. 这样一来, 偏序关系 $R_{k+1}$ 是相容的. □

俞文鮆[74] 运用广义的偏序关系 $\preceq$ (满足自反性、反对称性及传递性), 确定出严格的扩张过程. 他证明了: 从 "空偏序" (即从自反性得到的关系 $(i, i)$) 开始, 只要按照某种正规的 (proper) 扩张运算, 一定可以得到相容的偏序.

总之, 类似于偏序概念的 Emmons 优先规则历来被认为是总延误问题的理论基础. 随后, Lawler 另辟蹊径, 提出深刻的分解原理[77, 79], 使得算法与理论研究提升到更高的层面. 这两个重要基石始终影响着这个成果丰硕领域的发展, 详情可参阅近期综述 [85].

### 4.1.6 总延误问题的分解原理

先从工期的调整性质讲起. 此性质说明, 对最优解而言, 当工期在一定范围变化时, 最优解具有稳定性, 即工期对工件最优位置的限制有一定的活动余地. 比如在最优解中有 $C_j > d_j$, 则工期 $d_j$ 一直增大到 $C_j$, 最优性不变. 若有 $C_j < d_j$, 则工期 $d_j$ 一直减小到 $C_j$, 最优性不变. 现在就来证明这种稳定性.

**引理 4.1.12** 设 $\pi$ 是一个最优排列且 $C_j$ 是工件 $j$ 在 $\pi$ 中的完工时间 ($1 \leqslant j \leqslant n$). 若 $d'_j$ 满足

$$\min\{C_j, d_j\} \leqslant d'_j \leqslant \max\{C_j, d_j\},$$

则任意关于工期 $\{d'_j\}$ 的最优排列 $\pi'$ 也一定是关于工期 $\{d_j\}$ 的最优排列.

**证明** 设关于工期 $\{d_j\}$ 的目标函数记为 $f$, 最优排列为 $\pi$, 则

$$f(\pi) = \sum_{j=1}^n \max\{C_j, d_j\} - \sum_{j=1}^n d_j.$$

类似地, 关于工期 $\{d'_j\}$ 的目标函数记为 $f'$, 最优排列为 $\pi'$, 则

$$f'(\pi') = \sum_{j=1}^n \max\{C'_j, d'_j\} - \sum_{j=1}^n d'_j,$$

其中 $C'_j$ 工件 $j$ 在排列 $\pi'$ 中的完工时间.

下面只要证明只改变一个工期 $d_k$ 的情形. 一般情形可用归纳法递推. 分两种情形讨论.

*情形* 1: $C_k \leqslant d'_k \leqslant d_k$. 则 $\max\{C_k, d_k\} - d_k = \max\{C_k, d'_k\} - d'_k = 0$. 从而 $f(\pi) = f'(\pi)$. 另一方面, 对排列 $\pi'$ 而言, 由于工期的提前造成延误不减, 得到 $f(\pi') \leqslant f'(\pi')$. 再者, 排列 $\pi'$ 是关于目标 $f'$ 的最优排列, 故有 $f'(\pi') \leqslant f'(\pi)$. 于是得到

$$f(\pi') \leqslant f'(\pi') \leqslant f'(\pi) = f(\pi).$$

这就证明了排列 $\pi'$ 是关于工期 $\{d_j\}$ 的最优排列.

*情形* 2: $d_k \leqslant d'_k \leqslant C_k$, 设 $\delta = d'_k - d_k$, 则 $f(\pi) - f'(\pi) = (\max\{C_k, d_k\} - d_k) - (\max\{C_k, d'_k\} - d'_k) = C_k - C_k + d'_k - d_k = \delta$. 从而 $f(\pi) = f'(\pi) + \delta$. 另一方面, 由 $d_k \leqslant d'_k$ 得知 $\max\{C'_k, d_k\} \leqslant \max\{C'_k, d'_k\}$. 因而对排列 $\pi'$ 而言, $f(\pi') - f'(\pi') =$

$(\max\{C'_k, d_k\} - d_k) - (\max\{C'_k, d'_k\} - d'_k) \leqslant d'_k - d_k = \delta.$ 故有 $f(\pi') \leqslant f'(\pi') + \delta.$ 再次由排列 $\pi'$ 对目标 $f'$ 的最优性得知 $f'(\pi') \leqslant f'(\pi).$ 连贯起来便有

$$f(\pi') \leqslant f'(\pi') + \delta \leqslant f'(\pi) + \delta = f(\pi).$$

这就证明了排列 $\pi'$ 是关于工期 $\{d_j\}$ 的最优排列. □

现在假定所有工件已按 EDD 序排列, 使得 $d_1 \leqslant d_2 \leqslant \cdots \leqslant d_n$, 且当 $d_i = d_{i+1}$ 时有 $p_i \leqslant p_{i+1}$.

**引理 4.1.13**　必定存在这样的最优排列 $\pi$, 使得: ①若 $d_i \leqslant d_j$, $p_i < p_j$, 则工件 $i$ 排在工件 $j$ 之前; ② 所有按时完工的工件都按照既定的 EDD 顺序排列. 这样的最优排列称为规范的.

**证明**　按照命题 4.1.6 的优先规则, 若最优排列不满足此条件, 则进行适当置换. □

再者, 假定所有工件 $j$ 的工时 $p_j$ 均不相同. 否则有工时相等情形看作 "退化" 现象, 可将工时作微小摄动 (加减一个充分小的正数 $\varepsilon$).

下面就是 Lawler 分解定理. 其中把工时最大的工件 $k$ 看作 "关键工件", 主要关注它的最优安放位置, 这个位置把其余工件划分为前后两部分, 故而称为分解位置. 以前一直有这样的认识: 关键工件举足轻重, 一定占据要冲位置, 其他工件的顺序有一定的自由度.

**定理 4.1.14**　设 $p_k = \max\{p_j : 1 \leqslant j \leqslant n\}$ 且 $k$ 是满足此式尽可能大的工件 (当取工时最大值出现并列时, 取其中指标 $k$ 最大者), 则存在工件 $r$, $k \leqslant r \leqslant n$, 使得存在一个最优排列 $\pi$, 其中所有工件 $1, \cdots, k-1, k+1, \cdots, r$ 排在工件 $k$ 之前, 其余工件 $r+1, \cdots, n$ 排在工件 $k$ 之后. 如图 4.7 所示.

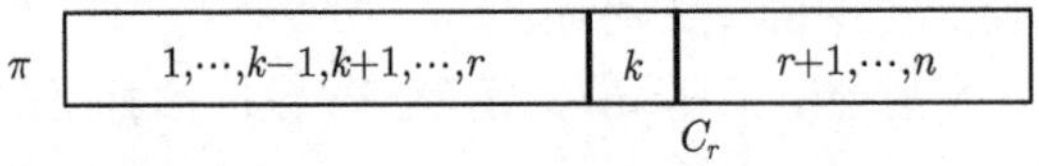

$$\pi \quad \boxed{\quad 1,\cdots,k-1,k+1,\cdots,r \quad \Big|\; k \;\Big|\; r+1,\cdots,n \quad}$$
$$C_r$$

图 4.7　工件 $k$ 在位置 $r$ 进行分解

**证明**　设 $C_k^*$ 是工件 $k$ 在所有关于工期 $\{d_j\}$ 的最优排列中最迟的完工时间. 令 $d'_k = \max\{C_k^*, d_k\}$. 设 $\pi$ 是关于工期 $d_1, \cdots, d_{k-1}, d'_k, d_{k+1}, \cdots, d_n$ 的一个最优排列, 并且是规范的 (引理 4.1.13). 根据引理 4.1.12, $\pi$ 是关于原工期 $\{d_j\}$ 的最优排列. 由 $C_k^*$ 的取法得知,

$$C_k(\pi) \leqslant C_k^* \leqslant \max\{C_k^*, d_k\} = d'_k.$$

对于 $d_j > d'_k$ 的任意工件 $j$, 它在 $\pi$ 中不可能排在工件 $k$ 之前, 因为否则工件 $j$ 也是按时完工的, 而它排在 $k$ 之前, 与 $\pi$ 的规范性的条件②矛盾. 另一

方面, 对 $d_j \leqslant d'_k$ 的任意工件 $j \neq k$, 由于 $p_j < p_k$(注意工时不等的假设), 由规范性的条件①得知, 它排在 $k$ 之前. 这样一来, 我们选择 $r$ 为最大的整数使得 $d_r \leqslant d'_k = \max\{C^*_k, d_k\}$, 则 $r \geqslant k$, 且在 $\pi$ 中所有工件 $1, \cdots, k-1, k+1, \cdots, r$ 排在工件 $k$ 之前, 其余工件 $r+1, \cdots, n$ 排在工件 $k$ 之后. □

上述分解定理的结论简称为"问题对工件 $k$ 在位置 $r$ 进行分解" (图 4.7). 这种分解性质蕴含着如下的求解途径. 对于每一个未知的位置 $r$, 问题划分为两个子问题, 其一是对排在工件 $k$ 之前的工件集 $I_1 = \{1, 2, \cdots, r\} \setminus \{k\}$, 开始时刻是 $t_1 = 0$; 另一是对排在工件 $k$ 之后的工件集 $I_2 = \{r+1, \cdots, n\}$, 开始时刻是 $t_2 := \sum_{1 \leqslant i \leqslant r} p_i$. 这里要对所有可能的划分位置 $r$ 进行枚举搜索. 对每一个子问题, 又可以进行同样的划分枚举. 于是得到一个递归过程 SEQUENCE $(t, I)$, 对工件集 $I$ 计算出从时刻 $t$ 开始的最优方案.

**过程 SEQUENCE $(t, I)$**

---

(1) 当 $I = \varnothing$ 时, $\pi^*$ 为空排列.

(2) 设 $I$ 中的工件为 $i_1 < i_2 < \cdots < i_m$. 找出工件 $i_k$ 使得 $p_{i_k} = \max\{p_i : i \in I\}$. 令 $f^* := \infty$, $r := k+1$.

(3) 令 $I_1 = \{i_h : 1 \leqslant h \leqslant r, h \neq k\}$; $t_1 := t$. 递归调用过程得到 $\pi_1 := $ SEQUENCE $(t_1, I_1)$.

令 $I_2 = \{i_h : r < h \leqslant m\}$; $t_2 := t + \sum_{1 \leqslant h \leqslant r} p_{i_h}$. 递归调用过程得 $\pi_2 := $ SEQUENCE $(t_2, I_2)$.

令 $\pi := \pi_1 \circ i_k \circ \pi_2$ (这里 $\circ$ 是序列连接符).

(4) 计算 $\pi$ 的目标函数值 $f(\pi, t)$. 若 $f(\pi, t) < f^*$, 则令 $\pi^* := \pi$, $f^* := f(\pi, t)$.

(5) 若 $r = m$, 则过程终止, 输出 $\pi^*$; 否则令 $r := r+1$, 转 (3).

---

综上所述, 我们得到 Lawler 的分解算法, 就是递归地执行上述过程, 对所有可能的分解位置 $r$ 进行枚举. 这种枚举算法, 在 6.2.5 节将以动态规划的形式出现.

**算法 4.1.3** $1 || \sum T_j$ 的分解算法.

---

(1) 执行过程 SEQUENCE $(0, \{1, 2, \cdots, n\})$.

---

**定理 4.1.15** 算法 4.1.3 在 $O(n^3 P)$ 时间给出总延误问题 $1 || \sum T_j$ 的最优解, 其中 $P = \sum_{1 \leqslant j \leqslant n} p_j$.

**证明** 算法的正确性基于分解定理 4.1.14. 这里主要估计运行时间. 如前, 假定所有工时 $p_j$ 均不相同. 在整个算法过程中, 所有递归过程 SEQUENCE $(t, I)$ 可

能出现的工件集 $\boldsymbol{I}$ 均取这样的形式:

$$\boldsymbol{I}_{ijk} = \{h : i \leqslant h \leqslant j, p_h < p_k\}.$$

它们完全由三元指标 $(i, j, k)$ 所确定. 所以这样的工件集 $\boldsymbol{I}$ 至多有 $n^3$ 个. 其次, 递归过程至多有 $P = \sum_{1 \leqslant j \leqslant n} p_j$ 个 $t$ 值. 因此整个算法至多调用 $O(n^3 P)$ 次递归过程 SEQUENCE $(t, \boldsymbol{I})$.

所有递归过程的主要计算是求 $\boldsymbol{I}$ 的最大工时. 对固定的 $k$, 计算所有 $\max\{p_h : h \in \boldsymbol{I}_{ijk}\}$ $(1 \leqslant i, j \leqslant n, i < j)$ 可在 $O(n^2)$ 时间完成 (对每一个 $i$, 依次对 $n - i$ 个 $j$ 计算这个最大值). 那么对所有的 $k$, 即对所有递归过程, 全部求最大值计算可在 $O(n^3)$ 时间完成. 除此之外, 调用每一次递归过程的其他运算, 包括在步骤 (4) 计算目标函数值 $f(\pi, t)$ 及更新最优值 $f^*$ 与最优解 $\pi^*$ 等, 可在常数时间完成. 事实上, 在每一个过程结束时, 记下排列 $\pi_i := $ SEQUENCE $(t_i, \boldsymbol{I}_i)$ $(i = 1, 2)$ 及其目标值 (总延误). 当三个子排列连接成 $\pi := \pi_1 \circ i_k \circ \pi_2$ 时, 只要把三个总延误相加起来, 便得到目标函数值 $f(\pi, t)$. 更新时只要进行一次比较. 因此总的计算复杂性是 $O(n^3 P)$. $\qquad\Box$

这是一个伪多项式时间算法. 当 $P$ 值较小时, 此算法是实际可行的. 在一般情形, 由于分解的位置 $r$ 是未知的, 枚举搜索耗时较大. 为了提高计算效率, 我们必须对分解位置 $r$ 进行限制.

**定理 4.1.16**　假设 $p_k = \max\{p_j : 1 \leqslant j \leqslant n\}$ 且 $k$ 是在最优排列中尽可能迟完工的工件. 若如下条件之一成立, 则工件 $k$ 不在位置 $r$ 进行分解 (从搜索范围中排除):

(a) $k \leqslant r < n$ 且 $\sum_{i=1}^{r} p_i \geqslant d_{r+1}$;

(b) $k < r \leqslant n$ 且 $\sum_{i=1}^{r-1} p_i < d_r$;

(c) $k < r \leqslant n$ 且存在 $k < j < r$ 使得 $\sum_{i=1}^{r} p_i < d_j + p_j$.

**证明**　设工件 $k$ 在位置 $r$ 进行分解, 即存在最优排列 $\pi$, 使得所有工件 $1, \cdots, k-1, k+1, \cdots, r$ 排在工件 $k$ 之前, 其余工件 $r+1, \cdots, n$ 排在工件 $k$ 之后. 根据定理 4.1.14 的证明, 设 $C_k^*$ 是工件 $k$ 在所有关于工期 $\{d_j\}$ 的最优排列中最迟的完工时间. 令 $d_k' = \max\{C_k^*, d_k\}$, 则 $\pi$ 是关于工期 $d_1, \cdots, d_{k-1}, d_k', d_{k+1}, \cdots, d_n$ 的最优排列, 且 $C_k(\pi) \leqslant C_k^* \leqslant d_k'$. 进而分解位置取为 $r = \max\{j : d_j \leqslant \max\{C_k^*, d_k\} = d_k'\}$.

假如条件 (a) 成立, 则有 $d_{r+1} \leqslant \sum_{i=1}^{r} p_i = C_k(\pi) \leqslant C_k^* \leqslant \max\{C_k^*, d_k\}$, 与 $r$ 的最大性矛盾.

假如条件 (b) 成立, 则有 $C_k(\pi) - p_r = \sum_{i=1}^{r-1} p_i < d_r \leqslant \max\{C_r(\pi), d_r\}$. 假设 $\pi = \alpha r \beta k \gamma$. 分两种情形讨论:

(i) 若 $d_k \leqslant C_k(\pi) - p_r$ 或 $d_k < d_r$ 或 $C_r(\pi) > d_r$, 则有

$$\max\{C_k(\pi) - p_r, d_k\} < \max\{C_r(\pi), d_r\}.$$

根据命题 4.1.5, 必有 $f(\alpha\beta kr\gamma) < f(\alpha r\beta k\gamma)$, 与 $\pi$ 的最优性矛盾.

(ii) 若 $C_k(\pi) - p_r < d_k$ 且 $d_k = d_r$ 且 $C_r(\pi) \leqslant d_r$, 则有

$$\max\{C_k(\pi) - p_r, d_k\} = \max\{C_r(\pi), d_r\},$$

从而由命题 4.1.7 得到 $f(\alpha\beta kr\gamma) = f(\alpha r\beta k\gamma)$. 因而 $\pi' = \alpha\beta kr\gamma$ 也是最优解. 即工件 $k$ 可在位置 $r-1$ 进行分解, 故可不考虑工件 $k$ 在位置 $r$ 分解.

假如条件 (c) 成立, 即存在工件 $j$, $k < j < r$, 使得 $C_k(\pi) - p_j = \sum_{i=1}^{r} p_i - p_j < d_j \leqslant \max\{C_j(\pi), d_j\}$. 假设 $\pi = \alpha j\beta k\gamma$. 分两种情形讨论:

(i) 若 $d_k \leqslant C_k(\pi) - p_j$ 或 $d_k < d_j$ 或 $C_j(\pi) > d_j$, 则有

$$\max\{C_k(\pi) - p_j, d_k\} < \max\{C_j(\pi), d_j\}.$$

根据命题 4.1.7, 必有 $f(\alpha\beta kj\gamma) < f(\alpha j\beta k\gamma)$, 与 $\pi$ 的最优性矛盾.

(ii) 若 $C_k(\pi) - p_j < d_k$ 且 $d_k = d_j$ 且 $C_j(\pi) \leqslant d_j$, 则令 $\pi' = \alpha k\beta j\gamma$. 由 $C_k(\pi) - p_j < d_k = d_j \leqslant d_l$ $(j < l \leqslant r)$ 可知, 只有工件 $k$ 在 $\pi$ 中可能延误, 只有工件 $j$ 在 $\pi'$ 中可能延误, 且 $C_k(\pi) - d_k = C_j(\pi') - d_j$. 所以它们之间的工件 $l$ $(j < l \leqslant r)$ 在两个排列中均不延误. 因此 $f(\alpha j\beta k\gamma) = f(\alpha k\beta j\gamma)$. 故 $\pi' = \alpha k\beta j\gamma$ 也是最优解. 即工件 $k$ 可在位置 $j$ 进行分解, 故可不考虑工件 $k$ 在位置 $r$ 分解. □

上述条件 (a) 是由 Lawler[77] 给出; 条件 (b) 由 Potts 及 van Wassenhove 得到[80, 81]; 条件 (c) 出自 Szwarc[82]. 根据分解定理以及这些搜索范围的限制, 他们设计出实用上行之有效的动态规划及分枝定界算法. 数值试验结果表明, 这些精确算法可以在计算机上快速求解 100 到 150 个工件的实例[81].

以上讨论的分解定理, 是考虑最大工时工件 $k$ 尽可能迟完工的情形, 称为 "最右假设". 也可以考虑 $k$ 尽可能早完工的情形, 称为 "最左假设". 俞文鱉等[84] 提出的最左假设下的分解定理, 对后续工作有较大影响[83, 85].

# 4.2 有偏序约束的单机问题

前一节阐述的思想是: 首先, 根据最优性理论推导出工件之间必须具备的优先关系 (最优解的部分信息), 作为偏序关系将其固定下来; 然后设法将这种局部关系扩展为整体的最优结构.

这一节开始讨论另一类问题: 假定工件间已有一个给定的偏序关系作为约束条件; 以此为前提, 要求生成最优的线性扩张. 这里的线性扩张体现一种重构的思想, 即从局部的偏序去构造整体的全序. 类似于已知若干序列片段 (链约束), 重构出原始的序列.

研究有偏序约束的问题, 关键在于如何使得约束条件的 "序" 与目标优劣的 "序" 协调起来, 在约束偏序的空隙处填补上优化的顺序, 结合起来形成最优的线性扩张. 一般地说, 约束偏序愈稠密, 优化的余地愈小, 问题就愈困难; 反之, 约束偏序愈稀疏, 优化作用范围愈宽松, 问题就愈容易.

已知偏序关系可以用一个无圈有向图来表示 (习题 1.4). 对于有偏序约束的时序问题, 我们给定一个无圈有向图 $G = (V, E)$, 其中 $V = \{1, 2, \cdots, n\}$ 为工件集, 有向边 $(i, j) \in E$ 表示工件 $j$ 必须在工件 $i$ 完工后才能开工. 在此我们约定: $G$ 中已删去由传递性导出的多余边, 即 $(i, j) \in E$ 及 $(j, k) \in E$, 又有 $(i, k) \in E$ 的边. 对于 $(i, j) \in E$, 工件 $i$ 称为工件 $j$ 的先行; 工件 $j$ 称为工件 $i$ 的后继. 这里的先行是指直接先行, 后继是指直接后继. 特别在图 $G$ 是有向树的情形, 沿用 "族树" 的术语: 若 $(i, j) \in E$, 工件 $i$ 称为工件 $j$ 的父亲; 工件 $j$ 称为工件 $i$ 的儿子. 若在图 $G$ 中存在从 $i$ 到 $j$ 的有向路, 则工件 $i$ 称为工件 $j$ 的祖先; 工件 $j$ 称为工件 $i$ 的后代.

在第 2 章已讨论过有偏序约束问题 $1|\text{chains}|\sum w_j C_j$ (例 2.2.3) 及 $1|\text{prec}|f_{\max}$ (例 2.4.1) 等. 其中偏序约束的限制作用较弱, 对当时的贪婪算法的行为影响不大. 下面讨论有更强约束作用的例子. 当然, 如果偏序关系过于稠密, 约束作用太强, 问题将会陷入难解性的境地, 成为下一章的研究课题.

### 4.2.1 有序列平行偏序约束的问题

接续前述问题 $1|\text{chains}|\sum w_j C_j$, 讨论其推广:

**例 4.2.1**    有序列平行偏序约束的加权总完工时间问题 $1|SP\text{-graph}|\sum w_j C_j$.

一般偏序约束的问题 $1|\text{prec}|\sum w_j C_j$ 是 NP-困难的. 现在考虑一种比较整齐的特殊情形: 偏序约束的有向图 $G$ 是一个序列平行有向图 (series-parallel digraph), 简称为 $SP$-图 (亦有 "串并图" 之称). $SP$-图有多种变形, 包括点序列平行有向图、边序列平行有向图以及无向序列平行图[86]. 这里只讲一种, 即点序列平行有向图, 并且假定由传递性得到的多余有向边均已删除. 那么 $SP$-图可递归定义如下:

(i) 一个孤立顶点构成的空图是 $SP$-图.

(ii) 若 $G_1 = (V_1, E_1)$ 及 $G_2 = (V_2, E_2)$ 是 $SP$-图, 则由下列运算得到的图亦然:
 ● 平行运算 (并联): $G = (V_1 \cup V_2, E_1 \cup E_2)$;
 ●序列运算 (串联): $G = (V_1 \cup V_2, E_1 \cup E_2 \cup (V_1 \times V_2))$, 并删去由传递性可得到的边.

这里平行运算就好像 "加法" (可交换), 不妨记为 $(G_1, G_2)$; 序列运算就好像 "乘法" (不可交换), 可记为 $(G_1 G_2)$. 这是一种具有可分解结构的偏序关系. 图 4.8 是一个例子. 开始时, 5 与 6 是两个单点, 作平行运算得到 (5,6). 接着与 9 作序列运算得到 (5,6)(9); 再将 2 与其作序列运算得到 (2)(5,6)(9). 同理对 (3,4) 及 (7,8) 进行序列运算, 得到 (3,4)(7,8). 最后将 1 与上述两部分平行运算得到的

图进行序列运算, 于是得到图 4.8 的 $SP$-图. 这样的构造可用其运算过程表示为
$(1)((2)(5,6)(9),(3,4)(7,8))$.

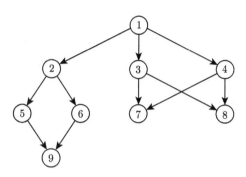

图 4.8 序列平行有向图例

一个 $SP$-图的递归构造过程可以用一个有根二分树 $\mathcal{T}$ 来表示, 称为分解树或
$PS$-树 (可联想到 3.4 节的 $PQ$-树). 开始时, 图 $G$ 的所有顶点 (工件) 表示为树叶.
树的其他中间节点都代表递归过程中构造出来的子图. 一个 $P$-节点表示其左儿子
$G_1$ 与右儿子 $G_2$ 作平行运算得到的子图. 一个 $S$-节点表示其左儿子 $G_1$ 与右儿子
$G_2$ 作序列运算得到的子图 (左儿子在前, 右儿子在后). 树根代表最后一次运算得
到的 $SP$-图 $G$. 树中任一个节点都代表由其所有后代树叶 (顶点) 所导出的子图.
例如, 图 4.8 的 $SP$-图 $G$ 的 $PS$-树如图 4.9 所示, 其中树叶用方框表示, $P$-节点用
空心圆圈表示, $S$-节点用实心圆圈表示 [1].

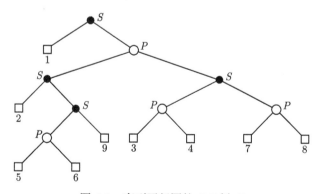

图 4.9 序列平行图的 $PS$-树 $\mathcal{T}$

现讨论单机有序列平行偏序约束的加权总完工时间问题, 记为 $1|SP\text{-graph}|$

_____

①注意: 这里的 $PS$-树, 与前一章的 $PQ$-树一样, 不仅是图论意义的有向树, 而且表示一种数据结构,
其中同一个节点的多个儿子具有从左到右的顺序. 按照数据结构的习惯, 树中的顶点叫做 "节点".

$\sum w_j C_j$. 这里主要介绍 Lawler 的 $O(n\log n)$ 算法[13, 78]. 其他相关工作参见 [17, 18].

回顾具有链状约束的例 2.2.3, 其核心思想是 WSPT 规则的合比性质, 即每个子序列 (链) 可合并计算 $p/w$ 值, 然后以此比较优劣. 对最小化 $\sum w_j C_j$ 而言, 合比形式的 WSPT 规则代表优化的趋势, 只要约束允许, 尽量顺应这一趋势. 在前一章, 有连贯约束的例 3.4.1 $(1|\Pi(\mathcal{F})|\sum w_j C_j)$ 沿袭了这一思想, 对 $PQ$-树每一个节点的子序列, 也合并地计算 $p/w$ 值; 然后, 对 $P$-节点的所有儿子, 按这个比值规则排列 (对 $Q$-节点直接比较两个方向的目标函数值). 现在, 对序列平行图的 $PS$-树, 继续运用这一想法. 对 $P$-节点的两个儿子, 次序没有限制, 自然仍可以按合并的 $p/w$ 值比较优劣. 只是对 $S$-节点的左、右儿子如何兼顾约束的序与优劣的序, 还需仔细考虑.

类似于前面的 $PQ$-树, 我们对 $PS$-树的每个节点规定一个层次: 树根为第 1 层; 第 $i$ 层节点的儿子属于第 $i+1$ 层. 算法将从一具有最大层次的节点开始, 逐步合并删除节点, 直至最后剩下树根为止.

开始时, 工件 $j$ 对应的树叶为 $X_j=\{j\}$, 即长度为 1 的子序列的集合. 进而, 树叶 $X_i=\{i\}$ 与 $X_j=\{j\}$ 作序列运算得到 $X_f=\{ij\}$; 作平行运算得到 $X_f=\{i,j\}$. 于是删去树叶 $X_i$ 及 $X_j$, $X_f$ 成为新的树叶. 在运作过程中, 一般树叶节点都表示为若干子序列 (链) 的集合, 如 $X=\{\pi_1,\pi_2,\cdots,\pi_k\}$, 其中每个子序列 $\pi_i$ 内的顺序是确定的 (作为序列运算的结果), 而各子序列之间的顺序是不确定的 (表示平行运算关系). 再者, 这些子序列是互不相交的, 由不同的工件组成.

对一个 $P$-节点 $X_f$ 而言, 如果它的两个儿子 $X_l$ 与 $X_r$ 已经成为树叶, 由于它们之间是平行运算关系, 只要把两个子序列的集合并起来, 得到 $X_f=X_l\cup X_r$. 这样就可以把两个儿子 $X_l$ 及 $X_r$ 删去, 合并为新的树叶 $X_f$. 这就是对 $P$-节点的运算规则. 下面主要分析对 $S$-节点 $X_f$ 的两个儿子 $X_l$ 与 $X_r$ 如何合并.

如前, 对任意子序列 $\pi$, 我们定义 $p(\pi)=\sum_{j\in\pi}p_j$ 及 $w(\pi)=\sum_{j\in\pi}w_j$. 并记 $\rho(\pi)=\dfrac{p(\pi)}{w(\pi)}$. 假如已经得到某个节点的子序列集合表示 $X=\{\pi_1,\pi_2,\cdots,\pi_k\}$, 那么这些子序列的顺序是最优的当且仅当它满足 WSPT 规则 $\rho(\pi_1)\leqslant\rho(\pi_2)\leqslant\cdots\leqslant\rho(\pi_k)$. 特别地, 当最后得到树根的子序列集合表示时, 便可以按此规则得到最优的线性扩张.

在算法过程中, 对 $S$-节点 $X_f$ 的两个儿子 $X_l$ 与 $X_r$, 如果有 $\pi_i\in X_l$ 及 $\pi_j\in X_r$ 满足 $\rho(\pi_i)<\rho(\pi_j)$, 则在其父节点 $X_f$ 执行序列运算时, 可设定子序列 $\pi_i$ 与 $\pi_j$ 具有平行关系, 因为这平行关系加上 $\rho(\pi_i)<\rho(\pi_j)$ 的作用, 仍可保证 $\pi_i$ 排在 $\pi_j$ 之前. 换言之, 当 $\rho(\pi_i)<\rho(\pi_j)$ 的顺序关系与约束的偏序关系一致时, 可以隐去偏序的先后关系, 由它们的优化顺序关系承载下来, 兼而代之. 这是下面合并规则的理由.

现设 $S$-节点 $X_f$ 的左儿子为 $X_l = \{\pi_1, \pi_2, \cdots, \pi_i\}$, 右儿子为 $X_r = \{\pi'_1, \pi'_2, \cdots, \pi'_j\}$, 其中 $\rho(\pi_1) \leqslant \rho(\pi_2) \leqslant \cdots \leqslant \rho(\pi_i)$, $\rho(\pi'_1) \leqslant \rho(\pi'_2) \leqslant \cdots \leqslant \rho(\pi'_j)$. 今后约定: 两个子序列 $\pi_i$ 与 $\pi'_k$ 的连接直接记为 $\pi_i\pi'_k$. 如下是 $S$-节点 $X_f$ 的合并过程, 其中起合并作用的子序列记为 $\pi$.

**过程 SERIES** $(X_l, X_r)$

(1) 若 $\rho(\pi_i) < \rho(\pi'_1)$, 则输出 $X_f := X_l \cup X_r$.

(2) 否则令 $\pi := \pi_i\pi'_1$, $X_l := X_l \setminus \{\pi_i\}$, $i := i - 1$, $X_r := X_r \setminus \{\pi'_1\}$, $k := 2$.

(3) 当 $\rho(\pi_i) \geqslant \rho(\pi)$ 或 $\rho(\pi) \geqslant \rho(\pi'_k)$ 时, 执行:

若 $\rho(\pi_i) \geqslant \rho(\pi)$, 则令 $\pi := \pi_i\pi$, $X_l := X_l \setminus \{\pi_i\}$, $i := i - 1$.

若 $\rho(\pi) \geqslant \rho(\pi'_k)$, 则令 $\pi := \pi\pi'_k$, $X_r := X_r \setminus \{\pi'_k\}$, $k := k + 1$.

(4) 输出 $X_f := X_l \cup \{\pi\} \cup X_r$.

这个子程序主要通过一个逐步加大的子序列 $\pi$, 使左儿子的最后一个子序列与右儿子的最前一个子序列进行合并, 将约束的先后关系固定在其中, 这样直至不能合并为止. 在过程结束时, 对任意 $\pi_l \in X_l$ 及 $\pi'_r \in X_r$ 必有 $\rho(\pi_l) < \rho(\pi) < \rho(\pi'_r)$ 或 $\rho(\pi_l) < \rho(\pi'_r)$ (如果不存在 $\pi$). 因此, 如果在偏序约束中子序列 $\pi_l$ 必须在子序列 $\pi'_r$ 之前加工, 则此要求由潜在的关系 $\rho(\pi_l) < \rho(\pi'_r)$ 得以保证.

根据以上分析与准备, 得到如下算法:

**算法 4.2.1** 求解问题 $1|SP\text{-graph}|\sum w_j C_j$.

(1) 根据偏序约束, 构造 $PS$-树 $\mathcal{T}$. 对工件 $j$ 对应的树叶令 $X_j := \{j\}$. 设 $U$ 为未处理的 $P$-节点及 $S$-节点之集.

(2) 取 $X_f \in U$ 为一具有最大层次的节点, 对其树叶儿子 $X_l$ 及 $X_r$ 进行合并运算:

若 $X_f$ 是 $P$-节点, 则令 $X_f := X_l \cup X_r$, 且 $X_f$ 变为树叶, $U := U \setminus \{X_f\}$.

若 $X_f$ 是 $S$-节点, 则执行过程 SERIES $(X_l, X_r)$, 得到 $X_f$ 的子序列表示. 将 $X_f$ 变为树叶, $U := U \setminus \{X_f\}$.

(3) 若 $U \neq \varnothing$, 则转 (2); 否则将树根的所有子序列按照比值 $\rho$ 的非降顺序连接起来, 得到最优解 $\pi^*$.

用一个数值例子说明算法的执行过程. 设偏序约束的有向图 $G$ 及其 $PS$-树 $\mathcal{T}$ 分别如图 4.8 及图 4.9 所示, 工时向量为 $\boldsymbol{p} = (4, 3, 6, 8, 3, 5, 2, 7, 6)$, 且所有 $w_j = 1$ ($1 \leqslant j \leqslant 9$). 那么算法执行过程如图 4.10 所示.

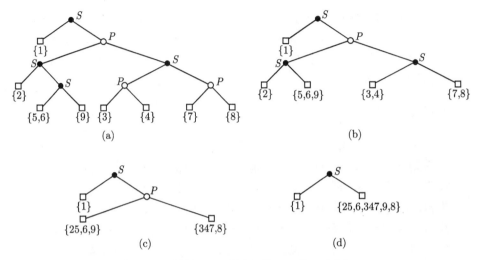

图 4.10　算法 4.2.1 举例: 图 4.8 的 $PS$-树 $\mathcal{T}$

首先, 树叶 $\{5\}, \{6\}$ 经过一个 $P$-节点的平行运算, 合并为新的树叶 $\{5,6\}$, 如图 (a) 所示. 其次, 树叶 $\{3\}, \{4\}$ 经过 $P$-节点的平行运算, 合并为新的树叶 $\{3,4\}$; 树叶 $\{7\}, \{8\}$ 经过 $P$-节点的平行运算, 合并为新的树叶 $\{7,8\}$. 同时, 左儿子 $X_l = \{5,6\}$ 与右儿子 $X_r = \{9\}$ 进行序列运算, 由于 $\rho(5) < \rho(6) < \rho(9)$, 即 $p_5 = 3 < p_6 = 5 < p_9 = 6$, 直接得到父亲 $X_f = \{5,6,9\}$, 如图 (b) 所示. 进而, $X_l = \{2\}$ 与 $X_r = \{5,6,9\}$ 进行序列运算, 由于 $\rho(2) = \rho(5) = 3$, 子序列 2 与子序列 5 合并为子序列 25. 于是得到 $X_f = \{25,6,9\}$. 另外, $X_l = \{3,4\}$ 与 $X_r = \{7,8\}$ 进行序列运算, 由于 $\rho(4) > \rho(7), \rho(3) > \rho(47)$, 合并出子序列 347, 从而得到 $X_f = \{347,8\}$, 如图 (c) 所示. 再者, 对最后一个 $P$-节点进行平行运算, 直接合并为 $\{25,6,347,9,8\}$, 如图 (d) 所示. 最后对两个节点 $\{1\}$ 及 $\{25,6,347,9,8\}$ 执行序列运算, 由于 $\rho(1) > \rho(25)$, 合并出子序列 125, 并最终得到树根的子序列集合 $X_f = \{125,6,347,9,8\}$, 其 $\rho$-比值的递增顺序为 $\frac{10}{3} < 5 < \frac{16}{3} < 6 < 7$. 因此输出最优解 $\pi^* = (1,2,5,6,3,4,7,9,8)$.

**命题 4.2.1**　算法 4.2.1 在 $O(n \log n)$ 时间正确地求出问题 $1|SP\text{-graph}| \sum w_j C_j$ 的最优方案.

**证明**　首先证明算法的正确性. 为此, 只要证明如下的论断.

**论断**　对算法执行过程中每一步产生的 $PS$-树, 都存在一个最优排列, 使得它是由连接所有树叶中的子序列构成的 (每个树叶中的每一个子序列都是这个最优排列的一个区段).

事实上, 算法开始时论断显然成立, 因为每一个工件 (树叶) 都对应于长度为 1

的子序列. 下面运用归纳法. 假定对某一步的 PS-树, 存在最优排列 $\pi^*$, 它是由连接所有树叶中的子序列构成的. 如果下一步是在 P- 节点上执行平行运算, 则所有子序列没有发生变化 (只是归并到不同的树叶中), 因而论断依然成立. 现在只要考虑在一个 S-节点上执行序列运算, 即执行过程 SERIES$(X_l, X_r)$. 如果在步骤 (1) 输出 $X_f := X_l \cup X_r$, 则所有子序列的集合也没有发生变化, 故论断仍然成立. 现设在步骤 (2), 令 $\pi_i$ 与 $\pi'_1$ 合并为 $\pi := \pi_i \pi'_1$, 其中 $\rho(\pi_i) \geqslant \rho(\pi'_1)$. 往证存在最优排列包含新的子序列 $\pi := \pi_i \pi'_1$. 由 $\pi_i \in X_l$, $\pi'_1 \in X_r$, 以及偏序约束可知, 在最优排列 $\pi^*$ 中 $\pi_i$ 一定排在 $\pi'_1$ 之前. 由此可设 $\pi^* = \alpha \pi_i \beta \pi'_1 \gamma$, 其中 $\beta$ 是介于 $\pi_i$ 与 $\pi'_1$ 之间的子序列组成的部分序列. 如果 $\beta = \varnothing$, 则 $\pi^*$ 包含合并的子序列 $\pi_i \pi'_1$, 得证. 下面假设 $\pi^*$ 是这样的最优排列, 其中 $\beta$ 的子序列数为最小. 分两种情形讨论:

(i) 若 $\beta \cap (X_l \cup X_r) = \varnothing$, 则可断言 $\beta$ 中的子序列与 $X_l \cup X_r$ 中的子序列没有偏序约束关系. 事实上, 如有子序列 $q \in \beta$, 而 $X_f$ 是 $X_l$ 与 $X_r$ 的父亲, 则在 PS-树中, $q$ 在以 $X_f$ 为根的子树之外. 若 $q$ 与 $X_f$ 的最小公共祖先是一个 S-节点, 且 $q$ 在左, $X_f$ 在右, 则与在 $\pi^*$ 中 $\pi_i$ 排在 $q$ 之前矛盾; 若 $q$ 在右, $X_f$ 在左, 则与在 $\pi^*$ 中 $\pi'_1$ 排在 $q$ 之后矛盾. 因此 $q$ 与 $X_f$ 的最小公共祖先只能是一个 P-节点, 即它们之间没有先后约束. 于是上述断言成立. 这样一来, 若 $\rho(\beta) \leqslant \rho(\pi_i)$, 则可在排列 $\pi^*$ 中将 $\pi_i$ 与 $\beta$ 交换位置, 得到另一个排列 $\bar{\pi} = \alpha \beta \pi_i \pi'_1 \gamma$, 使得目标函数不增加. 因而 $\bar{\pi}$ 也是最优排列, 与上述 $\beta$ 的最小性假设矛盾. 若 $\rho(\beta) > \rho(\pi_i) \geqslant \rho(\pi'_1)$, 则在排列 $\pi^*$ 中将 $\pi'_1$ 与 $\beta$ 交换位置, 得到最优排列 $\bar{\pi} = \alpha \pi_i \pi'_1 \beta \gamma$, 同样导致矛盾.

(ii) 若 $\beta \cap (X_l \cup X_r) \neq \varnothing$, 不妨设 $\pi_h \in X_l$ 是 $\beta$ 中第一个属于 $X_l \cup X_r$ 的子序列 (若 $\pi'_h \in X_r$ 是 $\beta$ 中最后一个属于 $X_l \cup X_r$ 的子序列, 则可对称地证明). 于是可设 $\pi^* = \alpha \pi_i \beta_1 \pi_h \beta_2 \pi'_1 \gamma$. 在过程 SERIES$(X_l, X_r)$ 中已知 $\rho(\pi_i) \geqslant \rho(\pi_h)$. 若 $\rho(\beta_1) \geqslant \rho(\pi_h)$, 则可在排列 $\pi^*$ 中将 $\pi_h$ 与 $\beta_1$ 交换位置, 然后再与 $\pi_i$ 交换位置, 得到最优排列 $\bar{\pi} = \alpha \pi_h \pi_i \beta_1 \beta_2 \pi'_1 \gamma$, 与 $\beta$ 的最小性假设矛盾. 若 $\rho(\beta_1) < \rho(\pi_h) \leqslant \rho(\pi_i)$, 则在排列 $\pi^*$ 中将 $\pi_i$ 与 $\beta_1$ 交换位置, 得到最优排列 $\bar{\pi} = \alpha \beta_1 \pi_i \pi_h \beta_2 \pi'_1 \gamma$, 同样与假设矛盾.

若在步骤 (3), 令 $\pi_i$ 与 $\pi$ 合并为 $\pi := \pi_i \pi$, 或令 $\pi$ 与 $\pi'_k$ 合并为 $\pi := \pi \pi'_k$, 则用同样方法证明. 至此, 论断得证.

由论断得知, 对算法最终得到的树根的子序列集合, 存在一个最优排列, 成为这些子序列的连接序列. 因此, 将这些子序列按照比值 $\rho$ 的非降顺序连接起来, 目标函数不会增加, 并且满足偏序约束, 从而算法输出的排列就是最优解.

至于算法的运行时间, 首先看 PS-树 $\mathcal{T}$ 的构造. 由于它是 $n$ 个树叶的二分树, 易知它有 $2n - 1$ 个节点, 包括 $n - 1$ 个非叶节点. 所以构造 $\mathcal{T}$ 可在 $O(n)$ 时间完成. 其次, 考虑所有 P-节点的运算次数. 注意 P-节点的运算只是两个集合的 $X_l$ 与 $X_r$ 的合并, 而对一个集合添加一个元素看作一次赋值运算. 不妨设树 $\mathcal{T}$ 所有节

点都是 $P$-节点, 并设运算次数为 $t(n)$, 则显然 $t(2) = 1$. 对 $n > 2$, 假定树根的两个儿子 $X_l$ 与 $X_r$ 的树叶数相同 (否则运算次数更少). 在以 $X_l$ 与 $X_r$ 为根的子树中的运算次数都是 $t(n/2)$; 而将 $X_l$ 合并到 $X_r$ 的运算次数是 $n/2$. 因此得到递推公式:

$$t(n) = 2 \cdot t\left(\frac{n}{2}\right) + \frac{n}{2}, \quad n > 2.$$

为简明起见, 不妨假设 $n$ 是 2 的幂次, 即 $n = 2^k$. 下面用归纳法证明这一递推方程的解是 $t(n) = \frac{n}{2}\log n = 2^{k-1}k$. 当 $k = 1$ 时, $t(2) = 2^0 \cdot 1 = 1$, 解式为真. 假定已有 $t(n/2) = 2^{k-2}(k-1)$ 成立, 则 $t(n) = 2 \cdot t(n/2) + n/2 = 2 \cdot 2^{k-2}(k-1) + 2^{k-1} = 2^{k-1}k$, 从而解式得证. 因此 $t(n) = O(n\log n)$, 即所有 $P$-节点的平行运算可在 $O(n\log n)$ 时间完成.

最后来看 $S$-节点的序列运算. 不妨设树 $\mathcal{T}$ 所有节点都是 $S$-节点. 在一个 $S$-节点执行序列运算 $\mathrm{SERIES}(X_l, X_r)$, 包括子序列集合的合并以及子序列之间按 $\rho$- 比值的排序. 如同 $P$-节点的情形, 所有 $S$-节点的合并运算也可在 $O(n\log n)$ 时间完成. 此外, 可以断言: 所有 $S$-节点按 $\rho$- 比值的排序也可在 $O(n\log n)$ 时间完成. 回顾传统的合并排顺算法 (参见 1.2.5 节). 当我们对子序列集合 $X_l$ 及 $X_r$ 进行合并时, 取出 $X_l$ 末位的子序列与 $X_r$ 首位的子序列进行比较 $\rho$- 比值, 决定连接与否; 继续这样的计算与比较. 这样的计算与比较次数至多为 $|X_l| + |X_r| - 1$, 这里 $|X|$ 表示 $X$ 中的子序列数. 为简单起见, 不妨假设树 $\mathcal{T}$ 是完全二分树, 且 $n$ 是 2 的幂次. 那么, 每一层节点至多进行 $n$ 次 $\rho$- 比值的计算与比较 (每一次可在常数时间完成). 另一方面, 树 $\mathcal{T}$ 有 $\log n$ 层节点. 所以总的运算次数为 $O(n\log n)$. □

在上述运行时间分析中, 我们只对 $PS$-树 $\mathcal{T}$ 具有对称结构情形进行讨论, 略去了非对称情形的细节, 那是非本质的补充讨论.

### 4.2.2　有树型偏序约束的问题

树型偏序是一种较稀疏的关系, 约束作用较弱, 容易得到好算法. 对此, 可以继续发挥前一例题的思想, 在表示偏序约束的树上逐步递推.

**例 4.2.2**　单机有出树约束的加权总完工时间问题 $1|\mathrm{outtree}|\sum w_j C_j$.

假定偏序约束由一个出树给出. 所谓出树, 是指这样有向树, 其每一个顶点至多有一条引入边, 但可以有若干条引出边. 换言之, 除树根外, 每一个顶点只有一个先行 (父亲), 如图 4.11 所示. 如前, 对出树的每个顶点也规定一个层次: 树根的层次为 1; 层次为 $i$ 的顶点的儿子的层次为 $i+1$. 对称地, 所谓入树, 就是每一个顶点至多有一个后继. 后面的例子再讨论.

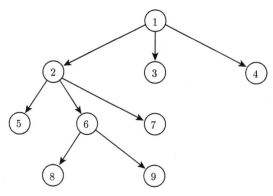

图 4.11  出树的例子

现设表示偏序约束的有向图是一个出树 $G = (V, E)$, 其中 $V = \{1, 2, \cdots, n\}$, $(i, j) \in E$ 表示 $j$ 是 $i$ 的儿子. 其次, 设 $S(i)$ 表示顶点 $i$ 的所有后代之集 (包括 $i$). 对任意两个子集 (或子序列) $I, J \subseteq V$, $I$ 与 $J$ 称为平行的 (记作 $I \| J$), 是指任意 $i \in I$ 与任意 $j \in J$ 都没有偏序关系, 即 $j \notin S(i)$ 且 $i \notin S(j)$. 在单点集的情形 $\{i\} \| \{j\}$ 简记为 $i \| j$.

如前, 对任意子序列 $I$, 定义 $p(I) = \sum_{i \in I} p_i$ 及 $w(I) = \sum_{i \in I} w_i$, 并记 $\rho(I) = \dfrac{p(I)}{w(I)}$. 根据 WSPT 规则的合比性质, 若 $\pi = \alpha I J \beta$ 是一个最优排列, 且 $I \| J$, 则 $\rho(I) \leqslant \rho(J)$. 若 $I \| J$ 并且 $\rho(I) = \rho(J)$, 则 $\pi' = \alpha J I \beta$ 也是最优排列. 由此可导出如下的基本性质.

**命题 4.2.2**  设 $i$ 是一个工件, $(i, j) \in E$, 且 $\rho(j) = \min\{\rho(k) : k \in S(i) \setminus \{i\}\}$, 则存在一个最优排列 $\pi$, 使得 $j$ 恰排在紧接 $i$ 之后.

**证明**  设 $\pi = \alpha i \beta j \gamma$ 是一个最优排列且 $\beta \neq \varnothing$. 并且假定 $\pi$ 是这样的最优排列, 使得 $l = |\beta| > 0$ 为最小. 我们取 $\beta$ 的最后一个工件 $k$. 分两种情形讨论:

(i) 若 $k \in S(i)$, 则 $k \| j$. 这是因为若 $j$ 是 $k$ 的后代, 而 $j$ 是 $i$ 的儿子, 则 $j$ 有两个先行, 与出树定义矛盾. 由 $\pi$ 的顺序, $k$ 也不可能是 $j$ 的后代. 进而, 根据上述最优排列的 WSPT 规则, $\rho(k) \leqslant \rho(j)$. 再由 $j$ 的定义知 $\rho(k) \geqslant \rho(j)$, 从而 $\rho(k) = \rho(j)$. 于是交换 $j$ 和 $k$ 的位置仍然得到最优排列, 与 $l$ 的最小性矛盾.

(ii) 若 $k \notin S(i)$, 设 $h$ 是 $\pi$ 在 $j$ 之前的子序列 $i\beta$ 中最后一个属于 $S(i)$ 的工件, 而 $K$ 是 $h$ 与 $j$ 之间的子序列 (包括 $k$). 同上可证 $K \| j$, 因为若 $j$ 是某个 $k' \in K$ 的后代, 则 $j$ 有两个先行, 与出树矛盾. 根据最优排列的 WSPT 规则, $\rho(K) \leqslant \rho(j)$. 另一方面, 可以断言 $h \| K$. 这是因为若有某个 $k' \in K$ 是 $h$ 后代, 则 $k' \in S(i)$, 与 $h$ 的定义矛盾. 于是有 $\rho(h) \leqslant \rho(K) \leqslant \rho(j)$. 再由 $j$ 的定义知 $\rho(h) \geqslant \rho(j)$, 从而得到 $\rho(h) = \rho(K) = \rho(j)$. 这样一来, 交换 $j$ 与子序列 $K$ 的位置仍然得到最优排列, 与 $l$ 的最小性矛盾.  $\square$

根据这一基本性质, 我们可以将工件 $i$ 替换为子序列 $I = (i, j)$, 把它看作一个新的工件, 并令 $p(I) = p(i) + p(j)$, $w(I) = w(i) + w(j)$. 在约束树 $G$ 中, 将顶点 $j$ 并入顶点 $i$ 中, 变成顶点 $I = (i, j)$; $j$ 的儿子也变成 $I$ 的儿子. 这一合并过程可以仿照前一例子, 把每个顶点看作一个子序列, 从最大层次的非树叶顶点 $I$ 做起, 直至合并到树根, 得到排列 $\pi^*$. 在此, 对两个顶点 $I$ 及 $J$, $I$ 是 $J$ 的父亲, 合并运算就是把两个子序列连接起来, 成为 $I := IJ$. 下面的算法原型出自 Adolphson 和 Hu[87], 这里只是做些改编.

**算法 4.2.2**    求解问题 $1|\text{outtree}|\sum w_j C_j$.

---

(1) 给定偏序约束的树 $G$. 设 $U$ 为非树叶顶点之集.

(2) 取 $I \in U$ 为一具有最大层次的顶点. 将其儿子 (全部后代) $I_1, I_2, \cdots, I_k$ 按照比值 $\rho$ 的非降顺序排列为 $\rho(I_1) \leqslant \rho(I_2) \leqslant \cdots \leqslant \rho(I_k)$. 令 $I := I\, I_1\, I_2 \cdots I_k$.

(3) 计算 $\rho(I) := p(I)/w(I)$. 令 $U := U \setminus \{I\}$.

(4) 若 $U \neq \varnothing$, 则转 (2); 否则输出树根的序列 $\pi^*$.

---

**命题 4.2.3**    算法 4.2.2 在 $O(n \log n)$ 时间正确地求出问题 $1|\text{outtree}|\sum w_j C_j$ 的最优方案.

**证明**    算法的正确性由命题 4.2.2 的合并运算合理性得到. 至于算法的运行时间, 设第 $i$ 次从 $U$ 中取出的顶点的儿子数为 $k_i$, $i = 1, 2, \cdots, r$, 则 $k_1 + k_2 + \cdots + k_r = n - 1$, 即树 $G$ 的边数. 在步骤 (2), 对 $k_i$ 个儿子按照比值 $\rho$ 的非降顺序排列, 其运行时间为 $k_i \log k_i$. 所以全部这样的排顺运算时间为 $\sum_{i=1}^{r} k_i \log k_i \leqslant (\sum_{i=1}^{r} k_i) \log n = (n - 1) \log n$. 在步骤 (3) 计算连接后的 $\rho(I) := p(I)/w(I)$, 运算次数是 $2k_i + 1$, 全部运算也可在 $O(n)$ 时间完成. 因此总的时间界是 $O(n \log n)$.    □

### 4.2.3  有一般偏序约束的单位工时问题

在第 2 章的后向贪婪算法中, 讨论了问题 $1|\text{prec}|f_{\max}$ (例 2.4.1), $1|r_j, \text{prec}, \text{pmtn}| f_{\max}$, 以及 $1|r_j, \text{prec}, p_j = 1|f_{\max}$ (例 2.4.3), 都得到 $O(n^2)$ 的算法. 现在考察特殊目标函数 $L_{\max}$, 期望得到更快捷的算法.

**例 4.2.3**    单机有偏序约束与到达期的单位工时问题 $1|\text{prec}, r_j, p_j = 1|L_{\max}$.

主导思想是在保持目标函数值不变的前提下, 修改工期 $d_j$, 使得偏序约束的顺序尽量与 EDD 规则的优化顺序取得一致. 修改的规则是: 若 $i \prec j$ 且 $d'_i := d_j - p_j < d_i$, 则将工期 $d_i$ 修改为 $d'_i$. 这样做, 可以保证:

$$\max\{C_i - d_i, C_j - d_j\} = \max\{C_i - d'_i, C_j - d_j\}. \tag{4.10}$$

这是因为 $C_j \geqslant C_i + p_j$, 所以 $C_j - d_j \geqslant C_i + p_j - d_j = C_i - d'_i > C_i - d_i$, 从而上述

等式成立 (两端均等于 $C_j - d_j$). 这就是说, 这样的修改并不改变目标函数值 $L_{\max}$.

设 $G = (V, E)$ 为表示偏序约束的有向图. 作为预处理, 我们先对顶点集 (工件集) $V$ 按偏序 $\prec$ 的 "拓扑序" 编号 (见习题 1.5), 即若 $J_i \prec J_j$, 则令 $i < j$. 然后按编号从大到小进行修改工期如下:

**修改工期过程**

(1) 对 $j := n$ 到 1 执行:

  若 $(i, j) \in E$, 则令 $d_i := \min\{d_i, d_j - p_j\}$.

我们曾对无偏序约束情形 $1|r_j, p_j = 1|L_{\max}$ (例 2.1.5), 得到修订的 EDD 规则: 在任意时刻 $t = r_j$ 对已到达的工件, 按 EDD 顺序安排加工 (命题 2.1.11). 现在经过修改工期之后, 即可将此规则应用于有偏序约束的情形.

**算法 4.2.3**  求解问题 $1|\mathrm{prec}, r_j, p_j = 1|L_{\max}$.

(1) 设工件集为 $\boldsymbol{N} := \{1, 2, \cdots, n\}$. 将所有到达期排成 $r_{i_1} \leqslant r_{i_2} \leqslant \cdots \leqslant r_{i_n}$ 的顺序. 令 $t_1 := r_{i_1}$, $k := 1$.

(2) 设 $U_k := \{j \in \boldsymbol{N} : r_j \leqslant t_k\}$. 在 $U_k$ 中取出一个工期最小的工件 $x$, 令 $\pi(k) = x$, 安排在时刻 $t_k$ 开始加工. 令 $\boldsymbol{N} := \boldsymbol{N} \setminus \{\pi(k)\}$.

(3) 若 $\boldsymbol{N} = \varnothing$, 则转下; 否则令 $t_{k+1} := \max\{t_k + 1, r_{i_{k+1}}\}$, $k := k + 1$, 转 (2).

(4) 输出机程方案 $\pi$, 其中工件 $\pi(k)$ 在时刻 $t_k$ 开始加工 ($1 \leqslant k \leqslant n$).

**命题 4.2.4**  算法 4.2.3 在 $O(n \log n)$ 时间正确地求出问题 $1|\mathrm{prec}, r_j, p_j = 1|L_{\max}$ 的最优方案.

**证明**  首先证明算法构造的机程方案 $\pi$ 是最优的. 事实上, 对一个最优方案而言, 每个工件的开工时刻一定是它的到达期或者前一个工件的完工时刻, 一如上述算法的执行过程. 往证算法构造的机程方案 $\pi$ 与最优方案的安排一致. 若不然, 设 $\pi^*$ 是一个最优方案, 并令 $t$ 是这样的第一个时刻, 使得 $\pi^*$ 的安排与 $\pi$ 的安排不同. 进而假设这个 $t$ 是对所有最优方案中最大可能的时刻. 具体地说, 假定在时刻 $t$ 方案 $\pi$ 安排工件 $i$ 加工, 而方案 $\pi^*$ 安排工件 $j$ 加工, $i \neq j$; 并且方案 $\pi^*$ 的工件序列为 $\alpha j \beta i \gamma$, 其中子序列 $\alpha$ 与方案 $\pi$ 在时刻 $t$ 之前部分相同. 既然 $r_i, r_j \leqslant t$, 由算法的选择得知 $d_i \leqslant d_j$. 对任意 $k \in \beta$, 若 $j \prec k$, 则由修改工期可知 $d_j < d_k$. 否则 $j \| k$, 若有 $d_j > d_k$, 则将 $k$ 与 $j$ 交换位置不影响 $\pi^*$ 的最优性. 总之, 我们有 $d_i \leqslant d_j \leqslant d_k, k \in \beta$. 于是构造序列为 $\alpha i j \beta \gamma$ 的方案 $\pi'$, 它仍然满足偏序约束, 且目标函数值不增加. 故 $\pi'$ 仍为最优方案, 与 $t$ 的假设矛盾.

其次关于时间界, 首先所有工件按照 EDD 规则排列为 $\pi^0 = (1, 2, \cdots, n)$. 同时, 把所有工件按到达期排列成队列 $Q = (i_1, i_2, \cdots, i_n)$ 使得 $r_{i_1} \leqslant r_{i_2} \leqslant \cdots \leqslant r_{i_n}$. 运用排顺算法, 这可在 $O(n \log n)$ 时间完成. 在算法执行过程中, 队列 $Q$ 的元素 (先进先出) 依次进入集合 $U_k$. 但是 $U_k$ 的元素又按 EDD 序排列, 所以它又看作 $\pi^0$ 的子序列 (不一定是连贯的). 设 $S_k := U_k \setminus U_{k-1}$ (约定 $U_0 = \varnothing$), 则 $S_k$ 是在第 $k$ 步从队列 $Q$ 取出, 然后加入到 $U_k$ 的部分. 它的元素要按照 EDD 序插入到 $U_{k-1} \setminus \{x\}$ 的缝隙中 ($x$ 为上一步取出的最小元). 须知将一个元素按规定顺序插入到序列 $L$ 中的计算量至多为 $O(\log |L|)$ (可用对分法每次在序列的中点进行试探). 因此构造 $U_k$ 并确定它的顺序可在 $O(|S_k| \log |U_k|)$ 时间完成. 由于 $\sum_{k=1}^{n} |S_k| \log |U_k| \leqslant (\sum_{k=1}^{n} |S_k|) \log n = n \log n$, 所以确定所有 $U_k$ 中的顺序的时间界为 $O(n \log n)$. 由此可知, 算法的运行时间是 $O(n \log n)$. □

同样的思想可应用到问题 $1|\text{prec}, r_j, \text{pmtn}|L_{\max}$: 在每一个决策时刻 $t$ (一个工件到达或一个工件完工), 取出所有已经到达且其先行工件已经完成的工件, 从中取出最小工期者. 细节留作习题.

仿此可考虑问题 $1|\text{prec}, r_j, \text{pmtn}|\sum C_j$ 以及 $1|\text{prec}, r_j, p_j = 1|\sum C_j$, 只要把关于工期的 EDD 规则换成关于工时的 SPT 规则. 详细讨论留作习题.

## 4.3　有偏序约束的多台机器问题

### 4.3.1　有树型约束的平行机问题

首先介绍一个经典结果, 即如下问题的 Hu (胡德强) 算法[88], 亦有层次算法之称.

**例 4.3.1**　平行机有树约束的单位工时问题 $P|\text{tree}, p_j = 1|C_{\max}$.

问题是 $n$ 个单位工时的工件安排在 $m$ 台恒同机上加工, 在满足树约束的条件下最小化全程 $C_{\max}$. 这里着重讨论偏序约束是入树的情形, 出树情形可对称地得到. 对一个入树而言, 除树根之外, 每一个顶点只有一个后继, 如图 4.12 所示. 与出树情形类似, 规定树根的层次为 1; 层次为 $i$ 的顶点的先行的层次为 $i + 1$. 换言之, 一个顶点的层次等于由它到树根的有向路中的顶点数. 所有顶点中的最大层次称为树的**高度**, 记为 $h$. 其次, 无先行的顶点 (没有引入边) 称为**树叶**, 如图 4.12 中的顶点 1, 2, 3, 4, 7.

设 $G = (V, E)$ 为表示偏序约束的入树. 在算法之先, 对入树 $G$ 的所有顶点, 从树根开始, 递推地计算层次. 其次, 对入树的所有顶点这样进行编号: 首先取出最高层的树叶, 逐个编号后删去; 再取最高层的树叶, 重复地进行, 直至树根为止. 这是偏序关系 $\prec$ 的一种 "拓扑序" (如图 4.12 的编号). 这样分层与编号的运行时间是

$O(n)$.

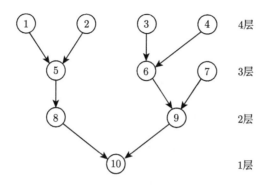

图 4.12　入树约束举例

如下算法, 作为层次由高到低的贪婪算法, 其运行时间也是 $O(n)$.

**算法 4.3.1**　　求解问题 $P|\mathrm{intree}, p_j = 1|C_{\max}$.

(1) 设工件集为 $\boldsymbol{N} := \{1, 2, \cdots, n\}$. 令 $t := 0$.

(2) 定义 $Q_t$ 为当前时刻 $t$ 的树叶之集, 并按层次由大到小排成一个队列.

(3) 从队列 $Q_t$ 取出前 $m$ 个工件 (如果 $|Q_t| \leqslant m$, 则全部取出), 安排在时刻 $t$ 的 $m$ 台机器加工. 将这些已安排的工件从 $\boldsymbol{N}$ 及入树 $G$ 中删去.

(4) 若 $\boldsymbol{N} = \varnothing$, 则终止; 否则令 $t := t + 1$, 转 (2).

以图 4.12 的偏序约束图为例, 并设 $m = 3$, 则层次算法 4.3.1 得到的机程方案 $\sigma$ 如图 4.13 的机程图所示.

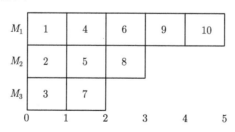

图 4.13　图 4.12 例子的算法输出方案

下面进行算法的证明. 设 $L_i$ 为具有层次 $i$ 的顶点之集 $(1 \leqslant i \leqslant h)$, 则 $\{L_1, L_2, \cdots, L_h\}$ 为入树 $G$ 的层次划分. 由于处于最高层次 $L_h$ 的顶点, 从它到树根存在 $h$ 个顶点的有向路, 可知 $C_{\max} \geqslant h$. 这是目标函数的平凡下界. 进而有如下推广.

**命题 4.3.1**　对问题 $P|\text{intree}, p_j = 1|C_{\max}$ 的任意机程方案 $\sigma$ 有

$$C_{\max}(\sigma) \geqslant \max_{1 \leqslant r \leqslant h} \left( \left\lceil \frac{\left| \bigcup\limits_{k=1}^{r} L_{h-k+1} \right|}{m} \right\rceil + h - r \right). \tag{4.11}$$

**证明**　对任意 $1 \leqslant r \leqslant h$, 考虑最后 $r$ 个层次的顶点集 $S = \bigcup_{k=1}^{r} L_{h-k+1}$. 对任意机程方案 $\sigma$, 由于偏序约束, $S$ 的工件必须安排在前面的时段; 并且每一个时段至多安排 $m$ 个工件. 因此 $S$ 的工件所占的时段数至少为

$$t = \left\lceil \frac{\left| \bigcup\limits_{k=1}^{r} L_{h-k+1} \right|}{m} \right\rceil.$$

对其中排在最后一个时段的某个工件 $x$, 从它到树根还至少有一条 $h - r$ 个顶点的有向路. 所以此后至少还有 $h - r$ 个时段. 故 $C_{\max}(\sigma) \geqslant t + h - r$. 由 $r$ 的任意性得知 (4.11) 成立.　□

**命题 4.3.2**　层次算法 4.3.1 给出问题 $P|\text{intree}, p_j = 1|C_{\max}$ 的最优机程方案.

**证明**　只要证明层次算法给出的机程方案 $\sigma$ 达到命题 4.3.1 的下界. 在层次算法开始时, $L_h \subseteq Q_1$. 按照算法规则, 仅当 $L_h$ 的顶点都删去后才着手安排 $L_{h-1}$ 的顶点, 如此依次进行. 现考虑第一次出现 $|Q_t| < m$ 的时刻 $t$. 那么存在层次 $L_{h-r+1}$, 使得此时它剩下的顶点均已含于 $Q_t$ 之中, 而此队列中所有元素仍不足以占满此时段的 $m$ 个位置. 注意在时刻 $t-1$ 以前, 不可能安排更低层次 $L_i$ $(i < h-r+1)$ 的工件, 因为 $L_{h-r+1}$ 的顶点还没有安排完. 由此可知,

$$m(t-1) < \left| \bigcup_{k=1}^{r} L_{h-k+1} \right| < mt.$$

因此 $t = \lceil |\bigcup_{k=1}^{r} L_{h-k+1}|/m \rceil$. 另一方面, 由于 $|Q_{t+1}| \leqslant |Q_t|$ (当一个树的所有树叶被删去后, 其新的树叶数不会增加), 可知当 $t' > t$ 时 $|Q_{t'}| < m$. 所以从此之后, 每一层安排一个时段, 共有 $h - r$ 个时段. 于是得到

$$C_{\max}(\sigma) = \left\lceil \frac{\left| \bigcup\limits_{k=1}^{r} L_{h-k+1} \right|}{m} \right\rceil + h - r.$$

故算法给出的机程方案 $\sigma$ 是最优的.　□

同样的方法可应用于问题 $P|$intree$,p_j=1|\sum C_j$[88]. 另一方面, 回顾例 4.2.3 ($1|$prec$,r_j,p_j=1|L_{\max}$) 中修改工期的思想, 将其推广到平行机情形.

**例 4.3.2**　平行机有入树约束的单位工时问题 $P|$intree$,p_j=1|L_{\max}$.

仍设 $G=(V,E)$ 为表示偏序约束的入树, 其中边集 $E$ 表示偏序关系. 由于入树比例 4.2.3 的一般偏序简单, 修改工期过程也比较简单, 不要求事先把工件排成拓扑序. 待修改工期后, 再按新工期来排列工件. 按习惯, 仍假设工期 $d_j$ 均为整数. 在下面的过程中, 设 $R$ 为当前树的根 (无后继顶点) 之集.

**修改工期过程**

---

(1) 当 $R\neq\varnothing$ 时执行:

取 $j\in R$.

若 $(i,j)\in E$, 则令 $d_i:=\min\{d_i,d_j-1\}$, $R:=R\cup\{i\}$,

令 $R:=R\setminus\{j\}$.

---

这样做, 假定 $d_i'$ 表示修改后的 $d_i$, 则有 $(i,j)\in E\Rightarrow d_i'<d_j'$. 同时可以看出 (4.10) 成立, 这是因为当 $d_i':=d_j-1$ 时有 $C_j-d_j\geqslant C_i+1-d_j=C_i-d_i'>C_i-d_i$, 故 $\max\{C_i-d_i,C_j-d_j\}=\max\{C_i-d_i',C_j-d_j'\}=C_j-d_j$ (这里 $d_j'=d_j$). 因此, 这样的修改并不改变目标函数值 $L_{\max}$.

剩下的步骤就是按照修改工期的 EDD 序安排工件. 假设工件集 $\boldsymbol{N}:=\{1,2,\cdots,n\}$ 已按照 $d_1\leqslant d_2\leqslant\cdots\leqslant d_n$ 的顺序编号 (这里 $d_i'$ 已改写为 $d_i$). 注意这也是一种拓扑序, 因为若 $(i,j)\in E$, 则 $d_i<d_j$, 从而 $i<j$. 但不一定是从高到低一层一层地依次编号的 (像图 4.12 那样). 设 $r(i)$ 为工件 $i$ 的先行工件的最晚完工时间 (可看作工件 $i$ 的到达期). 如下算法取自 [19], 并参照前一算法稍作修改.

**算法 4.3.2**　求解问题 $P|$intree$,p_j=1|L_{\max}$.

---

(1) 设工件集为 $\boldsymbol{N}:=\{1,2,\cdots,n\}$. 对所有 $i\in\boldsymbol{N}$ 令 $r(i):=0$. 令 $t:=0$.

(2) 定义 $Q_t$ 为当前时刻 $t$ 的树叶之集 (满足 $r(i)\leqslant t$), 并按 EDD 序排成的队列. 从 $Q_t$ 中取出前 $m$ 个工件 (若 $|Q_t|\leqslant m$, 则全取), 安排在时刻 $t$ 加工.

(3) 若工件 $i$ 安排在时刻 $t$ 加工, 而 $(i,j)\in E$, 则令 $r(j):=\max\{r(j),t+1\}$. 将这些已安排的工件从 $\boldsymbol{N}$ 及入树 $G$ 中删去.

(4) 若 $\boldsymbol{N}=\varnothing$, 则终止; 否则令 $t:=t+1$, 转 (2).

---

看一个简单例子, 如图 4.14 所示, 其中入树约束如图 (a), $m=4$, 算法得到的机程方案如图 (b)(修改工期过程从略).

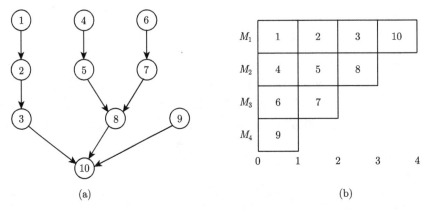

图 4.14　入树约束与最优方案

设在算法 4.3.2 中, 安排在时刻 $t$ 开始加工的工件集为 $X_t$. 如同前一算法, 我们有 $|X_t| \geqslant |X_{t+1}|$. 事实上, 当 $|X_t| = m$ 时此式显然成立. 若 $|X_t| < m$, 则对每一个 $j \in X_{t+1}$ 均对应于一个先行 $i \in X_t$, 其中 $r(i) = t, r(j) = t+1$, 而且这些先行各不相同 (因为在入树中, 每个顶点至多有一个后继). 因此 $|X_t| \geqslant |X_{t+1}|$. 这反映出算法的一个重要性质: 当时段 $t$ 的 $X_t$ 不够 $m$ 个工件时, 在排完 $X_t$ 的工件之后, 之所以不能继续排下去, 是因为偏序的制约, 它们在 $X_{t+1}$ 中的后继工件必须等到时段 $t+1$ 才能开工, 故有的机器不得不空闲 (等候后继工件到达).

为得知算法的正确性, 先证明如下引理.

**命题 4.3.3**　若存在一个机程方案 $\sigma^*$ 没有延误工件, 则算法 4.3.2 构造的方案也没有延误工件.

**证明**　设机程方案 $\sigma^*$ 没有延误工件. 倘若由算法构造的机程方案 $\sigma$ 中存在延误工件, 取出其中最早的工件 $i \in X_t$ 使得 $t+1 > d_i$. 那么 $d_i \leqslant t$. 由此可以断言 $|X_{t-1}| = m$. 若不然, $|X_{t-1}| < m$, 而 $i \in X_t$ 不能安排在前一时段, 则 $i$ 必定有一个先行 $j \in X_{t-1}$, 使得 $d_j \leqslant d_i - 1 \leqslant t-1$. 从而 $j$ 也是延误工件, 与 $i$ 的最小性矛盾. 由此可知 $|X_0| = \cdots = |X_{t-1}| = m$.

进而, 如果 $|\{j \in X_{t-1} : d_j \leqslant d_i\}| < m$, 则根据算法规则 (队列 $Q_{t-1}$ 按 EDD 顺序存取), 既然工件 $i$ 不能安排在时段 $t-1$, 故 $i \in X_t$ 必定有一个先行 $j \in X_{t-1}$. 于是 $d_j \leqslant d_i - 1 \leqslant t-1$, 因而 $j$ 也是延误工件, 同样与 $i$ 的最小性假设矛盾. 这样一来, 我们得到 $|\{j \in X_{t-1} : d_j \leqslant d_i\}| = m$, 即对任意 $j \in X_{t-1}$ 都有 $d_j \leqslant d_i$.

继续向前考虑, 如果 $|\{k \in X_{t-2} : d_k \leqslant d_i\}| < m$, 则对任意一个 $j \in X_{t-1}$ (它不能排在时段 $t-2$), 都应有一个先行 $k \in X_{t-2}$. 由入树的结构, 这些先行各不相同, 故也有 $m$ 个. 而对这些先行 $k \in X_{t-2}$ 有 $d_k \leqslant d_j - 1 < d_j \leqslant d_i$. 所以必定有 $|\{k \in X_{t-2} : d_k \leqslant d_i\}| = m$, 与假设 $|\{k \in X_{t-2} : d_k \leqslant d_i\}| < m$ 矛盾.

如此类推, 可以证明: 对 $0 \leqslant l \leqslant t-1$, 有 $|\{j \in X_l : d_j \leqslant d_i\}| = m$, 即对任意 $j \in \bigcup_{0 \leqslant l \leqslant t-1} X_l$ 有 $d_j \leqslant d_i$. 这样一来, $(\bigcup_{0 \leqslant l \leqslant t-1} X_l) \cup \{i\}$ 的 $mt+1$ 个工件在机程方案 $\sigma^*$ 中可在时刻 $d_i \leqslant t$ 之前完成, 这是不可能的 (位置不够). □

**命题 4.3.4** 算法 4.3.2 在 $O(n \log n)$ 时间给出问题 $P|\text{intree}, p_j = 1|L_{\max}$ 的最优方案.

**证明** 设 $L_{\max}^*$ 是问题的最优值, 则最优方案满足

$$C_j \leqslant d_j + L_{\max}^*, \quad 1 \leqslant j \leqslant n.$$

现在令所有工期平移为 $d_j^* := d_j + L_{\max}^*, 1 \leqslant j \leqslant n$, 则一个机程方案 $\sigma$ 对原工期达到最优, 当且仅当它对新工期没有延误. 由于最优方案对新工期是无延误的, 由命题 4.3.3 得知, 算法 4.3.2 输出的方案对新工期也无延误, 从而它对原工期是最优的.

至于算法时间界, 事先对工件集按 EDD 顺序编号, 其运行时间是 $O(n \log n)$. 而算法的主要步骤是依次安排工件, 可在 $O(n)$ 时间完成. 故总的运行时间是 $O(n \log n)$.

□

上述方法可应用于允许中断情形 $P|\text{intree}, \text{pmtn}|L_{\max}$. 然而, 出人意料的是: 问题 $P|\text{outtree}, p_j = 1|L_{\max}$ 是 NP-困难的[89].

### 4.3.2 有一般偏序约束的平行机问题

对具有一般偏序约束的问题 $P|\text{prec}, p_j = 1|C_{\max}$ 及 $P|\text{prec}, p_j = 1|L_{\max}$ 都是 NP-困难的. 我们只好退一步考虑两台机器情形.

**例 4.3.3** 二平行机一般偏序约束的单位工时问题 $P2|\text{prec}, p_j = 1|C_{\max}$.

一个简单的想法是先建立一个 "不可比较图" $G$: 若工件 $i$ 与 $j$ 没有偏序关系, 即 $i\|j$, 则它们之间连一边. 这意味着它们可以同时在两台机器加工. 于是问题归结为求 $G$ 的最大匹配, 因而可在 $O(n^3)$ 时间求解.

另一个更快捷的算法是仿照前面的层次算法, 称为标号算法[90]. 为避免混淆工件的下标编号与标号, 工件集记为 $\boldsymbol{J} := \{J_1, J_2, \cdots, J_n\}$, 并设工件 $J_j$ 的标号为 $l(J_j)$ $(1 \leqslant j \leqslant n)$. 第 1 章讲过, 对正整序列 $a = (a_1, a_2, \cdots, a_m)$ 及 $b = (b_1, b_2, \cdots, b_n)$, 字典序 $a \prec b$ 是指: $m < n$ 且 $a_i = b_i, 1 \leqslant i \leqslant m$ 或存在 $i \geqslant 1$ 使得 $a_j = b_j, 1 \leqslant j \leqslant i-1$ 而 $a_i < b_i$.

#### 标号过程

(1) 取一个无后继的工件 $x$, 令 $l(x) = 1$.

(2) 设标号 $1, 2, \cdots, i-1$ 已经指定, 并设 $S$ 是其后继均已标号的未标工件之集. 将 $S$ 中每一个工件 $x$ 的所有 (直接) 后继的标号排成一个递减序列 $L(x)$, 取出这些序列中字典序最小的 $L(\bar{x})$ $(\bar{x} \in S)$, 令 $l(\bar{x}) = i$.

一个标号过程的例子如图 4.15 所示. 当标号 $1, 2, 3$ 指定之后, $L(J_4) = (1)$, $L(J_7) = (3), L(J_6) = (3, 2, 1)$, 按照字典序进行标号有 $l(J_4) = 4, l(J_7) = 5, l(J_6) = 6$, 余类推. 在得到工件的标号之后, 以标号代替层次, 仿照层次算法 4.3.1 即得如下的标号算法.

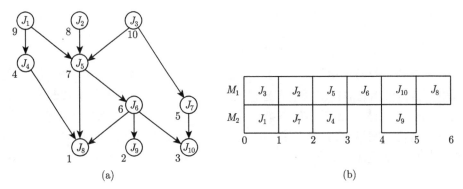

图 4.15　标号过程与机程方案

**算法 4.3.3**　求解问题 $P2|\text{prec}, p_j = 1|C_{\max}$.

(1) 设工件集为 $\boldsymbol{J} := \{J_1, J_2, \cdots, J_n\}$. 令 $t := 0$.

(2) 定义 $Q_t$ 为当前时刻 $t$ 的无先行的工件之集, 并按标号由大到小排成一个队列.

(3) 从队列 $Q_t$ 取出前两个工件 (如 $|Q_t| = 1$, 则取其唯一工件), 安排在时刻 $t$ 的两台机器上加工 (约定 $M_1$ 在 $M_2$ 之前). 将这已安排的工件从 $\boldsymbol{J}$ 及偏序约束图中删去.

(4) 若 $\boldsymbol{J} = \varnothing$, 则终止; 否则令 $t := t + 1$, 转 (2).

在此算法中要确定无先行的工件集, 具体实施方法是: 记录偏序关系的关联阵 $A = (a_{ij})$, 其中若 $J_i \prec J_j$ 则 $a_{ij} = 1$, 否则 $a_{ij} = 0$; 计算 $v(j) := \sum_{1 \leqslant i \leqslant n} a_{ij}$, 表示工件 $J_j$ 的先行工件个数 $(1 \leqslant j \leqslant n)$. 那么 $v(j) = 0$ 的工件 $J_j$ 是无先行的. 当算法删除工件时, 注意更新数组 $v(j)$.

继续来看图 4.15 例子的标号算法. 开始时无先行工件集为 $Q_0 := \{J_3, J_1, J_2\}$, 安排两个标号最大的工件 $J_3, J_1$ 加工. 然后 $Q_1 := \{J_2, J_7, J_4\}$, 安排 $J_2$ 及 $J_7$. 接着 $Q_2 := \{J_5, J_4\}$, 如数安排. 当 $Q_3 := \{J_6\}$ 时, 只能安排一个工件 $J_6$ 加工. 最后再排三个无关的工件, 整个机程方案如图 4.15 的图 (b) 所示.

上述标号算法也可以这样描述: 首先将所有工件按标号由大到小排成一个优先队列 $Q^*$, 如上例的 $Q^* = (J_3, J_1, J_2, J_5, J_6, J_7, J_4, J_{10}, J_9, J_8)$, 然后每次取出第一

个已到达 (先行工件已完工) 的工件, 安排在空闲的机器上加工 (约定 $M_1$ 优先).
Graham 称这种规则为 list scheduling (队列算法), 正如例 1.3.1 的规则: 工件按给
定次序加工; 只要有可开工的工件, 机器不能闲着.

易知标号过程的运行时间是 $O(n^2)$. 这是因为每给定一个标号 $i$, 要构造候选
集 $S$ 中每一个工件 $x$ 的后继标号序列 $L(x)$, 然后取出字典序最小者. 这需要 $O(n)$
时间. 所以确定 $n$ 个标号的运行时间是 $O(n^2)$. 至于标号算法 4.3.3, 在标号给定的
条件下, 时间界是 $O(n)$, 与前面的层次算法一样. 所以整体运行时间是 $O(n^2)$. 往
证算法正确性.

对一般偏序约束的有向图 $G$ 也有层次的概念. 设 $H_0$ 为图中无先行的顶点之
集. 将 $H_0$ 的顶点从图 $G$ 中删去后, 设 $H_1$ 为无先行的顶点之集, 如此类推, 可
以得到顶点的层次划分. 例如, 在图 4.15 中, $H_0 = \{J_1, J_2, J_3\}$, $H_1 = \{J_4, J_5, J_7\}$,
$H_3 = \{J_6\}$, $H_4 = \{J_8, J_9, J_{10}\}$.

**命题 4.3.5** 标号算法 4.3.3 给出问题 $P2|\text{prec}, p_j = 1|C_{\max}$ 的最优方案.

**证明** 以 $t(x)$ 表示工件 $x$ 的开始加工时刻. 首先证明如下的论断.

**论断** 设 $z, y$ 为最后两个标号的工件: $l(z) = n, l(y) = n - 1$, 则存在最优的
机程方案, 使得 $t(z) = 0$, $t(y) = 0$ 或 $t(y) = 1$ (如果时刻 $t = 0$ 只能安排一个
工件).

事实上, 由标号过程得知 $z$ 是无先行工件, 故 $z \in H_0$. 若 $|H_0| = 1$, 即 $z$ 是唯
一没有先行的工件, 则对任意最优方案, $z$ 都必须安排在最早时段的一台机器加工
(另一台机器空闲). 同理, 若 $|H_0| = 2$, 只有 $z$ 与 $y$ 是没有先行的工件, 那么它们必
须安排在第一时段的两台机器上加工. 下面考虑 $|H_0| \geqslant 3$. 为此, 先讨论 $|H_0| \geqslant 4$.
往证: 存在最优方案, 使得 $H_0$ 最后 (标号最大的) 四个工件安排在前两个时段. 由
于在时刻 $t = 0$ 只能安排无先行的工件, 所以 $H_0$ 中必有两个工件, 比如 $w, x$, 安排
在第一时段加工. 倘若对某个最优方案 $\sigma$, 工件 $z, y$ 没有接连安排在第二时段加工,
如图 4.16(a) 所示. 对此, 可以看出: 排在 $w, x$ 与 $z$ 之间的任意工件 $u$ 与 $z$ 均没有
偏序关系. 这是因为 $z \in H_0$, 不可能有 $u \prec z$; 另一方面, 由 $\sigma$ 的安排可知不可能
有 $z \prec u$. 因此可以将 $z$ 与这些工件 $u$ 交换位置而不影响偏序约束. 同理可将 $y$ 与
这些工件交换位置. 这样可得另一个最优方案 $\sigma'$, 使得 $z, y$ 安排在第二时段, 如图
4.16(b) 所示. 这样一来, 安排在前两个时段的 4 个工件之间没有偏序关系, 因而可
将其中 $z, y$ 交换到第一时段, 得到最优方案 $\sigma''$, 论断成立.

最后考虑 $|H_0| = 3$, 设 $H_0 = \{x, y, z\}$. 同上可证: 存在最优方案使得 $x, y, z$ 安
排在前两个时段. 然后分两种情形讨论:

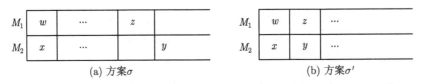

图 4.16　$|H_0| \geqslant 4$ 的前两时段安排

(i) $H_1$ 的每一个工件都同时是三个工件 $x, y, z$ 的后继. 那么其他任意工件都在 $x, y, z$ 完工之后才能开工. 也就是 $x, y, z$ 必须安排在前两个时段, 而第二时段有一个机器空闲, 如图 4.17(a) 所示. 由于 $x, y, z$ 之间没有偏序关系, 一定可以将 $y, z$ 交换到第一时段, 从而论断得证.

(ii) 在 $H_1$ 中存在某个工件不是 $x, y, z$ 之一的后继. 如果存在最优方案使得 $x, y$ 安排在第一时段, 而 $z$ 及某个工件 $u$ 安排在第二时段, 如图 4.17(b) 所示, 那么 $u \in H_1$ 不是 $z$ 的后继 (它与 $u$ 没有偏序关系). 由 $l(x) < l(z)$ 可知, $x$ 必然与某个 $v \in H_1$ 没有偏序关系 (否则所有 $H_1$ 的工件都是 $x$ 的后继, 与序列 $L(x)$ 按字典序小于 $L(z)$ 矛盾). 于是可将 $x$ 与 $z$ 交换位置, $u$ 与 $v$ 交换位置, 得到最优方案使 $y, z$ 换到第一时段, 从而论断得证.

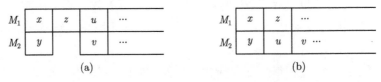

图 4.17　$|H_0| = 3$ 的前两时段安排

根据上述论断, 可将 $z$ (如果 $|H_0| = 1$) 或 $z, y$ (如果 $|H_0| \geqslant 2$) 从工件集及约束图中删去, 并从时刻 $t = 1$ 开始执行算法. 如此运用归纳法, 可得算法的证明.　　□

类似地研究相应的最大延迟问题:

**例 4.3.4**　二平行机一般偏序约束的单位工时问题 $P2|\text{prec}, p_j = 1|L_{\max}$.

回顾例 4.3.2: $P|\text{intree}, p_j = 1|L_{\max}$, 其宗旨是修改工期 $d_j$, 使得 EDD 顺序与偏序约束的顺序尽量同步并进. 由于在入树中, 每个顶点至多有一个后继, 所以修改工期的规则是 $(i, j) \in E \Rightarrow d_i := \min\{d_i, d_j - 1\}$, 让先行的工期提前一个单位. 现在对于一般的偏序约束, 一个顶点可能有多个后继, 先行的工期就要提前更多一些. 这是主要不同之处. 下面的算法出自 Garey 及 Johnson[91].

工件集仍记作 $\boldsymbol{N} = \{1, 2, \cdots, n\}$, 并假设已按偏序约束图 $G$ 的拓扑序编号. 对偏序约束而言, 设 $S(i) = \{j \in \boldsymbol{N} : i \prec j\}$ 为工件 $i$ 的所有后继 (不只是直接后继) 之集. 对给定的工件 $i$, 假定所有 $j \in S(i)$ 的修订工期 $d'_j$ 已经算出, 定义函数

$$g(i, x) := |\{k \in S(i) : d'_k \leqslant x\}|, \tag{4.12}$$

即 $i$ 的后继中修订工期不超过 $x$ 的工件数. 若按照修订工期, 所有 $i$ 的后继均不延误, 欲要 $i$ 也不延误, 则对任意 $j \in S(i)$, $i$ 的完工时间不超过 $d'_j - \lceil g(i, d'_j)/2 \rceil$. 这是因为在 $i$ 的完工时间与 $d'_j$ 之间要安排 $g(i, d'_j)$ 个工件在二机器上. 于是得到如下修订工期公式:

$$d'_i := \min\left\{d_i, \min\left\{d'_j - \left\lceil \frac{g(i, d'_j)}{2} \right\rceil : j \in S(i)\right\}\right\}. \tag{4.13}$$

根据此公式, 下面来设计修改工期过程. 其中用排列 $\pi = (\pi(1), \pi(2), \cdots, \pi(n))$ 来记录工件的 EDD 序, 即按工期 $d_i$ 非降顺序排列的工件序列. 开始时按原始工期排列; 随着算法进行, 按照修订工期的顺序, 逐步修改排列 $\pi$. 另一方面, 用数组 $n(i)$ 表示后继集 $S(i)$ 中尚未修改工期的工件个数. 开始时 $n(i) = |S(i)| = \sum_{1 \leqslant j \leqslant n} a_{ij}$ $(1 \leqslant i \leqslant n)$, 其中 $A = (a_{ij})$ 为偏序关系的关联阵. 其次, 假定所有后继集 $S(i)$ 是已知的, 这可由偏序约束图 $G$ 得到.

**修改工期过程**

---

(1) 计算初始的排列 $\pi$ 及数组 $n(i)$ $(1 \leqslant i \leqslant n)$. 令 $\boldsymbol{N} = \{1, 2, \cdots, n\}$.

(2) 取 $i \in \boldsymbol{N}$ 使得 $n(i) = 0$. 令 $g := 1$. 对 $j := 1$ 到 $n$ 执行:

若 $\pi(j) \in S(i)$, 则令 $d_i := \min\{d_i, d_{\pi(j)} - \lceil g/2 \rceil\}$, $g := g + 1$.

(3) 将 $i$ 从 $\pi$ 中消去, 然后按修改后工期的 EDD 序插入到 $\pi$ 中.

(4) 对 $j := 1$ 到 $n$ 执行: 若 $i \in S(j)$, 则令 $n(j) := n(j) - 1$.

令 $\boldsymbol{N} := \boldsymbol{N} \setminus \{i\}$.

(5) 若 $\boldsymbol{N} = \varnothing$, 则终止, 输出排列 $\pi$ 及修订工期 $d_i$; 否则转 (2).

---

如同前面入树约束情形 (算法 3.4.2), 根据修订公式 (4.12) 和 (4.13) 的分析, 容易看出: 一个机程方案对原始工期 $d_i$ 没有延误当且仅当它对修订工期 $d'_i$ 也没有延误. 其次, 此过程的运行时间是 $O(n^2)$. 事实上, 初始步骤 (1) 的排列 $\pi$ 可在 $O(n \log n)$ 时间构造出来, 而计算数组 $n(i)$ 可在 $O(n^2)$ 时间完成. 步骤 (2)~(4) 是对每一个工件 $i$ 执行一个循环. 在每一个循环中, 修改工期 $d_i$ 及修改数组 $n(j)$ 的运行时间是 $O(n)$. 所以总的时间界是 $O(n^2)$.

此过程输出的关于修订工期的 EDD 序排列 $\pi$ 将成为下面主算法的输入. 如下算法也属于队列算法类型, 可沿用前一算法的框架, 只是以排列 $\pi$ 为预先设定的队列.

**算法 4.3.4** 求解问题 $P2|\text{prec}, p_j = 1|L_{\max}$.

(1) 设工件集为 $\boldsymbol{N} := \{1, 2, \cdots, n\}$. 令 $t := 0$.

(2) 定义 $Q_t$ 为当前时刻 $t$ 无先行的工件之集, 并按 $\pi$ 的顺序排成一个队列.

(3) 从队列 $Q_t$ 取出前两个工件 (如 $|Q_t| = 1$, 则取其唯一工件), 安排在时刻 $t$ 的两台机器上加工 (约定 $M_1$ 在 $M_2$ 之前). 将已安排的工件从 $N$ 及偏序约束图中删去.

(4) 若 $N = \varnothing$, 则终止; 否则令 $t := t + 1$, 转 (2).

此算法的时间复杂性是由前面修改工期过程决定的, 所以它是 $O(n^2)$ 时间的. 往证算法的正确性.

**命题 4.3.6**    算法 4.3.4 给出问题 $P2|\text{prec}, p_j = 1|L_{\max}$ 的最优方案.

**证明**    首先证明如下的论断.

**论断**    若存在一个机程方案 $\sigma^*$ 没有延误工件, 则算法 4.3.4 构造的方案也没有延误工件.

假定 $i$ 是算法中最早的延误工件. 如前, 工件 $i$ 的开工时刻记为 $t(i)$, 它的修订工期仍记为 $d_i$. 那么 $t(i) + 1 > d_i$. 根据算法的优先顺序 $\pi$ (即 EDD 规则), 在 $0 \leqslant t < t(i)$ 的每一个时刻 $t$, 均至少有一个 $d_j \leqslant d_i$ 的工件 $j$ 进行加工. 若每一个时刻 $t$ 均有两个这样的工件, 则共有 $2t(i) + 1$ 个工件满足 $d_j \leqslant d_i < t(i) + 1$, 从而对任意机程方案 (包括 $\sigma^*$) 均有延误工件, 导致矛盾. 因此对 $t < t(i)$ 的某个时刻 $t$, 只有一个 $d_k \leqslant d_i$ 的工件 $k$ 加工. 设 $t$ 是具有此性质最大可能的时刻. 那么在时间区间 $[t+1, t(i)]$ 中, 每一时刻均有两个 $d_j \leqslant d_i$ 的工件 $j$ 进行加工, 并且所有这些工件 $j$ 以及工件 $i$ 都是工件 $k$ 的后继 (否则可以提前). 于是有 $g(k, d_i) \geqslant 2(t(i) - t) - 1$. 从而由修改工期过程得知

$$d_k \leqslant d_i - \left\lceil \frac{g(k, d_i)}{2} \right\rceil \leqslant d_i - t(i) + t < t + 1.$$

故 $k$ 也是延误工件, 与 $i$ 是最早延误工件矛盾. 论断得证.

其次, 由函数 $g(i, d_j')$ 的定义 (4.12) 及修改工期公式 (4.13) 可知, 当原始工期 $d_i$ 平移一个常数 $l$ 时, 修订工期 $d_i'$ 也平移同一个常数 $l$. 与命题 4.3.4 类似, 设 $L_{\max}^*$ 是问题的最优值, 则最优方案满足 $C_j \leqslant d_j + L_{\max}^*, 1 \leqslant j \leqslant n$. 现在令所有工期平移为 $d_j^* := d_j + L_{\max}^*, 1 \leqslant j \leqslant n$, 则一个机程方案 $\sigma$ 对原工期达到最优, 当且仅当它对新工期没有延误. 由上述论断得知, 算法 4.3.4 输出的方案对新工期也无延误, 从而它对原工期是最优的. □

### 4.3.3    有序列平行偏序约束的流水作业问题

前面讨论了平行机问题. 有偏序约束的串联机问题更为困难. 现回到两台流水作业机器, 只考虑序列平行偏序约束情形. 此成果由 Sidney[92] 及 Monma[93] 得到, 然而其基本思想还是沿用 Lawler 研究 $1|SP\text{-graph}|\sum w_j C_j$ 的方法 (见例 4.2.1).

**例 4.3.5** 具有序列平行偏序约束的两台流水作业机器问题 $F2|SP\text{-graph}|$ $C_{\max}$.

回顾问题 $F2||C_{\max}$. 设 $n$ 个工件 $J_1, J_2, \cdots, J_n$ 以相同的顺序 $\pi = (\pi(1), \pi(2), \cdots, \pi(n))$ 在两台机器 $M_1, M_2$ 上加工, 其中工件 $J_j$ 在 $M_1$ 上的工时为 $a_j$, 在 $M_2$ 上的工时为 $b_j$ $(1 \leqslant j \leqslant n)$. 其目标函数 (全程) 为

$$C_{\max}(\pi) = \max_{1 \leqslant k \leqslant n} \left\{ \sum_{j=1}^{k} a_{\pi(j)} + \sum_{j=k}^{n} b_{\pi(j)} \right\},$$

即从开始工序 $a_{\pi(1)}$ 到最终工序 $b_{\pi(n)}$ 的最长路 (关键路) 的长度. 工件 $J_{\pi(k)}$ 称为关键工件, 是指 $C_{\max}(\pi) = \sum_{1 \leqslant j \leqslant k} a_{\pi(j)} + \sum_{k \leqslant j \leqslant n} b_{\pi(j)}$.

关于此问题的最优解, 有熟知的 Johnson 判定条件 (见第 2 章). 在这一章开头, 又讲述了它的变形: 若工件间定义偏序关系

$$J_i \prec J_j \Leftrightarrow \min\{a_i, b_j\} < \min\{a_j, b_i\},$$

则此偏序关系 $\prec$ 的一切线性扩张都是最优解. 下面讨论偏序关系 $\prec$ 的一个扩充 (参见命题 4.1.1 后面的简注). 如前所述, 工件集 $\boldsymbol{J}$ 划分为三部分: $\boldsymbol{J}^+ = \{J_j : a_j < b_j\}$, $\boldsymbol{J}^- = \{J_j : a_j > b_j\}$, $\boldsymbol{J}^0 = \{J_j : a_j = b_j\}$. 现在定义偏好关系 $J_i \preccurlyeq J_j$ 为如下条件之一成立:

(1) 当 $J_i, J_j \in \boldsymbol{J}^+$ 时, $a_i \leqslant a_j$;

(2) 当 $J_i, J_j \in \boldsymbol{J}^- \cup \boldsymbol{J}^0$ 时, $b_i \geqslant b_j$;

(3) 任意 $J_i \in \boldsymbol{J}^+$ 及 $J_j \in \boldsymbol{J}^- \cup \boldsymbol{J}^0$.

容易验证: 此关系满足自反性、传递性及完全性; 但反对称性不成立 ($J_i \preccurlyeq J_j$ 及 $J_j \preccurlyeq J_i$ 不能推出 $J_i = J_j$ 或 $J_i \sim J_j$), 所以严格地说, 它不是偏序或半序关系, 姑且称为 "偏好关系".

进而, 在上述定义中, 若 (1) 的严格不等式 $a_i < a_j$ 或 (2) 的严格不等式 $b_i > b_j$ 或 (3) 成立, 则记为 $J_i \prec^* J_j$. 可以验证: 这样定义的关系 "$\prec^*$" 是严格偏序关系 (满足非自反性、反对称性及传递性), 并且等价于 $J_j \npreccurlyeq J_i$. 注意这里的偏序 $\prec^*$ 是前面 Johnson 条件严格不等式定义的偏序 $\prec$ 的扩充 ($J_i \prec J_j$ 推出 $J_i \prec^* J_j$, 但反之不然).

重要的事实是按照偏好关系 $\preccurlyeq$ 确定出的工件排列一定满足 Johnson 条件, 因而是最优顺序. 我们将用它来安排工件的顺序, 正如在问题 $1|SP\text{-graph}|\sum w_j C_j$ 中按照比值 $p_j/w_j$ 来确定工件的顺序一样. 当然, 这要在约束条件的偏序关系与此偏好关系取得一致的情况下, 才能按此进行排序.

另一方面, 如果若干个工件的顺序已经确定, 我们可以将它们连接成固定的子序列. 在前一章研究问题 $F2|\Pi(\mathcal{F})|C_{\max}$ 时, 对一个连贯的工件子序列, 即区段

(block), 设法将其转化为等效工件. 设 $B_i = (J_{i_1}, J_{i_2}, \cdots, J_{i_k})$ 是 $k$ 个工件的区段. 那么它的加工过程可用如下工序流程图的子图表示:

$$
\begin{array}{ccccccc}
a_{i_1} & \to & \cdots & \to & a_{i_r} & \to & \cdots & \to & a_{i_k} \\
\downarrow & & & & \downarrow & & & & \downarrow \\
b_{i_1} & \to & \cdots & \to & b_{i_r} & \to & \cdots & \to & b_{i_k}
\end{array}
$$

其中设 $P_{i_r} = (a_{i_1}, \cdots, a_{i_r}, b_{i_r}, \cdots, b_{i_k})$ 是从 $a_{i_1}$ 到 $b_{i_k}$ 的最长路, 而 $J_{i_r}$ 称为 $B_i$ 的关键工件. 那么工序 $b_{i_r}$ 紧接在工序 $a_{i_r}$ 之后, 它们之间没有任何空闲. 进而, 我们对关键工件之前的工序 $b_{i_1}, \cdots, b_{i_{r-1}}$ 尽量向后移, 以便消除可能的空闲. 对关键工件之后的工序 $a_{i_{r+1}}, \cdots, a_{i_k}$ 也尽量向前移, 以避免机器空闲. 这样做对目标函数没有影响, 而得到一个紧缩安排, 如图 4.18 所示, 其中

$$\hat{a}_i = (a_{i_1} + \cdots + a_{i_r}) - (b_{i_1} + \cdots + b_{i_{r-1}}),$$

$$\hat{b}_i = (b_{i_r} + \cdots + b_{i_k}) - (a_{i_{r+1}} + \cdots + a_{i_k}),$$

$$\hat{c}_i = (b_{i_1} + \cdots + b_{i_{r-1}}) + (a_{i_{r+1}} + \cdots + a_{i_k}).$$

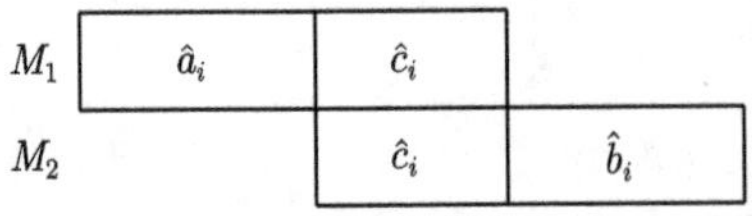

图 4.18　区段的紧缩安排

于是可以认为机器 $M_1$ 首先加工工序 $\hat{a}_i$; 其次两机器同时加工 $\hat{c}_i$; 最后机器 $M_2$ 加工工序 $\hat{b}_i$. 这里 $\hat{a}_i + \hat{b}_i + \hat{c}_i = a_{i_1} + \cdots + a_{i_r} + b_{i_r} + \cdots + b_{i_k}$, 即关键路 $P_{i_r}$ 的长度 (区段 $B_i$ 的全程). 由此得到等效工件 $J(B_i)$ 的定义: 它在机器 $M_1$ 上的工时为 $\hat{a}_i$, 在机器 $M_2$ 上的工时为 $\hat{b}_i$ (把工序 $\hat{c}_i$ 收缩掉). 这种转化的合理性详见命题 3.4.4. 通过这样的转化, 一个区段就作为一个工件看待. 对于这样的合成工件同样有上述偏好关系 $\preccurlyeq$. 设有两个子序列 (区段) $\pi_i, \pi_j$, 其等效工件为 $J(\pi_i), J(\pi_i)$, 则 $J(\pi_i) \preccurlyeq J(\pi_i)$ 直接记为 $\pi_i \preccurlyeq \pi_j$.

进而考虑偏序约束, 设偏序约束图 $G$ 是序列平行有向图, 简称 $SP$-图 (详见 4.2.1 小节). 它是由一个孤立顶点开始, 通过平行运算及序列运算构造出来. 这个递归构造过程可以用一个有根二分树来表示, 称为 $PS$-树, 如图 4.8 及图 4.9 所示. 开始时, 所有工件表示为树叶. 一个 $P$-节点表示其两个儿子作平行运算得到的子图; 一个 $S$-节点表示其左儿子与右儿子作序列运算得到的子图. 树根代表最后一次运算得到的 $SP$-图 $G$. 下面沿用例 4.2.1 研究 $1|SP\text{-graph}|\sum w_j C_j$ 时的框架, 只是把其中比值 $p_j/w_j$ 顺序替换为偏好关系 $\preccurlyeq$.

开始时, 工件 $j$ 对应的树叶为 $X_j = \{j\}$. 进而, 树叶 $X_i = \{i\}$ 与 $X_j = \{j\}$ 作序列运算得到 $X_f = \{ij\}$; 作平行运算得到 $X_f = \{i, j\}$. 于是删去树叶 $X_i$ 及 $X_j$, $X_f$ 成为新的树叶. 一般地, 树叶节点都表示为若干子序列 (区段) 的集合. 对一个 $P$-节点 $X_f$ 而言, 如果它的两个儿子 $X_l$ 和 $X_r$ 已经成为树叶, 则合并为新的树叶 $X_f = X_l \cup X_r$, 并把两个儿子删去.

至于 $S$-节点的合并规则, 设 $S$-节点 $X_f$ 的左儿子为 $X_l = \{\pi_1, \pi_2, \cdots, \pi_i\}$, 右儿子为 $X_r = \{\pi'_1, \pi'_2, \cdots, \pi'_j\}$, 其中 $\pi_1 \preccurlyeq \pi_2 \preccurlyeq \cdots \preccurlyeq \pi_i$, $\pi'_1 \preccurlyeq \pi'_2 \preccurlyeq \cdots \preccurlyeq \pi'_j$. 如下是 $S$-节点 $X_f$ 的合并过程.

**过程 SERIES** $(X_l, X_r)$

---

(1) 若 $\pi_i \prec^* \pi'_1$, 则输出 $X_f := X_l \cup X_r$.

(2) 否则 $(\pi_i \succcurlyeq \pi'_1)$ 令 $\pi := \pi_i \pi'_1$, $X_l := X_l \setminus \{\pi_i\}$, $i := i - 1$, $X_r := X_r \setminus \{\pi'_1\}$, $k := 2$.

(3) 当 $\pi_i \succcurlyeq \pi$ 或 $\pi \succcurlyeq \pi'_k$ 时, 执行:

若 $\pi_i \succcurlyeq \pi$, 则令 $\pi := \pi_i \pi$, $X_l := X_l \setminus \{\pi_i\}$, $i := i - 1$.

若 $\pi \succcurlyeq \pi'_k$, 则令 $\pi := \pi \pi'_k$, $X_r := X_r \setminus \{\pi'_k\}$, $k := k + 1$.

(4) 输出 $X_f := X_l \cup \{\pi\} \cup X_r$.

---

在此过程结束时, 对任意 $\pi_l \in X_l$ 及 $\pi'_r \in X_r$ 必有 $\pi_l \prec^* \pi \prec^* \pi'_r$ 或 $\pi_l \prec^* \pi'_r$ (如果不存在 $\pi$). 最后得到如下算法:

**算法 4.3.5** 求解问题 $F2|SP\text{-graph}|C_{\max}$.

---

(1) 根据偏序约束, 构造 $PS$-树 $\mathcal{T}$. 对工件 $j$ 对应的树叶令 $X_j := \{j\}$. 设 $U$ 为未处理的 $P$-节点及 $S$-节点之集.

(2) 取 $X_f \in U$ 为一具有最大层次的节点, 对其树叶儿子 $X_l$ 及 $X_r$ 进行合并运算:

若 $X_f$ 是 $P$-节点, 则令 $X_f := X_l \cup X_r$, 且 $X_f$ 变为树叶, $U := U \setminus \{X_f\}$.

若 $X_f$ 是 $S$-节点, 则执行过程 SERIES $(X_l, X_r)$, 得到 $X_f$ 的子序列表示. 将 $X_f$ 变为树叶, $U := U \setminus \{X_f\}$.

(3) 若 $U \neq \varnothing$, 则转 (2); 否则将最终树叶 (树根) 的所有子序列, 按照偏好关系 $\preccurlyeq$ 连接起来, 得到最优解 $\pi^*$.

---

其他细节与 $1|SP\text{-graph}|\sum w_j C_j$ 的算法 4.2.1 类似.

# 4.4　偏序集的链分解

### 4.4.1　Dilworth 定理

古典偏序集理论有丰富的研究课题, 如与格论的联系、秩与维数问题、Möbius 反演等, 其中有些内容似乎与时序优化的关系比较疏远. 在前面几节中, 关注较多的是偏序关系的线性扩张. 进一步的联系有待于我们去开拓. 以下两节只简略介绍与当前主题关系比较直接的偏序集链分解及跳跃数 (jump number) 等. 首先讲述偏序集链分解的 Dilworth 定理, 它与一系列古典组合对偶定理齐名. 为说明其思想渊源, 我们从二部图的 König 定理谈起.

给定二部图 $G = (X \cup Y, E)$, 其中 $X = \{x_1, x_2, \cdots, x_m\}$, $Y = \{y_1, y_2, \cdots, y_n\}$, $E \subseteq X \times Y$. 复习一下, 在图 $G$ 中, 一个匹配 $M$ 是指一组两两不相邻的边所成之集, 亦称边独立集. 图 $G$ 的最大匹配是指基数最大的匹配. 图 $G$ 的最大匹配的基数称为匹配数或边独立数, 记为 $\alpha'(G)$.

另一方面, 在图 $G$ 中, 一个覆盖 $K$ 是指 $K \subseteq X \cup Y$ 使得每一条边都至少有一端点含于 $K$ (所有边被 $K$ 覆盖). 图 $G$ 的最小覆盖是指基数最小的覆盖. 图 $G$ 的最小覆盖的基数称为覆盖数, 记为 $\beta(G)$. 下面是匹配理论的奠基性对偶定理 (前面说的最优匹配算法之所以称为匈牙利算法, 是因为 König 是匈牙利人).

**定理 4.4.1**(König 定理)　对任意二部图 $G = (X \cup Y, E)$, 最大匹配的边数等于最小覆盖的点数, 即 $\alpha'(G) = \beta(G)$.

这里只写出证明提要. 对任意匹配 $M$ 与任意覆盖 $K$, 由于 $M$ 的每一条边都至少有一端点含于 $K$, 所以 $|M| \leqslant |K|$, 从而 $\alpha'(G) \leqslant \beta(G)$. 欲证等号成立, 可采用如下构造. 设 $M^*$ 是一最大匹配, 并设 $U$ 是 $X$ 中不被 $M^*$ 覆盖的顶点之集. 令 $Z$ 为从 $U$ 的顶点出发, 经由 $M^*$- 交错路可以到达的顶点之集. 令 $A := X \cap Z$, $B := Y \cap Z$. 由此可知 $A$ 与 $Y \setminus B$ 之间没有连边 (否则 $Y \setminus B$ 还有顶点属于 $Z$). 故 $K^* := (X \setminus A) \cup B$ 是一个覆盖. 进而 $B$ 与 $X \setminus A$ 之间没有 $M^*$ 边 (否则 $X \setminus A$ 还有顶点属于 $Z$). 因此 $M^*$ 的边或者一端属于 $X \setminus A$, 或者一端属于 $B$, 二者不可兼有. 故 $|M^*| = |K^*|$, 且 $K^*$ 是最小覆盖. □

现回到有限偏序集 $P = (S, \prec)$. 设 $S = \{a_1, a_2, \cdots, a_n\}$. 对 $S$ 的子集 $C := \{a_{i_1}, a_{i_2}, \cdots, a_{i_k}\}$, 如果 $a_{i_1} \prec a_{i_2} \prec \cdots \prec a_{i_k}$, 则称之为一条链, 即全序子集. 对 $S$ 的任意两个元素, 如果同属于一条链 (有偏序关系), 则称之为可比较的; 否则称为不可比较的或无关的. 一组相互无关的元素组成之集称为无关集或反链. 如果存在若干条不相交的链 $C_1, C_2, \cdots, C_l$ 使得

$$S = C_1 \cup C_2 \cup \cdots \cup C_l,$$

则称 $\mathscr{C} := \{C_1, C_2, \cdots, C_l\}$ 为偏序集 $P = (S, \prec)$ 的链分解.

**定理 4.4.2**(Dilworth 定理) 对任意有限偏序集 $P = (S, \prec)$, 最小链分解的链数等于最大无关集的元素个数.

**证明** 对任意链分解 $\mathscr{C}$ 及任意无关集 $U$, 由于 $U$ 的元素分属于 $\mathscr{C}$ 不同的链中, 故 $|U| \leqslant |\mathscr{C}|$. 下面证明相反的不等式.

构造一个二部图 $G = (X \cup Y, E)$, 其中 $X = \{x_1, x_2, \cdots, x_n\}$, $Y = \{y_1, y_2, \cdots, y_n\}$, $x_i y_j \in E$ 当且仅当 $a_i \prec a_j$. 那么偏序集 $P$ 的链分解与二部图 $G$ 的匹配有如下对应关系: 若 $M$ 是 $G$ 的匹配, 则 $P$ 存在链分解 $\mathscr{C}$ 使得 $|M| + |\mathscr{C}| = n$. 事实上, 设 $M := \{x_{i_h} y_{j_h} : 1 \leqslant h \leqslant k\}$, 其中 $i_1, i_2, \cdots, i_k$ 各不相同, $j_1, j_2, \cdots, j_k$ 各不相同. 那么在 $S$ 中有 $k$ 对关系:

$$a_{i_h} \prec a_{j_h}, \quad 1 \leqslant h \leqslant k.$$

这里可能有某些 $a_{i_h}$ 与某些 $a_{j_t}$ 是相同的. 可将这 $k$ 对关系串接成 $l$ 条不交的链, 其中 $1 \leqslant l \leqslant k$. 设 $n_i$ 为第 $i$ 条链的元素个数, 则 $\sum_{1 \leqslant i \leqslant l}(n_i - 1) = k$, 因而 $\sum_{1 \leqslant i \leqslant l} n_i = k + l$, 即这 $l$ 条链包含 $k + l$ 个不同元素. 我们把剩下的 $n - (k + l)$ 个元素作为单元素链添加上去, 便得到一个链分解 $\mathscr{C}$. 于是 $|\mathscr{C}| = l + n - (k + l) = n - k$, 从而 $|M| + |\mathscr{C}| = n$.

另一方面, 若 $K$ 是二部图 $G$ 的覆盖, 则 $P$ 存在一个无关集 $U$ 使得 $|K| + |U| \geqslant n$. 事实上, 设 $K := \{x_{i_1}, \cdots, x_{i_s}, y_{j_1}, \cdots, y_{j_t}\}$, 则 $K$ 的顶点对应于 $S$ 的元素 $a_{i_1}, \cdots, a_{i_s}, a_{j_1}, \cdots, a_{j_t}$ (可能有相同的), 记其中不同元素构成的集为 $Q$. 那么 $|K| \geqslant |Q|$. 由于 $K$ 是 $G$ 的覆盖, 对 $S$ 中任意两个有偏序关系 $\prec$ 的元素, 必有其一属于 $Q$. 因此 $U := S \setminus Q$ 的任意两个元素之间不可能有偏序关系 $\prec$. 故 $U$ 是无关集. 于是 $|K| + |U| \geqslant |Q| + |U| = n$.

由 König 定理, 若 $M^*$ 是最大匹配, $K^*$ 是最小覆盖, 则 $|M^*| = |K^*|$. 对由上述对应关系得到的链分解 $\mathscr{C}^*$ 及无关集 $U^*$, 有

$$|\mathscr{C}^*| = n - |M^*| = n - |K^*| \leqslant |U^*|.$$

与开始得到的不等式 $|U| \leqslant |\mathscr{C}|$ 相结合, 便有 $|\mathscr{C}^*| = |U^*|$. □

对给定的偏序集 $P = (S, \prec)$, 可用无圈有向图 $G = (V, E)$ 表示, 其中 $V = S$, $(x, y) \in E$ 当且仅当 $x \prec y$. 一般约定 $G$ 中已删去蕴含于传递性的边 (多余的边). 在应用上, 这样的无圈有向图往往表示作业的流程图, 其中 $V$ 为工序之集, $(x, y) \in E$ 表示工序之间的先后衔接关系. 例如, 图 1.11 的工序流程图, 是用有向边表示工序的. 现在改用顶点表示工序, 如图 4.19 所示. 其中的偏序集的最小链分解如 $\mathscr{C} := \{AFJ, BEG, CDH, I\}$, 最大无关集为 $U := \{F, G, H, I\}$(如图中带双重圈的顶点所示), 对此有 $|\mathscr{C}| = |U|$ 成立.

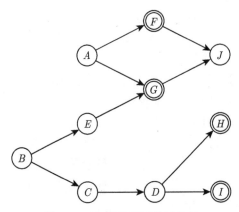

图 4.19    工序流程图的无关集

### 4.4.2    最小机器数平行作业问题

在传统的排序问题中, 工件 (任务) 数与机器数是给定的, 而且只考虑工件的加工费用, 不考虑开动机器的费用. 但在实际工程问题中, 往往任务的工序流程图是给定的, 而平行作业的运作机械 (机器) 不确定. 问题是如何安排平行作业, 使机器数尽可能小, 以便节省机器运行的费用. 对每一台机器而言, 假定机器连续作业的两个任务都是有先后约束的, 不允许间断 "跳跃"(如果出现先后关系的间断, 说明这两个任务的性质类型不同, 不宜在同一机器加工), 那么这台机器作业的任务就构成工序流程图的一条链. 所有机器的任务分配就是工序流程图的链分解. 这样一来, 问题归结为偏序集的最小链分解. 这是 Dilworth 定理在排序问题中的主要应用.

此类问题包括: 为完成 $n$ 项科学试验, 至少需要多少台试验设备; 对给定的物流配送任务, 至少出动多少运输车辆; 对一项大工程, 至少使用多少工程队进行平行作业? 下面是历史上受到关注的铁路专用线机车调度问题 (即例 1.1.3).

设所有任务之集为 $\boldsymbol{J} := \{J_1, J_2, \cdots, J_n\}$, 其中任务 $J_i$ 的开始作业时间与完成作业时间分别为 $a_i$ 和 $b_i$. 假定一台机车从完成任务 $J_i$ 到执行任务 $J_j$ 的准备时间为 $t_{ij}$ (包括作业地点的转移时间). 如果一台机车在完成任务 $J_i$ 后来得及执行任务 $J_j$, 则定义 $J_i \prec J_j$, 即

$$J_i \prec J_j \Leftrightarrow b_i + t_{ij} \leqslant a_j.$$

在现实生活中, 任务间的转移时间满足 "三角不等式":

$$t_{ik} \leqslant t_{ij} + t_{jk}.$$

由此可证明关系 $\prec$ 满足传递性, 因而它是偏序关系. 于是 $(\boldsymbol{J}, \prec)$ 是一个偏序集. 求机车数最小的作业方案就是求偏序集 $(\boldsymbol{J}, \prec)$ 的最小链分解.

类似地有飞行时间表问题: 设有 $n$ 个航班 $\{J_1, J_2, \cdots, J_n\}$, 其中航班 $J_i$ 的起飞时间与到达时间分别为 $a_i$ 及 $b_i$, $t_{ij}$ 为从航班 $J_i$ 的终点转移 (飞行) 到航班 $J_j$ 的起点的时间, 求飞机数最小的飞行时间表. 这是机场管理的一个基本的调度模型.

由 König 定理与 Dilworth 定理的关系可知, 求偏序集的最小链分解可转化为求二部图的最大匹配. 因此我们有如下算法.

**算法 4.4.1** 求偏序集 $(\boldsymbol{J}, \prec)$ 的最小链分解.

(1) 对 $\boldsymbol{J} = \{J_1, J_2, \cdots, J_n\}$, 构造二部图 $G = (X \cup Y, E)$, 其中 $X = \{x_1, x_2, \cdots, x_n\}$, $Y = \{y_1, y_2, \cdots, y_n\}$, 且 $x_i y_j \in E \Leftrightarrow J_i \prec J_j$.

(2) 运用二部图最大匹配算法, 求出图 $G$ 的最大匹配 $M$.

(3) 由匹配 $M$ 构造最小链分解 $\mathscr{C}$: 设 $M = \{x_{i_h} y_{j_h} : 1 \leqslant h \leqslant k\}$, 由此取出 $\boldsymbol{J}$ 中的偏序关系 $J_{i_h} \prec J_{j_h}$, $1 \leqslant h \leqslant k$, 将其串接成若干条不交的链, 再把不在这些链中的元素作为单元素链添加上去, 便得链分解 $\mathscr{C}$.

此算法主要调用二部图的最大匹配算法, 其运行时间是 $O(n^3)$.

## 4.5 跳跃数与调整时间排序

### 4.5.1 跳跃数问题

设工件之集为 $\boldsymbol{J} = \{J_1, J_2, \cdots, J_n\}$, 其中已定义了偏序关系 $\prec$, 得到偏序集 $P = (\boldsymbol{J}, \prec)$. 这里偏序关系可以有两重含义: 一方面, $J_i \prec J_j$ 表示 $J_j$ 必须在 $J_i$ 完工之后才能开工 (先后约束); 另一方面, $J_i \prec J_j$ 表示工件 $J_i$ 与 $J_j$ 之间有一种工序可衔接运作的相容关系, 如果对它们连续加工, 表示同类技术的延续作业, 机器不用支付额外的调整费用. 相反地, 如果 $J_i \not\prec J_j$, 机器在 $J_i$ 与 $J_j$ 之间需要进行调整 (setup) 才能继续运作, 如换挡或更换工具, 这称为一次跳跃(jump). 在有偏序约束排序问题研究中, 这是一个有应用背景的新概念, 值得关注.

按照以前的习惯, 我们用一个排列 $\pi = (\pi(1), \pi(2), \cdots, \pi(n))$ 表示偏序关系 $\prec$ 的线性扩张, 其中有偏序关系的工件必须按 $\pi$ 的顺序出现: $J_i \prec J_j \Rightarrow \pi^{-1}(i) < \pi^{-1}(j)$. 设 $\mathcal{L}$ 为所有线性扩张之集. 对线性扩张 $\pi \in \mathcal{L}$, 相邻工件对 $(J_{\pi(i)}, J_{\pi(i+1)})$ 称为一个跳跃, 是指 $J_{\pi(i)}$ 与 $J_{\pi(i+1)}$ 不可比较 (由于 $\pi$ 是 $\prec$ 的线性扩张, 不可能有 $J_{\pi(i)} \succ J_{\pi(i+1)}$). 令 $s(P, \pi)$ 表示线性扩张 $\pi$ 的所有跳跃的数目. 进而偏序集 $P$ 的跳跃数定义为所有线性扩张的跳跃数的最小值:

$$s(P) := \min\{s(P, \pi) : \pi \in \mathcal{L}\}.$$

求一个偏序集的跳跃数, 用排序论的语言来说, 就是求这样的排列, 满足偏序约束, 使得机器的调整次数最小. 这是偏序理论与排序理论共同关心的一个离散优化问题.

一般偏序集的跳跃数问题于 1981 年被 W.R. Pulleyblank 证明为 NP-困难问题. 以后的工作集中于特殊偏序与近似算法的研究. 值得注意的是跳跃数与链分解的关系. 对任一个线性扩张 $\pi$, 在每个跳跃处切开, 这样得到的子序列便构成一个链分解 $\mathscr{C}$; 因而 $\pi$ 的跳跃数等于 $|\mathscr{C}| - 1$. 由 Dilworth 定理得知, 偏序集 $P$ 链分解的最小链数等于最大无关集的基数. 这个最大无关集的基数称为偏序集 $P$ 的宽度, 记作 $w(P)$. 由此得到跳跃数的下界:

$$s(P) \geqslant w(P) - 1.$$

若存在线性扩张 $\pi$ 达到此下界, 即 $s(P,\pi) = w(P) - 1$, 则 $\pi$ 一定是最优的, 称为 Dilworth 最优. 寻求这样的特殊最优解是一个引人关注的问题.

在讲述基本结果之前, 先介绍一个特殊偏序集 $\{a_1, b_1, a_2, b_2, \cdots, a_k, b_k\}$, 其有向图表示如图 4.20 所示, 称之为交错圈 $\mathscr{C}_{2k}$. 另一个 4 元素的偏序集 $\{a_1, a_2, b_1, b_2\}$, 其有向图表示如图 4.21 所示, 称之为 N 图.

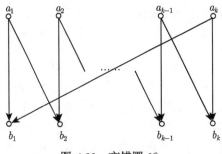

图 4.20　交错圈 $\mathscr{C}_{2k}$

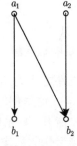

图 4.21　N 图

这方面最早的工作是由 Rival 等得到的如下结果[94].

**定理 4.5.1**　若偏序集 $P$ 的有向图 $G$ 不含交错圈 $\mathscr{C}_{2k}$ 为导出子图, 则 $s(P) = w(P) - 1$.

**证明**　设偏序集 $P$ 的有向图 $G$ 不含交错圈为导出子图. 如前所述, 对一个线性扩张 $\pi$, 将它在每次跳跃处作划分, 得到一个链分解 $\mathscr{C}$. 反之, 从一个链分解 $\mathscr{C}$ 可以连接成一个线性扩张. 我们来构造一个链数为 $w(P)$ 的链分解, 然后连接成跳跃数为 $w(P) - 1$ 的线性扩张.

设 $U$ 是一个最大无关集, 其中 $|U| = w(P) = m$. 取 $u_1 \in U$ 不是孤立点 (有先行或后继), 并将 $u_1$ 扩张为一条极大的链 $C_1$ (即不存在以 $C_1$ 为真子集的链), 则 $C_1 \cap U = \{u_1\}$. 将 $C_1$ 从偏序集 $P$ 及图 $G$ 中删去, 并令 $U := U \setminus \{u_1\}$. 如果 $U$ 中

皆为孤立点, 则将其每一个点作为单元素的链, 得到一个链分解, 构造完成. 否则取 $u_2 \in U$ 不是孤立点, 并将它扩张为一条极大的链 $C_2$, 如此类推. 对于任意两条长度大于 1 的链 $C_1, C_2$, 下面两种情形至多发生其一:

(i) 存在 $x_1 \in C_1$ 及 $x_2 \in C_2$ 使得 $x_1 \prec x_2$;

(ii) 存在 $y_1 \in C_1$ 及 $y_2 \in C_2$ 使得 $y_2 \prec y_1$.

事实上, 若 (i)(ii) 同时发生, 而 $C_1 = (a_1, \cdots, b_1)$, $C_2 = (a_2, \cdots, b_2)$, 则除 $a_1 \prec b_1$, $a_2 \prec b_2$ 之外, 还有 $a_1 \preceq x_1 \prec x_2 \preceq b_2$, $a_2 \preceq y_2 \prec y_1 \preceq b_1$. 从而 $\{a_1, b_1, a_2, b_2\}$ 构成一个交错圈 $\mathscr{C}_4$, 与假设矛盾. 这样一来, 我们可在链 $C_1, C_2$ 之间定义一种二元关系: 若条件 (i) 成立, 则定义 $C_1 \to C_2$; 若条件 (ii) 成立, 则定义 $C_2 \to C_1$. 此外, 若条件 (i)(ii) 均不成立, 则定义 $C_1 \| C_2$ (表示两个链之间没有先后关系). 可以证明: 若 $C_1 \to C_2$, $C_2 \to C_3$, 则 $C_1 \to C_3$ 或 $C_1 \| C_3$ (这可称为 "弱传递性"). 事实上, 若 $C_3 \to C_1$, 则三个链的首尾构成交错圈 $\mathscr{C}_6$, 与假设矛盾. 同样地, 若 $C_1 \to C_2 \to \cdots \to C_k$, 而 $C_k \to C_1$, 则存在交错圈 $\mathscr{C}_{2k}$, 与假设矛盾. 故只可能有 $C_1 \to C_k$ 或 $C_1 \| C_k$.

严格地说, 二元关系 $\to$ 并不是偏序关系 (不满足传递性). 但可以用它来安排上述构造的极大链之间的顺序, 以便连接成一个线性扩张. 若 $C_i \to C_j$, 则 $C_i$ 排在 $C_j$ 之前; 若 $C_i \| C_j$, 则二者的先后无关紧要. 对于一个单元素的链 $\{a\}$, 若存在长度大于 1 的链 $C_i = (a_i, \cdots, x, \cdots, y, \cdots, b_i)$ 使得 $x \prec a$, $a \prec y$, 并设 $x$ 是最后一个满足此关系的元素, $y$ 是第一个满足此关系的元素, 则将 $a$ 插入 $x$ 之后, 使得 $C_i$ 分裂为两个链 $C_i' = (a_i, \cdots, x, a)$ 及 $C_i'' = (\cdots, y, \cdots, b_i)$, 其间出现一次跳跃. 这样做不改变链的数目. 其次, 如果 $\{a\}$ 与 $C_i$ 至多有 $x \prec a$ 及 $a \prec y$ 之一成立, 则同上定义它们之间的关系 $\to$ 或 $\|$. 并由此安排各链之间的顺序. 这样一来, 我们将上述 $m$ 条链排列成一个线性扩张 $\pi$, 使得它的跳跃数为 $s(P, \pi) = m - 1 = w(P) - 1$. $\qquad\square$

例如, 对图 4.19 的偏序集 $P$, 其有向图不含交错圈作为导出子图. 其一个最大无关集为 $U := \{F, G, H, I\}$. 首先取 $F \in U$, 将其扩张为极大链 $C_1 = (A, F, J)$; 再取 $G \in U$, 将其扩张为极大链 $C_2 = (B, E, G)$; 进而有 $C_3 = (C, D, H)$, $C_4 = (I)$. 它们有 $C_1 \to C_2 \to C_3 \to C_4$. 于是得到线性扩张 $\pi := (A, F, J; B, E, G; C, D, H; I)$, 并且 $s(P, \pi) = 3 = w(P) - 1$.

上述偏序集 $P$, 称为以交错圈 $\mathscr{C}_{2k}$ 为禁用子图的 (cycle-free). 另外一类偏序集是以 $N$ 图为禁用子图的 (N-free), 即其有向图不含 $N$ 图为导出子图. 熟知的事实是, 序列平行有向图一定不含 $N$ 图为导出子图 (留作习题).

Rival[95] 提出如下的贪婪扩张算法, 成为跳跃数问题的基本算法. 随后他们证明了此算法对一些特殊偏序集有效, 如以交错圈 $\mathscr{C}_{2k}$ 或 $N$ 图为禁用子图的情形 (见 [96, 97]). 为简单起见, 在如下算法中, 我们把链 $C_i$ 一方面看作集合 (全序集), 另一方面看作序列, 记号不加区别.

**算法 4.5.1**    求最小跳跃数的贪婪扩张算法.

(1) 设偏序集为 $P = (\boldsymbol{J}, \prec)$, 其中 $\boldsymbol{J} = \{a_1, a_2, \cdots, a_n\}$. 令 $i := 1$.

(2) 取 $a_i \in \boldsymbol{J}$ 使得 $C_i = \{x \in \boldsymbol{J} : x \preceq a_i\}$ 构成一个极大链, 即不存在 $a_i'$ 使得 $a_i \prec a_i'$ 而且 $\{x \in \boldsymbol{J} : x \preceq a_i'\}$ 也是一个链.

(3) 令 $\boldsymbol{J} := \boldsymbol{J} \setminus C_i$.

(4) 若 $\boldsymbol{J} = \varnothing$, 则输出线性扩张 $\pi := (C_1, C_2, \cdots, C_i)$. 否则令 $i := i + 1$, 转 (2).

还有一类受关注的偏序关系是区间序, 其基础集 $S$ 是一组闭区间, 且 $[a, b] \prec [c, d]$ 定义为 $b < c$. 一个偏序关系是区间序当且仅当它的有向图不含两个平行的 2-链 (即 $N$ 图删去中间的一条边) 为导出子图. 开始误认为区间序的跳跃数问题是多项式时间可解的. 但后来被证明为 NP-困难的, 因而研究工作转移到近似算法的设计 (见 [98, 99]).

最后, Rival 的一个愿望是, 排序论工作者与序论工作者携起手来.

### 4.5.2    具有调整时间的排序问题

如前所述, 工件集 $\boldsymbol{J}$ 中的偏序关系 $\prec$ 有两重含义: $J_i \prec J_j$ 一方面表示 $J_i$ 与 $J_j$ 的先后约束; 另一方面表示工件它们之间的连接关系, 在连续加工的条件下, 机器不用支付额外的费用; 否则 $J_i \not\prec J_j$, 机器要进行调整, 必须支付调整费用. 上述跳跃数问题是单位调整费用情形.

我们可以考虑任意两个工件 $J_i$ 与 $J_j$ 之间都有一个调整费用 $s_{ij}$, 只是当 $J_i \prec J_j$ 时有 $s_{ij} = 0$. 在跳跃数问题情形有 $J_i \not\prec J_j \Rightarrow s_{ij} = 1$. 在单机情形, 一般具有调整费用的排序问题可记为 $1|\text{prec}, s_{ij}|f$, 其中 $f$ 为目标函数. 当 $f$ 为总调整费用时, 这是跳跃数问题的推广. 这显然是一个困难问题, 因为即使在偏序关系为 $\varnothing$ 的情形, 它等价于著名的旅行商问题: 求 $n$ 个城市之间的最短遍历路线, 其中 $s_{ij}$ 为城市 $i, j$ 的距离.

调整费用也可以表示为工件被划分为不同的组 (族群), 在同一组中连续加工两个工件其调整时间 (费用) $s_{ij} = 0$, 否则 $s_{ij} \neq 0$. 这称为分族调整时间问题. 这里也包括一种简单情形: 在不同组之间的调整时间为常数, 即 $s_{ij} = s$. 这是跳跃数问题的推广, 偏序关系推广为分类关系. 这里只举一个的例子 (更多的模型详见 [19, 100]).

**例 4.5.1**    单机有族群调整时间问题 $1|\text{fmls}, s_{gh}|\sum w_j C_j$, 其中 fmls 是 families 的缩写, 表示工件被划分为族群.

设工件集 $\boldsymbol{J}$ 被划分为 $r$ 个族群 $F_1, F_2, \cdots, F_r$. 若工件的加工从族群 $F_g$ 转移到 $F_h$, 则调整时间为 $s_{gh}$ (如果第一个工件处在族群 $F_h$, 则加工前的调整时间为

$s_{0h})$. 一般假定调整时间满足三角不等式 $s_{fg} + s_{gh} \geqslant s_{fh}$. 此问题的最优解有如下的基本性质.

**命题 4.5.2** 对问题 $1|\text{fmls}, s_{gh}| \sum w_j C_j$, 存在最优方案使得每一个族群中的工件都按 WSPT 序排列.

**证明** 设 $\pi = \alpha j \beta i \gamma$ 是一个最优排列, 而 $p_i/w_i < p_j/w_j$, 其中工件 $i, j$ 属于同一个族群. 不妨把调整时间的运作也看作一个工件, 其加工时间就是调整时间, 且权值为零. 所以上述子序列 $\alpha, \beta, \gamma$ 中可能包含调整时间工件. 运用前述的关于 WSPT 序的合比性质, 如果 $p_j/w_j > p(\beta)/w(\beta)$, 则在 $\pi$ 中将 $j$ 与 $\beta$ 交换位置而不致增加目标函数值. 然后再交换 $j$ 与 $i$ 的位置, 同样不增加目标值. 于是得到另一个最优解 $\pi' = \alpha \beta i j \gamma$. 如果 $p_j/w_j \leqslant p(\beta)/w(\beta)$, 则 $p_i/w_i < p(\beta)/w(\beta)$. 从而在 $\pi$ 中将 $i$ 与 $\beta$ 交换位置, 然后 $i$ 与 $j$ 的交换位置, 得到最优解 $\pi'' = \alpha i j \beta \gamma$. □

现在设 $|F_h| = n_h, 1 \leqslant h \leqslant r$, 则 $\sum_{1 \leqslant h \leqslant r} n_h = n$. 并假定每一个族群 $F_h$ 中的工件均已按照 WSPT 序排列. 取作业时间 (全程) 的上界:

$$T := \sum_{j=1}^{n} p_j + \sum_{h=1}^{r} n_h \max\{s_{gh} : 1 \leqslant g \leqslant r\}.$$

为建立动态规划算法, 定义最优值函数 $f(k_1, k_2, \cdots, k_r, t, g)$ 为这样的部分序列的最小目标函数值: 它包含族群 $F_h$ 中前 $k_h$ 个工件 $(1 \leqslant h \leqslant r)$, 其中最后一个工件在时刻 $t$ 完工且来自族群 $F_g$. 这里有

$$0 \leqslant k_h \leqslant n_h, \quad 1 \leqslant h \leqslant r; \quad 0 \leqslant t \leqslant T.$$

那么递推方程是

$$f(k_1, k_2, \cdots, k_r, t, g) = \min\{f(k_1', k_2', \cdots, k_r', t', g') + w_{k_g} t : 1 \leqslant g' \leqslant r\}, \quad (4.14)$$

其中对 $h \neq g$ 有 $k_h' = k_h$, 且 $k_g' = k_g - 1$, $t' = t - p_{k_g} - s_{g'g}$. 这里 $w_{k_g}$ 及 $p_{k_g}$ 分别表示在族群 $F_g$ 中第 $k_g$ 个工件的权及工时. 递推方程的初始条件是

$$f(k_1, k_2, \cdots, k_r, t, g) = \begin{cases} 0, & k_1 = k_2 = \cdots = k_r = t = g = 0, \\ \infty, & \text{否则}. \end{cases}$$

从初始状态开始, 逐步计算函数值 $f(k_1, k_2, \cdots, k_r, t, g)$. 最后得到最优值

$$\min\{f(n_1, n_2, \cdots, n_r, t, g) : 0 \leqslant t \leqslant T, 1 \leqslant g \leqslant r\}. \quad (4.15)$$

由于所有状态的数目被 $O(rn^r T)$ 所界定, 而在递推方程 (4.14) 中每一次迭代的计算量是 $O(r)$, 最优值 (4.15) 的计算量是 $O(rT)$, 所以上述动态规划算法是一个 $O(r^2 n^r T)$ 算法. 这不是多项式时间的.

上述算法在范围 $0 \leqslant t \leqslant T$ 内进行枚举浪费较多时间. 其实, 状态变量 $t$ 可替换为 $t_{gh}$ $(1 \leqslant g, h \leqslant r)$, 表示从族群 $F_g$ 到族群 $F_h$ 的调整次数. 于是状态 $(k_1, k_2, \cdots, k_r, t, g)$ 变为

$$(k_1, k_2, \cdots, k_r, t_{12}, t_{13} \cdots, t_{r-1,r}, g).$$

由于新增状态变量数至多为 $r(r-1)$, 而 $t_{gh} \leqslant \min\{n_g, n_h\} < n$, 故所有状态的数目至多为 $rn^{r(r-1)}n^r = rn^{r^2}$. 对于每一个这样的状态, 递推方程 (4.14) 中的完工时间 $t$ 可以这样计算:

$$t = \sum_{1 \leqslant h \leqslant r} \sum \{p_j : j \in F_h^{k_h}\} + \sum_{1 \leqslant g, h \leqslant r} t_{gh} s_{gh},$$

其中 $F_h^{k_h}$ 表示族群 $F_h$ 中前 $k_h$ 个工件之集. 这一步计算可在 $O(rn)$ 时间完成. 对最优值 (4.15) 的计算, 枚举 $0 \leqslant t \leqslant T$ 改变为枚举 $t_{gh}$ 的所有可能取值, 可在 $O(r^2n)$ 时间完成. 总之, 这样得到的算法, 当族群数 $r$ 为常数时, 是多项式时间算法.

## 习 题 4

4.1 试用偏序的观点讨论问题 $1||L_{\max}$ 及 $1|r_j|C_{\max}$ 的最优性充分必要条件.

4.2 试对已经建立了最优性充分必要条件的问题, 讨论存在唯一最优解的条件.

4.3 对二机器流水作业问题 $F2||C_{\max}$, 若定义工件间的关系

$$J_i \preccurlyeq J_j \Leftrightarrow \min\{a_i, b_j\} \leqslant \min\{a_j, b_i\},$$

则关系 $\preccurlyeq$ 未必是半序关系 (传递性不成立). 试证: 在如下条件下传递性成立 $(J_i \preccurlyeq J_j, J_j \preccurlyeq J_k \Rightarrow J_i \preccurlyeq J_k)$:

(1) $\min\{a_j, b_j\} \geqslant \min\{a_i, b_k\}$;

(2) $a_j \neq b_j$;

(3) $J_i \prec J_j$ 或 $J_j \prec J_k$.

4.4 对问题 $F2||C_{\max}$, 如用 Johnson 条件判定最优性, 需要检验 $O(n^2)$ 个不等式. 试证明: 如用命题 4.1.1 的严格偏序 $\prec$ 来判定最优性, 除去蕴涵于传递性中的关系之外, 至多检验 $O(n)$ 个不等式.

4.5 对问题 $F2||C_{\max}$ 的退化工件 $J_i$, 其中 $a_i = b_i$, 可以进行 "摄动", 即令 $a_i$ 变为 $a_i - \varepsilon$ 或 $a_i + \varepsilon$, 其中 $\varepsilon > 0$ 为充分小的数. 于是把 $\boldsymbol{J}^0$ 的工件合并到 $\boldsymbol{J}^+$ 或 $\boldsymbol{J}^-$ 中去. 试用这种办法简化最优解的充分必要条件及其证明.

4.6 对问题 $1||\sum T_j$, 试证明降维规则: 若存在工件 $j$ 使得 $p_j \leqslant p_k, d_j \leqslant \max\{p_k, d_k\}, 1 \leqslant k \leqslant n$, 则存在最优排列使得工件 $j$ 排在第一位.

4.7 对问题 $1||\sum T_j$, 试证明降维规则: 若存在工件 $j$ 使得下列条件之一成立:

(i) $p_j \geqslant p_k, \max\{p_j, d_j\} \geqslant d_k, 1 \leqslant k \leqslant n$;

(ii) $\max\{p_j, d_j\} \geqslant \max\{P - p_j, d_k\}$, $1 \leqslant k \leqslant n$,
则存在最优排列使得工件 $j$ 排在最后一位 (这里 $P = \sum_{1 \leqslant j \leqslant n} p_j$).

4.8 对问题 $1 \| \sum T_j$, 在运用枚举算法 (如分枝定界) 搜索最优解时, 假定已经排定最后 $n - k$ 位的工件 $\{\pi(k+1), \cdots, \pi(n)\}$. 设 $S = \{1, 2, \cdots, n\} \setminus \{\pi(k+1), \cdots, \pi(n)\}$ 是 $k$ 个待定的工件之集. 考虑工件 $i \in S$ 是否可以排在第 $k$ 位. 试证如下的消去规则: 若其后存在与 $i$ 相关的工件 $j \in \{\pi(k+1), \cdots, \pi(n)\}$, 使得 $\max\{C_i, d_i\} > \max\{C_j - p_i, d_j\}$ 或 $p_i > p_j, \max\{C_i, d_i\} > d_j$, 则不存在形如 $(\cdots, i, \pi(k+1), \cdots, \pi(n))$ 的最优排列 (从而可消去由 $i$ 引出的分枝). [运用推论 4.1.6 的必要条件.]

4.9 在上题的条件下, 试证: 若 $i \in S$ 满足 $p_i \geqslant p_h, \max\{p_i, d_i\} \geqslant d_h (\forall h \in S)$ 或 $\max\{p_i, d_i\} \geqslant \max\{\sum_{j \in S} p_j - p_i, d_h\} (\forall h \in S)$, 则存在形如 $(\cdots, i, \pi(k+1), \cdots, \pi(n))$ 的最优排列 (从而可消去除 $i$ 之外的分枝). [运用习题 4.3 的结果.]

4.10 关于问题 $1 \| \sum T_j$ 的分解定理, 如果事先已经得到一个相容的偏序关系 $R$, 如何将它结合到分解定理中, 以便缩小分解位置的搜索范围?

4.11 试将有偏序约束问题 $1 | SP\text{-graph} | \sum w_j C_j$ 的 $O(n \log n)$ 算法推广到如下情形. 在第 2 章曾对具有独立相邻关系的排序问题, 定义过工件集的梯度函数, 例如 $g(j) = p_j / w_j$. 现在将相邻工件推广为相邻的子序列. 设 $\mathcal{S}$ 为工件集 $N$ 上所有子序列的集合. 若存在函数 $g : \mathcal{S} \to \mathbb{R}$ 使得

$$g(\pi_i) < g(\pi_j) \Rightarrow f(\alpha \pi_i \pi_j \beta) \leqslant f(\alpha \pi_j \pi_i \beta),$$
$$g(\pi_i) = g(\pi_j) \Rightarrow f(\alpha \pi_i \pi_j \beta) = f(\alpha \pi_j \pi_i \beta),$$

则 $g$ 称为子序列集合上的梯度函数. 将一般梯度函数 $g(\pi)$ 代替比值 $\rho(\pi) = p(\pi) / w(\pi)$, 证明算法 4.2.1 仍然有效.

4.12 试将有出树约束问题 $1 | \text{outtree} | \sum w_j C_j$ 的算法平移到有入树约束的情形. [将树边的方向变成相反的方向, 各工件的权变为负数.]

4.13 试建立问题 $1 | \text{prec}, r_j | C_{\max}$ 的 $O(n^2)$ 算法. [运用第 2 章问题 $1 | r_j, \text{prec}, \text{pmtn} | f_{\max}$ 的算法.]

4.14 仿照算法 4.2.3, 建立问题 $1 | \text{prec}, r_j, \text{pmtn} | L_{\max}$ 的算法.

4.15 仿照算法 4.2.3 的思想, 研究问题 $1 | \text{prec}, r_j, p_j = 1 | \sum C_j$ 及 $1 | \text{prec}, r_j, \text{pmtn} | \sum C_j$.

4.16 试证明层次算法 4.3.1 可应用于问题 $P | \text{intree}, p_j = 1 | \sum C_j$, 得到最优方案.

4.17 将 König 定理 4.4.1 与 Hall 定理 3.1.1 相结合得到如下的匹配数公式: 对任意二部图 $G = (X \cup Y, E)$, $\alpha'(G) = |X| - \max\{|S| - |N(S)| : S \subseteq X\}$.

4.18 证明: 序列平行有向图不含 $N$ 图作为导出子图. 试举例说明其逆不真.

# 第5章　划分结构与难解性判定

前面着重讨论了易解问题, 即具有多项式时间算法的问题. 这些时序优化问题的结构, 具有可分离性、可交换性、可匹配性、可扩张性等, 呈现出宽松的选择空间. 然而, 我们一旦遇到强制性的划分结构 (在时空中分装盒子), 失去回旋的余地, 就踏上难解性的途程.

在前面的探索途中, 我们屡屡在 NP-困难问题面前受阻, 仿佛遇见 "前方艰险, 游人止步" 的路标, 留下许多困惑与悬念. 此时此地, 我们已不再是游人, 是进入禁区的时候了.

## 5.1　计算复杂性的基本概念

### 5.1.1　多项式时间算法

在 1.3.2 小节已扼要地描述了可解性与难解性, 现在有了丰富的算法例子, 可以做更深入的讨论. 但我们不拟采用 "太形式化" 的计算复杂性术语, 毕竟目的只是应用于具体问题分析. 所以倾向于诠释性描述. 精确的专业术语参见 [2, 102, 103].

在计算复杂性理论中主要研究判定问题, 即含一组参数的问句, 要求回答 "是" 或 "否". 当问题中的参数给定时, 便称之为一个实例. 所以问题是实例的集合. 例如, 在时序问题 $F2||C_{\max}$ 中, 试问是否存在一个排列 $\pi$, 使得目标函数 $C_{\max}(\pi) \leqslant L$? 其中 $L$ 称为门槛值. 当其中的参数 $n, a_1, \cdots, a_n, b_1, \cdots, b_n$ 为给定常数时, 它就是一个实例.

一个实例 $I$ 的大小称为规模, 或输入长度, 就是当此实例输入计算机时, 表示其数学结构 (集合、矩阵、图等) 及参数 (数据、指标) 所使用的二进制数符号串的长度, 记为 $|I|$. 这二进制数符号串简称为二元代码.

例如, 一个正整数 $n$ 写成二进制数的位数是 $\lceil \log(n+1) \rceil$ (其中 $\log$ 指以 2 为底的对数). 所以我们粗略地说, $n$ 的二元代码长度或输入长度是 $\log n$ (默认 $n > 1$).

对一个工件数为 $n$, 工时分别为 $p_1, p_2, \cdots, p_n$ 的时序问题实例 $I$, 它的规模定义为

$$|I| = \Theta\left(n + \sum_{1 \leqslant j \leqslant n} \log p_j\right),$$

其中 $n$ 是工件集的定义符的数目 (至少设置 $n$ 个位置来存储工件的名字),

$\sum_{1 \leqslant j \leqslant n} \log p_j$ 是所有参数数据的二元输入长度之和. 如果有 $m$ 台机器及工时、工期等参数, 则实例的规模为

$$|I| = \Theta \left( mn + \sum_{1 \leqslant i \leqslant m} \sum_{1 \leqslant j \leqslant n} \log p_{ij} + \sum_{1 \leqslant j \leqslant n} \log d_j \right),$$

其中定义符的数目 (工序数) 为 $mn$, 其余和式表示数据的二元代码长度之和.

然而, 在平常论述中, 时序问题的规模往往粗略地用工件数 $n$ 表示, 正如一个图的规模用顶点数 $n$ 表示一样. 当我们不专门研究计算复杂性时, 常常说某个算法是 $O(n^2)$ 的或 $O(n \log n)$ 的, 其中工件数 $n$ 作为实例大小的度量. 如果认真仔细地讨论计算复杂性, 就必须按照上述规模的定义, 把工件数、机器数以及所有数据的二元输入长度都考虑进去. 今后至少心里要记住实例规模的严格意义.

以上是通常意义的输入方式, 称为二元代码 (binary) 方式. 在不加声明的情况下, 实例的输入均是指这种二元意义的输入方式, 因为在理论计算机模型中, 所有数据与信息都用 0-1 符号串表示. 另一方面, 有时候理论上也研究一元代码 (unary) 的输入方式, 其中一个正整数 $n$ 的输入长度就是 $n$ 本身, 因为用一元符号串表示这个数就是打 $n$ 个点 (好像原始人对 $n$ 件事打 $n$ 个结一样简单). 不同的输入方式是对规模的衡量尺度给出不同的规定. 例如, 对正整数 $n$, 二元输入长度 $\log n$ 比较短, 一元输入长度 $n$ 比较长. 衡量计算量及运行时间与使用什么尺度有密切关系, 使用的尺度越大 (小), 则量出的长度越短 (长).

算法的有效性主要通过它的运行时间来衡量. 运行时间是指算法所有步骤中的基本算术运算 (包括加、减、乘、除及比较等) 的次数. 假定每一个基本算术运算都需要单位执行时间. 一个算法的时间界或复杂性, 是指对规模为 $|I|$ 的一切实例 $I$ 而言, 在最坏情形下的运算次数上界 $f(|I|)$. 在精细的算法研究中, 还要考虑算法的空间复杂性, 即整个算法的运算过程需要多大的存储空间 (在多么长的磁带中运行). 在应用领域, 这一方面往往就省略了.

例如, 前面的流水作业问题 $F2||C_{\max}$ 的 Johnson 算法的时间界是 $O(n \log n)$. 求二部图的最优匹配的匈牙利算法的时间界是 $O(n^3)$. 这样的例子已经讲了许多. 其中运算时间上界不易精确估计, 一般采用 "大 $O$ 记号", 忽略常数因子, 只估计渐近上界的 "阶次". 我们在基础课中讲过:

• $f(n) = O(n^2)$ 的含义是: 存在常数 $c > 0$ 使得 $f(n) \leqslant cn^2$ 对充分大的 $n$ 成立.

• $f(n) = \Omega(n^2)$ 的含义是: 存在常数 $c > 0$ 使得 $f(n) \geqslant cn^2$ 对充分大的 $n$ 成立.

• $f(n) = \Theta(n^2)$ 表示: 存在常数 $c_1, c_2 > 0$ 使得 $c_1 n^2 \leqslant f(n) \leqslant c_2 n^2$ 对充分大的 $n$ 成立.

一个算法 $A$ 称为多项式时间算法, 是指存在整数 $k$ 使得算法 $A$ 的时间界是 $O(|I|^k)$, 其中 $|I|$ 是实例的规模. 多项式时间算法亦称有效算法, 或好算法. 这是 Edmonds 1965 年[101] 提出的具有里程碑意义的概念. 而非多项式时间算法称为指数时间算法, 或坏算法. 所谓好坏, 比如用一个例子来说明: 对一个工件数为 $n = 30$ 的时序问题, 一个 $O(n^2)$ 算法在计算机中执行, 运行时间不足 1 秒; 如果运用枚举所有排列的算法, 运算次数至少是 $n! \approx 2.6 \times 10^{32}$, 用最快的计算机 (假定每次运算用 $10^{-9}$ 秒), 要计算一亿亿年呢!

特别地, 如果算法 $A$ 的时间界是 $O(n^k)$, 其中 $n$ 是实例中的参数个数 (如工件数、顶点数), 与参数的数值大小无关, 则 $A$ 称为强多项式时间算法. 例如, 上述 $F2||C_{\max}$ 的 Johnson 算法是强多项式时间算法. 在算法 3.3.4, 问题 $P|r_j, \mathrm{pmtn}|L_{\max}$ 的 $O(n^3(\log n + \log p_{\max}))$ 时间算法不是强多项式时间算法, 但是相对于实例规模 $|I| = n + \sum_{1 \leqslant j \leqslant n} \log p_j$ 而言, 它是多项式时间算法 (因为 $\log p_{\max} \leqslant |I|$). 这样的算法称为常义多项式时间算法, 即普通 (一般) 意义的多项式时间算法.

如果有一个算法的时间界是 $O(n^3 p_{\max})$ 或 $O(n^2 P)$, 其中 $P = \sum_{1 \leqslant j \leqslant n} p_j$, 则它就不是多项式时间算法了. 但是如果采用一元代码的输入方式, 其中工时 $p_j$ 的输入长度就是 $p_j$, 那么 $n^3 p_{\max}$ 及 $n^2 P$ 也是输入长度的多项式. 这种一元代码输入方式下的多项式时间算法称为伪多项式时间算法 (pseudo-polynomial time algorithm). 更明确地说, 设 $|I|_{\max}$ 表示实例 $I$ 中出现的最大数值, 则伪多项式时间算法是指其时间界是 $|I|$ 及 $|I|_{\max}$ 的多项式. 对于一个伪多项式时间算法而言, 如果存在一个多项式 $q$ 使得 $|I|_{\max} \leqslant q(|I|)$, 即实例中出现的数值不太大, 则它就成为多项式时间算法了. 实际上, 在现实生活中遇到的时序优化问题, 其工时、工期等数据都不会太大 (比如不超过工件数的若干倍), 以致伪多项式时间算法的实际执行效果往往不比多项式时间算法差太多. 以后在第 7 章中, 伪多项式时间可解的问题有较好的逼近方案, 这说明它与本质的困难问题有所不同.

另一个相关的概念拟多项式时间算法 (quasi-polynomial time algorithm), 是指它的最劣情形时间界是 $2^{O((\log n)^c)}$ $(c > 0)$. 当 $0 < c < 1$ 时, 它是次线性算法 (因为 $2^{k(\log n)^c} \leqslant 2^{\log n} = n$ 对充分大的 $n$ 成立). 当 $c = 1$ 时, 它是多项式时间算法 (因为 $2^{k \log n} = n^k$). 当 $1 < c < 2$ 时, 它仍然是多项式时间算法 (设 $c = 1 + c', 0 < c' < 1$, 则 $2^{k(\log n)^{1+c'}} = 2^{k \log n} 2^{k(\log n)^{c'}} \leqslant 2^{k \log n} 2^{\log n} = n^{k+1}$). 当 $c = 2$ 且 $O$ 中的常数是 1 时, 时间界为 $O(n^{\log n})$, 其性能仅次于多项式时间算法. 时间界 $O(n^{\log \log n})$ 也归入此类型 (因为 $\log \log n \leqslant \log n$). 只是在时序优化的经典问题中较少讨论此类算法 ①.

---

①按照数学学科的惯例, 前缀 pseudo- 译作 "伪"(如 pseudo-code 伪码, pseudoconvex 伪凸); 前缀 quasi- 译作 "拟" (如 quasi-elliptic function 拟椭圆函数, quasiconvex 拟凸). 无论 "伪" 或 "拟", 都有相近相似之意.

### 5.1.2 P 类及 NP 类问题

**定义 5.1.1**    在判定问题中, 具有多项式时间算法的问题称为 P 类问题.

对判定问题 A 的实例 I, 如果它的回答是 "是", 则称为**肯定实例**; 如果它的回答是 "否", 则称为**否定实例**.

对一个判定问题的实例而言, 无论它是肯定实例或否定实例, 有时不一定把解案求出来, 就可以提供一种判定条件或检验准则, 称其为**判据** (certificate, 判断证据), 用以判断验证它的回答确实是 "是" 或 "否". 例如, 判定一个线性方程组是否有解, 可以运用系数矩阵的秩及增广矩阵的秩作为判据, 看它们是否相等. 判定一个线性变换是否可逆, 可以取一个基下的变换矩阵为判据, 看它的行列式是否为零. 判定二部图 G 是否存在完美匹配 M, 可用 Hall 定理的条件 (对任意 $S \subseteq X$ 有 $|N(S)| \geqslant |S|$) 作为判据. 这样的判据起着 "身份证明文件" 或 "证书" 的作用.

此处所说的判据必须是简明的或简短的, 即可在多项式时间内验证它的有效性. 例如, 上述系数矩阵的秩可以用 Gauss 消去法在 $O(n^2)$ 时间得到验证. 行列式是否为零也可用同样的消去法验证. 对判定二部图是否存在完美匹配的肯定实例, 完美匹配 M 本身可作为判据; 对其否定实例, 可用不满足 Hall 定理条件的子集 S (其中 $|N(S)| < |S|$) 作为判据. 它们在图中直接检查, 可在 $O(n)$ 时间完成.

P 类问题的重要特征是: 无论对它的肯定实例或否定实例, 都可以提供简明的判据. 因为它的多项式时间算法的执行记录本身就是一个简明的判据. 但是, 对一般的问题来说, 比如判定某种构形的存在性, 肯定实例的判据容易提供 (这种构形本身就是判据), 而否定实例的判据 (即不存在这种构形的条件) 有时却难以提供. 比如判定一个图 G 是否存在 Hamilton 圈, 对肯定实例很好办: 只要把 Hamilton 圈标示出来即可; 但是对否定实例, 说明不存在 Hamilton 圈却无法提供合理的判据, 除非穷举所有可能的顶点排列, 但这又不能在多项式时间实现.

由此想到放松要求, 考虑一类十分广泛的问题: 只要知道了一个实例有肯定回答, 则可以提供判据, 证实它的回答的确是 "是", 并且验证判据的有效性可以在多项式时间完成. 这里只要求对肯定实例能够提供简明判据, 而对否定实例不要求. 由此引出如下定义.

**定义 5.1.2**    一个判定问题 A 称为 NP 类问题, 是指对其任一个肯定实例 I, 都存在一个判据 $C(I)$ (证明 I 确实有肯定回答) 以及一个验证算法 $A(I)$, 使得验证 $C(I)$ 有效性的算法 $A(I)$ 可在多项式时间内完成.

简言之, NP 类问题就是可以简短验明真解 (肯定答案) 的判定问题. 此类问题是非常广泛的, 因为它不要求找出解答, 只要求当给出解答 (作为判据) 时容易验证它确实是解答. 必须说明的是, 这里 "NP" 是 Non-deterministic Polynomial 的缩写, 意思是对非确定性计算机模型 (它相当于有 "猜出" 解答的功能) 存在多项式时间

算法. 由定义可得到如下结论:

**命题 5.1.3**    $P$ 问题类 $\subseteq$NP 问题类.

在时序优化问题中, 判定问题的一般形式是: 是否存在机程方案 $\sigma$, 满足一定的约束条件, 使得目标函数值 $f(\sigma) \leqslant L$? 其中 $L$ 是给定的门槛值. 前面四章讲述的时序优化例子, 都具有多项式时间算法, 所以都属于 $P$ 问题类, 从而属于 NP 问题类.

一个判定问题称为有显式表示的, 是指其约束条件及目标函数分别是由输入参数经过基本算术运算 (加减乘除及比较, 包括 $\min, \max$) 得到的不等式及实值函数, 并且一个机程方案 $\sigma$ 是否满足约束条件以及计算目标函数值均可通过这些基本运算在多项式时间完成.

**命题 5.1.4**    有显式表示的时序问题的判定形式属于 NP 问题类.

这是因为机程方案 $\sigma$ 就是简明的判据.

以前讨论的所有时序问题的例子都是有显式表示的. 但有的时序优化问题可能不是这样, 例如, 目标函数是完工时间的几何平均 $\sqrt[n]{C_1 C_2 \cdots C_n}$, 其中的根式不能在多项式时间计算出来. 这样的问题就不能断定其属于 NP 问题类.

### 5.1.3    NP-完全问题及 NP-困难问题

经常说, 解一个问题 $A$ 可以转化 (归结) 为解另一个问题 $B$. 其精确含义叙述如下:

**定义 5.1.5**    问题 $A$ 可在多项式时间内变换为问题 $B$ (简称 $A$ 可多项式变换为 $B$), 是指存在一个多项式 $p$, 对任给问题 $A$ 的一个实例 $x$, 其规模为 $|x|$, 可以在 $p(|x|)$ 时间内构造出问题 $B$ 的实例 $y$, 使得 $x$ 是 $A$ 的肯定 (否定) 实例当且仅当 $y$ 是 $B$ 的肯定 (否定) 实例.

这意味着, $A$ 的一般实例 $x$ 等价于 $B$ 的特殊实例 $y$. 从这种对应关系来看, 问题 $B$ 的外延比问题 $A$ 的外延更广, 解决问题 $B$ 相当于解决了问题 $A$. 这里, "在 $p(|x|)$ 时间内构造出问题 $B$ 的实例 $y$" 是指从实例 $x$ 到实例 $y$, 存在一个可计算函数 $y = g(x)$, 使得 $y$ 的输入长度 $|g(x)| \leqslant p(|x|)$, 此处输入长度 $|g(x)|$ 包括计算实例 $y$ 的所有参数的运算次数.

由此我们得到结论: 若问题 $A$ 可多项式变换为问题 $B$, 而问题 $B$ 存在多项式时间算法 $\mathscr{B}$, 则问题 $A$ 亦存在多项式时间算法. 事实上, 问题 $A$ 的多项式时间算法可以这样构成: 对问题 $A$ 的实例 $x$, 在 $p(|x|)$ 时间构造出问题 $B$ 的实例 $y$, 然后运用算法 $\mathscr{B}$ 在 $q(|y|)$ 时间求出实例 $y$ 的解答.

有时候, 我们也说问题 $A$ 归约为问题 $B$ (有人也说归结). 确切地说, 问题 $A$ 称为可多项式归约为问题 $B$, 是指存在问题 $A$ 的多项式时间算法 $\mathscr{A}$, 其中把问题 $B$ 的算法 $\mathscr{B}$ (假想的) 作为单位运算时间的子程序来调用. 这样, 如果问题 $B$ 存在多项式时间算法, 将它嵌入上述子程序中便得到问题 $A$ 的多项式时间算法了. 也就是解决问题 $B$ 相当于解决了问题 $A$. 容易证明: 若问题 $A$ 可多项式变换为问题 $B$, 则问题 $A$ 可多项式归约为问题 $B$ (见习题 5.2). 在计算复杂性理论的应用领域, 通常只运用多项式变换, 较少讨论多项式归约 (有的文献对二者不加区分).

在多项式变换的意义上, 如下的问题类是 NP 问题类中最困难的.

**定义 5.1.6** 若判定问题 $A$ 满足如下两个条件, 则称为 NP-完全问题: (1) $A$ 是 NP-问题; (2) 所有 NP-问题均可多项式变换为 $A$.

这样一来, 我们得到 NP 问题类的子类, 即所有 NP-完全问题构成的类, 记为 NPC 类. 由上述多项式变换的性质可知, 倘若一个 NP-完全问题存在多项式时间算法, 则所有 NP-问题均存在多项式时间算法. 于是 $P$ 类 = NP 类. 然而, 经过无数杰出学者半个世纪的不懈努力, 迄今没有一个 NP-完全问题能够找到多项式时间算法. 所以目前大多数研究者认同如下的著名猜想 (它的证明成为 21 世纪最大的征解难题之一):

**猜想 5.1.7** $P \neq \mathrm{NP}$, 或 $P \cap \mathrm{NPC} = \varnothing$.

对一个最优化问题 (指最小化) 来说, 其判定形式是判定其目标函数值是否不超过于某个门槛值. 如果其判定形式是 NP-完全问题, 则称这个最优化问题为 NP-困难问题.

对一个判定问题 $A$ 及一个多项式 $p$, 它的限制问题 $A_p$ 是由 $A$ 中这样的实例 $I$ 组成: $I$ 中出现的最大整数, 记为 $|I|_{\max}$, 满足 $|I|_{\max} \leqslant p(|I|)$. 对于一个 NP-完全问题 $A$, 若存在多项式 $p$, 使得其限制问题 $A_p$ 也是 NP-完全的, 则 $A$ 称为强 NP-完全问题. 这里, 强 NP-完全问题之所以困难, 不是因为数值大, 而是因为结构复杂, 即使限定小的输入数据仍然一样困难.

强 NP-完全问题也称为一元输入的 NP-完全问题, 其中 "一元输入" 是指实例的输入规模是按数据的一元编码方式计算的. 其意思是: 按照一元输入的加大尺度来计算实例规模 $|x|$, 所有实例 $x$ 均满足 $|x|_{\max} \leqslant |x|$ (对加大度量来说, 所有数据都变小了), 限制问题与原问题一样, 难度并没有改变, 所以仍然是 NP-完全的. 严格解释参见 Turing 机的工作原理 (见 [103]).

如果一个 NP-完全问题 $A$ 的实例不涉及数值计算, 如一些纯组合问题 (见下面 6 个基本问题的前 5 个), 它一定是强 NP-完全的 (因为限制问题就是问题自身). 对强 NP-完全性有如下重要结论: 一个强 NP-完全问题不可能存在伪多项式时间算法, 除非 $P = NP$. 事实上, 倘若强 NP-完全问题 $A$ 存在伪多项式时间算法, 它的运行时间是 $|I|$ 及 $|I|_{\max}$ 的多项式 $q(|I|, |I|_{\max})$, 那么对限制问题 $A_p$ 而言, $|I|_{\max} \leqslant p(|I|)$, 故此算法的时间界是 $|I|$ 的多项式 $q(|I|, p(|I|))$. 因此, NP-完全问题 $A_p$ 存在多项式时间算法, 从而 $P = NP$.

具有伪多项式时间算法的 NP-完全问题是困难问题中相对容易的问题. 那些与

多项式时间算法及伪多项式时间算法无缘的问题, 才是本质的困难问题呢.

相应地, 强 NP-困难问题是指它的判定形式是强 NP-完全问题, 也称为一元输入的 NP-困难问题. 在不加强的意义上, 二元输入的 NP-困难问题称为通常意义的 NP-困难问题 (in the ordinary sense), 今后简称为常义 NP-困难问题. 有许多问题是先证明其常义 NP-困难性, 而后进一步证明其强 NP-困难性或伪多项式时间可解的, 得到复杂性的确切定位.

在 $P \neq \mathrm{NP}$ 假设下, 复杂性类的粗略关系如图 5.1 所示.

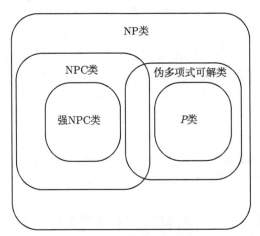

图 5.1　复杂性类示意图

### 5.1.4　基本的 NP-完全及 NP-困难问题

自然要问: 怎样的问题是 NP-完全问题? S.A. Cook 于 1971 年证明的第一个 NP-完全问题是可满足性问题. 如所知, 布尔变量 $x$ 是取值 true 或 false 的变量. 对变量 $x$ 定义它的补 (非) $\bar{x}$ 为: $\bar{x} = \mathrm{true} \Leftrightarrow x = \mathrm{false}$. 布尔变量之间有两种运算: "或" (析取), 记为 $x+y$; "与" (合取), 记为 $xy$. 这里, $x+y = \mathrm{true} \Leftrightarrow x = \mathrm{true}$ 或 $y = \mathrm{true}$; $xy = \mathrm{true} \Leftrightarrow x = \mathrm{true}$ 且 $y = \mathrm{true}$. 一个句子是指一些文字 (变量或其补) 的析取, 如

$$(x_1 + \bar{x}_2 + x_3), (x_2 + \bar{x}_5), \cdots.$$

在一个布尔公式中, 句子与句子之间是合取关系, 如 $(x_1 + \bar{x}_2 + x_3)(x_2 + \bar{x}_3)(\bar{x}_1 + \bar{x}_2 + x_4 + x_5)$ 等等. 所谓可满足性问题就是: 给定 $n$ 个布尔变量 $x_1, x_2, \cdots, x_n$ 的 $m$ 个句子 $C_1, C_2, \cdots, C_m$, 是否存在变量 $x_1, x_2, \cdots, x_n$ 的赋值, 使得布尔公式 $C_1 C_2 \cdots C_m = \mathrm{true}$?

一般的形式逻辑推理都可以用布尔公式表示. 例如, 对两个判断 $X, Y$, 可以引进两个布尔变量 $x, y$, 使得 $X$ 成立表为 $x = \mathrm{true}$, $Y$ 成立表为 $y = \mathrm{true}$. 那么 "$X, Y$

至少有一个成立"可表为 $(x+y)$; "$X, Y$ 恰有一个成立"可表为 $(x+y)(\bar{x}+\bar{y})$; "若 $X$ 成立, 则 $Y$ 成立"可表为 $(\bar{x}+y)$.

同样地, 可以用布尔公式描写算法的执行过程. 比如引进布尔变量 $x_{ijl}$ 及 $x_{ij\sigma}$ 分别代表算法在第 $i$ 步, 当扫描符号串的第 $j$ 个位置时, 正在执行指令 $l$ 以及读出符号 $\sigma$. 那么算法的步骤及运算规则都可以写成布尔公式. 进而, 运用布尔公式的强大逻辑功能, 把 NP-问题的定义 (对其肯定实例 $x$ 存在判据 $C(x)$, 使得验证算法在多项式时间接受这个判据等等) 写成一个布尔公式 $F(x)$, 作为可满足性问题的实例. 当然. 在此过程中有许许多多符号化的工作, 这里略去细节. 总之, 由此证明: 对任意抽象定义的 NP-问题实例, 都可以在多项式时间构造可满足性问题的实例 (写成多项式长度的布尔公式), 使得它们具有相同解答. 于是任意 NP-问题可多项式变换为可满足性问题. 这样便得到如下定理.

**定理 5.1.8**(Cook 定理)  可满足性问题是 NP-完全问题.

由于可满足性问题是整数线性规划问题及 0-1 规划问题的特殊情形, 所以整数线性规划问题及 0-1 规划问题都是 NP-完全的.

容易证明: 多项式变换具有传递性, 即若问题 $A$ 可多项式变换为问题 $B$, 问题 $B$ 可多项式变换为问题 $C$, 则问题 $A$ 可多项式变换为问题 $C$. 由此可知, 今后证明一个问题 $A$ 是 NP-完全的, 只要做这样两件事情:

(1) $A$ 是 NP-问题;

(2) 存在一个 NP-完全问题 $B$ 可多项式变换为 $A$.

于是人们一个接一个地把遇到的困难问题纳入 NPC 的行列. Garey 和 Johnson 在 [102] 中列出 300 多个, 以后又在 Journal of Algorithms 开辟专栏 The NP-completeness column: An ongoing guide, 收集更多的例子. Brucker[19] 与其网站详细列出时序问题复杂性结果的表系, 成为研究档案. 特别是 [102] 及其他专著列出如下 6 个基本的 NPC 问题, 作为常用的工具 (有 "种子问题" 之称):

• **3-可满足问题**  即可满足性问题中每一个句子恰含三个文字.

• **3-精确覆盖问题**  给定 $3m$ 元素集 $S = \{u_1, \cdots, u_{3m}\}$ 的子集族 $\mathcal{F} = \{S_1, \cdots, S_n\}$, 其中 $|S_i| = 3$ $(1 \leqslant i \leqslant n)$, 是否存在 $\mathcal{F}$ 的 $m$ 个子集恰好覆盖 $S$? [三维匹配问题是其特例.]

• **顶点覆盖问题**  给定图 $G$ 及整数 $k$, 是否存在顶点覆盖 $C$ (每条边至少有一端属于 $C$) 使得 $|C| \leqslant k$?

• **最大团问题**  给定图 $G$ 及整数 $k$, 是否存在一个团 $C$ (其中任意两点皆相邻) 使得 $|C| \geqslant k$?

• **Hamilton 路问题**  给定图 $G$, 是否存在 Hamilton 路 (包含所有顶点的路)? [其变形是 Hamilton 圈问题或旅行商问题.]

• **划分问题**  给定正整数 $a_1, \cdots a_n$, 是否存在子集 $S \subset \boldsymbol{N} = \{1, \cdots, n\}$, 使得

$\sum_{i \in S} a_i = \sum_{j \in N \setminus S} a_j$?

这些基本问题都或多或少呈现划分结构. 除了划分问题 (连同后文出现的 3-划分及其他变形) 之外, 可满足性问题就是求布尔变量集的一个划分, 其中一部分变量取 true, 另一部分取 false, 使得每一个句子中至少有一个文字取 true. 3-精确覆盖问题也是求 $3m$ 元素集 $S$ 的划分, 使得每一个子集都属于子集族 $\mathcal{F}$. 顶点覆盖问题及最大团问题都是求图 $G$ 顶点集 $V$ 的划分 $\{C, V \setminus C\}$ 满足一定条件. Hamilton 路问题是求图 $G$ 边集 $E$ 的划分 (分为选择边与不选边), 使得相继的选择边在图中相邻. 因此我们说, 划分结构与难解性有着不解之缘.

时至今日, NPC 家族犹如一棵以可满足性问题为根的大树, 盘根错节, 枝叶葱茏, 伸展到离散数学的各个学科领域. 每一个学科的难解性问题都可以追溯出通往树根的脉络. 这一章的任务就是理清时序优化问题与这个家族的联系.

### 5.1.5　基本证明方法 I: 模拟变换法

为证明判定问题 $A$ 是 NPC 问题, 检验它属于 NP 类一般较易, 特别有显式表示的时序问题一定属于 NP 类 (命题 5.1.4). 所以关键在于找到一个已知的 NPC 问题 $B$, 称为 $A$ 的**参照问题**, 可多项式变换为 $A$. 即对 $B$ 的任意实例 $y$, 可以在多项式时间构造出 $A$ 的实例 $x$, 使之与 $y$ 具有相同的回答 (肯定或否定). 这里, 寻找参照问题 (戏称寻找 "入伙介绍人") 的思维方式着重于联想类比, 不同于一般演绎推理, 需要一定的洞察力与灵活性. 主导方法是**构造模型**, 即构造欲证问题 $A$ 的实例 (模型), 使之与参照问题 $B$ 的实例 (样板) 等价. 这种方法就是仿照**样板**去设计**模型**, 没有既定的程序, 往往借助于直观去建立联系. 下面讲述两种基本方法: 模拟变换法与强制压迫法. 先讲第一种, 模拟就是直接让实例 $x$ 去模仿实例 $y$ 的行为. 切入点是发现相似性, 然后做等价对应.

前面 Cook 定理的证明虽然没有细讲, 但其主导思想是清楚的, 即用布尔公式去模拟 Turing 机的工作程序. 这是一个范例. 下面再选讲几个例子 (参见早期的论著如 [102, 104, 105, 108]).

**例 5.1.1**　两台恒同机最小化全程问题 $P2\|C_{\max}$.

设 $n$ 个工件的工时为 $p_1, p_2, \cdots, p_n$, 在两台恒同平行机 $M_1, M_2$ 上加工, 目标是使全程 $C_{\max}$ 为最小. 其判定形式是: 是否存在机程方案 $\sigma$, 使得 $C_{\max}(\sigma) \leqslant L$? 其中 $L$ 为门槛值. 由于机程方案 $\sigma$ 恰好是把工件集划分为两部分, 安排在两台机器上加工, 所以立刻想到选择划分问题为证明 NP-完全性的参照问题.

**命题 5.1.9**　问题 $P2\|C_{\max}$ 的判定形式是 NP-完全问题.

**证明**　此问题属于 NP 类, 因为机程方案 $\sigma$ 本身可作为是简明判据 (对两机器计算完工时间可在多项式时间完成). 其次, 已知划分问题是 NP-完全问题, 下面将其多项式变换为当前时序问题. 对划分问题的任意实例 $\{a_1, a_2, \cdots, a_n\}$, 可以构

造 $P2||C_{\max}$ 的实例如下: 令 $p_j = a_j, 1 \leqslant j \leqslant n$ 且 $L = \dfrac{1}{2}\sum_{1 \leqslant j \leqslant n} p_j$. 这样的实例构造显然可在多项式时间完成, 因为两个实例是几乎一样的 (只是换了名称). 对机程方案 $\sigma$, 令 $S := \{i \in \boldsymbol{N} : J_i$ 在 $M_1$ 上加工$\}$, 则 $\sum_{i \in S} a_i = \sum_{j \in \boldsymbol{N}\setminus S} a_j$ 当且仅当

$$C_{\max}(\sigma) = \max\left\{\sum_{i \in S} p_i, \sum_{j \in \boldsymbol{N}\setminus S} p_j\right\} \leqslant L,$$

即时序问题的实例与划分问题的实例等价. □

这是最直接与划分结构发生联系的时序问题例子了——由两台机器和门槛值形成两个盒子.

其次, 由同样方法立刻得到 (只要令工期为零):

**简注** 问题 $P2||L_{\max}$ 是 NP-困难的.

**例 5.1.2** 单机具有调整时间的全程问题 $1|s_{ij}, p_j = 1|C_{\max}$.

设 $n$ 个工件具有单位工时, 但工件之间具有调整时间, 其中 $s_{ij}$ 为工件 $i, j$ 之间的调整时间. 由于工件具有单位工时, 总的加工时间是 $n$, 所以目标函数取决于调整时间的选择, 即加工顺序的选择. 其判定形式是: 是否存在工件排列 $\pi$, 使得 $C_{\max}(\pi) \leqslant L$? 由此联想到工件是图的顶点, 调整时间 $s_{ij}$ 是顶点之间的边长, 排列 $\pi$ 对应于 Hamilton 路. 于是选择 Hamilton 路问题为参照问题.

**命题 5.1.10** 问题 $1|s_{ij}, p_j = 1|C_{\max}$ 的判定形式是 NP-完全问题.

**证明** 由于机程方案 (排列) $\pi$ 本身是简明判据, 故此问题属于 NP 类. 其次, 给定 Hamilton 路问题的实例, 即图 $G = (V, E)$, 其中 $|V| = n$. 构造问题 $1|s_{ij}, p_j = 1|C_{\max}$ 的实例如下: 工件集为 $\boldsymbol{J} = \{1, 2, \cdots, n\}$, $p_1 = p_2 = \cdots = p_n = 1$,

$$s_{ij} = \begin{cases} 1, & v_i v_j \in E, \\ n, & 否则, \end{cases}$$

且 $L = 2n - 1$. 此处的实例构造主要是构造矩阵 $(s_{ij})$, 可在 $O(n^2)$ 时间完成. 若图 $G$ 存在 Hamilton 路 $P$, 则其顶点顺序对应于工件排列 $\pi$, 且相继工件的调整时间 $s_{ij} = 1$. 故总的调整时间为 $n - 1$, 从而 $C_{\max}(\pi) = 2n - 1 = L$. 反之, 若时序问题存在排列 $\pi$ 使得 $C_{\max}(\pi) \leqslant 2n - 1$, 则 $\pi$ 对应于图 $G$ 的顶点序列 $P$ 一定是 Hamilton 路, 因为相继顶点有边相连 ($s_{ij} = 1$). 故二实例有相同回答 (肯定或否定). □

在前面的例子中, 证明了两台机器情形问题 $P2||C_{\max}$ 是 NP-完全的. 由此可知, 一般多台机器情形 $P||C_{\max}$ 也是 NP-完全的. 在后一个例子中, 证明了单位工时情形 $1|s_{ij}, p_j = 1|C_{\max}$ 是 NP-完全的. 那么一般情形 $1|s_{ij}|C_{\max}$ 更是 NP-完全的.

事实上, 若一个 NP 类问题的特殊情形是 NP-完全的, 则它本身一定是 NP-完全的. 或者说, 若一个问题是 NP-完全的, 则其推广问题亦然. 因为这是一种直接的多项式变换方法, 叫做限制方法 (restriction), 即只要取出问题 $A$ 的一部分实例 (特殊情形), 便构成 NP-完全问题 $B$. 这种限制方法, 道理虽然简单, 却不失为扩展 NPC 范围的有用方法. 例如, 划分问题的如下两种推广形式在今后证明中常常用到:

• **背包问题**　给定非负整数 $a_1, a_2, \cdots, a_n, c_1, c_2, \cdots, c_n$ 以及 $B$ 与 $L$, 是否存在子集 $S \subseteq \{1, 2, \cdots, n\}$ 使得 $\sum_{i \in S} a_i \leqslant B$ 且 $\sum_{i \in S} c_i \geqslant L$? 这里, $a_i$ 及 $c_i$ 分别代表物品 $i$ 的体积及价值, $B$ 是背包容量, $L$ 是选取物品的价值下界.

事实上, 为证其 NP-完全性, 只要限定 $a_i = c_i$ 及 $B = L = \frac{1}{2}\sum_{1 \leqslant i \leqslant n} a_i$ 的特殊情形, 便变成划分问题.　　　　　　　　　　　　　　　　　□

• **0-1 背包问题**　给定非负整数 $a_1, a_2, \cdots, a_n$ 及 $B$, 是否存在子集 $S \subseteq \{1, 2, \cdots, n\}$ 使得 $\sum_{i \in S} a_i = B$?

事实上, 为证其 NP-完全性, 只要限定 $B = \frac{1}{2}\sum_{1 \leqslant i \leqslant n} a_i$, 便成为划分问题.　□

由此可见, 以上两种背包问题 (前者亦称整数背包问题) 都是广义划分类型的, 只要取它们的特殊情形就扮演了划分问题的角色.

另一方面, 划分问题的限制 (特殊情形) 也可能是 NP-完全的, 这可看作 NP-完全性结果的加强. 例如下面两个例子, 今后可作为更加精细的证明工具. 它们的 NPC 性证明, 仍然选择划分问题为参照问题 (模拟划分问题的动作).

• **等项划分问题**　给定 $2n$ 个正整数 $a_1, a_2, \cdots, a_{2n}$ 使得 $\sum_{1 \leqslant i \leqslant 2n} a_i = 2A$, 是否存在指标集 $\{1, 2, \cdots, 2n\}$ 的划分 $(S_1, S_2)$, 使得 $|S_1| = |S_2|$, 且 $\sum_{i \in S_1} a_i = \sum_{i \in S_2} a_i = A$?

事实上, 对划分问题的任意实例 $\{a_1, a_2, \cdots, a_n\}$, 其中 $\sum_{1 \leqslant i \leqslant n} a_i = 2A$, 可以构造等项划分问题的实例 $\{b_1, b_2, \cdots, b_{2n}\}$, 使得

$$b_i = a_i + 1 \, (1 \leqslant i \leqslant n), \quad b_j = 1 \, (n+1 \leqslant j \leqslant 2n).$$

若划分问题的实例有解, 即存在子集 $S \subset \boldsymbol{N} = \{1, 2, \cdots, n\}$, 使得 $\sum_{i \in S} a_i = \sum_{i \in \boldsymbol{N} \setminus S} a_i = A$, 则取 $S' \subset \{n+1, \cdots, 2n\}$ 使得 $|S'| = n - |S|$, 并取 $S'' = \{n+1, \cdots, 2n\} \setminus S'$. 令 $S_1 = S \cup S'$, $S_2 = (\boldsymbol{N} \setminus S) \cup S''$, 便得到等项划分问题实例的解 $(S_1, S_2)$, 其中 $|S_1| = |S_2| = n$ 且 $\sum_{i \in S_1} b_i = \sum_{i \in S_2} b_i = A + n$. 反之, 若等项划分问题的实例有解 $(S_1, S_2)$, 使得 $|S_1| = |S_2|$, 且 $\sum_{i \in S_1} b_i = \sum_{i \in S_2} b_i = A + n$, 则取 $S = S_1 \cap \boldsymbol{N}$, 便有 $\sum_{i \in S} a_i = \sum_{i \in S_1} b_i - n = A$, 即划分问题的实例有解.　　□

• **奇偶划分问题**　给定 $2n$ 个正整数 $b_1, b_2, \cdots, b_{2n}$, 其中 $b_1 > b_2 > \cdots > b_{2n}$ 且 $\sum_{1 \leqslant i \leqslant 2n} b_i = 2B$, 是否存在 $\{1, 2, \cdots, 2n\}$ 的划分 $(S_1, S_2)$, 使得 $S_1$ (因而 $S_2$) 恰含

$\{2i-1, 2i\}$ 中的一个元素 $(1 \leqslant i \leqslant n)$, 且 $\sum_{i \in S_1} b_i = \sum_{i \in S_2} b_i = B$? [处于奇偶位置的两个元素 $\{2i-1, 2i\}$ 构成一组, 问题要求 $S_1$ 及 $S_2$ 从每一组中各取一个元素, 所以有 "奇偶划分" 之称.]

事实上, 对划分问题的任意实例 $\{a_1, a_2, \cdots, a_n\}$, 其中不妨设 $a_i > 1$, 可以构造奇偶划分问题的实例 $\{b_1, b_2, \cdots, b_{2n}\}$ 如下: 令 $b_1 = 1$ 且

$$b_{2i} = b_{2i-1} + a_i \, (1 \leqslant i \leqslant n), \quad b_{2i+1} = b_{2i} + 1 \, (1 \leqslant i < n).$$

设 $(S_1, S_2)$ 是奇偶划分实例的解 (划分), 则 $S_1$ (因而 $S_2$) 恰含 $\{2i-1, 2i\}$ 中的一个元素 $(1 \leqslant i \leqslant n)$, 且 $\sum_{i \in S_1} b_i = \sum_{i \in S_2} b_i$. 设

$$B_1 = \sum_{i \in S_1} b_i = \sum_{i=1}^{n} b_{2i-1} + \sum_{2i \in S_1} a_i,$$

$$B_2 = \sum_{i \in S_2} b_i = \sum_{i=1}^{n} b_{2i-1} + \sum_{2i \in S_2} a_i.$$

则 $B_1 = B_2$ 当且仅当 $\sum_{2i \in S_1} a_i = \sum_{2i \in S_2} a_i$. 令 $S_1' := \{i : 2i \in S_1\}$, $S_2' := \{i : 2i \in S_2\}$. 则 $(S_1', S_2')$ 是划分问题实例的解. 因此, 奇偶划分问题实例有解当且仅当划分问题实例有解 (此证明出自 [107]). □

对前例而言, 可把 $a_i$ 看作物品 $i$ 的重量; 只要增加 $n$ 个重量为零的物品, 便容易同时平分物品的个数与重量. 进而为了满足重量为正整数的要求, 可对所有物品同时增加一单位重量. 在后一例子中, 令 $a_i$ 成为 $b_{2i-1}$ 与 $b_{2i}$ 的间隔, 即把物品 $a_i$ 夹在 $b_{2i-1}$ 与 $b_{2i}$ 之间, 若在划分问题中选择 $a_i$, 则在奇偶划分问题中选择后者 $b_{2i}$, 否则选择前者 $b_{2i-1}$. 这样得到两个实例的划分方案的对应.

以上两种模拟方法设计, 用不同的 "积木" 构件拼砌出划分问题的模型, 是各具特色的. 以后还有更多的技巧.

### 5.1.6 基本证明方法 II: 强制压迫法

强制压迫法是在欲证问题实例设计中, 设置一种划分型 "模具", 其中包含若干限制性的 "隔板" 与 "腔室", 并借助门槛不等式进行施压, 强迫各工件进入预定位置, 呈现参照问题的构形.

**例 5.1.3** 单机有到达期的最大延迟问题 $1|r_j|L_{\max}$.

在例 2.1.5, 我们第一个遗留问题是 $1|r_j|L_{\max}$ 的 NP-困难性. 设 $n$ 个工件的工时分别为 $p_1, p_2, \cdots, p_n$, 工期为 $d_1, d_2, \cdots, d_n$, 到达期是 $r_1, r_2, \cdots, r_n$, 目标函数是最大延迟 $L_{\max}(\pi) = \max_{1 \leqslant i \leqslant n}(C_{\pi(i)} - d_{\pi(i)})$. 判定形式是: 是否存在可行排列 $\pi$ 使得 $L_{\max}(\pi) \leqslant L$? 利用到达期及工期作成的时间窗口, 可自然形成划分结构, 故选择划分问题或 0-1 背包问题为参照问题都可以.

**命题 5.1.11**　问题 $1|r_j|L_{\max}$ 的判定形式是 NP-完全问题.

**证明**　显然此问题属于 NP 类 (可行排列是简明判据). 其次, 给定 0-1 背包问题的实例 $\{a_1, a_2, \cdots, a_n, B\}$, 记 $A = \sum_{1 \leqslant i \leqslant n} a_i$. 构造问题 $1|r_j|L_{\max}$ 的实例如下: 设有 $n+1$ 个工件, 其中前 $n$ 个为基本工件:

$$r_j = 0, \quad p_j = a_j, \quad d_j = A + 1 \quad (1 \leqslant j \leqslant n);$$

第 $n+1$ 个工件为限位工件 (模具中的隔板):

$$r_{n+1} = B, \quad p_{n+1} = 1, \quad d_{n+1} = B + 1;$$

并令门槛值 $L = 0$ (用不延误进行施压). 机程方案的示意图如图 5.2 所示. 此处, 实例的构造是对给定的 $\{a_1, a_2, \cdots, a_n, B\}$, 计算 $n+1$ 个工件的 $p_j, r_j, d_j$, 可在 $O(n)$ 时间完成.

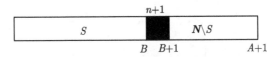

图 5.2　限位工件形成的划分

往证: 0-1 背包问题实例有解 (肯定实例) 当且仅当排序问题实例有解 (肯定实例). 若 0-1 背包问题实例有解 $S$, 则 $\sum_{i \in S} a_i = \sum_{i \in S} p_i = B$. 设 $\alpha$ 为 $S$ 对应的工件的任意排列, $\beta$ 为 $\boldsymbol{N} \backslash S$ 对应的工件的任意排列, 则 $\pi = \alpha(n+1)\beta$ 是排序问题实例的可行解 (图 5.2), 且 $L_{\max} \leqslant 0 = L$. 反之, 若排序问题实例有解 (无延误), 则工件 $n+1$ 必须安排在时间区间 $[B, B+1)$. 记安排在区间 $[0, B)$ 的工件的指标集为 $S$, 则 $\sum_{i \in S} p_i \leqslant B$. 倘若 $\sum_{i \in S} p_i < B$, 则 $\sum_{j \in \boldsymbol{N} \backslash S} p_j > A - B$, 从而 $B + 1 + \sum_{j \in \boldsymbol{N} \backslash S} p_j > A + 1$, 必有工件延误, 与假设矛盾. 因此 $\sum_{i \in S} a_i = \sum_{i \in S} p_i = B$, 即 $S$ 是 0-1 背包问题实例的解. □

在例 2.2.5 讲述了两台机器自由作业问题 $O2||C_{\max}$, 基于可分离性建立了简易的贪婪算法. 然而, 再向前迈一步, 就遇到纠结的局面:

**例 5.1.4**　三台机器自由作业问题 $O3||C_{\max}$.

设 $n$ 个工件 $J_1, J_2, \cdots, J_n$ 在三台机器 $M_1, M_2, M_3$ 上加工, 其中工件 $J_j$ 在 $M_i$ 上的工时为 $p_{ij}$ $(1 \leqslant i \leqslant 3, 1 \leqslant j \leqslant n)$, 加工次序没有限制. 机器 $M_i$ 加工工件 $J_j$ 的运作称为一个工序 $(M_i, J_j)$. 机程方案定义为工序的时间安排 $\sigma : \boldsymbol{J} \times \boldsymbol{M} \to \mathscr{T}$, 且同一机器的不同工序在时间上不能重叠, 同一工件的不同工序也不能重叠. 判定形式是: 是否存在机程方案 $\sigma$ 使得 $C_{\max}(\sigma) \leqslant L$?

**命题 5.1.12**　问题 $O3||C_{\max}$ 的判定形式是 NP-完全问题.

**证明**　给定划分问题的实例 $\{a_1, a_2, \cdots, a_n\}$, 其中 $A = \sum_{1 \leqslant i \leqslant n} a_i$, 构造时序问题 $O3||C_{\max}$ 的实例如下: 工件数为 $3n+1$, 有 $3n$ 个基本工件, 包括 $\{J_1, \cdots, J_n\}$,

$\{J_{n+1}, \cdots, J_{2n}\}$, $\{J_{2n+1}, \cdots, J_{3n}\}$ 等三类工件, 以及一个限位工件 $J_0$; 它们的工时及门槛分别为

$$p_{1j} = a_j, \quad p_{2j} = p_{3j} = 0 \quad (1 \leqslant j \leqslant n),$$

$$p_{2j} = a_{j-n}, \quad p_{1j} = p_{3j} = 0 \quad (n+1 \leqslant j \leqslant 2n),$$

$$p_{3j} = a_{j-2n}, \quad p_{1j} = p_{2j} = 0 \quad (2n+1 \leqslant j \leqslant 3n),$$

$$p_{1,0} = p_{2,0} = p_{3,0} = A/2, \quad L = 3A/2.$$

注意第一类工件只在机器 $M_1$ 上正常加工, 工时为 $p_{1j} = a_j$, 而在机器 $M_2, M_3$ 上工时为零: $p_{2j} = p_{3j} = 0$ $(1 \leqslant j \leqslant n)$. 这相当于工件 $J_j$ 不必在机器 $M_2, M_3$ 上加工, 直接放行, 在机程方案中可不占位置. 第二类工件只在机器 $M_2$ 上正常加工, 在机器 $M_1, M_3$ 上工时为零, 余类推. 为简单起见, 机器 $M_i$ 加工工件 $J_j$ 的工序直接记为 $p_{ij}$ (它同时表示这个工序的加工时间), $1 \leqslant i \leqslant 3, 0 \leqslant j \leqslant 3n$. 机程方案示意图如图 5.3 所示, 其中黑框表示限制工件 $J_0$. 上述实例的构造主要是对 $3n+1$ 个工件计算工时与门槛值 $L = 3A/2$, 可在 $O(n)$ 时间完成.

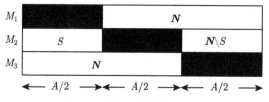

图 5.3　限位工件的划分作用

若划分问题实例有解 $S \subset \boldsymbol{N}$, 使得 $\sum_{i \in S} a_i = \sum_{j \in \boldsymbol{N} \setminus S} a_j = \frac{1}{2}A$, 则定义时序问题实例的解 $\sigma$ 如下: 在 $M_1$ 上的加工顺序为 $(p_{1,0}, p_{11}, \cdots, p_{1n})$ (其他零工时工件不显示); 在 $M_2$ 上的加工顺序为 $(\{p_{2,n+i} : i \in S\}, p_{2,0}, \{p_{2,n+j} : j \in \boldsymbol{N} \setminus S\})$; 在 $M_3$ 上的加工顺序为 $(p_{3,2n+1}, \cdots, p_{3,3n}, p_{3,0})$ (图 5.3). 每台机器上的总加工时间都恰好是 $L = 3A/2$, 所以 $C_{\max}(\sigma) = L$. 因此时序问题有解 $\sigma$.

反之, 设时序问题实例有解 $\sigma$, 使得 $C_{\max}(\sigma) \leqslant L$. 由于 $p_{1,0} + p_{2,0} + p_{3,0} = 3A/2 = L$, 工件 $J_0$ 的三个工序不相重叠, 所以它们把时间区间 $[0, L]$ 三等分, 每一部分长度都是 $A/2$. 不妨设在机器 $M_2$ 上, $J_0$ 的工序处于第二等分上. 对第二类工件 $\{J_{n+1}, \cdots, J_{2n}\}$, 设排在 $J_0$ 之前的工序集为 $\{p_{2,n+i} : i \in S\}$, 则 $\sum_{i \in S} a_i = \sum_{i \in S} p_{2,n+i} = A/2$. 故 $S$ 是划分问题实例的解. □

在这个例子中, 限位工件 $J_0$ 的三个工序联手打造一个划分模型, 并用门槛值 $L = 3A/2$ 把它们箍紧. NP-完全性证明的实例构造是一种设计艺术, 要根据参照问题的特点量身定做.

对上述两种基本证明方法, 如下两个关键点要特别注意:

● **构造模型**  运用几何想象, 在机程图中发现工件位置的限制机理, 设计出模拟参照问题的划分模型.

● **不等式演算**  运用代数方法, 计算出预设的门槛值, 并从门槛不等式推导出划分结构的等式关系.

## 5.2    常义 NP-困难问题

前面四章讲述多项式时间可解例子的同时, 留下不少有待讨论的困难问题. 现在加以整理. 先讲述常义 NP-困难问题, 即二元输入的 NP-困难问题. 前面讲解基本方法时已举了几个例子. 下面继续看更多例子与技巧. 今后对于有显式表示的经典例子不再重复其属于 NP 类的说明. 此外, "划分问题的实例有解" 或 "时序问题的实例有解" 往往简述为 "划分实例有解" 或 "时序实例有解", 避免 "问题" 与 "实例" 的重复 (其实, 实例是问题的代表, 问题是泛指的实例).

### 5.2.1    以划分问题为参照问题

在例 2.3.1, 讨论了单位工时的加权延误数问题 $1|p_j = 1|\sum w_j U_j$, 并宣称其非单位工时的一般形式是 NP-困难的.

**例 5.2.1**    单机加权延误数问题 $1||\sum w_j U_j$.

设 $n$ 个工件在一台机器上加工, 其中工件 $J_j$ 的工时为 $p_j$, 工期为 $d_j$, 延误惩罚权值为 $w_j$ $(1 \leqslant j \leqslant n)$. 对排列 $\pi$, 延误指标 $U_{\pi(i)} = 1$ 当且仅当 $C_{\pi(i)} > d_{\pi(i)}$, 否则 $U_{\pi(i)} = 0$. 目标函数为 $\sum_{i=1}^n w_{\pi(i)} U_{\pi(i)}$. 判定形式是: 是否存在排列 $\pi$, 使得 $\sum_{i=1}^n w_{\pi(i)} U_{\pi(i)} \leqslant L$?

**命题 5.2.1**    问题 $1||\sum w_j U_j$ 的判定形式是 NP-完全问题.

**证明**    给定划分问题的任意实例 $\{a_1, a_2, \cdots, a_n\}$, 记 $A = \sum_{1 \leqslant i \leqslant n} a_i$, 可以构造时序问题 $1||\sum w_j U_j$ 的实例如下 (图 5.4): 工件数为 $n$, 且

$$p_j = w_j = a_j, \quad d_j = d = \frac{1}{2}A \quad (1 \leqslant j \leqslant n), \quad L = \frac{1}{2}A.$$

这样的构造是直接对应, 一个整数 $a_j$ 对应一个工件 $J_j$, 用时 $O(n)$.

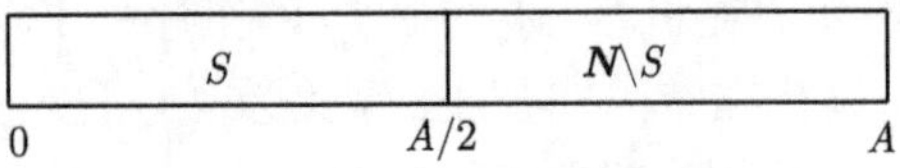

| $S$ | $\boldsymbol{N} \backslash S$ |
|---|---|
| 0             A/2                        A |

图 5.4    构造实例的划分模型

若划分实例有解 $S \subset \boldsymbol{N}$, 使得 $\sum_{i \in S} a_i = \sum_{j \in \boldsymbol{N} \backslash S} a_j = \frac{1}{2}A$, 则可令时序实例的解 $\pi$ 为: 将 $\{J_i : i \in S\}$ 的工件安排在时间区间 $[0, A/2)$ 上加工, 将 $\{J_j : j \in \boldsymbol{N} \backslash S\}$

的工件安排在时间区间 $[A/2, A)$ 上加工. 由于 $d_j = A/2$, 前一部分工件为按时工件, 后一部分工件为延误工件, 且 $\sum_{i=1}^n w_{\pi(i)} U_{\pi(i)} = \sum_{j \in N \setminus S} w_j = \sum_{j \in N \setminus S} p_j = \frac{1}{2} A = L$. 所以 $\pi$ 是时序实例的解.

反之, 设时序实例有解 $\pi$, 使得 $\sum_{i=1}^n w_{\pi(i)} U_{\pi(i)} \leqslant L$. 设 $S$ 为按时工件的指标集, $N \setminus S$ 为延误工件的指标集, 则 $\sum_{i \in S} p_i \leqslant d = \frac{1}{2} A$, 并且

$$\sum_{j \in N \setminus S} p_j = \sum_{j \in N \setminus S} w_j = \sum_{i=1}^n w_{\pi(i)} U_{\pi(i)} \leqslant L = \frac{1}{2} A.$$

故 $\sum_{i \in S} p_i = \sum_{j \in N \setminus S} p_j = \frac{1}{2} A$, 即 $\sum_{i \in S} a_i = \sum_{j \in N \setminus S} a_j$, 从而 $S$ 是划分实例的解. $\quad\square$

上述证明的要点是 $p_j = w_j$, $d = L$, 按时工件的按时约束与延误工件的门槛约束二者同时施压, 达到平衡, 形成相等的划分, 其中不必使用限位工件. 下一例子讲述另一种施压方式.

在例 2.1.8, 对恒同机总完工时间问题 $P\|\sum C_j$ 得到贪婪型算法. 现在讨论其加权情形, 即使在两台机器情形也是 NP-困难的.

**例 5.2.2** 两台恒同机加权总完工时间问题 $P2\|\sum w_j C_j$.

设工件 $J_j$ 的工时为 $p_j$, 权值为 $w_j$ $(1 \leqslant j \leqslant n)$, 可分配于两台恒同机 $M_1, M_2$ 的任意之一上加工. 机程方案表示为 $\sigma = (\pi_1, \pi_2)$, 其中 $\pi_1 = (\pi_1(1), \cdots, \pi_1(n_1))$ 为机器 $M_1$ 上的工件顺序, $\pi_2 = (\pi_2(1), \cdots, \pi_2(n_2))$ 为机器 $M_2$ 上的工件顺序, $n_1 + n_2 = n$. 目标函数为 $f(\sigma) = \sum_{i=1}^2 \sum_{j=1}^{n_i} w_{\pi_i(j)} C_{\pi_i(j)}$. 判定形式是: 是否存在机程方案 $\sigma$, 使得 $f(\sigma) \leqslant L$?

**命题 5.2.2** 问题 $P2\|\sum w_j C_j$ 的判定形式是 NP-完全问题.

**证明** 给定划分问题的实例 $\{a_1, a_2, \cdots, a_n\}$, 其中 $A = \sum_{1 \leqslant i \leqslant n} a_i$, 构造时序问题 $P2\|\sum w_j C_j$ 的实例 (直接对应) 如下: 工件数为 $n$, 且

$$p_j = w_j = a_j \quad (1 \leqslant j \leqslant n), \quad L = \sum_{1 \leqslant i \leqslant j \leqslant n} a_i a_j - \frac{1}{4} A^2.$$

现考虑这样的机程方案 $\sigma$: 对给定的子集 $S \subset N$, 将 $\{J_i : i \in S\}$ 的工件安排在机器 $M_1$ 上加工, $\{J_j : j \in N \setminus S\}$ 的工件安排在机器 $M_2$ 上加工. 并设 $\delta = \sum_{i \in S} a_i - \frac{1}{2} A$.

回顾单机问题 $1\|\sum w_j C_j$ (例 2.2.2) 的目标函数表达式:

$$\sum_{j=1}^n w_{\pi(j)} C_{\pi(j)} = \sum_{j=1}^n \left( \sum_{i=1}^j p_{\pi(i)} \right) w_{\pi(j)} = \sum_{1 \leqslant i \leqslant j \leqslant n} p_{\pi(i)} w_{\pi(j)} = \sum_{1 \leqslant i \leqslant j \leqslant n} a_i a_j. \quad (5.1)$$

注意到 $p_j = w_j = a_j$, 这个函数值与工件的顺序无关.

根据单机情形的目标函数表达式 (5.1), 对两台平行机的机程方案 $\sigma$, 其目标函数值为

$$
\begin{aligned}
f(\sigma) &= \sum_{i,j\in S:\, i\leqslant j} p_{\pi(i)}w_{\pi(j)} + \sum_{i,j\in \boldsymbol{N}\setminus S:\, i\leqslant j} p_{\pi(i)}w_{\pi(j)} \\
&= \sum_{1\leqslant i\leqslant j\leqslant n} a_i a_j - \left(\sum_{i\in S} a_i\right)\left(\sum_{j\in \boldsymbol{N}\setminus S} a_j\right) \\
&= \sum_{1\leqslant i\leqslant j\leqslant n} a_i a_j - \left(\frac{1}{2}A+\delta\right)\left(\frac{1}{2}A-\delta\right) = L+\delta^2.
\end{aligned}
$$

由此可知: 划分实例有解 $S$ 使得 $\delta = 0$ 当且仅当时序实例存在方案 $\sigma$ 使得 $f(\sigma) \leqslant L$. □

上述证明的基本思想是: 乘积 $(\sum_{i\in S} a_i)(\sum_{j\in \boldsymbol{N}\setminus S} a_j)$ 当且仅当两个因子相等时达到最大. 这就是运用不等式 $xy \leqslant \left(\dfrac{x+y}{2}\right)^2$ 的极值强制作用 (对 $x+y=A$ 而言, 当且仅当 $x=y$ 时 $xy$ 达到最大), 实现了划分问题的等分结构. 这说明不等式可以成为压迫成形的代数工具, 不一定借助于限位工件的作用. 其实, 所谓强制压迫法, 只是某种不等式演算的形象描述而已. 这里, 实例中的门槛值 $L$ 设定是根据证明需要反推出来的.

### 5.2.2　以背包问题为参照问题

背包问题是划分问题的推广变形, 以它为参照问题, 划分的特征没有变, 但有较大的灵活性. 这里着重讨论 0-1 背包问题: 给定非负整数 $a_1, a_2, \cdots, a_n$ 及 $B$, 是否存在子集 $S \subseteq \boldsymbol{N} = \{1,2,\cdots,n\}$ 使得 $\sum_{i\in S} a_i = B$?

问题 $1||\sum w_j C_j$ 是最为熟悉的多项式可解问题. 现在考察它的一个推广.

**例 5.2.3**　单机有截止期的加权总完工时间问题 $1|\bar{d}_j|\sum w_j C_j$.

问题是在 $1||\sum w_j C_j$ 的基础上, 每个工件 $J_j$ 有一个截止期 $\bar{d}_j$, 使得 $C_j \leqslant \bar{d}_j$ $(1 \leqslant j \leqslant n)$.

**命题 5.2.3**　问题 $1|\bar{d}_j|\sum w_j C_j$ 的判定形式是 NP-完全问题.

**证明**　给定 0-1 背包问题的实例 $\{a_1, a_2, \cdots, a_n, B\}$, 其中 $B < A = \sum_{1\leqslant i\leqslant n} a_i$, 构造时序问题 $1|\bar{d}_j|\sum w_j C_j$ 的实例如下: 工件数为 $n+1$, $J_{n+1}$ 为限位工件, 且

$$
\begin{aligned}
p_j = w_j &= a_j, \quad \bar{d}_j = A+1 \quad (1 \leqslant j \leqslant n), \\
p_{n+1} = 1, \quad w_{n+1} &= 0, \quad \bar{d}_{n+1} = B+1, \quad L = \sum_{1\leqslant i\leqslant j\leqslant n} a_i a_j + A - B.
\end{aligned}
$$

其中计算 $n+1$ 个工件的参数及门槛值可在 $O(n)$ 时间完成.

若 0-1 背包实例有解 $S$, 使得 $\sum_{i \in S} a_i = B$, 则定义时序实例的解 $\pi$ 为如下加工顺序: $\{J_i : i \in S\}, J_{n+1}, \{J_j : j \in \boldsymbol{N} \setminus S\}$ (机程方案如图 5.5 所示). 由于 $J_{n+1}$ 的完工时间 $C_{n+1} = B + 1 = \bar{d}_{n+1}$, 而其他工件没有截止期约束, 所以它满足约束条件. 其目标函数值与 (5.1) 不同的是插入一个单位工时工件 $J_{n+1}$, 故有

$$f(\pi) = \sum_{i \in S} a_i C_i + \sum_{j \in \boldsymbol{N} \setminus S} a_j (C_j + 1) = \sum_{1 \leqslant i \leqslant j \leqslant n} a_i a_j + \sum_{j \in \boldsymbol{N} \setminus S} a_j = L,$$

其中对 $j \in \boldsymbol{N} \setminus S$ 的 $C_j$ 是不计入 $J_{n+1}$ 的一单位加工时间的. 由此得知 $\pi$ 是时序实例的解.

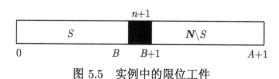

$$图 5.5 \quad 实例中的限位工件$$

反之, 设时序实例有解 $\pi$, 使得 $f(\pi) \leqslant L$. 设 $S$ 是排在 $J_{n+1}$ 之前的工件的指标集, $\boldsymbol{N} \setminus S$ 是排在 $J_{n+1}$ 之后的工件的指标集. 由于 $\bar{d}_{n+1} = B + 1$, 必有 $C_{n+1} \leqslant B + 1$. 倘若 $C_{n+1} < B + 1$, 则 $\sum_{j \in \boldsymbol{N} \setminus S} a_j > A - B$, 从而 $f(\pi) = \sum_{1 \leqslant i \leqslant j \leqslant n} a_i a_j + \sum_{j \in \boldsymbol{N} \setminus S} a_j > L$, 与假设矛盾. 因此必有 $C_{n+1} = B + 1$. 于是得到 $\sum_{i \in S} a_i = B$, 从而 $S$ 是 0-1 背包实例的解. $\qquad\square$

二机器流水作业问题 $F2 \| C_{\max}$ (例 2.2.4) 是最早遇到的有简洁解法的典型例子. 人们一直留下悬念: 三机器情形如何?

**例 5.2.4** 三机器同顺序流水作业问题 $F3 \| C_{\max}$.

设 $n$ 个工件 $J_1, J_2, \cdots, J_n$ 以相同的顺序在三台机器 $M_1, M_2, M_3$ 上加工, 并且先进入 $M_1$ 加工, 完成后进入 $M_2$ 加工, 完成后再进入 $M_3$ 加工. 设工件 $J_j$ 在 $M_1, M_2, M_3$ 上的工时分别为 $p_{1j}, p_{2j}, p_{3j}$ $(1 \leqslant j \leqslant n)$. 目标函数是最终完成时间 (全程) $C_{\max}$.

**命题 5.2.4** 问题 $F3 \| C_{\max}$ 的判定形式是 NP-完全问题.

**证明** 给定 0-1 背包问题的实例 $\{a_1, a_2, \cdots, a_n, B\}$, $0 < B < A = \sum_{1 \leqslant i \leqslant n} a_i$, 构造时序问题 $F3 \| C_{\max}$ 的实例如下: 工件数为 $n + 1$, 其中 $J_{n+1}$ 为限位工件, 且

$$p_{1j} = 0, \quad p_{2j} = a_j, \quad p_{3j} = 0 \quad (1 \leqslant j \leqslant n),$$

$$p_{1,n+1} = B, \quad p_{2,n+1} = 1, \quad p_{3,n+1} = A - B, \quad L = A + 1.$$

这里计算 $3n + 3$ 个工序的工时及门槛值可在 $O(n)$ 时间完成 (对照命题 5.1.12 的三台机器构造).

若背包实例有解 $S$, 使得 $\sum_{i \in S} a_i = B$, 则定义时序实例的解 $\pi$ 为如下加工顺序: $\{J_i : i \in S\}, J_{n+1}, \{J_j : j \in \boldsymbol{N} \setminus S\}$. 注意 $\{J_i : i \in S\}$ 在机器 $M_1$ 上的加工时间

为零, $\{J_j : j \in \boldsymbol{N} \setminus S\}$ 在机器 $M_3$ 上的加工时间为零, 所以在机器 $M_1, M_3$ 上实际上只有工件 $J_{n+1}$ 在加工, 其加工时间分别为 $B$ 及 $A - B$. 在机器 $M_2$ 上, 按顺序 $\pi$ 的总加工时间是 $B + 1 + A - B = A + 1$. 因此 $C_{\max}(\pi) = A + 1 = L$, 从而 $\pi$ 是时序实例的解 (机程方案如图 5.6 所示).

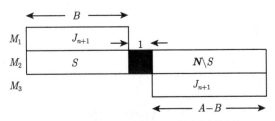

图 5.6　限位工件在 $M_2$ 中的划分作用

反之, 设 $\pi$ 是时序实例的解, 使得 $C_{\max}(\pi) \leqslant L = A + 1$. 设 $S$ 是排在 $J_{n+1}$ 之前的工件的指标集, $\boldsymbol{N} \setminus S$ 是排在 $J_{n+1}$ 之后的工件的指标集. 往证: $\sum_{i \in S} a_i = \sum_{i \in S} p_{2i} = B$. 事实上, 倘若 $\sum_{i \in S} p_{2i} < B$, 则 $\sum_{j \in \boldsymbol{N} \setminus S} p_{2j} > A - B$, 从而

$$C_{\max}(\pi) \geqslant \sum_{i \in S} p_{1i} + p_{1,n+1} + p_{2,n+1} + \sum_{j \in \boldsymbol{N} \setminus S} p_{2j} > 0 + B + 1 + A - B = A + 1 = L,$$

导致矛盾. 倘若 $\sum_{i \in S} p_{2i} > B$, 则

$$C_{\max}(\pi) \geqslant \sum_{i \in S} p_{1i} + \sum_{i \in S} p_{2i} + p_{2,n+1} + p_{3,n+1} > 0 + B + 1 + A - B = A + 1 = L,$$

也导致矛盾. 因此 $S$ 是 0-1 背包实例的解. □

在上述证明中, 主要限制结构发生在机器 $M_2$, 而 $M_1$ 只起到达期的作用, $M_3$ 起截止期的作用. 所以这里的设计本质上与前一例子及命题 5.1.11 的构思一样.

## 5.3　强 NP-困难问题

5.1 节列举的 6 个基本的 NPC 问题, 除划分问题之外, 都是强 NP-完全问题, 因为其实例中不涉及数值计算. 而划分问题及背包问题都存在伪多项式时间算法 (见 [2, 4] 及 6.2 节), 所以它们是常义 NP-完全问题, 不是强 NP-完全的. 这一节转向强 NP-完全问题的讨论.

证明强 NP-完全性一般有两种方法 (在 NP 类的范围内). 第一, 直接运用定义证明其限制问题 $A_p$ (由 $|x|_{\max} \leqslant p(|x|)$ 的实例 $x$ 组成) 也是 NP-完全的. 比如例 5.1.2, 其中调整时间 $s_{ij} = 1$ 或 $n$, 即使限制 $|x|_{\max} \leqslant n$ 也是 NP-完全的. 所以此问题是强 NP-完全问题.

第二, 找到一个强 NP-完全的问题 $B$, 它可以伪多项式时间变换为问题 $A$. 所谓伪多项式时间变换 (详见 [102]), 是指任给问题 $B$ 的一个实例 $y$, 按照如下规则构造出问题 $A$ 的实例 $x$, 使得 $x$ 与 $y$ 的回答相同 (肯定或否定):

(i) 存在二变量多项式 $p$, 使得 $|x| \leqslant p(|y|, |y|_{\max})$;

(ii) 存在二变量多项式 $q$, 使得 $|x|_{\max} \leqslant q(|y|, |y|_{\max})$;

(iii) 存在多项式 $q_1$, 使得 $|y| \leqslant q_1(|x|)$.

简言之, 前两个条件是实例 $x$ 的规模及最大数值都被实例 $y$ 的规模及最大数值所界定; 第三个条件是 $y$ 的规模增长导致 $x$ 的规模增长 (以便界定前者). 由此可以证明: 问题 $B$ 的限制问题 $B_{p_1}$ 可多项式时间变换为问题 $A$ 的限制问题 $A_{p_2}$ (从而由 $B$ 的强 NP-完全性推出 $A$ 的强 NP-完全性). 事实上, 由 $B$ 的强 NP-完全性知, 存在多项式 $p_1$ 使得限制问题 $B_{p_1}$ 是 NP-完全的. 对问题 $B_{p_1}$ 的实例 $y$, 由限制问题的定义可知 $|y|_{\max} \leqslant p_1(|y|)$. 结合 (iii) 得到 $|y|_{\max} \leqslant p_1(q_1(|x|)) = p'(|x|)$ (其中 $p'$ 为多项式). 将 (iii) 及此不等式代入 (ii), 得到 $|x|_{\max} \leqslant q(q_1(|x|), p'(|x|)) = p_2(|x|)$ (其中 $p_2$ 为多项式). 这说明 $x$ 是限制问题 $A_{p_2}$ 的实例. 进而将 $|y|_{\max} \leqslant p_1(|y|)$ 代入 (i), 得到 $|x| \leqslant p(|y|, p_1(|y|))$. 这说明实例 $x$ 的构造在 $|y|$ 多项式时间完成. 于是问题 $B_{p_1}$ 可多项式时间变换为问题 $A_{p_2}$. 由于 $B_{p_1}$ 是 NP-完全问题, 故 $A_{p_2}$ 也是 NP-完全的. 既然存在多项式 $p_2$ 使得其限制问题 $A_{p_2}$ 是 NP-完全的, 那么问题 $A$ 就是强 NP-完全问题.

上述伪多项式时间变换, 有时也叫做问题 $A$ 的实例 $x$ 的构造 "可在一元意义的多项式时间内完成". 如前所述, 伪多项式时间算法也称为一元输入的多项式时间算法 (其运行时间是 $|I|, |I|_{\max}$ 的多项式). 现在, 构造实例 $x$ 可看作一个以 $y$ 为输入的伪多项式时间算法, 其运行时间是 $|y|, |y|_{\max}$ 的多项式 $p(|y|, |y|_{\max})$. 所以说 $x$ 的构造时间, 相对一元代码的度量而言是多项式的.

自然, 对不涉及数值计算的问题, 伪多项式时间变换与多项式时间变换是一样的.

### 5.3.1 纯组合的参照问题

首先选择强 NP-完全问题——最大团问题——为参照问题. 图 $G$ 的团是指这样的顶点子集 $C$, 其中任意两个顶点均相邻. 最大团问题就是: 给定图 $G$ 及整数 $k$, 是否存在一个团 $C$ 使得 $|C| \geqslant k$? 这是非数值计算的纯组合问题, 并且具有划分性质 (将图的顶点集划分出团与非团两部分). 下面例子 (选自 [2]) 说明偏序约束如何起制约作用, 形成团的划分模型.

**例 5.3.1** 有偏序约束的单位工时平行机问题 $P|\text{prec}, p_j = 1|C_{\max}$.

在例 4.3.3 之前, 说过一般偏序约束的问题 $P|\text{prec}, , p_j = 1|C_{\max}$ 是困难的, 现在加以证明. 设 $n$ 个具有单位工时的工件, 在 $m$ 台恒同平行机上加工, 工件有偏序

约束, 最小化全程 $C_{\max}$. 其判定形式是: 是否存在机程方案 $\sigma$, 使得 $C_{\max}(\sigma) \leqslant L$?
现在来证明其强 NP-完全性.

**命题 5.3.1**    问题 $P|\mathrm{prec}, p_j = 1|C_{\max}$ 的判定形式是强 NP-完全问题.

**证明**    给定最大团问题的实例 $y$, 即图 $G = (V, E)$ 及整数 $k$, 设 $V = \{v_1, v_2, \cdots,$
$v_p\}$, $E = \{e_1, e_2, \cdots, e_q\}$, 并假定没有孤立顶点. 实例的规模为 $|y| = |V| + |E| = p + q$,
且 $k \leqslant |V|$. 构造时序问题 $P|\mathrm{prec}, p_j = 1|C_{\max}$ 的实例 $x$ 如下: 首先设机器数为

$$m = \max\left\{ k, \binom{k}{2} + p - k, q - \binom{k}{2} \right\} + 1,$$

且全程的门槛值为 $L = 3$ (分三个时段); 其次设工件数为 $n = 3m$, 其中对每一
个顶点 $v_i$ 引进一个顶点工件 $J_i$ $(1 \leqslant i \leqslant p)$, 对每一条边 $e_j$ 引进一个边工件 $J_j'$
$(1 \leqslant j \leqslant q)$, 并对三个时段引进三组限位工件 $J_f^1$ $(1 \leqslant f \leqslant r_1)$, $J_g^2$ $(1 \leqslant g \leqslant r_2)$,
$J_h^3$ $(1 \leqslant h \leqslant r_3)$, 其中 $r_1 = m - k$, $r_2 = m - \binom{k}{2} - p + k$, $r_3 = m - q + \binom{k}{2}$;
再者, 定义偏序关系: 若边 $e_j$ 关联于顶点 $v_i$, 则规定 $J_i \prec J_j'$, 并令 $J_f^1 \prec J_g^2 \prec J_h^3$
$(1 \leqslant f \leqslant r_1, 1 \leqslant g \leqslant r_2, 1 \leqslant h \leqslant r_3)$.

在此解释一下设计的实例, 它是这样的 3-区段模型 (对应于三个时段): 第一区
段准备放置团 $C$ 的 $k$ 个顶点工件; 第二区段准备放置团 $C$ 的 $\binom{k}{2}$ 个边工件以及
$p - k$ 个非团顶点工件; 第三区段放置非团的 $q - \binom{k}{2}$ 个边工件; 各个区段长度均为
$m$, 通过填塞限位工件留出预定的腔室空间. 机程方案的示意图如图 5.7 所示, 其中
黑色部分为限位工件. 下面将证明这样的设想可以实现. 其次看看实例 $x$ 的规模:
机器数 $m \leqslant \binom{p}{2} = p(p-1)/2$, 工件数 $n = 3m$, 偏序关系的输入长度为 $l = O(n^2)$,
故实例的规模 $|x| = O(mn + l) = O(p^4)$. 因此, 实例 $x$ 的构造可在 $|y|$ 的多项式时
间完成.

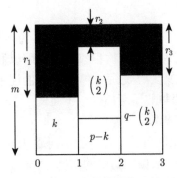

图 5.7    三区段的限位工件

往证: 图 $G$ 存在 $k$ 顶点的团 $C$ 当且仅当时序实例存在可行方案. 若图 $G$ 存在 $k$ 顶点的团 $C$, 则将 $C$ 对应的 $k$ 个顶点工件安排在第一时段; 将剩余 $p - k$ 个顶点工件以及团中 $\binom{k}{2}$ 个边工件安排在第二时段; 将剩余 $q - \binom{k}{2}$ 个边工件安排在第三时段. 再将限位工件 $J_f^1, J_g^2, J_h^3$ 依次安排在三个时段. 这样的安排满足偏序约束, 且全程为 $L = 3$, 故得到时序实例的可行方案 $\sigma$ (图 5.7).

反之, 设时序实例存在可行方案 $\sigma$, 其中 $n = 3m$ 个工件安排在三个时段. 根据限位工件之间的偏序关系, $J_f^1$ 必须安排在第一时段, $J_g^2$ 必须安排在第二时段, $J_h^3$ 必须安排在第三时段. 留下的位置安排顶点工件和边工件. 在第三时段不可能安排顶点工件, 因为否则它关联的边 (假定不存在孤立顶点) 由于偏序约束而排到时刻 $t = 3$ 之后, 与 $C_{\max} \leqslant L = 3$ 矛盾. 于是第三时段只容纳 $m - r_3 = q - \binom{k}{2}$ 个边工件, 而其余 $\binom{k}{2}$ 个边工件必须排到前两个时段. 但边工件不能排到第一时段, 因为它关联的顶点工件必须排在它之前. 这就确定了剩余 $\binom{k}{2}$ 个边工件都排到第二时段. 那么所有 $p$ 个顶点工件必须分配到前两个时段, 其中第一时段容纳 $m - r_1 = k$ 个, 第二时段容纳 $p - k$ 个. 这样, 第二时段放置的顶点工件和边工件数为 $m - r_2 = p - k + \binom{k}{2}$. 最后, 第二时段的 $\binom{k}{2}$ 条边必定关联着前面的 $k$ 个顶点, 从而这 $k$ 个顶点构成一个团 $C$ (任意两点皆相邻). 于是证明了图 $G$ 存在 $k$ 顶点的团 $C$. □

此证明是模具构造的范例: 用限位工件砌造出三个预定尺寸的房间, 然后逼迫顶点工件及边工件各就各位.

在例 2.3.2, 我们详细讨论了单机延误数问题 $1 || \sum U_j$ 的贪婪算法. 在例 5.2.1, 又证明了加权情形 $1 || \sum w_j U_j$ 的常义 NP-困难性. 现考虑有偏序约束情形的强 NP-困难性.

**例 5.3.2** 单机有偏序约束的单位工时延误数问题 $1 | \text{prec}, p_j = 1 | \sum U_j$.

设 $n$ 个工件在一台机器上加工, 工期 $d_j$ 及延误指标 $U_j$ 等均如前面所定义, 工时 $p_j = 1$, 且有偏序约束. 判定形式是: 是否存在可行方案 $\pi$, 使得 $f(\pi) = \sum_{i=1}^{n} U_{\pi(i)} \leqslant L$? 仍选择最大团问题为参照问题.

**命题 5.3.2** 问题 $1 | \text{prec}, p_j = 1 | \sum U_j$ 的判定形式是强 NP-完全问题.

**证明** 给定最大团问题的实例 $y$, 即图 $G = (V, E)$ 及整数 $k$, 设 $V = \{v_1, v_2, \cdots, v_p\}$, $E = \{e_1, e_2, \cdots, e_q\}$. 实例的规模为 $|y| = |V| + |E| = p + q$, 且 $k \leqslant |V|$. 构造时序问题 $1 | \text{prec}, p_j = 1 | \sum U_j$ 的实例 $x$ 如下: 设工件数为 $n = p + q$, 其中对每一个顶点 $v_i$ 引进一个顶点工件 $J_i$ $(1 \leqslant i \leqslant p)$, 其工期为 $d_i = n$; 对每一条边 $e_j$ 引进一个边工件 $J_j'$ $(1 \leqslant j \leqslant q)$, 其工期为 $d_j' = d' = k + \binom{k}{2}$; 并定义偏序关系: 若边 $e_j$ 关

联于顶点 $v_i$, 则规定 $J_i \prec J_j'$. 目标函数的门槛值为 $L = q - \binom{k}{2}$.

显然, 这一实例构造是前一命题的构造的简化: 把三个时段的纵向 (机器排列方向) 安排变为横向 (时间前进方向) 安排, 只是门槛值设置不同. 机程图如图 5.8 所示. 同前, 实例 $x$ 的构造可在 $|y|$ 的多项式时间完成.

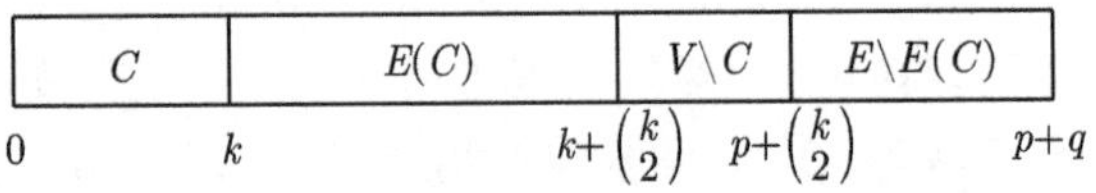

| $C$ | $E(C)$ | $V \setminus C$ | $E \setminus E(C)$ |
|---|---|---|---|

0　　　　　$k$　　　　　　　　$k+\binom{k}{2}$　$p+\binom{k}{2}$　　　$p+q$

图 5.8　团的顶点及其关联边的位置限制

若图 $G$ 存在 $k$ 顶点的团 $C$, 则定义机程方案 $\pi$ 如下: 首先将 $C$ 对应的 $k$ 个顶点工件安排在时段 $[0,k)$; 其次将与它们关联的 $\binom{k}{2}$ 个边工件接着排, 直至达到边工件的工期 $d' = k + \binom{k}{2}$ 为止 (所以它们都不延误); 然后再排 $p - k$ 个非团的顶点工件; 最后是剩余的 $q - \binom{k}{2}$ 个边工件, 它们都是延误的 (图 5.8). 由此可知延误工件数为 $f(\pi) = q - \binom{k}{2} = L$, 从而 $\pi$ 是时序实例 $x$ 的解.

反之, 设存在机程方案 $\pi$, 使得延误工件数 $f(\pi) \leqslant L = q - \binom{k}{2}$. 由于顶点工件不会延误 (因其工期为 $d_i = n$), 延误者都是边工件, 它们排在 $d' = k + \binom{k}{2}$ 之后. 那么至少有 $\binom{k}{2}$ 个边工件排在 $d'$ 之前. 这些边工件至少关联于 $k$ 个顶点工件. 由偏序约束, 这些顶点工件也必须排在 $d'$ 之前. 然而在 $d'$ 之前只有 $k + \binom{k}{2}$ 个位置, 所以在区间 $[0, d')$ 内恰有 $k$ 个顶点工件及其关联的 $\binom{k}{2}$ 个边工件. 由于这 $k$ 个顶点关联于 $\binom{k}{2}$ 条边, 它们构成一个团 $C$. 因此最大团实例有解. □

加权总完工时间问题 $1||\sum w_j C_j$ 是我们多次讨论过的. 在例 2.2.3, 对具有链状约束情形 $1|\text{chains}|\sum w_j C_j$ 给出多项式时间算法, 一般偏序约束情形 $1|\text{prec}|\sum w_j C_j$ 成为遗留问题. Lawler[78] 根据目标函数总和形式的相似性, 首先想到选择如下的线性布列问题 (the linear arrangement problem) 为参照问题. 其强 NP-困难性来自划分类型的最大割问题 (见 [102]).

● 线性布列问题　给定图 $G = (V, E)$ 及整数 $k$, 其中 $V = \{1, 2, \cdots, n\}$, 是否存在排列 $\pi$ 使得 $\sum_{(i,j) \in E} |\pi(i) - \pi(j)| \leqslant k$?

图 $G$ 可以代表一个电路, 其中顶点为元件, 边是导线. 将电路 $G$ 安装在直线的 $n$ 个整点 $\{1, 2, \cdots, n\}$ 上, 设顶点 (元件) $i$ 嵌入 (焊接) 在位置 $\pi(i)$ 上, 而导

线按照边的关联关系, 把 $(i,j) \in E$ 的位置 $\pi(i)$ 与 $\pi(j)$ 连接起来, 那么排列 $\pi = (\pi(1), \pi(2), \cdots, \pi(n))$ 就表示一种安装方式 (layout). 在这种安装方式下, $(i,j) \in E$ 的导线长度是 $|\pi(i) - \pi(j)|$. 那么总的导线长度就是 $L(G, \pi) = \sum_{(i,j) \in E} |\pi(i) - \pi(j)|$. 问题是求图 $G$ 的安装方式 $\pi$, 使总的导线长度为最小. 这个图的排序问题在 VLSI (very large scale integration) 设计中有重要应用 (参见 8.3 节). 如用机器排序模型来说, 图 $G$ 的 $n$ 个顶点可看作 $n$ 个单位工时的工件, $(i,j) \in E$ 表示工件 $i$ 与工件 $j$ 有通信联络或交换信息的关系, 问题是求一个作业顺序 $\pi$, 使总的通信联络距离为最小.

既然此问题已进入排序问题的家族, 下面的证明可借助于模拟对应方法.

**命题 5.3.3** 问题 $1|\text{prec}|\sum w_j C_j$ 的判定形式是强 NP-完全问题.

**证明** 给定线性布列问题的实例 $y$, 即图 $G = (V, E)$ 及整数 $k$, 设 $V = \{1, 2, \cdots, p\}$, $E = \{e_1, e_2, \cdots, e_q\}$. 实例的规模为 $|y| = |V| + |E| = p + q$, 且 $k \leqslant |V||E| = pq$. 构造时序问题 $1|\text{prec}|\sum w_j C_j$ 的实例 $x$ 如下: 设工件数为 $n = p + q$, 对每一个顶点 $i \in V$ 引进一个顶点工件 $J_i$ $(1 \leqslant i \leqslant p)$, 其工时及权值分别为

$$p_i = \alpha, \quad w_i = q - \delta_i,$$

其中 $\alpha = (p+3)q^2$, $\delta_i = |\{j : (i,j) \in E\}|$ 为顶点 $i$ 的度; 对每一条边 $(i,j) \in E$ 引进一个边工件 $J_{ij}$, 其工时及权值分别为

$$p_{ij} = 1, \quad w_{ij} = 2;$$

规定偏序关系 $J_i \prec J_{ij}$, $J_j \prec J_{ij}$; 最后, 门槛值设为 $L = \left(\frac{1}{2}p(p+1)q + k + 1\right)\alpha$. 实例 $x$ 的规模, 包括工件数以及工时与权值的输入长度 $(\sum \log p_i + \sum \log w_i$ 等), 是 $p, q$ 的多项式. 故实例的构造可在多项式时间完成.

设顶点工件的顺序为排列 $\pi = (\pi(1), \pi(2), \cdots, \pi(n))$, 其中穿插着边工件. 设顶点工件 $J_i$ 的完工时间为 $C_i$ $(1 \leqslant i \leqslant p)$, 边工件 $J_{ij}$ 的完工时间为 $C_{ij}$ $((i,j) \in E)$. 注意到顶点工件的长度为 $\alpha$, 边工件的长度为 1, 我们得到上述两个实例的基本联系:

$$\alpha|\pi(i) - \pi(j)| \leqslant |C_i - C_j| \leqslant \alpha|\pi(i) - \pi(j)| + q.$$

进而, 假定在 $J_i$ 及 $J_j$ 与其后继边工件 $J_{ij}$ 之间没有其他顶点工件 (因为其他顶点工件与 $J_{ij}$ 没有偏序约束, 可将 $J_{ij}$ 提前, 而使目标函数下降). 结合到边工件的完工时间, 我们有如下的不等式:

**论断** $\alpha|\pi(i) - \pi(j)| < 2C_{ij} - C_i - C_j < \alpha|\pi(i) - \pi(j)| + 3q.$

事实上, 由偏序关系 $J_i \prec J_{ij}$, $J_j \prec J_{ij}$ 得知 $C_i < C_{ij}$, $C_j < C_{ij}$. 于是有

$$
\begin{aligned}
2C_{ij} - C_i - C_j &> 2\max\{C_i, C_j\} - C_i - C_j \\
&= (\max\{C_i, C_j\} - C_i) + (\max\{C_i, C_j\} - C_j) \\
&= \max\{0, C_j - C_i\} + \max\{C_i - C_j, 0\} = |C_i - C_j| \geqslant \alpha|\pi(i) - \pi(j)|.
\end{aligned}
$$

另一方面, 由上述假设知 $C_{ij} < \max\{C_i, C_j\} + q$. 于是有

$$
\begin{aligned}
2C_{ij} - C_i - C_j &< 2\max\{C_i, C_j\} + 2q - C_i - C_j \\
&= (\max\{C_i, C_j\} - C_i) + (\max\{C_i, C_j\} - C_j) + 2q \\
&= \max\{0, C_j - C_i\} + \max\{C_i - C_j, 0\} + 2q \\
&= |C_i - C_j| + 2q \leqslant \alpha|\pi(i) - \pi(j)| + 3q.
\end{aligned}
$$

若线性布列实例有解 $\pi$, 使得 $\sum_{(i,j)\in E} |\pi(i) - \pi(j)| \leqslant k$, 则取 $\pi$ 为顶点工件的加工顺序, 而且一旦工件 $J_i$ 及 $J_j$ 的最晚者完工, 立即安排边工件 $J_{ij}$ 开始加工, 用这种方式插入所有边工件, 得到机程方案 $\sigma$. 在此机程方案下, 设 $C_i$ 及 $C_{ij}$ 分别为顶点工件及边工件的完工时间. 根据上述论断, 其目标函数值为 (注意 $w_i = q - |\{j : (i,j) \in E\}|$)

$$
\begin{aligned}
f(\sigma) &= \sum_{1\leqslant i\leqslant p} w_i C_i + \sum_{(i,j)\in E} w_{ij} C_{ij} \\
&= q \sum_{1\leqslant i\leqslant p} C_i + \sum_{(i,j)\in E} (2C_{ij} - C_i - C_j) \\
&< q \sum_{1\leqslant i\leqslant p} (\alpha\pi(i) + q) + \sum_{(i,j)\in E} (\alpha|\pi(i) - \pi(j)| + 3q) \\
&\leqslant \frac{1}{2} p(p+1)q\alpha + (p+3)q^2 + \alpha k = L.
\end{aligned}
$$

因此 $\sigma$ 是时序实例的解.

反之, 设时序实例有解 $\sigma$, 使得 $f(\sigma) \leqslant L$. 令其中顶点工件的顺序为 $\pi$. 倘若 $\pi$ 不是线性布列实例的解, 则 $\sum_{(i,j)\in E} |\pi(i) - \pi(j)| \geqslant k+1$. 那么由论断得到

$$
\begin{aligned}
f(\sigma) &= q \sum_{1\leqslant i\leqslant p} C_i + \sum_{(i,j)\in E} (2C_{ij} - C_i - C_j) \\
&> q \sum_{1\leqslant i\leqslant p} \alpha\pi(i) + \sum_{(i,j)\in E} \alpha|\pi(i) - \pi(j)| \\
&\geqslant \frac{1}{2} p(p+1)q\alpha + \alpha(k+1) = L,
\end{aligned}
$$

导致矛盾. 因此 $\pi$ 是线性布列实例的解. □

审视上述证明的不等式运算, 原始想法应该是从两个目标函数的关系中反推出门槛值 $L$ 的设置.

### 5.3.2 以 3-划分问题为参照问题

在著名的 NPC 问题中, 有的虽然涉及数值计算, 却是强 NP-完全的 (其限制问题 $A_p$ 是 NP-完全的). 典型例子是如下的装箱问题: 给定正整数 $a_1, a_2, \cdots, a_n$ 及 $B, k$, 是否可以将 $\{1, 2, \cdots, n\}$ 划分为 $k$ 个子集 $S_1, S_2, \cdots, S_k$, 使得对 $1 \leqslant i \leqslant k$, 都有 $\sum_{j \in S_i} a_j \leqslant B$? 这里 $B$ 是箱子的容量, $k$ 是箱子的数目. $k$ 个箱子类似于 $k$ 个容量相等的背包. 当 $k = 2, B = \frac{1}{2} \sum_{1 \leqslant i \leqslant n} a_i$ 时, 这就是划分问题. 然而对 $k \geqslant 3$ 情形, 它是强 NP-完全的. 证明方法是选择三维匹配问题为参照 (见 [103] 定理 9.11).

在此, 记住组合最优化问题球盒模型的三个层次:

(1) **任务分配问题**: 将 $n$ 个球放入 $n$ 个盒子, 形成平凡划分——P-问题.

(2) **背包问题**: 将 $n$ 个球放入两个盒子, 形成简单划分——常义 NP-困难问题.

(3) **装箱问题**: 将 $n$ 个球放入 $k$ 个盒子, 形成多重划分——强 NP-困难问题.

如下的 3-划分问题是装箱问题的特殊情形 (箱子容量为 3). 其强 NP-完全性的证明, 是先对 4-划分问题证明 (仿照装箱问题以三维匹配为参照), 然后变换到 3-划分问题 (详见 [102, 103]).

● **3-划分问题** 给定 $3m$ 个正整数 $a_1, a_2, \cdots, a_{3m}$ 及正整数 $B$ 使得 $\sum_{1 \leqslant j \leqslant 3m} a_j = mB$, 其中 $B/4 < a_j < B/2$ $(1 \leqslant j \leqslant 3m)$, 是否存在 $\{1, 2, \cdots, 3m\}$ 的 $m$ 个不交子集 $S_1, S_2, \cdots, S_m$, 使得对每个 $S_i, 1 \leqslant i \leqslant m$, 都有 $\sum_{j \in S_i} a_j = B$?

这里所谓 "3-划分", 是把给定集合划分为 $m$ 个三元子集, 即 $|S_i| = 3$ $(1 \leqslant i \leqslant m)$, 不是指将集合划分为三部分 (用装箱模型来说, 不是三个箱子, 而是箱子容量为 3). 其中约束条件 $B/4 < a_j < B/2$ $(1 \leqslant j \leqslant 3m)$ 是为了保证每一个子集 $S_i$ 恰含三个元素 (不能包含四个, 也不能只有两个). 前面讲述的划分问题是把集合划分为两部分 (两个箱子), 与此处的 3-划分问题有本质的不同. 一般地认为 3-划分问题实例的一元输入长度 (所有参数的数值之和) 是 $\Theta(mB)$.

前面在讲述基本证明方法时, 曾以有到达期的最大延迟问题 $1|r_j|L_{\max}$ 为例 (例 5.1.3), 通过 0-1 背包问题, 证明它是常义 NP-困难的. 现在进一步以 3-划分问题为参照问题, 利用工期与到达期形成划分结构, 证明它是强 NP-困难的.

**命题 5.3.4** 问题 $1|r_j|L_{\max}$ 的判定形式是强 NP-完全问题.

**证明** 给定 3-划分问题的实例 $y = \{a_1, a_2, \cdots, a_{3m}, B\}$, 其中 $\sum_{1 \leqslant j \leqslant 3m} a_j = mB$. 我们构造时序问题 $1|r_j|L_{\max}$ 的实例 $x$ 如下: 设有 $n = 4m - 1$ 个工件, 其中前 $3m$ 个工件为基本工件 (没有时限):

$$r_j = 0, \quad p_j = a_j, \quad d_j = mB + m - 1 \quad (1 \leqslant j \leqslant 3m);$$

其余 $m - 1$ 个为限位工件 (模具中的隔板, 位置完全固定):

$$r_j = (j - 3m)(B + 1) - 1, \quad p_j = 1, \quad d_j = (j - 3m)(B + 1) \quad (3m + 1 \leqslant j \leqslant 4m - 1);$$

并令门槛值 $L = 0$. 机程图如图 5.9 所示 (对照图 5.2). 此处, 实例的构造用到给定的整数 $a_1, a_2, \cdots, a_{3m}, B$. 其中实例 $y$ 规模为 $|y| = 3m + 1$, 最大整数为 $|y|_{\max} = B$. 构造实例 $x$ 的计算可在 $m$ 及 $B$ 的多项式时间完成, 并且实例 $x$ 的最大整数为 $mB + m - 1$, 也是 $m$ 及 $B$ 的多项式. 所以从实例 $y$ 构造实例 $x$ 的变换符合伪多项式变换的要求.

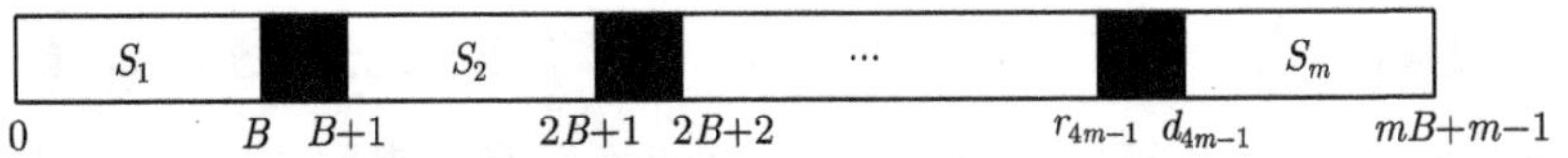

图 5.9　限位工件产生的 3-划分 ($r_{4m-1} = (m-1)(B+1) - 1$, $d_{4m-1} = (m-1)(B+1)$).

关于两个实例的等价性, 推理过程如下: 时序问题 $1|r_j|L_{\max}$ 实例有解 $\pi$ 使得 $L_{\max} \leqslant 0$, 当且仅当每一个限位工件 $J_j$ ($3m + 1 \leqslant j \leqslant 4m - 1$) 被安排在 $r_j$ 与 $d_j = r_j + 1$ 之间; 这一点又等价于其余 $3m$ 个工件被划分为 $m$ 组, 并分配到 $m$ 个长度为 $B$ 的区间之中; 能够这样安排就是 3-划分实例有解 $\{S_1, S_2, \cdots, S_m\}$.　　□

上述证明中的实例构造方法是基础性的. 运用同样的方法可得如下结果:

**推论 5.3.5**　问题 $1|r_j|T_{\max}$, $1|r_j|\sum T_j$ 及 $1|r_j|\sum U_j$ 都是强 NP-困难的.

事实上, 实例的构造同样是 $3m$ 个基本工件与 $m - 1$ 个限位工件, 并令 $L = 0$.

早在例 2.1.7, 引进单机总延误问题 $1||\sum T_j$. 后来在第 4 章又讨论了其中的优先关系及分解原理等. 本章下一节将讲述它的常义 NP-困难性证明. 现在先来看加权情形的强 NP-困难性.

**例 5.3.3**　单机加权总延误问题 $1||\sum w_j T_j$.

设 $n$ 个工件在一台机器上加工, 其中工件 $J_j$ 的工时为 $p_j$, 工期为 $d_j$, 权值为 $w_j$ ($1 \leqslant j \leqslant n$). 对排列 $\pi$, 工件 $J_{\pi(i)}$ 的延误时间为 $T_{\pi(i)} = \max\{C_{\pi(i)} - d_{\pi(i)}, 0\}$. 目标函数是

$$f(\pi) = \sum_{i=1}^{n} w_{\pi(i)} T_{\pi(i)} = \sum_{i=1}^{n} w_{\pi(i)} \max\{C_{\pi(i)} - d_{\pi(i)}, 0\}.$$

**命题 5.3.6**　问题 $1||\sum w_j T_j$ 的判定形式是强 NP-完全问题.

**证明**　给定 3-划分问题的实例 $\{a_1, a_2, \cdots, a_{3m}, B\}$, 其中 $\sum_{1 \leqslant j \leqslant 3m} a_j = mB$. 与前例类似, 我们构造时序问题 $1||\sum w_j T_j$ 的实例如下: 设有 $n = 4m - 1$ 个工件, 其中前 $3m$ 个工件为基本工件:

$$d_j = 0, \quad p_j = w_j = a_j \quad (1 \leqslant j \leqslant 3m);$$

后 $m - 1$ 个为限位工件 (隔板):

$$d_j = (j - 3m)(B+1), \quad p_j = 1, \quad w_j = 2 \quad (3m + 1 \leqslant j \leqslant 4m - 1);$$

并令门槛值为

$$L = \sum_{1 \leqslant i \leqslant j \leqslant 3m} a_i a_j + \frac{1}{2}m(m-1)B.$$

机程方案示意图见图 5.10. 与前面类似, 实例的规模 $|x|$ 及最大整数 $|x|_{\max}$ 也是 $m$ 与 $B$ 的多项式. 所以实例的构造符合伪多项式时间变换的条件 (可在一元输入多项式时间内完成).

$$
\begin{array}{c}
\fbox{$\ S_1\ $}\ \blacksquare\ \fbox{$\ S_2\ $}\ \blacksquare\ \fbox{$\ \cdots\ $}\ \blacksquare\ \fbox{$\ S_m\ $} \\[2pt]
0 \qquad B+1 \qquad 2B+2 \qquad (m-1)(B+1) \qquad mB+m-1
\end{array}
$$

图 5.10 限位工件形成的 3-划分

设 3-划分实例有解 $\{S_1, S_2, \cdots, S_m\}$, 使得 $\sum_{j \in S_i} a_j = B$ $(1 \leqslant i \leqslant m)$. 定义机程方案 $\pi$ 如下: 对 $m-1$ 个限位工件依次安排在区间 $[B, B+1), [2B+1, 2B+2), \cdots, [(m-1)(B+1)-1, (m-1)(B+1))$ 上; 对 $3m$ 个基本工件, 将 $\{J_j : j \in S_1\}$ 安排在区间 $[0, B)$, 将 $\{J_j : j \in S_2\}$ 安排在区间 $[B+1, 2B+1]$, 直至将 $\{J_j : j \in S_m\}$ 安排在区间 $[(m-1)(B+1), mB+m-1)$ 上. 对限位工件而言, 各工件恰在工期 $d_j$ 处完工, 没有延误, 故 $T_j = 0$. 对 $3m$ 个基本工件而言, 由于 $d_j = 0$, $T_j = C_j$, 所以目标函数为 $f(\pi) = \sum_{1 \leqslant j \leqslant 3m} w_j C_j$. 又因 $p_j = w_j = a_j$, 如果不考虑限位工件, 则如前述表达式 (5.1) 所示, 目标函数值为 $\sum_{1 \leqslant i \leqslant j \leqslant 3m} a_i a_j$. 现在只要考虑把限位工件插入到规定位置上, 目标函数的变化. 设 $C_j'$ 为工件 $J_j$ 在不考虑限位工件情形下 (限位工件的工时收缩为零) 的完工时间. 那么

$$
\begin{aligned}
f(\pi) &= \sum_{j=1}^{3m} w_j C_j = \sum_{j=1}^{3m} a_j C_j \\
&= \sum_{j \in S_1} a_j C_j' + \sum_{j \in S_2} a_j (C_j' + 1) + \cdots + \sum_{j \in S_m} a_j (C_j' + m - 1) \\
&= \sum_{j=1}^{3m} a_j C_j' + (1 + 2 + \cdots + (m-1))B \\
&= \sum_{1 \leqslant i \leqslant j \leqslant 3m} a_i a_j + \frac{1}{2}m(m-1)B = L.
\end{aligned}
$$

因此 $\pi$ 是时序实例的解.

反之, 设时序实例有解 $\pi$, 使得 $f(\pi) \leqslant L$, 则 $m-1$ 个限位工件把 $3m$ 个基本工件划分为 $m$ 个子集, 设其指标集依次为 $S_1, S_2, \cdots, S_m$. 这里假定每个子集的工件是连续排列的, 形成一个区间, 而每个限位工件插在两个区间之间. 下面将证明 $\{S_1, S_2, \cdots, S_m\}$ 是 3-划分实例的解. 用反证法, 假设它不是. 与前式类似, $3m$ 个

基本工件的目标函数值为

$$\sum_{j=1}^{3m} w_j C_j = \sum_{j=1}^{3m} a_j C_j$$

$$= \sum_{j \in S_1} a_j C'_j + \sum_{j \in S_2} a_j (C'_j + 1) + \cdots + \sum_{j \in S_m} a_j (C'_j + m - 1)$$

$$= \sum_{1 \leqslant i \leqslant j \leqslant 3m} a_i a_j + \sum_{j \in S_2} a_j + \cdots + (m-1) \sum_{j \in S_m} a_j \leqslant L.$$

因此

$$\sum_{j \in S_2} a_j + 2 \sum_{j \in S_3} a_j + \cdots + (m-1) \sum_{j \in S_m} a_j \leqslant \frac{1}{2} m(m-1)B. \tag{5.2}$$

记 $A_i = \sum_{j \in S_i} a_j \ (1 \leqslant i \leqslant m)$. 分两种情形讨论:

(i) 所有限位工件均不延误. 则对 $1 \leqslant k \leqslant m$ 均有 $\sum_{1 \leqslant i \leqslant k} A_i \leqslant kB$, 并且对某些 $k$ 有严格不等式成立 (因为 $\{S_1, S_2, \cdots, S_m\}$ 不是 3-划分实例的解). 换言之, $\sum_{1 \leqslant i \leqslant k} A_{m-i+1} \geqslant kB$, 其中有严格不等式成立. 由此得到

$$A_2 + 2A_3 + \cdots + (m-1)A_m = \sum_{k=1}^{m-1} \sum_{i=1}^{k} A_{m-i+1} > \sum_{k=1}^{m-1} kB = \frac{1}{2} m(m-1)B,$$

与 (5.2) 矛盾.

(ii) 存在延误的限位工件. 故目标函数必须计入限位工件的延误费用:

$$f(\pi) = \sum_{j=1}^{3m} a_j C_j + \sum_{j=3m+1}^{4m-1} 2T_j$$

$$= \sum_{1 \leqslant i \leqslant j \leqslant 3m} a_i a_j + \sum_{j \in S_2} a_j + \cdots + (m-1) \sum_{j \in S_m} a_j + \sum_{j=3m+1}^{4m-1} 2T_j \leqslant L.$$

因此

$$A_2 + 2A_3 + \cdots + (m-1)A_m + \sum_{j=3m+1}^{4m-1} 2T_j \leqslant \frac{1}{2} m(m-1)B. \tag{5.3}$$

我们对 $2 \leqslant i \leqslant m$, 把限位工件 $J_{3m+i-1}$ 与第 $i$ 组基本工件 $\{J_j : j \in S_i\}$ 连在一起 (它们处在一个连续区间上). 令 $A'_i = A_i + 2T_{3m+i-1} \ (2 \leqslant i \leqslant m)$. 从最后一组工件看起, 若 $J_{4m-1}$ 没有延误, 则 $A'_m = A_m \geqslant B$. 若 $J_{4m-1}$ 出现延误, 则 $A_m < B$; 但是 $T_{4m-1} = B - A_m$, 所以 $A'_m = A_m + 2T_{4m-1} = 2B - A_m > B$. 总之有 $A'_m \geqslant B$,

且当出现延误时严格不等式成立. 进而, 一般地断言:

$$\sum_{i=1}^{k} A'_{m-i+1} \geqslant kB, \quad 1 \leqslant k \leqslant m-1, \tag{5.4}$$

并且当出现延误时严格不等式成立. 事实上, 若 $\sum_{1 \leqslant i \leqslant k} A_{m-i+1} \geqslant kB$, 则 (5.4) 自然成立. 否则 $\sum_{1 \leqslant i \leqslant k} A_{m-i+1} < kB$, $J_{4m-k}$ 出现延误, 且 $T_{4m-k} = kB - \sum_{1 \leqslant i \leqslant k} A_{m-i+1}$. 故

$$\sum_{1 \leqslant i \leqslant k} A'_{m-i+1} \geqslant \sum_{1 \leqslant i \leqslant k} A_{m-i+1} + 2T_{4m-k} = 2kB - \sum_{1 \leqslant i \leqslant k} A_{m-i+1} > kB.$$

于是 (5.4) 得证. 最后由 (5.4) 得到

$$A_2 + 2A_3 \cdots + (m-1)A_m + \sum_{j=3m+1}^{4m-1} 2T_j = \sum_{k=1}^{m-1} \sum_{i=1}^{k} A'_{m-i+1} > \frac{1}{2}m(m-1)B,$$

与 (5.3) 矛盾. □

值得注意, 与前例 (其中 $L = 0$, 无延误) 不同的是限位工件可能延误. 这里加大对限位工件延误的惩罚, 即令 $w_j = 2$ $(3m + 1 \leqslant j \leqslant 4m - 1)$, 起到额外的强制作用.

在例 5.2.4, 以 0-1 背包问题为参照, 证明 $F3||C_{\max}$ 是常义 NP-困难问题. 现在进一步以 3-划分问题为参照, 证明它是强 NP-困难的. 对一个研究问题来说, 常义 NP-困难性与强 NP-困难性有本质的差别. 然而证明方法仍沿袭命题 5.2.4 的设计思想: 机器 $M_1, M_3$ 起辅助界限作用, 使得在机器 $M_2$ 中铸造出预期的划分模型.

**命题 5.3.7** 问题 $F3||C_{\max}$ 的判定形式是强 NP-完全问题.

**证明** 给定 3-划分问题的实例 $\{a_1, a_2, \cdots, a_{3m}, B\}$, 其中 $\sum_{1 \leqslant j \leqslant 3m} a_j = mB$. 构造问题 $F3||C_{\max}$ 的实例如下: 设有 $n = 4m + 1$ 个工件, 其中有 $m + 1$ 个限位工件:

$$\begin{aligned} p_{10} &= 0, & p_{20} &= B, & p_{30} &= 2B, \\ p_{1j} &= 2B, & p_{2j} &= B, & p_{3j} &= 2B \quad (1 \leqslant j \leqslant m-1), \\ p_{1m} &= 2B, & p_{2m} &= B, & p_{3m} &= 0; \end{aligned}$$

再有 $3m$ 个基本工件:

$$p_{1,m+j} = 0, \quad p_{2,m+j} = a_j, \quad p_{3,m+j} = 0 \quad (1 \leqslant j \leqslant 3m);$$

并令门槛值 $L = (2m + 1)B$. 机程图见图 5.11. 与前面类似, 实例的构造可在一元多项式时间内完成, 因为实例的规模 $|x|$ 及最大整数 $|x|_{\max} = (2m+1)B$ 都是 $m$ 与 $B$ 的多项式.

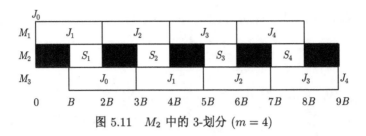

图 5.11　$M_2$ 中的 3-划分 $(m = 4)$

设时序实例存在排列 $\pi$, 使得 $C_{\max}(\pi) \leqslant L = (2m+1)B$. 注意到每一个基本工件在机器 $M_1, M_3$ 上的工时均为零, 它们实际上只在机器 $M_2$ 上加工. 至于限位工件, $J_0$ 必须排在最前 (因为它在 $M_1$ 上的工时为零), $J_m$ 必须排在最后 (因为它在 $M_3$ 上的工时为零), 其他限位工件的次序不限 (因为它们是一样的). 不妨设它们的顺序为 $J_0, J_1, \cdots, J_m$. 那么在机器 $M_2$ 上, 这 $m+1$ 个限位工件位置之间留下 $m$ 个长度为 $B$ 的区间. 在这 $m$ 个区间安排 $3m$ 个基本工件, 其工时分别为 $a_j$, 由此得到 3-划分实例的解.

反之, 设 3-划分实例有解 $\{S_1, S_2, \cdots, S_m\}$, 使得 $\sum_{j \in S_i} a_j = B \ (1 \leqslant i \leqslant m)$. 定义时序实例的解 $\pi$ 为如下顺序:

$$(J_0, \{J_{m+j} : j \in S_1\}, J_1, \{J_{m+j} : j \in S_2\}, \cdots, \{J_{m+j} : j \in S_m\}, J_m),$$

则容易验证 $C_{\max}(\pi) = (2m+1)B = L$ (图 5.11), 从而 $\pi$ 是时序实例的解.　　□

对于流水作业问题, 如果目标函数为总完工时间, 即使两台机器情形, 即时序问题 $F2 || \sum C_j$, 也是强 NP-困难的. 其证明也可选用 3-划分为参照问题, 但构造方法要复杂得多 (详见 [106]).

## 5.4　变尺度的不等式设计方法

纵观前面的经典例子, 证明 NP-困难性的要点是: 设计所研究问题 $A$ 的实例 $x$ (包括时序参数及门槛值 $L$ 的设置), 在不等式 $f(\sigma) \leqslant L$ 的限制下, 使之等价于参照问题 $B$ 的实例 $y$. 这里, 不等式 $f(\sigma) \leqslant L$ 的机制有时比较简单, 比如加工区间的分段组合. 然而对于一些隐秘的问题, 不等式的设计却需要较高的运算技巧. 这一节主要讲解一种数据平移方法, 即对每一个整值参数都加上一个充分大的底数, 提高整数运算的数量级, 以便缩小这些数据之间的相对差别. 比如整数 1 与 2 的相对差别较大, 但 $100+1$ 与 $100+2$ 的相对差别就很小了. 用这种方法来掩盖不必要的差异, 凸显难解性的划分结构, 加大压迫法的贴合作用. 由于假定基本参数 (工时及工期等) 都是整数, 在实例设计中往往受到潜在组合性质 (如可除性、取整运算等) 的支配. 类似的变尺度思想, 数据伸缩方法, 在后面 (第 7 章) 的近似算法分析中还会再度出现.

### 5.4.1 单机总延误问题

如前一章所述, 单机总延误问题 $1\|\sum T_j$ 的计算复杂性曾经是著名的征解难题, 终于在 1990 年被 Du 和 Leung[66] 证明为常义 NP-困难的. 嗣后, Lazarev 等[109, 110] 证明了一些特殊情形的 NP-困难性, 包括工时与工期呈逆序排列 $p_i < p_j \Rightarrow d_i \geqslant d_j$ 的情形. 这可与例 2.1.7 工时与工期呈顺向排列 $p_i < p_j \Rightarrow d_i \leqslant d_j$ 的贪婪算法形成对照: 顺者易, 逆者难. 工时与工期的交叉缠绕才形成难解性结构. 这一节主要讲解 [66] 的基本设计方法 (演算略有简化), 可作泛读材料.

**例 5.4.1**(续例 4.1.1)  单机总延误问题 $1\|\sum T_j$.

设 $n$ 个工件在一台机器上加工, 其中工件 $J_j$ 的工时为 $p_j$, 工期为 $d_j$ $(1 \leqslant j \leqslant n)$. 目标函数是总延误

$$f(\pi) = \sum_{i=1}^{n} T_{\pi(i)} = \sum_{i=1}^{n} \max\{C_{\pi(i)} - d_{\pi(i)}, 0\} = \sum_{i=1}^{n} \max\{C_{\pi(i)}, d_{\pi(i)}\} - \sum_{i=1}^{n} d_{\pi(i)}.$$

5.1 节介绍过奇偶划分问题是划分问题的特殊情形, 它仍然是 NP-完全的.

• **奇偶划分问题**  给定 $2m$ 个正整数 $b_1, b_2, \cdots, b_{2m}$, 其中 $b_1 > b_2 > \cdots > b_{2m}$, $\sum_{1 \leqslant i \leqslant 2m} b_i = 2B$, 是否存在指标集 $\{1, 2, \cdots, 2m\}$ 的划分 $(S_1, S_2)$, 使得 $S_1$ (因而 $S_2$) 恰含 $\{2i-1, 2i\}$ 中的一个元素 $(1 \leqslant i \leqslant m)$, 且 $\sum_{i \in S_1} b_i = \sum_{i \in S_2} b_i = B$?

这里处于奇偶位置的两个元素 $\{2i-1, 2i\}$ 成对出现, 称之为一个奇偶组. 上述划分的要求是 $S_1$ 和 $S_2$ 从每一奇偶组中各取一个元素, 使得每一组都拆分开. 为了更容易实现各组分别地进行划分, 我们普遍抬高实例中所有整数的数量级, 以便缩小一组中两个数的相对差异, 并拉大组与组之间的距离, 以便使各组处于相对独立的地位. 用这种方法来加强整体平分等式对每一个奇偶组的拆分作用. 为此, 再考虑如下的特殊情形.

• **修订奇偶划分问题**  给定 $2m$ 个正整数 $a_1, a_2, \cdots, a_{2m}$, 其中 $a_1 > a_2 > \cdots > a_{2m}$, $\sum_{1 \leqslant i \leqslant 2m} a_i = 2A$, 并且

$$a_{2i} > a_{2i+1} + \delta, \quad 1 \leqslant i < m, \tag{5.5}$$

$$a_{2m} > 5m(a_1 - a_{2m}), \tag{5.6}$$

此处 $\delta = \frac{1}{2} \sum_{i=1}^{m} (a_{2i-1} - a_{2i})$, 是否存在 $\{1, 2, \cdots, 2m\}$ 的划分 $(S_1, S_2)$, 使得 $S_1$ (因而 $S_2$) 恰含 $\{2i-1, 2i\}$ 中的一个元素 $(1 \leqslant i \leqslant m)$, 且 $\sum_{i \in S_1} a_i = \sum_{i \in S_2} a_i = A$?

这里, (5.5) 表示组与组之间的距离大于 $\delta$; (5.6) 表示所有数据有一个公共的提升量. 从下面命题证明看出: 上述问题的 "修订" 只是数据的平移, 平移到一个较高的平台.

**命题 5.4.1**  修订奇偶划分问题是 NP-完全的.

**证明** 只要证明奇偶划分问题 $B$ 可多项式变换为修订奇偶划分问题 $A$. 给定奇偶划分问题的实例 $\{b_1, b_2, \cdots, b_{2m}\}$，构造修订奇偶划分问题的实例 $\{a_1, a_2, \cdots, a_{2m}\}$ 如下:

$$a_{2i-1} = a_{2i} + (b_{2i-1} - b_{2i}), \quad 1 \leqslant i < m, \tag{5.7}$$

$$a_{2i} = a_{2i+1} + (b_{2i} - b_{2i+1}) + \delta, \quad 1 \leqslant i < m, \tag{5.8}$$

$$a_{2m} = b_{2m} + 5m(b_1 - b_{2m}) + 5m(m-1)\delta, \tag{5.9}$$

其中 $\delta = \frac{1}{2}\sum_{i=1}^{m}(b_{2i-1} - b_{2i}) = \frac{1}{2}\sum_{i=1}^{m}(a_{2i-1} - a_{2i})$. 递推计算过程可从 $a_{2m}$ 开始，按 (5.9) 算出. 进而按 (5.7) 计算 $a_{2m-1}$, 按 (5.8) 计算 $a_{2m-2}$, 如此类推, 直至算出 $a_2, a_1$. 由 (5.7) 及 (5.8) 可知 $a_{2i-1} > a_{2i}$ 及 $a_{2i} > a_{2i+1}$, 从而 $a_1 > a_2 > \cdots > a_{2m}$. 由 (5.8) 得知 $a_{2i} > a_{2i+1} + \delta$, 即 (5.5) 成立. 其次, 反复运用 (5.7) 及 (5.8), 得到 $a_1 - a_{2m} = b_1 - b_{2m} + (m-1)\delta$. 于是由 (5.9) 推出

$$a_{2m} > 5m(b_1 - b_{2m}) + 5m(m-1)\delta$$
$$= 5m(a_1 - a_{2m}),$$

即 (5.6) 成立. 因此这样构造的 $\{a_1, a_2, \cdots, a_{2m}\}$ 是修订奇偶划分问题的实例, 并且可在多项式时间完成构造计算.

由 (5.7) 得知 $a_{2i-1} - a_{2i} = b_{2i-1} - b_{2i}$. 由此易证: $\sum_{i \in S_1} a_i - \sum_{i \in S_2} a_i = 0$ 当且仅当 $\sum_{i \in S_1} b_i - \sum_{i \in S_2} b_i = 0$, 其中 $S_1$ (及 $S_2$) 恰含 $\{2i-1, 2i\}$ 中的一个元素 $(1 \leqslant i \leqslant m)$. 因此奇偶划分问题有解当且仅当修订奇偶划分问题有解. □

■ 下面就选定修订奇偶划分问题为参照问题. 给定此问题的实例 $\{a_1, a_2, \cdots, a_{2m}\}$, 其中 $A = \frac{1}{2}\sum_{1 \leqslant i \leqslant 2m} a_i$, $\delta = \frac{1}{2}\sum_{i=1}^{m}(a_{2i-1} - a_{2i})$. 那么

$$A = \sum_{i=1}^{m} a_{2i-1} - \delta = \sum_{i=1}^{m} a_{2i} + \delta.$$

取定 $M = 5m(a_1 - a_{2m})$ 为充分大的数据提升量, 则所有 $a_i > M$ $(1 \leqslant i \leqslant 2m)$. 其次, 记 $b = (4m+1)\delta$. 由 $\delta$ 的定义及 (5.5) 可知 $a_1 - a_{2m} > 2\delta + (m-1)\delta = (m+1)\delta$. 因此

$$M = 5m(a_1 - a_{2m}) > 5m(m+1)\delta > (m+1)b.$$

在如下时序实例的构造中, 整数 $\delta$ 及 $b$ 看作重要的计量尺度.

■ 构造总延误问题 $1||\sum T_j$ 的实例如下: 设有 $n = 3m+1$ 个工件, 其中 $2m$ 个基本工件 $J_1, J_2, \cdots, J_{2m}$, 其工时及工期分别为

$$p_j = a_j, \quad 1 \leqslant j \leqslant 2m,$$

$$d_j = \begin{cases} (i-1)b + \delta + (a_2 + a_4 + \cdots + a_{2i}), & j = 2i-1, \\ d_{2i-1} + 2(m-i+1)(a_{2i-1} - a_{2i}), & j = 2i; \end{cases}$$

其余 $m+1$ 个限位工件 $J_1^0, J_2^0, \cdots, J_{m+1}^0$, 其工时及工期分别为

$$p_i^0 = b \quad (1 \leqslant i \leqslant m+1),$$

$$d_i^0 = \begin{cases} ib + (a_2 + a_4 + \cdots + a_{2i}), & 1 \leqslant i \leqslant m, \\ d_m^0 + \delta + b, & i = m+1. \end{cases}$$

门槛值 $L$ 的设定留待下一阶段再作分析. 现在把注意力集中于工期的设计方案, 如图 5.12 所示.

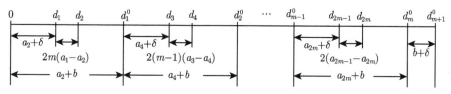

图 5.12 实例中工期的设计方案

下面将详细分析这种设计方案的规范作用. 今后设基本工件集 $\{J_1, J_2, \cdots, J_{2m}\}$ 的划分为

$$\boldsymbol{J}_1 = \{J_1^1, J_2^1, \cdots, J_m^1\}, \quad \boldsymbol{J}_2 = \{J_1^2, J_2^2, \cdots, J_m^2\},$$

其中 $\{J_i^1, J_i^2\} = \{J_{2i-1}, J_{2i}\}$ $(1 \leqslant i \leqslant m)$. 由此定义正则排列如下: 首先使 $\boldsymbol{J}_1$ 的工件与限位工件 $J_1^0, J_2^0, \cdots, J_m^0$ 交错排列 ($J_1^1$ 在前), 接着是 $J_{m+1}^0$, 然后是 $\boldsymbol{J}_2$ 的工件逆序排列. 这是预期的划分模型, 其中限位工件承担 $m$ 个奇偶组的划分任务, 如图 5.13 所示.

| $J_1^1$ | $J_1^0$ | $J_2^1$ | $J_2^0$ | $\cdots$ | $J_{m-1}^0$ | $J_m^1$ | $J_m^0$ | $J_{m+1}^0$ | $J_m^2$ | $J_{m-1}^2$ | $\cdots$ | $J_1^2$ |
|---|---|---|---|---|---|---|---|---|---|---|---|---|

图 5.13 正则排列

在以下的证明中, 反复用到命题 4.1.4 及命题 4.1.5 的优先规则, 兹复述如下:

**优先规则** 设 $\pi = \alpha i \beta j \gamma$ 为最优排列, $C_i, C_j$ 为其中工件 $i, j$ 的完工时间.

(a) 若 $\max\{C_i, C_j\} \leqslant \min\{d_i, d_j\}$, 则 $f(\alpha j \beta i \gamma) = f(\alpha i \beta j \gamma)$, $\pi' = \alpha j \beta i \gamma$ 也是最优解.

(b) 若 $p_j \leqslant p_i, d_j \leqslant \max\{C_i, d_i\}$, 则 $f(\alpha j \beta i \gamma) \leqslant f(\alpha i \beta j \gamma)$, $\pi' = \alpha j \beta i \gamma$ 也是最优解.

(b)′ 若 $p_j < p_i, d_j < \max\{C_i, d_i\}$, 且 (a) 不出现, 则 $f(\alpha j \beta i \gamma) < f(\alpha i \beta j \gamma)$, 导致矛盾.

(c) 若 $\max\{C_j - p_i, d_j\} \leqslant \max\{C_i, d_i\}$, 则 $f(\alpha\beta ji\gamma) \leqslant f(\alpha i\beta j\gamma)$, $\pi' = \alpha\beta ji\gamma$ 也是最优解.

(c)′ 若 $\max\{C_j - p_i, d_j\} < \max\{C_i, d_i\}$, 且 (a) 不出现, 则 $f(\alpha\beta ji\gamma) < f(\alpha i\beta j\gamma)$, 矛盾.

这里, (a) 称为不相关规则; (b) 和 (b)′ 称为交换规则; (c) 和 (c)′ 称为后移规则.

作为优先规则的应用, 我们运用传统的交换方法, 逐步切入奇偶划分的预期模型.

**命题 5.4.2**　对总延误问题 $1\|\sum T_j$ 的实例, 存在最优排列 $\pi^*$ 使得第一个奇偶组对应的 $J_1$ 或 $J_2$ 排在首位.

**证明**　设 $\pi^*$ 是一最优排列, 且 $J_j$ 是基本工件中排在最前者. 倘若它不是排在 $\pi^*$ 的首位, 则在它之前有 $k \geqslant 1$ 个限位工件, 设其中最后者为 $J_i^0$. 由于限位工件的工时相等, 所以在最优排列 $\pi^*$ 中可假定它们按工期由小到大排列 (优先规则 (b)). 首先考虑 $i > 1$. 由于 $M > (m+1)b$, 所以 $d_i^0 \geqslant 2b + a_2 + a_4 > kb + p_j = C_j(\pi^*)$. 由此可知, 当 $J_j$ 与 $J_i^0$ 交换位置时, $J_i^0$ 没有延误, 而 $J_j$ 的延误不增 (因为提前), 故仍然得到最优排列. 其次考虑 $i = 1$. 因而有 $k = 1$, 即在工件 $J_j$ 之前只有一个限位工件 $J_1^0$. 若 $j \geqslant 2$, 则 $d_1^0 = b + a_2 \geqslant b + p_j = C_j(\pi^*)$. 同上可知: 当 $J_j$ 与 $J_1^0$ 交换位置时, 仍然得到最优排列. 最后只有 $i = 1, j = 1$ 情形. 由于 $d_1 < d_1^0$ 且 $d_1^0 = b + a_2 > a_1 = C_1(\pi^*) - b$, 所以 $\max\{C_1(\pi^*) - p_1^0, d_1\} < d_1^0$. 况且 $d_1 = a_2 + \delta < b + a_1 = C_1(\pi^*)$. 根据规则 (c)′, 当 $J_1$ 与 $J_1^0$ 交换位置时目标函数严格下降, 与 $\pi^*$ 的最优性矛盾. 这样一来, 我们证明了存在最优排列使得基本工件 $J_j$ 排在首位.

剩下证明 $j \leqslant 2$. 假定 $j \geqslant 3$, 且 $J_j$ 排在最优排列 $\pi^*$ 的首位, $J_1$ 及 $J_2$ 位居其后. 先来看 $J_1, J_2$ 的次序. 已知 $p_2 < p_1$. 又有 $a_j > M > 2m\delta > \delta + (2m-1)(a_1 - a_2) = d_2 - a_1$. 假如 $J_1$ 在 $J_2$ 之前, 则 $C_1(\pi^*) \geqslant p_j + p_1 = a_j + a_1 > d_2$. 从而 $d_2 < \max\{C_1(\pi^*), d_1\}$, 由规则 (b)′ 导致矛盾. 因此 $J_2$ 必须排在 $J_1$ 之前. 这样一来, 最优排列具有形式 $\pi^* = j\alpha 2\beta$, 其中 $\alpha$ 是排在 $J_j$ 与 $J_2$ 之间的子序列, $\beta$ 包含 $J_1$. 分如下两种情形讨论:

(i) $C_2(\pi^*) < d_j$. 如前, $a_j > M > (2m+1)\delta > \delta + 2m(a_1 - a_2) = d_2 - a_2$. 可知 $C_2(\pi^*) \geqslant p_j + p_2 = a_j + a_2 > d_2$. 再有 $\max\{C_j(\pi^*), d_j\} = d_j > \max\{C_2(\pi^*), d_2\}$. 令 $\pi' = \alpha 2 j\beta$. 根据规则 (c)′, $f(\pi') < f(\pi^*)$, 与 $\pi^*$ 的最优性矛盾.

(ii) $C_2(\pi^*) \geqslant d_j$. 现将 $J_j$ 与 $J_2$ 交换位置, 得到排列 $\pi' = 2\alpha j\beta$. 当 $\pi^*$ 变换为 $\pi'$ 时, $J_j$ 因推迟使延误增加, $J_2$ 因提前而使延误减小, $\alpha$ 中的至多 $3m - 2$ 个工件也要推迟 (因为 $p_2 > p_j$). 又由 $b > 2m\delta > 2m(a_1 - a_2)$ 可知 $d_j - d_2 \geqslant$

$b + \delta + a_2 + a_4 - (a_2 + \delta + 2m(a_1 - a_2)) > a_4 > M = 5m(a_1 - a_{2m})$. 因此

$$f(\pi') - f(\pi^*) \leqslant C_2(\pi^*) - d_j + (3m - 2)(p_2 - p_j) - (C_2(\pi^*) - d_2)$$
$$= (3m - 2)(p_2 - p_j) - (d_j - d_2)$$
$$\leqslant (3m - 2)(a_1 - a_{2m}) - 5m(a_1 - a_{2m}) = -2(m + 1)(a_1 - a_{2m}) < 0,$$

从而 $f(\pi') < f(\pi^*)$, 与 $\pi^*$ 的最优性矛盾. □

**命题 5.4.3** 对总延误问题的实例, 存在最优排列是正则排列.

**证明** 首先用数学归纳法证明如下的论断.

**论断** 对 $1 \leqslant k \leqslant m$, 存在最优排列 $\pi^*$, 使得基本工件集 $\{J_1, J_2, \cdots, J_{2k}\}$ 被划分为两部分 $\{J_1^1, J_2^1, \cdots, J_k^1\}$ 及 $\{J_1^2, J_2^2, \cdots, J_k^2\}$, 其中 $\{J_i^1, J_i^2\} = \{J_{2i-1}, J_{2i}\}$ $(1 \leqslant i \leqslant k)$, 且在 $\pi^*$ 的前半部, $\{J_1^1, J_2^1, \cdots, J_k^1\}$ 与 $\{J_1^0, J_2^0, \cdots, J_k^0\}$ 交错排列.

当 $k = 1$ 时, 由命题 5.4.2, 存在最优排列使得 $J_1$ 或 $J_2$ 排在首位. 记排在首位的为 $J_1^1$, 另一为 $J_1^2$. 可以断言: 在 $J_1^1$ 之后是一个限位工件, 即 $J_1^0$. 若不然, 在 $J_1^1$ 之后是某个工件 $J_j$, 而 $J_1^0$ 在其后. 那么 $p_j = a_j > b = p_1^0$, $C_j(\pi^*) = p_1^1 + p_j \geqslant a_2 + a_j > a_2 + b = d_1^0$. 由规则 (b)′, 交换 $J_j$ 与 $J_1^0$ 的位置使目标函数严格下降, 与最优性矛盾. 因此论断对 $k = 1$ 成立.

假定论断对 $k$ 成立 $(1 \leqslant k < m)$, 即 $\{J_i^1, J_i^2\} = \{J_{2i-1}, J_{2i}\}$ $(1 \leqslant i \leqslant k)$ 且 $\{J_1^1, J_2^1, \cdots, J_k^1\}$ 与 $\{J_1^0, J_2^0, \cdots, J_k^0\}$ 交错排列. 往证论断对 $k + 1$ 成立. 设 $t = \sum_{i=1}^{k}(p_i^1 + p_i^0)$ 为 $J_k^0$ 的完工时间. 下面证明 $J_{2k+1}$ 或 $J_{2k+2}$ 接着排在其余工件的最早开始时刻 $t$. 事实上, 时刻 $t$ 必须满足

$$d_k^0 = kb + \sum_{i=1}^{k} a_{2i} \leqslant t \leqslant kb + \sum_{i=1}^{k} a_{2i} + 2\delta = d_k^0 + 2\delta.$$

由此断言: 由 $\{J_1^1, J_2^1, \cdots, J_k^1\}$ 划分出奇偶组的第二部分工件 $J_i^2$ $(1 \leqslant i \leqslant k)$ 不可能在时刻 $t$ 开工. 若不然, 假定在最优排列 $\pi^*$ 中有某个 $J_i^2$ 排在 $J_{2k+1}$ 之前. 那么由 $p_i^2 > p_{2k+1} + \delta > a_{2k+2} + \delta$ 可知, $J_i^2$ 在 $\pi^*$ 中的完工时间 $t + p_i^2 > d_k^0 + a_{2k+2} + \delta = d_{2k+1}$, 由规则 (b)′ 导致矛盾.

然后, 将仿照前一命题证明 $J_{2k+1}$ 或 $J_{2k+2}$ 排在最早时刻 $t$ 开始加工. 假设最优排列 $\pi^*$ 中, $J_j$ 是在时刻 $t$ 开始开工的, 但它不是 $J_{2k+1}$ 或 $J_{2k+2}$. 如前, 若 $J_{2k+1}$ 排在 $J_{2k+2}$ 之前, 则由于 $p_{2k+1} > p_{2k+2}$, 并由 $a_j > 2m\delta > \delta + 2(m-1)(a_{2k+1} - a_{2k+2})$ 得到 $t + p_j + p_{2k+1} > d_k^0 + \delta + 2(m-k)(a_{2k+1} - a_{2k+2}) + a_{2k+2} = d_{2k+2}$, 按规则 (b)′ 导致矛盾. 因此 $J_{2k+2}$ 必须排在 $J_{2k+1}$ 之前. 同时, 按照上述论证, 已划分奇偶组的第二部分工件 $J_i^2$ $(1 \leqslant i \leqslant k)$ 也不可能出现在 $J_j$ 与 $J_{2k+2}$ 之间. 这样一来, 可设 $\pi^* = \alpha j \beta (2k+2) \gamma$, 其中 $\alpha$ 是在时刻 $t$ 之前的子序列, $\beta$ 是排在 $J_j$ 与 $J_{2k+2}$ 之间的子序列. 分如下两种情形讨论:

(i) $C_{2k+2}(\pi^*) < d_j$. 由工期的关系 (图 5.12) 知 $d_{2k+2} = d_k^0 + a_{2k+2} + \delta + 2(m-k)(a_{2k+1} - a_{2k+2})$. 又由 $a_j > M > 2m\delta$, 得到

$$
\begin{aligned}
t + a_j &> t + \delta + 2(m-1)(a_{2k+1} - a_{2k+2}) \\
&> d_k^0 + \delta + 2(m-k)(a_{2k+1} - a_{2k+2}) = d_{2k+2} - a_{2k+2}.
\end{aligned}
$$

从而

$$
C_{2k+2}(\pi^*) \geqslant t + p_j + p_{2k+2} = t + a_j + a_{2k+2} > d_{2k+2}.
$$

由以上关系得到 $\max\{C_j(\pi^*), d_j\} = d_j > \max\{C_{2k+2}(\pi^*), d_{2k+2}\}$. 令 $\pi' = \alpha\beta(2k+2)j\gamma$. 根据规则 (c)′, $f(\pi') < f(\pi^*)$, 与 $\pi^*$ 的最优性矛盾.

(ii) $C_{2k+2}(\pi^*) \geqslant d_j$. 将 $J_j$ 与 $J_{2k+2}$ 交换位置, 得到排列 $\pi' = \alpha(2k+2)\beta j\gamma$. 当 $\pi^*$ 变换到 $\pi'$ 时, $J_j$ 推迟, 其延误至多增加到 $C_{2k+2}(\pi^*) - d_j$. 由于 $\beta$ 中的工件数最多为 $3(m-k) - 2$, 所以它们的推迟至多使总延误增加 $(3m - 3k - 2)(p_{2k+2} - p_j)$. 另一方面, $J_{2k+2}$ 由于提前到时刻 $t$, 使得延误减小到 $t + p_{2k+2} - d_{2k+2} \leqslant d_k^0 + 2\delta + a_{2k+2} - d_{2k+2} = d_{2k+1} - d_{2k+2} + \delta < \delta$ (因 $t \leqslant d_k^0 + 2\delta$). 因此 $J_{2k+2}$ 的延误至少减小 $C_{2k+2}(\pi^*) - d_{2k+2} - \delta$. 类似于前面的推导, 我们有 $d_j - d_{2k+2} \geqslant d_{2k+3} - d_{2k+2} = b + a_{2k+4} - 2(m-k)(a_{2k+1} - a_{2k+2}) > a_{2k+4} > M = 5m(a_1 - a_{2m})$ (因为 $b > 2m\delta$). 这样一来, 得到目标函数的增量估计

$$
\begin{aligned}
f(\pi') - f(\pi^*) &\leqslant C_{2k+2}(\pi^*) - d_j + (3m - 3k - 2)(p_{2k+2} - p_j) - (C_{2k+2}(\pi^*) - d_{2k+2}) + \delta \\
&= (3m - 3k - 2)(p_{2k+2} - p_j) - (d_j - d_{2k+2}) + \delta \\
&\leqslant (3m - 3k - 2)(a_1 - a_{2m}) - 5m(a_1 - a_{2m}) + (a_1 - a_{2m}) \\
&= -(2m + 3k + 1)(a_1 - a_{2m}) < 0,
\end{aligned}
$$

所以 $f(\pi') < f(\pi^*)$, 与 $\pi^*$ 的最优性矛盾.

这样就证明了 $J_j \in \{J_{2k+1}, J_{2k+2}\}$. 我们把 $J_j$ 记为 $J_{k+1}^1$, 而 $\{J_{2k+1}, J_{2k+2}\}$ 中的另一个记为 $J_{k+1}^2$. 在 $J_{k+1}^1$ 之后, 同样用优先规则证明, 接下来应排 $J_{k+1}^1$ (参见论断证明第一段, $k = 1$ 情形). 这就证明了论断对 $k+1$ 成立. 由归纳法原理得知论断对 $k = m$ 成立, 即 $\{J_1^1, J_2^1, \cdots, J_m^1\}$ 与限位工件 $J_1^0, J_2^0, \cdots, J_m^0$ 交错排列.

在 $J_m^0$ 之后, 同样可用优先规则证明下一个工件是 $J_{m+1}^0$. 若不然, 在 $J_m^0$ 的完工时刻 $t$ 之后是某个工件 $J_j$, 而 $J_{m+1}^0$ 在其后面. 这里 $t \geqslant mb + \sum_{i=1}^{m} a_{2i} = d_m^0$. 那么 $p_j = a_j > b = p_{m+1}^0$, $C_j(\pi^*) = t + p_j \geqslant d_m^0 + a_j > d_m^0 + \delta + b = d_{m+1}^0$, 由规则 (b)′, 与最优性矛盾. 接着 $J_{m+1}^0$ 之后, 由于 $J_{m+1}^0$ 的完工时间至少是 $(m+1)b + \sum_{i=1}^{m} a_{2i} = d_{2m-1} + 2b - \delta > d_{2m}$, 所有剩余工件均已延误. 那么它们在最优排列 $\pi^*$ 中必定按 SPT 序排列, 即按 $(J_m^2, J_{m-1}^2, \cdots, J_1^2)$ 顺序排列. 于是 $\pi^*$ 是正则排列. □

至此, 我们完成了准备工作, 即运用 Emmons 优先规则推导出所构造排序实例的一个基本性质: 存在特殊的最优解 (正则排列) 可与奇偶划分呈现位置上的对应关系, 即用限位工件可将每一奇偶组分割开. 然而迄今尚未涉及门槛不等式的约束作用, 以达到等量划分的预期目标. 现在, 既然有了上述基本性质, 寻求最优解可限制在正则排列的范围之内, 然后通过推导其总延误的下界来进行门槛值设计 (反推过程隐含于下一命题的证明).

回顾实例构造中的 $A = \frac{1}{2}\sum_{1 \leqslant i \leqslant 2m} a_i$. 那么所有工件的工时之和为 $P = 2A + (m+1)b$. 兹设门槛值为

$$L = A + mP - \frac{1}{2}m(m-1)b - m\delta - \sum_{i=1}^{m}(m-i+1)(a_{2i-1} + a_{2i}). \tag{5.10}$$

注意其中一些负项来自目标函数 $f(\pi)$ 表达式中的常数 $-\sum_{i=1}^{n} d_{\pi(i)}$. 对于任意的正则排列 $\pi$ (图 5.13), 设基本工件集被划分为 $\{J_1^1, J_2^1, \cdots, J_m^1\}$ 及 $\{J_1^2, J_2^2, \cdots, J_m^2\}$, 其中 $J_i^1$ 的工时记为 $x_i$, $J_i^2$ 的工时记为 $y_i$ $(1 \leqslant i \leqslant m)$, 则 $\{x_i, y_i\} = \{a_{2i-1}, a_{2i}\}$ $(1 \leqslant i \leqslant m)$.

**命题 5.4.4** 对任意正则排列 $\pi$ 有 $f(\pi) \geqslant L$. 进而, 当且仅当 $\sum_{i=1}^{m} x_i = \sum_{i=1}^{m} y_i$ 时等式 $f(\pi) = L$ 成立.

**证明** 主要任务是计算所有工件的延误. 首先考察限位工件 $J_i^0$ $(1 \leqslant i \leqslant m)$. 从前面的论证可知, 它们都不能在其工期之前完工. 例如, $J_1^0$ 安排在 $J_1^1$ 之后, 完工时间至少是 $a_2 + b = d_1^0$. 进而, $J_{k+1}^0$ 安排在 $J_{k+1}^1$ 之后, 完工时间至少是 $t + a_{2k+2} + b \geqslant d_k^0 + a_{2k+2} + b = d_{k+1}^0$. 因此

$$\begin{aligned}
\sum_{i=1}^{m} T_{J_i^0}(\pi) &= \sum_{i=1}^{m} C_{J_i^0}(\pi) - \sum_{i=1}^{m} d_i^0 \\
&= \frac{1}{2}m(m+1)b + \sum_{i=1}^{m}(m-i+1)x_i - \frac{1}{2}m(m+1)b - \sum_{i=1}^{m}(m-i+1)a_{2i} \\
&= \sum_{i=1}^{m}(m-i+1)(x_i - a_{2i}). 
\end{aligned} \tag{5.11}$$

其次考察第二部分基本工件 $\{J_1^2, J_2^2, \cdots, J_m^2\}$. 如前所述, 它们都是延误工件, 且按 SPT 序 (逆序) 排列. 故 $J_i^2$ 的完工时间是 $P - \sum_{j=1}^{i-1} y_i$. 因此

$$\sum_{i=1}^{m} C_{J_i^2}(\pi) = mP - \sum_{i=1}^{m-1}(m-i)y_i.$$

根据实例构造的工期公式, $J_i^2$ 的工期是

$$
d(J_i^2) = \begin{cases} (i-1)b + \delta + \sum_{j=1}^{i} a_{2j}, & J_i^2 = J_{2i-1}, \\ (i-1)b + \delta + \sum_{j=1}^{i} a_{2j} + 2(m-i+1)(a_{2i-1} - a_{2i}), & J_i^2 = J_{2i}, \end{cases}
$$

即

$$
d(J_i^2) = (i-1)b + \delta + \sum_{j=1}^{i} a_{2j} + (m-i+1)(a_{2i-1} - a_{2i}) + (m-i+1)(x_i - y_i).
$$

因此

$$
\begin{aligned}
\sum_{i=1}^{m} T_{J_i^2}(\pi) &= \sum_{i=1}^{m} C_{J_i^2}(\pi) - \sum_{i=1}^{m} d(J_i^2) \\
&= mP - \frac{1}{2}m(m-1)b - m\delta \\
&\quad - \sum_{i=1}^{m}(m-i+1)a_{2i-1} - \sum_{i=1}^{m}(m-i+1)x_i + \sum_{i=1}^{m} y_i. \quad (5.12)
\end{aligned}
$$

将 (5.11) 与 (5.12) 相加得到

$$
\begin{aligned}
&\sum_{i=1}^{m} T_{J_i^0}(\pi) + \sum_{i=1}^{m} T_{J_i^2}(\pi) \\
&= mP - \frac{1}{2}m(m-1)b - m\delta - \sum_{i=1}^{m}(m-i+1)(a_{2i-1} + a_{2i}) + \sum_{i=1}^{m} y_i \\
&= L + \sum_{i=1}^{m} y_i - A.
\end{aligned}
$$

综上所述, 得到总延误

$$
f(\pi) = L + \sum_{i=1}^{m} y_i - A + \sum_{i=1}^{m} T_{J_i^1}(\pi) + T_{J_{m+1}^0}(\pi). \quad (5.13)
$$

最后, 关于门槛的压迫作用分两种情形讨论:

(i) $\sum_{i=1}^{m} x_i \leqslant A$. 则 $\sum_{i=1}^{m} y_i \geqslant A$. 可以断言: 对任意 $k$, $1 \leqslant k \leqslant m$, 有 $\sum_{i=1}^{k} x_i \leqslant \sum_{i=1}^{k} a_{2i} + \delta$. 事实上, 由 $\sum_{i=1}^{m} x_i \leqslant A = \sum_{i=1}^{m} a_{2i} + \delta$ 可知上式对 $m$ 成立. 又因 $\sum_{i=k+1}^{m} x_i \geqslant \sum_{i=k+1}^{m} a_{2i}$, 两式相减即得欲证. 由此推出 $J_k^1$ 的完工时间 $\sum_{i=1}^{k} x_i + (k-1)b \leqslant (k-1)b + \delta + \sum_{i=1}^{k} a_{2i} = d_{2k-1}$, 因而 $T_{J_k^1}(\pi) = 0$

$(1 \leqslant k \leqslant m)$. 故 $\sum_{i=1}^{m} T_{J_i^1}(\pi) = 0$. 其次, $J_{m+1}^0$ 的完工时间 $\sum_{i=1}^{m} x_i + (m+1)b \leqslant (m+1)b + \delta + \sum_{i=1}^{m} a_{2i} = d_{m+1}^0$, 可知它也没有延误, 从而 $T_{J_{m+1}^0}(\pi) = 0$. 由 (5.13) 知 $f(\pi) \geqslant L$, 并且等式成立当且仅当 $\sum_{i=1}^{m} y_i = A = \sum_{i=1}^{m} x_i$.

(ii) $\sum_{i=1}^{m} x_i > A$. 则 $J_{m+1}^0$ 的完工时间 $\sum_{i=1}^{m} x_i + (m+1)b > A + (m+1)b = \sum_{i=1}^{m} a_{2i} + \delta + (m+1)b = d_{m+1}^0$, 可知 $T_{J_{m+1}^0}(\pi) = \sum_{i=1}^{m} x_i - A$. 将此等式代入 (5.13), 可约去两项 $(\sum_{i=1}^{m} y_i - A)$. 其次, 由 $\sum_{i=1}^{m} x_i > A = \sum_{i=1}^{m} a_{2i} + \delta$ 可知存在最小的指标 $k$, 使得 $\sum_{i=1}^{k} x_i > \sum_{i=1}^{k} a_{2i} + \delta$. 那么一定有 $J_k^1 = J_{2k-1}$, 即 $x_k = a_{2k-1} > a_{2k}$ (因为否则 $x_k = a_{2k}$, 有更小的指标 $k$ 满足上述不等式). 于是 $J_k^1 = J_{2k-1}$ 的完工时间 $\sum_{i=1}^{k} x_i + (k-1)b > \sum_{i=1}^{k} a_{2i} + \delta + (k-1)b = d_{2k-1}$, 因而 $T_{J_k^1}(\pi) > 0$. 这样一来, 由 (5.13) 知 $f(\pi) = L + \sum_{i=1}^{m} T_{J_i^1}(\pi) > L$. □

最后得到结论:

**命题 5.4.5** 单机总延误问题 $1||\sum T_j$ 的判定形式是常义 NP-完全的.

**证明** 给定修订奇偶划分问题的实例, 总延误问题的实例构造已叙述在命题 5.4.1 之后, 加之 (5.10) 定义门槛值 $L$. 显然, 此构造可在多项式时间完成. 设 $(S_1, S_2)$ 是修订奇偶划分实例的解, 则将基本工件划分为两部分, 使得 $\{J_1^1, J_2^1, \cdots, J_m^1\} = \{J_j : j \in S_1\}$ 及 $\{J_1^2, J_2^2, \cdots, J_m^2\} = \{J_j : j \in S_2\}$. 由此构造出正则排列 $\pi^*$ 如图 5.13 所示. 由命题 5.4.4, $f(\pi^*) = L$, 从而总延误实例有解 $\pi^*$. 反之, 若总延误实例有解 $\pi^*$, 使得 $f(\pi^*) = L$, 则由命题 5.4.3, 不妨假定它是正则排列. 令 $S_1 = \{j : J_j \in \{J_1^1, J_2^1, \cdots, J_m^1\}\}$, $S_2 = \{j : J_j \in \{J_1^2, J_2^2, \cdots, J_m^2\}\}$. 则由命题 5.4.4, $\sum_{i \in S_1} a_i = \sum_{i \in S_2} a_i$, 从而 $(S_1, S_2)$ 是修订奇偶划分实例的解. □

上述论证过程, 除了提升度量尺度及设计实例之外, 主要工具是 Emmons 优先规则, 繁琐地罗列情形. 我们期望得到更简单的证明.

### 5.4.2 公共工期的加权总延误问题

在例 5.3.3, 证明了加权总延误问题 $1||\sum w_j T_j$ 的强 NP-困难性. 这是 Lawler 1977 年的工作[77]. 他同时证明了在等权情形 $1||\sum T_j$ 具有伪多项式时间算法, 但不知道是否 NP-困难的. 前一小节详细讲述了 1990 年这个等权情形的 NP-困难性证明. 嗣后, 人们关注其他的特殊情形, 如相等工期情形 $1|d_j = d|\sum w_j T_j$. 已知它具有伪多项式时间算法 (见下一章), 意味着它不会是强 NP-困难的. 原晋江[111] 于 1992 年证明此问题的常义 NP-困难性, 完成了难解性的定位. 下面也将此证明作为数据平移方法的例子.

**例 5.4.2** 单机有公共工期的加权总延误问题 $1|d_j = d|\sum w_j T_j$.

问题如例 5.3.3 所述, 只是其中所有工期相等: $d_j = d$.

如下的参照问题也是划分问题的特殊情形, 仍然是 NP-完全的 (参见 5.1 节).

• **等项划分问题** 给定 $2m$ 个正整数 $a_1, a_2, \cdots, a_{2m}$ 使得 $\sum_{1 \leqslant i \leqslant 2m} a_i = 2A$,

是否存在指标集 $\{1, 2, \cdots, 2m\}$ 的划分 $(S_1, S_2)$, 使得 $|S_1| = |S_2|$, 且 $\sum_{i \in S_1} a_i = \sum_{i \in S_2} a_i = A$?

为后面证明的需要, 此问题也做一点修订: 不妨假定所有正整数 $a_1, a_2, \cdots, a_{2m}$ 都是偶数. 显然, 这样的变换是等价的. 另外, 假定所有 $a_i < A$ $(1 \leqslant i \leqslant 2m)$, 否则问题无解, 或者是 $m = 1, a_1 = a_2 = A$ 的平凡情形.

在如下的实例设计中, 所谓变尺度 (数据平移) 就是对每个整数 $a_i$ 都加上一个充分大的偶数 $2h$, 以便缩小这些数据之间的相对差别, 凸显其数据个数的作用 (欲平分物品的重量, 必先平分其个数). 这也是等项划分问题的本意: 同时平分物品的重量与个数.

给定等项划分问题的实例 $\{a_1, a_2, \cdots, a_{2m}\}$, 其中 $\sum_{1 \leqslant i \leqslant 2m} a_i = 2A$ 且 $a_i$ 均为偶数 $(1 \leqslant i \leqslant 2m)$. 构造时序问题 $1|d_j = d|\sum w_j T_j$ 的实例如下: 设有 $n = 2m + 1$ 个工件, 包括 $2m$ 个基本工件 $J_1, J_2, \cdots, J_{2m}$ 及一个限位工件 $J_n$, 其工时、权值、公共工期及门槛值分别为

$$p_i = w_i = 2h + a_i, \quad 1 \leqslant i \leqslant 2m,$$
$$p_n = 1, \quad w_n = h, \quad d = 2mh + A,$$
$$L = (m+1)(d+A)h + d + h + A^2,$$

其中 $h > A(A+1)$.

下面的简单性质体现了提升数据的效果:

**简注 1**    对任意子集 $S \subset \{1, 2, \cdots, 2m\}$, 有

$$\sum_{i \in S} p_i \begin{cases} < d, & |S| < m, \\ > d, & |S| > m. \end{cases}$$

事实上, 若 $|S| < m$, 则只要 $2h > A$ 便有

$$\sum_{i \in S} p_i = \sum_{i \in S} (2h + a_i) < 2(m-1)h + 2A = (2mh + A) - (2h - A) < d.$$

若 $|S| > m$, 则有

$$\sum_{i \in S} p_i = \sum_{i \in S} (2h + a_i) > 2(m+1)h > 2mh + A = d.$$

此性质意味着: 仅当 $|S| = m$ 时才有 $\sum_{i \in S} p_i = d = 2mh + A$, 即 $\sum_{i \in S} a_i = A$, 才能使划分问题有解. 因此, 在等项划分实例中, 只有项数相等才能做到数值平分.

在加大数据之后, 不等式估计要用到下面的简单性质:

**简注 2** 对正整数 $a_1, a_2, \cdots, a_t$, 设 $B = \sum_{i=1}^{t} a_i$ 及 $Q = \sum_{1 \leqslant i \leqslant j \leqslant t} (2h + a_i)(2h + a_j)$, 则

$$2t(t+1)h^2 + 2(t+1)hB < Q < 2t(t+1)h^2 + 2(t+1)hB + B^2.$$

事实上, 只需在的展开式

$$Q = \sum_{1 \leqslant i \leqslant j \leqslant t} (2h + a_i)(2h + a_j) = 2t(t+1)h^2 + 2(t+1)hB + \sum_{1 \leqslant i \leqslant j \leqslant t} a_i a_j$$

中代入不等式

$$0 < \sum_{1 \leqslant i \leqslant j \leqslant t} a_i a_j < \left( \sum_{i=1}^{t} a_i \right)^2 = B^2$$

即可.

经过以上准备, 现在进入主题——NP-困难性证明.

**命题 5.4.6** 时序问题 $1|d_j = d| \sum w_j T_j$ 的判定形式是常义 NP-完全的.

**证明** 给定等项划分问题的实例 $\{a_1, a_2, \cdots, a_{2m}\}$, 时序问题 $1|d_j = d| \sum w_j T_j$ 的实例构造如上所述. 此构造可在多项式时间完成. 下面证明二实例有相同的可解性判定 (肯定或否定).

设等项划分实例有解 $(S_1, S_2)$, 使得 $|S_1| = |S_2| = m$, 且 $\sum_{i \in S_1} a_i = \sum_{i \in S_2} a_i = A$. 那么定义时序实例的解 $\pi$ 如下: 令 $\{J_{\pi(i)} : 1 \leqslant i \leqslant m\} = \{J_i : i \in S_1\}$, $J_{\pi(m+1)} = J_n$, $\{J_{\pi(i)} : m+2 \leqslant i \leqslant n\} = \{J_i : i \in S_2\}$ (图 5.14). 由于

$$\sum_{i=1}^{m} p_{\pi(i)} = \sum_{i \in S_1} (2h + a_i) = 2mh + A = d,$$

所以对 $1 \leqslant i \leqslant m$ 有 $T_{\pi(i)} = 0$. 其次, $T_{\pi(m+1)} = p_n = 1$. 再者

$$\sum_{i=m+2}^{n} w_{\pi(i)} = \sum_{i=m+2}^{n} p_{\pi(i)} = \sum_{i \in S_2} (2h + a_i) = 2mh + A = d.$$

因此, 结合简注 2 的不等式 (其中 $\sum_{i=m+2}^{n} a_{\pi(i)} = A$), 得到

$$f(\pi) = \sum_{i=m+1}^{n} w_{\pi(i)} T_{\pi(i)}$$

$$= p_n \left( \sum_{i=m+1}^{n} w_{\pi(i)} \right) + \sum_{m+2 \leqslant i \leqslant j \leqslant n} p_{\pi(i)} w_{\pi(j)}$$

$$= h + d + \sum_{m+2 \leqslant i \leqslant j \leqslant n} (2h + a_{\pi(i)})(2h + a_{\pi(j)})$$

$$< h + d + 2m(m+1)h^2 + 2(m+1)hA + A^2$$

$$= (m+1)(d+A)h + d + h + A^2 = L.$$

所以 $\pi$ 是时序实例的解.

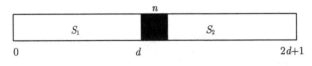

$$n$$

| | | |
|---|---|---|
| $S_1$ | $n$ | $S_2$ |

0　　　　　　　　　　　　　$d$　　　　　　　　　　　　$2d+1$

图 5.14　时序实例的解

反之, 设时序实例有解 $\pi$, 使得 $f(\pi) \leqslant L$. 下面用反证法, 假设等项划分实例无解. 则不存在 $S \subset \{1, 2, \cdots, 2m\}$ 使得 $\sum_{i \in S} p_i = d$. 这是因为如有 $\sum_{i \in S} p_i = d$, 则由简注 1 知必有 $|S| = m$, 且 $\sum_{i \in S}(2h + a_i) = d = 2mh + A$, 即 $\sum_{i \in S} a_i = A$, 与假设矛盾. 进而, 我们有如下论断.

**论断**　存在排列 $\pi'$, 使得 $f(\pi') \leqslant f(\pi)$ 且 $J_n$ 不延误.

事实上, 设 $J_n$ 在 $\pi$ 中出现延误, 并设在 $\pi$ 中最早出现延误的工件是 $J_i$. 显然 $i \neq n$, 因为否则对 $J_n$ 之前的工件集 $S$ 有 $\sum_{i \in S} p_i = d$, 与假设矛盾. 由于所有工件的工时及工期均为偶数, 所以 $T_i(\pi) \geqslant 2$. 设 $\pi = \alpha i \beta n \gamma$. 将工件 $J_n$ 移到 $J_i$ 的紧前, 得到新的排列 $\pi' = \alpha n i \beta \gamma$. 对此必有 $T_n(\pi') = 0$, 因为否则对 $J_i$ 之前的工件集 $S$ 有 $\sum_{i \in S} p_i = d$, 与假设矛盾. 因此

$$f(\pi') - f(\pi) = w_i + \sum_{j \in \beta} w_j - w_n T_n(\pi)$$

$$= p_i + \sum_{j \in \beta} p_j - h\left(T_i(\pi) + \sum_{j \in \beta} p_j + 1\right).$$

$$< p_i - h(T_i(\pi) + 1) \leqslant 2h + a_i - 3h < A - h < 0.$$

故 $f(\pi') < f(\pi)$, 论断得证.

由上述论断, 可设 $C_n(\pi) \leqslant d$. 不妨假定 $J_n$ 是在排列 $\pi$ 中最后一个不延误的工件 (否则将其移后, 延误不变). 设 $S$ 是排在 $J_n$ 之前的工件集. 由简注 1 得知 $m - 1 \leqslant |S| \leqslant m$. 这是因为若 $|S| > m$, 则 $\sum_{i \in S} p_i > d$, 与 $J_n$ 不延误矛盾; 若 $|S| < m - 1$, 则令 $S$ 增加 $J_n$ 后面的一个工件 $J_j$, 得到的 $S'$ 仍然有 $|S'| < m$, 从而 $\sum_{i \in S'} p_i < d$, 故 $J_j$ 在 $\pi$ 中也不延误, 与 $J_n$ 是最后不延误者矛盾. 因此 $n = \pi(m)$ 或 $n = \pi(m+1)$. 兹分两种情形讨论:

情形 1: $n = \pi(m)$. 不妨设 $\pi = (1, 2, \cdots, m-1, n, m, m+1, \cdots, 2m)$. 此时 $J_m$ 是在排列 $\pi$ 中第一个延误的工件. 由全程 $2d+1$ 得到 $T_m(\pi) + \sum_{i=m+1}^{2m} p_i = d+1 = 2mh + A + 1$. 记 $B = \sum_{i=m+1}^{2m} a_i$, 则 $T_m(\pi) + B = d + 1 - 2mh = A + 1$. 由此运用简注 2 的不等式得到

$$f(\pi) = \sum_{i=m}^{2m} w_i T_i(\pi)$$

$$= T_m(\pi)\left(\sum_{i=m}^{2m} w_i\right) + \sum_{1 \leqslant i \leqslant j \leqslant m} p_{m+i} w_{m+j}$$

$$> T_m(\pi)(2(m+1)h) + \sum_{1 \leqslant i \leqslant j \leqslant m} (2h + a_{m+i})(2h + a_{m+j})$$

$$> T_m(\pi)(2(m+1)h) + 2m(m+1)h^2 + 2(m+1)hB$$

$$= 2(m+1)h(T_m(\pi) + B) + 2m(m+1)h^2$$

$$= 2(m+1)h(A+1) + 2m(m+1)h^2$$

$$= L + h - A(A+1) > L,$$

导致矛盾.

情形 2: $n = \pi(m+1)$. 不妨设 $\pi = (1, 2, \cdots, m, n, m+1, m+2, \cdots, 2m)$. 此时 $J_{m+1}$ 是在排列 $\pi$ 中第一个延误的工件, 且

$$T_{m+1}(\pi) = \sum_{i=1}^{m} p_i + 1 + p_{m+1} - d > 1 + 2(m+1)h - d = 2h - A + 1.$$

由于全程为 $2d+1$, 有

$$T_{m+1}(\pi) + \sum_{i=m+2}^{2m} p_i = d + 1 = 2mh + A + 1.$$

记 $B = \sum_{i=m+2}^{2m} a_i$, 则 $T_{m+1}(\pi) + B = d + 1 - 2(m-1)h = 2h + A + 1$. 又由 $\sum_{i=m+1}^{2m} p_i \geqslant d + 1$ 及偶参数性质, 可知 $\sum_{i=m+1}^{2m} p_i \geqslant d + 2$. 根据以上不等式以及简注 2, 得到

$$f(\pi) = \sum_{i=m+1}^{2m} w_i T_i(\pi)$$

$$= T_{m+1}(\pi)\left(\sum_{i=m+1}^{2m} w_i\right) + \sum_{1 \leqslant i \leqslant j \leqslant m-1} p_{m+1+i} w_{m+1+j}$$

$$\geqslant T_{m+1}(\pi)(d+2) + \sum_{1 \leqslant i \leqslant j \leqslant m-1} (2h + a_{m+1+i})(2h + a_{m+1+j})$$

$$> T_{m+1}(\pi)(2mh + A + 2) + 2m(m-1)h^2 + 2mhB$$

$$= 2mh(T_{m+1}(\pi) + B) + T_{m+1}(\pi)(A+2) + 2m(m-1)h^2$$

$$> 2mh(2h + A + 1) + (2h - A + 1)(A + 2) + 2m(m - 1)h^2$$
$$= 2m(m + 1)h^2 + 2(m + 1)hA + 2(m + 2)h - (A - 1)(A + 2)$$
$$= L + 3h - 2(A^2 + A - 1) > L,$$

导致矛盾. 综上所述, 等项划分问题有解.　　　　　　　　　　　　　　　　　□

在上述证明中, 目标函数值的估计主要运用简注 2 的不等式. 只要提升的参数 $2h$ 足够大, 可以掩盖其中的估计误差.

### 5.4.3　可中断问题举例

许多困难问题归因于整性限制, 一旦允许中断就变成多项式可解的 (见 3.3 节). 然而, 有少数例子即使允许中断也是 NP-困难的. 下面的例子取自 Lawler 的文献 [13].

**例 5.4.3**　可中断的平行机延误数问题 $P|pmtn| \sum U_j$.

设有 $n$ 个工件, 其工时及工期分别为正整数 $p_j$ 及 $d_j$ $(1 \leqslant j \leqslant n)$, 在 $m$ 台恒同平行机上加工. 问题的判定形式是: 给定正整数 $k$, 是否存在一个可中断的机程方案, 使得至少有 $k$ 个工件按时完工?

选择的参照问题仍为划分问题: 给定正整数 $a_1, a_2, \cdots a_m$, 其中 $\sum_{1 \leqslant i \leqslant m} a_i = 2A$, 是否存在 $N = \{1, 2, \cdots, m\}$ 的子集 $S$, 使得 $\sum_{i \in S} a_i = \sum_{i \in N \setminus S} a_i = A$?

在下面的实例设计中, 继续运用数据平移方法, 使得输入数据 $a_j$ 都加上足够大的底数, 比如 $A$. 这样做的作用是: 在工时 $p_j = A + a_j$ 的垫高部分 $A$ 留着充分的中断切割空间, 以免基本数据 $a_j$ 被拆分, 从而不改变划分问题的结构与难度.

**命题 5.4.7**　时序问题 $P|pmtn| \sum U_j$ 的判定形式是 NP-完全的.

**证明**　给定划分问题的实例 $\{a_1, a_2, \cdots, a_m\}$, 构造时序问题的实例如下: 设有 $m$ 台平行机及 $n = 5m - 2$ 个工件, 门槛值 $k = 4m - 1$, 工件分为三种类型:

(1) 基本工件集 $\{J_j : j \in I_1\}$, $I_1 = \{1, 2, \cdots, m\}$, 其中

$$p_j = A + a_j, \quad d_j = A + 2a_j, \quad 1 \leqslant j \leqslant m;$$

(2) 限位工件集 $\{J_j : j \in I_2\}$, $I_2 = \{m + 1, m + 2, \cdots, 2m\}$, 其中

$$p_j = d_j = A, \quad m + 1 \leqslant j \leqslant 2m;$$

(3) 填充工件集 $\{J_j : j \in I_3\}$, $I_3 = \{2m + 1, 2m + 2, \cdots, 5m - 2\}$, 其中

$$p_j = A, \quad d_j = 4A, \quad 2m + 1 \leqslant j \leqslant 5m - 2.$$

设划分实例有解 $S$, 使得 $\sum_{i \in S} a_i = A$, 则 $S \subseteq I_1$. 首先, 可在 $I_1$ 中取出 $S$ 对应的基本工件. 其次, 任意取 $I_2' \subseteq I_2$ 使得 $|I_2'| = m - |S| + 1$, 并在 $I_2$ 中取出 $I_2'$ 对

应的限位工件. 最后取出 $I_3$ 全部填充工件. 这样得到取出的工件指标集

$$E = S \cup I_2' \cup I_3.$$

则 $|E| = |S| + m - |S| + 1 + 3m - 2 = 4m - 1$. 往证: 存在这样的机程方案 $\sigma$, 使得 $E$ 的工件均按时完工 (其他工件排到最后, 不惜让它们延误). 从而 $\sigma$ 是上述时序实例的解.

事实上, 可以这样构造机程方案 $\sigma$. 首先, 把 $S \subseteq I_1$ 的基本工件及 $I_2'$ 中的 $m - |S|$ 个限位工件各安排在一台机器上, 其中 $I_2'$ 的工件不中断地占据时间区间 $[0, A]$; $S$ 的工件 $J_j$ 分配在时间区间 $[0, A + 2a_j]$, 但留出 $a_j$ 个单位的空闲时间. 这样, 所有 $S$ 的工件就共留出 $A$ 个单位的空闲时间. 注意 $I_2'$ 还剩下一个工件没有安排, 它的 $A$ 单位加工时间恰好可以分拆开来安插在上述预留的空闲时间中. 例如, $S = \{1, 2, 3\}$ 使得 $a_1 + a_2 + a_3 = A$, 那么 $I_2'$ 的最后一个工件可安插在第一台机器的时段 $[0, a_1]$, 在第二台机器的时段 $[a_1, a_1 + a_2]$, 以及在第三台机器的时段 $[a_1 + a_2, A]$. 这样一来, 当 $S$ 及 $I_2'$ 的 $m + 1$ 个工件排好之后, 在时段 $[A, 4A]$ 中, $m$ 台机器还剩下 $(3m - 2)A$ 单位的空闲时间, 恰好用来放置 $I_3$ 的 $3m - 2$ 个填充工件. 由于允许中断, 这些填充工件可以任意剪裁, 放满为止 (机程方案如图 5.15 所示). 注意到 $E$ 中的每一个工件都安排在它的工期之前, 所以它们都是按时完工工件. 于是按时工件数至少为 $|E| = 4m - 1 = k$. 从而时序实例有解 $\sigma$.

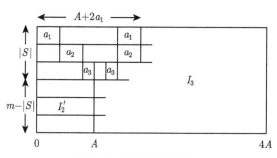

图 5.15　时序问题的解 $\sigma$

反之, 设时序实例有解 $\sigma$, 其中有按时完工工件集 $E$ 使得 $|E| = 4m - 1$. 往证划分实例亦有解. 由于 $I_3$ 中的工件具有最小的工时及最大的工期, 如果其一不属于 $E$, 则可与其中其他类型的工件置换, 目标函数值不变. 因此不妨设 $I_3 \subseteq E$, 则 $|E \setminus I_3| = (4m - 1) - (3m - 2) = m + 1$. 设 $S = E \cap I_1$, 则 $E$ 包含 $|S|$ 个 $I_1$ 型工件 (基本工件) 及 $m - |S| + 1$ 个 $I_2$ 型工件 (限位工件). 由于 $J_j \in I_1$ 的工期为 $d_j = A + 2a_j$, 要使它不延误, 在时刻 $A$ 之前它至多有 $a_j$ 单位时间停歇. 所以在时间窗口 $[0, A)$ 中, $|S|$ 个 $I_1$ 型工件至少占据 $|S|A - \sum_{i \in S} a_i$ 单位的作业时间. 同时,

$m - |S| + 1$ 个 $I_2$ 型工件占据 $(m - |S| + 1)A$ 单位的作业时间. 因此

$$mA \geqslant |S|A - \sum_{i \in S} a_i + (m - |S| + 1)A = (m + 1)A - \sum_{i \in S} a_i,$$

从而 $\sum_{i \in S} a_i \geqslant A$. 另一方面, 在 $E$ 中三类工件的工时之和为

$$|S|A + \sum_{i \in S} a_i + (m - |S| + 1)A + (3m - 2)A = (4m - 1)A + \sum_{i \in S} a_i \leqslant 4mA,$$

从而 $\sum_{i \in S} a_i \leqslant A$. 于是 $\sum_{i \in S} a_i = A$, 即 $S$ 是划分实例的解. □

综上所述, 我们展示了证明 NP-困难性的基本方法. 自从 20 世纪 70 年代以来, 这一研究领域不断取得进展, 证明方法层出不穷. 然而目前仍留下不少征解难题, 可见未来的发展仍未有限期. 例如, 对问题 $1|r_j|\sum C_j$ 及 $F2||\sum C_j$, 当初选用 3-划分为参照问题, 构造已经比较复杂. 后来发展到对问题 $P|r_j, \mathrm{pmtn}|\sum C_j$, 文献 [112] 仍然用 3-划分来证明, 其中特殊作用工件的设计技巧就不是三言两语所能解释的了. 又如对问题 $1|\bar{d}_j|\sum U_j$, Lawler 于 1983 年证明其常义 NP-困难性, 其精确复杂性 (强 NP-困难或伪多项式可解) 一直悬而未决. 直到最近, 原晋江[113] 才以 3-划分为参照, 完成了强 NP-困难性证明. 文献中这样的例子还有许多 (如 [114, 115]). 虽然同样是构造划分结构模型, 变尺度的 "积木式" 工件设计方法精巧入微, 形式不一而足.

## 习　题　5

5.1 在定义 5.1.5, 问题 $A$ 可多项式变换为问题 $B$ 通常记为 $A \propto B$. 这样, 在判定问题类中定义了二元关系 "$\propto$". 试证明关系 "$\propto$" 满足自反性与传递性. 如果 $A \propto B$ 且 $B \propto A$, 则称 $A$ 与 $B$ 多项式变换等价. 由此可定义反对称性. 于是关系 "$\propto$" 是一个半序关系 (定义参见 1.2.4 小节).

5.2 问题 $A$ 称为可多项式归约 (归结) 为问题 $B$, 是指存在问题 $A$ 的多项式时间算法 $\mathscr{A}$, 它把问题 $B$ 的算法 $\mathscr{B}$(假想的) 作为单位时间的子程序来调用. 试证明: 若问题 $A$ 可多项式变换为问题 $B$, 则问题 $A$ 可多项式归约为问题 $B$ (将从问题 $A$ 的实例构造问题 $B$ 的实例并调用一次 $B$ 的算法作为多项式时间算法 $\mathscr{A}$).

5.3 一个极小的 NP-困难问题是指它是 NP-困难的, 但它的任意特殊情形都是多项式可解的. 试找出这样的例子.

5.4 以划分问题为参照问题, 证明时序问题 $1||\sum w_j T_j$ 的判定形式是常义 NP-完全的 (参考命题 5.2.3).

5.5 文献中讨论一种广义延误数问题, 其中工件 $j$ 的广义延误数定义为

$$\tilde{T}_j(\pi) = \begin{cases} 0, & C_j(\pi) \leqslant d_j, \\ v_j(C_j(\pi) - d_j), & 0 < C_j(\pi) - d_j \leqslant b_j, \\ w_j, & b_j < C_j(\pi) - d_j, \end{cases}$$

其中 $w_j \geqslant v_j b_j$. 目标函数为 $f(\pi) = \sum_{j=1}^{n} \tilde{T}_j(\pi)$. 试以划分问题为参照问题, 证明此问题是 NP-困难的. [构造 $n+1$ 个工件的实例: $p_j = a_j, d_j = A/2 \ (1 \leqslant j \leqslant n)$, $p_{n+1} = 1, d_{n+1} = A/2+1$, 且 $b_j = w_j = p_j, v_j = 1 \ (1 \leqslant j \leqslant n+1)$.]

5.6 以 0-1 背包问题为参照问题, 证明时序问题 $F2|r_j|C_{\max}$ 的判定形式是常义 NP-完全的 (参考命题 5.2.4).

5.7 以 0-1 背包问题为参照问题, 证明时序问题 $F2||L_{\max}$ 的判定形式是常义 NP-完全的 (参考命题 5.2.4).

5.8 以最大团问题为参照问题, 证明时序问题 $1|prec, p_j = 1|\sum T_j$ 的判定形式是强 NP-完全的 (参考命题 5.3.2).

5.9 以线性布列问题为参照问题, 证明时序问题 $1|prec, p_j = 1|\sum w_j C_j$ 的判定形式是强 NP-完全的 (参考命题 5.3.3 及 [105]).

5.10 以线性布列问题为参照问题, 证明时序问题 $1|prec|\sum C_j$ 的判定形式是强 NP-完全问题 (参考命题 5.3.3 及 [105]).

5.11 回到习题 1.6 的老例子: 设有 $n$ 个矿井与枢纽站有铁路专用线相连 (如图 1.12), 当矿井的煤仓装满煤时, 就需要枢纽站派机车将空车皮送到矿井去装煤; 当空车皮装满煤后, 又需要派机车将重车皮拉回枢纽站, 集结成列车将煤运出矿区. 其中取送车模型是: 设 $n$ 个矿井送空车的任务为 $J_1, J_2, \cdots, J_n$, 取重车的任务为 $J_1', J_2', \cdots, J_n'$, 其中 $J_j'$ 是 $J_j$ 的后继任务. 假定矿井 $j$ 的空车皮装满煤的时刻为 $b_j = C_j - t_j + l_j$, 其中 $l_j$ 是空车的装煤时间. 目标是最小化全程 $C_{\max}$. 试证明此问题是 NP-困难的.

5.12 河南油田提出如下的电网检修排序问题: 设一个局部电网有 $n$ 条线路 $L_1, L_2, \cdots, L_n$ 对应于 $n$ 个检修任务 (工件). 维修周期有 $m$ 个时段 $T_1, T_2, \cdots, T_m$, 比如一年 365 天. 假定只有一个检修作业队 (一台机器), 并且线路 $L_j$ 的检修时段数 (工时) 为 $p_j \ (1 \leqslant j \leqslant n)$. 施工要求是检修线路 $L_j$ 的 $p_j$ 个时段必须连续进行, 但不同检修任务之间允许空闲 (实际情况是一年中有许多时间不进行检修的). 一条线路在不同时段停电进行检修所造成的损失是不同的 (与系统的用电负荷有关). 设线路 $L_j$ 在时段 $T_i$ 停电检修的损失费用为 $c_{ij} \ (1 \leqslant i \leqslant m, 1 \leqslant j \leqslant n)$. 问题是求检修作业安排, 使总的检修费用为最小. 试证明此问题是 NP-困难的 (可参见 [116]).

5.13 受传染病传播的启发, 考虑如下的平行作业问题: 给定一个无向图 $G$ 表示疫区的连接状况, 其中 $n$ 个顶点为居民点, 边表示交通道路. 如果一个顶点 $v$ 出现疫情, 则其关联的边必须同时进行消毒, 阻断传播渠道. 我们把一个顶点 $v$ 的关联边的消毒任务看作一个工件, 仍记为 $v$. 那么这个工件需要同时作业的作业队 (机器) 数目等于它的度 $d_G(v)$. 一个工件 $v$ 完工之后, 就将顶点 $v$ 从图 $G$ 中删去 (其关联的边也同时删去). 现设每个工件均有单位工时, 并有 $m$ 台平行机. 求 $n$ 个顶点的作业顺序, 使得作业全程为最小. 试证明此问题是 NP-困难的 (可参见 [117]).

5.14 给定奇偶划分的实例 $\{a_1, a_2, \cdots, a_{2m}\}$, 可以构造连贯加工约束的模型如下: 设 $\{J_0, J_1, J_2, \cdots, J_{2m}\}$ 为工件集, 其工时为 $p_0 = 1, p_j = a_j (1 \leqslant j \leqslant 2m)$; 连贯约束的子集族 $\mathcal{F} = \{S_1, S_2, \cdots, S_{2m}\}$ 定义为 $S_1 = \{J_0, J_1\}, S_2 = \{J_0, J_2\}$, 以及 $S_{2i+1} = (S_{2i-1} \cup S_{2i}) \cup \{J_{2i+1}\}, S_{2i+2} = (S_{2i-1} \cup S_{2i}) \cup \{J_{2i+2}\} \ (1 \leqslant i \leqslant n-1)$. $\mathcal{F}$ 的 $PQ$-树由划分 $(\{J_1\}, \{J_0\}, \{J_2\})$ 及 $(\{J_{2i+1}\}, (S_{2i-1} \cup S_{2i}), \{J_{2i+2}\}) \ (1 \leqslant i \leqslant n-1)$ 的 $Q$-节点组成, 如图 5.16 所示. 由于每

个 $Q$-节点的儿子只有两个方向, $J_{2i-1}$ 及 $J_{2i}$ 只有其一在 $J_0$ 的左边. 所以 $J_0$ 的左右构成一个奇偶划分.

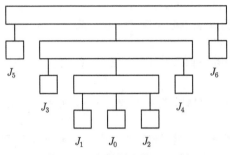

图 5.16　奇偶划分的 $PQ$-树

试按照上述构造方法证明某些具有连贯约束的问题是 NP-完全的, 比如对问题 $1||\sum U_j$ 判定是否存在延误数恰为 $m+1$ 的排列.

　　5.15 在双目标的排序问题中, 往往把一个目标函数变为约束条件 (如 $f_1(\pi) \leqslant y$) 而最优化另一个目标函数 $(f_2(\pi))$. 例如, $1|\sum U_j \leqslant y|\sum w_j C_j$ 表示在延误数不超过 $y$ 的条件下, 最小化加权总完工时间. 已知 $1|d_j = d|\sum w_j C_j$ 是多项式可解的. 试证明 $1|d_j = d, \sum U_j \leqslant y|\sum w_j C_j$ 是 NP-困难的. 提示: 对等项划分问题的实例 $\{a_1, a_2, \cdots, a_{2m}\}$, 其中 $\sum_{1 \leqslant i \leqslant 2m} a_i = 2A$, 构造时序问题的实例如下: 设有 $n = 2m+1$ 个工件, 且

$$p_i = w_i = A + a_i, \quad 1 \leqslant i \leqslant 2m,$$
$$p_n = 1, \quad w_n = 0, \quad d = (m+1)A + 1,$$
$$y = m, \quad L = \sum_{1 \leqslant i \leqslant j \leqslant 2m} a_i a_j + (m+1)A$$

(参见 [118]).

　　5.16 试证明 $1|d_j = d, \sum w_j C_j \leqslant y|\sum w_j U_j$ 是 NP-困难的.

　　5.17 试以背包问题或 3-划分问题为参照问题, 证明 $1|r_j|\sum C_j$ 是 NP-困难的.

# 第 6 章  递推结构与隐枚举搜索

在一个问题被确定为 NP-困难问题之后, 研究工作应该着重于如下几个方面:

- 多项式时间可解的特殊情形;
- 可行的精确算法 (如动态规划、分枝、消去等隐枚举算法);
- 实用的启发式算法及数值计算实践;
- 近似算法的设计与分析.

多项式时间可解的特殊情形已在前四章中讨论过. 近似算法将是下一章的主题. 这一章论述以递推性为基础的精确算法, 如动态规划、分枝定界及相关的隐枚举方法.

动态规划, 作为多阶段决策过程的优化理论, 在时序最优化中占据重要地位. 其中 "动态" 与 "时序" 是同义语, 二者均意指时间进程.

## 6.1  动态规划的递推方法

动态规划(dynamic programming) 为 Bellman[119, 120] 所创立. 对连续状态过程, 它为变分问题及最优控制提供了有效的计算方法. 对离散状态过程, 它同样为 $n$ 阶段决策过程建立普遍的算法模式. 从某种意义上说, 动态规划的宗旨是把多重 (多变量) 极值转化为序列 (单变量) 极值, 以便于算法逐步执行, 正如把重积分变为累次积分, 把重极限变为累次极限一样. 对极值理论的这种新思潮, 主要是适应大型非线性问题数值计算的需求, 所以当初的研究兴趣主要集中于连续系统优化领域 (论文散见于数学与工程期刊), 后来才逐步普及于离散问题. 除 Bellman 的原著之外, 离散过程的理论可参见 [121~123] 等. 国内早期讲授动态规划的教科书有如 [124, 125]. 对离散情形的初等方法, 我们曾在 [27, 130] 做过解释. 系统深入的代数结构理论论述参见 [126, 127].

### 6.1.1  最优化原理

动态规划的基础是 Bellman 最优化原理. 我们从更原始的思想谈起. 联想到组合数学的一些原理都是很平凡的命题. 例如, 容斥原理就是 $1 - 1 = 0$ 重复几次, 将 $(1-1)^n = 0$ 左边按二项式定理展开. 鸽笼原理就是 $n+1 > n$ 或 $\lceil (n+1)/n \rceil = 2$. 这些简单原理经过折叠演变, 便成为有用的理论. Bellman 最优化原理, 讲起来有点绕口, 但其直白意思是整体最优一定是局部最优. 下面来看它如何曲折化为一种方法论.

设集合 $\Omega$ 上定义了严格的偏序关系 $\prec$ 或广义的偏序关系 $\preceq$, 并假定关于此偏序关系的最大 (小) 元存在, 称之为**最优元**. 如下的命题是不言而喻的.

**最优化基本原理**　(I) 对任意子集 $A \subseteq \Omega$ 而言, $\Omega$ 的最优元 $x^*$ 是 $A$ 的最优元当且仅当 $x^* \in A$. (II) $A$ 的最优元 $y^*$ 是 $\Omega$ 的最优元当且仅当 $A$ 中存在 $\Omega$ 的最优元.

现在讨论多阶段决策过程. 任何自然和社会的过程都是以状态的改变为特征的. 例如, 在经典的排序问题中, 当前的状态是机器是否空闲, 并已安排了哪些工件. 当我们安排一个工件加工, 状态就发生变化. 对此, 又安排新的工件加工. 这样便得到一个状态与决策交替变化的过程——多步决策过程, 如图 6.1 所示.

图 6.1　$n$ 阶段决策过程

给定一个集合 $\mathscr{S}$, 称为**状态空间**, 其中每一个元素 $s \in \mathscr{S}$ 称为**状态**. 另外有一个集合 $\mathscr{X}$ 称为**决策集**, 每一个状态 $s \in \mathscr{S}$ 都对应于一个子集 $\mathscr{X}(s) \subseteq \mathscr{X}$, 称为状态 $s$ 的决策集. 所谓**策略**, 就是一个映射 $\varphi : \mathscr{S} \to \mathscr{X}$ 使得对任意 $s \in \mathscr{S}$ 都有 $x = \varphi(s) \in \mathscr{X}(s)$. 这里策略的意思是面临任意的状态, 都按照一定的规则采取一个决策. 一切策略 $\varphi$ 的全体称为**策略空间**. 在状态 $s$ 之下作出决策 $x = \varphi(s)$, 状态将改变为 $s' = g(s, x)$, 这里 $g$ 称为**状态转移函数**.

给定一个策略 $\varphi$ 及初始状态 $s_0$, 由 $x_1 = \varphi(s_0)$ 得到第一阶段的决策; 进而由状态转移函数得到下一阶段的状态 $s_1 = g(s_0, x_1)$, 再由 $x_2 = \varphi(s_1)$ 得到第二阶段的决策; 如此类推. 于是得到状态的序列 $s_0, s_1, \cdots, s_n$ 及决策的序列 $x_1, x_2, \cdots, x_n$. 这两个交替序列组成的序列 (图 6.1) 称为 $n$ 阶段决策过程的一个**实现** $\sigma$, 相当于传统的可行解.

对于 $n$ 阶段决策过程来说, 往往有一个**目标函数** $f(\varphi, s_0)$, 依赖于策略 $\varphi$ 及初始状态 $s_0$, 表示过程的效益或费用. 对任意的初始状态 $s_0$, 使得目标函数 $f(\varphi, s_0)$ 达到要求的最大 (小) 值的策略 $\varphi$ 称为**最优策略**. 求最优策略等价于求过程的最优实现.

$n$ 阶段决策过程可以成为众多时序优化问题的数学模型. 最典型的例子是有向图的最短路问题: 求一个起点 $s$ 到一个终点 $t$ 的最短路. 面临的状态是搜索者所处在的顶点, 决策集是关联于这个顶点的边, 决策是选择一条边, 状态转移是走到这条边的另一端. 过程的一个实现是扫描出的一条路, 其目标函数是路的长度. 许多过程 (时序) 优化问题都可以纳入这一框架. 下面的原理, 简言之, 就是: 一条最短路的任意一段子路一定是最短的.

**Bellman 最优化原理** 一个 $n$ 阶段决策过程的最优策略 $\varphi^*$ 具有如下性质: 无论初始状态 $s_0$ 及初始决策 $x_1^*$ 如何确定, 以后的决策 $x_2^*, \cdots, x_n^*$, 对于以 $x_1^*$ 所造成的状态 $s_1^*$ 为初始状态的后部子过程而言, 必须构成最优策略.

事实上, 设 $\Omega$ 是原过程所有实现之集. 并设 $A$ 是以 $s_1^*$ 为初始状态的后部子过程的所有实现之集 (这些实现也包括初始状态 $s_0$ 及初始决策 $x_1^*$ 的第一阶段). 那么 $A$ 是 $\Omega$ 的子集. 最优策略 $\varphi^*$ 确定出整体 $\Omega$ 中的一个最优实现 $\sigma^*$. 这个实现 $\sigma^*$ 也属于子集 $A$ (在包括第一阶段的前提下). 根据上述基本原理 (I), $\sigma^*$ 也是子集 $A$ 的最优实现. 因此全过程的最优策略 $\varphi^*$, 相对与后部子过程而言也构成最优策略.

然而, 上面一段话的证明有点毛病. 因为多阶段决策过程的效益 (目标函数) 及最优性并没有严格定义, 全过程 (包括第一阶段) 的优劣序关系与子过程 (不包括第一阶段) 的优劣序关系是否一致? 如果在实数域里, 第一阶段的效益只是加 (乘) 上一个常数, 整体与局部的优劣序关系是一致的, 上述原理自然没有问题. 但是对于其他代数运算 (如取模加法) 的目标函数, [123, 126] 曾举出反例, 说明上述原理可能不成立. 这叫做 "动态规划悖论". 因此, Bellman 最优化原理还需补充一定的假设条件. 例如 "无后效性", 即过程的未来发展只与当前的状态与决策有关, 与过去的历史无关. 其次, 各阶段的效益计算具有 "可分离性", 即各阶段的目标函数满足可加性与保序性 ($a \prec b \Leftrightarrow c \oplus a \prec c \oplus b$), 即使不计第一阶段的效益仍保持同样的优劣顺序. 详细的讨论参见 [123, 126, 127, 130, 27]. 在通常的时序优化环境下, 这些假设条件都是成立的, 不必过于拘谨.

最优化原理的核心是整体与局部的关系. 在此, 我们假设整体的最优策略是存在的. 因为对离散状态过程而言, 策略空间是一个有限集, 故必存在最优元. 然而对深入的一般理论研究, 最优策略的存在性是一个重要课题, 必须首先讨论清楚.

根据上述 Bellman 最优化原理, 整体的最优策略一定是后部子过程的最优策略. 因此, 后部子过程的实现之集 $A$ 一定包含着整体过程实现之集 $\Omega$ 的最优元. 根据上述基本原理 (II), 子集 $A$ 的最优元一定是整体 $\Omega$ 的最优元. 由此得到从局部到整体的算法模式.

**Bellman 最优性定理** $n$ 阶段决策过程的最优策略 $\varphi^*$ 可以这样构成: 首先求出以初始决策 $x_1$ 造成的状态 $s_1$ 为初始状态的 $n-1$ 阶段子过程的最优策略 (依赖于参数 $s_1$), 然后在加上第一阶段费用的情况下, 再从中求出最优者.

设 $F_n(s)$ 是以 $s$ 为初始状态的 $n$ 阶段决策过程的最优值, 即采取最优策略 $\varphi^*$ 所达到的最优目标函数值. 按习惯, 假定问题是求最小费用的, 并且各阶段的费用是总和形式的 (其中加法运算也可以替换为乘法或求最大). 并设 $v_1(s_0, x_1)$ 为第一阶段的费用. 那么由上述定理得到

$$F_n(s_0) = \min_{x_1 \in \mathscr{X}(s_0)} \{v_1(s_0, x_1) + F_{n-1}(g(s_0, x_1))\}, \tag{6.1}$$

其中 $\mathscr{X}(s_0)$ 为第一阶段的决策集, 即 $x_1$ 的取值范围; $s_1 = g(s_0, x_1)$ 为初始决策 $x_1$ 造成的状态 $s_1$, 即 $n-1$ 阶段子过程的初始状态. 如果 $n-1$ 阶段子过程的最优值函数 $F_{n-1}(s_1)$ (依赖于参数 $s_1$) 已经求出, 那么 $n$ 阶段过程的最优值 $F_n(s_0)$ 就可以通过求解单变量 $x_1$ 的优化问题 (6.1) 得到. 同样地, $n-1$ 阶段过程又可以递推到 $n-2$ 阶段过程. 这样一来, $n$ 维优化问题就化归为一系列一维优化问题. 对于古典极值理论来说, 这的确是一条新颖的途径.

递推公式 (6.1) 称为动态规划递推方程或 DP 基本方程 (这里 DP 是 dynamic programming 的简写). 以此为基础, 即可建立多样的递推算法, 如逆推算法、顺推算法、不定期过程算法等, 下面将分别讲述. 上述递推方程只是提供一个算法原则, 针对不同问题的特点, 算法设计有较大的灵活性.

### 6.1.2   含参变量的序列极值方法

对一个二元函数 $f(x, y)$ 在平面区域 $D$ 上的二重积分, 在化为累次积分时, 第一次积分过程对变量 $x$ 进行, $y$ 为参变量, 称之为含参变量积分, 所得积分值是 $y$ 的函数. 到第二阶段积分过程才对变量 $y$ 进行, 最终得出重积分的值. 这是以一个参变量相关联的两个单重积分. 这种序列化方法也见于其他数学问题. 现在, 我们在运用基本方程 (6.1), 把 $n$ 维极值问题转化为一系列一维极值问题时, 也必须有一个参变量来前后衔接, 那就是状态变量 $s$. 每一阶段求出的极值函数 $F_j(s)$ 都是参变量 $s$ 的函数, 直到最终阶段才把参数定下来. 所以每一阶段求解的单变量极值问题都是含参变量的极值问题.

从一个最为熟悉的例子谈起: 在约束条件 $x_1 + x_2 + x_3 = c$, $x_i \geqslant 0$ 之下, 求乘积 $x_1 x_2 x_3$ 的最大值. 初等方法与微分学方法称为静态方法. 现在讲动态 (序列化) 的递推方法. 问题看作三阶段的决策过程 (图 6.1), 其中决策变量之和 (资源量) 看作状态. 初始状态为 $s_0 = c$, 在决策 $x_1$ 之后状态变为 $s_1 = s_0 - x_1$, 这是状态转移函数. 如前, 设 $F_n(s)$ 是以 $s$ 为初始状态的 $n$ 阶段决策过程的最优值. 由 DP 基本方程 (6.1) 得到

$$F_3(s) = \max_{0 \leqslant x_1 \leqslant s} \{x_1 F_2(s - x_1)\}.$$

注意这里各阶段的效益运算是乘法, 目标是求最大值. 同理对二阶段及一阶段过程有

$$F_2(s) = \max_{0 \leqslant x_2 \leqslant s} \{x_2 F_1(s - x_2)\}, \quad F_1(s) = \max_{x_3 = s} x_3.$$

其中最后一阶段为平凡情形: $F_1(s) = s$ 且最优决策为 $x_3 = s$. 接着考虑后面二阶段的一元函数极值

$$F_2(s) = \max_{0 \leqslant x_2 \leqslant s} \{x_2(s - x_2)\}.$$

由二次函数的性质得知 $F_2(s) = (s/2)^2$, 且最优决策为 $x_2 = s/2$. 最后

$$F_3(s) = \max_{0 \leqslant x_1 \leqslant s} \left\{ x_1 \left( \frac{s - x_1}{2} \right)^2 \right\}.$$

由一元微积分的方法得到 $F_3(s) = (s/3)^3$, 且最优决策为 $x_1 = s/3$.

在用递推法确定最优值函数 $F_1(s), F_2(s), F_3(s)$ 时, 状态 $s$ 都是待定的参变量 (在求极值过程中看作常数). 现在已知初始状态为 $s_0 = c$. 运用状态转移规则, 得到过程的最优实现:

$$s_0 = c, \quad x_1^* = s_0/3 = c/3,$$
$$s_1 = s_0 - x_1^* = 2c/3, \quad x_2^* = s_1/2 = c/3,$$
$$s_2 = s_1 - x_2^* = c/3, \quad x_3^* = s_2 = c/3.$$

因此得到最优值 $F_3(s_0) = (c/3)^3$ 及最优解 $x_1^* = x_2^* = x_3^* = c/3$.

这种从最后阶段开始, 直到第一阶段的递推算法称为递推法. 算法包括两个过程: ① 从后向前递推计算最优值函数 $F_3(s), F_2(s), F_1(s)$, 称为迭代过程; ② 从前到后 (反方向) 代入确定状态变量 $s_0, s_1, s_2$ 及决策变量 $x_1, x_2, x_3$, 称为回溯过程 (backtrack).

以上算法实质上隐含着枚举决策变量 $x_i$ 的所有可能取值, 只是当逐一枚举决策变量时, 及时对部分信息做出总结, 把经历 $i$ 个阶段的最优值总结到函数 $F_i(s)$ 中, 然后进行递推. 所以这种方法亦称为隐枚举方法.

### 6.1.3 独立决策过程的贪婪算法

还是用重积分来做比喻. 如果 $n$ 维空间的积分区域 $D$ 是 $n$ 个区间的直积 (超平行体), 在化为累次积分时, 每一次积分过程都不含参变量, 成为相对独立的单重积分. 对 $n$ 阶段决策过程而言, 如果状态转移只是简单的替换, 各阶段参数没有前后关联, 最优决策也可以呈现出独立性.

以前面熟知的问题 (推论 2.1.2) 为例, 对两组非负数 $\{a_1, a_2, \cdots, a_n\}$ 及 $\{b_1, b_2, \cdots, b_n\}$, 假设 $a_1 \leqslant a_2 \leqslant \cdots \leqslant a_n$, 求排列 $\pi = (\pi(1), \pi(2), \cdots, \pi(n))$, 使

$$f(\pi) = \sum_{k=1}^{n} a_k b_{\pi(k)}$$

达到最小. 求排列 $\pi$ 看作 $n$ 阶段决策过程, 初始状态用集合 $s_0 = \{b_1, b_2, \cdots, b_n\}$ 表示; 初始决策是取 $x_1 \in s_0$ 放在首位, 然后状态转移为 $s_1 = s_0 \setminus \{x_1\}$, 进而考虑 $x_2$, 如此类推. 于是决策序列 (策略) $x = (x_1, x_2, \cdots, x_n)$ 就是排列 $(b_{\pi(1)}, b_{\pi(2)}, \cdots, b_{\pi(n)})$. 容易看出如下简注.

**简注**　存在最优排列 $x$ 使得 $x_1 = \max\{b : b \in s_0\}$.

事实上, 不妨设 $b_1 = \max\{b : b \in s_0\}$. 倘若 $\pi = (\pi(1), \cdots, \pi(i), \cdots, \pi(n))$ 是一个最优排列, 其中 $\pi(i) = 1, i \neq 1$, 则 $a_1 \leqslant a_i$, $b_1 \geqslant b_{\pi(1)}$. 取另一排列 $\pi' = (\pi(i), \cdots, \pi(1), \cdots, \pi(n))$, 则

$$f(\pi') - f(\pi) = a_1 b_1 + a_i b_{\pi(1)} - a_1 b_{\pi(1)} - a_i b_1 = (a_1 - a_i)(b_1 - b_{\pi(1)}) \leqslant 0.$$

因此 $\pi'$ 也是最优排列.

由上述论断得知: 当 $b_{\pi(1)} \geqslant b_{\pi(2)} \geqslant \cdots \geqslant b_{\pi(n)}$ 时, $\pi = (\pi(1), \cdots, \pi(i), \cdots, \pi(n))$ 是最优排列. 对这样 $n$ 阶段决策过程, 可以直接对各阶段作出决策, 决策变量不再依赖于状态参数, 所以不必进行回溯过程. 我们把这种 $n$ 阶段决策过程称为**独立决策过程**.

我们在第 2 章遇到的具有可分离结构及贪婪算法的排序问题, 都可以纳入这种独立决策过程的框架. 例如, 在单机加权总完工时间问题 $1 || \sum w_j C_j$ (例 2.2.2) 中, 安排 $n$ 个工件的作业顺序看作 $n$ 阶段决策过程, 其中过程的状态为 $(s, t)$, $s$ 是待加工的工件集, $t$ 为可开工时刻. 初始状态为 $(s_0, t_0)$, 其中 $s_0 = \{J_1, J_2, \cdots, J_n\}$, $t_0 = 0$. 初始决策为 $x_1 \in s_0$, 然后状态转移为 $(s_1, t_1)$, 其中 $s_1 = s_0 \setminus \{x_1\}$, $t_1 = t_0 + p_{x_1}$, 余类推. 对此, 容易按照上述简注的二交换法证明, 存在最优排列使得梯度 $g(j) = \dfrac{p_j}{w_j}$ 最小的工件排在第一阶段. 于是 $n$ 个阶段的决策序列可以按照梯度单调递增的顺序直接产生出来. 这样的最优决策不含参变量, 以贪婪算法的方式一遍完成, 省略了回溯过程.

所以可以用这种 $n$ 阶段决策过程观点, 重新审视前面讨论过的时序问题. 换一种说法去总结过去的成果, 固然可以加深认识, 但现在没有必要了. 我们有更重要的工作去做, 就是灵活变通, 开拓新的算法途径.

### 6.1.4　不定期过程方法

最短路问题是经典的序列最优化问题. 在组合最优化教科书中, 最短路问题有许多算法, 但都属于动态规划类型. 这不是偶然的, 因为最短路问题就是多阶段决策过程的缩影. 现在来讨论最简单的最短路算法.

给定一个有向图 $G = (V, E)$, 其中 $V = \{1, 2, \cdots, n\}$ 为顶点集, $E \subseteq V \times V$ 为边集. $(i, j) \in E$ 称为有向边 (弧), 其中 $i$ 为边的起点, $j$ 为边的终点. 一条路是指不同顶点的有限序列 $(i_1, i_2, \cdots, i_p)$, 其中 $(i_k, i_{k+1}) \in E$ $(1 \leqslant k < p)$. 当 $p \geqslant 2$ 且 $i_1 = i_p$ 时, 此序列称为一个有向圈. 一个无圈有向图是指不含有向圈的有向图. 我们曾在第 4 章中用无圈有向图表示一个偏序. 在习题 1.5 中, 任意无圈有向图 $G = (V, E)$ 存在 "拓扑序标号" $l : V \to \{1, 2, \cdots, |V|\}$ 使得每条边 $(u, v) \in E$ 均有 $l(u) < l(v)$.

因此我们假定 $V = \{1, 2, \cdots, n\}$ 已经按照拓扑序编号. 例如, 图 6.2 表示一个无圈有向图.

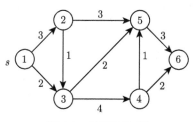

图 6.2　无圈有向图

又假定每一条有向边 $(i, j) \in E$ 都赋予一个非负权 $c_{ij}$, 称为长度. 一条路的长度就是其中各有向边的长度之和. 例如, 在图 6.2 中, 各有向边旁边的数字表示它的长度, 路 $(1, 3, 5, 6)$ 的长度为 $2 + 2 + 3 = 7$. 所谓最短路问题就是求两个指定顶点之间具有最小长度的路. 现在我们来求从顶点 1 到其他任意一个顶点 $j$ 的最短路. 设

$$F(j) = 从顶点 1 到顶点 j 的最短路长度.$$

由于不知道有多少次决策 (选择多少条边), 所以这是不定期过程. 设顶点 $j$ 的前邻集为 $N^-(j) := \{i : (i, j) \in E\}$. 根据最优化原理, 最短路的子路一定是最短的. 故在从 1 到 $j$ 的最短路中, 从 1 到其前一个顶点 $i \in N^-(j)$ 的部分一定是最短的, 其长度为 $F(i)$. 而从 $i$ 到 $j$ 的长度为 $c_{ij}$. 因此我们得到递推公式 (DP 基本方程):

$$F(j) = \min_{i \in N^-(j)} \{F(i) + c_{ij}\}, \tag{6.2}$$

$$F(1) = 0. \tag{6.3}$$

确定最优值函数 $F(j)$ 的迭代过程及确定最优决策 $x(j)$ 的回溯过程由如下算法完成. 这里 $x(j)$ 表示最短路到达顶点 $j$ 的前一个顶点, 称之为 $j$ 的先行.

**算法 6.1.1**　求无圈有向图的最短路算法.

(1) 令 $F(1) := 0$.

(2) 对 $j = 2$ 到 $n$ 执行: $F(j) = \min_{i \in N^-(j)} \{F(i) + c_{ij}\}$, 并设达到此最小值的顶点 $i \in N^-(j)$ 为 $i_0$. 令 $x(j) := i_0$.

(3) 欲求从 1 到 $k$ 的最短路, 则执行回溯过程如下:

设 $x(k) = i_k$, 则从函数 $x(j)$ 查询出 $x(i_k) = i_{k-1}$, 进而, $x(i_{k-1}) = i_{k-2}$, 如此直至 $x(i_h) = 1$. 得到 $(1, i_h, \cdots, i_{k-2}, i_{k-1}, i_k, k)$ 为所求最短路.

这种从第一阶段直到最后阶段的递推算法称为顺推法. 此算法的迭代过程保

持贪婪算法的特征: 随着阶段的推进, 依次确定各阶段的最优值 $F(j)$ 和最优决策 $x(j)$, 不再修改, 一遍完成. 之所以这样顺畅, 是由于无圈有向图的拓扑序: 每条边 $(i, j)$ 都有 $i < j$, 在计算 $F(j)$ 时, 顶点 $i \in N^-(j)$ 的函数值 $F(i)$ 已经在前面的步骤计算出来了. 最后, 考察算法的运行时间: 算法共有 $n$ 个阶段, 每一阶段在计算 $F(j)$ 时至多进行 $d$ 次比较 (这里 $d$ 是邻集 $N^-(j)$ 的最大点数), 所以时间界是 $O(nd)$.

进一步讨论一般有向图 $G$ 的最短路问题. 设最优值函数仍然是 $F(j)$, 动态规划递推方程仍然是 (6.2) 和 (6.3). 只是迭代过程不能一遍完成, 而要逐步修改. 下面是著名的 Dijkstra 标号法 (见 [1, 4]). 设 $l(j)$ 是顶点 $j$ 的标号, $p(j)$ 为跟踪记录. 经过迭代修改后, $l(j)$ 最终成为欲求的最优值 $F(j)$, 即从 1 到 $j$ 的最短路长度; $p(j)$ 成为最优决策 $x(j)$, 即最短路到达顶点 $j$ 的先行. 设 $R$ 为已经完成修改 (已确定最短路) 的顶点集. 当顶点 $j$ 未进入集合 $R$ 之前, 其标号 $l(j)$ 及 $p(j)$ 是可以不断修改变化的, 故称之为临时标号; 一旦顶点 $j$ 进入集合 $R$, 其标号就不再改变, 此时称之为永久标号.

**算法 6.1.2**　求一般有向图的最短路算法.

---

(1) 令 $R := \varnothing$. 令 $l(1) := 0$, 而对 $j \neq 1$ 令 $l(j) := \infty$.

(2) 找一个顶点 $i_0 \in V \setminus R$ 使得 $l(i_0) = \min\limits_{h \in V \setminus R} l(h)$. 令 $R := R \cup \{i_0\}$.

(3) 对所有 $(i_0, j) \in E$ 的顶点 $j \in V \setminus R$ 执行:

若 $l(j) > l(i_0) + c_{i_0 j}$, 则令 $l(j) := l(i_0) + c_{i_0 j}$ 且 $p(j) := i_0$.

(4) 若 $R \neq V$, 则转 (2). 否则执行回溯过程: 若求从 1 到 $k$ 的最短路, 则首先找出 $i_k = p(k)$, 进而 $i_{k-1} = p(i_k)$, 直至 $1 = p(i_h)$. 于是 $(1, i_h, \cdots, i_{k-1}, i_k, k)$ 为所求最短路.

---

**命题 6.1.1**　算法 6.1.2 在 $O(n^2)$ 时间求出一般有向图 $G = (V, E)$ 中从顶点 1 到任意顶点 $j$ 的最短路.

**证明**　为得到算法的正确性, 必须证明: 当 $j \in R$ 时, $l(j) = F(j)$, 即 $l(j)$ 是从 1 到 $j$ 的最短路长度. 当 $j = 1$ 时此论断显然成立. 假定论断对算法某一步给定的 $R$ 成立 (其中 $1 \in R$). 设顶点 $i \in V \setminus R$ 在步骤 (2) 进入 $R$, 但 $l(i) \neq F(i)$, 则存在一条从 1 到 $i$ 的有向路 $P$, 其长度 $c(P)$ 小于 $l(i)$. 设 $y$ 是在路 $P$ 中第一个属于 $V \setminus R$ (包括 $i$) 的顶点, 而 $x$ 是其前一个顶点. 那么 $x \in R$. 由归纳假设, $l(x) = F(x)$. 而当 $x$ 进入 $R$ 时, $y$ 的标号在步骤 (3) 中经过修改, 所以

$$l(y) \leqslant l(x) + c_{xy} = F(x) + c_{xy} \leqslant c(P) < l(i),$$

与步骤 (2) 中 $i$ 的选择矛盾.

其次证明: 当 $j \in R$ 时, $p(j) = x(j)$, 即 $p(j)$ 是从 1 到 $j$ 的最短路中 $j$ 的前一个顶点 (先行). 当 $j$ 在步骤 (2) 进入 $R$ 时, 已证 $l(j) = F(j)$. 假定此时已有记录 $p(j) = i$. 那么当且仅当 $i$ 进入 $R$ 时, $j$ 的标号在步骤 (3) 改变为 $l(j) := l(i) + c_{ij}$, 且 $p(j) := i$. 因此 $F(j) = F(i) + c_{ij}$. 从而 $p(j) = i$ 就是 $j$ 的先行, 即 $p(j) = x(j)$.

至于算法的运行时间, 假定算法的一个阶段是指步骤 (2) 和 (3) 的一个循环. 由于每一个阶段都有一个顶点进入 $R$, 所以共有 $n$ 个阶段. 在每一个阶段里, 在步骤 (2) 选择最小标号及在步骤 (3) 修改标号都可以在 $O(n)$ 时间完成. 故总的运行时间是 $O(n^2)$. □

为提起兴趣, 再讲一个实际应用例子. 20 世纪 80 年代, 在黄河公路桥设计中, 按照设计规范, 必须计算车辆在桥上行驶时对某些断面所产生的最大内力. 这种加载分析计算有多种情形, 如纵向加载或横向加载, 轻车或重车, 单一车型或多种车型混合组成车列, 等等 (详见 [128, 129]). 现介绍一种最基本的情形: 设有 $n$ 辆同型汽车的序列用于纵向加载分析 (其他加载方式可按照相同原理得到). 令 $x$ 表示加载汽车在桥梁中的纵向位置 (比如用最左边的作用点代表车位), 其中 $0 \leqslant x \leqslant L$. 那么车辆的重力对某个计算断面产生的内力为 $g(x)$, 称为内力影响线函数. 这是在工程设计中有已知计算公式或数值表示的. 自然, 当车型或断面不同时, 这个函数也不同. 设 $x_i$ 为第 $i$ 辆车的位置 $(1 \leqslant i \leqslant n)$. 两辆车之间的车位最小间距为 $a$ (如车型不同, 则间距也不同, 但现在考虑同型车辆, 所以间距为常数). 桥梁内力计算的优化模型是: 求 $n$ 辆车的位置 $(x_1, x_2, \cdots, x_n)$, 在满足车位限制的条件下, 使总的内力为最大, 即

$$
\begin{aligned}
\max \quad & f(x_1, x_2, \cdots, x_n) = \sum_{i=1}^{n} g(x_i) \\
\text{s.t.} \quad & x_i + a \leqslant x_{i+1}, && 1 \leqslant i \leqslant n-1, \\
& 0 \leqslant x_i \leqslant L, && 1 \leqslant i \leqslant n.
\end{aligned}
$$

由于目标是使内力 $f(x_1, x_2, \cdots, x_n)$ 为最大, 最优解 $(x_1, x_2, \cdots, x_n)$ 称为最不利位置, 所以这里的 "最优" 是指最大的破坏威胁作用, 以此作为桥梁设计的依据.

常规的计算方法是用定期过程迭代, 称为函数空间迭代法, 类似于 6.1.2 小节的算法格式. 这一小节我们主要讲不定期过程方法, 亦称状态空间迭代法. 现定义最优值函数为 $F(s) =$ 加载车位不超过 $s$ 的最大内力. 首先把桥梁位置区间 $[0, L]$ 离散化, 不妨假定 $L$ 为整数, 而且车位 $x_i$ 均为整数. 此外, 在桥梁位置 $[0, L]$ 之外, 影响线函数为零. 所以函数 $g(x)$ 可认为定义在 $(-\infty, +\infty)$.

下面来导出动态规划递推方程. 对给定的状态 $s > 0$, 最优值函数 $F(s)$ 有两种可能: 第一, 存在一辆车的位置恰为 $s$; 第二, 所有车位不超过 $s - 1$. 对前一情形, 在

$s$ 处的车的影响线函数值为 $g(s)$, 而随后的车辆位置均不超过 $s-a$, 其产生的最大内力为 $F(s-a)$. 故 $F(s)=g(s)+F(s-a)$. 对后一情形, 显然有 $F(s)=F(s-1)$. 因此得到递推方程:

$$F(s)=\max\{g(s)+F(s-a),\, F(s-1)\}.$$

而初始条件为当 $s\leqslant 0$ 时 $F(s)=0$.

**算法 6.1.3**    桥梁加载问题的不定期过程算法.

---

(1) 对 $s\leqslant 0$ 令 $F(s):=0$. 令 $s=1$.

(2) 计算 $F(s)=\max\{g(s)+F(s-a),F(s-1)\}$.

 若 $F(s)>F(s-1)$, 则令 $x(s):=1$, 否则 $x(s):=0$.

(3) 若 $s=L$, 则转下; 否则令 $s:=s+1$, 转 (2).

(4) $F(L)$ 为最大内力. 执行回溯过程: 找出所有 $x(s)=1$ 的 $s$ 值, 即为加载的车位 (最不利位置).

---

算法主要是对 $0\leqslant s\leqslant L$ 的每一个 $s$ 计算函数值 $F(s)$. 在步骤 (2), 计算 $F(s)$ 可在常数时间完成 (一次加法, 一次比较). 所以时间界是 $O(L)$. 在步骤 (4) 的回溯过程把所有 $s$ 值扫描一遍, 时间也是 $O(L)$. 如果把车辆数 $n$ 看作问题的规模, 则这个 $O(L)$ 算法是伪多项式时间算法. 然而在实际工程计算中, 以米为计量 $L$ 的单位, $L$ 至多是几千米, 所以上述算法被认为是十分简捷可行的 (这说明 "伪" 多项式时间算法有时也不会太差).

在这个例子中, 建立递推方程的分析方法, 即根据最优化原理, 从几种可能情形中取最大或最小值, 是十分普遍的. 以后将通过更多的例子掌握这一方法.

如果加载的车辆不是同型的, 有大车与小车, 有重车与轻车, 则第 $i$ 辆车的内力影响线函数为 $g_i(x)$ $(1\leqslant i\leqslant n)$. 假定 $n$ 辆车的顺序已经给定 (如果车列顺序是未知的, 需要进行优化, 则这是一个很复杂的排序问题). 第 $i$ 辆车与第 $i+1$ 辆车的最小间距设为 $a_i$. 那么, 优化模型推广为: 求 $n$ 辆车的位置 $(x_1,x_2,\cdots,x_n)$, 使得

$$\max\quad f(x_1,x_2,\cdots,x_n)=\sum_{i=1}^{n}g_i(x_i)$$
$$\text{s.t.}\quad x_i+a_i\leqslant x_{i+1},\qquad 1\leqslant i\leqslant n-1,$$
$$\qquad 0\leqslant x_i\leqslant L,\qquad 1\leqslant i\leqslant n.$$

定义最优值函数为 $F_k(s)=$ 前 $k$ 辆车加载而车位不超过 $s$ 的最大内力, 则有递推方程:

$$F_k(s)=\max_{0\leqslant x\leqslant s}\{g_k(s)+F_{k-1}(x-a_{k-1})\}.$$

初始条件为 $F_0(s) = 0$. 可用定期过程的迭代算法依次计算函数 $F_1(s), F_2(s), \cdots,$ $F_n(s)$, 最优值为 $F_n(L)$. 迭代过程记录达到极值的决策函数 $x_k(s)$, 最后运用回溯过程确定最优解. 细节留作习题.

### 6.1.5 同顺序 $m \times n$ 排序问题

前面较详细地讨论了两台机器的流水作业问题 $F2||C_{\max}$. 在例 5.2.4 及例 5.3.7, 分别证明了 $F3||C_{\max}$ 的常义 NP-困难性及强 NP-困难性. 现在考虑多台机器情形 $Fm||C_{\max}$ $(m \geqslant 3)$ 的动态规划方法 (见 $[42 \sim 44, 121, 131]$).

**例 6.1.1**    $m$ 台机器同顺序流水作业问题 $F||C_{\max}$.

设 $n$ 个工件 $J_1, J_2, \cdots, J_n$ 以相同的顺序先后在 $m$ 台机器 $M_1, \cdots, M_m$ 上加工, 每个工件先进入 $M_1$ 加工, 完成后再进入 $M_2$ 加工, 如此类推. 设工件 $J_j$ 在 $M_i$ 上的工时为 $p_{ij} = a_{ij}$. "机器 $M_i$ 加工工件 $J_j$" 称为一个**工序** $(M_i, J_j)$, 简记为 $a_{ij}$, 同时表示该工序的工时. 机程方案仍用排列 $\pi = (\pi(1), \pi(2), \cdots, \pi(n))$ 表示. 对排列 $\pi$, $mn$ 个工序的先后关系 (工序流程图) 表示为如下的有向图 $G(\pi)$:

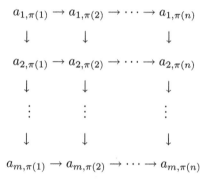

对此流程图 $G(\pi)$, 当 $i = 1$ 时, 工序 $(M_1, J_{\pi(j)})$ 的先行工序是 $(M_1, J_{\pi(j-1)})$; 当 $i \geqslant 2$ 时, 工序 $(M_i, J_{\pi(j)})$ 的先行工序是 $(M_i, J_{\pi(j-1)})$ 及 $(M_{i-1}, J_{\pi(j)})$. 设工序 $(M_i, J_{\pi(j)})$ 的完工时间为 $C_{i,\pi(j)}$. 并约定有初始条件

$$C_{0,\pi(j)} = C_{i,\pi(0)} = 0,$$

则各工序的完工时间有如下的递推公式:

$$C_{i,\pi(j)} = \max\{C_{i,\pi(j-1)}, C_{i-1,\pi(j)}\} + a_{i,\pi(j)} \quad (1 \leqslant i \leqslant m, 1 \leqslant j \leqslant n), \qquad (6.4)$$

事实上, $G(\pi)$ 是一个无圈有向图. 任意工序 $(M_i, J_{\pi(j)})$ 的最早完工时间 $C_{i,\pi(j)}$ 就是从起点 $(1, \pi(1))$ 到该顶点的最长路的长度 (这里一条有向路的长度定义为其中各顶点工序的工时之和). 这里的递推公式 (6.4) 与前面求无圈有向图最短路的递推

公式 (6.2) 是一致的, 只是 min 换成 max, 前面的前邻集 $N^-(j)$ 就是此处的先行工序集.

于此, 问题的目标是最小化全程 $f(\pi) = C_{\max} = C_{m,\pi(n)}$. 当排列 $\pi$ 给定时, $f(\pi)$ 就是在有向图 $G(\pi)$ 中从起点 $(1,\pi(1))$ 到终点 $(m,\pi(n))$ 的最长路 (关键路) 的长度.

我们用矩阵 $P(\pi) = (a_{i,\pi(j)})$ 表示所有工序的工时, 称为相对于排列 $\pi$ 的工时矩阵. 例如, 工时矩阵为

$$P(\pi) = \begin{pmatrix} 1 & 3 & 8 & 12 & 5 & 11 \\ 8 & 9 & 5 & 7 & 5 & 2 \\ 4 & 2 & 10 & 7 & 4 & 7 \end{pmatrix},$$

那么利用递推公式 (6.4) 计算出完工时间矩阵 $C(\pi) = (C_{i,\pi(j)})$:

$$C(\pi) = \begin{pmatrix} (1) & 4 & 12 & 24 & 29 & 40 \\ \downarrow & & & & & \\ (9) \rightarrow & (18) \rightarrow & (23) & 31 & 36 & 42 \\ & & \downarrow & & & \\ 13 & 20 & (33) \rightarrow & (40) \rightarrow & (44) \rightarrow & (51) \end{pmatrix},$$

其中由回溯过程得到的最长路 (关键路) 如箭头所示. 全程为 $f(\pi) = 51$.

现在来分析排序决策过程的特征. 按照前面的记号, 设 $\boldsymbol{N} = \{1, 2, \cdots, n\}$ 为工件集. 若 $\{s_1, s_2, \cdots, s_k\} \subseteq \boldsymbol{N}$, 则 $S = (s_1, s_2, \cdots, s_k)$ 称为 $\boldsymbol{N}$ 的部分序列. 我们把这个排定位置的工件序列看作排序过程的状态. 在工序流程图中, 取出 $S$ 对应的工件 (列) 以及从 $p$ 到 $q$ 的机器 (行) 的子图 $G_{pq}(S)$:

$$
\begin{array}{ccccc}
a_{p,s_1} & \rightarrow & a_{p,s_2} & \rightarrow \cdots \rightarrow & a_{p,s_k} \\
\downarrow & & \downarrow & & \downarrow \\
a_{p+1,s_1} & \rightarrow & a_{p+1,s_2} & \rightarrow \cdots \rightarrow & a_{p+1,s_k} \\
\downarrow & & \downarrow & & \downarrow \\
\vdots & & \vdots & & \vdots \\
\downarrow & & \downarrow & & \downarrow \\
a_{q,s_1} & \rightarrow & a_{q,s_2} & \rightarrow \cdots \rightarrow & a_{q,s_k}
\end{array}
$$

作为子过程的最优值函数, 我们定义:

$$t_{pq}(S) := \text{工序子图 } G_{pq}(S) \text{ 的最长有向路长度.}$$

那么全程就是 $t_{1m}(\pi)$, 即工序流程图 $G(\pi) = G_{1m}(\pi)$ 的最长路长度. 关于最长路计算, 前面已有递推公式 (6.4). 特别地, 我们还有另一种形式的递推关系如下. 它可看作排序决策过程的 DP 基本方程, 表示整体 (全过程) 与局部 (子过程) 的关系.

**命题 6.1.2** 设排列 $\pi = S\bar{S}$, $S \cap \bar{S} = \varnothing$, 则

$$t_{1m}(\pi) = \max_{1 \leqslant p \leqslant m} \{t_{1p}(S) + t_{pm}(\bar{S})\}. \tag{6.5}$$

此处 $\pi$ 代以任意部分序列 $S$, 而 $(1, m)$ 代以 $(p, q)$, 结论依然成立.

**证明** 设 $S = (\pi(1), \cdots, \pi(k))$, $\bar{S} = (\pi(k+1), \cdots, \pi(n))$. 记 $\Omega$ 为工序流程图 $G(\pi)$ 中从 $(1, \pi(1))$ 到 $(m, \pi(n))$ 的一切有向路的集合. 如前所述, 有向路 $\omega \in \Omega$ 的长度定义为 $L(\omega) := \sum_{(i,j) \in \omega} a_{ij}$. 对 $1 \leqslant p \leqslant m$, 设 $\Omega_p$ 为 $\Omega$ 的子集, 它由所有包含有向边 $(p, \pi(k)) \to (p, \pi(k+1))$ 的有向路组成. 由最优化原理得知, 在 $\Omega_p$ 的最长路中从 $(1, \pi(1))$ 到 $(p, \pi(k))$ 以及从 $(p, \pi(k+1))$ 到 $(m, \pi(n))$ 的子路一定是最长的. 故 $\qquad\qquad\qquad\qquad\qquad\qquad\qquad\qquad\qquad\qquad\qquad\qquad \Box$

$$\begin{aligned} t_{1m}(\pi) &= \max_{\omega \in \Omega} L(\omega) = \max_{1 \leqslant p \leqslant m} \max_{\omega \in \Omega_p} L(\omega) \\ &= \max_{1 \leqslant p \leqslant m} \{t_{1p}(S) + t_{pm}(\bar{S})\}. \qquad\qquad\qquad \Box \end{aligned}$$

上述命题用于理论分析比较方便. 对这样的递推关系 (6.5), 自然可以约定初始条件为 $t_{pq}(\varnothing) = 0$.

**命题 6.1.3** 设排列 $\pi = \alpha ij\beta$ 及 $\pi' = \alpha ji\beta$, 其中 $i, j$ 为两个相邻工件. 若

$$t_{1p}(\alpha ij) \leqslant t_{1p}(\alpha ji), \quad 1 \leqslant p \leqslant m, \tag{6.6}$$

则 $f(\pi) \leqslant f(\pi')$.

**证明** 根据命题 6.1.2 的 (6.5) 以及此命题的条件 (6.6), 得到

$$\begin{aligned} f(\pi) &= t_{1m}(\alpha ij\beta) = \max_{1 \leqslant p \leqslant m} \{t_{1p}(\alpha ij) + t_{pm}(\beta)\} \\ &\leqslant \max_{1 \leqslant p \leqslant m} \{t_{1p}(\alpha ji) + t_{pm}(\beta)\} = t_{1m}(\alpha ji\beta) = f(\pi'). \qquad \Box \end{aligned}$$

我们来将此命题的条件具体化. 当 $m = 2$ 时, 相邻工件的优先关系曾有著名的 Johnson 条件: 若

$$\min\{a_{1i}, a_{2j}\} \leqslant \min\{a_{1j}, a_{2i}\},$$

则 $f(\alpha ij\beta) \leqslant f(\alpha ji\beta)$ (参见命题 2.2.8). 下面说明如何从 Johnson 条件推出 $m = 2$ 的条件 (6.6). 当 $p = 1$ 时, 显然有 $t_{11}(\alpha ij) = t_{11}(\alpha ji)$. 当 $p = 2$ 时, 由 Johnson 条件得到

$$t_{12}(ij) = a_{1i} + \max\{a_{1j}, a_{2i}\} + a_{2j} \leqslant a_{1j} + \max\{a_{1i}, a_{2j}\} + a_{2i} = t_{12}(ji).$$

加之 $t_{22}(ij) = t_{22}(ji)$, 故有

$$t_{12}(\alpha ij) = \max_{1 \leqslant p \leqslant 2} \{t_{1p}(\alpha) + t_{p2}(ij)\} \leqslant \max_{1 \leqslant p \leqslant 2} \{t_{1p}(\alpha) + t_{p2}(ji)\} = t_{12}(\alpha ji),$$

即 (6.6) 对 $m = 2$ 成立. 这样一来, 我们将 Johnson 条件纳入动态规划的框架.

对 $m \geqslant 3$, 关于确定相邻工件的次序, 越民义与韩继业[42] 在推广 Johnson 条件的意义上得到如下的最好结果:

**命题 6.1.4**　对排列 $\pi = \alpha ij\beta$ 及 $\pi' = \alpha ji\beta$, 若

$$\min\{a_{ui}, a_{vj}\} \leqslant \min\{a_{uj}, a_{vi}\}, \quad 1 \leqslant u < v \leqslant m, \tag{6.7}$$

则 $f(\pi) \leqslant f(\pi')$.

**证明**　只要从 (6.7) 推出 (6.6). 而根据 (6.5), 有

$$t_{1p}(\alpha ij) = \max_{1 \leqslant h \leqslant p} \{t_{1h}(\alpha) + t_{hp}(ij)\},$$

$$t_{1p}(\alpha ji) = \max_{1 \leqslant h \leqslant p} \{t_{1h}(\alpha) + t_{hp}(ji)\}.$$

因此, 只要证明

$$t_{hp}(ij) \leqslant t_{hp}(ji), \quad 1 \leqslant h \leqslant p.$$

按定义, $t_{hp}(ij)$ 及 $t_{hp}(ji)$ 分别是如下两个工序子图的最长路长度:

$$\begin{pmatrix} a_{hi} & \to & a_{hj} \\ \downarrow & & \downarrow \\ a_{h+1,i} & \to & a_{h+1,j} \\ \downarrow & & \downarrow \\ \vdots & & \vdots \\ \downarrow & & \downarrow \\ a_{pi} & \to & a_{pj} \end{pmatrix}, \quad \begin{pmatrix} a_{hj} & \to & a_{hi} \\ \downarrow & & \downarrow \\ a_{h+1,j} & \to & a_{h+1,i} \\ \downarrow & & \downarrow \\ \vdots & & \vdots \\ \downarrow & & \downarrow \\ a_{pj} & \to & a_{pi} \end{pmatrix}.$$

将这两个 2 列的矩阵变为 2 行的矩阵, 并将后一矩阵的箭头方向逆转, 便可得到等价的结论: $t_{hp}(ij)$ 及 $t_{hp}(ji)$ 分别是如下子图的最长路长度:

$$\begin{pmatrix} a_{hi} & \to & a_{h+1,i} & \to & \cdots & \to & a_{pi} \\ \downarrow & & \downarrow & & & & \downarrow \\ a_{hj} & \to & a_{h+1,j} & \to & \cdots & \to & a_{pj} \end{pmatrix}, \quad \begin{pmatrix} a_{pi} & \to & \cdots & \to & a_{h+1,i} & \to & a_{hi} \\ \downarrow & & & & \downarrow & & \downarrow \\ a_{pj} & \to & \cdots & \to & a_{h+1,j} & \to & a_{hj} \end{pmatrix}.$$

现在这两行的矩阵看作在两台机器的工时矩阵. 条件 (6.7) 恰好说明前一矩阵的列顺序满足 Johnson 条件, 因而它的最长路长度达到最小 (相对于任意列顺序而言). 而后一矩阵的列顺序是前者的逆排列, 不一定是最优的. 因此 $t_{hp}(ij) \leqslant t_{hp}(ji)$. □

例如, 设工件 $J_1, J_2, \cdots, J_6$ 的工时矩阵为

$$
P = \begin{pmatrix}
6 & 12 & 4 & 3 & 6 & 2 \\
7 & 2 & 6 & 11 & 8 & 14 \\
3 & 3 & 8 & 7 & 10 & 12
\end{pmatrix},
$$

若工件 $J_i, J_j$ 满足条件 (6.7), 则记 $J_i \to J_j$, 意思是就相邻关系来说, 以 $J_i$ 排在 $J_j$ 之前为优. 那么我们有: $J_6 \to J_1$, $J_6 \to J_4$, $J_4 \to J_1$, $J_3 \to J_5$ 等. 当然, 这些相邻优先关系不足以确定整体的最优排列, 而不得不求助于枚举型算法. 在枚举算法中, 如下类型的消去规则是有用的 (参见习题 6.5 及 [44, 131]).

**命题 6.1.5** 若

$$
t_{1p}(\alpha ij) \leqslant t_{1p}(\alpha j) + \min_{p \leqslant q \leqslant m} a_{qi}, \quad 1 \leqslant p \leqslant m, \tag{6.8}
$$

则 $f(\alpha ij\beta\gamma) \leqslant f(\alpha j\beta i\gamma)$. [即当部分序列 $\alpha$ 已经排定时, 可以消去形如 $\pi = \alpha j \cdots$ 的排列.]

**证明** 根据 (6.5) 及 (6.8), 得到

$$
\begin{aligned}
t_{1m}(\alpha ij\beta\gamma) &= \max_{1 \leqslant p \leqslant m} \{t_{1p}(\alpha ij) + t_{pm}(\beta\gamma)\} \\
&\leqslant \max_{1 \leqslant p \leqslant m} \left\{t_{1p}(\alpha j) + \min_{p \leqslant q \leqslant m} a_{qi} + t_{pm}(\beta\gamma)\right\} \\
&\leqslant \max_{1 \leqslant p \leqslant m} \{t_{1p}(\alpha j) + t_{pm}(\beta i\gamma)\} = t_{1m}(\alpha j\beta i\gamma). \qquad \square
\end{aligned}
$$

## 6.2 伪多项式时间算法的建立

前一章讲过, 一个强 NP-困难问题不可能存在伪多项式时间算法 (除非 $P = NP$). 具有伪多项式时间算法的常义 NP-困难问题是在困难问题中相对容易的. 当一个问题进入 NP-困难领地之后, 首要的任务是寻求伪多项式时间算法, 争取有一个较好的境遇. 而建立伪多项式时间算法的主要工具是动态规划. 下面从背包问题谈起, 它可算是困难问题中 "最容易的".

### 6.2.1 背包问题

前一章讲的背包问题是判定形式, 如下是其优化形式.

**背包问题** 给定非负整数 $a_1, a_2, \cdots, a_n, c_1, c_2, \cdots, c_n$ 及 $B$, 其中 $a_i$ 及 $c_i$ 分别是物品 $i$ 的体积及价值, $B$ 是背包容量. 寻求子集 $S \subseteq \{1, 2, \cdots, n\}$ 使得 $\sum_{i \in S} a_i \leqslant B$ 而 $\sum_{i \in S} c_i$ 为最大, 即求出

$$
V^* = \max \left\{\sum_{i \in S} c_i : S \subseteq \{1, 2, \cdots, n\}, \sum_{i \in S} a_i \leqslant B\right\}.
$$

其实际意义是在背包容量的限制下, 使其装载物品的总价值为最大. 从前一章众多的例子可以看出, 如果把物品作为工件, 背包看作时间窗口, 则背包问题与排序问题有着密切联系.

设 $C = \sum_{1 \leqslant i \leqslant n} c_i$, 则 $C$ 是目标函数的上界. 从对偶的角度, 定义最优值函数

$$F_j(x) := \min \left\{ \sum_{i \in S} a_i : S \subseteq \{1, 2, \cdots, j\}, \sum_{i \in S} c_i = x \right\},$$

即在物品 $1, 2, \cdots, j$ 中价值恰为 $x$ 的子集 $S$ 的容量的最小值, 其中 $1 \leqslant j \leqslant n, 1 \leqslant x \leqslant C$. 按照习惯约定, 如果不存在这样的子集 $S$, 则 $F_j(x) := \infty$.

为建立递推方程, 对阶段 $j$ 的决策, 分两种情形讨论:

(i) 若物品 $j$ 不被选出, 则 $F_j(x) = F_{j-1}(x)$;

(ii) 若物品 $j$ 被选出, 则 $F_j(x) = a_j + F_{j-1}(x - c_j)$.

由最优化原理得到递推公式:

$$F_j(x) = \min\{F_{j-1}(x), a_j + F_{j-1}(x - c_j)\}.$$

同时约定初始条件为

$$F_j(x) = \begin{cases} 0, & j = 0, x = 0, \\ \infty, & \text{否则}, \end{cases}$$

或者等价地

$$F_1(x) = \begin{cases} a_1, & x = c_1, \\ \infty, & \text{否则}. \end{cases}$$

根据上述递推公式, 逐步计算出极值函数 $F_1(x), F_2(x), \cdots, F_n(x)$ $(1 \leqslant x \leqslant C)$. 最终得到背包问题的最优值

$$V^* = \max\{x : F_n(x) \leqslant B\}.$$

上述迭代算法主要计算 $n$ 个函数 $F_j(x)$, 每一个函数的定义范围是 $1 \leqslant x \leqslant C$ 的 $C$ 个整数, 而利用递推式计算每一个函数值可在常数时间完成 (一次加法, 一次比较), 所以总的运行时间是 $O(nC)$. 这是伪多项式时间算法.

在前一章证明常义 NP-困难性时, 多用背包问题或类似的划分问题来做参照问题. 要得到排序问题的伪多项式时间算法, 也只能局限在这一范围内. 下面就按前一章的顺序挑选几个典型例子.

### 6.2.2　单机加权延误数问题

在例 5.2.1 证明了单机加权延误数问题 $1 || \sum w_j U_j$ 的 NP-困难性. 现讨论其伪多项式时间算法 (参考 [19]).

**例 6.2.1** 单机加权延误数问题 $1||\sum w_j U_j$.

设有 $n$ 个工件在一台机器上加工, 其中工件 $j$ 的工时、工期、及权值分别为 $p_j, d_j, w_j$ $(1 \leqslant j \leqslant n)$. 假定 $p_j$ 及 $d_j$ 均为整数, 并设 $P = \sum_{1 \leqslant j \leqslant n} p_j$. 对排列 $\pi$, 延误指标 $U_{\pi(i)} = 1$ 当且仅当 $C_{\pi(i)} > d_{\pi(i)}$, 否则 $U_{\pi(i)} = 0$. 目标函数为 $f(\pi) = \sum_{i=1}^{n} w_{\pi(i)} U_{\pi(i)}$.

首先设所有工件已按 EDD 规则编号, 即 $d_1 \leqslant d_2 \leqslant \cdots \leqslant d_n$. 按照第 2 章独立系统的观点 (例 2.3.1 及例 2.3.2), 把按时完工的工件集看作独立集. 若一组工件按照某个顺序可以按时完工, 则按照 EDD 序排列也能按时完工. 因此可以约定: 按时工件集总是按 EDD 序排在前面, 而把延误工件扔到最后, 这样对目标函数没有影响. 于是, 问题就变成一个集合选择问题: 求一个在 EDD 序下按时完工的子集 (独立集) $I$, 使权和 $w(I)$ 为最大.

对工件集 $\{1, 2, \cdots, j\}$ 运用顺推法, 定义最优值函数

$$F_j(t) := \max \left\{ w(I) : I \subseteq \{1, 2, \cdots, j\} \text{为按时完工子集, 且} \sum_{j \in I} p_j \leqslant t \right\},$$

其中 $1 \leqslant j \leqslant n$, $0 \leqslant t \leqslant P$.

对阶段 $j$ 的决策, 分三种情形讨论:

(i) 当 $0 \leqslant t \leqslant d_j$ 时, 若工件 $j$ 在最优安排中被选择, 则 $F_j(t) = F_{j-1}(t - p_j) + w_j$;

(ii) 当 $0 \leqslant t \leqslant d_j$ 时, 若工件 $j$ 在最优安排中不被选择, 则 $F_j(t) = F_{j-1}(t)$;

(iii) 当 $t > d_j$ 时, 则在区间 $[d_j, t]$ 中不能安排任何按时工件 (因为 $t > d_j \geqslant \cdots \geqslant d_1$), 从而 $F_j(t) = F_j(d_j)$.

因此得到递推公式:

$$F_j(t) = \begin{cases} \max\{F_{j-1}(t - p_j) + w_j, F_{j-1}(t)\}, & 0 \leqslant t \leqslant d_j, \\ F_j(d_j), & d_j < t \leqslant P. \end{cases}$$

同时约定初始条件为: 当 $j = 0$ 或 $t < 0$ 时, $F_j(t) = 0$. 再设 $x_j(t)$ 为决策函数, 其中 $x_j(t) = 1$ 表示工件 $j$ 在时刻 $t$ 之前被选择为按时工件, $x_j(t) = 0$ 表示不选择. 最后问题的最优值为

$$\min f(\pi) = \sum_{1 \leqslant j \leqslant n} w_j - F_n(d_n).$$

**算法 6.2.1** 求解问题 $1||\sum w_j U_j$.

(1) 对 $j = 0$ 或 $t < 0$, 令 $F_j(t) = 0$. 令 $j := 1$.

(2) 对 $t := 0$ 到 $d_j$ 执行:

若 $F_{j-1}(t - p_j) + w_j > F_{j-1}(t)$, 则令 $F_j(t) := F_{j-1}(t - p_j) + w_j$, $x_j(t) := 1$;

否则令 $F_j(t) := F_{j-1}(t)$, $x_j(t) := 0$.

(3) 对 $t := d_j$ 到 $P$ 执行:

令 $F_j(t) := F_j(d_j)$.

(4) 若 $j < n$, 则令 $j := j + 1$, 转 (2). 否则令 $w^* := F_n(d_n)$.

(5) 回溯: 令 $I^* := \varnothing$, $t := d_n$.

对 $j := n$ 降至 1 执行:

$t := \min\{t, d_j\}$, 若 $x_j(t) = 1$, 则 $I^* := I^* \cup \{j\}$, 否则令 $t := t - p_j$.

输出最大权按时工件集 $I^*$ 及其最大权 $w^*$.

---

**命题 6.2.1**　算法 6.2.1 在 $O(nP)$ 时间求出问题 $1||\sum w_j U_j$ 的最优方案.

**证明**　算法的正确性来自动态规划的递推原理. 这里只需估计其运算时间. 迭代过程有 $n$ 个阶段, 每一阶段计算一个极值函数 $F_j(t)$, 其中 $t$ 的取值范围是 $0 \leqslant t \leqslant P$ 的 $P + 1$ 个整数. 对每一个 $t$ 值的计算在常数时间完成. 因此迭代过程的运算时间是 $O(nP)$. 其次, 回溯过程的运算时间是 $O(n)$. 故总体时间复杂性是 $O(nP)$, 这是伪多项式时间算法. □

### 6.2.3　两台平行机的加权总完工时间问题

在例 5.2.2 证明了两台平行机加权总完工时间问题 $P2||\sum w_j C_j$ 的 NP-困难性. 进而考察其伪多项式时间算法.

**例 6.2.2**　两台平行机加权总完工时间问题 $P2||\sum w_j C_j$.

设工件 $J_j$ 的工时及权值分别为 $p_j$ 及 $w_j$ $(1 \leqslant j \leqslant n)$, 它可分配于两台恒同机 $M_1, M_2$ 的任意之一上加工. 假定 $p_j$ 为整数, 并设 $P = \sum_{1 \leqslant j \leqslant n} p_j$. 机程方案表示为 $\sigma = (\pi_1, \pi_2)$, 其中 $\pi_1 = (\pi_1(1), \cdots, \pi_1(n_1))$ 为机器 $M_1$ 上的工件顺序, $\pi_2 = (\pi_2(1), \cdots, \pi_2(n_2))$ 为机器 $M_2$ 上的工件顺序, $n_1 + n_2 = n$. 目标函数为 $f(\sigma) = \sum_{i=1}^{2} \sum_{j=1}^{n_i} w_{\pi_i(j)} C_{\pi_i(j)}$.

考虑工件集 $\{1, 2, \cdots, j\}$ 的顺推法, 定义最优值函数为

$F_j(t_1, t_2) :=$ 工件集 $\{1, 2, \cdots, j\}$ 在机器 $M_1$ 的最终完工时间为 $t_1$,

在机器 $M_2$ 的最终完工时间为 $t_2$ 的最小费用　.

对阶段 $j$ 的决策, 分如下两种情形:

(i) 若工件 $j$ 安排在 $M_1$ 上加工, 则 $F_j(t_1, t_2) = w_j t_1 + F_{j-1}(t_1 - p_j, t_2)$;

(ii) 若工件 $j$ 安排在 $M_2$ 上加工, 则 $F_j(t_1, t_2) = w_j t_2 + F_{j-1}(t_1, t_2 - p_j)$.

由此得到递推公式:

$$F_j(t_1, t_2) = \min\{w_j t_1 + F_{j-1}(t_1 - p_j, t_2),\ w_j t_2 + F_{j-1}(t_1, t_2 - p_j)\}.$$

同时约定初始条件为

$$F_0(t_1, t_2) = \begin{cases} 0, & t_1 = t_2 = 0, \\ \infty, & \text{否则}. \end{cases}$$

为说明初始条件的合理性, 写出按上述递推公式得到第一步迭代结果:

$$F_1(t_1, t_2) = \begin{cases} w_1 p_1, & t_1 = p_1, t_2 = 0 \text{或} t_1 = 0, t_2 = p_1, \\ \infty, & \text{否则}. \end{cases}$$

最后, 最优值为

$$S^* = \min_{0 \leqslant t_1 \leqslant P} F_n(t_1, P - t_1).$$

**算法 6.2.2**    求解问题 $P2||\sum w_j C_j$.

---

(1) 令 $F_0(0,0) = 0$. 对 $t_1 > 0$ 或 $t_2 > 0$, 令 $F_0(t_1, t_2) = \infty$. 令 $j := 1$.

(2) 对 $t_1 := 0$ 到 $\sum_{1 \leqslant i \leqslant j} p_i$ 执行:

令 $t_2 := \sum_{1 \leqslant i \leqslant j} p_i - t_1$,

计算 $S_1 := w_j t_1 + F_{j-1}(t_1 - p_j, t_2)$,

计算 $S_2 := w_j t_2 + F_{j-1}(t_1, t_2 - p_j)$.

若 $S_1 \leqslant S_2$, 则令 $F_j(t_1, t_2) := S_1$, $x_j(t_1, t_2) := 1$; 否则令 $F_j(t_1, t_2) := S_2$, $x_j(t_1, t_2) := 2$.

(3) 若 $j < n$, 则令 $j := j+1$, 转 (2). 否则计算最小费用 $S^* = \min_{0 \leqslant t_1 \leqslant P} F_n(t_1, P - t_1)$.

(4) 回溯: 取出达到最小值 $S^*$ 的 $t_1$ 及 $t_2 := P - t_1$.

对 $j := n$ 降至 1 执行:

若 $x_j(t_1, t_2) = 1$, 则工件 $j$ 安排在 $M_1$, $t_1 := t_1 - p_j$;

若 $x_j(t_1, t_2) = 2$, 则工件 $j$ 安排在 $M_2$, $t_2 := t_2 - p_j$.

输出机程方案 $\sigma$ 及最优值 $S^*$.

---

**命题 6.2.2**    算法 6.2.2 在 $O(nP)$ 时间求出问题 $P2||\sum w_j C_j$ 的最优方案.

**证明**    由动态规划的递推原理得知算法的正确性. 其次估计算法的时间界. 迭代过程有 $n$ 个阶段, 每一阶段计算一个极值函数 $F_j(t_1, t_2)$, 其中 $t_2 = \sum_{1 \leqslant i \leqslant j} p_i - t_1$, 独立变量 $t_1$ 的取值范围是 $0 \leqslant t_1 \leqslant \sum_{1 \leqslant i \leqslant j} p_i \leqslant P$. 对每一个 $t_1$ 值的计算在常数时间完成. 因此迭代过程的运算时间是 $O(nP)$. 其次, 回溯过程的运算时间是 $O(n)$. 故总体时间复杂性是 $O(nP)$, 这是伪多项式时间算法.    □

### 6.2.4　公共工期的加权总延误问题

在例 5.4.2, 证明了有公共工期加权总延误问题 $1|d_j = d|\sum w_j T_j$ 的常义 NP-困难性. 关于它的伪多项式时间动态规划算法, Lawler 与 Moore 早有论述[132]. 现在介绍 C.N. Potts 于 1989 年给出的另一算法.

**例 6.2.3**　单机有公共工期的加权总延误问题 $1|d_j = d|\sum w_j T_j$.

设有 $n$ 个工件在一台机器上加工, 其中工件 $j$ 的工时、工期、及权值分别为 $p_j, d, w_j$ $(1 \leqslant j \leqslant n)$. 假定 $p_j$ 及 $d$ 均为整数, 并设 $P = \sum_{1 \leqslant j \leqslant n} p_j$. 对排列 $\pi$, 工件 $J_{\pi(i)}$ 的延误时间为 $T_{\pi(i)} = \max\{C_{\pi(i)} - d, 0\}$. 目标函数是

$$f(\pi) = \sum_{i=1}^{n} w_{\pi(i)} T_{\pi(i)} = \sum_{i=1}^{n} w_{\pi(i)} \max\{C_{\pi(i)} - d, 0\}.$$

当 $d = 0$ 时, 问题等价于 $1||\sum w_j C_j$ (例 2.2.2), 其最优解按 WSPT 规则排列. 当 $d > 0$ 时, 延误工件亦以此顺序为优. 故可假定工件的原始编号已按 WSPT 规则 (即比值 $p_j/w_j$ 的非降顺序) 安排.

对任意排列 $\pi$, 总有一个工件 $k$ 恰在工期 $d$ 之后完工, 即

$$C_k - p_k \leqslant d < C_k.$$

这个工件 $k$ 称为临界工件. 下面的算法是对所有可能的临界工件进行枚举. 任取一个工件 $k$ $(1 \leqslant k \leqslant n)$, 如下的步骤称为过程 $k$.

将除 $k$ 以外的工件按 WSPT 序排成 $\{1, 2, \cdots, m\}$, 其中 $m = n - 1$. 运用逆推法, 定义最优值函数

$F_j(t) := \{j, j+1, \cdots, m\}$ 中的工件被选择安排在时间区间 $[t, P]$ 的最小费用,

其中 $1 \leqslant j \leqslant m$, $d+1 \leqslant t \leqslant P$.

为导出 DP 基本方程, 分两种情形讨论:

(i) 若工件 $j$ 不被选出, 则 $F_j(t) = F_{j+1}(t)$;

(ii) 若工件 $j$ 被选出 (它是第一个延误工件), 则

$$F_j(t) = w_j(t + p_j - d) + F_{j+1}(t + p_j)$$

因此得到递推公式:

$$F_j(t) = \min\{F_{j+1}(t), w_j(t + p_j - d) + F_{j+1}(t + p_j)\}, \quad d+1 \leqslant t \leqslant P.$$

同时约定初始条件为

$$F_j(t) = \begin{cases} 0, & j = m+1,\, t = P, \\ \infty, & j = m+1,\, t \neq P \text{ 或 } 1 \leqslant j \leqslant m,\, t > P. \end{cases}$$

于是对 $j = m, m-1, \cdots, 2, 1$ 依次计算函数 $F_j(t)$, 其中 $t = d+1, d+2, \cdots, P$. 最后得到以 $k$ 为临界工件的最小费用

$$H^*(k) := \min_{d+1 \leqslant t \leqslant d+p_k} \{w_k(t-d) + F_1(t)\}.$$

以上是过程 $k$ 的步骤. 在所有过程 $k$ 完成后, 得到整体最优值

$$H^* := \min_{1 \leqslant k \leqslant n} H^*(k).$$

综上所述, 我们得到如下算法:

**算法 6.2.3** 求解问题 $1|d_j = d|\sum w_j T_j$.

(1) 对 $k := 1$ 到 $n$ 执行过程 $k$.

(2) 计算最优值 $H^* := \min_{1 \leqslant k \leqslant n} H^*(k)$, 设达到最小的 $k$ 值为 $k^*$.

(3) 回溯: 查找过程 $k^*$ 的计算结果. 在达到最小值 $H^*(k^*)$ 的 $t$ 处安排临界工件 $k^*$; 在 $x_j^{k^*}(t) = 1$ 的 $t$ 处安排工件 $j$.

**过程 $k$**

(1) 重新命名工件: 当 $j > k$ 时令 $j := j-1$, $m := n-1$.

(2) 初始化: 令 $F_{m+1}^k(P) = 0$, $F_{m+1}^k(t) = \infty$ $(t < P)$, 以及 $F_j^k(t) = \infty$ $(1 \leqslant j \leqslant m, t > P)$.

令 $j := m$.

(3) 迭代: 对 $t := d+1$ 到 $P$ 执行:

若 $F_{j+1}^k(t) < w_j(t+p_j-d) + F_{j+1}^k(t+p_j)$, 则令 $F_j^k(t) := F_{j+1}^k(t)$, $x_j^k(t) := 0$.

否则 $F_j^k(t) := w_j(t+p_j-d) + F_{j+1}^k(t+p_j)$, $x_j^k(t) := 1$.

(4) 若 $j > 1$, 则令 $j := j-1$, 转 (3).

(5) 计算最优值 $H^*(k) := \min_{d+1 \leqslant t \leqslant d+p_k} \{w_k(t-d) + F_1^k(t)\}$.

**命题 6.2.3** 算法 6.2.3 在 $O(n^2(P-d))$ 时间求出问题 $1|d_j = d|\sum w_j T_j$ 的最优方案.

**证明** 算法的正确性来自动态规划原理. 至于算法的运行时间, 算法共有 $n$ 个过程, 每一过程计算 $n-1$ 个函数 $F_j^k(t)$ 及 $x_j^k(t)$. 每一个函数在 $P-d$ 个整数点 $t$ 处取值, 计算每一个值在常数时间完成, 所以每一个函数的计算量是 $O(P-d)$. 因此总的时间界是 $O(n^2(P-d))$, 这是伪多项式时间算法. □

Lawler 与 Moore[132] 的算法的时间界是 $O(n^2 d)$.

### 6.2.5　单机总延误问题

对单机总延误问题 $1\|\sum T_j$ (例 4.1.1), 我们在第 4 章介绍了 Lawler 的分解算法, 即一种分枝枚举算法. 实际上, 这是后来演变出来的形式, 而当初 Lawler 的原文[77] 讲的是动态规划算法. 让我们回到 4.1.4 小节, 接着讲动态规划算法.

**例 6.2.4**　单机总延误问题$1\|\sum T_j$.

欲求工件集 $\{1, 2, \cdots, n\}$ 从时刻 $t$ 开始加工的最优排列. 如前, 设 $k$ 是具有最大工时的工件 (分界工件). 根据分解原理 (定理 4.1.11), 对某个 $\delta$, $0 \leqslant \delta \leqslant n - k$, 存在一个最优排列被依次划分为如下三部分:

(i) 从时刻 $t$ 开始, 工件 $1, 2, \cdots, k-1, k+1, \cdots, k+\delta$ 按某一顺序排列;

(ii) 接着是工件 $k$;

(iii) 然后, 工件 $k+\delta+1, k+\delta+2, \cdots, n$ 呈某一顺序, 开始时刻为 $k$ 的完工时间

$$C_k(\delta) := t + \sum_{j \leqslant k+\delta} p_j.$$

根据最优化原理, 全过程的最优排列对 (i) 及 (iii) 的子过程而言必定也是最优的排列. 由此引出以下的递推枚举算法, 其中枚举所有可能划分出来的子集.

决策过程的状态用面临的工件子集

$$S(i, j, k) := \{h : i \leqslant h \leqslant j, p_h < p_k\}$$

及开始时刻 $t$ 来表示. 并设最优值函数为

$F(S(i, j, k), t) :=$ 对 $S(i, j, k)$ 中的工件从时刻 $t$ 开始, 按最优排列得到的总延误.

根据子集 $S(i, j, k)$ 中的分解原理三部分划分及最优化原理, 得到递推公式:

$$\begin{aligned}F(S(i, j, k), t) = \min_\delta \{&F(S(i, k+\delta, \kappa), t) + \max\{0, C_\kappa - d_\kappa\} \\ &+ F(S(\kappa+\delta+1, j, \kappa), C_\kappa(\delta))\},\end{aligned}$$

其中 $\kappa$ 满足 $p_\kappa = \max\{p_h : h \in S(i, j, k)\}$ (即子集 $S(i, j, k)$ 中的最大工时工件——分界工件), 且 $C_\kappa(\delta) = t + \sum_{h \in S(i, k+\delta, \kappa)} p_h$ (即上述分界工件的完工时间). 同时, 递推公式的初始条件为

$$F(\varnothing, t) = 0,$$
$$F(\{j\}, t) = \max\{0, t + p_j - d_j\}.$$

从初始条件开始, 对任意子集 $S$ 及时刻 $t$, 若对所有 $S$ 的真子集 $S'$ 及时刻 $t' \geqslant t$ 均已算出 $F(S', t')$, 则可按递推公式计算 $F(S, t)$. 最终的最优值为 $F(\{1, 2, \cdots, n\}, 0)$.

**命题 6.2.4** 按照上述动态规划算法求解总延误问题 $1||\sum T_j$ 的时间界是 $O(n^4P)$, 其中 $P = \sum_{1\leqslant j\leqslant n} p_j$.

**证明** 对子集 $S(i,j,k)$, 每个指标 $i,j,k$ 至多有 $n$ 个值, 故这样的子集数至多为 $O(n^3)$. 而 $t$ 至多有 $P = \sum_{1\leqslant j\leqslant n} p_j$ 个整数值. 因此状态的总数不超过 $O(n^3P)$, 即至多计算 $O(n^3P)$ 个递推方程. 而计算每一个递推方程是从至多 $n$ 项 (每一项对应于一个 $\delta$ 的值) 中求最小, 其运行时间是 $O(n)$. 故总的运行时间界是 $O(n^4P)$, 这是伪多项式时间算法. □

第 4 章的分解算法 4.1.3 的时间界是 $O(n^3P)$ (见定理 4.1.12), 并且在算法实施方面有深入的讨论, 实用效果较好.

## 6.3 分批排序问题的动态规划方法

分批排序是一个较新的研究领域. 由于一批看作一个决策阶段, 分批作业呈现出多阶段决策过程的结构, 因而动态规划成为这类问题的基本研究方法. 在实际生产中, 许多工件 (产品) 是成批加工的, 如烤面包或半导体烧结. 一台机器可以同时加工若干个工件, 它们同时开工并同时完工, 加工时间等于它们各自工时的最大值. 这样的机器称为并行批处理机. 文献中还有另外一种序列批处理机, 就是一批工件排成一个序列进行加工 (有人称之为成组加工), 加工时间等于它们的工时之和. 这一节给出此课题的一个概览, 并且只讲述并行批情形, 序列批情形可参阅文献 (详见 [19, 133~136]).

### 6.3.1 加权总完工时间的分批排序

并行批处理机的分批排序简记为 "p-batch" (parallel-batching). 这里有两种情形: 一种是批容量有限, 即每一批工件至多有 $b$ 个工件 (其中 $b < n$); 另一种是批容量无限, 即每一批工件的数目没有限制. 我们只讲后一种情形.

**例 6.3.1** 加权总完工时间分批排序问题 $1|\text{p-batch}|\sum w_jC_j$.

设工件集为 $\boldsymbol{N} = \{1,2,\cdots,n\}$. 工件 $j$ 的工时及权值分别为 $p_j, w_j$ $(1\leqslant j\leqslant n)$. 不妨假定所有 $w_j > 0$ (因为若 $w_j = 0$, 则可将工件 $j$ 删除). 一个机程方案包括工件集被划分为子集, 每一子集作为一批, 以及各批的顺序. 按照最小化目标的要求, 批与批之间没有空闲. 所以一个机程方案就是批的序列, 如 $\sigma = (B_1, B_2, \cdots, B_r)$, 其中 $B_i \subseteq \boldsymbol{N}$ $(1\leqslant i\leqslant r)$, $\bigcup_{1\leqslant i\leqslant r} B_i = \boldsymbol{N}$. 批 $B_i$ 的工时定义为 $p(B_i) = \max_{j\in B_i} p_j$. 批 $B_i$ 的完工时间为 $C(B_i) = \sum_{1\leqslant h\leqslant i} p(B_h)$. 对 $j\in B_i$, 工件 $j$ 的完工时间就是批 $B_i$ 的完工时间 $C(B_i)$, 记为 $C_j(\sigma)$. 于是, 目标函数是 $f(\sigma) = \sum_{i=1}^n w_jC_j(\sigma)$. 容易证明如下简单性质.

**简注** 存在最优的机程方案 $\sigma$, 使得所有工件按照 SPT 序排列.

这是因为如果 $p_i < p_j$, 而工件 $i$ 排在工件 $j$ 后面的批, 则可将 $i$ 换到 $j$ 的批中 (同一批中的工件不分先后), 目标函数值不增加. 因此, 不妨假设工件的编号满足 $p_1 \leqslant p_2 \leqslant \cdots \leqslant p_n$.

考虑工件集 $\{j, j+1, \cdots, n\}$ 的逆推法, 定义最优值函数

$F_j :=$ 工件集 $\{j, j+1, \cdots, n\}$ 从零时刻开始的最小加权总完工时间,

其中 $1 \leqslant j \leqslant n$.

一批作为一个决策阶段. 设第一批的工件集为 $B_1 = \{j, \cdots, k-1\}$. 那么 $B_1$ 的工时为 $p_{k-1}$, 这一阶段的费用 (对目标函数的贡献) 为 $p_{k-1} \sum_{j \leqslant h \leqslant n} w_h$. 而对后面工件集 $\{k, \cdots, n\}$ 的子过程而言, 决策必须是最优的, 其最小费用是 $F_k$. 由此得到 DP 基本方程:

$$F_j = \min_{j < k \leqslant n+1} \left\{ p_{k-1} \sum_{h=j}^{n} w_h + F_k \right\}, \quad 1 \leqslant j \leqslant n. \tag{6.9}$$

自然有初始条件 $F_{n+1} = 0$. 运用递推关系依次计算 $F_n, F_{n-1}$, 等等. 最终的最优值为 $F_1$.

按照粗略的估算, 迭代算法有 $n$ 个阶段, 每一阶段对 $j < k \leqslant n+1$ 求最小值的运算时间至多为 $O(n)$, 所以时间界为 $O(n^2)$. 这是初步的求解方案. 进一步, 经典的动态规划递推框架必须与近代的算法分析方法相结合, 才能设计出精良的算法.

下面讲述如何进行细致的算法改进. 如果不计工件的排顺计算量 $O(n \log n)$, 改进算法将是线性的. 为简单起见, 记 $W_j := \sum_{h=j}^{n} w_h \ (1 \leqslant j \leqslant n)$, 这是一个单调递减的数列, 可以预先算好 (时间为 $O(n)$).

递推方程 (6.9) 的解 $F_j$ 可看作在以 $\{1, 2, \cdots, n+1\}$ 为顶点集的有向图中, 从 $j$ 到 $n+1$ 的最短路长度, 其中有向边 $(j, k)$ 的长度为 $c_{jk} := p_{k-1} W_j$. 注意到这里的费用 $c_{jk}$ 是 "可分离系数的", 即分解为 $p_{k-1}$ 与 $W_j$ 的乘积. 如前所见, 这种可分离结构可望有助于建立贪婪型算法.

记 $F(j, k) := c_{jk} + F_k$, 即第一条边为 $(j, k)$ 的最短路长度, 则方程 (6.9) 可改写为

$$F_j = \min_{j < k \leqslant n+1} F(j, k), \quad 1 \leqslant j \leqslant n. \tag{6.10}$$

在计算 $F_j$ 之前, $F_{j+1}, \cdots, F_n$ 已经知道, 可资利用. 问题是如何减少上式中 $k$ 值的范围. 关键在于比较前后两项:

$$F(j, k) = p_{k-1} W_j + F_k, \quad F(j, l) = p_{l-1} W_j + F_l \quad (j < k < l).$$

这可看作两个线性函数的比较, 其中 $p_{k-1}, p_{l-1}$ 为斜率, $F_k, F_l$ 为截距, $x = W_j$ 为自变量. 当 $p_{k-1} = p_{l-1}$ 时, 由于 $F_k > F_l$, 故总有 $F(j, k) > F(j, l)$. 这就是说, 当

出现工时相等时, 第一批应尽量选择后面的工件 $l$ 为分界工件. 当 $p_{k-1} < p_{l-1}$ 时, $F(j,k) \leqslant F(j,l)$ 等价于 $p_{k-1}W_j + F_k \leqslant p_{l-1}W_j + F_l$, 或 $F_k - F_l \leqslant (p_{l-1} - p_{k-1})W_j$, 即

$$\frac{F_k - F_l}{p_{l-1} - p_{k-1}} \leqslant W_j.$$

作为某种意义的增长率, 姑且把上式的比值叫做工件 $k$ 与 $l$ 的 "相对梯度", 记作:

$$\delta(k,l) := \frac{F_k - F_l}{p_{l-1} - p_{k-1}}, \quad j < k < l.$$

那么 $F(j,k) \leqslant F(j,l)$ 等价于 $\delta(k,l) \leqslant W_j$. 这样一来, 相对梯度就可以用来比较前后两项 $F(j,k)$ 及 $F(j,l)$ 的大小.

如下论断说明基于相对梯度的比较具有 "继承性":

**论断** (i) 若 $\delta(k,l) \leqslant W_i$ 对某个 $i$ 成立, 则对任意 $j \leqslant i$, 有 $F(j,k) \leqslant F(j,l)$;

(ii) 若 $\delta(i,k) \leqslant \delta(k,l)$ 对某个 $i < k < l$ 成立, 则对任意 $j < i$, 有 $\min\{F(j,i), F(j,l)\} \leqslant F(j,k)$.

**证明** (i) 由于 $W_j$ 是单调递减数列, $\delta(k,l) \leqslant W_i \leqslant W_j$, 故有 $F(j,k) \leqslant F(j,l)$.

(ii) 设 $j < i$. 若 $\delta(i,k) \leqslant W_j$, 则 $F(j,i) \leqslant F(j,k)$. 否则 $W_j < \delta(i,k) \leqslant \delta(k,l)$, 从而 $F(j,l) < F(j,k)$. 综合二者得到 $\min\{F(j,i), F(j,l)\} \leqslant F(j,k)$. □

求解 (6.10) 的迭代法将按照 $j = n, n-1, \cdots, 2, 1$ 的次序进行. 一旦遇到情形 (i), 则此后总有 $F(j,k) \leqslant F(j,l)$, 从而可以消去顶点 $l$ (以后可不被选入最短路). 一旦遇到情形 (ii), 则此后总有 $F(j,i) \leqslant F(j,k)$ 或 $F(j,l) \leqslant F(j,k)$, 从而可以消去顶点 $k$ (不选入最短路). 这样的消去规则是减小计算量的依据.

开始时, 确定 $F_n$, 最短路的候选顶点集为 $Q := \{n\}$. 接着确定 $F_{n-1}$, 候选顶点集变为 $Q := \{n-1, n\}$. 假定现在已经完成 $F_{j+1}$ 的迭代, 根据上述消去规则, 设最短路的候选顶点集为 $Q := \{i_1, i_2, \cdots, i_r\}$, 其中 $i_1 < i_2 < \cdots < i_r$ (可能有 $i_1 = j+1$, 但其中不包括终点 $n+1$). 即是说, 除 $1, 2, \cdots, j$ 之外, $Q$ 以外的顶点将不属于以后阶段所确定的最短路. 值得注意的是, 作为数据结构, 这里的顶点集 $Q$ 看作一个队列, 从小到大排列. 特别地, 它具有如下的 "梯度单调性" 特征:

$$\delta(i_1, i_2) > \delta(i_2, i_3) > \cdots > \delta(i_{r-1}, i_r).$$

这是因为倘若有 $\delta(i_1, i_2) \leqslant \delta(i_2, i_3)$, 则根据论断 (ii), 顶点 $i_2$ 已被消去.

现在来看 $F_j$ 的迭代. 若 $\delta(i_{r-1}, i_r) \leqslant W_j$, 则 $F(j, i_{r-1}) \leqslant F(j, i_r)$ 且由论断 (i), 对 $j' < j$ 继续有 $F(j', i_{r-1}) \leqslant F(j', i_r)$. 因此 $i_r$ 应从 $Q$ 中消去. 继续这一过程, 直至到达某个 $t \leqslant r$ 使得

$$\delta(i_1, i_2) > \cdots > \delta(i_{t-1}, i_t) > W_j.$$

由此得到

$$F(j,i_1) > F(j,i_2) > \cdots > F(j,i_{t-1}) > F(j,i_t).$$

故方程 (6.10) 的解为

$$F_j = \min_{k\in Q} F(j,k) = F(j,i_t),$$

即从 $j$ 到 $n+1$ 的最短路的第一条边是 $(j,i_t)$.

其次, 考虑队列 $Q$ 的更新. 试将 $j$ 加入到队列 $Q$ 的首位. 若 $p_j = p_{i_1}$, 则消去 $j$ (不加入 $Q$). 若 $\delta(j,i_1) \leqslant \delta(i_1,i_2)$, 则由论断 (ii), $i_1$ 应从 $Q$ 中消去. 继续这一过程, 直至到达某个 $h \geqslant 1$ 使得 $\delta(j,i_h) > \delta(i_h,i_{h+1})$. 这样就在队列 $Q$ 中将 $j$ 放在 $i_h$ 之前. 上述梯度单调性依然成立. 这就完成了计算 $F_j$ 的迭代步骤.

总结以上分析, 得到如下改进算法. 设 $\bar{k}_j$ 为在方程 (6.10) 中达到最小值的变量 $k$ 的值 (如出现并列, 则取其中下标较小者), 则 $F_j = F(j,\bar{k}_j)$, 即 $(j,\bar{k}_j)$ 是从 $j$ 到终点的最短路的第一条边. 假定事先工件已按 SPT 序编号, 即 $p_1 \leqslant p_2 \leqslant \cdots \leqslant p_n$. 并且已计算出递减数列 $W_j := \sum_{h=j}^{n} w_h$ $(1 \leqslant j \leqslant n)$.

**算法 6.3.1**　求解问题 $1|\text{p-batch}|\sum w_j C_j$.

---

(1) 令 $F_{n+1} := 0$, $Q := \{n\}$, $j := n$.

(2) 设 $Q = \{i_1,i_2,\cdots,i_r\}$, 其中 $i_1 < i_2 < \cdots < i_r$. 当 $r > 1$ 且 $\delta(i_{r-1},i_r) \leqslant W_j$ 时执行:

　　将 $i_r$ 从 $Q$ 中消去, 令 $r := r-1$.

(3) 得到 $F_j := F(j,i_r)$, $\bar{k}_j := i_r$.

(4) 若 $p_j = p_{i_1}$, 则 $j$ 不加入 $Q$. 否则当 $r > 1$ 且 $\delta(j,i_1) \leqslant \delta(i_1,i_2)$ 时执行:

　　将 $i_1$ 从 $Q$ 中消去, 并令 $i_h := i_{h+1}$ $(1 \leqslant h \leqslant r-1)$.

(5) 将 $j$ 加入 $Q$. 令 $i_1 := j$ 及 $i_h := i_{h-1}$ $(2 \leqslant h \leqslant r)$. 若 $j > 1$, 则令 $j := j-1$, 转 (2).

(6) 回溯: 设第 $i$ 批的开始工件为 $x_i$, 则 $x_1 := 1$; 且对 $i \geqslant 2$, 令 $x_i := \bar{k}_{x_{i-1}}$, 直至 $x_{i+1} = n+1$.

---

**命题 6.3.1**　算法 6.3.1 在 $O(n\log n)$ 时间求解分批排序问题 $1|\text{p-batch}|\sum w_j C_j$. 如果不计工件编号顺序的运算时间, 则复杂性是 $O(n)$.

**证明**　算法的正确性基于动态规划基本方程 (6.9) 或 (6.10), 以及求解此方程的数据结构技巧. 关于算法的运行时间, 计算 $F_j$ 有 $n$ 个阶段, 每一个阶段包括一个循环 (2)~(5). 在所有阶段中, 每一个顶点至多被添加一次和消去一次. 当一个顶点 $j$ 加入 $Q$ 时, 要计算一次相对梯度 $\delta(j,i_1)$; 而当 $i_1$ 从 $Q$ 中消去时, $i_2$ 变为 $i_1$, $\delta(j,i_1)$ 还要计算一次. 所以在所有阶段中, 相对梯度 $\delta(i_h,i_{h+1})$ 的计算至多 $O(n)$

次. 再者, 每一次顶点添加或消去, 每一次相对梯度计算, 可在常数运算时间完成. 故迭代过程的运行时间界是 $O(n)$. 最后, 步骤 (6) 的回溯过程也在 $O(n)$ 时间完成. 如果连同预处理 (工件按 SPT 序排顺) 的时间 $O(n \log n)$, 总的运行时间界是 $O(n \log n)$. 如果不计工件编号时间, 则复杂性是 $O(n)$. □

### 6.3.2 最大延迟的分批排序

考虑一个类似方法的例子.

**例 6.3.2** 最大延迟分批排序问题 $1|\text{p-batch}|L_{\max}$.

设工件 $j$ 的工时及工期分别为 $p_j$ 及 $d_j$ $(1 \leqslant j \leqslant n)$. 机程方案仍然是批的序列 $\sigma = (B_1, B_2, \cdots, B_r)$, 其中批 $B_i$ 的工时为 $p(B_i) = \max_{j \in B_i} p_j$, 完工时间为 $C(B_i) = \sum_{1 \leqslant h \leqslant i} p(B_h)$. 工件 $j \in B_i$ 的完工时间为 $C_j(\sigma) = C(B_i)$, 它的延迟为 $L_j(\sigma) = C_j(\sigma) - d_j$. 目标函数是 $f(\sigma) = \max_{1 \leqslant j \leqslant n} L_j(\sigma)$.

同上, 容易证明: 存在最优的机程方案 $\sigma$, 使得所有工件按照 SPT 序排列. 因此, 不妨假设工件的编号满足 $p_1 \leqslant p_2 \leqslant \cdots \leqslant p_n$. 进而, 若有 $i < j$ $(p_i \leqslant p_j)$ 使得 $d_i \geqslant d_j$, 则总可以把工件 $i$ 放到工件 $j$ 的批中, 并有 $L_i(\sigma) \leqslant L_j(\sigma)$. 由此可知: 把工件 $i$ 删去对目标函数没有影响. 这样一来, 可以假定所有工件满足 $p_1 < p_2 < \cdots < p_n$, $d_1 < d_2 < \cdots < d_n$.

对工件集 $\{j, j+1, \cdots, n\}$, 定义最优值函数

$$F_j := \text{工件集}\{j, j+1, \cdots, n\}\text{从零时刻开始的最大延迟的最小值},$$

其中 $1 \leqslant j \leqslant n$.

设第一批的工件集为 $B_1 = \{j, \cdots, k-1\}$. 那么 $B_1$ 的工时为 $p_{k-1}$, 并且这一阶段的最大延迟是

$$\max_{j \leqslant h \leqslant k-1} \{p_{k-1} - d_h\} = p_{k-1} - d_j.$$

对最优过程中后面工件集 $\{k, \cdots, n\}$ 的子过程而言, 所有工件推迟时间 $p_{k-1}$ 开工, 并且是最优的, 故其最大延迟为 $p_{k-1} + F_k$. 由此得到递推关系:

$$F_j = \min_{j < k \leqslant n+1} \max\{p_{k-1} - d_j, F_k + p_{k-1}\}, \quad 1 \leqslant j \leqslant n. \tag{6.11}$$

初始条件约定为 $F_{n+1} = -\infty$. 所求的最优值为 $F_1$.

如同前例, 按照粗略的估算, 迭代算法的时间界为 $O(n^2)$, 因为有 $n$ 个阶段, 每一阶段对 $j < k \leqslant n+1$ 求最小值的运算时间至多是 $O(n)$. 是否也可以做更细致的算法分析, 使迭代过程的运算时间下降呢?

设 $\bar{k}_j$ 为在方程 (6.11) 中达到最小值的变量 $k$ 的值 (如出现并列, 则取其中下标较小者), 即 $F_j = \max\{p_{\bar{k}_j - 1} - d_j, F_{\bar{k}_j} + p_{\bar{k}_j - 1}\}$. 下面主要讨论极值 $F_j$ 与极值点 $\bar{k}_j$ 的某种 "继承性" (如同前一例子的论断).

**论断 1**    $F_j \geqslant F_{j+1}$ 且 $\bar{k}_j \leqslant \bar{k}_{j+1}$ $(1 \leqslant j \leqslant n)$.

**证明**    设 $\bar{k}_j = l$, 并设 $\sigma = (B_1, B_2, \cdots, B_r)$ 为关于 $F_j$ 的最优机程方案, 其中 $B_1 = \{j, \cdots, l-1\}$. 分两种情形讨论:

(i) 若 $B_1 = \{j\}$, 即 $l = j+1$, 则 $\sigma' = (B_2, \cdots, B_r)$ 是关于过程 $\{j+1, \cdots, n\}$ 的一个机程方案 (不一定是最优的). 设 $f_{j+1}$ 是这一过程的目标函数, 则

$$F_j = \max\{p_j - d_j, f_{j+1}(\sigma') + p_j\} \geqslant f_{j+1}(\sigma') + p_j.$$

从而

$$F_{j+1} \leqslant f_{j+1}(\sigma') \leqslant F_j - p_j < F_j.$$

(ii) 若 $l > j+1$, 则 $\sigma' = (B_1 \setminus \{j\}, B_2, \cdots, B_r)$ 是关于过程 $\{j+1, \cdots, n\}$ 的一个机程方案 (不一定是最优的), 其中 $B_1 \setminus \{j\} = \{j+1, \cdots, l-1\}$. 设 $f_{j+1}$ 是这一过程的目标函数. 则

$$F_{j+1} \leqslant f_{j+1}(\sigma') = \max\{p_{l-1} - d_{j+1}, F_l + p_{l-1}\} \leqslant \max\{p_{l-1} - d_j, F_l + p_{l-1}\} = F_j.$$

其次, 设 $\bar{k}_{j+1} = u$, 则 $F_{j+1} = \max\{p_{u-1} - d_{j+1}, F_u + p_{u-1}\}$ 且 $u \geqslant j+2$. 当 $l = j+1$ 时, 显然有 $u \geqslant j+2 > l$. 下设 $l > j+1$. 用反证法, 假设 $u < l$, 则由 $l$ 的定义知

$$\max\{p_{u-1} - d_j, F_u + p_{u-1}\} > \max\{p_{l-1} - d_j, F_l + p_{l-1}\}.$$

由于 $p_{u-1} - d_j < p_{l-1} - d_j$, 由上式可推出

$$F_u + p_{u-1} > p_{l-1} - d_j > p_{l-1} - d_{j+1}, \quad F_u + p_{u-1} > F_l + p_{l-1}.$$

从而得到

$$\max\{p_{u-1} - d_{j+1}, F_u + p_{u-1}\} > \max\{p_{l-1} - d_{j+1}, F_l + p_{l-1}\},$$

与 $u$ 的定义矛盾. 故 $u \geqslant l$.                                                                    □

根据上述论断, 当我们在 $\{j+1, \cdots, n\}$ 的阶段中求出 $\bar{k}_{j+1} = u$ 之后, 接着在 $\{j, j+1, \cdots, n\}$ 的阶段求解方程 (6.11) 时, $k$ 值的变化范围缩小为 $j < k \leqslant u$. 于是在求解过程中继承了上一阶段的成果.

为进一步考虑极值 $F_j$ 与极值点 $\bar{k}_j$ 的计算, 考察 $k$ 的函数

$$g(k) := \max\{p_{k-1} - d_j, F_k + p_{k-1}\}, \quad j < k \leqslant u.$$

那么 $F_j = \min_{j < k \leqslant u} g(k)$. 注意在 $g(k)$ 取最大的两个分片函数中, 前者 $p_{k-1} - d_j$ 是单调递增的. 其次, 记后者为

$$a(k) := F_k + p_{k-1}, \quad j < k \leqslant u,$$

它不一定具有单调性 (其中 $F_k$ 是递减的而 $p_{k-1}$ 是递增的). 但可考察二者的升降速度, 得到如下判定条件.

**论断 2**　若 $p_{u-1} - d_j \leqslant a(u)$, 则 $F_j = F_{j+1} = a(u)$, $\bar{k}_j = \bar{k}_{j+1} = u$. 否则设 $q := \min\{k : p_{k-1} - d_j \geqslant a(k)\}$, 则

$$F_j = \min\left\{p_{q-1} - d_j, \min_{j<k<q} a(k)\right\}.$$

**证明**　若 $p_{u-1} - d_j \leqslant a(u)$, 则可以断言: 对任意 $k < u$ 亦有 $p_{k-1} - d_j \leqslant a(k)$. 事实上, 由于 $F_k \geqslant F_u$, 有

$$\begin{aligned}
p_{k-1} - d_j &= p_{u-1} - d_j + (p_{k-1} - p_{u-1}) \\
&\leqslant F_u + p_{u-1} + (F_k + p_{k-1} - F_u - p_{u-1}) = F_k + p_{k-1} = a(k).
\end{aligned}$$

故 $g(k) = a(k)$ $(j < k \leqslant u)$. 对于 $\{j+1, \cdots, n\}$ 的阶段而言, 更有 $p_{k-1} - d_{j+1} < p_{k-1} - d_j \leqslant a(k)$. 故亦有同样的表达式 $g(k) = a(k)$ $(j+1 < k \leqslant u)$. 所以

$$F_{j+1} = \min_{j+1<k\leqslant u} a(k) \geqslant \min_{j<k\leqslant u} a(k) = F_j.$$

由论断 1 可知 $F_j = F_{j+1}$. 从而 $\bar{k}_j = \bar{k}_{j+1} = u$.

其次, 设 $p_{u-1} - d_j > a(u)$. 同上可证: 若对某个 $v < u$ 有 $p_{v-1} - d_j < a(v)$, 则对任意 $k < v$ 亦有 $p_{k-1} - d_j < a(k)$. 这是因为 $F_k \geqslant F_v$, 而

$$\begin{aligned}
p_{k-1} - d_j &= p_{v-1} - d_j + (p_{k-1} - p_{v-1}) \\
&< F_v + p_{v-1} + (F_k + p_{k-1} - F_v - p_{v-1}) = F_k + p_{k-1} = a(k).
\end{aligned}$$

现取 $q := \min\{k : p_{k-1} - d_j \geqslant a(k)\}$, 则当 $k \geqslant q$ 时, 有 $p_{k-1} - d_j \geqslant a(k)$; 而当 $k < q$ 时, 有 $p_{k-1} - d_j < a(k)$. 因此

$$g(k) = \begin{cases} p_{k-1} - d_j, & q \leqslant k \leqslant u, \\ a(k), & j < k < q. \end{cases}$$

由于 $p_{k-1} - d_j$ 为单调递增函数, 所以 $\min_{q\leqslant k\leqslant u} g(k) = p_{q-1} - d_j$. 这样一来,

$$F_j = \min_{j<k\leqslant u} g(k) = \min\left\{p_{q-1} - d_j, \min_{j<k<q} a(k)\right\}. \qquad \square$$

为了求出 $\min_{j<k<q} a(k)$, 与前一问题类似, 运用一个队列 $Q := (i_1, i_2, \cdots, i_h)$ 作为数据结构, 使得

$$i_1 < i_2 < \cdots < i_h,$$

$$a(i_1) > a(i_2) > \cdots > a(i_h),$$

且 $a(i_t) = \min\{a(k) : j < k < i_{t+1}\}$ $(1 \leqslant t \leqslant h, i_{h+1} = q)$. 若此最小式出现并列, 则取其最小指标 $i_t$. 这个队列 $Q$ 的作用是记录求 $\{a(k)\}$ 最小值的候选元素, 其中 $i_1$ 叫做首位, $i_h$ 叫做末位. 那么有

$$\min_{j<k<q} a(k) = a(i_h),$$

从而

$$F_j = \min\{p_{q-1} - d_j, a(i_h)\},$$

且

$$\bar{k}_j = \begin{cases} i_h, & a(i_h) \leqslant p_{q-1} - d_j, \\ q, & a(i_h) > p_{q-1} - d_j. \end{cases}$$

在 $F_j$ 求出之后, 令 $a(j) = F_j + p_{j-1}$ (其中 $j < i_1$). 并执行更新 $Q$ 的过程 UPDATE 如下 (类似于前一问题的更新):

**过程 UPDATE**

(i) 将 $j$ 放在 $Q$ 的首位.

(ii) 若 $a(i_t) \geqslant a(j)$ $(t = 1, 2, \cdots)$, 则删去 $i_t$.

更新后的 $Q$ 用于下一阶段. 总结以上分析, 得到如下的改进算法 (省略回溯过程).

**算法 6.3.2**　　求解问题 $1|\text{p-batch}|L_{\max}$.

---

(1) 令 $F_n := p_n - d_n$, $\bar{k}_n := n+1$, $Q := \{n\}$, $u := \bar{k}_n$; 令 $j := n-1$.

(2) 若 $p_{u-1} - d_j \leqslant a(u)$, 则 $F_j := a(u)$, $\bar{k}_j := u$. 令 $j := j-1$, 返回 (2). 否则令 $k := u-1$.

(3) 若 $p_{k-1} - d_j > a(k)$, 则令 $Q := Q \setminus \{k\}$, $q := k$. 若 $k > j+1$, 则令 $k := k-1$, 返回 (3).

(4) 若 $Q \neq \varnothing$, 且对 $Q$ 的末位元素 $i_h$ 有 $a(i_h) \leqslant p_{q-1} - d_j$, 则令 $F_j := a(i_h)$, $\bar{k}_j := i_h$.
否则 $F_j := p_{q-1} - d_j$, $\bar{k}_j := q$.

(5) 若 $j = 1$, 则终止. 否则令 $a(j) := F_j + p_{j-1}$, 并执行 $Q$ 的更新过程 UPDATE.
令 $u := \bar{k}_j$, $j := j-1$, 转 (2).

---

**命题 6.3.2**　　算法 6.3.2 在 $O(n \log n)$ 时间求解分批排序问题 $1|\text{p-batch}|L_{\max}$. 如果不计工件编号顺序的运算时间, 则复杂性是 $O(n)$.

**证明** 算法的正确性是基于动态规划递推方程 (6.11) 及论断 1 和论断 2 的极值函数性质. 关于算法的运行时间估计, 我们考察参数 $j+u$. 开始时 $j+u=2n$. 下面证明: 每经过一次运算步骤, $j+u$ 严格下降. 当进行步骤 (2), 极值点 (上界) $u$ 不变, 但 $j$ 下降 1. 否则至少执行一次步骤 (3); 而每执行一次步骤 (3), $q$ 下降 1, 因而 $u$ 在步骤 (4) 至少下降 1 (若 $\bar{k}_j := i_h$, 它会下降更多). 所以无论经历一次步骤 (2),(3) 或 (4), $j+u$ 都严格下降. 由此可知, 步骤 (2)~(4) 的执行次数至多是 $2n$. 而每一次执行这些步骤都可在常数时间完成. 故所有这些步骤的运行时间是 $O(n)$.

至于步骤 (5), 每个工件至多进入 $Q$ 一次, 退出 $Q$ 一次. 在 $Q$ 的更新过程 UPDATE 中, 添加 (进入) 一个元素或删去 (推出) 一个元素的运算时间都是常数. 所以步骤 (5) 的总运行时间是 $O(n)$. 故最终得到算法的时间界 $O(n)$ (假定工件的 SPT 序事先给定). $\qquad\square$

### 6.3.3 延误数的分批排序

这一小节讲一个顺推的例子, 并且不直接对目标函数值进行迭代, 而是把它作为状态变量, 最后再对它优化一次, 正如 6.2.1 小节的背包问题那样.

**例 6.3.3** 延误数的分批排序问题 $1|\text{p-batch}|\sum U_j$.

设工件 $j$ 的工时及工期分别为 $p_j$ 及 $d_j$ $(1 \leqslant j \leqslant n)$. 机程方案仍然是批的序列 $\sigma = (B_1, B_2, \cdots, B_r)$, 其中批 $B_i$ 的工时为 $p(B_i) = \max_{j \in B_i} p_j$, 完工时间为 $C(B_i) = \sum_{1 \leqslant h \leqslant i} p(B_h)$, 工件 $j \in B_i$ 的完工时间为 $C_j(\sigma) = C(B_i)$. 对机程方案 $\sigma$ 而言, 延误指示数 $U_j(\sigma) = 1$ 当且仅当 $C_j(\sigma) > d_j$, 否则 $U_j(\sigma) = 0$. 目标函数为延误数 $f(\sigma) = \sum_{j=1}^{n} U_j(\sigma)$.

同上, 可以证明: 存在最优的机程方案 $\sigma$, 使得所有工件按照 SPT 序排列. 所以事先假设 $p_1 \leqslant p_2 \leqslant \cdots \leqslant p_n$.

对工件集 $\{1, 2, \cdots, j\}$, 定义最优值函数

$$F_j(u, k) := \text{工件集} \{1, 2, \cdots, j\} \text{中恰有 } u \text{ 个延误工件且其}$$
$$\text{最后一批工件延续到 } k \text{ 的最小全程,}$$

其中 $u \leqslant j \leqslant k$. 这里 "最后一批工件延续到 $k$", 是指最后一批除直到工件 $j$ 之外, 还额外地包括 $\{j+1, \cdots, k\}$, 因而该批的工时是 $p_k$. 此外, "全程" 就是这最后一批的完工时间. 在此, 动态规划决策过程的状态是 $(j, u, k)$. 如果状态 $(j, u, k)$ 不存在, 则 $F_j(u, k) = \infty$.

为得到递推方程, 考虑从阶段 $\{1, 2, \cdots, j-1\}$ 到阶段 $\{1, 2, \cdots, j\}$ 的迭代, 分如下两种情形讨论:

情形 1: 增加工件 $j$ 时不起新批 ($j$ 与 $j-1$ 同属最后一批). 若工件 $j$ 按时完工, 则不增加延误数, 即 $F_{j-1}(u, k) \leqslant d_j$ 且 $F_j(u, k) = F_{j-1}(u, k)$. 若工件 $j$ 延误,

则增加延误数, 即 $F_{j-1}(u-1,k) > d_j$ 且 $F_j(u,k) = F_{j-1}(u-1,k)$. 因此

$$F_j(u,k) = \min \begin{cases} F_{j-1}(u,k), & F_{j-1}(u,k) \leqslant d_j, \\ F_{j-1}(u-1,k), & F_{j-1}(u-1,k) > d_j. \end{cases}$$

这里两个分段表达式取最小值的含义是: 若右边的条件成立, 则存在这个表达式; 若右边的条件不成立, 则不存在这个表达式 (或认为是 $\infty$); 然后对存在的表达式 (一个或两个) 取最小值.

情形 2:　增加工件 $j$ 时起一新批 ($j-1$ 为前一批最后工件). 若工件 $j$ 按时完工, 则不增加延误数, 即 $F_{j-1}(u,j-1)+p_k \leqslant d_j$ 且 $F_j(u,k) = F_{j-1}(u,j-1)+p_k$. 若工件 $j$ 延误, 则增加延误数, 即 $F_{j-1}(u-1,j-1)+p_k > d_j$ 且 $F_j(u,k) = F_{j-1}(u-1,j-1)+p_k$. 因此

$$F_j(u,k) = \min \begin{cases} F_{j-1}(u,j-1)+p_k, & F_{j-1}(u,j-1)+p_k \leqslant d_j, \\ F_{j-1}(u-1,j-1)+p_k, & F_{j-1}(u-1,j-1)+p_k > d_j. \end{cases}$$

综合以上情形, 得到递推关系:

$$F_j(u,k) = \min \begin{cases} F_{j-1}(u,k), & F_{j-1}(u,k) \leqslant d_j, \\ F_{j-1}(u-1,k), & F_{j-1}(u-1,k) > d_j, \\ F_{j-1}(u,j-1)+p_k, & F_{j-1}(u,j-1)+p_k \leqslant d_j, \\ F_{j-1}(u-1,j-1)+p_k, & F_{j-1}(u-1,j-1)+p_k > d_j, \end{cases} \tag{6.12}$$

其中 $1 \leqslant j \leqslant n, 0 \leqslant u \leqslant j, j \leqslant k \leqslant n$. 这里有 4 个表达式, 如果右边的条件成立, 则有这个表达式, 否则没有这个表达式; 然后对存在的表达式取最小值. 如果 4 个条件都不成立, 则 $F_j(u,k) = \infty$ (对空集求最小). 如果我们引用如下的 "截尾函数":

$$L_a(x) := \begin{cases} x, & x \leqslant a, \\ \infty, & 否则, \end{cases}$$

$$U_a(x) := \begin{cases} x, & x > a, \\ \infty, & 否则, \end{cases}$$

则递推公式可改写为

$$F_j(u,k) = \min\{L_{d_j}(F_{j-1}(u,k)), U_{d_j}(F_{j-1}(u-1,k)),$$
$$L_{d_j}(F_{j-1}(u,j-1)+p_k), U_{d_j}(F_{j-1}(u-1,j-1)+p_k)\}.$$

其次, 初始条件为

$$F_0(u,k) = \begin{cases} 0, & u = 0, k = 0, \\ \infty, & 否则. \end{cases}$$

总结以上分析, 得到如下算法.

**算法 6.3.3**  求解问题 $1|\text{p-batch}|\sum U_j$.

---

(1) 由初始条件确定 $F_0(u,k)$.
(2) 对 $j := 1, 2, \cdots, n$ 执行:
  对 $u := 0, 1, \cdots, j$ 执行:
    对 $k := j, j+1, \cdots, n$ 执行: 计算函数 $F_j(u,k)$.
(3) 最后得到最优值

$$f(\sigma^*) = \min\{u : F_n(u,n) < \infty\}.$$

---

回溯过程按常规进行 (从略).

**命题 6.3.3**  算法 6.3.3 在 $O(n^3)$ 时间求解分批排序问题 $1|\text{p-batch}|\sum U_j$.

**证明**  算法的正确性是基于动态规划递推方程 (6.12). 至于算法的运行时间, 注意到决策过程的状态是 $(j,u,k)$, 对每一的状态计算一个函数值 $F_j(u,k)$. 所以计算的函数值的数目不超过 $n^3$. 而运用递推公式, 每一次函数值计算可在常数时间完成 (从 4 个值中取最小). 所以总的运算时间是 $O(n^3)$. $\qquad\square$

# 6.4  分枝定界方法

在离散问题中, 往往用搜索法寻找某种未知目标, 比如最优解. 搜索法通常有两种途径: 其一是广探法 BFS, 步步为营, 逐层推进; 另一是深探法 DFS, 尖兵突破, 来回穿插. 一纵一横, 各有所长. 前者如上述动态规划, 逐阶段递推; 后者如这一节介绍的分枝定界, 多方位探索. 广探可能失之于保守, 深探或许为冒进所误. 重要的是因时度事, 精心设计.

### 6.4.1  最优化原理的另一应用

一般的离散优化问题可以表述如下. 设 $\Omega = \{\omega_1, \omega_2, \cdots, \omega_n\}$ 为一个有限集, 其中的元素 $\omega_j$ 为某种模式, 如决策过程的实现或机程方案 (数量很大). 在 $\Omega$ 上定义一个实值函数 $f: \Omega \to \mathbb{R}$, 称为目标函数. 问题是求最优元 $\omega^*$ 使得

$$f(\omega^*) = \min\{f(\omega) : \omega \in \Omega\}.$$

这里假定问题是求最小值的. 为了搜索最优元, 我们往往把 $\Omega$ 划分为若干个子集 (分情形), 然后每个子集再划分为若干个子集, 如此一层一层的分下去. 这一过程可以用一个有根树表示, 称之为决策树, 其中 $\Omega$ 为树根, 由它划分出的子集为儿子, 儿子再有儿子, 如此类推. 每一步划分子集的方法称为分枝规则, 记作 $B$. 分枝规

则的作用是对任意的子集 $A \subseteq \Omega$, 只要 $|A| \geqslant 2$, 便可产生出一个子集族

$$B(A) = \{A_1, A_2, \cdots, A_h\},$$

使得

$$A = \bigcup_{i=1}^{h} A_i, \quad A_i \cap A_j = \varnothing \quad (i \neq j).$$

对划分出来的任意子集 $A$, 如果能求出目标函数的最小值 (比如 $|A| = 1$) 自然求之不得, 不然设法求一个下界. 通常办法是解一个松弛问题 (放弃一部分约束条件). 对任意一个子集 $A \subseteq \Omega$, 都按照某种规则存在 $A$ 的一个扩集 $T(A)$ (例如, 整数集扩大为包含这些整数的连续区间), 使得函数 $f$ 可以延拓到 $T(A)$ 上. 那么定义

$$z(A) := \min\{f(t) : t \in T(A)\} \leqslant \min\{f(\omega) : \omega \in A\},$$

则 $z(A)$ 就是函数 $f$ 在 $A$ 上的下界.

根据 6.1 节最优化基本原理 (I), 如果扩集 $T(A)$ 的最优元 $t^*$ 属于 $A$, 则 $t^*$ 就是 $A$ 的最优元. 换言之, 当某个元素 $t^* \in A$ 达到下界 $z(A)$ 时, $t^*$ 就是 $A$ 的最优元. 进而, 我们将这一原理应用到全集 $\Omega$ 上, 以便得到整体最优解的判定.

在分枝过程中, 由分枝规则 $B$ 产生出来而又未被划分的子集 $A_i$ 称为活跃子集. 所有不同层次的活跃子集构成的子集族记为 $\mathscr{A}$. 这个子集族 $\mathscr{A}$ 是随着分枝过程动态变化的. 开始时, $\mathscr{A} = \{\Omega\}$. 而后在任意时刻均有

$$\bigcup_{A \in \mathscr{A}} A = \Omega.$$

所以可定义

$$T(\Omega) := \bigcup_{A \in \mathscr{A}} T(A)$$

为 $\Omega$ 的扩集. 于是我们得到函数 $f$ 在 $\Omega$ 上的下界:

$$\begin{aligned} z(\Omega) :&= \min\{f(t) : t \in T(\Omega)\} = \min_{A \in \mathscr{A}} \min\{f(t) : t \in T(A)\} \\ &= \min\{z(A) : A \in \mathscr{A}\}. \end{aligned}$$

即是说, 所有活跃子集的下界的最小值是全集 $\Omega$ 的下界. 对 $\Omega$ 运用上述原理, 得到如下原则.

**分枝定界原则 (I)**　在分枝搜索过程的某一步, 对活跃子集族 $\mathscr{A}$ 中具有最小下界的子集 $A^* \in \mathscr{A}$ 而言, 即对 $z(A^*) = \min\{z(A) : A \in \mathscr{A}\}$, 如果达到下界 $z(A^*)$ 的元素 $t^* \in T(A^*)$ 恰巧落入 $\Omega$, 即

$$z(\Omega) = z(A^*) = \min\{f(t) : t \in T(A^*)\} = f(t^*), \quad t^* \in \Omega,$$

则 $t^*$ 就是 $\Omega$ 的最优元.

一旦出现 $T(A^*)$ 的最优元 $t^*$ 属于 $\Omega$, 便叫做**突破**. 当 $\Omega$ 比较大时, 在分枝过程的短时间内, 发生突破的可能性很小. 等到划分的子集 $A^*$ 很小了, 估计的下界 $z(A^*)$ 比较紧, 这种情形才会发生. 但是此时活跃子集族 $\mathscr{A}$ 已经非常庞大, 让枚举算法不堪重负. 鉴于巨额存储量带来的困难, 我们要设法排除一些分枝, 称为**截枝**或**消去**. 比如我们已经知道存在一个最优解满足性质 $P$ (如最优解的必要条件), 则可以消去不满足性质 $P$ 的分枝 (参见习题 4.6~ 习题 4.9 及习题 6.5). 另一原则是利用上下界的比较:

**分枝定界原则 (II)**    在分枝搜索过程的某一步, 设活跃子集族为 $\mathscr{A}$. 并设已经知道一个可行解 $\omega^* \in \Omega$ 的目标函数值 $v^* = f(\omega^*)$, 它是最优值的上界. 若有 $A \in \mathscr{A}$ 使得 $z(A) \geqslant v^*$, 则 $A$ 可从 $\mathscr{A}$ 中消去. 进而, 当

$$\{A \in \mathscr{A} : z(A) < v^*\} = \varnothing$$

时, $\omega^*$ 就是 $\Omega$ 的最优元.

事实上, 如下的子集 $E$ 中存在 $\Omega$ 的最优元:

$$\{\omega^*\} \cup \{\omega \in \Omega : f(\omega) < v^*\} \subseteq \{\omega^*\} \cup \left( \bigcup_{z(A) < v^*} A \right) = E.$$

根据 6.1 节最优化基本原理 (II), $E$ 的最优元一定是 $\Omega$ 的最优元. 所以 $\Omega \setminus E$ 可以消去, 即 $z(A) \geqslant v^*$ 的 $A$ 可从 $\mathscr{A}$ 中消去. 当 $\{A \in \mathscr{A} : z(A) < v^*\} = \varnothing$ 时, $E = \{\omega^*\}$, 故 $\omega^*$ 就是 $\Omega$ 的最优元.

按照上述分枝定界原则, 可以设计出求解一般离散优化问题的分枝定界算法. 结合具体问题的特点, 算法的设计有较大的灵活性. 其中确定上下界的方法是至关紧要的. 如果求出的上界 $v^*$ 很接近最优值, 一下子把大部分分枝截去, 则枚举的范围就很小了. 如果求出的下界 $z(A)$ 接近于函数 $f$ 在 $A$ 上的最小值, 也同样加速截枝过程, 大大减少运行时间. 不少先驱学者在发展定界方法方面付出了很大的努力, 取得可观的应用效果. 在这样的探究过程中, 由确定最优值的下界 $z^*$ 与上界 $v^*$ 的比值, 还引导出性能比的概念, 成为下一章设计近似算法的理论基础. 不过, 目前衡量分枝定界算法的效果还是主要靠数值计算实验, 对大量随机生成的实例进行统计. 有人建立题库, 专供考核算法之用.

下面写出一个算法模式. 开始时用简易的启发式算法求出一个初始可行解 $\omega^* \in \Omega$ 以及 $v^* = f(\omega^*)$. 以后始终用 $\omega^*$ 表示迄今得到的最好可行解, 用 $v^*$ 表示最优值的上界. 此外, 对活跃子集族 $\mathscr{A}$ 用一个堆栈 $Q$ 来存贮. 在数据结构上, 堆栈是遵循后存先取的队列.

**分枝定界算法**

(1) 令 $Q := \{\Omega\}$, $\Omega$ 为决策树的根. 构造初始解 $\omega^*$ 及上界 $v^*$.

(2) 若 $Q = \varnothing$, 则终止, $\omega^*$ 为最优元. 否则从 $Q$ 中取出最后存入的子集 $A_0$ (从 $Q$ 中删去).

(3) 对 $A_0$ 作分枝. 对所有 $A \in \boldsymbol{B}(A_0)$ 计算下界 $z(A)$.

(4) 若 $z(A) \geqslant v^*$, 则截去分枝 $A$ (在此可插入其他消去规则). 若所有新分枝均被截去, 则转 (2).

(5) 取 $A_1 \in B(A_0)$ 使得 $z(A_1) = \min\{z(A) : A \in B(A_0)\}$. 并将其他 $z(A) < v^*$ 的子集 $A \in B(A_0)$ 作为候选元素按下界由大到小的顺序存入 $Q$.

(6) 若 $|A_1| = 1$, 设 $A_1 = \{\omega^0\}$, 则令 $\omega^* := \omega^0$, $\quad v^* := f(\omega^0)$. 返回 (2).

否则令 $A_0 := A_1$, 返回 (3).

---

### 6.4.2　三台机器的流水作业问题

以三台机器的同顺序流水作业问题 $F3||C_{\max}$ 为例, 说明分枝定界算法的要点. 设其工时矩阵为

|       | $J_1$ | $J_2$ | $\cdots$ | $J_n$ |
|-------|-------|-------|----------|-------|
| $M_1$ | $a_1$ | $a_2$ | $\cdots$ | $a_n$ |
| $M_2$ | $b_1$ | $b_2$ | $\cdots$ | $b_n$ |
| $M_3$ | $c_1$ | $c_2$ | $\cdots$ | $c_n$ |

设工件集为 $\boldsymbol{N} = \{1, 2, \cdots, n\}$. 此时可行解集 $\Omega$ 是 $\boldsymbol{N}$ 的 $n!$ 个排列 $\pi$ 的全体. 目标函数 $f(\pi) = C_{\max}(\pi)$. 问题是求使得 $f(\pi)$ 为最小的排列 $\pi$. 问题的基本性质可复习例 6.1.1.

首先讲述分枝规则. 对一个固定的长度为 $k$ 的部分序列 $\pi^k = (\pi^k(1), \pi^k(2), \cdots, \pi^k(k))$, $0 \leqslant k \leqslant n$, 我们定义子集 $A(\pi^k) \subseteq \Omega$ 为所有排列

$$\pi = (\pi^k(1), \pi^k(2), \cdots, \pi^k(k), \pi(k+1), \cdots, \pi(n))$$

的全体, 即以 $\pi^k$ 为初始部分的排列的全体. 那么 $|A(\pi^k)| = (n-k)!$. 当子集 $A(\pi^k)$ 作为决策树的一个顶点时, 它可划分为 $n-k$ 个直接后继 (儿子), 它们分别由部分序列

$$(\pi^k, t) := (\pi^k(1), \pi^k(2), \cdots, \pi^k(k), t)$$

所定义, 其中 $t \in \boldsymbol{N} \setminus \pi^k$ (这里 $\pi^k$ 看作 $\boldsymbol{N}$ 的 $k$ 元子集). 特别对树根 $\Omega$ 而言, 其中固定的部分序列 $\pi^0 = \varnothing$, 所以它划分出 $n$ 个儿子是分别以 $(1), (2), \cdots, (n)$ 开头的排列的全体. 这就是分枝规则 $\boldsymbol{B}$.

为简单起见, 今后我们直接用部分序列 $\pi^k$ 来作为决策树的顶点 (图 6.3), 比如树根就是 $\pi^0 = \varnothing$, 而不再说它是由怎样的排列全体构成的子集. 对于由分枝规则产生的新顶点 (儿子), 在序列 $\pi^k$ 后面连接一个元素 $t$, 可以直接写为 $\pi^k t$.

其次讨论定界方法. 先来看上界与初始解. 所谓启发式算法往往是多少有点道理的简单办法. 我们尝试过这样做: 将工时矩阵的第 1,2 行合并, 第 2,3 行合并, 得到

$$\begin{pmatrix} a_1 + b_1 & a_2 + b_2 & \cdots & a_n + b_n \\ b_1 + c_1 & b_2 + c_2 & \cdots & b_n + c_n \end{pmatrix},$$

然后用两机器的 Johnson 规则进行排列, 得到初始解 $\pi^*$, 并计算出其目标函数值 (上界) $v^* = f(\pi^*)$.

再来看下界的设计. 对固定的部分序列 $\pi^k = (\pi^k(1), \pi^k(2), \cdots, \pi^k(k))$, 考虑所有排列 $\pi = (\pi^k(1), \pi^k(2), \cdots, \pi^k(k), \pi(k+1), \cdots, \pi(n))$ 的目标函数值下界. 记 $R := \boldsymbol{N} \setminus \pi^k = \{\pi(k+1), \cdots, \pi(n)\}$. 此时的工时矩阵为

$$P(\pi) = \begin{pmatrix} a_{\pi^k(1)} & \cdots & a_{\pi^k(k)} & a_{\pi(k+1)} & \cdots & a_{\pi(n)} \\ b_{\pi^k(1)} & \cdots & b_{\pi^k(k)} & b_{\pi(k+1)} & \cdots & b_{\pi(n)} \\ c_{\pi^k(1)} & \cdots & c_{\pi^k(k)} & c_{\pi(k+1)} & \cdots & c_{\pi(n)} \end{pmatrix},$$

其中对应于 $\pi^k$ 的列顺序已定, 其余对应于 $R$ 的列顺序未定. 我们从中取出如下两个子矩阵:

$$A = \begin{pmatrix} a_{\pi^k(1)} & \cdots & a_{\pi^k(k)} \\ b_{\pi^k(1)} & \cdots & b_{\pi^k(k)} \\ c_{\pi^k(1)} & \cdots & c_{\pi^k(k)} \end{pmatrix}, \quad B = \begin{pmatrix} b_{\pi(k+1)} & \cdots & b_{\pi(n)} \\ c_{\pi(k+1)} & \cdots & c_{\pi(n)} \end{pmatrix},$$

其中后者的列顺序按两行的 Johnson 规则排列. 对矩阵 $A$, 按照递推公式 (6.4), 计算最后一列三个工序 $(1, \pi^k(k)), (2, \pi^k(k)), (3, \pi^k(k))$ 的完工时间 $C_{1,\pi^k(k)}, C_{2,\pi^k(k)}, C_{3,\pi^k(k)}$. 对矩阵 $B$, 按照递推公式 (6.4), 计算最终完工时间 (最长路长), 记为 $L(B)$. 为得到 $\pi^k$ 对应的顶点的下界 $z(\pi^k)$, 分别考虑在矩阵 $P(\pi)$ 中从第 $n$ 列, 第 $k+1$ 列, 第 2 行及第 3 行进入子阵 $B$ 的有向路长度下界:

$$\begin{aligned} s_1 &= \sum_{1 \leqslant i \leqslant n} a_i + \min_{j \in R}(b_j + c_j), \\ s_2 &= C_{1,\pi^k(k)} + \min_{j \in R}(a_j + b_j) + \sum_{j \in R} c_j, \\ s_3 &= C_{2,\pi^k(k)} + L(B), \\ s_4 &= C_{3,\pi^k(k)} + \sum_{j \in R} c_j. \end{aligned}$$

进而令

$$z(\pi^k) := \min\{s_1, s_2, s_3, s_4\}.$$

由此得到确定下界的规则.

再者, 在搜索过程中用一个表 $T$ 来记录有待考察的活跃分枝, 其中第 $i$ 行记录决策变量 $\pi(i)$ 的候选值. 它起到一般算法中堆栈 $Q$ 的作用.

综上, 得到如下的分枝定界算法, 写法比前面的一般模式更加具体:

**算法 6.4.1**　求解问题 $F3||C_{\max}$.

─────────────────────────────────────────────

(1) 构造初始解 $\pi^*$ 并计算上界 $v^*$. 树根对应的部分序列为 $\pi^0 = \varnothing$. 令 $k := 1$.

(2) 对部分序列 $\pi^{k-1}$ 作分枝. 对每一个新分枝序列 $\pi^{k-1}t$, 其中 $t \in R := \boldsymbol{N} \setminus \pi^{k-1}$, 计算下界 $z(\pi^{k-1}t)$. 若 $z(\pi^{k-1}t) \geqslant v^*$, 则截去分枝 $\pi^{k-1}t$(或插入其他消去规则). 若所有新分枝均被截去, 则转 (5).

(3) 取 $t^* \in R$ 使得 $z(\pi^{k-1}t^*) = \min\{z(\pi^{k-1}t) : t \in R\}$. 构造当前的部分序列 $\pi^k := \pi^{k-1}t^*$. 同时将其余 $z(\pi^{k-1}t) < v^*$ 的 $t$ 值按下界由大到小的次序存入表 $T$ 的第 $k$ 行.

(4) 若 $k = n-1$, 则 $\pi^{n-1}$ 添上剩下的一个工件便得到全排列 $\pi^n$. 令 $\pi^* := \pi^n$, $v^* := f(\pi^n)$, 转 (5). 否则令 $k := k+1$, 转 (2).

(5) 若表 $T = \varnothing$, 则终止, $\pi^*$ 是最优排列; 否则从 $T$ 中取出最晚存入的数值 (即最后一行的最后一个元素) $t_0$, 设它处于表 $T$ 的第 $h$ 行. 从当前的部分序列中截取前 $h-1$ 个元素, 构成部分序列 $\pi^{h-1}$, 然后连接元素 $t_0$, 得到部分序列 $\pi^h := \pi^{h-1}t_0$. 令 $k := h+1$, 转 (2).

─────────────────────────────────────────────

举一个数值例子, 即命题 6.1.5 前面的例子 (取自 [5]):

|       | $J_1$ | $J_2$ | $J_3$ | $J_4$ | $J_5$ | $J_6$ |
|-------|-------|-------|-------|-------|-------|-------|
| $M_1$ | 6     | 12    | 4     | 3     | 6     | 2     |
| $M_2$ | 7     | 2     | 6     | 11    | 8     | 14    |
| $M_3$ | 3     | 3     | 8     | 7     | 10    | 12    |

首先用前面的启发式算法, 并行后得到两行的矩阵

$$\begin{pmatrix} 13 & 14 & 10 & 14 & 14 & 16 \\ 10 & 5 & 14 & 18 & 18 & 26 \end{pmatrix},$$

按 Johnson 规则排出初始解 $\pi^* = 345612$. 回到原工时矩阵用递推公式算出目标函

数值:

$$C(\pi^*) = \begin{pmatrix} 4 & 7 & 13 & 15 & 21 & 33 \\ 10 & 21 & 29 & 43 & 50 & 52 \\ 18 & 28 & 39 & 55 & 58 & 61 \end{pmatrix},$$

得到上界 $v^* = f(\pi^*) = 61$.

其次, 从树根 $\varnothing$ 作第一层分枝 $\pi^1 = t$ $(1 \leqslant t \leqslant 6)$, 然后计算下界 $z(t)$. 以 $t = 1$ 为例, 取出两个子矩阵

$$A = \begin{pmatrix} 6 \\ 7 \\ 3 \end{pmatrix}, \quad B = \begin{pmatrix} 2 & 6 & 8 & 14 & 11 \\ 3 & 8 & 10 & 12 & 7 \end{pmatrix},$$

其中 $B$ 的列顺序已按 Johnson 规则重排. 从 $A$ 中求出 $C_{2,1} = 13$, 从 $B$ 中求出 $L(B) = 49$, 从而 $s_3 = 13 + 49 = 62$ ($s_1, s_2, s_4$ 较小, 从略). 故 $z(1) = 62$. 同理得到其他的下界:

| $t$ | 1 | 2 | 3 | 4 | 5 | 6 |
|---|---|---|---|---|---|---|
| $z(t)$ | <u>62</u> | <u>64</u> | 56* | 59 | 58 | 59 |

其中下划线的下界不小于上界, 故相应的分枝被截去.

进而取最小的下界 $z(3) = 56$, 构造当前的部分序列 $\pi^1 := 3$. 同时将 $z(t) < v^*$ 的 $t = 4, 6, 5$ 存入表 $T$ 的第一行待查. 接着对 $\pi^1 := 3$ 作分枝 $\pi^2 = 3t$ ($t = 1, 2, 4, 5, 6$), 并计算下界 $z(3t)$. 以 $t = 1$ 为例, 取出子矩阵

$$A = \begin{pmatrix} 4 & 6 \\ 6 & 7 \\ 8 & 3 \end{pmatrix}, \quad B = \begin{pmatrix} 2 & 8 & 14 & 11 \\ 3 & 10 & 12 & 7 \end{pmatrix},$$

从 $A$ 中求出 $C_{2,1} = 17$, 从 $B$ 中求出 $L(B) = 43$, 从而 $s_3 = 17 + 43 = 60$. 由此得到 $z(31) = 60$. 同理得到其他的下界:

| $3t$ | 31 | 32 | 34 | 35 | 36 |
|---|---|---|---|---|---|
| $z(3t)$ | 60 | <u>62</u> | 60 | 56* | 59 |

由此截去分枝 32, 取最小的下界 $z(35) = 56$, 构造当前的部分序列 $\pi^2 := 35$. 并将 $z(3t) < v^*$ 的 $t = 1, 4, 6$ 存入表 $T$ 的第 2 行备查.

继续对 $\pi^2 := 35$ 作分枝 $\pi^3 = 35t$ $(t = 1, 2, 4, 6)$, 并计算下界 $z(35t)$:

| $35t$ | 351 | 352 | 354 | 356 |
|-------|-----|-----|-----|-----|
| $z(35t)$ | 60 | 60 | 60 | 57* |

取最小的下界 $z(356) = 57$, 构造部分序列 $\pi^3 := 356$. 并将 $z(35t) < v^*$ 的 $t = 1, 2, 4$ 存入表 $T$ 的第 3 行.

再对 $\pi^3 := 356$ 作分枝 $\pi^4 = 356t$ $(t = 1, 2, 4)$, 并计算下界 $z(356t)$:

| $356t$ | 3561 | 3562 | 3564 |
|--------|------|------|------|
| $z(356t)$ | 59 | 57* | 57 |

取最小的下界 $z(3562) = 57$, 构造部分序列 $\pi^4 := 3562$. 并将 $z(356t) < v^*$ 的 $t = 1, 4$ 存入表 $T$ 的第 4 行.

再对 $\pi^4 := 3562$ 作分枝 $\pi^5 = 3562t$ $(t = 1, 4)$, 并计算下界 $z(3562t)$:

| $3562t$ | 35621 | 35624 |
|---------|-------|-------|
| $z(3562t)$ | 59 | 57* |

取最小的下界 $z(35624) = 57$, 得到部分序列 $\pi^5 := 35624$. 并将 $z(3562t) < v^*$ 的 $t = 1$ 存入表 $T$ 的第 5 行.

至此, 执行算法步骤 (4), 加上剩下的工件 1, 得到全排列 $\pi^6 := 356241$, 其目标函数值为 $f(\pi^6) = 57$. 于是更新可行解 $\pi^* := 356241$ 及上界 $v^* := 57$.

进而执行步骤 (5), 取出表 $T$ 最后存入的 $t = 1$, 回到部分序列 $\pi^5 := 35621$. 由于下界 $z(35621) = 59 > v^* := 57$, 故截去此分枝. 继续从表 $T$ 中逐一取出待查的分枝, 再次被截去. 由于前面留下分枝的下界均不小于 $v^* := 57$, 所以它们全部被截去. 最后得到最优解 $\pi^* = 356241$ 及最优值 $v^* = 57$. 作为总结, 计算过程如图 6.3 的决策树所示, 其中各顶点下方的数字为该顶点的下界.

写这个算例的目的是想说明, 这样的算法是不难在计算机中实现的. 笔者早年曾用 BASIC 语言编写过一些动态规划与分枝定界的程序 (包括下一节的应用问题程序), 现在如用 C 语言来写, 一定效果更好. 对于目前的强 NP- 困难问题, 不太大的实例还是有办法在计算机中计算的. 数值计算实践是解决问题的一个重要方面, 决不可轻视.

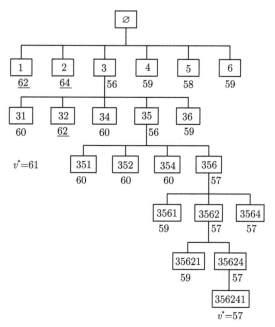

图 6.3 分枝搜索过程的决策树

# 6.5 启发式算法

在困难问题的精确算法需要耗费大量时间的情况下, 人们往往祈求一种粗略快捷的算法, 虽然未必得到最优解, 却能在实用上提供具有一定满意程度的近似解, 这就是启发式算法 (heuristic algorithm). 如果此类算法具有最劣情形的近似程度 (误差) 估计, 它就成为下一章讲述的近似算法了.

## 6.5.1 局部邻域搜索法

古典极值方法和非线性规划的初等方法都是所谓 "瞎子爬山法", 即在一个初始点的邻域周围试探, 寻求改进的解; 可以改进则改进之, 不能改进就达到最优了 (到达山顶). 这种方法的理论依据是凸性, 因为凸函数的局部最优一定是整体最优.

对离散问题, 人们致力于探索凸性的表现. 例如, 最小支撑树问题, 对一个支撑树 $T$, 增加一条余树边 (树 $T$ 以外的边) $e$ 后, $T+e$ 包含唯一的圈; 从这个圈中任意删去一条树边 $e'$, 得到另一个支撑树 $T' := T+e-e'$. 从树 $T$ 到树 $T'$ 的变换称为基本树变换. 从支撑树 $T$ 经由基本树变换得到的所有支撑树, 构成树 $T$ 的邻域. 一个熟知的结论是: 支撑树 $T$ 是最优树 (权最小或大) 当且仅当它是邻域中的最优树. 这一结论推广到拟阵, 拉开了贪婪型算法的序幕. 又如二部图最优匹配问题, 对一个完美匹配 $M$, 通过一个交错圈 $C$ 的变换, 得到另一个完美匹配 $M' := M \triangle C$.

经由这样的变换得到的所有完美匹配构成匹配 $M$ 的邻域. 同样有结论: 邻域中的最优一定是整体最优. 这种凸性表现可推广到网络流及二拟阵交等一系列问题, 几乎支配着所有典型的多项式可解问题.

在时序优化问题中, 对一个排列 $\pi$, 通过置换两个工件 (或将一个工件轮换到另一个工件之后或之前), 可得另一个排列 $\pi'$. 这可称为局部变换. 从排列 $\pi$ 经由局部变换得到的所有排列 $\pi'$ 构成 $\pi$ 的邻域. 前面讨论过的大部分多项式可解问题可以由局部邻域搜索算法求解.

对于非凸的连续优化问题或 NP-困难的离散优化问题, 局部邻域搜索法仍然是常见的实用方法. 以旅行商问题 (TSP) 为例, 在赋权完全图 $K_n$ 中求一个权最小的 Hamilton 圈 (经过每一个顶点恰一次的圈, 简称 $H$ 圈). 对此, 广为流传的启发式算法是林生的 $N_k$- 邻域方法[137], 其中一个 $H$ 圈的邻域由所有替换其 $k$ 条边的 $H$ 圈组成 ($k \geqslant 2$). 现设 $w(uv)$ 为边 $uv$ 的权. 下面是 $N_2$-邻域算法.

**算法 6.5.1**　　旅行商问题的替换二边法.

---

(1) 取 $H$ 圈 $C = v_1 v_2 \cdots v_n v_1$.

(2) 对任意 $i, j \in \mathbf{N}$, 若

$$w(v_i v_j) + w(v_{i+1} v_{j+1}) < w(v_i v_{i+1}) + w(v_j v_{j+1}),$$

则令

$$C' := C - \{v_i v_{i+1}, v_j v_{j+1}\} + \{v_i v_j, v_{i+1} v_{j+1}\}.$$

若无这样的 $i, j$, 则终止.

(3) 令 $C := C'$, 转 (2).

---

示意图见图 6.4(a), 其中虚线为被替换的边 $v_i v_{i+1}$ 及 $v_j v_{j+1}$. 进一步考虑 $N_3$-邻域算法, 即替换三边法. 在此不拟写出算法格式, 只需用示意图来说明. 在图 6.4(b) 或 (c) 中, 三条虚线的圈边被替换, 变为连接三个片段的边.

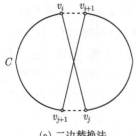 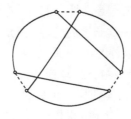 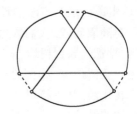

(a) 二边替换法　　　　　　　　(b) 三边替换法1　　　　　　　　(c) 三边替换法2

图 6.4　旅行商问题的边替换法

从数值实践经验来看, $N_3$- 邻域算法的效果倍受赞扬. 然而, 替换 4 条边以上的算法却效果不明显, 此类启发式算法的效能也有 "事不过三" 的局限, 不知如何解释.

回顾第 4 章的 $1\|\sum T_j$ 启发式算法 4.1.1, 它是相对于交换相邻工件的变换邻域的局部最优算法. 在实际计算上有一定效果, 但对最劣情形的 "性能保证" 却欠佳 (见 [73, 75, 76]). 离散优化中的许多算法, 与线性规划的单形法有同样的命运, 平均行为不错, 而最劣情形却是指数时间的. 好坏评价, 在应用领域自有公论.

### 6.5.2 汽轮机叶片排序问题

20 世纪 70 年代, 我们在一机部郑州机械研究所强度室做过一个应用项目, 叫做 "汽轮机叶片动平衡的最优排序"(见 [31] 及习题 1.7). 多年后发现欧洲也有人用蒙特卡罗方法做这个题目. 与传统排序问题不同的是, 它的求解方案是圆排列, 而目标函数是一个二次型. 下面讲述当时使用的局部搜索法.

实际工程问题是这样的: 在汽轮机转子中有 100 多个叶片, 考虑到避免共振, 每个叶片的质量与几何形状不尽相同; 当转子转动时, 它们各自产生的惯性离心力存在差异, 以致造成偏离轴心的作用力. 为达到良好的动平衡, 必须将诸叶片适当排序, 使各个方向的离心力的合力达到最小. 示意图如图 6.5 所示. 这是空间模式的排序问题, 与时间进程无关.

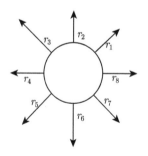

图 6.5 汽轮机叶片排序示意图

今设有 $n$ 个叶片, 已知转子转动时第 $j$ 个叶片产生的离心力数值 (模) 为 $r_j$ ($1 \leqslant j \leqslant n$). 转子的一周 (单位圆) 分为 $n$ 等分, 每个分点作为安装叶片的位置, 也是 $n$ 个离心力的作用点. 设第 $k$ 个分点的幅角为

$$\varphi_k = \frac{2k\pi}{n} \quad (1 \leqslant k \leqslant n).$$

如将叶片 $j$ 安装在位置 $k$ 上, 那么它产生的离心力向量可用如下复数表示:

$$z(j,k) := r_j e^{i\varphi_k}, \quad e^{i\varphi_k} = \cos\varphi_k + i\sin\varphi_k,$$

其中 $e^{i\varphi_k}$ 表示幅角为 $\varphi_k$ 的单位向量. 其次, 叶片的排序方案是用 $\pi = (\pi(1),$ $\pi(2), \cdots, \pi(n))$ 表示的圆排列. 于是排序方案 $\pi$ 产生的合力表示为复数

$$F(\pi) := \sum_{k=1}^{n} z(\pi(k), k) = \sum_{k=1}^{n} r_{\pi(k)} e^{i\varphi_k}.$$

问题归结为: 求排列 $\pi$ 使合力的模 $|F(\pi)|$ 为最小.

对排列 $\pi$, 我们用向量 $\boldsymbol{x} = (x_1, x_2, \cdots, x_n)^{\mathrm{T}}$ 来表示 $n$ 个力的排列, 其中

$$x_1 = r_{\pi(1)}, \quad x_2 = r_{\pi(2)}, \cdots, x_n = r_{\pi(n)},$$

称之为可行解. 同时目标函数设定为

$$f(\boldsymbol{x}) = |F(\pi)|^2.$$

那么

$$f(\boldsymbol{x}) = \left| \sum_{k=1}^{n} x_k e^{i\varphi_k} \right|^2 = \left( \sum_{k=1}^{n} x_k e^{i\varphi_k} \right) \left( \sum_{k=1}^{n} x_k e^{-i\varphi_k} \right)$$

$$= \sum_{j=1}^{n} \sum_{k=1}^{n} (\cos\varphi_j + i\sin\varphi_j)(\cos\varphi_k - i\sin\varphi_k) x_j x_k$$

$$= \sum_{j=1}^{n} \sum_{k=1}^{n} \cos(\varphi_j - \varphi_k) x_j x_k.$$

令 $a_{jk} = \cos(\varphi_j - \varphi_k)$, 则目标函数写成实二次型

$$f(\boldsymbol{x}) = \sum_{j=1}^{n} \sum_{k=1}^{n} a_{jk} x_j x_k. \tag{6.13}$$

进一步用向量–矩阵记号, 记 $n$ 阶方阵 $A = (a_{jk})$, 并记向量 $\boldsymbol{y} = A\boldsymbol{x} = (y_1, y_2, \cdots, y_n)^{\mathrm{T}}$, 其中 $y_j = \sum_{1 \leqslant k \leqslant n} a_{jk} x_k$ 为合力 $\boldsymbol{F}$ 在 $j$ 方向上的投影. 这样一来, 问题表述为: 寻求可行解 (排列) $\boldsymbol{x}$, 使二次型

$$f(\boldsymbol{x}) = \boldsymbol{x}^{\mathrm{T}} A \boldsymbol{x} = \boldsymbol{x}^{\mathrm{T}} \boldsymbol{y} = \sum_{j=1}^{n} x_j y_j \tag{6.14}$$

为最小. 这是一个很简洁的数学模型.

为建立算法, 首先推导最优解的必要条件.

**命题 6.5.1**　若 $\boldsymbol{x} = (x_1, x_2, \cdots, x_n)$ 为最优排列, 且 $y_j = \sum_{1 \leqslant k \leqslant n} a_{jk} x_k$, 则对任意 $j, k \in \boldsymbol{N}$, 其中 $x_j \neq x_k$, 均有

$$\frac{y_j - y_k}{x_j - x_k} \leqslant 1 - a_{jk}. \tag{6.15}$$

**证明**  将最优排列 $\boldsymbol{x} = (x_1, \cdots, x_j, \cdots, x_k, \cdots, x_n)$ 中的 $x_j$ 与 $x_k$ 对换, 得到排列 $\boldsymbol{x}' = (x_1, \cdots, x_k, \cdots, x_j, \cdots, x_n)$. 则 $f(\boldsymbol{x}) \leqslant f(\boldsymbol{x}')$. 按 (6.13) 比较两个二次型 $f(\boldsymbol{x})$ 和 $f(\boldsymbol{x}')$ 的各项元素. 注意 $A$ 为对称矩阵, $a_{jj} = 1$, 且两个二次型之间只有 $j, k$ 行及 $j, k$ 列不同. 再者, 这两行两列交叉的 4 个元素之和也相等:

$$a_{jj}x_j^2 + a_{jk}x_jx_k + a_{kj}x_kx_j + a_{kk}x_k^2 = a_{jj}x_k^2 + a_{jk}x_kx_j + a_{kj}x_jx_k + a_{kk}x_j^2.$$

因此

$$0 \leqslant f(\boldsymbol{x}') - f(\boldsymbol{x}) = 2 \left( \sum_{l \neq j,k} a_{jl}x_kx_l + \sum_{l \neq j,k} a_{kl}x_jx_l \right) - 2 \left( \sum_{l \neq j,k} a_{jl}x_jx_l + \sum_{l \neq j,k} a_{kl}x_kx_l \right)$$

$$= 2(x_k - x_j) \sum_{l \neq j,k} a_{jl}x_l + 2(x_j - x_k) \sum_{l \neq j,k} a_{kl}x_l$$

$$= 2(x_j - x_k)[(y_k - a_{kj}x_j - a_{kk}x_k) - (y_j - a_{jj}x_j - a_{jk}x_k)]$$

$$= 2(x_j - x_k)[(y_k - y_j) + (x_j - x_k)(1 - a_{jk})].$$

当 $x_j \neq x_k$ 时, 若 $x_j > x_k$, 则上式推出

$$(y_k - y_j) + (x_j - x_k)(1 - a_{jk}) \geqslant 0,$$

从而

$$(x_j - x_k)(1 - a_{jk}) \geqslant y_j - y_k,$$

故 (6.15) 成立. 若 $x_j < x_k$, 则

$$(y_k - y_j) + (x_j - x_k)(1 - a_{jk}) \leqslant 0,$$

从而

$$(x_j - x_k)(1 - a_{jk}) \leqslant y_j - y_k,$$

亦有 (6.15) 成立.                                                                       □

根据最优解的必要条件, 也就是交换两个位置的局部最优解条件, 我们可以设计如下的局部搜索算法. 首先按照实际生产的经验方法, 排出一个初始排列 $x^0$, 然后验证条件 (6.15), 如不满足, 则交换 $x_j$ 及 $x_k$. 如此直到满足条件为止. 为了摆脱邻域的局限, 也可以随机生成一个初始排列, 进行大量的计算实验, 从中挑选出最好的局部最优解来.

算法的数据是模数 $r_1, r_2, \cdots, r_n$ 以及矩阵 $A = (a_{ij})$, 其中 $a_{ij} = \cos \dfrac{2(i-j)\pi}{n}$. 这里 $A$ 是一个对称的循环矩阵, 其元素只有 $n$ 个不同的数值, 记为

$$a(k) = \cos \frac{2k\pi}{n} \quad (0 \leqslant k \leqslant n-1),$$

并有 $a(-k) = a(k)$. 为保留原来计算程序中数组的记号, $x_k$ 写为 $x(k)$, $y_k$ 写为 $y(k)$.

**算法 6.5.2**　汽轮机叶片排序算法.

(1) 取模数的排列 $(r_{\pi(1)}, r_{\pi(2)}, \cdots, r_{\pi(n)})$, 令 $x(k) = r_{\pi(k)}$ $(1 \leqslant k \leqslant n)$.

(2) 计算 $y(i) = \sum_{1 \leqslant j \leqslant n} a(i-j)x(j)$, $1 \leqslant i \leqslant n$, $f = \sum_{1 \leqslant i \leqslant n} x(i)y(i)$.
令 $i := 1$, $j := i + 1$.

(3) 若 $\dfrac{y(i) - y(j)}{x(i) - x(j)} \leqslant 1 - a(i-j)$, 则转 (4); 否则执行对换

$$x(k) := \begin{cases} x(j), & k = i, \\ x(i), & k = j, \\ x(k), & \text{否则}, \end{cases}$$

转 (2).

(4) 若 $j < n$, 则令 $j := j + 1$, 转 (3); 若 $j = n, i < n$, 则令 $i := i + 1, j := i + 1$, 转 (3); 否则终止, 输出局部最优解 $\{x(k)\}$ 及目标函数值 $f$.

### 6.5.3　电网机组检修调度

20 世纪 80 年代, 我们参加河南省电力局调度所的合作项目 "电网机炉检修最优计划设计及应用". 其中数学模型部分是建立排序模型和动态规划算法. 值得庆幸的是其计算机程序在计划编制工作中得到长期运行 (项目组成员还有付桂枝、李乐园等, 参见 [138]).

一个电力系统 (电网) 包括若干火力发电厂或水力发电站, 每个电厂 (站) 又由若干不同发电量的机组构成. 电网的功能是保证连续稳定供电. 然而, 每个机组在一定周期内必须停机进行检修, 以致影响电网的出力. 因此, 电力调度部门必须对所有检修任务的作业时间进行整体安排, 使电网的总出力稳定在允许范围之内, 以确保计划供电.

实际问题的已知条件是: ①在计划期 (比如一年) 内, 电网各电厂需要检修的机组 (工件), 其检修作业时间 (工时), 允许检修的时间范围 (到达期和截止期), 以及检修容量 (即损失的发电量); ②根据季节变化及典型年的负荷曲线, 确定出计划期内额定的检修容量曲线 $y = p_0(t)$, 即在时刻 $t$ 允许损失的容量为 $p_0(t)$.

对一个检修时间安排, 如果在时刻 $t$ 的检修容量是 $p(t)$, 那么 $y = p(t)$ 就是实际运行的检修容量曲线. 我们希望求一个检修时间安排, 使得运行曲线 $y = p(t)$ 尽量与额定曲线 $y = p_0(t)$ 吻合. 如以函数的离差作为目标函数比较困难, 我们采取一种简化办法: 用 "惩罚" 方法, 强迫曲线 $y = p(t)$ 处于曲线 $y = p_0(t)$ 之下. 由于

两条曲线下方的面积相等, 等于计划期内全部损失的电能, 这样的压迫法可以达到二者贴合的目的.

另外, 一个电网的系统太大, 我们采取局部搜索法, 一个电厂一个电厂轮换着进行调整, 逐步逼近整体的最优方案. 所以我们首先考虑一个电厂的若干台机组的检修计划问题.

设所考虑电厂有 $n$ 个检修任务 $J_1, J_2, \cdots, J_n$. 设任务 $J_j$ 的作业时间 (工时) 为 $p_j$, 最早可开工时刻 (到达期) 为 $r_j$, 最晚可开工时刻为 $b_j = \bar{d}_j - p_j$ (其中 $\bar{d}_j$ 为截止期), 检修容量损失为 $c_j$ $(1 \leqslant j \leqslant n)$. 按照机组的检修周期、运行状况以及检修的迫切程度, 事先排出任务的先后顺序, 不妨设其为 $(J_1, J_2, \cdots, J_n)$ 的顺序. 这就是说, 工件的作业顺序是已知的, 问题是确定时间安排. 欲求的检修计划 (决策方案) 用任务开工时间向量 $\boldsymbol{x} = (t_1, t_2, \cdots, t_n)$ 表示, 其中 $t_j$ 为任务 $J_j$ 的开工时间, $r_j \leqslant t_j \leqslant b_j$. 其次, 我们将计划期离散化, 分为 $N$ 个时段 (比如一年分为 365 个时段), 所有时间参数都在这些整数时段上取值 ($r_j, p_j, b_j$ 都是正整数). 再者, 设在第 $i$ 时段整个电网系统的额定容量为 $h_i = p_0(i)$, 而系统中其他电厂的检修容量总和已固定为 $l_i$.

至于目标函数, 可取一个指数函数 $g(x) = a^{\alpha x}$ (其中 $\alpha$ 为调节因子) 作为惩罚, 表示在一个时段内检修容量超过额定容量 $x$ 单位所造成的损失. 当任务 $J_j$ 在时段 $i$ 作业时, 作业容量超过额定容量的数值是 $l_i + c_j - h_i$. 因此任务 $J_j$ 从时段 $t_j = i$ 开始作业所造成的总损失为

$$W_j(i) = \sum_{k=0}^{p_j-1} g(l_{i+k} + c_j - h_{i+k}).$$

因而最小化的目标函数是

$$f(\boldsymbol{x}) = \sum_{j=1}^{n} W_j(t_j).$$

现用动态规划方法处理, 把一个时段作为一个决策阶段. 用逆推法, 引进最优值函数 $F_j(i) =$ 在时段 $i$ 以后安排任务集 $\{J_j, J_{j+1}, \cdots, J_n\}$ 作业的最小损失.

对阶段 $i$ 的决策, 分两种情形考虑:

(i) 若任务 $J_j$ 不开始作业, 则 $F_j(i) = F_j(i+1)$;

(ii) 若任务 $J_j$ 开始作业, 则 $F_j(i) = W_j(i) + F_{j+1}(i + p_j)$.

因此得到递推公式:

$$F_j(i) = \begin{cases} F_j(i+1), & i < r_j, \\ \min\{F_j(i+1), W_j(i) + F_{j+1}(i+p_j)\}, & r_j \leqslant i \leqslant b_j, \\ \infty, & i > b_j. \end{cases} \tag{6.16}$$

对此约定初始条件为

$$F_{n+1}(i) = \begin{cases} 0, & i \leqslant N - p_n, \\ \infty, & \text{否则}. \end{cases}$$

于是有

$$F_n(i) = \begin{cases} F_n(i+1), & i < r_n, \\ \min\{F_n(i+1), W_n(i)\}, & r_n \leqslant i \leqslant b_n, \\ \infty, & i > b_n. \end{cases}$$

这里约定 $b_n \leqslant N - p_n$ (否则 $J_n$ 在计划期内可能不能完工).

因此, 迭代过程就是对 $j = n, n-1, \cdots, 2, 1$, 按照递推公式 (6.16) 依次计算函数 $F_j(i)$ $(0 \leqslant i \leqslant N)$. 最优值为 $F_1(0)$. 而在迭代过程中记录决策函数 $t_j(i)$, 即在时段 $i$ 以后安排任务集 $\{J_j, J_{j+1}, \cdots, J_n\}$ 作业时, $J_j$ 的最优开工时刻. 对此有

$$t_j(i) = \begin{cases} t_j(i+1), & F_j(i) = F_j(i+1), \\ i, & F_j(i) < F_j(i+1). \end{cases}$$

最后, 由回溯过程确定出最优的开工时间:

$$t_1^* = t_1(0), \ t_2^* = t_2(t_1^* + p_1), \ t_3^* = t_3(t_2^* + p_2), \ \cdots, \ t_n^* = t_n(t_{n-1}^* + p_{n-1}).$$

以上是对一个电厂 (站) 的动态规划算法, 称为一维搜索算法. 现设电网系统有 $m$ 个电厂. 首先给定一个作业安排的初始方案. 然后逐个电厂执行上述一维搜索算法, 即在其他电厂的作业安排固定 (因而其他电厂的检修容量总和 $l_i$ 固定) 的情况下, 求出该电厂的最优检修作业安排. 如此轮换地进行调整, 总能逐步改进, 直至运行容量曲线与额定容量曲线达到一定吻合程度为止. 在实用非线性优化和优选法中, 这是最常见的 "因素轮换法". 工程师在实际应用时还有一些具体细节.

## 习　题　6

6.1 用递推方法求解如下问题: 在约束条件 $x_1 + x_2 + \cdots + x_n = c, x_i \geqslant 0$ 之下, 求函数 $x_1^2 + x_2^2 + \cdots + x_n^2$ 的最小值.

6.2 对无圈有向图及一般有向图的最短路问题分别写出逆推算法.

6.3 写出桥梁加载内力计算的定期过程迭代算法 (包括迭代过程和回溯过程).

6.4 对同顺序 $m \times n$ 排序问题 $F||C_{\max}$ $(m \geqslant 3)$, 对工件 $J_i$ 及 $J_j$, 若命题 6.1.4 的条件成立, 则记为 $J_i \preceq J_j$. 试说明 $J_i \preceq J_j$ 是不是偏序或半序关系.

6.5 类似于命题 6.1.5, 试证: 若

$$t_{1p}(\alpha i) \leqslant t_{1p}(\alpha j) + \min_{p \leqslant q \leqslant r \leqslant m}[t_{qr}(i) - t_{qr}(j)], \quad 1 \leqslant p \leqslant m, \tag{6.17}$$

则 $f(\alpha i \beta j \gamma) \leqslant f(\alpha j \beta i \gamma)$. [当部分序列 $\alpha$ 已经排定时, 可以消去形如 $\pi = \alpha j \cdots$ 的排列.]

6.6 在习题 3.14 和习题 3.15 讨论过工期的最优分配问题, 即把工期 $d_j$ 看作可变的, 与工件排列 $\pi$ 一起构成过程的决策. 例如, 考虑目标函数为 $f(\pi, d) = \sum_{1 \leqslant i \leqslant n} d_{\pi(i)} + \sum_{1 \leqslant i \leqslant n} w_{\pi(i)} U_{\pi(i)}$ (对前一项工期费用而言, 工期越小越好, 对后一项延误惩罚而言, 工期越大越好). 首先证明: 存在最优方案使得工件按 SPT 序排列, 且对延误工件 $d_j = 0$, 对按时工件 $d_j = C_j$. 然后建立动态规划算法 (比如设 $F_j(k)$ 为工件集 $\{j, j+1, \cdots, n\}$ 中有 $k$ 个按时工件的最小费用, 得到 $O(n^2)$ 算法).

6.7 类似于前题, 考虑目标函数 $f(\pi, d) = \sum_{1 \leqslant i \leqslant n} d_{\pi(i)} + \sum_{1 \leqslant i \leqslant n} w_{\pi(i)} T_{\pi(i)}$.

6.8 仿照例 6.2.2 两台平行机加权完工时间和问题 $P2||\sum w_j C_j$ 的算法, 建立任意多台机器情形 $P||\sum w_j C_j$ 的动态规划算法. 然后, 推广到匀速平行机情形 $Q||\sum w_j C_j$.

6.9 对例 6.3.1 分批排序问题 $1|\text{p-batch}|\sum w_j C_j$, 设 $\bar{k}_j$ 为在方程 (6.10) 中达到最小值的变量 $k$ 的值, 即 $F_j = F(j, \bar{k}_j)$. 试证: $j < \bar{k}_j \leqslant \bar{k}_{j+1}$.

6.10 研究最大费用的分批排序问题 $1|\text{p-batch}|f_{\max}$, 其中 $f_{\max} = \max_{1 \leqslant j \leqslant n} f_j(C_j)$, $f_j$ 是完工时间的非减函数. 它的判定形式是: 对给定整数 $k$, 是否存在机程方案 $\sigma$, 使得 $f_{\max}(\sigma) \leqslant k$? 对固定的 $k$, 由 $f_j(C_j) \leqslant k$ 可导出工件 $j$ 的截止期 $\bar{d}_j$ $(1 \leqslant j \leqslant n)$. 然后调用问题 $1|\text{p-batch}|L_{\max}$ 的 $O(n \log n)$ 算法. 这样可以得到问题 $1|\text{p-batch}|f_{\max}$ 的多项式时间算法.

6.11 研究一般费用和的分批排序问题 $1|\text{p-batch}|\sum f_j$, 其中 $f_j$ 是完工时间的非减函数. 用顺推法, 设 $F_j(t) :=$ 对工件集 $\{1, 2, \cdots, j\}$ 最后一批的完工时间是 $t$ 的最小费用. 试建立伪多项式时间的递推算法.

6.12 对三台机器的流水作业问题 $F3||C_{\max}$, 前面举出另一个数值例子, 其工时矩阵为

$$P(\pi) = \begin{pmatrix} 1 & 3 & 8 & 12 & 5 & 11 \\ 8 & 9 & 5 & 7 & 5 & 2 \\ 4 & 2 & 10 & 7 & 4 & 7 \end{pmatrix},$$

试运行分枝定界算法. 并考虑结合消去规则, 加速截枝过程.

6.13 设计单机总延误问题 $1||\sum T_j$ 的分枝定界算法. 复习 4.1.2 小节的优先关系, 建立消去规则, 特别运用算法 4.1.1 的启发式算法构造上界. 至于下界的设计, 最简单的办法是将延误 $T_j = \max\{L_j, 0\}$ 松弛为延迟 $L_j = C_j - d_j$. 对已排定位置的部分序列 $\pi^k$, 按 $\sum T_j$ 计算目标函数值; 对未排定位置的工件, 按 SPT 序计算 $\sum L_j$. 考虑进一步的技巧.

6.14 对汽轮机叶片排序问题, 试证: 对 $n$ 个力的模数同时乘以一个常数或同时加上一个常数时, 其最优排列不变. 其次, 考虑到目标函数是两组数的内积形式 $f = \sum_{1 \leqslant i \leqslant n} x_i y_i$, 可运用分离性排序原理设计另一个启发式算法. 假定 $r_1 \leqslant r_2 \leqslant \cdots \leqslant r_n$. 任意给定一个初始排列 $x$, 计算 $\boldsymbol{y} = \boldsymbol{A} \boldsymbol{x}$. 将 $y$ 的分量由大到小排列为 $y_{i_1} \geqslant y_{i_2} \geqslant \cdots \geqslant y_{i_n}$. 令 $x_{i_1} = r_1, x_{i_2} = r_2, \cdots, x_{i_n} = r_n$, 得到新的排列 $x$. 重复进行.

# 第 7 章　结构松弛与近似算法

在微分方程里, 存在解析解的问题只占少数, 大部分问题必须求助于数值解法. 在一定意义上说, 数值解法是一种近似算法, 牺牲精度, 换取合理的计算时间. 在离散问题中, 存在多项式时间算法似乎与上述存在解析解的状况类似. 不知这是偶合, 还是有机理的联系. 当下, 我们只知道, 大部分离散优化问题的最终归宿是近似算法.

近似算法是简略的精确算法, 它依然以精确求解为潜在目的, 只是在实施手段上保留主干, 在细节上放松要求, 以便缩短计算时间; 同时努力控制误差, 在时间与精度上做出权衡的选择.

## 7.1　近似算法的逼近程度衡量

在连续性数学中, 包括函数论、数值分析及非线性最优化, 有系统深入的逼近理论及逼近算法. 其中最基本的概念是误差 (精度) 及收敛性, 其算法有效性的标准是收敛速度, 即达到一定误差的运算时间. 在组合最优化及时序最优化中, 也有相应的逼近理论, 那就是近似算法的设计与分析理论. 在此, 逼近程度用一种相对误差来衡量, 即所谓近似性能比; 而收敛速度用多项式时间复杂性的阶次来表示. 注意离散性数学的逼近理论有一个特点, 就是算法必须在有限时间 (多项式时间) 结束, 不像连续情形那样, 时间可以趋向无穷, 而考虑近似解的极限. 因此, 目前的逼近概念会有不同的内涵.

### 7.1.1　近似算法的性能比

我们仍约定以讨论最小化问题为主. 假定问题是 NP-困难的. 目标函数的最优值称为精确值; 近似算法的目标函数值称为近似值. 近似分析的任务是比较近似值与精确值的偏差. 对一个求最小值的组合优化问题 $X$ 的实例 $I$, 其最优值记为 $\mathrm{OPT}(I)$. 假定问题是具有非负权的, 因而 $\mathrm{OPT}(I) \geqslant 0$.

**定义 7.1.1**　问题 $X$ 的一个近似算法 $A$, 是指它是多项式时间算法, 即对实例 $I$, 其运行时间是 $|I|$ 的多项式. 对实例 $I$, 其目标函数值记为 $A(I)$. 若存在 $k \geqslant 1$, 使得

$$A(I) \leqslant k\,\mathrm{OPT}(I) \tag{7.1}$$

对 $X$ 的所有实例 $I$ 成立, 则称算法 $A$ 是问题 $X$ 的 $k$-近似算法, 并称 $k$ 是算法 $A$ 的性能比或性能保证.

关于这个定义有几点说明:

(i) 对求最大值问题, 不等式 (7.1) 改为 $A(I) \geqslant k\,\mathrm{OPT}(I)$ 且 $k \leqslant 1$.

(ii) 按照传统的观点, $A(I) - \mathrm{OPT}(I)$ 称为绝对误差, $(A(I) - \mathrm{OPT}(I))/\mathrm{OPT}(I)$ 称为相对误差. 那么由不等式 (7.1) 得到

$$\frac{A(I) - \mathrm{OPT}(I)}{\mathrm{OPT}(I)} \leqslant k - 1 = \varepsilon,$$

即近似值的相对误差不超过精度 $\varepsilon \geqslant 0$. 因此性能比往往表示为 $k = 1 + \varepsilon$, 其中 $\varepsilon$ 为误差精度.

(iii) 对给定的近似算法 $A$ 而言, 性能比的界 $k$ 称为紧的, 是指存在这样的实例 $I$ 使得 (7.1) 的等号成立. 这说明对此算法而言, 近似程度的估计是贴切的 (不可能更小了). 另一方面, 对给定的问题 $X$ 而言, 如果不存在其他算法 $B$, 使得它的性能比 $k'$ 小于算法 $A$ 的性能比 $k$, 则近似算法 $A$ 称为最好可能的.

(iv) 性能比 $k$ 亦称为最劣情形比. 在有的文献中, 性能比更确切地定义为

$$k := \sup_{I} \frac{A(I)}{\mathrm{OPT}(I)}.$$

这样定义的性能比 $k$ 必须是紧的, 或渐近意义紧的 (可以任意接近的界). 不过这里的上确界有时不容易确定.

确定一个近似算法的性能比, 即对算法的相对误差进行估计, 是近似算法理论的首要任务. 这里的主要困难是 OPT 不容易确定, 因为确定这个精确值是 NP-困难的. 那么, 我们只能通过松弛方法, 确定它的一个下界 $z(I)$, 即 $\mathrm{OPT}(I) \geqslant z(I)$. 另一方面, 我们要从这个下界中找到一种度量 $m$, 它既可以用来度量 OPT 的下界 $z(I)$, 比如 $z(I) = \alpha m$; 又可以用来度量近似值 $A(I)$ 的上界, 比如 $A(I) \leqslant \beta m$. 那么便可得到性能比的一个估计:

$$\frac{A(I)}{\mathrm{OPT}(I)} \leqslant \frac{\beta m}{\alpha m} = \frac{\beta}{\alpha} = k.$$

这样的度量 $m$ 称为公共尺度, 它来自最优解与近似解之间的某种中介结构. 在以后较多的例子中, 这公共尺度与中介结构往往来自 "关键工件" 的地位.

正如前一章动态规划与枚举算法的基本思想那样, 至关紧要的事情是下界与上界的设计. 有时找到误差的一个粗略估计并不难, 但要证明出紧致贴切的结果是要在算法分析方面下大工夫的. 一些先驱学者在这一领域展示的不等式演算技巧值得深入领会.

### 7.1.2　性能比分析方法: 均值下界与关键工件

在排序论与组合优化领域, Graham 1966 年的工作[139] 是开创性的. 他对平行机问题 $P||C_{\max}$ 的队列算法首先给出性能比的分析方法, 开拓出近似算法的研究方向. 我们就从这个里程碑工作开始讲述吧.

**例 7.1.1**　平行机全程问题 $P||C_{\max}$ 的队列 (LS) 算法.

设 $n$ 个工件 $J_1, J_2, \cdots, J_n$ 在 $m$ 台恒同平行机 $M_1, M_2, \cdots, M_m$ 上加工, 每个工件只要选择一台机器. 设工件 $J_j$ 的工时是 $p_j$ $(1 \leqslant j \leqslant n)$. 目标函数是全程 $C_{\max}$. 这是我们最早遇到的 NP-困难问题 (例 5.1.1). Graham 提出一种近似算法, 称为队列算法 (list scheduling) (这里 list 是数据结构的 "线性表", 与 "队列"(queue, a list of data) 有相同含义), 简记 LS, 就是将 $n$ 个工件排成一个队列 (先存先取的序列), 一旦机器空闲, 立即从队列首位取出一个工件来加工.

**定理 7.1.2**　问题 $P||C_{\max}$ 的队列算法是一个 $(2 - 1/m)$-近似算法.

**证明**　设问题的最优值 (OPT) 记为 $C_{\max}^*$, 队列算法得到的目标函数值为 $C_{\max}^{\mathrm{LS}}$. 欲证:

$$C_{\max}^{\mathrm{LS}} \leqslant \left(2 - \frac{1}{m}\right) C_{\max}^*. \tag{7.2}$$

设在 LS 算法中, 最后完工的工件 (确定目标函数值的工件 —— 关键工件) 是 $J_k$, 则有最优值的下界:

$$C_{\max}^* \geqslant \max\left\{p_k, \frac{1}{m}\sum_{j=1}^{n} p_j\right\},$$

其中右端第二项是按照机器的平均负荷计算作业时间长度. 另一方面, 为估计 $C_{\max}^{\mathrm{LS}}$ 的上界, 设 $S_k, C_k$ 分别为 $J_k$ 的开工时刻及完工时刻. 那么在时刻 $S_k$ 之前没有机器空闲 (否则 $J_k$ 可以提前加工). 按照时刻 $S_k$ 之前的平均机器负荷计算, 有

$$S_k \leqslant \frac{1}{m}\sum_{j \neq k} p_j.$$

于是, 与上述最优值下界相结合, 得到近似值的上界:

$$\begin{aligned}
C_{\max}^{\mathrm{LS}} = C_k = S_k + p_k &\leqslant \frac{1}{m}\sum_{j \neq k} p_j + p_k \\
&= \frac{1}{m}\sum_{j=1}^{n} p_j + \left(1 - \frac{1}{m}\right) p_k \\
&\leqslant C_{\max}^* + \left(1 - \frac{1}{m}\right) C_{\max}^* = \left(2 - \frac{1}{m}\right) C_{\max}^*. \qquad \square
\end{aligned}$$

上述证明的**要点**是对工时的整性作松弛, 按照机器的平均负荷计算作业时间, 得到负荷的均值下界; 同时结合关键工件的极端值, 给出 OPT 的一个下界. 另一方

面, 从这个下界中提取度量近似值上界的公共尺度, 即关键工件的工时 $p_k$ 及负荷均值, 借此表示近似值的上界. 最后将上界与下界用不等式串接起来, 完成性能比的估算. 一般地说, 忽略零散纷纭的细节, 保留关键工件及整体参数 (如总负荷) 的作用, 以简化结构来实现近似性能分析, 这是本章的一个主导思想.

**简注** 对固定的 $m$, 即对问题 $Pm||C_{\max}$, 上述 LS 算法的性能比的界 $2-1/m$ 是紧的. 可以构造这样的最劣情形实例: $m(m-1)$ 个单位长度工件及一个工时为 $m$ 的工件. 显然 $C^*_{\max} = m$ (令一台机器加工 "长工件", 其余 $m-1$ 台机器加工单位工件). 但是如果队列算法的队列使 "长工件" 排到最后, 则 $C^{\mathrm{LS}}_{\max} = 2m-1$, 机程方案见图 7.1. 所以 (7.2) 的等号成立. 这里 $(2-1/m)$-近似算法通常简称为 2-近似算法, 因为当 $m$ 充分大时, 可按渐近意义忽略 $1/m$.

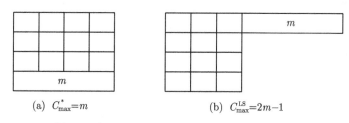

(a) $C^*_{\max}=m$      (b) $C^{\mathrm{LS}}_{\max}=2m-1$

图 7.1 问题 $P||C_{\max}$ 队列算法的最劣情形实例

队列算法没有用到工件的任何信息, 且来一个立即处理一个, 所以它成为在线算法的开端 (在线算法是指工件的信息只有在它到达后才能知道). 进而, 如果事先把所有工件排成一个顺序, 使得 $p_1 \geqslant p_2 \geqslant \cdots \geqslant p_n$, 然后按队列算法执行, 这称为 LPT 算法. 它应该比 LS 算法有更好的性能, 至少可以避免前面简注中的 "最坏" 实例.

**例 7.1.2** 平行机全程问题 $P||C_{\max}$ 的 LPT 算法.

如下的改进结果也是出自 Graham 的早期工作[140].

**命题 7.1.3** 问题 $P||C_{\max}$ 的 LPT 算法是一个 $(4/3-1/3m)$-近似算法.

**证明** 设 LPT 算法得到的目标函数值为 $C^{\mathrm{LPT}}_{\max}$. 欲证:

$$C^{\mathrm{LPT}}_{\max} \leqslant \left(\frac{4}{3} - \frac{1}{3m}\right) C^*_{\max}. \tag{7.3}$$

同前, 设在 LPT 算法中, $J_k$ 是最后完工的工件 (关键工件). 分两种情形讨论:

(i) $p_k \leqslant \frac{1}{3} C^*_{\max}$. 按照前一定理的上界证明, 有

$$C^{\mathrm{LPT}}_{\max} = C_k = S_k + p_k \leqslant \frac{1}{m} \sum_{j \neq k} p_j + p_k$$

$$= \frac{1}{m}\sum_{j=1}^{n} p_j + \left(1 - \frac{1}{m}\right)p_k$$

$$\leqslant C_{\max}^* + \frac{1}{3}\left(1 - \frac{1}{m}\right)C_{\max}^* = \left(\frac{4}{3} - \frac{1}{3m}\right)C_{\max}^*.$$

(ii) $p_k > \frac{1}{3}C_{\max}^*$. 对此将证明 LPT 算法是最优算法, 即

$$C_{\max}^{\mathrm{LPT}} \leqslant C_{\max}^*.$$

事实上, 不妨设 $J_k$ 是最后一个工件 $(k = n)$. 若不然, 可将 $J_k$ 以后的工件截去, 若欲证的结论对较小的实例成立, 则对原来的实例亦然. 由于 $p_j > \frac{1}{3}C_{\max}^*$ $(1 \leqslant j \leqslant n)$, 在任意最优方案中, 每一台机器至多安排两个工件. 如果至多安排一个工件, 则 $J_1$ 是最后完工的, 这是 $n = 1$ 的平凡情形. 因此可设 $n = 2m - h$, 其中 $0 \leqslant h < m$, 并且有 $h$ 台机器各分配一个工件, 有 $m - h$ 台机器各分配两个工件. 也可以添加 $h$ 个零工时的工件, 补足 $2m$ 个工件. 由此联想到推论 2.1.3 的分离性排序原理: 当 $a_1 \geqslant a_2 \geqslant \cdots \geqslant a_m$, $b_{\pi(1)} \leqslant b_{\pi(2)} \leqslant \cdots \leqslant b_{\pi(m)}$ 时, $\max_{1 \leqslant k \leqslant m}(a_k + b_{\pi(k)})$ 为最小. 因此可得这样的最优方案: 将 $J_1, J_2, \cdots, J_m$ 依次安排在机器 $M_1, M_2, \cdots, M_m$ 上, 然后将 $J_{m+1}, \cdots, J_n$ 沿相反顺序安排在机器 $M_m, \cdots, M_{h+1}$ 上. 这恰好是按 LPT 规则得到的机程方案. 故 LPT 算法是最优算法. □

**简注**　上述 LPT 算法的性能比的界 $4/3 - 1/3m$ 也是紧的. 如下的最劣情形实例使 (7.3) 的等号成立: 工件数 $n = 2m + 1$, 其中工时为 $m$ 的工件三个, 工时为 $m + 1, \cdots, 2m - 1$ 的工件各两个. 对此得到 $C_{\max}^{\mathrm{LPT}} = 4m - 1$ 及 $C_{\max}^* = 3m$, 其机程方案分别由图 7.2(a) 及 (b) 所示 (这里是 $m$ 为偶数情形), 此处 $(4/3 - 1/3m)$-近似算法通常按渐近意义简称为 4/3-近似算法.

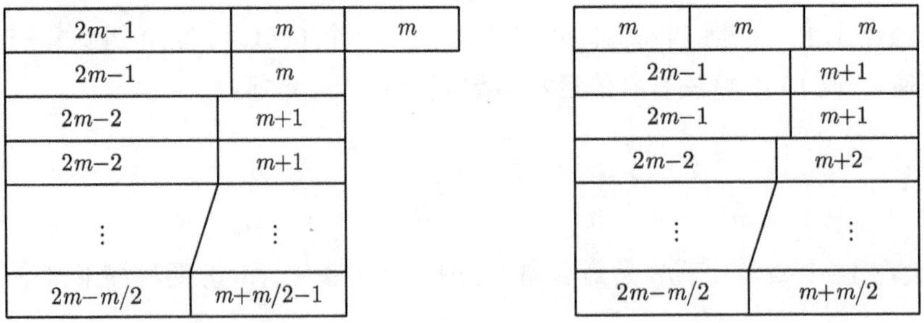

| 2m−1 | m | m |
| 2m−1 | m | |
| 2m−2 | m+1 | |
| 2m−2 | m+1 | |
| ⋮ | ⋮ | |
| 2m−m/2 | m+m/2−1 | |

(a) $C_{\max}^{\mathrm{LPT}} = 4m - 1$

| m | m | m |
| 2m−1 | | m+1 |
| 2m−1 | | m+1 |
| 2m−2 | | m+2 |
| ⋮ | | ⋮ |
| 2m−m/2 | | m+m/2 |

(b) $C_{\max}^* = 3m$

图 7.2　问题 $P\|C_{\max}$ 的 LPT 算法性能比的紧界例子

接着考察一个类似方法的例子 (参见 [141]).

**例 7.1.3** 自由作业问题 $O||C_{\max}$ 的即时算法.

设 $n$ 个工件 $J_1, J_2, \cdots, J_n$ 在 $m$ 台串联机 $M_1, M_2, \cdots, M_m$ 上加工, 每个工件 $J_j$ 在每台机器 $M_i$ 上加工构成一个工序, 其工时为 $p_{ij}$ $(1 \leqslant i \leqslant m, 1 \leqslant j \leqslant n)$. 对自由作业问题, 每个工件可按任意顺序进入机器加工, 每台机器可按任意顺序加工工件, 只要每个工件的作业时间不相重叠. 目标函数是全程 $C_{\max}$. 已知当 $m \geqslant 3$ 时, 问题是 NP-困难的 (例 5.1.4).

在例 1.3.1 讲过一种算法: 机器不能闲着, 可开工的工件立即开工 (这里 "可开工的工件" 是指它的先行工件已经完工). 不妨称此类算法为即时算法或无耽搁算法. 队列算法属于这一类型. 当前问题的即时算法是这样的: 一旦机器空闲, 就取出一个可开工的工件进行加工 (所谓 "可开工" 者, 是指此刻该工件的任何工序都不在加工); 否则等待到有可开工者. 此算法简记为 IS 算法 (instant scheduling).

我们曾在例 2.2.5 及例 3.3.4 讨论过自由作业问题, 由工序的不重叠性得到目标函数的下界 (3.6):

$$C_{\max}^* \geqslant \max \left\{ \max_{1 \leqslant i \leqslant m} \sum_{j=1}^n p_{ij}, \ \max_{1 \leqslant j \leqslant n} \sum_{i=1}^m p_{ij} \right\}.$$

对此, 我们做一点修改. 设 $P_j = \sum_{i=1}^m p_{ij}$ 表示工件 $J_j$ 的所有工序的工时之和, 则按照平均机器负荷的松弛方法, 可得下界的另一种形式:

$$C_{\max}^* \geqslant \max \left\{ \max_{1 \leqslant j \leqslant n} P_j, \ \frac{1}{m} \sum_{j=1}^n P_j \right\}. \tag{7.4}$$

下面的结果与证明都是模仿 Graham 的定理 7.1.2.

**命题 7.1.4** 问题 $O||C_{\max}$ 的即时算法是一个 $(2 - 1/m)$-近似算法.

**证明** 对即时算法, 取最后完工的工序 (关键工序) $(M_i, J_k)$, 即 $M_i$ 是最后完工的机器, 而 $J_k$ 是机器 $M_i$ 中最后完工的工件. 设 $S_{ik}$ 是工序 $(M_i, J_k)$ 的开工时刻, 则在此时刻之前, 除了 $J_k$ 的其余 $m-1$ 个工序的时间区间之外, 所有机器都没有空闲 (否则 $J_k$ 可以提前加工). 按照平均机器负荷计算, 有

$$S_{ik} \leqslant \sum_{h \neq i} p_{hk} + \frac{1}{m} \sum_{j \neq k} P_j.$$

记 IS 算法的目标函数值为 $C_{\max}^{IS}$. 运用最优值的下界公式 (7.4), 得到近似值的上界:

$$C_{\max}^{IS} = S_{ik} + p_{ik} \leqslant \sum_{h \neq i} p_{hk} + \frac{1}{m} \sum_{j \neq k} P_j + p_{ik}$$

$$= \frac{1}{m} \sum_{j=1}^n P_j + \left(1 - \frac{1}{m}\right) P_k$$

$$\leqslant C_{\max}^* + \left(1 - \frac{1}{m}\right) C_{\max}^* = \left(2 - \frac{1}{m}\right) C_{\max}^*. \qquad \square$$

**简注**　上述 IS 算法的性能比的界可认为是 2 (当 $m$ 趋于无穷). 我们断言, 这个界 2 是渐近紧的. 可以构造这样的实例: $m+1$ 个工件在每台机器上都具有单位工时. 显然 $C_{\max}^* = m+1$ (按照工件的轮换顺序安排在 $m$ 台机器上), 如图 7.3(a) 所示. 但是按照即时算法, 如果前 $m$ 个时段只选择了前 $m$ 个工件, 则最后的工件 $J_{m+1}$ 就只能一个工序接着一个工序地进行加工, 历时 $m$ 个时段, 故 $C_{\max}^{\text{IS}} = 2m$, 如图 7.3(b) 所示. 因此

$$\frac{C_{\max}^{\text{IS}}}{C_{\max}^*} = \frac{2m}{m+1} = 2 - \frac{2}{m+1}.$$

当 $m$ 趋于无穷时, $2 - 2/(m+1)$ 趋于 2. 所以 IS 算法的性能比 2 是渐近紧的. 但对固定的 $m$, 即对问题 $Om||C_{\max}$, 这样的实例不能说明性能比的界 $2 - 1/m$ 是紧的, 因为 $2 - 2/(m+1) < 2 - 1/m$.

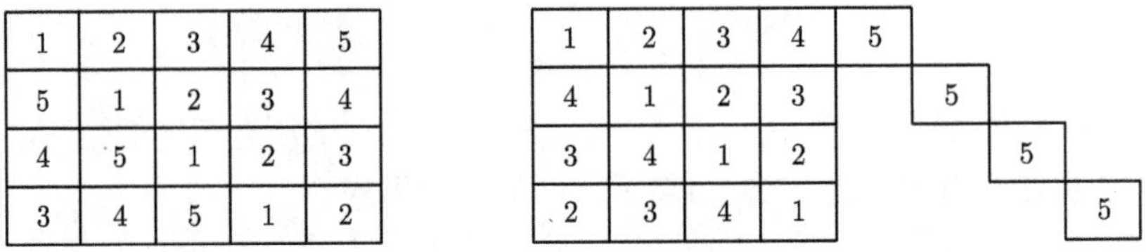

(a) $C_{\max}^*=m+1$　　　　　(b) $C_{\max}^{\text{IS}}=2m$

图 7.3　问题 $O||C_{\max}$ 即时算法渐近紧界的实例

讨论另一个目标函数 —— 最大延迟, 仍然仿效同样的处理方法.

**例 7.1.4**　单机有到达期最大延迟问题 $1|r_j|L_{\max}$ 的即时算法.

设 $n$ 个工件在一台机器上加工, 工件 $J_j$ 的工时、工期及到达期分别为 $p_j, d_j, r_j$ $(1 \leqslant j \leqslant n)$. 约束条件是工件在到达期之后才能开始加工. 目标函数是最大延迟 $L_{\max}(\pi) = \max_{1\leqslant i\leqslant n}(C_{\pi(i)} - d_{\pi(i)})$. 此问题在命题 5.3.4 中已证明为强 NP-困难的.

首先对问题作一变形. 若对所有工件的工期 $d_1, \cdots, d_n$ 加减同一个常数 (平移时间原点), 则目标函数 $L_{\max}$ 亦加减同一个常数, 最优解不变, 只是最优值相差一个常数. 因此可以假定所有工期为负数, 必要时减去一个充分大的常数. 然后, 令 $q_j = -d_j$ $(1 \leqslant j \leqslant n)$, 则工件 $J_j$ 的延迟是

$$L_j = C_j - d_j = C_j + q_j \quad (1 \leqslant j \leqslant n).$$

这里 $q_j$ 可认为是 $J_j$ 的递送时间. 也就是在工件 $J_j$ 加工完成后, 有一个送货任务, 需要 $q_j$ 时间送达客户. 这样, $L_j = C_j + q_j$ 就是 $J_j$ 的送货完成时间, $L_{\max}$ 是所有工件的最终送货完成时间.

与到达期 $r_j$ 结合起来看, 工件 $J_j$ 的作业分为三段: 前期有 $r_j$ 时间的准备, 中期有 $p_j$ 时间的加工, 后期有 $q_j$ 时间的递送. 只有中期的加工在机器上按顺序不重叠地进行, 而前期和后期的作业可认为由其他设施承担, 在时间上可并行地运作.

所谓即时算法就是: 一旦机器空闲, 就取出一个已到达的工件 (即 "可开工" 者) 进行加工; 否则等待到有到达者.

**命题 7.1.5** 问题 $1|r_j|L_{\max}$ 的即时算法是一个 2-近似算法.

**证明** 设 $P = \sum_{1 \leqslant j \leqslant n} p_j$. 对每一个工件 $J_j$, 其递送完工时间有 $L_j \geqslant r_j + p_j + q_j$. 由此得到最优值的下界:

$$L^*_{\max} \geqslant \max\left\{ \max_{1 \leqslant j \leqslant n} (r_j + p_j + q_j), P \right\},$$

其次, 对即时算法取出达到目标函数值的工件 (关键工件) $J_k$, 即它满足 $L^{\text{IS}}_{\max} = C_k + q_k$. 设 $S_k$ 是 $J_k$ 的开工时间, 则在此时刻之前, 一直追溯到 $r_k$, 机器不可能有空闲 (否则 $J_k$ 可以提前加工). 由此得到

$$S_k < r_k + P.$$

进而由上述最优值下界得到

$$L^{\text{IS}}_{\max} = S_k + p_k + q_k < (r_k + P) + p_k + q_k = (r_k + p_k + q_k) + P \leqslant 2L^*_{\max}. \qquad \square$$

**简注** 上述 IS 算法的性能比的界 2 是渐近紧的. 考虑如下两工件的实例: $r_1 = q_1 = 0, p_1 = M$, $r_2 = p_2 = 1, q_2 = M$. 即时算法选择的工件顺序是 $(J_1, J_2)$, 机程方案如图 7.4(a) 所示, $L^{\text{IS}}_{\max} = 2M + 1$. 而最优顺序是 $(J_2, J_1)$, 机程方案如图 7.4(b) 所示, $L^*_{\max} = M + 2$. 于是当 $M$ 任意大时, 性能比 $(2M+1)/(M+2)$ 趋于 2.

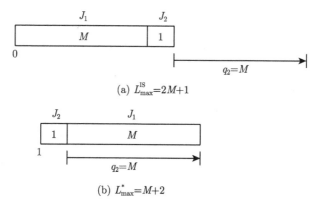

(a) $L^{\text{IS}}_{\max} = 2M+1$

(b) $L^*_{\max} = M+2$

图 7.4 问题 $1|r_j|L_{\max}$ 即时算法渐近紧界的实例

在前面的例子 $P||C_{\max}$ 中, 只要按照 LPT 规则排定一个队列, 然后按照队列算法执行, 便得到改进的近似算法. 现在对问题 $1|r_j|L_{\max}$, 是否也可以按照某种优先规则 (比如 EDD 规则), 事先排定一个队列, 使得性能比有所改善呢? 事实上, 在上述例子中, 无论事先设定队列为 $(J_1, J_2)$ 或 $(J_2, J_1)$, 由于工件必须已经到达才能开始加工, 所以在零时刻 "可开工者" 只有 $J_1$, 取它开始加工, 仍然得到前一方案, 没有改变. 欲得到性能比的改进, 必须在算法设计上做更精细的考虑 (见下一小节).

转而讨论以总完工时间为目标函数的例子.

**例 7.1.5**　单机有到达期的问题 $1|r_j|\sum C_j$ 的中断舍入算法.

设 $n$ 个工件在一台机器上加工, 工件 $J_j$ 的工时及到达期分别为 $p_j, r_j$ $(1 \leqslant j \leqslant n)$. 约束是工件在到达期之后才能开始加工. 目标是总完工时间 $f(\pi) = \sum_{1 \leqslant i \leqslant n} C_{\pi(i)}$. 这是一个强 NP-困难问题 (参见 [104]).

对整性约束的松弛, 可以允许工件中断, 这是降低难度的传统方法. 联想到例 2.1.6, $1|r_j, \mathrm{pmtn}|\sum C_j$ 有十分简洁的算法 ——SRPT 规则, 即在每一个到达时刻 $t = r_j$, 取剩余工时最小的工件开始加工. 然后, 按照这个允许中断的机程方案 (分拆解) 的完工时间顺序, 重新排出一个不中断的工件排列, 便得到一个近似方案. 这相当于通过舍入取整方法恢复到具有整性的近似解, 即舍入解.

**算法 7.1.1**　问题 $1|r_j|\sum C_j$ 的中断舍入算法.

---

(1) 执行 $1|r_j, \mathrm{pmtn}|\sum C_j$ 的 SRPT 规则, 得到工件 $J_j$ 的最后完工时间 $C_j^F$ $(1 \leqslant j \leqslant n)$.

(2) 设 $C_{\pi(1)}^F \leqslant C_{\pi(2)}^F \leqslant \cdots \leqslant C_{\pi(n)}^F$. 由此得到近似解的工件排列 $\pi$.

(3) 计算近似解的完工时间: 令 $C_{\pi(0)}^R := 0$.

对 $i := 1$ 到 $n$ 执行: $C_{\pi(i)}^R := \max\{C_{\pi(i-1)}^R, r_{\pi(i)}\} + p_{\pi(i)}$.

---

在上述近似算法中, 舍入 (rounding) 方案得到的工件 $J_j$ 完工时间为 $C_j^R$. 由此, 近似解的目标函数值记为 $\sum C_j^R$. 另一方面, 最优值记为 $\sum C_j^*$. 那么, 关联近似值 $A(I) = \sum C_j^R$ 与最优值 $\mathrm{OPT} = \sum C_j^*$ 的中间环节就是分拆解的值 $\sum C_j^F$. 对最大最小型的目标函数, 有关键工件的概念, 可借此来做不等式估计. 现在对和式的目标函数, 没有这样的依托 (每个工件均起决定作用).

**命题 7.1.6**　问题 $1|r_j|\sum C_j$ 的中断舍入算法是一个 2-近似算法.

**证明**　首先, 由于整性约束的松弛, 得到最优值的下界:

$$\sum C_j^* \geqslant \sum C_j^F.$$

另一方面, 为估计近似值 $\sum C_j^R$ 的上界, 考察每一个工件 $J_j$ 的完工时间 $C_j^R$ $(1 \leqslant j \leqslant n)$. 为简单起见, 设上述算法得到的工件排列为 $\pi = (1, 2, \cdots, n)$. 从 $J_j$ 的完工

时刻 $C_j^R$ 开始向前看, 直至遇到第一个机器空闲时间为止 (如果没有空闲, 就走到零时刻), 这样得到的时间区间叫做一个区段 (block). 这区段的起点是某个到达期, 而区段中没有机器空闲, 故其长度至多是所有先行工件的工时之和. 因此

$$C_j^R \leqslant \max_{1 \leqslant i \leqslant j} r_i + \sum_{1 \leqslant i \leqslant j} p_i.$$

而对分拆工件 $J_j$ 而言, 无论如何中断, 它的完工总在工件 $J_1, \cdots, J_{j-1}$ 的完工之后. 故

$$C_j^F \geqslant \max \left\{ \max_{1 \leqslant i \leqslant j} r_i, \sum_{1 \leqslant i \leqslant j} p_i \right\}.$$

从而

$$\frac{1}{2} C_j^R \leqslant \frac{1}{2} \left( \max_{1 \leqslant i \leqslant j} r_i + \sum_{1 \leqslant i \leqslant j} p_i \right) \leqslant \max \left\{ \max_{1 \leqslant i \leqslant j} r_i, \sum_{1 \leqslant i \leqslant j} p_i \right\} \leqslant C_j^F,$$

即 $C_j^R \leqslant 2 C_j^F$. 结合最优值的下界, 最后得到

$$\sum C_j^R \leqslant 2 \sum C_j^F \leqslant 2 \sum C_j^*. \qquad \Box$$

以上讲解了证明近似性能比的基本方法. 进一步发展是设计性能更好的近似算法, 并在算法分析方面运用更高力度的不等式方法. 但主导思想还是两点: 用松弛方法建立最优值下界, 用关键工件把下界与上界拉起手来. 下面讲更深入的结果.

### 7.1.3 工件陆续到达情形的动态分析方法

回到开始的平行机全程问题 (例 7.1.1 及例 7.1.2), 并加上到达期的约束.

**例 7.1.6** 有到达期的平行机全程问题 $P|r_j|C_{\max}$ 的 LPT 算法.

在有到达期的情形, LPT 规则是动态地执行的: 一旦机器空闲, 就取出一个已到达工件中工时最长者进行加工; 若无已到达工件, 则等待. 与队列算法一样, 这也可看作为在线算法. 陈礴与 Vestjens[143] 首先给出此算法的 3/2 性能保证. 其证明方法的基本思想仍然是取最后完工的工件 (关键工件) $J_k$, 作为联系近似值 $C_{\max}^{\mathrm{LPT}}$ 与最优值 $C_{\max}^*$ 下界的中介环节. 尤其值得注意的是在 $C_{\max}^*$ 下界推导中, 运用精细的不等式技巧, 动态地分析机器的平均工作量:

$$C_{\max}^* \geqslant \frac{1}{m} \quad (\text{LPT 方案的总负荷}).$$

**命题 7.1.7** 问题 $P|r_j|C_{\max}$ 的 LPT 算法是一个 3/2-近似算法.

**证明**　同前, 设在 LPT 算法得到的机程方案 $\sigma$ 中, $J_k$ 是最后完工的工件. 设 $r_k, S_k(\sigma)$ 分别是它的到达期及开工时刻. 类似于命题 7.1.3 的情形 (i), 若 $S_k(\sigma) - r_k \leqslant C^*_{\max}/2$, 则命题显然成立, 因为

$$C^{\mathrm{LPT}}_{\max} = S_k(\sigma) + p_k = r_k + p_k + S_k(\sigma) - r_k \leqslant C^*_{\max} + C^*_{\max}/2 = (3/2)C^*_{\max}.$$

故以后假定:

$$S_k(\sigma) - r_k > C^*_{\max}/2. \tag{7.5}$$

其次, 我们假定: 在 $C^{\mathrm{LPT}}_{\max}$ 之前的任何时刻, 在 $\sigma$ 中至少有一台机器不空闲. 倘若在时刻 $t$ 之前有一个所有机器均空闲的时段, 则在此时段内没有工件到达. 将此前安排的工件删去, 对问题没有影响 (如将时刻 $t$ 看作时间起点, 则 $C^{\mathrm{LPT}}_{\max}$ 与 $C^*_{\max}$ 同时减去 $t$).

再者, 设 $[u, v]$ 是在方案 $\sigma$ 中, 在 $r_k$ 之前的最后一个空闲区间, 即在此区间内至少有一机器空闲, $v \leqslant r_k$, 且 $v$ 为尽可能大. 如果在 $r_k$ 之前所有机器均不空闲, 则认为 $u = v = 0$.

由于近似值 $C^{\mathrm{LPT}}_{\max} = S_k(\sigma) + p_k$, 证明的主要环节就是借助于中介 $p_k$ 及 $S_k(\sigma)$, 推导最优值 $C^*_{\max}$ 下界. 下面分两方面进行.

**论断 1**　$C^*_{\max} \geqslant v + 2p_k$.

事实上, 由假设 (7.5), 区间 $[r_k, S_k(\sigma)]$ 的长度大于零. 根据 LPT 算法规则, 在此区间内没有机器空闲, 否则工件 $J_k$ 可以提前. 因此有 $m$ 个不同于 $J_k$ 的工件在时刻 $S_k(\sigma)$ 之前开工, 而在时刻 $S_k(\sigma)$ 或其后完工 (其作业区间跨越时刻 $S_k(\sigma) - \varepsilon$). 设 $R$ 是这 $m$ 个工件以及 $J_k$ 所成之集 (不妨叫做 "关键块"), 则 $|R| = m + 1$. 那么在最优方案 $\sigma^*$ 中, 必有 $R$ 中的两个工件安排在同一台机器上 (鸽笼原理). 对任意 $J_j \in R$, 有如下两种情形:

(i) 若 $S_j(\sigma) \geqslant r_k$, 则按照 LPT 规则, 由于取 $J_j$ 先于 $J_k$, 必有 $p_j \geqslant p_k$.

(ii) 若 $S_j(\sigma) < r_k$, 则由假设 (7.5) 知 $p_j > S_k(\sigma) - r_k > C^*_{\max}/2$.

设在最优方案 $\sigma^*$ 中安排在同一台机器上的两个工件是 $J_i, J_j \in R$. 若它们在时刻 $v$ 之后到达, 且同时出现情形 (i), 则 $C^*_{\max} \geqslant v + p_i + p_j \geqslant v + 2p_k$, 论断得证. 其次, 它们同时出现情形 (ii) 是不可能的, 因为否则 $p_i + p_j > C^*_{\max}$. 所以对这两个工件而言, 只有一者出现 (i), 另一出现 (ii). 那么 $C^*_{\max} \geqslant v + p_k + C^*_{\max}/2$, 即 $C^*_{\max}/2 \geqslant v + p_k$, 同样有论断 1 成立.

于是, 剩下只需考虑 $J_i$ 或 $J_j$ 在时刻 $v$ 之前到达, 比如设 $r_j < v$. 既然在时刻 $v$ 之前 $J_j$ 已经到达, 那么在此刻之前 $J_j$ 一定已经得到安排, 若不然由 $S_j(\sigma) \geqslant v$ 得知, 机器不可能在时段 $[u, v]$ 出现空闲 (因为 $J_j$ 会提前进入此区间加工). 因此 $S_j(\sigma) < v \leqslant r_k$. 这样一来, 两个区间 $[r_j, S_j(\sigma)]$ 与 $[r_k, S_k(\sigma)]$ 不相重叠. 如果前一

区间长度 $S_j(\sigma) - r_j \leqslant C_{\max}^*/2$, 则由于对工件 $J_j \in R$ 出现情形 (ii), 工件 $J_i \in R$ 不能同时出现情形 (ii), 故 $p_i \geqslant p_k$. 由此得到

$$C_{\max}^{\mathrm{LPT}} = S_k(\sigma) + p_k \leqslant S_j(\sigma) - r_j + r_j + p_j + p_i \leqslant C_{\max}^*/2 + C_{\max}^* = (3/2)C_{\max}^*,$$

从而命题得证. 下面只需考虑 $S_j(\sigma) - r_j > C_{\max}^*/2$. 可以断言: 在区间 $[r_j, S_j(\sigma)]$ 内所有机器都不空闲, 因为否则 $J_j$ 可以提前到机器空闲处. 同时, 已知区间 $[r_k, S_k(\sigma)]$ 内所有机器不空闲, 且 $S_k(\sigma) - r_k > C_{\max}^*/2$. 于是在这两个不相交的时段中, 所有机器都不空闲, 且各自长度都超过 $C_{\max}^*/2$, 故所有机器的平均负荷 (最优值的下界) 大于 $C_{\max}^*$, 导致矛盾. 从而论断 1 得证.

根据论断 1, 只需考虑 LPT 算法的机程方案 $\sigma$ 出现空闲机器的情形, 即区间 $[u, v]$ 的 $v > 0$. 事实上, 倘若始终没有空闲机器, 则 $C_{\max}^* \geqslant (1/m)\sum_{1 \leqslant j \leqslant n} p_j > (1/m)\sum_{j \neq k} p_j \geqslant S_k(\sigma)$. 又由论断 1 得知 $p_k \leqslant C_{\max}^*/2$. 因此 $C_{\max}^{\mathrm{LPT}} = S_k(\sigma) + p_k \leqslant (3/2)C_{\max}^*$, 命题得证. 故不必考虑无空闲情形.

**论断 2** $\quad C_{\max}^* \geqslant S_k(\sigma) - v/2$.

事实上, 由于 $[u, v]$ 是最后的空闲区间, 在时段 $[v, S_k(\sigma)]$ 内所有机器都不空闲. 所以按照平均负荷计算, 有一个显然的下界 $C_{\max}^* \geqslant S_k(\sigma) - v$, 但不够贴切. 下面设法改进, 提升这个下界. 设 $Q := \{J_j : v - p_j < S_j(\sigma) \leqslant u\}$, 即在方案 $\sigma$ 中这样的工件之集: 它们在时刻 $u$ 或之前开工, 而在时刻 $v$ 之后完工. 那么 $|Q| \leqslant m - 1$, 因为在这段时间内至少存在一台空闲机器. 除了 $Q$ 的工件之外, 在时段 $[v, S_k(\sigma)]$ 内的所有加工任务, 在最优方案 $\sigma^*$ 中都不会提前到 $v$ 之前. 这是因为对任意这样的工件 $J_i$, 如果 $r_i \geqslant v$, 自然不能提到 $v$ 之前; 否则 $r_i < v$, 又可断言 $S_i(\sigma) = r_i$ (若不然, $S_i(\sigma) > r_i$, 则按算法规则, 既然在决策时刻 $r_i$ 有工件 $J_i$ 到达, 不可能让机器闲着而不安排 $J_i$), 故亦不能提前. 唯独 $Q$ 的工件可能在 $\sigma^*$ 中提前. 其每个工件的最大提前量是

$$\delta := \max_{J_j \in Q}(S_j(\sigma) - r_j).$$

根据以上分析, 按照时刻 $v$ 之后的机器平均工作量计算, 可得下界:

$$\begin{aligned}
C_{\max}^* &\geqslant v + (S_k(\sigma) - v) - (1/m)|Q|\delta \\
&\geqslant S_k(\sigma) - (1 - 1/m)\delta.
\end{aligned} \tag{7.6}$$

其中不等式右端减去的项就是 $Q$ 的工件可能提前所造成的平均工作量下降.

其次, 从所有工件的角度推导另一个下界. 假定 $\delta > 0$, 则对 $Q$ 中使得 $S_j(\sigma) - r_j = \delta$ 的工件 $J_j$ 而言, 时段 $[r_j, S_j(\sigma)]$ 不可能有机器空闲 (否则工件 $J_j$ 应提前安排到此空闲时间去). 因此在时刻 $u$ 之前存在一个长度至少是 $\delta$ 的时段, 所有机器均不空闲. 其次, 已知在时段 $[v, S_k(\sigma)]$ 内所有机器不空闲. 再者, 对其他时间而言,

已假设不存在所有机器均空闲的时刻, 那么除前述 $u$ 之前那个长度为 $\delta$ 的机器均不空闲时段之外, 在时刻 $v$ 之前有长度为 $v-\delta$ 的时间内, 至少有一台机器不空闲. 因此, 按照方案 $\sigma$ 中机器不空闲时间来计算机器平均工作量, 可得到:

$$C_{\max}^* \geqslant \delta + (S_k(\sigma) - v) + (v - \delta)/m$$
$$= S_k(\sigma) + (1 - 1/m)(\delta - v). \tag{7.7}$$

将上述两个不等式 (7.6) 和 (7.7) 相加便有

$$2C_{\max}^* \geqslant 2S_k(\sigma) - (1 - 1/m)v,$$

从而论断 2 得证.

由论断 1 及论断 2, 得到最后结论

$$C_{\max}^{\mathrm{LPT}} = S_k(\sigma) + p_k \leqslant C_{\max}^* + v/2 + C_{\max}^*/2 - v/2 = (3/2)C_{\max}^*. \qquad \square$$

上述性能比的界 $3/2$ 是渐近紧的. 看这样的实例: 有 $m+1$ 个工件, 其中 $r_j = 0$, $p_j = 1$ $(1 \leqslant j \leqslant m)$, $r_{m+1} = \varepsilon$, $p_{m+1} = 2 - \varepsilon$. 可得 $C_{\max}^{\mathrm{LPT}} = 3 - \varepsilon$ ($m$ 台机器一开始加工 $m$ 个单位工件), 而 $C_{\max}^* = 2$ (一台机器等待 $\varepsilon$ 时间后加工 $J_{m+1}$). 当 $\varepsilon$ 趋于零时, 比值趋于 $3/2$.

上述例子的着力点是分析机器不空闲时段 (所谓 "忙期") 的平均负荷, 借此推出最小全程的下界. 下面的例子也是分析机器不空闲的 "关键区段", 以此作为最优值与近似值之间的纽带.

继续讨论例 7.1.4, 问题 $1|r_j|L_{\max}$ 的 2-近似算法的改进.

**例 7.1.7**　有到达期的最大延迟问题 $1|r_j|L_{\max}$ 的 $(3/2)$-近似算法.

关于 2-近似算法的改进, 首先由 Potts[144] 得到一个 $(3/2)$-近似算法, 其运行时间是 $O(n^2 \log n)$. 尔后, Nowicki 及 Smutnicki[145] 得到运行时间为 $O(n \log n)$ 的算法. 目前此问题最好的算法是 Hall 与 Shmoys[146] 的 $(4/3)$-近似算法. 在此, 我们只介绍较平易的 Nowicki-Smutnicki 算法, 简称 NS 算法 (参阅 [141]).

问题仍采用递送时间 $q_j$ 的说法, 工件 $J_j$ 的延迟 $L_j = C_j + q_j$, 即递送完成时间 $(1 \leqslant j \leqslant n)$, $L_{\max}$ 是所有工件的最终递送完成时间. 虽然这里 $L_{\max}$ 的含义已变成所有任务的最后完工时间 (类似于 $C_{\max}$), 但按照先前的等价提法, 目标函数依然写成最大延迟的形式 $L_{\max}$.

注意到达期 $r_j$ 与递送时间 $q_j$, 一前一后, 是对称的. 问题的结构类似于两台机器的流水作业 (前期的准备 $r_j$ 对应于一台机器, 后期的递送 $q_j$ 对应于另一台机器, 只是作业可以并行地进行). 按定义, 对给定的排列 $\pi$, 目标函数的计算公式是

$$L_{\max}(\pi) = \max_{1 \leqslant i \leqslant j \leqslant n} \left\{ r_{\pi(i)} + \sum_{k=i}^{j} p_{\pi(k)} + q_{\pi(j)} \right\}. \tag{7.8}$$

与第 2 章问题 $F2||C_{\max}$ 的关键路公式 (2.18) 相似.

首要的任务是建立最优值的下界. 如命题 7.1.5, 由问题的定义直接得到

$$L_{\max}^* \geqslant \max\left\{P, \max_{1\leqslant j\leqslant n}(r_j + p_j + q_j)\right\}, \tag{7.9}$$

其中 $P = \sum_{1\leqslant j\leqslant n}p_j$. 进而, 设 $S$ 是任意一个工件子集, 则由公式 (7.8) 得到更贴切的下界:

$$L_{\max}^* \geqslant \min_{J_j\in S} r_j + p(S) + \min_{J_j\in S} q_j, \tag{7.10}$$

其中 $p(S) = \sum_{J_j\in S}p_j$. 事实上, 设 $\pi^*$ 是一最优排列, $\pi^*(i)$ 是 $S$ 中按照顺序 $\pi^*$ 的第一个工件, $\pi^*(j)$ 是 $S$ 中按照顺序 $\pi^*$ 的最后一个工件, 则

$$L_{\max}^* = L_{\max}(\pi^*) \geqslant \left(r_{\pi^*(i)} + \sum_{k=i}^{j}p_{\pi^*(k)} + q_{\pi^*(j)}\right) \geqslant \min_{J_j\in S} r_j + p(S) + \min_{J_j\in S} q_j.$$

至于近似算法, 与前例的动态 LPT 规则类似, 现在有动态的 EDD 规则, 称为 Jackson 算法: 一旦机器空闲, 就取出一个已到达工件中递送时间 $q_j$ 最长者进行加工; 若无已到达工件, 则等待. 此算法得到的目标函数值记为 $L_{\max}^J$. 由命题 7.1.5 可得 $L_{\max}^J < 2L_{\max}^*$. 为了改进它, 需对其执行状况进行深入分析.

如前, 确定目标函数值的工件称为关键工件. 对当前 Jackson 算法得到的排列 $\pi$, 若工件 $J_c$ 满足 $S_c(\pi) + p_c + q_c = L_{\max}^J$, 则称为关键工件 (其中 $S_c(\pi)$ 是工件 $J_c$ 的开工时刻). 对关键工件 $J_c$, 它关联的区段(block) 是指在排列 $\pi$ 中, 从 $J_c$ 向前追溯到第一个空闲时间 (或开始时刻), 这样得到的一组连续加工的工件. 记此区段的工件集为 $Q$, 且其首位工件为 $J_a$ (称为前沿工件). 那么由于 $J_a$ 之前是空闲时间 (或开始时刻), 有

$$L_{\max}^J = r_a + p(Q) + q_c.$$

由此看出, 区段 $Q$ 是确定目标函数值的, 故亦有关键区段之称. 进而可得如下简单性质:

**论断 1** 若所有 $J_j \in Q$ 有 $q_j \geqslant q_c$, 则 Jackson 算法得到的排列 $\pi$ 是最优排列.

这是因为 $r_a = \min_{J_j\in Q} r_j$, $q_c = \min_{J_j\in Q} q_j$, 所以由 (7.10) 得到

$$L_{\max}^J = r_a + p(Q) + q_c = \min_{J_j\in Q} r_j + p(Q) + \min_{J_j\in Q} q_j \leqslant L_{\max}^*.$$

那么, 如果在区段 $Q$ 中有某个工件 $J_j$ 使得 $q_j < q_c$, 则可能破坏 Jackson 算法的最优性. 我们称在区段 $Q$ 中使得 $q_b < q_c$ 的最后一个工件 $J_b$ 为干扰工件. 对此有如下不等式:

**论断 2**　设 $J_b$ 为干扰工件, 则 $L_{\max}^J < L_{\max}^* + p_b$.

事实上, 设 $Q' \subset Q$ 是区段 $Q$ 中排在工件 $J_b$ 之后的工件之集 (其中 $J_c \in Q'$). 那么对任意 $J_j \in Q'$ 都有 $q_j \geqslant q_c > q_b$. 根据 Jackson 规则 (递送时间大者优先安排), 当选择工件 $J_b$ 时, 这些工件 $J_j \in Q'$ 均未到达 (否则应先排 $J_j$). 因此 $r_j > S_b$ $(J_j \in Q')$. 这里 $S_b$ 是在 Jackson 算法中工件 $J_b$ 的开工时刻. 由此得到最优值下界

$$L_{\max}^* \geqslant \min_{J_j \in Q'} r_j + p(Q') + \min_{J_j \in Q'} q_j > S_b + p(Q') + q_c$$
$$= S_b + p_b + p(Q') + q_c - p_b = L_{\max}^J - p_b.$$

由此, 我们先给出一个关于 Jackson 算法的部分结果:

**命题 7.1.8**　当所有工时 $p_j \leqslant P/2$ $(1 \leqslant j \leqslant n)$ 时, $L_{\max}^J < (3/2)L_{\max}^*$.

**证明**　根据论断 2, 且 $p_b \leqslant P/2 \leqslant L_{\max}^*/2$, 得到 $L_{\max}^J < L_{\max}^* + p_b \leqslant L_{\max}^* + L_{\max}^*/2 = (3/2)L_{\max}^*$.　　　　　　　　　□

这样一来, 我们只要考虑存在一个工件 $J_d$, 使得 $p_d > P/2$ 的情形. 这个工件 $J_d$ 称为大工件. 除这个大工件之外, 所有工件划分为两部分:

$$A := \{J_j : \ j \neq d, \ r_j \leqslant q_j, \ 1 \leqslant j \leqslant n\},$$
$$B := \{J_j : \ j \neq d, \ r_j > q_j, \ 1 \leqslant j \leqslant n\}.$$

对此, 显然有 $p(A) + p(B) < P/2$. 在 Jackson 算法的基础上, 我们有如下改进算法.

**算法 7.1.2**　问题 $1|r_j|L_{\max}$ 的 NS 算法.

---

(1) 执行 Jackson 算法, 得到排列 $\pi^1$, 并确定关键工件 $J_c$. 若不存在干扰工件, 则终止 (输出最优排列 $\pi^1$). 否则找出干扰工件 $J_b$.

(2) 若 $\min\{p_b, q_c\} \leqslant P/2$, 则终止 (输出近似解 $\pi^1$). 否则 $J_b = J_d$.

(3) 构造一个排列 $\pi^2 = (\pi_A, J_b, \pi_B)$, 其中 $\pi_A$ 是 $A$ 的工件按照到达期 $r_j$ 的非减顺序排列, $\pi_B$ 是 $B$ 的工件按照递送时间 $q_j$ 的非增顺序排列.

(4) 输出 $\pi^1$ 及 $\pi^2$ 中目标函数值较小者.

---

此算法第二个排列的构造使人联想到 $F2||C_{\max}$ 的 Johnson 规则.

**命题 7.1.9**　问题 $1|r_j|L_{\max}$ 的 NS 算法是一个 (3/2)-近似算法.

**证明**　若算法在步骤 (1) 终止, 则由论断 1, 输出的排列 $\pi^1$ 是最优排列, 即 $L_{\max}^J \leqslant L_{\max}^*$. 若算法在步骤 (2) 终止, 且 $p_b \leqslant P/2$, 则由命题 7.1.8, 有 $L_{\max}^J < (3/2)L_{\max}^*$. 若 $q_c \leqslant P/2 \leqslant L_{\max}^*/2$, 则由 $r_a + p(Q) < L_{\max}^*$ 得到 $L_{\max}^J = r_a + p(Q) + q_c < (3/2)L_{\max}^*$. 此外, 根据论断 2, 只要 $p_b \leqslant L_{\max}^*/2$, 则有 $L_{\max}^J < (3/2)L_{\max}^*$, 命题得证. 因此以下假定 $p_b > L_{\max}^*/2$. 从而 $J_b = J_d$.

这样一来, 只要对步骤 (3) 构造的 $\pi^2$ 证明

$$L_{\max}^{\mathrm{NS}} = L_{\max}(\pi^2) \leqslant (3/2)L_{\max}^*. \tag{7.11}$$

现在, 对步骤 (3) 得到的排列 $\pi^2$, 不妨设其关键工件仍记为 $J_c$, 它关联的区段 (关键路) 仍为 $Q$, 且 $Q$ 的首位工件是 $J_a$. 此外, $J_b = J_d$. 所以仍有目标函数表达式

$$L_{\max}^{\mathrm{NS}} = r_a + p(Q) + q_c.$$

下面的任务是把它与最优值下界联系起来, 验证不等式 (7.11). 如果 $J_a = J_c$, 则 $L_{\max}^{\mathrm{NS}} = r_a + p_a + q_a \leqslant L_{\max}^*$ 是平凡的. 其余情形分别验证如下:

情形 1: $J_a, J_c \in A$ 或 $J_a, J_c \in B$. 首先讨论 $J_a, J_c \in A$. 则 $Q \subseteq A$ 中工件按到达期非降顺序排列, 从而 $r_a \leqslant r_c$. 根据下界 (7.9), $p(A) < P/2 \leqslant L_{\max}^*/2$, $r_c + q_c < L_{\max}^*$. 由此可得

$$L_{\max}^{\mathrm{NS}} = r_a + p(Q) + q_c \leqslant r_c + p(A) + q_c < L_{\max}^* + L_{\max}^*/2 = (3/2)L_{\max}^*.$$

其次考虑 $J_a, J_c \in B$. 则 $Q \subseteq B$ 中工件按递送时间非增顺序排列, 从而 $q_a \geqslant q_c$. 由 $p(B) < P/2 \leqslant L_{\max}^*/2$ 及 $r_a + q_a < L_{\max}^*$, 即得

$$L_{\max}^{\mathrm{NS}} = r_a + p(Q) + q_c \leqslant r_a + p(B) + q_a < L_{\max}^* + L_{\max}^*/2 = (3/2)L_{\max}^*.$$

情形 2: $J_c = J_b$ 或 $J_a = J_b$. 首先考察 $J_a \in A, J_c = J_b$. 则 $Q \setminus \{J_c\} \subseteq A$, 从而 $p(Q \setminus \{J_c\}) \leqslant p(A) < P/2 \leqslant L_{\max}^*/2$. 由假设 $p_c > L_{\max}^*/2$ 及 $p_c + q_c < L_{\max}^*$ 得知 $q_c < L_{\max}^*/2$. 如果在最优排列 $\pi^*$ 中, 所有 $Q \setminus \{J_c\}$ 的工件都排在 $J_c$ 之前, 则

$$L_{\max}^* \geqslant \min_{J_j \in Q \setminus \{J_c\}} r_j + p(Q) + q_c = r_a + p(Q) + q_c = L_{\max}^{\mathrm{NS}}.$$

否则在最优排列 $\pi^*$ 中, 至少有一个 $Q \setminus \{J_c\}$ 工件都排在 $J_c$ 之后. 由于 $Q \setminus \{J_c\} \subseteq A$, 所以

$$L_{\max}^* \geqslant p(Q) + \min_{J_j \in Q \setminus \{J_c\}} q_j \geqslant p(Q) + \min_{J_j \in Q \setminus \{J_c\}} r_j = p(Q) + r_a.$$

从而

$$L_{\max}^{\mathrm{NS}} = r_a + p(Q) + q_c < L_{\max}^* + L_{\max}^*/2 = (3/2)L_{\max}^*.$$

其次考察对称情形 $J_a = J_b, J_c \in B$. 则 $Q \setminus \{J_a\} \subseteq B$. 由假设 $p_a > L_{\max}^*/2$ 及 $r_a + p_a < L_{\max}^*$ 得知 $r_a < L_{\max}^*/2$. 如果在最优排列 $\pi^*$ 中, 所有 $Q \setminus \{J_a\}$ 的工件都排在 $J_a$ 之后, 则

$$L_{\max}^* \geqslant r_a + p(Q) + \min_{J_j \in Q \setminus \{J_a\}} q_j = r_a + p(Q) + q_c = L_{\max}^{\mathrm{NS}}.$$

否则在最优排列 $\pi^*$ 中, 至少有一个 $Q \setminus \{J_a\}$ 工件都排在 $J_a$ 之前, 所以

$$L^*_{\max} \geqslant \min_{J_j \in Q \setminus \{J_a\}} r_j + p(Q) \geqslant p(Q) + \min_{J_j \in Q \setminus \{J_a\}} q_j = p(Q) + q_c.$$

从而

$$L^{\mathrm{NS}}_{\max} = r_a + p(Q) + q_c < L^*_{\max}/2 + L^*_{\max} = (3/2)L^*_{\max}.$$

情形 3: $J_a \in A, J_c \in B.$ 则 $r_a \leqslant q_a, r_c \geqslant q_c.$ 由 $r_j + q_j < L^*_{\max}$ 可知

$$r_a < L^*_{\max}/2, \quad q_c < L^*_{\max}/2. \tag{7.12}$$

设在最优排列 $\pi^*$ 中, $J_i$ 是 $Q$ 中排在最前面的工件, 则 $L^*_{\max} \geqslant r_i + p(Q)$.

- 若 $J_i \in A$, 则 $r_i \geqslant r_a$, 从而 $L^*_{\max} \geqslant r_a + p(Q)$.
- 若 $J_i \in B$, 则 $r_i \geqslant q_i \geqslant q_c$, 从而 $L^*_{\max} \geqslant q_c + p(Q)$.
- 若 $J_i = J_b$, 则 $L^*_{\max} \geqslant p(Q) + \min_{J_j \in Q \setminus \{J_b\}} q_j \geqslant p(Q) + \min\{r_a, q_c\}$.

综合以上三种可能, 得到

$$L^*_{\max} \geqslant p(Q) + \min\{r_a, q_c\}. \tag{7.13}$$

最后由 (7.12) 及 (7.13) 得到

$$L^{\mathrm{NS}}_{\max} = r_a + p(Q) + q_c = \max\{r_a, q_c\} + p(Q) + \min\{r_a, q_c\}$$
$$< L^*_{\max}/2 + L^*_{\max} = (3/2)L^*_{\max}. \qquad \square$$

上述性能比的界 $3/2$ 是渐近紧的. 看这样的实例:

|       | $J_1$ | $J_2$ | $J_3$ |
|-------|-------|-------|-------|
| $r_j$ | $\varepsilon$ | $1+\varepsilon$ | $0$ |
| $p_j$ | $1$ | $\varepsilon$ | $1$ |
| $q_j$ | $1$ | $1$ | $0$ |

显然最优排列是 $\pi^* = (J_1, J_2, J_3)$, $L^*_{\max} = 2 + 2\varepsilon$. 算法得到 $\pi^1 = (J_3, J_1, J_2)$, $L_{\max}(\pi^1) = 3 + \varepsilon$, $J_2$ 是关键工件, $J_3$ 是干扰工件. 第二阶段, $J_b = J_3$, $A = \{J_1\}$, $B = \{J_2\}$, 得到 $\pi^2 = (J_1, J_3, J_2)$, $L_{\max}(\pi^2) = 3 + 2\varepsilon$. 最后输出近似解 $\pi^1$ 及近似值 $L^{\mathrm{NS}}_{\max} = 3 + \varepsilon$. 当 $\varepsilon$ 趋于零时, 比值 $L^{\mathrm{NS}}_{\max}/L^*_{\max} = (3+\varepsilon)/(2+2\varepsilon)$ 趋于 $3/2$.

### 7.1.4　线性规划松弛方法

如例 7.1.5, 对问题 $1|r_j|\sum C_j$ 运用允许中断的松弛方法, 先求出分拆情形的最优解, 然后通过舍入取整方法恢复到整性的近似解. 与此类似, 可先将时序问题

写成整数规划形式, 再将整数规划松弛为线性规划, 求出线性规划的分数最优解后, 通过舍入技巧得到整性的近似解. 这种线性规划松弛方法, 在近似算法设计中被广泛采用. 举例来说, 例 7.1.1 讨论了恒同平行机问题 $P||C_{\max}$, 下面考察交联平行机情形.

**例 7.1.8** 交联平行机问题 $Rm||C_{\max}$ 的 2-近似算法.

设 $n$ 个工件 $J_1, J_2, \cdots, J_n$ 分配到 $m$ 台交联平行机 $M_1, M_2, \cdots, M_m$ 上加工, 工件 $J_j$ 在机器 $M_i$ 上的工时为 $p_{ij}$ $(1 \leqslant i \leqslant m, 1 \leqslant j \leqslant n)$. 假定 $n > m$. 目标是最小化全程 $C_{\max}$.

首先写出问题的整数规划形式:

$$
\begin{aligned}
\min \quad & T \\
\text{s.t.} \quad & \sum_{i=1}^{m} x_{ij} = 1, && 1 \leqslant j \leqslant n, \\
& \sum_{j=1}^{n} p_{ij} x_{ij} \leqslant T, && 1 \leqslant i \leqslant m, \\
& x_{ij} \in \{0, 1\}, && 1 \leqslant i \leqslant m, 1 \leqslant j \leqslant n,
\end{aligned}
$$

其中变量 $T$ 代表全程, $x_{ij} = 1$ 表示工件 $J_j$ 分配到机器 $M_i$, 否则 $x_{ij} = 0$. 将变量的 0-1 约束松弛为非负约束 $x_{ij} \geqslant 0$, 便得到一个线性规划 LP:

$$
\begin{aligned}
\min \quad & T \\
\text{s.t.} \quad & \sum_{i=1}^{m} x_{ij} = 1, && 1 \leqslant j \leqslant n, \\
& \sum_{j=1}^{n} p_{ij} x_{ij} \leqslant T, && 1 \leqslant i \leqslant m, \\
& x_{ij} \geqslant 0, && 1 \leqslant i \leqslant m, 1 \leqslant j \leqslant n.
\end{aligned}
$$

这个特殊线性规划称为*广义分配问题* (当 $p_{ij} = 1$ 时, 它就是熟知的任务分配问题). 任意线性规划的最优解可在有限个基可行解中达到; 达到最优的基可行解称为基最优解. 基可行解的特征是它的非零变量组对应于约束条件系数矩阵的一组线性无关的列向量 (可以扩充为一个基). 由此可知, 这个线性规划的基最优解的非零变量数至多为约束条件系数矩阵的秩; 而此矩阵的秩至多是它的行数, 即 $m + n$. 由于变量 $T$ 一定是正的, 所以至多有 $m + n - 1$ 个 $x_{ij} > 0$. 由此可以断言: 至少有 $n - m + 1$ 个整值非零分量 $x_{ij} = 1$. 事实上, 在 $m \times n$ 矩阵 $(x_{ij})$ 中, 每一列 (对应于一个工件 $J_j$) 的元素之和等于 1. 由于每一列至少有一个 $x_{ij} > 0$, 所以至多有 $m - 1$ 个列包含两个以上的 $x_{ij} > 0$ (对应的工件被分拆后安排到机器上). 因此, 至少有 $n - m + 1$ 个列只含一个非零元 $x_{ij} = 1$. 这样一来, 根据线性规划的基最优解可以设计如下的近似算法:

**算法 7.1.3**　　问题 $Rm||C_{\max}$ 的线性规划算法.

---

(1) 求出上述线性规划的基最优解, 其中至少有 $n - m + 1$ 个整分量 $x_{ij} = 1$.

(2) 将整分量 $x_{ij} = 1$ 的工件 $J_j$ 分配机器 $M_i$ 上.

(3) 用枚举法, 考虑将剩余的至多 $m - 1$ 个工件分配到 $m$ 台机器上的所有安排方式, 从中选择一种全程最小者.

---

**命题 7.1.10**　　问题 $Rm||C_{\max}$ 的线性规划算法是一个 2-近似算法.

**证明**　　设上述线性规划的最优值为 $T^*$, 则由松弛性得知 $T^* \leqslant C_{\max}^*$. 设步骤 (2) 安排整分量工件得到的机程方案为 $\sigma_1$, 则 $C_{\max}(\sigma_1) \leqslant T^*$. 设步骤 (3) 用枚举法得到的机程方案为 $\sigma_2$. 这只是一部分工件的最优安排方式, 故 $C_{\max}(\sigma_2) \leqslant C_{\max}^*$. 将 $\sigma_1$ 与 $\sigma_2$ 合并起来, 得到机程方案 $\sigma$, 则 $C_{\max}(\sigma) \leqslant 2C_{\max}^*$.

已知一般线性规划存在多项式时间算法 (对广义分配问题有更快捷的算法). 步骤 (2) 的直接安排可在 $O(n)$ 时间完成. 步骤 (3) 的枚举过程相当于一个 "组合枚举问题": 求 $m - 1$ 个球放入 $m$ 个盒的所有安排方式, 运行时间是 $O(m^{m-1})$. 当 $m$ 为固定常数时, 这是常数的运行时间. 因此算法 7.1.3 是多项式时间算法.　　□

对机器数不固定的问题 $R||C_{\max}$, 上述算法是指数时间的. 然而, 将 $m - 1$ 个工件放入 $m$ 台机器上类似于匹配问题, 应该可以避免完全枚举. 下面的改进出自 [154].

**例 7.1.9**　　交联平行机问题 $R||C_{\max}$ 的 2-近似算法.

把代表全程的 $T$ 作为搜索参数. 对给定的全程 $T$, 定义

$$\boldsymbol{M}(j) = \{i : p_{ij} \leqslant T\}, \quad \boldsymbol{J}(i) = \{j : p_{ij} \leqslant T\}.$$

分别为工件 $J_j$ 可匹配的机器集以及机器 $M_i$ 可匹配的工件集, 使得工时不超过 $T$. 考虑如下的线性不等式组, 作为一个可行性线性规划 LP($T$):

$$
\begin{aligned}
\sum_{i \in \boldsymbol{M}(j)} x_{ij} &= 1, & 1 \leqslant j \leqslant n, \\
\sum_{j \in \boldsymbol{J}(i)} p_{ij} x_{ij} &\leqslant T, & 1 \leqslant i \leqslant m, \\
x_{ij} &\geqslant 0, & 1 \leqslant i \leqslant m, 1 \leqslant j \leqslant n.
\end{aligned}
\tag{7.14}
$$

以此作为一个判定问题: 对给定的 $T$, LP($T$) 是否存在可行解? 若问题 $R||C_{\max}$ 存在一个机程方案其全程不超过 $T$, 则它一定对应于 (7.14) 的可行解. 所以若 $T \geqslant C_{\max}^*$, 则 LP($T$) 一定是可行的. 于是我们可以用对分搜索法求出 $T$ 的最小值. 事实上, 可构造一个 "贪婪的" 机程方案 $\sigma$, 使每一个工件都安排到工时最短的机器上加工. 那

么对方案 $\sigma$ 的机器平均负荷 $L_0$ 是 $T$ 的最小值的下界, 而 $U_0 = C_{\max}(\sigma)$ 是最小值的上界. 这样, 就可以在搜索区间 $[L_0, U_0]$ 中用对分法求出使 LP$(T)$ 为可行的最小的 $T \in \mathbb{Z}^+$, 其中每一次判定就是求解线性规划 (7.14). 这可在多项式时间完成.

现设 $T$ 是使得 LP$(T)$ 为可行的最小参数, 则 $T \leqslant C_{\max}^*$. 对此, 取出线性规划 LP$(T)$ 的一个基可行解 $\boldsymbol{x}$. 它具有这样的性质: 其非零变量数至多为约束矩阵的秩, 即行数 $m+n$. 同前, 对每一个 $J_j$ 至少有一个 $x_{ij} > 0$. 因此, 至多有 $m$ 个工件被分拆开安排到机器上加工 (否则非零变量数大于 $m+n$). 从而至少有 $n-m$ 个非零整变量. 于是仿照前一算法, 分两部分来安排近似解. 首先, 将整分量 $x_{ij} = 1$ 的工件 $J_j$ 分配机器 $M_i$ 上, 其全程不超过 $T$. 其次, 希望可将至多 $m$ 个剩余工件与 $m$ 台机器匹配, 使得全程不超过 $T$. 如果可以办到, 则将两部分安排合并起来, 使得全程不超过 $2T \leqslant 2C_{\max}^*$, 即得到一个 2-近似算法.

因此, 剩下的问题就是考虑, 根据规划 (7.14) 的一个基可行解, 将分数变量 $x_{ij} > 0$ 对应的工件 (称为分数工件) 与 $m$ 台机器进行匹配. 这里要用到这个特殊线性规划问题 (广义分配问题) 的基可行解的结构性质. 在熟知网络单形法中, 对分配 (运输) 问题及最小费用流等问题, 其基可行解的基变量集对应的图 (基图) 是支撑树 (参见 [4, 26, 54]). 广义分配 (运输) 问题的基图结构, 略有不同, 最好查阅原始文献 [10] 第 21 章. 现在, 对于线性规划 LP$(T)$ 的一个基可行解 $\boldsymbol{x}$, 构造一个二部图 $G = (\boldsymbol{M} \cup \boldsymbol{J}^F, E)$, 其中一部分顶点集为机器之集 $\boldsymbol{M}$, 另一部分顶点集是至多 $m$ 个分数工件之集 $\boldsymbol{J}^F$; 边集 $E$ 的定义是: 若分数变量 $x_{ij} > 0$, 则在机器 $M_i$ 与工件 $J_j$ 之间连一边. 根据前面的分析, $|E| \leqslant |\boldsymbol{M}| + |\boldsymbol{J}^F|$, 即边数不超过顶点数. 注意这里的二部图 $G$ 不包括取整值 $x_{ij} = 1$ 的工件 $J_j$, 即在 (7.14) 的系数矩阵中删去 $x_{ij} = 1$ 的列 (删去一个工件及一个非零变量). 如果某个机器 $M_i$ 只安排这些整值工件, 则它在图 $G$ 中将成为孤立点, 我们也把它删去, 不予考虑. 如下是基可行解的特征:

**论断** 对线性规划 LP$(T)$ 的基可行解 $\boldsymbol{x}$, 二部图 $G = (\boldsymbol{M} \cup \boldsymbol{J}^F, E)$ 的每一个连通分支都是一个树或者单圈图.

事实上, 对二部图 $G$, 不同连通分支之间是顶点不交的. 设某连通分支 $H$ 对应的机器集是 $\boldsymbol{M}_0$, 工件集是 $\boldsymbol{J}_0$, 其边集对应的变量构成的可行解为 $\boldsymbol{x}_0$, 则这些机器、工件及变量构成 (7.14) 的子规划, 其结构与原规划相同, 只是机器集变为 $\boldsymbol{M}_0$ 且工件集变为 $\boldsymbol{J}_0$. 可以断言: $\boldsymbol{x}_0$ 是这个子规划的基可行解 (极点解). 若不然, $\boldsymbol{x}_0$ 是另外两个可行解的凸组合. 把 $\boldsymbol{x}_0$ 及另外两个可行解都添加上 $\boldsymbol{x}$ 在其他分支的分量, 则 $\boldsymbol{x}$ 是另外两个可行解的凸组合, 与 $\boldsymbol{x}$ 是基可行解矛盾. 既然 $\boldsymbol{x}_0$ 是相对于连通分支 $H$ 的基可行解, $H$ 的边数 $|E(H)|$ 不超过顶点数 $|V(H)|$. 又因 $H$ 是连通图, 可知 $|V(H)| - 1 \leqslant |E(H)| \leqslant |V(H)|$. 当 $|E(H)| = |V(H)| - 1$ 时, $H$ 是一个树. 当 $|E(H)| = |V(H)|$ 时, $H$ 是一个单圈图 (即一个树加一条边, 得到唯一的圈). 论断

得证.

　　根据此论断, 往证: 图 $G$ 存在一个匹配, 使得每一个分数工件都配对到一台机器. 事实上, 图 $G$ 的每一连通分支 $H$ 都是一个树或单圈图, 并且单圈图中的圈都是长度为偶数的圈 (因为 $G$ 是二部图), 并且树叶都是机器顶点 (因为分数工件对应的顶点的度至少为 2). 如图 7.5 所示, 机器顶点标以 $M$, 工件顶点标以 $J$. 兹构造欲求的匹配如下. 对一单圈图的连通分支, 首先取出偶数长的圈, 其中 $M$ 顶点与 $J$ 顶点交错出现, 令圈中的工件顶点相间地与机器顶点配对. 把圈中所有顶点删去, 则剩下的连通分支都是树. 对一树分支, 任取一个树叶的 $M$ 顶点, 令其与唯一的邻点 ($J$ 顶点) 配对. 删去已配对的顶点, 续行此法. 如此直至所有 $J$ 顶点均被配对为止.

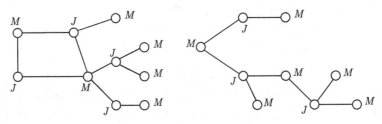

图 7.5　基图的连通分支: 树或单圈图

**算法 7.1.4**　问题 $R||C_{\max}$ 的 2-近似算法.

---

(1) 用对分法求出使规划 $\mathrm{LP}(T)$ 存在可行解的最小 $T$ 值, 记为 $T^*$.

(2) 对 $\mathrm{LP}(T^*)$ 的基可行解 $x$, 将非零整分量对应的工件分配到机器.

(3) 构造二部图 $G = (M \cup J^F, E)$, 并求出分数工件集到机器集的匹配. 按此匹配安排分数工件.

---

　　**命题 7.1.11**　算法 7.1.4 是问题 $R||C_{\max}$ 的 2-近似算法.

　　**证明**　对步骤 (1), 由规划 $\mathrm{LP}(T)$ 的可行性得知 $T^* \leqslant C_{\max}^*$. 对步骤 (2), 将非零整分量的工件分配到机器上, 其全程不超过 $T^*$. 对步骤 (3), 将分数工件匹配到机器上 (每台机器至多安排一个工件), 其全程也不超过 $T^*$. 两部分安排合并起来得到的机程方案 $\sigma$ 有 $C_{\max}(\sigma) \leqslant 2T^* \leqslant 2C_{\max}^*$. 从以上分析可知, 此算法可在多项式时间完成. 故此算法是一个 2-近似算法.　　　　　　　　　　　　□

　　例 7.1.5 讨论过问题 $1|r_j|\sum C_j$. 现在来看更复杂的问题 $1|\mathrm{prec}|\sum w_j C_j$ 如何运用线性规划松弛. 在前面的例子中, 讨论以最大费用 (如 $C_{\max}$, $L_{\max}$) 为目标的情形较多, 而以费用和为目标的情形较少. 下面是一个典型例子, 很好地诠释了线性规划松弛方法. 至于加权总完工时间 $\sum w_j C_j$ 的更多结果可参见 [147].

**例 7.1.10** 有序约束的加权总完工时间问题 $1|\text{prec}|\sum w_j C_j$ 的 2-近似算法. 由完工时间的定义得到如下的等式 (运算类似于前面的 (5.1)):

$$\sum_{j=1}^{n} p_{\pi(j)} C_{\pi(j)} = \sum_{j=1}^{n} \left( \sum_{i=1}^{j} p_{\pi(i)} \right) p_{\pi(j)} = \sum_{1 \leqslant i \leqslant j \leqslant n} p_i p_j = \frac{1}{2} \sum_{j=1}^{n} p_j^2 + \frac{1}{2} \left( \sum_{j=1}^{n} p_j \right)^2.$$

在下面的线性规划松弛中, 引进变量 $y_j$ 来表示工件 $J_j$ 的完工时间. 但作为松弛问题, 并不要求 $y_j = C_j$, 而只要 $y_j \geqslant C_j$. 又因线性规划的目标是使 $\sum_{j=1}^{n} w_j y_j$ 为最小, 变量 $y_j$ 将受迫尽可能接近于 $C_j$. 由上述等式及 $y_j \geqslant C_j$ 得到:

$$\sum_{j=1}^{n} p_j y_j \geqslant \frac{1}{2} \sum_{j=1}^{n} p_j^2 + \frac{1}{2} \left( \sum_{j=1}^{n} p_j \right)^2.$$

进而, 对任意工件子集 $S$, 由于 $C_j \geqslant \sum_{i \in S, i \leqslant j} p_i$, 也有类似的不等式成立:

$$\sum_{j \in S} p_j y_j \geqslant \sum_{j \in S} \left( \sum_{i \in S, i \leqslant j} p_i \right) p_j = \frac{1}{2} \sum_{j \in S} p_j^2 + \frac{1}{2} \left( \sum_{j \in S} p_j \right)^2.$$

对任意机程方案, 只要取 $y_j \geqslant C_j$, 都满足上述不等式. 因此, 我们构造如下的线性规划 LP:

$$
\begin{aligned}
\min \quad & \sum_{j=1}^{n} w_j y_j \\
\text{s.t.} \quad & \sum_{j \in S} p_j y_j \geqslant \frac{1}{2} \sum_{j \in S} p_j^2 + \frac{1}{2} \left( \sum_{j \in S} p_j \right)^2, \quad \forall S \subseteq \{1, 2, \cdots, n\}, \\
& y_i + p_j \leqslant y_j, \qquad\qquad\qquad\qquad\quad \forall J_i \prec J_j, \\
& y_j \geqslant 0, \qquad\qquad\qquad\qquad\qquad\quad 1 \leqslant j \leqslant n.
\end{aligned}
$$

其中当存在偏序约束 $J_i \prec J_j$ 时, 要求 $y_i + p_j \leqslant y_j$, 即工件 $J_j$ 必须在工件 $J_i$ 完工后才能开工. 注意这个线性规划有指数多的约束不等式 (其中 $S$ 取遍 $\{1, 2, \cdots, n\}$ 的所有子集). 即使如此, 它仍然存在多项式时间算法, 比如用椭球算法, 只要每一次切割可以确定出分离超平面 (参见 [3, 4]).

**算法 7.1.5** 问题 $1|\text{prec}|\sum w_j C_j$ 的线性规划松弛算法.

(1) 解线性规划 LP, 得到最优解 $\boldsymbol{y} = (y_1^*, y_2^*, \cdots, y_n^*)$.
(2) 将变量值 $y_j^*$ 排成由小到大的顺序, 如 $y_{\pi(1)}^* \leqslant y_{\pi(2)}^* \leqslant \cdots \leqslant y_{\pi(n)}^*$.
(3) 输出工件加工顺序 $\pi = (\pi(1), \pi(2), \cdots, \pi(n))$.

**命题 7.1.12**   算法 7.1.5 是问题 $1|\text{prec}|\sum w_j C_j$ 的 2-近似算法.

**证明**   设问题 $1|\text{prec}|\sum w_j C_j$ 的最优排列为 $\pi^*$, 则 $y_j = C_j(\pi^*)$ $(1 \leqslant j \leqslant n)$ 一定满足上述线性规划 LP 的约束条件, 从而

$$\sum_{j=1}^{n} w_j y_j^* \leqslant \sum_{j=1}^{n} w_j C_j(\pi^*).$$

这就是最优值的下界. 另一方面, 考虑作为近似解的加工顺序 $\pi$. 由于线性规划的第二组约束条件已考虑了偏序约束, 所以 $\pi$ 一定满足工件的先后约束. 其次, 为简单计, 不妨设 $\pi = (1, 2, \cdots, n)$. 那么工件 $J_j$ 在排列 $\pi$ 之下的完工时间是 $C_j(\pi) = \sum_{i=1}^{j} p_i$. 根据线性规划的约束条件, 得到

$$y_j^* \sum_{i=1}^{j} p_i \geqslant \sum_{i=1}^{j} p_i y_i^* \geqslant \frac{1}{2} \sum_{i=1}^{j} p_i^2 + \frac{1}{2} \left( \sum_{i=1}^{j} p_i \right)^2 \geqslant \frac{1}{2} \left( \sum_{i=1}^{j} p_i \right)^2.$$

从而

$$y_j^* \geqslant \frac{1}{2} \left( \sum_{i=1}^{j} p_i \right) = \frac{1}{2} C_j(\pi).$$

最后得到

$$\sum_{j=1}^{n} w_j C_j(\pi) \leqslant 2 \sum_{j=1}^{n} w_j y_j^* \leqslant 2 \sum_{j=1}^{n} w_j C_j(\pi^*).$$

故上述算法是 2-近似算法.                                                                  □

# 7.2   任意精度逼近理论

前面第 5 章对问题的复杂性分类讲过 $P$ 类、NP 类及 NPC 类等, 其关系示意图如图 5.1 所示. 现在继续对困难问题按其可近似性进行分类, 增加一个新的复杂性类: 一个问题 $X$ 属于 APX 类是指它具有多项式时间的近似算法 $A$, 使得算法 $A$ 的性能比 $k$ 为有限常数. 这意味着, 在 APX 类范围内的问题是可近似的问题, 而在此之外的问题是不可近似的问题. 例如, 前一节的例子, 它们的近似算法性能比是 2 或者是 3/2 等, 都是有限常数. 注意到这些例子可能是常义 NP-困难的, 也可以是强 NP-困难的. 所以这里的 APX 分类的确会带来新的认识. 下面的图 7.6 先给大家一个总体印象, 后面再作解释.

## 7.2.1   多项式时间逼近方案

无论连续问题或离散问题, 逼近的程度都用误差精度来衡量. 如果一个 NP-困难问题可以做到任意精度的逼近, 即其近似算法的相对误差可以任意小, 就可认为它是具有最好可近似性的.

**定义 7.2.1** 对于最小化问题 $X$ 而言, 一个算法族 $\{A_\varepsilon\}$ 称为**多项式时间逼近方案** (polynomial-time approximation scheme, PTAS) 是指: 对任意给定的 $\varepsilon > 0$, $A_\varepsilon$ 是问题 $X$ 的 $(1+\varepsilon)$-近似算法, 且当 $\varepsilon$ 为常数时, $A_\varepsilon$ 的运行时间是实例规模 $|I|$ 的多项式 $p_\varepsilon(|I|)$.

对最大化问题而言, $A_\varepsilon$ 是 $(1-\varepsilon)$-近似算法. 这里算法 $A_\varepsilon$ 及其计算复杂性都依赖于精度 $\varepsilon$. 当 $\varepsilon$ 为给定常数时, 它是多项式时间算法. 不言而喻, 要达到的精度 $\varepsilon$ 越小, 算法运行的时间就越长. 重要的问题是随着精度 $\varepsilon$ 的减小, 运行时间 $p_\varepsilon(|I|)$ 以怎样的速度增长. 或者说, 要达到更小的精度, 需要耗费多少额外的运算时间. 这相当于一个收敛速度问题.

**定义 7.2.2** 若一个多项式时间逼近方案 $\{A_\varepsilon\}$, 其中每个算法 $A_\varepsilon$ 的运行时间是实例规模 $|I|$ 及 $1/\varepsilon$ 的多项式 $p(|I|, 1/\varepsilon)$, 则称之为**全多项式时间逼近方案** (fully polynomial-time approximation scheme), 简称 FPTAS.

对 FPTAS 而言, 相对于精度 $\varepsilon$ 的减小, 增长因子 $1/\varepsilon$ 的作用只体现在运算时间多项式的系数或常数项里, 因而运算时间是 "多项式地" 增长的. 而对一般的 PTAS 而言, 如果它不是 FPTAS, 增长因子 $1/\varepsilon$ 的作用可能体现在运算时间多项式的阶次上, 因而运算时间是 "指数地" 增长的. 例如, 算法 $A_\varepsilon$ 的时间界是 $O(n^{1/\varepsilon})$, 因子 $1/\varepsilon$ 含在多项式的阶次里. 虽然当 $\varepsilon$ 为常数时, 时间界 $O(n^{1/\varepsilon})$ 是多项式, 这样的算法族的确是 PTAS; 但当 $\varepsilon$ 趋于零时, 运行时间会以指数速度急速增长. 这种逼近的 "收敛速度" 就算比较差了. 如果算法的时间界是 $O(n^3/\varepsilon^2)$, 增长因子 $1/\varepsilon$ 含在多项式的系数里, 它是 FPTAS, 其运行时间会以多项式的速度平缓增长. 这就体现出 FPTAS 有更好的 "收敛速度". 因此, 我们说 FPTAS 比一般 PTAS 有更好的逼近效果, 即在达到一定精度的条件下付出的代价 (运算时间) 更小.

根据以上定义, 一个 NP-困难问题的可近似性程度 (或 "难度") 按如下次序排列 (包含关系参见图 7.6):

- 存在 FPTAS;
- 存在 PTAS;
- 属于 APX 类 (存在常数性能比的近似算法);
- 不可近似性类 (不存在常数性能比的近似算法).

前面第 5 章讲过一个重要结论: 一个强 NP-困难问题不可能存在伪多项式时间算法, 除非 $P = $ NP. 现在有类似的结论: 一个强 NP-困难问题不可能存在 FPTAS, 除非 $P = $ NP (证明参见有关专著 [2, 4]). 在图 7.6 中, 强 NP-困难类与存在 FPTAS 问题类是不相交的.

设计多项式时间逼近方案的基本方法是: 对问题 $X$ 的实例 $I$, 运用结构松弛方法, 构造一个简化的实例 $I^\#$, 解之得到其最优解 $\text{OPT}^\#$; 然后从这个简化实例的最优解反变换为原实例的近似解, 如图 7.7 所示. 这是根据数学中普遍使用的变换

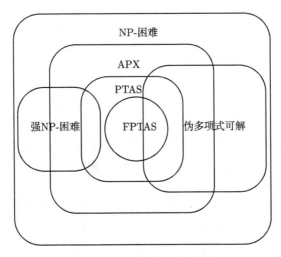

图 7.6    可近似性分类示意图

**反演原理.** 例如, 中学生计算两个大数的乘积, 可以先取对数转变为两个较小数的加法, 相加后再用反对数变换为所求的乘积. 又如在微积分里对一个函数项级数求和, 可先逐项求导变换为一个更简单的级数, 求和后再用积分反演出原级数的和函数. 这样的例子俯拾皆是. 就当前的课程来说, 一开始就把时序问题转化为线性规划分配问题或网络流问题, 求解后再代换为所求的机程方案. 在讲 NP-完全性证明时, 也涉及实例的构造: 对参照问题的任意实例 $I$ (样板), 要构造出欲证问题的实例 $I^\#$ (模型), 并通过反演对应来印证两个实例具有相同的解答. 现在, 对逼近方案的设计, 再次运用这种原理的框架.

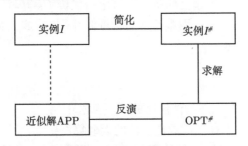

图 7.7    变换反演方法

这里的结构松弛方法可以有多种形式, 例如, 复杂数据的舍入取整, 长度参差不齐的工件的整合对齐, 或者某种难解约束的解除忽略. 自然, 随着精度 $\varepsilon$ 的减小, 松弛的程度也必须作相应的下降, 以达到逐步逼近的目的. 如前所述, 近似算法是简略的精确算法. 如果已经有了精确算法, 如前一章的伪多项式时间算法, 就应该对它进行简约处理, 使之转化为多项式时间逼近方案. 如果没有现成的精确算法, 我们可以心中瞄准着精确算法, 而在实施上着手进行松弛简略, 并权衡运算时间与误差估计两方面的要求. 这样做, 求精确算法的枚举搜索途径又会再度浮现出来.

### 7.2.2 伪多项式时间算法的舍入变换

在离散优化领域, 舍入 (俗称 "四舍五入") 是最原始的方法: 一个离散优化问题往往很容易写成整数规划, 然后松弛其整值约束变为线性规划, 得到分数最优解之后, 用舍入方法变为整数解. 长期以来, 在实际应用中 (特别对数据较大, 取整不敏感的实例) 就是这样做的. 在近似算法理论出现之后, 舍入方法的误差估计才提到议事日程上.

前面说过, 有一类困难问题 (指常义 NP-困难问题) 之所以困难, 是因为数值大, 数据的纷纭变化造成复杂的实例. 那么, 如果加大数值的度量单位, 并用取整方法去掉零星参差部分, 便可缩小数据, 得到简化的实例. 如对一个整数 $c$, 可取适当大的数 $M$ 为度量单位, 并令 $c' = \lfloor c/M \rfloor$, 这就使得 $c$ 缩小为 $M$ 的整倍数 $c'$, 并舍弃其分数部分. 更具体地说, 对十进制整数 $c$, 如果取 $M = 10^k$, 上述取整运算就是舍弃 $c$ 的后面 $k$ 位有效数字 (将小数点向前移 $k$ 位后舍去小数点后的数字), 得到更小的整数 $c'$. 对二进制数取 $M = 2^k$, 这样的舍入同样是抹去后 $k$ 位数字. 总之, 对所有数据用加大的尺度 $M$ 来截取, 便得到简化的数值实例. 这是变尺度的思想.

联想到前面讲的伪多项式时间算法 (一元代码输入方式下的多项式时间算法), 即其运行时间是实例规模 $|I|$ 及最大数值 $|I|_{\max}$ 的多项式. 例如, 算法的时间界是 $O(n^3 p_{\max})$, 其中 $p_{\max} = \max_{1 \leqslant j \leqslant n} p_j$ (参见 6.2 节). 这些算法之所以不能成为多项式的, 是因为输入数据太大. 如果我们运用上述加大数值度量单位的办法, 使得所有输入数据缩小, 它们便可以变为多项式时间算法. 然而这样对数据进行舍入简化, 就不能保证求出精确解, 而得到近似解了. 当舍入单位度量 $M$ 取不同数值时, 便得到不同近似程度的算法 ($M$ 越大, 近似程度越差). 这样一来, 运用舍入方法, 有可能将伪多项式时间算法改造为多项式时间逼近方案. 这种方法称为舍入技术 (rounding technique), 也可以归入伸缩尺度法 (scaling technique) 的范畴. 关于这一途径, 我们还是先用 "最容易" 的背包问题来解释[142].

**例 7.2.1** 背包问题.

给定非负整数 $a_1, a_2, \cdots, a_n, c_1, c_2, \cdots, c_n$ 及 $B$, 其中 $a_i$ 及 $c_i$ 分别是物品 $i$ 的体积及价值, $B$ 是背包容量. 寻求子集 $S \subseteq \{1, 2, \cdots, n\}$ 使得 $\sum_{i \in S} a_i \leqslant B$ 而 $c(S) = \sum_{i \in S} c_i$ 为最大 (注意这是最大化问题).

设 $c_{\max} = \max_{1 \leqslant i \leqslant n} c_i$, 则 $n c_{\max}$ 是目标函数的上界, 且 $c_{\max}$ 是最优值的下界. 6.2 节给出了它的动态规划算法 (记为算法 $A$), 其运行时间是 $O(nC)$, 这里 $C = \sum_{1 \leqslant i \leqslant n} c_i$. 由于 $C \leqslant n c_{\max}$, 算法的时间界也可写成 $O(n^2 c_{\max})$. 这是伪多项式时间算法. 现在来看它如何演变为背包问题的 FPTAS. 方法是对给定的 $\varepsilon > 0$,

选择舍入单位度量 $M$, 一方面使算法对舍入数据的运行时间是 $n$ 及 $1/\varepsilon$ 的多项式, 另一方面保证近似解的目标函数值 $A(I) \geqslant (1-\varepsilon)\mathrm{OPT}$.

**算法 7.2.1**    背包问题的 FPTAS.

---

(1) 对给定的 $\varepsilon > 0$, 取 $M := \varepsilon\, c_{\max}/n$.
(2) 构造舍入的实例 $I^{\#}$, 其中物品 $i$ 的价值系数为 $c_i' := \lfloor c_i/M \rfloor\ (1 \leqslant i \leqslant n)$.
(3) 用伪多项式时间算法 $A$ 求出实例 $I^{\#}$ 的最优解 $S^{\#}$, 作为近似解.

---

**命题 7.2.3**    算法 7.2.1 是背包问题的 FPTAS.

**证明**    首先来看算法的运行时间. 由算法 $A$ 的运行时间 $O(n^2 c_{\max})$ 可知, 对实例 $I^{\#}$ 的运行时间是 $O(n^2 \lfloor c_{\max}/M \rfloor) = O(n^2 \lfloor n/\varepsilon \rfloor)$, 这是 $n$ 及 $1/\varepsilon$ 的多项式.

其次来看算法的逼近程度. 由取整运算 $c_i' = \lfloor c_i/M \rfloor$ 得知 $c_i/M \geqslant c_i' > c_i/M - 1$, 因而

$$c_i \geqslant Mc_i' > c_i - M.$$

设 $S^*$ 是背包问题的最优解, 则由上式得到:

$$\begin{aligned}
c(S^{\#}) &\geqslant Mc'(S^{\#}) \geqslant Mc'(S^*) \\
&> c(S^*) - nM = c(S^*) - \varepsilon c_{\max} \\
&\geqslant (1-\varepsilon)\, c(S^*),
\end{aligned}$$

其中最后一个不等式是由 $c(S^*) \geqslant c_{\max}$ (最优值的下界) 得到的.    □

在上述证明中, 根据运算 $c_i' = \lfloor c_i/M \rfloor$ 得到舍入误差估计

$$c(S^*) - c(S^{\#}) < nM.$$

对此, 如果取 $M$ 为最优值下界的 $\varepsilon/n$ 倍, 即可达到相对误差 (性能比) 小于 $\varepsilon$ 的要求. 而 $c_{\max}$ 恰好是最优值下界. 这就是为什么算法中要选择 $M := \varepsilon\, c_{\max}/n$ 的理由. 这样的单位度量 $M$ 也是前面所说的联系近似值与最优值之间的公共尺度.

此例阐述了一个带普遍意义的方法: 对一个伪多项式时间算法 $A$ 及精度 $\varepsilon$, 运用改变输入数据度量单位的办法, 得到近似算法 $A_\varepsilon$, 使之成为全多项式时间逼近方案. 按照这一方法, 下面讨论几个典型的时序问题例子, 它们已知具有伪多项式时间算法 (参见前一章).

**例 7.2.2**    单机加权延误数问题 $1 || \sum w_j U_j$ 的 FPTAS.

设有 $n$ 个工件在一台机器上加工, 其中工件 $j$ 的工时、工期及权值分别为 $p_j, d_j, w_j\ (1 \leqslant j \leqslant n)$. 目标函数为 $f(\pi) = \sum_{i=1}^{n} w_{\pi(i)} U_{\pi(i)}$. 6.2 节给出它的伪多

项式时间动态规划算法 (记为算法 $A$), 时间界是 $O(nP)$, 其中 $P = \sum_{1 \leqslant j \leqslant n} p_j$. 设 $p_{\max} = \max_{1 \leqslant j \leqslant n} p_j$. 则 $P \leqslant n p_{\max}$, 故此算法的时间界可写成 $O(n^2 p_{\max})$.

此问题可表示为集合选择形式: 求一个在 EDD 序下按时完工的子集 $S$, 使权 $w(S)$ 为最大. 此形式与前述背包问题类似, 故其论述亦可仿效前者. 设 $w_{\max} = \max_{1 \leqslant j \leqslant n} w_j$, 则 $n w_{\max}$ 是目标函数的上界, 且 $w_{\max}$ 是最优值的下界 (假定每一工件 $j$ 都有 $p_j \leqslant d_j$, 否则舍弃之).

**算法 7.2.2**　问题 $1 || \sum w_j U_j$ 的 FPTAS.

(1) 对给定的 $\varepsilon > 0$, 取 $M_1 := \varepsilon p_{\max}/n$, $M_2 := \varepsilon w_{\max}/n$.
(2) 构造实例 $I^\#$, 其中工件 $J_j$ 的工时为 $p'_j := \lfloor p_j/M_1 \rfloor$, 权值为 $w'_j := \lfloor w_j/M_2 \rfloor$ $(1 \leqslant j \leqslant n)$.
(3) 用伪多项式时间算法 $A$ 求出实例 $I^\#$ 的最优解 $S^\#$, 作为近似解.

**命题 7.2.4**　算法 7.2.2 是问题 $1 || \sum w_j U_j$ 的 FPTAS.
**证明**　关于运行时间, 由算法 $A$ 的运行时间 $O(n^2 p_{\max})$ 可知, 对实例 $I^\#$ 的运行时间是 $O(n^2 \lfloor p_{\max}/M_1 \rfloor) = O(n^2 \lfloor n/\varepsilon \rfloor)$, 这是 $n$ 及 $1/\varepsilon$ 的多项式.

关于算法的性能比, 由取整运算 $w'_j = \lfloor w_j/M_2 \rfloor$ 得知 $w_j/M_2 \geqslant w'_j \geqslant w_j/M_2 - 1$, 因而
$$w_j \geqslant M_2 w'_j \geqslant w_j - M_2.$$

设 $S^*$ 是问题 $1 || \sum w_j U_j$ 最优解中的按时完工的工件集, 则由上式得到:
$$w(S^\#) \geqslant M_2 w'(S^\#) \geqslant M_2 w'(S^*)$$
$$\geqslant w(S^*) - n M_2 = w(S^*) - \varepsilon w_{\max}$$
$$\geqslant (1 - \varepsilon) w(S^*),$$

其中最后一式由 $w(S^*) \geqslant w_{\max}$ 得到.　　　　　　　　□

**例 7.2.3**　单机总延误问题 $1 || \sum T_j$ 的 FPTAS.

对单机总延误问题 $1 || \sum T_j$, 前面系统地论述了优先规则、分解算法、NP-困难性、伪多项式时间算法等; 至此再给出 FPTAS, 作为最后总结. 这也是出自 Lawler 的贡献[77, 79], 但叙述上参考 [16]. 以后还有运行时间更快的 FPTAS, 参见 [148].

6.2 节给出它的伪多项式时间动态规划算法, 其时间界是 $O(n^4 P)$. 我们先来改写这个时间界中的 $P$. 正如前面背包问题借助于 $c_{\max}$, 问题 $1 || \sum w_j U_j$ 借助于 $p_{\max}$, 现在也引进一个中介的度量. 已知在前面的算法中, 假定工件的初始排列是按照 EDD 规则编排的. 设 $T_j$ 是工件 $j$ 是在 EDD 序下的延误, 并设 $T_{\max} = \max_{1 \leqslant j \leqslant n} T_j$.

那么 $\sum T_j \leqslant nT_{\max}$. 进而, 把该问题的最优值 OPT 记为 $\sum T_j^*$, 则得到借助于 $T_{\max}$ 的上下界:

$$T_{\max} \leqslant T_{\max}^* \leqslant \sum T_j^* \leqslant \sum T_j \leqslant nT_{\max}. \tag{7.15}$$

其中第一个不等式是由于 EDD 规则得到的排列是问题 $1\|T_{\max}$ (或 $1\|L_{\max}$) 的最优解, 这里 $T_{\max}^* = \max_{1 \leqslant j \leqslant n} T_j^*$ 是问题 $1\|\sum T_j$ 的最优解中的最大延误.

回顾前一章的伪多项式时间算法, 其中最优值函数是 $F(S,t)$, 即子集 $S$ 的工件从时刻 $t$ 开始的最小总延误, 而 $t$ 的变化范围是 $0 \leqslant t \leqslant P$ 的所有整数. 根据 (7.15) 的最优值上界, 这个取值范围可以减小. 事实上, 对任意子集 $S$ 都存在最小的整数 $t_0 \geqslant 0$, 使得 $F(S, t_0 + 1) > 0$ (即最早出现延误的时刻), 这就是 $t_0 = \max\{0, \min_{J_j \in S}(d_j - C_j)\}$, 其中 $C_j$ 是工件 $J_j$ 在子集 $S$ 按 EDD 序的完工时间. 这样一来, 若 $t_0 > 0$, 则当 $t \leqslant t_0$ 时 $F(S, t) = 0$; 当 $t > t_0$ 时 $F(S, t) > 0$. 若 $t_0 = 0$, 则 $F(S, t_0) \geqslant 0$. 由此得到: 当 $\Delta t \geqslant 0$ 时, $F(S, t_0 + \Delta t) \geqslant \Delta t$. 这是因为当开始时刻 $t$ 向后平移一单位时, 总延误至少增加一单位. 由于只需计算 $F(S, t_0 + \Delta t) \leqslant nT_{\max}$ 的 $t = t_0 + \Delta t$, 所以计算 $F(S, t)$ 时 $t$ 的选择范围可以改变为

$$0 \leqslant t - t_0 \leqslant nT_{\max}.$$

总之, 把 $F(S, t) = 0$ 的一段无用的 $t$ 值范围省略了. 由此可知, 伪多项式算法的时间界 $O(n^4 P)$ 可改写为 $O(n^5 T_{\max})$.

现在来将伪多项式时间算法 (记为算法 $A$) 转化为 FPTAS. 首先构造简化的实例 $I^{\#}$, 其中工件 $J_j$ 的工时及工期分别变为

$$p_j' := \lfloor p_j/M \rfloor, \quad d_j' = d_j/M,$$

其中舍入度量 $M$ 待定, 由下面的逼近要求反推出来. 设 $\pi^A$ 为算法 $A$ 对简化实例 $I^{\#}$ 得到的最优排列 (即近似解). 并设 $\sum T_j(\pi^A)$ 表示排列 $\pi^A$ 相对于原始工时及原始工期的目标函数值 (近似值). 那么, 逼近方案的目的是选择适当的 $M$ 使得

$$\sum T_j(\pi^A) \leqslant (1 + \varepsilon) \sum T_j^*, \tag{7.16}$$

这里 $\sum T_j^*$ 是最优排列 $\pi^*$ 的目标函数值 (最优值), 参见 (7.15). 为得到这样的误差估计, 引进一个中间环节: 设 $\sum T_j'(\pi^A)$ 表示排列 $\pi^A$ 相对于这样的实例 $I'$ 的目标函数值, 其工时为 $Mp_j'$, 工期为 $Md_j' = d_j$. 由于此实例 $I'$ 的输入数据 (工时及工期) 与实例 $I^{\#}$ 的输入数据 (工时及工期) 只相差常数倍, 所以这两个实例具有相同的最优解 (它们是等价的). 故 $\pi^A$ 也是实例 $I'$ 的最优排列, 因而 $\sum T_j'(\pi^A)$ 是它相对于实例 $I'$ 的最优值.

由取整运算 $p'_j = \lfloor p_j/M \rfloor$ 得知 $p_j/M \geqslant p'_j > p_j/M - 1$, 因而

$$Mp'_j \leqslant p_j < M(p'_j + 1).$$

由此得到

$$\sum T'_j(\pi^A) \leqslant \sum T'_j(\pi^*) \leqslant \sum T^*_j \leqslant \sum T_j(\pi^A) < \sum T'_j(\pi^A) + \frac{1}{2}n(n+1)M.$$

这里最后一个不等式可由 $\sum T_j \leqslant \sum C_j$ 得到. 从而

$$\sum T_j(\pi^A) - \sum T^*_j < \frac{1}{2}n(n+1)M.$$

至此, 只要取

$$M = \left(\frac{2\varepsilon}{n(n+1)}\right)T_{\max},$$

并结合 (7.15) 的最优值下界, 便得到

$$\sum T_j(\pi^A) - \sum T^*_j < \varepsilon T_{\max} \leqslant \varepsilon \sum T^*_j.$$

故 (7.16) 成立.

根据以上分析, 得到如下逼近方案. 事先假设 $T_{\max} > 0$, 否则由 EDD 规则已得到最优解, 无须进行逼近.

**算法 7.2.3**    问题 $1\|\sum T_j$ 的 FPTAS.

---

(1) 对给定的 $\varepsilon > 0$, 取 $M := \left(\dfrac{2\varepsilon}{n(n+1)}\right)T_{\max}$.

(2) 构造实例 $I^\#$, 其中工件 $J_j$ 的工时为 $p'_j := \lfloor p_j/M \rfloor$, 工期为 $d'_j := d_j/M$ $(1 \leqslant j \leqslant n)$.

(3) 用伪多项式算法 $A$ 求出实例 $I^\#$ 的最优解 $\pi^A$, 作为近似解.

---

**命题 7.2.5**    算法 7.2.3 是问题 $1\|\sum T_j$ 的 FPTAS.

**证明**    按照伪多项式算法 $A$ 求解问题 $1\|\sum T_j$ 的时间界是 $O(n^5 T_{\max})$. 根据 $M$ 的选择, 此算法对实例 $I^\#$ 的运行时间是 $O(n^5 T_{\max}/M)$, 即 $O(n^7/\varepsilon)$, 它是 $n$ 及 $1/\varepsilon$ 的多项式. 其次, 由 (7.16) 成立可知达到要求的逼近精度.    □

前面的几个例子都是对实例的输入数据进行加大度量后取整的舍入处理, 然后把已有的伪多项式时间算法作一个子程序 (或算包) 来调用. 下面讲另一种方法, 就是对伪多项式时间算法的执行过程进行简化, 减少枚举的工作量.

**例 7.2.4**    两台平行机加权总完工时间问题 $P2\|\sum w_j C_j$ 的 FPTAS.

设工件 $J_j$ 的工时及权值分别为 $p_j$ 及 $w_j$ $(1 \leqslant j \leqslant n)$, 并假定它们都是正整数. 机程方案表示为 $\sigma = (\pi_1, \pi_2)$, 其中排列 $\pi_1$ 为机器 $M_1$ 上的工件顺序, 排列 $\pi_2$ 为机器 $M_2$ 上的工件顺序. 目标函数为 $f(\sigma) = \sum_{i=1}^{2} \sum_{j=1}^{n_i} w_{\pi_i(j)} C_{\pi_i(j)}$. 此问题的 FPTAS 早在 1976 年由 Sahni 得到[149]. 其中的一种区间划分技巧后来发展成为具有普遍意义的方法 (参阅 [150]).

大家一定记得积分的近似计算: 求函数 $f(x) > 0$ 在区间 $I = [a, b]$ 上的积分, 即求由 $x = a, x = b, y = f(x), y = 0$ 所围成的曲边梯形 $D$ 的面积. 所谓 "矩形法" 是这样做的: 以一定的长度 $\delta$ 把区间 $I$ 等分为若干子区间 $I_1, I_2, \cdots, I_q$. 在每一个子区间 $I_i = [x_{i-1}, x_i]$ 上, 把函数值近似地看作一样的, 比如取其左端点的函数值 $f(x_{i-1})$. 以它为高作 $I_i$ 上的矩形, 并以此矩形的面积代替 $I_i$ 上的曲边梯形 $D_i$ 的面积. 将所有这些矩形的面积加起来, 便得到 $D$ 的面积的近似值. 区间划分愈细, 近似程度愈高. 这个熟知的例子, 既包含前述舍入技巧中取整取齐的思想, 也引导出下文中划分区间的做法.

回顾 6.2 节给出的伪多项式时间动态规划算法. 对阶段 $j$, 曾经定义最优值函数为 $F_j(t_1, t_2) :=$ 工件集 $\{1, 2, \cdots, j\}$ 在机器 $M_1$ 的最终完工时间为 $t_1$, 在机器 $M_2$ 的最终完工时间为 $t_2$ 的最小费用. 由此可以规定: 一个机程方案 $\sigma$ 在阶段 $j$ 的状态向量为 $(t_1, t_2, z)$, 其中 $t_i$ 是机器 $M_i$ 的负荷 (最终完工时间) $(i = 1, 2)$, $z$ 是其目标函数值. 此状态向量 $(t_1, t_2, z)$ 描写了机程方案 $\sigma$ 对工件集 $\{1, 2, \cdots, j\}$ 的安排. 对 $1 \leqslant j \leqslant n$, 设 $V_j$ 是阶段 $j$ 的所有可能状态向量之集. 例如, $V_1 = \{(p_1, 0, w_1 p_1), (0, p_1, w_1 p_1)\}$. 上述动态规划算法可以改写为更加粗放的枚举形式:

**算法 A**　问题 $P2 || \sum w_j C_j$ 的递推算法.

---

(1) 令 $V_0 := \{(0, 0, 0)\}$.

(2) 对 $j := 1$ 到 $n$ 执行:

对 $V_{j-1}$ 中的每一个向量 $(x, y, z)$, 将 $(x + p_j, y, z + w_j(x + p_j))$ 及 $(x, y + p_j, z + w_j(y + p_j))$ 加入 $V_j$.

(3) 在 $V_n$ 中求出 $z$ 值最小的向量 $(x, y, z)$.

---

此算法枚举所有状态向量集 $V_j$ $(1 \leqslant j \leqslant n)$. 在一个状态集中, $(t_1, t_2, z)$ 的 $t_1$ 可取遍 $[0, P]$ 中所有整数, $t_2 = P - t_1$, 而 $z \leqslant n w_{\max} P$, 所以状态向量的总数为 $O(n w_{\max} P^2)$. 那么算法的时间界是 $O(\sum_{j=1}^{n} |V_j|) = O(n^2 w_{\max} P^2)$, 这是伪多项式时间的. 与先前的动态规划算法相比, 就是在运用递推公式计算最小值 $F_j(t_1, t_2)$ 时, 前者把 $z$ 值较大的状态向量 $(t_1, t_2, z)$ 消去了, 大大地减少了计算量, 因而得到 $O(nP)$ 的时间界. 下面讲述一种舍入方案, 从算法 A 出发, 也可以大量删除状态向

量, 以便减少计算量; 但不能保证最优性, 只能得到近似解.

对单机情形 $1||\sum w_j C_j$, 熟知的最优算法是所有工件按比值 $p_j/w_j$ 的非降顺序排列 (即所谓 WSPT 规则). 设 $F_1^*$ 是一台机器在此最优排列下的最优值. 那么, 对两台机器情形 $P2||\sum w_j C_j$, 最优值记为 $f(\sigma^*) = \sum w_j C_j^*$, 其中 $\sigma^*$ 为最优方案, 便可证明如下的上下界:

$$\frac{1}{2} F_1^* \leqslant f(\sigma^*) \leqslant F_1^*.$$

事实上, 此处上界是因为所有工件只排在一台机器上也是一个可行的机程方案. 关于下界, 考虑这样的松弛: 工件可以中断 (分拆为两个工件) 并且分拆的部分加工时间可以重叠. 此时的最优解是每个工件等分为两部分 $\left(\text{工时各为 } \frac{1}{2} p_j\right)$, 然后分别安排在两台机器上, 并按 WSPT 规则排列, 其最优值恰好是 $\frac{1}{2} F_1^*$.

现将搜索区间 $[0, F_1^*]$ 等分为长度为 $M := \varepsilon F_1^*/(2n)$ 的子区间 $\Delta_1, \Delta_2, \cdots, \Delta_q$, 其中 $q = \lceil F_1^*/M \rceil = \lceil 2n/\varepsilon \rceil$ (最后一个子区间的长度可能不足 $M$). 如前, $M$ 作为舍入的单位度量, $\Delta_i$ 看作单位区间. 那么所谓取整舍入, 就是把每一个单位区间 $\Delta_i$ 内的目标函数值看作一样的. 如果有两个状态向量 $(t_1, t_2, z)$ 及 $(t_1', t_2', z')$, 其中 $z, z' \in \Delta_i$, 我们认为这两个近似的目标函数值 $z, z'$ 是很接近的, 可以保留其中较小者作为候选. 这样一来, 在上述算法 A 的执行过程中, 每一次产生状态向量集 $V_j$ 时, 按照 $z$ 值的范围分为 $q$ 个格子 (对应于 $\Delta_1, \Delta_2, \cdots, \Delta_q$). 当我们把新的状态向量加入 $V_j$ 时, 看它投入到哪个格子, 如果格子中已有一个向量, 就留下一个 $z$ 值较小者. 这样做就保证 $V_j$ 中至多有 $q$ 个元素. 如此进行, 直至最后的状态向量集 $V_n$, 从至多 $q$ 个元素中取出 $z$ 值最小的向量对应的近似解. 下面的算法是对算法 A 的简化.

**算法 7.2.4** 问题 $P2||\sum w_j C_j$ 的 FPTAS.

(1) 对给定的 $\varepsilon > 0$, 取 $M := \varepsilon F_1^*/(2n)$. 将 $z$ 值的范围 $[0, F_1^*]$ 划分成子区间 $\Delta_1, \Delta_2, \cdots, \Delta_q$.

(2) 令 $V_0' := \{(0,0,0)\}$. 对 $j := 1$ 到 $n$ 执行:

对 $V_{j-1}'$ 中的每一个向量 $(x, y, z)$, 将 $(x+p_j, y, z+w_j(x+p_j))$ 及 $(x, y+p_j, z+w_j(y+p_j))$ 加入 $V_j'$, 使得 $z$ 值处于每一个子区间 $\Delta_i$ 中的状态向量只保留一个 $z$ 值最小者.

(3) 在 $V_n'$ 中求出 $z$ 值最小的向量 $(x, y, z)$, 得到其对应的近似解.

**命题 7.2.6** 算法 7.2.4 是问题 $P2||\sum w_j C_j$ 的 FPTAS.

**证明**　首先考虑逼近精度. 设 $\sigma^*$ 是最优方案. 根据 6.2 节动态规划算法的 $n$ 阶段决策过程, 第 $j$ 阶段决策是对工件 $J_j$ 做出选择, 安排在机器 $M_1$ 或 $M_2$, 从而状态向量是从 $(x, y, z)$ 转移为 $(x+p_j, y, z+w_j(x+p_j))$ 或 $(x, y+p_j, z+w_j(y+p_j))$. 最优策略 $\sigma^*$ 对应于一个最优的过程实现, 即最优的状态向量序列 $(s_0, s_1^*, \cdots, s_n^*)$. 这相当于 $n$ 阶段决策过程中的多阶段有向图 (以所有状态集 $V_j$ 为顶点集) 的最短路. 按照与 $\sigma^*$ 同样的决策 (选择机器 $M_1$ 或 $M_2$), 在算法 7.2.4 的状态向量集 $\{V_0', V_1', \cdots, V_n'\}$ 中也产生出状态向量序列 $(s_0, s_1', \cdots, s_n')$, 其中 $s_j' \in V_j'$ $(0 \leqslant j \leqslant n)$. 设这样的机程方案为 $\sigma'$. 由于在算法 7.2.4 中删去了一些状态向量, 原来 $\sigma^*$ 经历的状态向量用其 "接近" 的状态向量来代替, 于是产生误差. 开始时的状态 $s_0, s_1'$ 不变. 到某一步, $s_i^*$ 被删去, 被同一个格子的 $s_i'$ 所代替, 产生 $z$ 值误差不超过 $M$. 继续这样进行下去, 直到最后阶段, 累计误差不超过 $nM$. 由此得到目标函数值的误差

$$f(\sigma') - f(\sigma^*) \leqslant nM = \frac{1}{2} \varepsilon F_1^*.$$

现在取出算法 7.2.4 得到的机程方案 $\hat{\sigma}$, 相当于以 $\{V_0', V_1', \cdots, V_n'\}$ 为顶点集的多阶段有向图的最短路. 那么 $f(\hat{\sigma}) \leqslant f(\sigma')$. 所以 $f(\hat{\sigma}) - f(\sigma^*) \leqslant f(\sigma') - f(\sigma^*) \leqslant \frac{1}{2} \varepsilon F_1^*$. 最后得到精度要求

$$\frac{f(\hat{\sigma}) - f(\sigma^*)}{f(\sigma^*)} \leqslant \frac{\frac{1}{2} \varepsilon F_1^*}{\frac{1}{2} F_1^*} = \varepsilon.$$

关于运行时间, 由于每一个状态向量集 $V_j'$ 至多有 $q = \lceil 2n/\varepsilon \rceil$ 个元素, 总的状态向量个数不超过 $nq = O(n^2/\varepsilon)$. 每一个状态向量集 $V_j'$ 可以按 $z$ 值由小到大排成一个队列, 其中按子区间 $\Delta_1, \Delta_2, \cdots, \Delta_q$ 分成子队列 (格子). 从 $V_{j-1}'$ 产生 $V_j'$ 时, 是将至多 $2q$ 个状态向量放入 $V_j'$, 比较后留下至多 $q$ 个. 总的比较次数不超过 $2nq$. 最后在 $V_n'$ 中求出 $z$ 值最小的向量, 运行时间是 $O(q)$. 因此总的运行时间界为 $O(n^2/\varepsilon)$, 这是 $n$ 及 $1/\varepsilon$ 的多项式. 故得欲证.　　□

在前一章我们还讲过问题 $1|d_j = d| \sum w_j T_j$ 的伪多项式时间算法. 至于如何转化为 FPTAS, 留作习题 (参见 [151]).

### 7.2.3　运用枚举搜索的逼近方法

回到开头的平行机全程问题 $P||C_{\max}$, 队列算法给出 2-近似算法, LPT 算法给出 (4/3)-近似算法, 即精度 $\varepsilon = 1$ 及 $\varepsilon = 1/3$ 的近似算法. 继续前进, 是否可以得到任意精度的逼近呢?

**例 7.2.5**　固定机器数的平行机全程问题 $Pm||C_{\max}$ 的 PTAS.

例 7.1.2 的 $(1+1/3)$-近似算法提示出进一步的途径. 已知其论证分两种情形:

① 若 $p_k \leqslant \frac{1}{3}C^*_{\max}$, 则性能比估计与队列算法相同; ② 若 $p_k > \frac{1}{3}C^*_{\max}$, 则 LPT 算法直接得到最优解. 这里隐含着长短工件分类处理的思想. 由于 $C^*_{\max}$ 是未知的, 而 $\frac{1}{m}P$ 是其下界, 由此引出如下定义: 对给定的 $\varepsilon > 0$, 若工件 $J_j$ 的工时满足

$$p_j > \frac{\varepsilon}{m}\sum_{i=1}^{n}p_i,$$

则称之为大工件; 否则称为小工件. 设 $A$ 为小工件之集, $B$ 为大工件之集.

为方便起见, 逼近精度写成 $\varepsilon = 1/k$ 的形式, 其中 $k$ 为正整数. 那么大工件数 $|B| \leqslant km$, 其中当 $\varepsilon$ 为常数时, $km$ 也是常数. 于是可以对所有大工件在 $m$ 台机器的安排方式进行枚举; 并用小工件来填充. 这样得到如下算法.

**算法 7.2.5** 问题 $Pm||C_{\max}$ 的 PTAS.

(1) 对给定的 $\varepsilon = 1/k > 0$, 定义小工件集 $A$ 及大工件集 $B$.

(2) 枚举所有大工件在 $m$ 台机器上的安排方式 (至多 $m^{km}$ 种方式). 从中选择一个全程最小的机程方案 $\sigma_1$.

(3) 在方案 $\sigma_1$ 的基础上, 继续用队列算法安排小工件集 $A$, 得到机程方案 $\sigma_2$, 以此作为近似解.

**命题 7.2.7** 算法 7.2.5 是问题 $Pm||C_{\max}$ 的 PTAS.
**证明** 仿照命题 7.1.3 的证明, 首先来证明精度要求:

$$C_{\max}(\sigma_2) \leqslant (1+\varepsilon)C^*_{\max}.$$

设 $J_r$ 是最后完工的工件. 分两种情形讨论:

(i) $J_r$ 是小工件, 即 $p_r \leqslant \frac{\varepsilon}{m}P$, 则与前类似地得到

$$C_{\max}(\sigma_2) = C_r = S_r + p_r \leqslant \frac{1}{m}\sum_{j \neq r}p_j + p_r$$

$$\leqslant \frac{1}{m}\sum_{j=1}^{n}p_j + \frac{\varepsilon}{m}\sum_{j=1}^{n}p_j$$

$$= \frac{1+\varepsilon}{m}\sum_{j=1}^{n}p_j \leqslant (1+\varepsilon)C^*_{\max}.$$

(ii) $J_r$ 是大工件, 则由 $J_r$ 是最后完工工件可知 $C_{\max}(\sigma_2) = C_{\max}(\sigma_1)$. 根据算法步骤 (2), 方案 $\sigma_1$ 对工件集 $B$ 而言是最优的, 即 $C_{\max}(\sigma_1) \leqslant C^*_{\max}(B) \leqslant C^*_{\max}$. 故 $C_{\max}(\sigma_2) \leqslant C^*_{\max}$.

　　其次来看算法的运行时间. 算法第一阶段对大工件枚举所有安排方式, 由 $|B| \leqslant km$ 可知运行时间是 $O(m^{km})$. 注意当前问题的机器数 $m$ 是常数. 又当 $\varepsilon$ 为常数时, 这运行时间也是常数. 算法第二阶段对所有小工件执行队列算法, 可在 $O(n)$ 时间完成 ($|A| \leqslant n$). 因此总的运行时间是多项式的. 对给定的精度 $\varepsilon$, 设 $A_\varepsilon$ 为算法 7.2.5 给出的近似算法, 则算法族 $\{A_\varepsilon\}$ 是一个 PTAS. 　　　　　　　□

　　这里由于大工件数为常数, 所以不惜对所有大工件的安排进行枚举. 这种处理方法在例 7.1.8 见过: 对 $Rm||C_{\max}$ 的线性规划算法, 由于分拆工件数为常数, 所以可对所有分拆工件的安排进行枚举. 这样似乎很浪费, 但我们只要证明多项式时间算法的存在性, 达到计算时间的要求, 方法越简单越好. 下面对 $m$ 不是常数的情形, 避免过度枚举的想法与例 7.1.9 $R||C_{\max}$ 的对分搜索法也有一定联系.

　　**例 7.2.6**　平行机全程问题 $P||C_{\max}$ 的 PTAS.

　　这与前例 ($Pm||C_{\max}$) 不同的是机器数 $m$ 不是固定的常数, 即 $m$ 是一个输入参数, 作为输入的一部分 (算法的多项式时间界中可以包含参数 $m$). 已知此问题是强 NP-困难的 (见 [102]). 它的 PTAS 结果, 作为经典例子, 在文献中有多种论证方法 (参阅 [142, 150, 152, 153]). 下面的论述是基于 [153] 的.

　　在前例中, 只是简单地划分出大工件与小工件, 然后枚举所有大工件的安排方式. 这里把 $|B|$ 个工件 (球) 放入 $m$ 台机器 (盒) 的安排方式称为组合模式. 上述 PTAS 的主体就是枚举所有组合模式. 现在对机器数不固定的情形 $P||C_{\max}$, 处理方法有所发展. 其中对大工件的长度要进行舍入, 得到简化的实例. 对简化的实例用枚举型算法搜索出大工件的安排方式, 然后添加上小工件, 再反演出原实例的近似解. 在寻找大工件安排方式的过程中, 要引进一个变动参数 $T$ (表示待定的目标函数值 —— 全程) 进行试探, 用对分法搜索未知的最优值 $C^*_{\max}$.

　　精度仍写成 $\varepsilon = 1/k$, 其中 $k$ 为给定正整数. 同时, 代表全程的 $T$ 也是给定的. 假定 $T \geqslant \dfrac{1}{m} \sum_{1 \leqslant j \leqslant n} p_j$ (否则不存在可行的机程方案). 下面分若干步骤讲述逼近方案的设计 (参照图 7.7 的一般途径).

　　**• 以舍入简化实例**

　　若工件 $J_j$ 的工时满足 $p_j > T/k$, 则称之为大工件; 否则称为小工件. 设 $A$ 为小工件之集, $B$ 为大工件之集.

　　如同前一节的舍入方法, 对问题的实例 $I$, 构造简化的实例 $I^\#$ 如下: 选择单位度量 $M := T/k^2$, 使所有大工件的工时 $p_j$ 舍入为 $T/k^2$ 的整数倍, 即令 $p'_j := \lfloor p_j/M \rfloor M$, 亦即

$$iT/k^2 \leqslant p_j < (i+1)T/k^2 \Rightarrow p'_j = iT/k^2 \quad (J_j \in B).$$

而小工件的工时不变. 这种舍入变换的作用体现在如下论断.

**论断** 若对所有经过舍入变换的大工件而言, 存在全程不超过 $T$ 的安排方式, 则对原始实例 $I$ 而言, 存在全程不超过 $(1+\varepsilon)T$ 的机程方案.

事实上, 设对这些变换后的大工件已有全程不超过 $T$ 的安排方式 $\sigma^{\#}$. 考虑安排在一台机器上的大工件之集 $S$. 由于每个大工件的舍入长度至少是单位度量 $T/k^2$ 的 $k$ 倍, 即 $T/k$, 故 $|S| \leqslant k$. 又因其中每一个工件舍弃的长度至多是 $T/k^2$, 所以对原始的工时长度而言,

$$\sum_{J_j \in S} p_j \leqslant T + k(T/k^2) = \left(1 + \frac{1}{k}\right)T.$$

进而考虑小工件的加入. 假定小工件 $J_l$ 按队列算法的规则陆续安排到当前负荷最小的机器上. 由假设 $\frac{1}{m}\sum_{1 \leqslant j \leqslant n} p_j \leqslant T$ 可知当前平均负荷 $\frac{1}{m}\sum_{j \neq l} p_j < T$, 从而至少有一台机器的负荷小于 $T$. 所以当工件 $J_l$ 加入到当前负荷最小的机器上, 其新的负荷不超过

$$\frac{1}{m}\sum_{j \neq l} p_j + p_l < T + T/k = \left(1 + \frac{1}{k}\right)T.$$

因此由队列算法安排所有小工件得到的机程方案 $\sigma$, 其全程 $C_{\max}(\sigma) \leqslant (1+\varepsilon)T$. 于是论断得证.

由此论断得知, 对大工件的舍入可保证全程至多增加 $(1+\varepsilon)$ 倍的损失, 这是简化实例以便缩短运算时间所付出的代价 (造成误差). 这样一来, 今后的任务是对舍入的大工件, 寻找全程不超过 $T$ 的安排. 这是一个装箱 (bin packing) 模型: 在 $m$ 个长度为 $T$ 的箱子里, 是否可以把 $|B|$ 个舍入的大工件装填进去? 如果按照前一例子的枚举方法, 由于 $|B| \leqslant km$, 枚举所有装填方式需要运行时间 $O(m^{km})$, 但这不是多项式 (因为 $m$ 是输入参数). 为克服完全枚举的困难, [142] 借助于装箱问题的近似算法; [150] 运用固定维数的整数规划方法. 这里援引 [152, 153] 的动态规划方法 —— 精紧的枚举搜索方法.

• **简化实例的求解**

研究如下判定问题 $D(T)$: 对给定的 $T$, 是否存在舍入大工件在 $m$ 台机器的安排, 使其全程不超过 $T$? 如果有一个工件的长度超过 $T$, 则问题无解, 给出否定回答. 否则对所有大工件的长度分布用一个 $k^2$ 维的向量 $\boldsymbol{u} = (n_1, n_2, \cdots, n_{k^2})$ 来记录, 其中 $n_i$ 表示长度为 $iT/k^2$ 的工件数目 $(1 \leqslant i \leqslant k^2)$. 我们以整值向量 $\boldsymbol{u}$ 作为此判定问题的输入, 其中长度相等的工件看作为相同的. 由于这里每一个大工件的长度至少为 $T/k$, 所以当 $i < k$ 时, $n_i = 0$.

对于一台机器上的工件安排方式, 也用一个 $k^2$ 维的向量 $\boldsymbol{s} = (s_1, s_2, \cdots, s_{k^2})$ 来表示, 其中 $s_i$ 表示安排在此机器的长度为 $iT/k^2$ 的工件数目 $(1 \leqslant i \leqslant k^2)$. 由于这些工件都是大工件, 长度至少为 $T/k$, 所以每台机器至多安排 $k$ 个工件. 并且这

些工件的总长度要求不超过 $T$. 由此, 如果整值向量 $s$ 满足如下条件, 则称为一个机器构形:

$$\sum_{i=1}^{k^2} s_i \leqslant k, \qquad (7.17)$$

$$\sum_{i=1}^{k^2} s_i \cdot (iT/k^2) \leqslant T, \qquad (7.18)$$

$$0 \leqslant s_i \leqslant n_i \quad (1 \leqslant i \leqslant k^2). \qquad (7.19)$$

设 $\mathscr{C}$ 为所有机器构形之集. 由于 $s$ 的每一个分量满足 $0 \leqslant s_i \leqslant k$ (至多取 $k+1$ 个值), 所以 $|\mathscr{C}| \leqslant (k+1)^{k^2}$. 又因 $k$ 是常数, 所以这里只有常数个机器构形.

上述判定问题 $D(T)$ 可以用动态规划求解. 设 $F(x_1, x_2, \cdots, x_{k^2})$ 表示对工件的长度分布 $(x_1, x_2, \cdots, x_{k^2})$ 所使用的最小机器数. 这里 $x_i$ 表示长度为 $iT/k^2$ 的工件数目 $(1 \leqslant i \leqslant k^2)$. 那么判定问题 $D(T)$ 有肯定回答, 当且仅当 $F(n_1, n_2, \cdots, n_{k^2}) \leqslant m$. 对这个最优值函数 $F$ 有如下递推方程 (一台机器看作一个阶段):

$$F(x_1, \cdots, x_{k^2}) = 1 + \min_{(s_1, \cdots, s_{k^2}) \in \mathscr{C}} F(x_1 - s_1, \cdots, x_{k^2} - s_{k^2}),$$

其中机器构形集 $\mathscr{C}$ 定义中的 (7.19) 换成 $0 \leqslant s_i \leqslant x_i$. 递推关系的初始条件是 $F(0, \cdots, 0) = 0$. 这里状态向量 $(x_1, x_2, \cdots, x_{k^2})$ 的数目至多是 $n^{k^2}$ (因为 $x_i < n$), 这是一个 $n$ 的多项式. 所以动态规划递推算法有多项式次数的迭代. 每一次迭代从常数 $|\mathscr{C}|$ 个值中取出最小值. 故总的运行时间是多项式的.

- **逼近方案的构成**

前面给出了判定问题 $D(T)$ 的解法, 即对给定的 $T$, 判定舍入大工件是否存在全程不超过 $T$ 的安排. 当 $T = C_{\max}^*$ 时, 问题 $D(T)$ 一定有解. 这是因为原实例的最优方案舍弃了小工件, 又缩短了大工件, 其全程只会更小, 不会超过 $T$. 而一旦 $D(T)$ 有解, 即得到原实例的全程不超过 $(1+\varepsilon)T$ 的方案, 如所欲求. 所以剩下的工作是求出使 $D(T)$ 有解的最小的 $T$ 值 (这里最小的 $T$ 可能小于 $C_{\max}^*$, 求之不得). 那么, 惯用的办法是对变动的 $T$, 进行对分法搜索.

如前, 记 $P = \sum_{j=1}^{n} p_j$, $p_{\max} = \max_{1 \leqslant j \leqslant n} p_j$, 则 $T$ 的初始搜索区间是 $[L_0, U_0]$, 其中

$$L_0 = \max\{\lceil P/m \rceil, p_{\max}\}, \quad U_0 = \lceil P/m \rceil + p_{\max}.$$

其中下界 $L_0$ 已经说过, 上界 $U_0$ 可以由队列算法的目标函数上界看出 (见定理 7.1.2). 对当前的搜索区间 $[L, U]$, 令 $T = \lfloor (L+U)/2 \rfloor$, 并执行判定问题 $D(T)$ 的动态规划算法. 若有解, 则令 $U := T$; 否则令 $L := T+1$. 如此进行, 直至得到 $L = U$.

此时问题 $D(T)$ 的解给出舍入工件的全程不超过 $T$ 的安排. 将这些大工件恢复到原来的工时长度, 然后按队列算法安排所有小工件, 得到原实例 $I$ 的机程方案 $\sigma$. 根据上述论断, $C_{\max}(\sigma) \leqslant (1+\varepsilon)U \leqslant (1+\varepsilon)C_{\max}^*$.

总结以上论述, 得到如下算法.

**算法 7.2.6**　问题 $P||C_{\max}$ 的 PTAS.

---

(1) 给定精度 $\varepsilon = 1/k$ 及 $L = \max\{\lceil P/m \rceil, p_{\max}\}$, $U = \lceil P/m \rceil + p_{\max}$.

(2) 令 $T = \lfloor (L+U)/2 \rfloor$. 若 $p_j > T/k$, 则定义 $J_j$ 为大工件; 否则 $J_j$ 为小工件 $(1 \leqslant j \leqslant n)$.

(3) 对大工件进行舍入, 并构造舍入大工件装填入 $m$ 台机器的判定问题 $D(T)$.

(4) 求解判定问题 $D(T)$. 若有解, 则令 $U := T$; 否则令 $L := T+1$. 若 $L < U$, 则返回 (2).

(5) 对 $L = U$ 的判定问题 $D(T)$ 的解, 大工件恢复原来的工时, 并按队列算法安排小工件, 得到原实例 $I$ 的机程方案 $\sigma$.

---

**命题 7.2.8**　算法 7.2.6 是问题 $P||C_{\max}$ 的 PTAS.

**证明**　对给定的精度 $\varepsilon$, 设 $A_\varepsilon$ 为算法 7.2.6 给出的近似算法. 根据前面的分析, $C_{\max}(\sigma) \leqslant (1+\varepsilon)C_{\max}^*$. 所以 $A_\varepsilon$ 是 $(1+\varepsilon)$-近似算法.

其次看算法的时间界. 算法的主体是对 $T$ 执行对分法. 由于初始范围长度 $U_0 - L_0 < P$, 对分搜索的次数不超过 $\log P$. 每一次搜索是执行判定问题 $D(T)$ 的动态规划. 其中状态向量 $(x_1, x_2, \cdots, x_{k^2})$ 的数目 (迭代次数) 不超过 $n^{k^2}$ (或者不超过 $|B|^{k^2}$, 其中 $|B| \leqslant km$). 每一次迭代从所有机器构形中取最小值, 运行时间是 $O((k+1)^{k^2})$. 所以动态规划的运行时间是 $O((k+1)^{k^2} n^{k^2})$. 故算法 $A_\varepsilon$ 的总运算时间是 $O((k+1)^{k^2} n^{k^2} \log P)$, 当精度 $\varepsilon$ 给定 ($k$ 为常数) 时, 这是一个多项式. 于是 $\{A_\varepsilon\}$ 是问题 $P||C_{\max}$ 的 PTAS. □

**例 7.2.7**　有到达期最大延迟问题 $1|r_j|L_{\max}$ 的 PTAS.

由命题 5.3.4 知此问题是强 NP-困难的. 在例 7.1.4 给出此问题精度 $\varepsilon = 1$ 的近似算法, 在例 7.1.7 给出精度 $\varepsilon = 1/2$ 的近似算法. 现在进一步给出任意精度逼近的 PTAS (参阅 [141, 146]).

同前, 问题仍采用递送时间 $q_j$ 的说法, 工件 $J_j$ 的递送完成时间 $L_j = C_j + q_j$ $(1 \leqslant j \leqslant n)$, $L_{\max}$ 是所有工件的最终递送完成时间. 对作为近似算法的 Jackson 算法, $L_{\max}^J(I)$ 表示在此算法下实例 $I$ 的目标函数值. $L_{\max}^*(I)$ 表示实例 $I$ 的最优值.

对给定的实例 $I$, 设 $\pi^*$ 是一个最优排列, 其目标函数值是 $L_{\max}^*(I)$. 设工件 $J_j$ 在排列 $\pi^*$ 中的开工时刻是 $S_j^*$ $(1 \leqslant j \leqslant n)$. 下面讨论一个假想的 "近似算法" (只要逻辑上存在). 对任意给定的误差参数 $\delta > 0$, 若 $p_j < \delta$, 则 $J_j$ 称为小工件; 否则称为大工件. 分别用 $A$ 与 $B$ 表示小工件与大工件之集. 现构造修订的实例 $\bar{I}$ 如下:

- 若 $J_j \in A$, 则令 $\bar{r}_j = r_j, \bar{q}_j = q_j$;
- 若 $J_j \in B$, 则令 $\bar{r}_j = S_j^*, \bar{q}_j = L_{\max}^*(I) - p_j - S_j^*$.

并且所有工件的工时均不变. 由此可知: 大工件都是 "关键工件", 它们支撑着最优解 $\pi^*$ 的目标函数值 $L_{\max}^*(I)$ (即 $\bar{r}_j + p_j + \bar{q}_j = L_{\max}^*(I)$). 由于 $\bar{r}_j \geqslant r_j$ 及 $\bar{q}_j \geqslant q_j$ 对所有工件 $J_j$ 成立, 所以

$$L_{\max}^*(\bar{I}) \geqslant L_{\max}^*(I).$$

但是对修订的实例 $\bar{I}$ 而言, 排列 $\pi^*$ 的目标函数值 (最终递送完成时间) 没有发生变化, 仍然是 $L_{\max}^*(I)$. 所以 $\pi^*$ 也是实例 $\bar{I}$ 的最优解, 且 $L_{\max}^*(\bar{I}) = L_{\max}^*(I)$. 于是, 实例 $\bar{I}$ 的任意最优解也是原实例 $I$ 的最优解, 即这两个实例是等价的. 那么就用 $L_{\max}^*$ 表示它们共同的最优值.

回顾例 7.1.7 中的 Jackson 算法. 现在对实例 $\bar{I}$ 执行 Jackson 算法, 这样得到的 "近似算法" 有如下的误差估计:

**论断**　$L_{\max}^J(\bar{I}) - L_{\max}^* < \delta$.

事实上, 设 $\pi$ 是由 Jackson 算法对实例 $\bar{I}$ 得到的排列. 若不存在干扰工件, 则 $\pi$ 是实例 $\bar{I}$ 的最优解, 从而也是实例 $I$ 的最优解, 论断成立. 下设 $J_b$ 是相对于关键工件 $J_c$ 的干扰工件, 则 $\bar{q}_b < \bar{q}_c, \bar{r}_b < \bar{r}_c$. 可以断言 $J_b \notin B$. 若不然, 设 $J_b \in B$, 则由 $\bar{q}_b$ 的定义可知 $L_{\max}^* = \bar{r}_b + p_b + \bar{q}_b$. 又因 $\bar{r}_c > \bar{r}_b = S_b^*$, 所以在最优排列 $\pi^*$ 中, $J_c$ 排在 $J_b$ 之后. 因此

$$L_{\max}^* \geqslant \bar{r}_b + p_b + p_c + \bar{q}_c > \bar{r}_b + p_b + \bar{q}_b + p_c = L_{\max}^* + p_c,$$

导致矛盾. 由 $J_b \notin B$ 知 $p_b < \delta$ (小工件). 故由例 7.1.7 中的论断 2 得到

$$L_{\max}^J(\bar{I}) < L_{\max}^* + p_b < L_{\max}^* + \delta,$$

从而论断得证.

如前, 把逼近精度写成 $\varepsilon = 1/k$ 的形式, 其中 $k$ 为正整数. 对任意的 $k$, 取 $\delta = P/k$. 由上述论断得知: 对 Jackson 算法产生的排列 $\pi$,

$$L_{\max}(\pi) = L_{\max}^J(\bar{I}) < L_{\max}^* + \delta = L_{\max}^* + P/k \leqslant (1 + 1/k) L_{\max}^*.$$

即 $\pi$ 是满足精度要求的近似解.

然而, 最优排列 $\pi^*$ 及其开工时刻 $S_j^*$ 都是未知的, 所以修订实例 $\bar{I}$ 及其产生的排列 $\pi$ 实际上都是假想的 (但存在). 鉴于这样的未知性, 我们只好用枚举法进行搜索, 撒大网去捕获这个排列 $\pi$. 为此, 只要枚举所有大工件在排列 $\pi$ 中的顺

序位置. 对 $\delta = P/k$, $|B| \leqslant k$. 所以 $B$ 中的工件在排列中的位置安排方式至多有 $n(n-1)\cdots(n-k+1) = O(n^k)$ 种. 每一种 $B$ 工件的位置安排方式称为一个组合模式. 枚举算法就是枚举所有组合模式. 对于每一种 $B$ 工件的安排, $A$ 工件的安排可按 Jackson 规则执行. 也就是当一个 $B$ 工件到达它的预定位置后, 如果机器有空闲, 就按照 Jackson 规则安排下一个 $A$ 工件, 这样直至排完所有工件为止. 然后, 从所有这些可能排列中选择出最优者. 于是有如下算法.

**算法 7.2.7**  问题 $1|r_j|L_{\max}$ 的 PTAS.

---

(1) 对给定精度 $\varepsilon = 1/k$, 定义大工件集 $B = \{J_j : p_j \geqslant P/k\}$, 则 $|B| \leqslant k$. 其余为小工件.

(2) 枚举大工件在排列中的所有可能位置安排. 对每一种大工件的位置安排, 用 Jackson 算法安排小工件.

(3) 对上述得到的所有排列中取出目标函数最小者, 作为近似解.

---

**命题 7.2.9**  算法 7.2.7 是问题 $1|r_j|L_{\max}$ 的 PTAS.

**证明**  根据上述分析, 对实例 $\bar{I}$ 执行 Jackson 算法, 必然得到 $B$ 工件的一种位置安排方式; 而这种安排方式一定在算法的枚举中遇到. 对这种安排方式继续按照 Jackson 规则安排 $A$ 工件, 便产生出 Jackson 算法执行实例 $\bar{I}$ 的排列 $\pi$. 设算法 7.2.7 输出的排列为 $\pi'$. 则 $L_{\max}(\pi') \leqslant L_{\max}(\pi)$. 从而 $L_{\max}(\pi') \leqslant (1+1/k)L_{\max}^*$. 另一方面, 枚举算法的时间界是 $O(n^k)$, 当 $\varepsilon = 1/k$ 是常数时, 这是多项式时间算法. 因此算法 7.2.7 是问题 $1|r_j|L_{\max}$ 的 PTAS. $\qquad\square$

### 7.2.4  运用划分范围的逼近方法

前面讲述了舍入与枚举相结合的方法. 在例 7.2.4 中, 对问题 $P2||\sum w_i C_j$ 给出了划分最优值范围的舍入方法. 现在讨论另一种途径, 就是对求解范围 (可行解集) 进行划分, 然后对每一个局部范围 (子集) 分别求出近似解, 再从中选出最优者. 自然, 子集的数目不能太多, 至多有多项式那么多个; 而每一个子集也不能太大, 以能够求出多项式时间的近似解为度. 下面用两个简单例子来说明 (取自 [150]).

**例 7.2.8**  二恒同机全程问题 $P2||C_{\max}$ 的 PTAS.

作为例 7.2.5 的特殊情形, 考虑只有两台恒同机 $M_1$ 及 $M_2$. 记 $P = \sum_{1 \leqslant j \leqslant n} p_j$ 及 $p_{\max} = \max_{1 \leqslant j \leqslant n} p_j$, 则有最优值下界

$$C_{\max}^* \geqslant L := \max\left\{\frac{1}{2}P, p_{\max}\right\}.$$

由此引出如下定义: 对给定的 $\varepsilon > 0$, 若工件 $J_j$ 的工时满足 $p_j > \varepsilon L$, 则称之为大

工件; 否则称为小工件. 设 $A$ 为小工件之集, $B$ 为大工件之集. 那么 $|B| \leqslant 2/\varepsilon$ (否则大工件的总长度大于 $2L$, 因而超过 $P$).

对给定的实例 $I$, 设 $\mathcal{F}$ 为所有机程方案之集. 对于一个机程方案 $\sigma \in \mathcal{F}$, 设 $B_1$ 为分配到机器 $M_1$ 的大工件之集, $B_2$ 为分配到机器 $M_2$ 的大工件之集, 则 $(B_1, B_2)$ 是 $B$ 的一个划分. 据此, 我们把可行解集 $\mathcal{F}$ 划分为等价类: 两个机程方案 $\sigma$ 与 $\sigma'$ 称为等价的 (属于同一类), 是指其大工件的划分 $(B_1, B_2)$ 及 $(B_1', B_2')$ 是相同的, 即 $B_1 = B_1'$, $B_2 = B_2'$. 注意这里的分类是不管小工件如何安排的. 设这样得到的等价类为 $\mathcal{F}^{(1)}, \mathcal{F}^{(2)}, \cdots, \mathcal{F}^{(r)}$, 它们构成可行解集 $\mathcal{F}$ 的划分. 那么, 不同等价类的数目就是划分 $(B_1, B_2)$ 的数目, 即大工件集的子集的数目. 由于大工件至多有 $2/\varepsilon$ 个, 所以 $\mathcal{F}$ 的不同等价类的数目至多有 $2^{2/\varepsilon}$ 个. 当 $\varepsilon$ 给定时, 这是一个与实例规模无关的常数! 这又为枚举法提供机会.

考虑一个给定的等价类 $\mathcal{F}^{(l)}$, 其对应的大工件划分为 $(B_1^{(l)}, B_2^{(l)})$. 将 $B_1^{(l)}$ 的大工件安排到机器 $M_1$, 将 $B_2^{(l)}$ 的大工件安排到机器 $M_2$. 接着, 把小工件按队列算法逐个安排到负荷较小的机器上. 这样得到的机程方案 $\sigma^{(l)}$ 就是类 $\mathcal{F}^{(l)}$ 的近似解. 然后, 从所有类的近似解中选出最好的一个, 作为 $\mathcal{F}$ 的近似解.

综上所述, 我们有如下的逼近方案.

**算法 7.2.8**　问题 $P2||C_{\max}$ 的 PTAS.

(1) 对给定的 $\varepsilon > 0$, 按照 $p_j > \varepsilon L$ 定义大工件, 由此确定大工件集 $B$ 及小工件集 $A$. 按大工件集的划分对可行解集 $\mathcal{F}$ 分类.

(2) 对每一个类 $\mathcal{F}^{(l)}$, 在安排大工件的基础上, 按队列算法继续安排小工件, 得到机程方案 $\sigma^{(l)}$.

(3) 对至多 $2^{2/\varepsilon}$ 个类, 找出所有方案 $\{\sigma^{(l)}\}$ 中的最优者 $\sigma$, 作为近似解.

**命题 7.2.10**　算法 7.2.8 是问题 $P2||C_{\max}$ 的 PTAS.
**证明**　首先来证明精度要求:

$$C_{\max}(\sigma) \leqslant (1 + \varepsilon) C_{\max}^*. \tag{7.20}$$

对等价类 $\mathcal{F}^{(l)}$, 设其大工件划分为 $(B_1^{(l)}, B_2^{(l)})$, 并设其目标函数的最优值为 $C_{\max}^*(l)$, 则大工件确定的最大机器负荷为

$$T := \max\{p(B_1^{(l)}), p(B_2^{(l)})\} \leqslant C_{\max}^*(l).$$

在此基础上, 按队列算法安排小工件, 得到机程方案 $\sigma^{(l)}$. 设 $J_k$ 是最后完工的工件. 分两种情形讨论: 若 $J_k$ 是大工件, 则由上式可知

$$C_{\max}(\sigma^{(l)}) = T \leqslant C_{\max}^*(l).$$

若 $J_k$ 是小工件, 则其工时至多是 $\varepsilon L$. 而在它安排到负荷较小的机器 $M_i$ 上时, $M_i$ 的负荷至多是 $\frac{1}{2}P$. 结合最优值的下界公式, 得到

$$C_{\max}(\sigma^{(l)}) \leqslant \frac{1}{2}P + \varepsilon L \leqslant (1+\varepsilon)\, L \leqslant (1+\varepsilon)\, C_{\max}^* \leqslant (1+\varepsilon)\, C_{\max}^*(l).$$

这就证明了在每一个类中, 近似解 $\sigma^{(l)}$ 达到了性能比 $1+\varepsilon$. 然后, 对所有的类取这些近似解的最优者 $\sigma$. 对 $\sigma$ 的误差估计就是在上述不等式两端对 $l$ 取最小值, 故有 (7.20) 成立.

其次来看算法的运行时间. 由于可行解等价类的数目是至多为 $2^{2/\varepsilon}$ 的常数, 所以算法步骤 (1) 和 (3) 都在常数时间完成. 步骤 (2) 是对小工件执行队列算法, 可在 $O(n)$ 时间完成. 所以对给定的 $\varepsilon > 0$, 算法 7.2.8 是多项式时间的. $\qquad\square$

**例 7.2.9**  二交联机全程问题 $R2||C_{\max}$ 的 PTAS.

作为例 7.1.8 的特殊情形 $(m=2)$, 考虑两台交联平行机 $M_1$ 及 $M_2$. 工件 $J_j$ 可任意安排在两台机器之一上加工, 它在机器 $M_1$ 上的工时为 $a_j$, 在机器 $M_2$ 上的工时为 $b_j$ $(1 \leqslant j \leqslant n)$. 目标是最小化全程 $C_{\max}$. 设 $K := \sum_{1 \leqslant j \leqslant n} \min\{a_j, b_j\}$, 则可以看出最优值的上下界:

$$\frac{1}{2}K \leqslant C_{\max}^* \leqslant K. \tag{7.21}$$

事实上, 关于下界, 每一个工件 $J_j$ 至少占用时间 $\min\{a_j, b_j\}$, 所以 $n$ 个工件的总加工时间至少为 $K$, 从而分配到两台机器的最大加工时间至少为 $\frac{1}{2}K$. 至于上界, 可将每个工件都安排到工时较小的机器上加工, 得到可行的机程方案, 其全程至多为 $K$.

对给定的实例 $I$, 设 $\mathcal{F}$ 为所有机程方案之集. 对于给定机程方案 $\sigma \in \mathcal{F}$ 而言, 一个工件称为大工件是指其在选定的机器上的工时大于 $\varepsilon K$. 注意此处大工件的定义是相对于机程方案 $\sigma$ 的. 因为工件在两台机器上的工时有大有小, 不能脱离机器安排去谈论工件的大小.

如同前一例子, 两个机程方案 $\sigma$ 与 $\sigma'$ 称为等价的 (属于同一类), 是指它们在两台机器上加工的大工件集对应相等. 据此, 我们把可行解集 $\mathcal{F}$ 划分为等价类. 对于每个类 $\mathcal{F}^{(l)}$, 记 $A^{(l)}$ 为安排在机器 $M_1$ 上加工的大工件的工时之和; $B^{(l)}$ 为安排在机器 $M_2$ 上加工的大工件的工时之和. 那么, 我们将删去所有这样的类 $\mathcal{F}^{(l)}$, 其中 $A^{(l)} > K$ 或 $B^{(l)} > K$. 因为根据最优值的上界 $K$, 这些类中不可能包含最优解, 弃之无碍. 这样一来, 还剩下多少个类呢? 由于剩下的类 $\mathcal{F}^{(l)}$ 中有 $A^{(l)} \leqslant K$, 所以至多有 $1/\varepsilon$ 个大工件安排到机器 $M_1$ 上. 同理, 至多有 $1/\varepsilon$ 个大工件安排到机器 $M_2$ 上. 如同前面的例子, 不妨设 $k = 1/\varepsilon$ 为正整数, 且 $k < n$ (由于 $\varepsilon$ 是固定常数,

不是输入的一部分, 而输入规模 $n$ 是任意大的变量, 所以在估计时间界时可以假定 $1/\varepsilon < n$). 那么在机器 $M_1$ 上安排至多 $k$ 个大工件, 而大工件至多有 $n$ 个, 其安排方式数至多为 $\binom{n}{1} + \binom{n}{2} + \cdots + \binom{n}{k} \leqslant n^k$. 同理在机器 $M_2$ 上安排至多 $k$ 个大工件的安排方式数也至多为 $n^k$. 因此, 所有这些类的数目不超过 $n^k \cdot n^k = n^{2k}$. 当 $\varepsilon$ 为常数 (因而 $k$ 为常数) 时, 所有类的数目是 $n$ 的多项式.

下面就对每一个类求出一个近似解. 考虑一个给定的类 $\mathcal{F}^{(l)}$, 其中大工件已经排定位置. 那么, 未排工件 $J_j$ 有如下 4 种类型:

(i) $a_j \leqslant \varepsilon K$ 且 $b_j \leqslant \varepsilon K$;

(ii) $a_j > \varepsilon K$ 且 $b_j \leqslant \varepsilon K$;

(iii) $a_j \leqslant \varepsilon K$ 且 $b_j > \varepsilon K$;

(iv) $a_j > \varepsilon K$ 且 $b_j > \varepsilon K$.

如果有一个未排工件属于类型 (iv), 则对于任意机程方案 $\sigma \in \mathcal{F}^{(l)}$, 无论它排在哪台机器, 它都是大工件, 因而应是已排的. 故不可能有此类型工件. 如果有一个未排工件属于类型 (ii), 则它只能排在机器 $M_2$ (因为 $b_j \leqslant \varepsilon K$), 否则它就是大工件 (因为 $a_j > \varepsilon K$), 因而应是已排的. 同理, 如果一个未排工件属于类型 (iii), 则它只能排在机器 $M_1$. 这样一来, 就可以将类型 (ii) 及 (iii) 的工件排定. 于是除去已排定的工件之外, 剩余的工件都属于类型 (i). 此时, 不妨设待排的工件为 $J_1, J_2, \cdots, J_r$, 其中 $1 \leqslant r \leqslant n$.

设 $a^{(l)}$ 为已排在机器 $M_1$ 上的工件的工时之和; $b^{(l)}$ 为已排在机器 $M_2$ 上的工件的工时之和. 确定工件 $J_j$ 安排在机器 $M_1$ 或 $M_2$ 上加工, 容易写成 0-1 规划形式, 其中决策变量 $x_j = 1$ 表示 $J_j$ 安排在 $M_1$ 上加工, 否则安排在 $M_2$ 上加工. 这一 0-1 规划可松弛为如下的线性规划 LP:

$$
\begin{aligned}
\min \quad & z \\
\text{s.t.} \quad & a^{(l)} + \sum_{j=1}^{r} a_j x_j \leqslant z, \\
& b^{(l)} + \sum_{j=1}^{r} b_j (1 - x_j) \leqslant z, \\
& 0 \leqslant x_j \leqslant 1, \quad 1 \leqslant j \leqslant r.
\end{aligned}
\tag{7.22}
$$

其中最后一组不等式是整值约束 $x_j \in \{0, 1\}$ 的松弛. 注意这个线性规划有 $r+1$ 个变量, 其中 $z$ 恒为正. 约束条件包括 $2r + 2$ 个线性不等式. 对此线性规划可在多项式时间求出一个基最优解 $x^* = (x_1^*, \cdots, x_r^*, z^*)$. 假定在所有变量 $x_j^*$ $(1 \leqslant j \leqslant r)$ 中有 $f$ 个是分数的, 即 $0 < x_j^* < 1$. 那么其余有 $r - f$ 个变量是整值的, 即 $x_j^* = 0$ 或 $x_j^* = 1$. 另外, 前两个约束条件也可能有等式成立. 因此在所有约束不等式中至多

有 $r - f + 2$ 个等式成立. 另一方面, 一个基可行解就是在 $r + 1$ 维空间中可行解集所定义的多面体的顶点, 它落在至少 $r + 1$ 个刻面上. 因此一个基可行解至少使得 $r + 1$ 个约束不等式的等式成立. 设 $q$ 为基可行解 $x^*$ 使得等式成立的数目, 则 $r + 1 \leqslant q \leqslant r - f + 2$. 由此得到 $f \leqslant 1$. 这就是说, 在线性规划 LP 的上述最优解 $x^*$ 中至多有一个变量 $x_j^*$ 不是整值的. 我们对所有整值的变量, 如果 $x_j^* = 1$, 就将工件 $J_j$ 安排在机器 $M_1$ 上加工; 否则 $x_j^* = 0$, 就将工件 $J_j$ 安排在机器 $M_2$ 上加工. 对剩下一个非整的变量 $x_j^*$, 就随便把 $J_j$ 放到机器 $M_1$ 上. 这样便得到类 $\mathcal{F}^{(l)}$ 的近似解 $\sigma^{(l)}$. 最后, 从所有类的近似解中选出最好的一个, 作为 $\mathcal{F}$ 的近似解.

这里需要说明如何枚举所有的类 $\mathcal{F}^{(l)}$. 一个类对应于大工件的一种安排方式, 称之为大工件的机器构形, 可以用一个序列 $Y = (y_1, y_2, \cdots, y_n)$ 表示, 其中

$$
y_j = \begin{cases} 1, & a_j > \varepsilon K \text{ 且 } J_j \text{ 被选择安排于} M_1, \\ 2, & b_j > \varepsilon K \text{ 且 } J_j \text{ 被选择安排于} M_2, \\ 0, & J_j \text{ 不被选择} \end{cases}
$$

(当 $a_j > \varepsilon K, b_j > \varepsilon K$ 时, $J_j$ 必须被选择), 并且满足

$$
\sum_{y_j = 1} a_j \leqslant K, \quad \sum_{y_j = 2} b_j \leqslant K.
$$

由此可运用组合算法 (如树搜索, 或仿照第 6 章的分枝枚举算法), 生成所有大工件的机器构形 $Y$, 由此得到所有的等价类 $\mathcal{F}^{(l)}$.

综上所述, 得到如下的逼近方案.

**算法 7.2.9** 问题 $R2||C_{\max}$ 的 PTAS.

---

(1) 对给定的 $\varepsilon > 0$, 生成所有的等价类 $\mathcal{F}^{(l)}$.

(2) 对每一个类 $\mathcal{F}^{(l)}$, 将类型 (ii) 及 (iii) 的未排工件排成小工件 ($a_j \leqslant \varepsilon K$ 或 $b_j \leqslant \varepsilon K$). 按照 (7.22) 构造线性规划 LP.

(3) 求出 LP 的基最优解 $x^*$, 对至多一个分数变量取整, 得到类 $\mathcal{F}^{(l)}$ 的近似解 $\sigma^{(l)}$.

(4) 对所有的类, 找出方案 $\sigma^{(l)}$ 中的最优者 $\sigma$, 作为近似解.

---

**命题 7.2.11** 算法 7.2.9 是问题 $R2||C_{\max}$ 的 PTAS.

**证明** 主要证明精度要求 $C_{\max}(\sigma) \leqslant (1 + \varepsilon) C_{\max}^*$. 事实上, 对每一个等价类 $\mathcal{F}^{(l)}$, 设近似解的目标函数值为 $C_{\max}(\sigma^{(l)})$, 而目标函数的最优值为 $C_{\max}^*(l)$. 根据线性规划 LP 是相应 0-1 规划的松弛, 有

$$
C_{\max}^*(l) \geqslant z^*.
$$

而由于近似解 $\sigma^{(l)}$ 只是在最优解 $x^*$ 中对一个分量取整, 故

$$C_{\max}(\sigma^{(l)}) \leqslant z^* + \varepsilon K \leqslant C_{\max}^*(l) + \varepsilon K.$$

对所有类的上列不等式取最小值, 并结合 (7.21) 的下界, 得到

$$C_{\max}(\sigma) \leqslant C_{\max}^* + \varepsilon K \leqslant (1 + 2\varepsilon)\, C_{\max}^*.$$

关于算法的时间界, 由于可行解集等价类的数目至多是 $n^{2/\varepsilon}$, 当 $\varepsilon$ 为常数时, 这是 $n$ 的多项式. 对每一个类, 求线性规划的最优解可在多项式时间完成. 所以对给定的 $\varepsilon > 0$, 算法 7.2.9 是多项式时间算法.                          □

在前面讲述的 PTAS 例子中, 除了伪多项式时间算法转化为 FPTAS 之外, 目标函数都是最大费用形式的 ($C_{\max}$ 或 $L_{\max}$). 以费用和为目标的问题较难. 例如, 有到达期的加权总完工时间问题 $1|r_j|\sum w_j C_j$ 及 $P|r_j|\sum w_j C_j$ 等的 PTAS 较晚出现 (参见 [156]). 特别值得注意的是其中的舍入方法, 不是 "算术舍入"(以等差数列的间隔为单位度量), 而是 "几何舍入" (以等比数列的间隔为单位度量). 这是要进一步学习的.

## 7.3   不可近似性分析

前面讲述了近似算法的正面结果: 可任意精度逼近或具有常数近似因子的逼近. 这一节简略地介绍一些负面的结果, 就是达到某种近似程度是 NP-困难的, 因而在 $P \neq \mathrm{NP}$ 的假设下, 不可能达到这种近似程度. 这种不可近似性的证明方法是: 假设所研究的问题存在某种近似程度的多项式时间算法, 则可推出此问题 (或其他 NP-困难问题) 存在多项式时间算法, 与 $P \neq \mathrm{NP}$ 假设矛盾. 正面与负面的结果结合起来, 就可以加深对可近似性界限的认识.

### 7.3.1   性能比的下界

回顾命题 5.3.1, 它证明了问题 $P|\mathrm{prec}, p_j = 1|C_{\max}$ 是强 NP-困难的. 证明过程 (注意其中实例构造) 实质上证明了: 问题的判定形式 "$C_{\max} \leqslant 3$" 是 NP-完全的. 借此可讨论其可近似性界限.

**例 7.3.1**   平行机序约束单位工时全程问题 $P|\mathrm{prec}, p_j = 1|C_{\max}$ 的性能比下界.

**命题 7.3.1**   对任意 $\varepsilon > 0$, 在 $P \neq \mathrm{NP}$ 的假设下, 问题 $P|\mathrm{prec}, p_j = 1|C_{\max}$ 不存在 $(4/3 - \varepsilon)$-近似算法.

**证明**   假设此问题存在 $(4/3 - \varepsilon)$-近似算法 $A$, 其中 $0 < \varepsilon < 1$, 它是多项式时间算法. 设问题的最优值为 $C_{\max}^*$, 而算法 $A$ 得到的目标函数值为 $C_{\max}^A$, 则

$$C_{\max}^* \leqslant C_{\max}^A \leqslant \left(\frac{4}{3} - \varepsilon\right) C_{\max}^*.$$

现在用算法 $A$ 来求解问题的判定形式 (记作问题 $X$): 是否有 $C_{\max}^* \leqslant 3$? 事实上, 若 $C_{\max}^A \leqslant 4 - \varepsilon$, 则 $C_{\max}^* \leqslant C_{\max}^A \leqslant 4 - \varepsilon$, 从而由整值性得到 $C_{\max}^* \leqslant 3$, 故问题 $X$ 回答 "是". 否则 $C_{\max}^A > 4 - \varepsilon$. 因此

$$C_{\max}^* \geqslant \frac{C_{\max}^A}{\frac{4}{3} - \varepsilon} > \frac{4 - \varepsilon}{\frac{4}{3} - \varepsilon} > 3,$$

从而问题 $X$ 回答 "否". 这样一来, NP-完全问题 $X$ 存在多项式时间算法 $A$, 与 $P \neq NP$ 假设矛盾. $\qquad\square$

**例 7.3.2** 交联机全程问题 $R\|C_{\max}$ 的性能比下界.

在例 7.1.8 及例 7.1.9 中, 给出了问题 $R\|C_{\max}$ 的 2-近似算法. 在例 7.2.9 还得到 $R2\|C_{\max}$ 的 PTAS. 现在讨论其可近似性界限 (参阅 [153]).

**引理 7.3.2** 对问题 $R\|C_{\max}$, 判定 $C_{\max} \leqslant 3$ 是 NP-完全的.

**证明** 选择已知的 NP-完全问题 —— 三维匹配问题 (见 [2, 102]) 为参照: 给定三个不交的集 $A = \{a_1, a_2, \cdots, a_n\}$, $B = \{b_1, b_2, \cdots, b_n\}$, $C = \{c_1, c_2, \cdots, c_n\}$, 以及一个子集族 $\mathcal{F} = \{T_1, T_2, \cdots, T_m\}$, 其中每一个 $T_i$ 都是分别取自 $A, B, C$ 的三元素集 (表示这三个元素是有相容关系的). 是否存在子族 $\mathcal{F}' \subseteq \mathcal{F}$, 使得 $A \cup B \cup C$ 的每一个元素恰含于 $\mathcal{F}'$ 的一个三元集之中? 这样一个子族 $\mathcal{F}'$ (如存在) 便称为一个完美匹配. 在此, 假定 $m \geqslant n$, 因为否则不可能存在完美匹配, 自然成为否定实例.

给定三维匹配问题的实例 $(A, B, C; \mathcal{F})$, 构造时序问题 $R\|C_{\max}$ 的实例如下. 设有 $3n$ 个基本工件, 其中每一个基本工件对应于 $A \cup B \cup C$ 的一个元素; 并设有 $m$ 台机器, 每一台机器 $M_i$ 对应于一个三元集 $T_i \in \mathcal{F}$. 对应于三元集 $T_i = \{a, b, c\}$ 的机器 $M_i$, 其中 $a \in A, b \in B, c \in C$, 则基本工件 $a, b, c$ 在此机器上的工时规定为 1 (认为只有这三个基本工件与此机器相容), 其他任意基本工件在此机器上的工时均为 $+\infty$. 此外, 我们引进 $m - n$ 个填充工件, 它们在任意机器上的工时均为 3.

下面证明: 三维匹配问题的实例存在完美匹配, 当且仅当时序问题的实例存在机程方案使得 $C_{\max} \leqslant 3$. 设三维匹配问题的实例存在完美匹配 $\mathcal{F}'$, 则 $|\mathcal{F}'| = n$. 对 $\mathcal{F}'$ 中 $n$ 个三元集 $T_i$ 对应的机器, 每台机器都安排 $T_i$ 的三个基本工件; 而其余 $m - n$ 台机器都安排填充工件. 这样得到时序问题实例的可行解 $\sigma$, 使得 $C_{\max}(\sigma) = 3$.

反之, 设时序问题实例存在可行解 $\sigma$, 使得 $C_{\max}(\sigma) \leqslant 3$. 那么 $m - n$ 个填充工件 (每个工时为 3) 必然占据 $m - n$ 台机器. 其余 $n$ 台机器对应 $n$ 个三元集 $T_i$. 每一台机器只能安排其相容的 $T_i$ 的三个基本工件 (否则工时为 $+\infty$). 并且每个工件都安排在唯一的机器上加工. 因此这 $n$ 个三元集 $T_i$ 构成完美匹配 $\mathcal{F}'$. $\qquad\square$

现在进一步对上述证明中的实例构造进行修改, 以便得到更强的结果: 判定 $C_{\max} \leqslant 2$ 是 NP-完全的. 为此, 我们设法删去 $A$ 中的基本工件, 剩下 $B \cup C$ 中 $2n$ 个基本工件. 原先子集族 $\mathcal{F} = \{T_1, T_2, \cdots, T_m\}$ 中的三元集 $T_i$ 变为取自 $B, C$ 的二元集. 每个子集 $T_i = \{b, c\}$ 仍然对应于一台机器 $M_i$, 基本工件 $b, c$ 在此机器上的工时为 1, 而其他基本工件在此机器上的工时均为 $+\infty$. 目前的困难是原来一个元素 $a \in A$ 可能包含于多个子集 $T_i$ 之中, 把工件 $a$ 删去后, 不知如何反过去找回 $a$, 构成三维匹配. 为应对此困难, 对每一个元素 $a \in A$, 设 $k_a$ 是 $\mathcal{F}$ 中包含 $a$ 的三元集 $T_i$ 的数目. 我们引进 $k_a - 1$ 个类型 $a$ 的填充工件, 令它们在这些包含 $a$ 的三元集 $T_i$ 对应的机器上的工时为 2 (认为它们与这些机器是相容的), 而在其他机器上的工时为 $+\infty$ (不相容的). 于此, 填充工件的总数仍然是 $\sum_{a \in A}(k_a - 1) = m - n$.

设三维匹配问题的实例存在完美匹配 $\mathcal{F}'$, 则 $|\mathcal{F}'| = n$. 对每一个 $T_i \in \mathcal{F}'$, 将 $T_i$ 中 $B, C$ 元素对应的基本工件安排在对应的机器 $M_i$ 上. 对 $\mathcal{F} \setminus \mathcal{F}'$ 的 $m - n$ 台机器都安排填充工件, 其中对每一个 $a \in A$, 把 $k_a - 1$ 个类型 $a$ 的填充工件安排在其相容的机器上 (工时为 2). 这样得到机程方案 $\sigma$, 使得 $C_{\max}(\sigma) = 2$.

反之, 设存在机程方案 $\sigma$, 使得 $C_{\max}(\sigma) \leqslant 2$. 那么类型 $a$ 的填充工件必须安排在其相容的机器上 (否则工时为 $+\infty$). 对所有 $a \in A$, 这些填充工件总共占用了 $m - n$ 台机器. 剩下的 $n$ 台机器安排 $B, C$ 元素对应的基本工件. 设这 $n$ 台机器之集为 $\mathcal{M}$. 对任意 $a \in A$, 由于只有 $k_a - 1$ 个填充工件已经安排在其相容的机器上, 必然还有 $\mathcal{M}$ 中的一台机器, 其对应的三元集 $T_i \in \mathcal{F}$ 包含 $a$. 于是, 取出 $\mathcal{F}' = \{T_i \in \mathcal{F} : T_i$ 对应于 $\mathcal{M}$ 的机器$\}$, 则 $\mathcal{F}'$ 是三维匹配问题的完美匹配.

由这样修订的证明得到:

**推论 7.3.3**　对问题 $R||C_{\max}$, 判定 $C_{\max} \leqslant 2$ 是 NP-完全的.

**命题 7.3.4**　对任意 $\varepsilon > 0$, 在 $P \neq$ NP 的假设下, 问题 $R||C_{\max}$ 不存在 $(3/2 - \varepsilon)$-近似算法.

**证明**　假设此问题存在 $(3/2 - \varepsilon)$-近似算法 $A$, 其中 $0 < \varepsilon < 1$, 它是多项式时间算法. 设问题的最优值为 $C_{\max}^*$, 而算法 $A$ 得到的目标函数值为 $C_{\max}^A$, 则

$$C_{\max}^* \leqslant C_{\max}^A \leqslant \left(\frac{3}{2} - \varepsilon\right) C_{\max}^*.$$

现在用算法 $A$ 来求解问题的判定形式 (记作问题 $X$): 是否有 $C_{\max}^* \leqslant 2$? 事实上, 若 $C_{\max}^A \leqslant 3 - \varepsilon$, 则 $C_{\max}^* \leqslant C_{\max}^A \leqslant 3 - \varepsilon$, 从而由整值性得到 $C_{\max}^* \leqslant 2$, 故问题 $X$ 回答 "是". 否则 $C_{\max}^A > 3 - \varepsilon$. 因此

$$C_{\max}^* \geqslant \frac{C_{\max}^A}{\frac{3}{2} - \varepsilon} > \frac{3 - \varepsilon}{\frac{3}{2} - \varepsilon} > 2,$$

从而问题 $X$ 回答 "否". 这样一来, NP-完全问题 $X$ 存在多项式时间算法 $A$, 与 $P \neq \mathrm{NP}$ 假设矛盾. □

**例 7.3.3** 自由作业问题 $O||C_{\max}$ 的性能比下界.

稍后, [155] 证明了: 对自由作业问题 $O||C_{\max}$ (或流水作业问题 $F||C_{\max}$), 判定 $C_{\max} \leqslant 4$ 是 NP-完全的. 由此, 按照前面例子的套路 (不再重复类似的证明), 得到:

**命题 7.3.5** 对任意 $\varepsilon > 0$, 在 $P \neq \mathrm{NP}$ 的假设下, 问题 $O||C_{\max}$ (或 $F||C_{\max}$) 不存在 $(5/4 - \varepsilon)$-近似算法.

### 7.3.2 排除 PTAS 的可能性

如前所述, 对一般的组合最优化问题, 在 $P \neq \mathrm{NP}$ 假设下, 一个强 NP-困难问题不可能存在 FPTAS (证明参见 [2, 4]). 所以我们在第 5 章证明的强 NP-困难问题都不可能存在 FPTAS. 关于 PTAS 的存在性, 也有如下的一般结论[150]:

**定理 7.3.6**(Lenstra 不可能性定理) 设 $X$ 是一个最小化问题, 其实例 $I$ 的任意可行解都具有整值费用. 设 $g$ 是一个固定的整数. 如果判定实例 $I$ 是否存在可行解使其费用不超过 $g$ 是 NP-完全的, 则在 $P \neq \mathrm{NP}$ 假设下, 问题 $X$ 不存在 $k$-近似算法, 其中 $k < (g+1)/g$. 由此得知问题 $X$ 不存在 PTAS.

此定理的证明, 完全按照命题 7.3.1 及命题 7.3.4 的思路, 加以一般化, 在此不拟详述了. 前一小节的几个例子都是这个不可能性定理的应用, 因而它们也不存在 PTAS. 进一步还有如下的 "间隙技术" 定理.

**定理 7.3.7** 设 $X$ 是一个 NP-完全的判定问题, $Y$ 是一个最小化问题. 若从 $X$ 的实例到 $Y$ 的实例存在多项式时间变换 $\tau$ 满足如下条件:

(i) 对 $X$ 的任意肯定实例 $I$, 得到 $Y$ 的实例 $\tau(I)$ 的最优值不超过 $a$;

(ii) 对 $X$ 的任意否定实例 $I$, 得到 $Y$ 的实例 $\tau(I)$ 的最优值至少为 $b$,

则在 $P \neq \mathrm{NP}$ 假设下, 问题 $Y$ 不存在 $k$-近似算法, 其中 $k < b/a$. 由此得知问题 $Y$ 不存在 PTAS.

**证明** 倘若问题 $Y$ 存在 $k$-近似算法 $A$, 其中 $k < b/a$. 那么可用多项式时间算法 $A$ 来求解问题 $X$. 设 $I$ 是 $X$ 的任意实例, 则有如下两种情形:

(i) 若 $I$ 是肯定实例, 则 $A(\tau(I)) < \dfrac{b}{a}\mathrm{OPT}(\tau(I)) \leqslant b$;

(ii) 若 $I$ 是否定实例, 则 $A(\tau(I)) \geqslant \mathrm{OPT}(\tau(I)) \geqslant b$.

于是根据算法 $A$ 得到的近似值 $A(\tau(I)) < b$ 或 $A(\tau(I)) \geqslant b$, 即可判定实例 $I$ 回答 "是" 或 "否". 于是 NP-完全问题 $X$ 存在多项式时间算法, 与 $P \neq \mathrm{NP}$ 假设矛盾. □

　　例如, [157] 用这种方法证明了最小总流程问题 $1|r_j|\sum F_j$ (其中流程 $F_j = C_j - r_j$) 不存在 PTAS.

　　不可近似性理论有很深入的发展. 与前述复杂性理论有较密切关系的是 APX-困难性. 让我们先回顾 NP-困难性概念的要点:

- NP 问题类;
- 多项式归约 (保持可解性的归约);
- 问题 $X$ 是 NP-困难的: 任意 NP 类问题可多项式归约为 $X$;
- 在 $P \neq NP$ 假设下, NP-困难问题 $X$ 不存在多项式时间算法.

　　如前所述, APX 类问题是指存在性能比为有限常数的近似算法的问题类 (可近似的问题类). 对此, 有平行的 APX-困难性的概念:

- APX 问题类;
- $L$-归约 (保持可近似性的归约);
- 问题 $X$ 是 APX-困难的: 任意 APX 类问题可 $L$-归约为 $X$;
- 在 $P \neq NP$ 假设下, APX-困难问题 $X$ 不存在 PTAS.

　　这里解释一下 $L$-归约的定义: 设 $X$ 及 $Y$ 为两个最小化问题. 从 $X$ 到 $Y$ 的 $L$-归约 是指一对多项式时间可计算的函数 $(R, S)$, 其中 $R$ 是由 $X$ 的任意实例 $I$ 产生出 $Y$ 的实例 $R(I)$, 使得对固定的正常数 $\alpha$ 有

$$\mathrm{OPT}(R(I)) \leqslant \alpha \mathrm{OPT}(I).$$

$S$ 是由实例 $R(I)$ 的任意可行解 $\sigma$ 产生出实例 $I$ 的可行解 $S(\sigma)$, 使得对固定的正常数 $\beta$ 有

$$c_X(S(\sigma)) - \mathrm{OPT}(I) \leqslant \beta(c_Y(\sigma) - \mathrm{OPT}(R(I))),$$

其中 $c_X$ 及 $c_Y$ 分别是问题 $X$ 及 $Y$ 的目标函数.

　　粗略地说, $L$-归约的意思是保持问题 $X$ 与 $Y$ 的近似程度比较接近, 如果 $Y$ 存在 PTAS, 则 $X$ 也存在 PTAS. 根据上述 APX-困难问题不存在 PTAS 的理论, 在时序问题领域一些典型问题, 如 $R||\sum w_j C_j$, $R|r_j|\sum C_j$, $O||\sum C_j$, $F||\sum C_j$ 等, 已被证明不存在 PTAS, 参见 [150, 158] 及所列文献.

## 习　题　7

　　7.1 对例 7.2.1 的背包问题, 流行的启发式算法 $A$ 是将物品按比值 $w_i/a_i$ 由大到小排列, 然后依次取出不超过容量 $B$ 的子集. 试证明此算法的性能比 $\dfrac{A(I)}{\mathrm{OPT}(I)}$ 在最劣情形可以任意大.

　　7.2 对例 7.2.2 的单机加权延误数问题 $1||\sum w_j U_j$, 一个流行的启发式算法 $A$ 是将工件按

WSPT 序排列, 即按比值 $p_j/w_j$ 由小到大排列. 试证明此算法的性能比 $\dfrac{A(I)}{\mathrm{OPT}(I)}$ 在最劣情形可以任意大.

7.3 仿照例 7.1.4 及例 7.1.7, 研究有偏序约束的问题 $1|r_j, \mathrm{prec}|L_{\max}$. 试证明队列算法是 2-近似算法.

7.4 继续研究问题 $1|r_j, \mathrm{prec}|L_{\max}$. 首先对偏序约束 $\prec$, 修改到达期及递送时间. 按照偏序关系的拓扑顺序执行: 若 $J_i \prec J_j$, 则修改 $r_j := \max\{r_j, r_i + p_i\}$, 修改 $q_i := \max\{q_i, q_j + p_j\}$. 这称为预处理. 处理后, 满足: $J_i \prec J_j \Rightarrow r_i < r_j, q_i > q_j$ (使修改后的到达期及递送时间体现偏序关系). 考虑修订的 NS 算法, 即先进行预处理, 然后执行 NS 算法. 试证明此算法是 (3/2)-近似算法.

7.5 仿照例 7.1.2, 研究匀速机全程问题 $Q||C_{\max}$ 的 LPT 算法. 此时 LPT 算法是先将工件按 LPT 规则排成一个队列. 然后, 依次取出工件, 安排在最早完工的机器上加工. 试证明此算法是 $(2 - 2/(m+1))$-近似算法 (参见 [21]).

7.6. 研究有偏序约束的平行机问题 $P|r_j, \mathrm{prec}|L_{\max}$. 试证明队列算法是 2-近似算法 (参见 [141]).

7.7 仿照例 7.1.10 $(1|\mathrm{prec}|\sum w_j C_j)$ 的线性规划松弛方法, 证明 $1|r_j, \mathrm{prec}|\sum w_j C_j$ 具有 3-近似算法.

7.8 仿照例 7.2.1～例 7.2.3 的方法, 建立两台平行机问题 $P2||C_{\max}$ 的 FPTAS.

7.9 讨论例 7.2.4 的特殊情形: $P2||\sum C_j$. 设法简化建立 FPTAS 的方法.

7.10 试建立平行机问题 $R2||C_{\max}$ 及 $Pm||\sum C_j$ 的 FPTAS (参见 [150] 习题 0.5.5 及习题 0.5.3).

7.11 在例 6.2.3 得到单机有公共工期的加权总延误问题 $1|d_j = d|\sum w_j T_j$ 的伪多项式时间算法. 试将其转化为 FPTAS(参见 [151]).

7.12 前一章关于单机总延误问题 $1||\sum T_j$ 的伪多项式时间算法, 可以推广到一致加权情形, 即 $1|p_i < p_j \Rightarrow w_i \geqslant w_j|\sum w_j T_j$ (见 [77]). 试说明如何建立这一致加权情形的 FPTAS. 对非一致加权情形, 是否可以建立 PTAS?

7.13 在例 7.2.9 及例 7.2.9 对问题 $P2||C_{\max}$ 及 $R2||C_{\max}$ 讲述了划分范围的方法建立 PTAS. 试将此方法推广到 $m$ 台机器情形 $Pm||C_{\max}$ 及 $Rm||C_{\max}$.

7.14. 试证明: 对任意 $\varepsilon > 0$, 在 $P \neq \mathrm{NP}$ 的假设下, 问题 $P|\mathrm{prec}, p_j = 1|\sum C_j$ 不存在 $(4/3 - \varepsilon)$-近似算法 (参见 [150] 习题 0.6.7).

# 第8章　空间模式的序结构优化问题

时间的安排与空间的配置可以相互变换. 例如, 在动态规划中把静态的优化问题作动态处理, 变为时序性的多阶段决策. 只要把顺序看作时间进程, 空间顺序优化问题也可纳入时序最优化的研究范围.

前述的时间顺序问题主要通过工件–机器模型来研究. 其中, 机器系统只有串联及并联两种形式. 对空间顺序问题, 将运用图与网络模型. 对此, 表示顺序的主要概念是路, 即顶点的序列与边的序列. 由于时间的单向性, 以前讨论的时序问题很少遇到循环现象. 但对空间顺序而言, 路线是允许重复的, 因而演变出圈的概念. 路与圈的结构引导出连通性、可达性、遍历性以及流的理论. 因此, 对路与圈的最优化, 成为时序性组合最优化的重要组成部分. 如第 6 章所述, 最短路问题奠定了离散动态规划的基础. 下面讨论的巡回路线、车行路由、电路布线等都是路–圈结构的发展. 此类课题在近代信息科学中有广泛应用. 排序理论从管理科学走向信息科学, 这是一个值得关注的发展趋势.

## 8.1　遍历性与巡回路线最优化

### 8.1.1　遍历性问题

普遍认为, 图论起源于 1736 年 Euler 的七桥问题, 就是问 Königsburg 的七座桥是否可以像小学生画一笔画那样走一遍, 不重复不遗漏. 于是提出如下的一般问题: 对给定的图 $G$, 是否存在所有边的序列, 使得序列中相继两项 (包括头尾两项) 在图中也是相邻的. 就是说, 这个序列接连地经过每一条边恰一次, 且回到起点. Euler 的回答十分精彩: 存在这种序列 (后来叫做 Euler 环游) 的充分必要条件是图 $G$ 的每一个顶点的度 (其关联的边数) 都是偶数. 这个遍历所有边的 Euler 环游问题, 也可理解为一个以边为工件的排序问题.

存在 Euler 环游的图称为 Euler 图. Euler 图还有一个特征, 就是它的边集可分解为若干个不相交的圈的并. 在有向图的情形, Euler 图就是每一个顶点的引入边数 (入度) 等于引出边数 (出度). 有向 Euler 图的边集也可以分解为若干个不相交的有向圈的并.

寻求 Euler 环游的算法也很简单, 类似贪婪算法: 从一点出发只顾向前走, 只要有其他选择, 决不走割边 (即删去后使图分裂为两部分的边). 这称为 Fleury 算

法 (详见 [23]). 这是多项式时间算法. Euler 环游问题的线路排序有许多应用. 如北欧城市冬天扫雪, 要考虑扫雪车的运行路线, 尽量不重复不遗漏地扫完所有街道上的雪.

在图论中还有遍历所有顶点问题, 就是在第 5 章列出的 6 个基本 NP-完全问题之一的 Hamilton 路 (圈) 问题: 对给定的图 $G$, 判定是否存在一条路 (圈), 它经过每一个顶点恰一次. 这样的路 (圈) 如存在, 便称为 H-路 (H-圈). 此问题起源于 Hamilton 的环游世界游戏 (1856 年), 也可以理解为以顶点为工件的排序问题. 尔后成为图论中的著名难题, 也是一个成果丰富的经典课题, 应用范围十分广泛. 例如, 有 $n$ 个考古发现, 如果两个遗址反映的文化很接近, 它们之间就连一边, 这样得到 $n$ 个顶点的图. 如果能够构造出这个图的一条 H-路, 那么这条路的顺序可以看作 $n$ 个遗址的年代顺序, 以此作为 "断代"(判断年代) 的参考依据.

上述 Hamilton 路 (圈) 问题是判定问题或存在性问题. 其相应的最优化形式是如下的赋权图问题. 对于赋权完全图 $K_n$ 而言, 每条边 $(i, j)$ 都赋予一个长度 $c_{ij} \geqslant 0$; 旅行商 (货郎) 问题 (traveling salesman problem, TSP) 就是求 $K_n$ 中权和为最小的 H-圈. 按习惯说法, 它就是求 $n$ 城市间的最短巡回路线. 我们曾在第 1 章以它为开宗明义的例子, 介绍序列最优化问题. 在第 4 章也将将具有调整时间的排序问题转化为它, 说明它的代表性. 在第 5 章讲解 NP-困难性时把它列为 "种子问题". 在第 6 章也以它为例子讲述邻域搜索算法, 即林生的 $N_k$- 邻域算法. 在第 7 章讲不可近似性时, 应该补充这样一个熟知的结论: 对任意 $\varepsilon > 0$, 在 $P \neq \mathrm{NP}$ 的假设下, 旅行商问题不存在 $(1 + \varepsilon)$-近似算法 (证明参见 [2, 4]).

旅行商问题作为难解性的典范, 在组合最优化与时序最优化中都起着试金石的作用, 用以检验一种新方法的效力. 对它的研究, 促进了组合最优化中各种理论工具的发展. 所以在每一部组合最优化专著中都有关于旅行商问题的章节. 特别地, 文献 [159] 虽然以 TSP 为标题, 其实是当初一部组合最优化的教科书.

### 8.1.2  运输与车辆调度

运筹学的起源之一是 20 世纪 30 年代末 Hitchcock-Kantorovich-Koopman 关于运输问题的开创工作 (参见 [10] 历史综述), 后来获得 1975 年诺贝尔经济奖. 在运输问题中, 车辆作为机器, 货运任务或者线路上必须到达的服务站点作为工件, 目标函数是运费或时间. 所以车辆的任务安排持有机器排序的相似模式. 但是在机器排序问题中, 工件的先后顺序关系比较单纯; 而在运输问题中, 车辆有路线与供需约束, 顺序性与分配关系交织在一起.

中国运筹学事业的起步标志是 1958 年物资调运问题的图上作业法. 当时粮食部的实际工作者在粮食调运计划编制中总结出一种最优化方法, 中科院数学研究所的数学家们给出严格的数学证明, 随即称之为 "图上作业法". 此法与国际上流行的

Hitchcock"表上作业法" 及最小费用流算法不同, 它有着十分直观简明的几何特色. 特别是当时主要关注的问题是组织循环运输, 进行车辆调度, 涉及早期的排序模型, 所以我们应该记住这段历史.

　　所谓物资调运问题, 就是线性规划中的运输问题, 或组合优化中的最小费用流问题. 设有 $m$ 个物资的发点 $A_1, A_2, \cdots, A_m$, 在图中用圆圈表示, 圈中的数字表示供应量; 又有 $n$ 个物资的收点 $B_1, B_2, \cdots, B_n$, 在图中用方框表示, 框中的数字表示需求量. 所有产销点 (顶点) 之间有道路 (边) 相连, 道路旁的数字表示里程 (距离), 参见图 8.1 及图 8.2. 假定调运系统是产销平衡的, 即总供应量等于总需求量. 问题是求一个运输费用 (运量乘距离) 最小的调运方案. 一个调运方案 (可行解) 用一个流向图表示, 其中每条道路上的货运任务用箭头线表示, 叫做流向. 约定流向画在道路前进方向的右侧, 并标以流量. 其实, 流向就是车辆 (机器) 作业顺序的表示.

　　首先来看交通网络不含圈的情形, 如图 8.1 所示. 如果在一条道路上出现相反方向的流向, 便称为对流. 显然, 对流造成重复运输, 必然浪费运力, 应该避免. 对于这种树状网络, 无对流的流向图是唯一确定的 (可从每一支线的末梢开始递推地分配流量). 既然最优方案一定无对流, 而无对流的方案是唯一的, 所以无对流的方案一定是最优的.

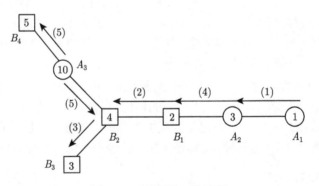

图 8.1　无圈网络: 无对流

　　其次, 考虑交通线路图含圈的情形. 假定交通线路图是一个平面图. 一个圈的正向是指其逆时针方向, 负向是顺时针方向. 对任一个圈 $C$, 设 $S(C)$ 为圈长, 即圈中所有边的长度之和. 并设 $S^+(C)$ 为圈中所有正向的流向的长度之和, $S^-(C)$ 为圈中所有负向的流向的长度之和. 由于约定流向画在道路前进方向的右侧, 正向的流向总是画在圈的外面, 所以也叫做外圈流向. 负向的流向总是画在圈的内部, 所以也叫做内圈流向. 这样, $S^+(C)$ 就是外圈流向的长度之和, $S^-(C)$ 就是内圈流向的长度之和. 如果在一个圈中, 某个方向的流向长度超过圈长的一半, 便称为出现迂回. 迂回同样造成运力的浪费, 应该避免. 在一个圈 $C$ 上, 无迂回的条件表示为

$$S^+(C) \leqslant \frac{1}{2}S(C), \quad S^-(C) \leqslant \frac{1}{2}S(C).$$

例如, 在图 8.2 的圈 $C_1 = A_2B_2A_3B_4B_3$ 中, $S(C_1) = 12$, $S^+(C_1) = 2+3 = 5$, $S^-(C_1) = 2+4 = 6$, 满足 $S^+(C_1) \leqslant \frac{1}{2}S(C_1), S^-(C_1) \leqslant \frac{1}{2}S(C_1)$. 对圈 $C_2 = B_1B_2A_3B_4B_3A_2$, $S(C_2) = 15$, $S^+(C_2) = 3+3 = 6$, $S^-(C_2) = 2+4 = 6$, 也满足无迁回条件. 最后, 对圈 $C_3 = B_1B_2A_2$ 也满足无迁回条件.

图上作业法的理论基础是如下的判定准则 (证明参见 [25, 26]):

**定理 8.1.1** 一个调运方案是最优方案的充分必要条件是其流向图满足: (1) 无对流; (2) 对交通线路图的每一个圈 $C$ 无迁回.

若一个流向图出现对流, 则消除其重复的运输. 若在一个圈 $C$ 出现迁回, 如 $S^+(C) > \frac{1}{2}S(C)$, 则沿外圈流向缩减运输量, 使得 $S^+(C)$ 缩短; 如 $S^-(C) > \frac{1}{2}S(C)$, 则沿内圈流向缩减运输量, 使得 $S^-(C)$ 缩短. 这样进行调整, 直至满足上述定理条件, 达到最优方案为止. 例如, 图 8.2 的流向图无对流, 无迁回, 其对应的调运方案是最优方案.

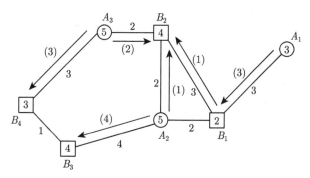

图 8.2 有圈网络: 无迁回

图上作业法除了用来制订全国的物资 (如粮食、棉花、煤炭) 调运计划之外, 主要应用于运输车辆调度, 组织循环运输. 其方法要点如下:

(1) 将运输任务的发货量及收货量以使用车辆数为单位计算, 把收发的 "重车" 作为物资进行调度. 运用图上作业法求出最优的流向图 $G_1$.

(2) 若收点 $B_i$ 收到 $b_i$ 辆重车, 则卸载后它变为发出 $b_i$ 辆空车的发点; 若发点 $A_j$ 发出 $a_j$ 辆重车, 则它应该是需要 $a_j$ 辆空车的收点. 这样一来, 可把收发 "空车" 作为另一个调运问题. 运用图上作业法求出最优的流向图 $G_2$.

(3) 将两个流向图 $G_1$ 及 $G_2$ 叠合起来, 得到一个有向的 Euler 图 $G$, 其中每一个顶点的入度等于出度. 设有向 Euler 图 $G$ 可分解为若干个有向圈 $C_1, C_2, \cdots, C_l$ 的并. 每一个有向圈上的循环运输任务作为一个工件.

(4) 设车队有 $k$ 辆车, 即有 $k$ 台平行机, 则车辆调度方案就是将 $l$ 个有向圈的任务 (工件) 分配给 $k$ 辆车 (平行机). 若某个圈的任务分配给某辆车, 而这个圈是重车流向与空车流向交错出现, 则这辆车先作为重车执行送货任务, 卸车后又作为空车赶到另一个发点装货, 如此类推. 如果只有一辆车 (单机模型), 则它就沿着 Euler 环游, 交替地装卸, 执行所有任务. 如果 $k = l$, 则令每一辆车执行一个圈的任务. 当 $k \neq l$ 时, 这就是一般的平行机作业问题. 如果有的有向圈太长 (有的工件工时太长), 还可以考虑可中断的排序.

实际情况可能是, 开始时从车库发车, 以空车形式到第一个发点执行任务; 任务完成后也以空车形式回到车库. 于是车库同时作为空车的发点和收点, 这没有增加实质的困难.

在第 4 章的最小机器数平行作业问题中, 工序流程图是一个无圈有向图, 代表一个偏序集. 机器作业安排归结为偏序集的最小链分解. 现在, 车辆调度的流向图是有向 Euler 图, 机器 (车辆) 作业安排归结为有向 Euler 图的圈分解. 前者讨论的是工件的直线排列, 此处研究的是任务的循环排列. 时至今日, 物流调度的排序模型已经比较复杂, 但它的雏形已在 1958 年见到.

### 8.1.3　中国邮递员问题

1959 年, 管梅谷在济南邮电局做 "数学联系实际", 发现这样的问题: 一个邮递员送信, 从邮局出发, 走遍他负责的街区回到邮局, 怎样的行走路线使得总路程最短? 如果这个街区的道路图是一个 Euler 图, 则按照 Euler 环游走遍所有街道, 不重复不遗漏, 路程一定最短. 如果道路图不是 Euler 图, 则一些街道必须重复. 问题归结于如何选择重复走的边, 使其总长度为最小. 联想到当时正在推广的图上作业法, 管梅谷提出了一种解法, 称为 "奇偶点图上作业法", 次年发表在《数学学报》[160]. 1965 年, Edmonds 首先把此问题命名为中国邮递员问题 (Chinese postman problem, CPP)[161]. 此后, CPP 受到国际学术界的重视, 流传很广, 理论与应用都有很大发展[4, 23, 162].

让我们回顾一下奇偶点图上作业法. 设 $G = (V, E)$ 是一个连通的赋权图, 其中每条边 $e \in E$ 的权为 $w(e) > 0$. 一个环游 $T$ 是指一个边序列 $T = (e_1, e_2, \cdots, e_l)$, 其中 $e_i$ 与 $e_{i+1}$ 在图 $G$ 是相邻的, $e_{l+1} = e_1$, 且它经过每条边至少一次. 问题是求一个环游 $T$, 使它的总权值 $w(T) = \sum_{i=1}^{l} w(e_i)$ 为最小. 如果环游 $T$ 经过边 $e_i$ 两次, 则认为增加了一条新边 $e_i'$, 使得 $w(e_i') = w(e_i)$. 因此问题等价于寻求增加重复边集 $E' \subseteq E$, 使得 $G^* = G + E'$ 成为 Euler 图 (每个顶点的度均为偶数), 且 $w(E')$ 为最小. 于是我们定义边子集 $E' \subseteq E$ 为可行集, 是指 $G^* = G + E'$ 是 Euler 图. 进而, $w(E')$ 为最小的可行集称为最优集. 奇偶点图上作业法的判定准则类似于定理 8.1.1 的无对流及无迂回:

**定理 8.1.2** 一个可行集 $E'$ 是最优集的充分必要条件是: (1) 各添加边不重叠; (2) 对图 $G$ 的每一个圈 $C$, $w(E' \cap C) \leqslant \frac{1}{2}w(C)$.

一个简短的证明可参见 [24].

后来 Edmonds 及 Johnson 于 1973 年[162] 给出更有效的匹配算法. 其方法要点如下:

(1) 取出图 $G$ 中所有度为奇数的顶点之集 $V_O$. 以 $V_O$ 为顶点集构造一个完全图 $H$, 其中对任意 $x, y \in V_O$ 都连一边 $xy$, 它的权值为在 $G$ 中 $x, y$ 之间的最短路长度, 即 $w(xy) = d_G(x, y)$.

(2) 求图 $H$ 的最小权完美匹配 $M$.

(3) 令 $E'$ 为 $M$ 的每一条边对应于 $G$ 中最短路的边所成之集, 则 $E'$ 为最优添加边集.

在前面第 3 章讲过二部图的最小权完美匹配算法. 这里需要一般图的最小权完美匹配算法, 对此, Edmonds 有著名的开花算法, 时间界是 $O(|V|^3)$ (参见 [2, 4, 162]). 所以上述 CPP 的匹配算法是好算法. 例如, 图 8.3 所示的图 $G$, 其中只有两个奇度顶点 $u, v$. 求出它们之间的最短路 $P = (u, a, b, c, v)$. 以 $P$ 的边为添加边, 即得到最优的 Euler 图.

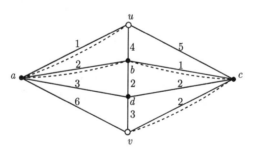

图 8.3 CPP 算法的例

### 8.1.4 车行路由问题

前面讨论的车辆、货郎、邮递员的运行路线顺序问题, 进一步发展为一般的**车行路由问题** (vehicle routing problem, VRP): 对一个车队, 如何安排各车辆的运行路线, 从车场出发, 去提供若干站点或站点之间的服务, 使得运行费用最小. 这里可以有各式各样的约束条件, 如车辆有容量限制, 任务有时间窗口限制, 服务有装卸运之分 (包括先卸后装的要求), 多车场, 多周期, 或开放终点 (最后不要求回到车场), 如此等等. 总之, 要把所有服务任务安排在车队的车辆上, 并确定作业的路线顺序. 这样的一般模型框架涵盖运筹学中范围很广的领域, 形成了与机器排序并驾齐驱的局面 (参阅 [163~166]). 前面讨论的机器排序侧重于时间顺序安排; 现在研究的车行路由, 虽然也涉及时间因素, 但它更着重于空间位置的运作. 当今的机器排序问题也逐步融入车辆运输的成分, 同时考虑产品的加工与配送.

当车队只有一辆车, 且服务只存在于交通图的顶点上, 这就是旅行商问题 TSP. 当交通图是有向图, 这就是有向 TSP. 当车队有多辆车, 问题变为多人 TSP. 进而, 如果系统有多个车场, 车辆有容量限制, 服务有起止时间, 问题就推广为典型的 VRP 了. 但是如果问题只要求历遍图的所有顶点, 这一类 VRP 有 "点路由问题" (node routing) 之称.

对于点路由问题, 由于 TSP 是 NP-困难的, 各种推广形式都是 NP-困难的. 除了一些可解的特殊情形之外 (例如, 距离矩阵满足第 2 章所述的 Monge 性质), 这类问题的精确算法是整数规划的割平面法及分枝定界算法等. 而各种启发式算法, 如物理模拟算法及生物进化算法等, 也颇为流行. 目前已开发了许多计算软件, 并进行数值计算实验.

另一方面, 当车队只有一辆车, 且服务只存在于交通图的边上, 这就是中国邮递员问题 CPP. 由此进行推广, 得到另一类 VRP, 要求历遍图的所有边, 称为 "边路由问题" (arc routing)[168].

关于边路由问题, 由于 CPP 是多项式可解的, 在一段时间内受到人们较大的关注. 有向的 CPP 仍然有多项式时间算法[162]. 但是混合图 (即包含无向边及有向边的图) 的 CPP 是 NP-困难的[167]. 如下的几种推广形式较为有趣[168].

• 乡村邮递员问题 (the rural postman problem). 对图 $G = (V, E)$ 的一个给定的边子集 $E_0 \subseteq E$, 求一个环游 $T$ 经过 $E_0$ 每条边至少一次, 使它的总权值 $w(T)$ 为最小. 这是 CPP 的推广. [165] 已证明它是 NP-困难的. 但正如度量 TSP 那样, 可以得到 (3/2)-近似算法. 在精确算法方面, 如运用有效不等式的割平面法或分枝定界算法, 均有较好的表现.

• 风向邮递员问题 (the windy postman problem). 在图 $G = (V, E)$ 中, 边 $v_i v_j \in E$ 有两个方向的权值: $c_{ij}$ 是从 $v_i$ 到 $v_j$ 的权, $c_{ji}$ 是从 $v_j$ 到 $v_i$ 的权 (代表不同风向下的不同运行费用). 问题仍然是求一个环游 $T$ 经过每条边至少一次, 使它的总权值 $w(T)$ 为最小. 事实上, 图 $G$ 的任意一边 $v_i v_j \in E$ 都可以换成方向相反的两条有向边 $(v_i, v_j)$ 及 $(v_j, v_i)$, 使得 $c_{ij}$ 是 $(v_i, v_j)$ 的权值, $c_{ji}$ 是从 $(v_j, v_i)$ 的权值, 并且环游 $T$ 是经过 $(v_i, v_j)$ 或 $(v_j, v_i)$ 至少一次的序列. 由此可知, 这个风向邮递员问题是一般形式的 CPP, 包括前面讨论的几种推广. 管梅谷[169] 证明了它是 NP-困难的, 并且当对图 $G$ 的每一个圈 $C$, 两个方向的费用相等时, 它是多项式可解的. 在以后的文献中, 其他可解情形情形也有所讨论.

• $k$-邮递员问题 (the $k$-postman problem). 给定图 $G = (V, E)$ 及一个指定顶点 $v_0 \in V$, 寻找 $k$ 个环游, 每一个环游都包含 $v_0$, 每一条边至少包含于一个环游中, 使得 $k$ 个环游的最大费用为最小. 对 $k \geqslant 2$, 问题是 NP-困难的. 一个很直接的近似算法是先求出一个环游, 然后切成 $k$ 段. 这是一个 $(2-1/k)$-近似算法. 更多的讨论见 [170].

车行路由问题的模型有许多类型. 作为入门的印象, 下面讲一个十分简化的例子, 其中削减了需求约束, 成为仅有可达性的服务路线问题[171]. 给定简单连通赋权图 $G=(V,E)$, 其中每条边 $e \in E$ 的权值为 $w(e) > 0$, 并有 $m+1$ 个指定的顶点 $s, t_1, \cdots, t_m$. 这里 $s$ 作为车场 (如检修中心), $t_1, \cdots, t_m$ 是需要服务的站点 (如急需检修的机站). 假定车场有足够多的检修设备车辆, 也不计车辆返回车场的路程. 问题是如何派遣车辆, 使所有站点都得到服务 (完成检修任务), 而总的运行距离最小. 这类似于多台机器 (机器数不限) 的任务排序问题. 一辆车的运行路线表示为以 $s$ 为起点的途径

$$T = v_0 e_1 v_1 e_2 \cdots v_{k-1} e_k v_k \quad (v_0 = s),$$

其中边 $e_i$ 的两个端点是 $v_{i-1}$ 及 $v_i$ $(1 \leqslant i \leqslant k)$. 注意这里的途径是顶点与边的交替序列, 其中顶点与边都可以重复, 所以它不一定是路. 途径 $T$ 的长度定义为

$$w(T) = \sum_{i=1}^{k} w(e_i).$$

因此, 服务路线问题就是: 求以 $s$ 为起点的途径之集 $H = \{T_1, T_2, \cdots, T_h\}$, 这些途径包含 $D = \{t_1, \cdots, t_m\}$ 中所有顶点, 使得 $H$ 的总长度 $w(H) = \sum_{i=1}^{h} w(T_i)$ 为最小.

当 $m=1$ 时, 这是最短路问题, 当然有好算法. 对 $m \geqslant 2$, 问题似乎是以 $s$ 为发点, 以 $t_1, \cdots, t_m$ 为收点的最小费用流问题, 其实不然. 因为我们不考虑供需流量 (一辆检修车可以服务任意多个站点), 纯粹考虑途径的可达性, 只要求到达 $D$ 中的所有顶点. 又比如 $s$ 是医疗中心, 向各医院 $t_1, \cdots, t_m$ 配送急需的疫苗, 一辆车可以携带任意多的疫苗 (疫苗的数量可以忽略). 这是一个最简单的点路由问题, 可以列入序列优化的范畴. 容易证明它是 NP-困难问题 (留作习题). 下面讨论最优解的结构性质.

在图 $G$ 中, 顶点 $u, v$ 之间的距离及最短路分别记为 $d_G(u,v)$ 及 $P(u,v)$. 对图 $G$ 的任一途径 $T = v_0 e_1 v_1 e_2 \cdots v_{k-1} e_k v_k$, 记 $T(v_i, v_j)$ 为途径 $T$ 中从 $v_i$ 到 $v_j$ 的子序列 (节段), 其中 $i < j$. 并记 $\bar{T}(v_j, v_i)$ 为途径 $T$ 中沿反方向从 $v_j$ 到 $v_i$ 的节段. 对服务路线问题的可行解 $H = \{T_1, T_2, \cdots, T_h\}$, 不妨假定每一个途径 $T_i$ 的终点都属于 $D$ (否则可截去其终点及关联的边).

设 $T = s e_1 v_1 \cdots z$ 是可行解 $H$ 中的一个途径, 其中 $z \in D$. 途径 $T$ 的一个节段 $T(x,y)$ 称为可换区间 是指:

(i) $x \in \{s\} \cup D, y \in D$;

(ii) $T(x, y)$ 中如有其他 $v \in D, v \neq x, y$, 则它是已访问的, 即它已出现在 $T(s, x)$, $T(y, z)$, 或其他 $T' \in H$.

**命题 8.1.3**   设 $H^* = \{T_1, T_2, \cdots, T_h\}$ 是一个最优解, 其中 $T_i$ 的终点为 $z_i \in D$ $(1 \leqslant i \leqslant h)$. 对每一个途径 $T_i$ 的可换区间 $T_i(x, y)$, 若记

$$X := \{s, x\} \cup \{z_j : j \neq i\}, \quad Y := \{y, z_i\},$$

则 $T_i(x, y)$ 一定是 $X$ 与 $Y$ 之间的最短路.

**证明**   假设 $P(u, v)$ 是 $X$ 与 $Y$ 之间的最短路, 但 $T_i(x, y)$ 不是, 则可进行如下的替换:

(1) 若 $u = s$, 则将 $T_i$ 替换为 $T_i' = T_i(s, x)$ 及

$$T_{h+1}' = \begin{cases} P(u, v) \cdot T_i(y, z_i), & v = y, \\ P(u, v) \cdot \bar{T}_i(z_i, y), & v = z_i. \end{cases}$$

(2) 若 $u = x$, 则将 $T_i$ 替换为

$$T_i' = \begin{cases} T_i(s, x) \cdot P(u, v) \cdot T_i(y, z_i), & v = y, \\ T_i(s, x) \cdot P(u, v) \cdot \bar{T}_i(z_i, y), & v = z_i. \end{cases}$$

(3) 若 $u = z_j$ $(j \neq i)$, 则将 $T_i$ 替换为 $T_i' = T_i(s, x)$, 并将 $T_j$ 替换为

$$T_j' = \begin{cases} T_j \cdot P(u, v) \cdot T_i(y, z_i), & v = y, \\ T_j \cdot P(u, v) \cdot \bar{T}_i(z_i, y), & v = z_i. \end{cases}$$

设这样得到的可行解为 $H'$, 则

$$w(H') = w(H^*) - w(T_i(x, y)) + w(P(u, v)) < w(H^*),$$

与 $H^*$ 的最优性矛盾.                                                                 □

根据这个最优解必要条件, 可得寻求局部最优解的算法: 任给一个可行解 $H$, 若它满足此条件, 则终止; 否则按照证明中的方法进行替换, 直至不能替换为止. 对一般的图, 这只是求局部最优解的启发式算法. 但对某些满足一定 "凸性" 条件的特殊图, 有望得到精确算法. 例如, 当图 $G$ 是一个树时, 可得到多项式时间的精确算法.

对树的情形, 首先作如下约定:

**假设**   (i) 起点 $s$ 及所有 $D$ 中的顶点都是树叶 (1 度顶点); (ii) $G$ 中没有 2 度顶点.

事实上, 如果 $s$ 不是 1 度顶点, 则问题可分解为若干个子问题, 每一个子问题对应于 $s$ 引出的一个分枝. 若一个树叶不属于 $D$, 则可删去之; 并且可以忽略不是

树叶的 $t_i$ (因为到达树叶的途径自然通过它). 若 $G$ 中有一个 2 度顶点 $v$, 则它和两条关联的边可变为一条边.

于是, 我们讨论一个树 $G$, 它的树叶为 $s, t_1, t_2, \cdots, t_m$, 并且没有 2 度顶点. 设 $e_i$ 是关联于 $t_i$ 的唯一边, 且 $u_i$ 是 $e_i$ 的另一端点 $(1 \leqslant i \leqslant m)$.

**命题 8.1.4** 设图 $G$ 是一个树. 并设 $w(e_1) = \min_{1 \leqslant i \leqslant m} w(e_i)$, 则存在最优解 $H^*$ 使得

(i) 若 $w(e_1) \geqslant d_G(s, u_1)$, 则 $P(s, t_1) \in H^*$;

(ii) 若 $w(e_1) < d_G(s, u_1)$, 则 $u_1 e_1 t_1 e_1 u_1$ 是 $H^*$ 中某个途径的一段.

**证明** 设 $H$ 是一最优解. 若 $w(e_1) \geqslant d_G(s, u_1)$, 而 $t_1$ 不是 $H$ 的途径的终点, 则 $t_1$ 是某途径 $T \in H$ 的中途点. 设 $T$ 在 $t_1$ 之后的节段为 $t_1 e_1 u_1 \cdots t_r$, 则将此节段替换为 $s \cdots u_1 \cdots t_r$, 长度不会增加. 倘若 $t_1$ 是 $H$ 中某途径 $T$ 的终点, 但 $T \neq P(s, t_1)$, 那么此途径必经过某个 $t_i$ $(i \neq 1)$, 比如 $T = s \cdots t_i \cdots u_1 e_1 t_1$ $(t_i$ 是最后一个这样的中途点), 则将其中的节段 $t_i \cdots u_1 e_1 t_1$ 替换为 $P(s, t_1)$, 即 $T$ 替换为 $T(s, t_i)$ 及 $P(s, t_1)$, 长度不会增加. 这样得到的可行解 $H^*$ 仍然是最优解.

其次, 设 $w(e_1) < d_G(s, u_1)$, 而 $t_1$ 是 $H$ 中某途径的终点, 比如 $T_1 = s \cdots u_1 e_1 t_1$. 由于 $u_1$ 不是 2 度点, 它一定从另一分枝引向另一树叶 $t_r$ $(r \neq 1)$. 于是在 $H$ 中有某一途径引到 $t_r$, 比如 $T_2 = s \cdots u_1 \cdots t_r$. 那么可以从 $H$ 中删去 $T_1$, 并把 $T_2$ 变为 $T_2' = s \cdots u_1 e_1 t_1 e_1 u_1 \cdots t_r$. 这样做长度不会增加, 得到的 $H^*$ 仍然是最优解. $\qquad\square$

由此得到如下算法.

**算法 8.1.1** 求解 $G$ 是树时的服务路线问题.

---

(1) 从 $G$ 中取出最短的树叶边 $e_1$.

(2) 若 $w(e_1) \geqslant d_G(s, u_1)$, 则取出 $P(s, t_1)$ 作为到达 $t_1$ 的途径; 否则确定 $u_1 e_1 t_1 e_1 u_1$ 为部分途径.

(3) 删去 $t_1$. 对 $G := G - t_1$ 返回步骤 (1).

---

此算法至多有 $n$ 个阶段 (每一阶段删去一个树叶). 每一阶段在树 $G$ 中找出唯一的路 $P(s, t_i)$, 可在 $O(n)$ 时间完成. 故算法的时间界是 $O(n^2)$.

## 8.2 稀疏矩阵计算的顺序优化

前面主要讲述工程与管理学科的作业顺序安排. 实际上, 在数理学科里也广泛存在着顺序优化问题. 如所熟知, 在计算多重积分时要选择最简单的积分顺序; 如果顺序不当, 有时还算不出来呢. 在多重求和运算中, 有时交换一下求和次序便可

简单算出结果. 以组合恒等式

$$\sum_{0 \leqslant i \leqslant n} \binom{n}{i} = 2^n$$

为例, 它表示将 $n$ 个球放入两个盒的方式数. 等式左端是按照盒的状态来计数 (第一个盒装 $i$ 个球). 交换一下求和次序, 右端是按照球的状态来计数 (装入这个或那个盒). 更简单的例子是有的 "先乘后加" 的算术式, 用一下分配率变成 "先加后乘", 可减少多次乘法运算. 在许多代数算法 (如高斯消去法) 中, 计算量也依赖于运算次序. 由此提出最小化运算量的运算次序问题.

现在翻开新的一页, 进入计算数学领域, 讨论数值计算中的最优顺序问题. 在稀疏矩阵计算中, 基于矩阵的零元与非零元的组合结构, 提出了一系列组合最优化问题, 其中包括若干序结构问题. 此类优化问题的可行解仍然是组合论意义的排列, 但也有等价的称呼 (如置换阵或标号方案). 虽然其他学科领域也提出类似的问题, 但追其根源, 数值计算的背景还是历史更久远些. 这一节涉及的文献较多, 不能一一列出, 只是基本概念可参阅 [172~176], 进一步研究成果参阅综述文献的引文.

### 8.2.1　稀疏矩阵的存储方式

在许多数值计算问题中, 如用有限元素法进行结构分析, 都要解一个大型的线性方程组 $Ax = b$, 其中 $A = (a_{ij})$ 为 $n$ 阶稀疏、正定、对称的方阵, 其中对角元 $a_{ii} \neq 0$ $(1 \leqslant i \leqslant n)$. 例如

$$A = \begin{pmatrix} \times & \times & \cdot & \times & \cdot & \cdot & \cdot \\ \times & \times & \times & \cdot & \times & \cdot & \cdot \\ \cdot & \times & \times & \times & \cdot & \cdot & \cdot \\ \times & \times & \cdot & \times & \cdot & \cdot & \times \\ \cdot & \cdot & \times & \cdot & \times & \times & \cdot \\ \cdot & \times & \cdot & \cdot & \times & \cdot & \times \\ \cdot & \cdot & \cdot & \times & \cdot & \times & \times \end{pmatrix},$$

其中 "×" 表示非零元, "·" 表示零元. 在此, 我们忽略非零元的数值大小, 只关心其位置构形. 所谓稀疏矩阵, 是指其中非零元比较少, 在工程计算中经常遇到这样的实例, 其非零元不足 20%. 对一个大型的稀疏矩阵而言, 在进行数值计算 (如解线性方程组), 如果把它的所有元素都一起存储起来, 必定浪费存储空间, 而且影响计算效率. 因此, 研究紧凑的存储方案一直是数值计算中的重要课题.

为了记录矩阵 $A$ 的信息, 定义 $A$ 的包封 (envelop) 为

$$\mathrm{ENV}(A) := \{ a_{ij} : k \leqslant j < i, a_{ik} \neq 0 \},$$

即每一行从第一个非零元到对角元之前的元素之集. 例如, 上述矩阵 $A$ 的包封如下表中 $\times$ 元素所示 (对角元用小圈表示, 不计入包封):

$$
\begin{pmatrix}
\circ & & & & & & \\
\times & \circ & & & & & \\
& \times & \circ & & & & \\
\times & \times & \times & \circ & & & \\
& & \times & \times & \circ & & \\
\times & \times & \times & \times & \circ & & \\
& & \times & \times & \times & \circ & 
\end{pmatrix},
$$

矩阵 $A$ 的包封, 完全刻画了其中非零元的分布范围. 只要把它的元素存储下来, 不管其外面的零元, 就可以获得 $A$ 的全部信息. 从包封的每一行来看, 称

$$
\beta_i := i - \min\{k : k \leqslant i, a_{ik} \neq 0\}
$$

为第 $i$ 行的行宽, 即第 $i$ 行从最左的非零元到对角元之前的元素个数. 由于包封之前的零元不存储, 第 $i$ 行只要存储 $\beta_i$ 个元素就够了. 鉴于 $\beta_i$ 有大有小, 有时为了简便, 以最大行宽为准, 在矩阵中划分出一个带状区域 (图 8.4), 把此区域中的元素存储起来, 这称为**带状存储方案**. 按照这种带状存储方案, 矩阵 $A$ 的存储量可用最大行宽, 即**带宽** (bandwidth)

$$
B(A) := \max_{1 \leqslant i \leqslant n} \beta_i = \max\{|i - j| : a_{ij} \neq 0\} \tag{8.1}
$$

来衡量.

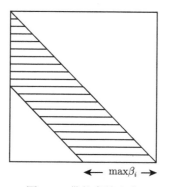

图 8.4  带状存储方案

另一种存储方案是变带宽方案 (或包封存储方案), 就是把包封的每一行都存起来 (图 8.5). 这样, 矩阵 $A$ 的存储量可用行宽之和, 即**侧廓** (profile)

$$
P(A) := \sum_{1 \leqslant i \leqslant n} \beta_i \tag{8.2}
$$

来衡量. 带宽与侧廓在图论中有等价的表述 (见 8.2.3 节).

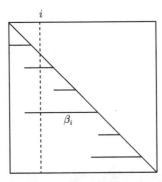

图 8.5　变带宽存储方案

对称地, 可从各列来看包封的构成. 我们称第 $i$ 列中属于包封的元素个数

$$w_i := |\{j : k \leqslant i < j, a_{jk} \neq 0\}|$$

为第 $i$ 列的波前 (wavefront, frontsize). 这里, 包封中不同行宽的变化看作 "波", 波前的意思是这个波越过列 $i$ 的前沿部分的宽度 (行数). 如图 8.5 中的虚线表示第 $i$ 列包含包封中两个元素, 所以 $w_i = 2$. 在数值分析中, 如果在 $i$ 列中有 $a_{ji}$ 属于包封 (即存在 $k \leqslant i < j$ 使得 $a_{jk} \neq 0$), 则称为列 $i$ 有作用于行 $j$ (意即运算时有影响于它). 所以波前 $w_i$ 就是列 $i$ 有作用于它的行的数目. 这样一来, 与矩阵 $A$ 的存储量相关的另一个参数是**最大波前** (简称为波前)

$$W(A) := \max_{1 \leqslant i \leqslant n} w_i. \tag{8.3}$$

下面将看到, 这等价于图论中的**路宽** (pathwidth).

按照行与列来观察包封的构成, 我们得到如下命题.

**命题 8.2.1**　行宽 $\beta_i$ 与波前 $w_i$ 满足如下关系:

(i) $\sum_{1 \leqslant i \leqslant n} \beta_i = \sum_{1 \leqslant i \leqslant n} w_i$;

(ii) $\max_{1 \leqslant i \leqslant n} \beta_i \geqslant \max_{1 \leqslant i \leqslant n} w_i$.

**证明**　前一式就是 $|\mathrm{ENV}(A)|$ 按行与按列的两种计数结果, 故相等. 至于后一不等式, 可设 $w_h = \max_{1 \leqslant i \leqslant n} w_i$, 并设在第 $h$ 列中最后一个属于包封的元素是 $a_{jh}$ $(j > h)$. 那么在第 $j$ 行中, 存在最左边的非零元 $a_{jk} \neq 0$ $(k \leqslant h)$. 所以 $\beta_j = j - k \geqslant j - h \geqslant w_h$, 其中最后的不等式是因为在 $h$ 列中, 从第 $h+1$ 行到第 $j$ 行的元素之集包含所有包封中的元素. 从而得到 $\max_{1 \leqslant i \leqslant n} \beta_i \geqslant \beta_j \geqslant w_h = \max_{1 \leqslant i \leqslant n} w_i$. □

综上所述, 由矩阵 $A$ 的存储量引出三个参数: 带宽 $B(A)$, 侧廓 $P(A)$, 波前 $W(A)$. 在初等线性代数课程里, 对一个方程组 $Ax = b$ 的求解, 不太注意方程与变量的编号次序, 即矩阵 $A$ 的行列次序. 但是, 对大型科学计算来说, 矩阵 $A$ 要存入计算机里, 对不同的行列次序, $A$ 的存储量却大不相同. 试看如下的简单例子:

|   | 1 | 2 | 3 | 4 |
|---|---|---|---|---|
| 1 | × | · | × | × |
| 2 | · | × | · | × |
| 3 | × | · | × | · |
| 4 | × | × | · | × |

|   | 2 | 4 | 1 | 3 |
|---|---|---|---|---|
| 2 | × | × | · | · |
| 4 | × | × | × | · |
| 1 | · | × | × | × |
| 3 | · | · | × | × |

对左边的矩阵 $A$ 而言, 假定行列的自然编号顺序为 $(1,2,3,4)$, 则 $B(A) = 3$, $P(A) = 5, W(A) = 2$. 现在把行列的编号顺序改为 $(2,4,1,3)$, 则矩阵 $A$ 变为右边的矩阵 $A'$. 那么表示存储量的 $B(A') = 1, P(A') = 3, W(A') = 1$.

在工程计算 (如有限元素法) 中, 矩阵 $A$ 称为刚度矩阵, 是 $n$ 阶对称方阵, 其行顺序与列顺序是同步变换的. 对一个排列 $\pi = (\pi(1), \pi(2), \cdots, \pi(n))$, 定义一个 $n$ 阶置换阵 $X = (x_{ij})$, 其中

$$x_{ij} = \begin{cases} 1, & j = \pi(i), \\ 0, & 否则, \end{cases}$$

则矩阵 $A$ 的行列顺序按排列 $\pi$ 进行置换得到的矩阵为 $A' = XAX^{\mathrm{T}}$, 其中左乘 $X$ 得到行变换, 右乘 $X^{\mathrm{T}}$ 得到列变换. 例如, 在前例中, $\pi = (2,4,1,3)$, 其置换阵为

$$X = \begin{pmatrix} 0 & 1 & 0 & 0 \\ 0 & 0 & 0 & 1 \\ 1 & 0 & 0 & 0 \\ 0 & 0 & 1 & 0 \end{pmatrix},$$

矩阵 $A$ 经行列顺序变换为矩阵 $A'$ 就是执行运算 $XAX^{\mathrm{T}} = A'$ 如下:

$$\begin{pmatrix} 0 & 1 & 0 & 0 \\ 0 & 0 & 0 & 1 \\ 1 & 0 & 0 & 0 \\ 0 & 0 & 1 & 0 \end{pmatrix} \begin{pmatrix} 1 & 0 & 1 & 1 \\ 0 & 1 & 0 & 1 \\ 1 & 0 & 1 & 0 \\ 1 & 1 & 0 & 1 \end{pmatrix} \begin{pmatrix} 0 & 0 & 1 & 0 \\ 1 & 0 & 0 & 0 \\ 0 & 0 & 0 & 1 \\ 0 & 1 & 0 & 0 \end{pmatrix} = \begin{pmatrix} 1 & 1 & 0 & 0 \\ 1 & 1 & 1 & 0 \\ 0 & 1 & 1 & 1 \\ 0 & 0 & 1 & 1 \end{pmatrix},$$

其中非零元用 1 代表.

为了节省计算机的存储空间, 提高计算效率, 我们希望寻求矩阵的行列顺序, 使其存储量为最小. 由此引导出如下三个矩阵行列顺序最优化问题:

**矩阵带宽最优化问题** 给定 $n$ 阶对称方阵 $A$, 寻求 $n$ 阶置换阵 $X$, 使得带宽 $B(XAX^{\mathrm{T}})$ 为最小. 设 $\Pi$ 为所有 $n!$ 个 $n$ 阶置换阵之集, 则问题表示为

$$\min_{X \in \Pi} B(XAX^{\mathrm{T}}).$$

**矩阵侧廓最优化问题**　给定 $n$ 阶对称方阵 $A$, 寻求 $n$ 阶置换阵 $X$, 使得侧廓 $P(XAX^{\mathrm{T}})$ 为最小, 即

$$\min_{X \in \Pi} P(XAX^{\mathrm{T}}).$$

**矩阵波前最优化问题**　给定 $n$ 阶对称方阵 $A$, 寻求 $n$ 阶置换阵 $X$, 使得波前 $W(XAX^{\mathrm{T}})$ 为最小, 即

$$\min_{X \in \Pi} W(XAX^{\mathrm{T}}).$$

这些问题都可归入序列最优化的形式, 其中的可行解就是置换阵 $X$, 或相应的排列 $\pi$. 这三个问题先记下来, 我们继续讲数值计算的背景.

### 8.2.2　稀疏矩阵的消去与填充

在求解一个大型线性方程组 $Ax = b$ 时, 如果运用 Gauss 消去法或 Cholesky 分解算法, 运算速度依赖于矩阵 $A$ 的稀疏程度 (即非零元的多少). 在消去过程中, 有的零元会变为非零元, 称之为填充. 如果消元顺序不当, 填充的非零元越来越多, 便会影响运算速度. 所以应该考虑, 怎样的消元顺序才能使填充尽可能少呢?

对矩阵 $A = (a_{ij})$ 执行 Gauss 消去法, 设 $a_{11}$ 为主元. 第一步是消去第一列的所有非零元, 即把这些非零元所在的行减去第一行的适当倍数 (行初等变换). 变换公式是

$$a_{ij} := a_{ij} - a_{i1}\frac{a_{1j}}{a_{11}} \quad (a_{i1} \neq 0).$$

因此, 若原来 $a_{ij} = 0$, 而 $a_{i1} \neq 0$, $a_{1j} \neq 0$, 则 $a_{ij}$ 变为非零元, 即出现填充. 看看这个变换公式的形象描述. 这里四个元素的位置如图 8.6 所示: $a_{11}$ 为主元 (非零元), 若 $a_{ij}$ 在第一行及第一列 "投影" 的元素 $a_{1j}$ 及 $a_{i1}$ 均为非零元, 则它也就变为非零元了 (出现填充).

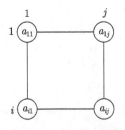

图 8.6　填充元的位置

当然, 在实际计算中, 原来 $a_{ij} \neq 0$ 也有可能变为零元, 但这种 "抵消" 现象是可能性很小的巧合, 不予考虑. 所以我们假定原来的非零元不会变为零元. 例如, 在下面的矩阵 $A$ 中, 当 $a_{11}$ 作为主元进行消去后, 在以 ○ 表示的零元处将出现填充

(如 $a_{24}, a_{25}, a_{45}$, 等等).

$$A = \begin{pmatrix} \times & \times & \cdot & \times & \times & \cdot & \cdot \\ \times & \times & \times & \circ & \circ & \cdot & \cdot \\ \cdot & \times & \times & \times & \cdot & \times & \times \\ \times & \circ & \times & \times & \circ & \cdot & \cdot \\ \times & \circ & \cdot & \circ & \times & \cdot & \cdot \\ \cdot & \cdot & \times & \cdot & \cdot & \times & \cdot \\ \cdot & \cdot & \times & \cdot & \cdot & \cdot & \times \end{pmatrix}.$$

当 $a_{11}$ 为主元的消去完成后, 把矩阵 $A$ 的第一行与第一列删去. 接着, 第二步以 $a_{22}$ 为主元, 执行同样的运算, 如此类推, 直至消去所有行与列为止. 对上述例子的矩阵 $A$ 继续执行消元运算, 最后下三角的包封中的 9 个零元都成为填充元素.

设 $F(A)$ 表示在消去过程中产生的填充元素的个数 (其中 $a_{ij}$ 与 $a_{ji}$ 按一个计算), 称之为矩阵 $A$ 的**填充数**. 如上述例子, $F(A) = 9$. 这是反映计算效率的指标, 填充越多则计算效率越差.

当矩阵 $A$ 的行列顺序不同时, 填充数 $F(A)$ 会有很大差别. 例如, 对上述矩阵 $A$, 设行列置换 $\pi = (5, 6, 7, 1, 2, 3, 4)$ 相应的置换阵为 $X$, 则 $A' = XAX^{\mathrm{T}}$ 变为

$$A' = \begin{pmatrix} \times & \cdot & \cdot & \times & \cdot & \cdot & \cdot \\ \cdot & \times & \cdot & \cdot & \cdot & \times & \cdot \\ \cdot & \cdot & \times & \cdot & \cdot & \cdot & \times \\ \times & \cdot & \cdot & \times & \times & \cdot & \times \\ \cdot & \cdot & \cdot & \times & \times & \times & \cdot \\ \cdot & \times & \cdot & \cdot & \times & \times & \times \\ \cdot & \cdot & \times & \times & \circ & \times & \times \end{pmatrix}.$$

对此矩阵执行消元运算, 只有一个零元 $a'_{75}$ 成为填充元. 数值分析的书 (如 [173]) 中说, 填充数强烈地依赖于消元顺序. 为探究其中的机理, 现在提出如下的顺序最优化问题:

**矩阵填充最优化问题**　给定 $n$ 阶对称方阵 $A$, 寻求 $n$ 阶置换阵 $X$, 使得置换后的填充数 $F(XAX^{\mathrm{T}})$ 为最小, 即

$$\min_{X \in \Pi} F(XAX^{\mathrm{T}}).$$

其次, 讨论 Gauss 消去法的计算量估计. 设 $A^{(i)}$ 为矩阵 $A$ 直至第 $i$ 行 (列) 均已消去时的矩阵. 约定 $A^{(0)} = A$. 消去法第 $i$ 步的计算量与消去矩阵 $A^{(i-1)}$ 第 $i$ 列的非零元数目成正比 (对每一个非零元执行一次行初等变换). 这些非零元的数目

就是

$$w_i^{(i)} := |\{j : j > i, a_{ji}^{(i-1)} \neq 0\}|.$$

称之为消去矩阵 $A^{(i-1)}$ 第 $i$ 列的**消去波前** (elimination wavefront). 这一参数在矩阵计算中有重要意义, 它不仅作为计算量的度量, 并且在 Gauss 消去法的三角分解中, 起到构造性的作用 (详见 [173] 第 120 页).

注意这里的 "消去波前", 与前面关于矩阵 $A$ 第 $i$ 列的 "波前" 的定义有所不同. 前面的波前的定义是第 $i$ 列属于包封的所有元素个数 $w_i := |\{j : k \leqslant i < j, a_{jk} \neq 0\}|$. 对包封中的一个零元 $a_{ji} = 0$, 它的行 $j$ 中有 $a_{jk} \neq 0$ ($k < j$), 它是被计入第 $i$ 列波前的. 如果在某一步消去时, $a_{ji}$ 成为填充非零元, 则它也被计入消去波前之中, 因而两个定义的计数方法一致. 但是, 如果它不是填充元 (仍然是零元), 则它不被计入消去波前, 因而两个定义的计数方法出现差异. 所以严格地说, "消去波前" 不是消去矩阵 $A^{(i-1)}$ 的 "波前". 两个概念的内涵相似, 但有所不同.

这样一来, 我们得到衡量消去法计算效率的指标 —— 矩阵 $A$ 的**最大消去波前**

$$W_E(A) := \max_{1 \leqslant i \leqslant n} w_i^{(i)}. \tag{8.4}$$

以后将说明, 这等价于图论中的**树宽** (treewidth).

同样地, 矩阵的消去波前也依赖于行列次序. 由此提出如下的顺序最优化问题:

**矩阵消去波前最优化问题**　给定 $n$ 阶对称方阵 $A$, 寻求 $n$ 阶置换阵 $X$, 使得置换后的消去波前 $W_E(XAX^{\mathrm{T}})$ 为最小, 即

$$\min_{X \in \Pi} W_E(XAX^{\mathrm{T}}).$$

综上所述, 从稀疏矩阵计算中提出五个顺序优化问题: 关于带宽、侧廓、波前、填充、消去波前的最优行列顺序问题. 它们都深深根植于数值分析理论之中, 有着很强的研究动机.

### 8.2.3　图的排序与标号问题

如所知, 矩阵工具精于实现代数计算, 如解线性方程组或线性规划. 但是它不便于结构研究. 例如, 前面提出的五个顺序最优化问题, 从矩阵形式上很难有直观的把握. 对此, 图论方法发挥了几何想象的作用.

对一个 $n$ 阶对称方阵 $A = (a_{ij})$, 可以构造一个简单图 $G = (V, E)$, 其中顶点集 $V := \{v_1, v_2, \cdots, v_n\}$ 对应于 $n$ 个行 (列) 之集, 边集 $E := \{v_i v_j : a_{ij} \neq 0\}$ 对应于非零元之集 (不包括 $a_{ii}$). 这样的标定图 $G$ 称为矩阵 $A$ 的**关联图**. 在图论中, 一个图对应于一个矩阵, 即它的邻接矩阵. 现在反过来做, 矩阵对应于它的关联图. 注意: 按照相关文献的习惯 (参见 [23]), 图 $G$ 中顶点 $v_i, v_j$ 之间的连边记为 $v_i v_j \in E$. 例如, 图 8.7 左边的矩阵 $A$ 的关联图如右边的图 $G$ 所示.

$$A = \begin{pmatrix} \times & \times & \cdot & \cdot & \cdot \\ \times & \times & \times & \times & \cdot \\ \cdot & \times & \times & \cdot & \times \\ \cdot & \times & \cdot & \times & \times \\ \cdot & \times & \times & \times & \times \end{pmatrix}$$

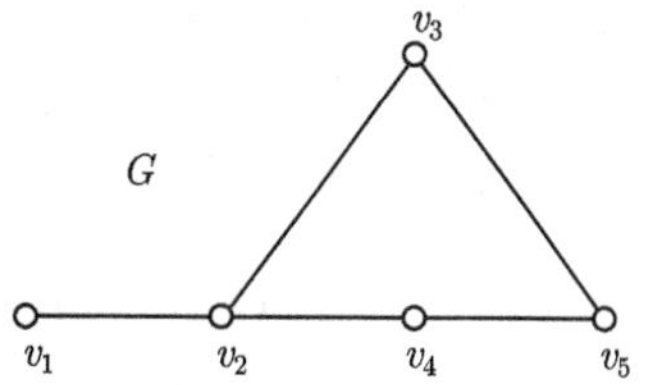

$G$

图 8.7 矩阵 $A$ 的关联图 $G$

如果矩阵 $A$ 的行列顺序用排列 $\pi = (\pi(1), \pi(2), \cdots, \pi(n))$ 表示, 则图的顶点顺序也可用排列 $(v_{\pi(1)}, v_{\pi(2)}, \cdots, v_{\pi(n)})$ 来表示 (好像以前的工件排列一样). 但是为了在图上看得清楚些, 人们习惯于用标号 $f = \pi^{-1}$ 来表示顶点顺序, 即排在第 $i$ 位的顶点 $v = v_{\pi(i)}$ 获得标号 $f(v) = i$.

一般地说, 对 $n$ 顶点的图 $G = (V, E)$ 而言, 一个标号方案 就是双射 $f : V \to \{1, 2, \cdots, n\}$. 对每一个顶点 $v \in V$, $f(v) \in \{1, 2, \cdots, n\}$ 称为 $v$ 的标号. 例如, 对图 8.7 的图 $G$, $f(v_i) = i \ (1 \leqslant i \leqslant 5)$ 就定义一个标号方案. 又如图 8.8 的图 $G$ (图论中熟知的 Petersen 图), 每个顶点旁边的数字表示它的标号, 所有顶点的标号定义一个标号方案 $f$. 对一个标号方案 $f$, 按照标号由小到大的顺序, 就得到所有顶点的一个排列 $\pi$.

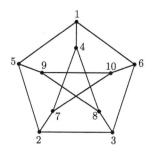

图 8.8 图的标号方案

前面讨论的矩阵 $A$ 的行 (列) 排列 $\pi$ 或置换阵 $X$, 唯一地对应于一个标号方案 $f$. 对矩阵 $A$ 进行行列顺序变换, 相当于对它的关联图 $G$ 的顶点进行重新编号排序. 那么, 上述矩阵的行列顺序最优化问题就转化为图的顶点顺序最优化问题, 也就是图的最优排序问题. 与先前的排列或机程方案类似, 这些最优化问题的可行解就是标号方案 $f$. 按照图论的习惯, 标号方案 $f : V \to \{1, 2, \cdots, n\}$ 简称为标号 (labeling).

下面分别叙述五个矩阵问题的图论形式.

1. 带宽问题

如 (8.1) 所示, 矩阵 $A$ 的带宽是最大行宽, 即非零元离对角线的最大距离 $\max$

$\{|i-j| : a_{ij} \neq 0\}$. 矩阵 $A$ 的非零元 $a_{ij} \neq 0$ 对应于关联图 $G$ 的一条边 $v_i v_j$, 其中 $|i-j|$ 就是这条边两端点的标号差. 由此得到带宽概念的等价定义: 图 $G$ 在标号 $f : V \to \{1, 2, \cdots, n\}$ 下的带宽是所有边的最大标号差

$$B(G, f) := \max_{uv \in E} |f(u) - f(v)|. \tag{8.5}$$

例如, 图 8.8 的 Petersen 图 $G$, 其标号 $f$ 如其中 $1, 2, \cdots, 10$ 所示, 每条边两端都有标号差, 其中边 1 与 6, 2 与 7, 3 与 8 的标号差是 5, 其他边的标号差更小, 最大差是 5. 所以 $B(G, f) = 5$.

　　当矩阵的行列顺序变换时, 对应的顶点标号也进行变换. 对应于行列顺序的 $n!$ 个排列 $\pi$ (或置换阵 $X$), 顶点顺序也有 $n!$ 个标号 $f$. 矩阵 $A$ 的带宽最小化问题是寻求排列 $\pi$ (或置换阵 $X$), 使 $B(XAX^{\mathrm{T}})$ 为最小. 那么, 相应的图 $G$ 的带宽最小化问题就是寻求标号 $f$, 使 $B(G, f)$ 为最小. 其最小值

$$B(G) := \min_{f \in \mathcal{F}} B(G, f)$$

称为图 $G$ 的带宽, 这里 $\mathcal{F}$ 是所有标号之集. 达到上述最小值的标号 $f^*$ 称为最优标号. 以后可以证明, 图 8.8 的标号是最优的.

　　2. 侧廓问题

　　根据 (8.2), 矩阵 $A$ 的侧廓是行宽之和, 而第 $i$ 行的行宽是 $\beta_i := i - \min\{k : k \leqslant i, a_{ik} \neq 0\}$. 在关联图 $G = (V, E)$ 中, 对任意顶点 $v \in V$, 它的闭邻集是指 $N_G[v] := \{u \in V : u = v \text{ 或 } uv \in E\}$. 对任一个标号 $f : V \to \{1, 2, \cdots, n\}$, 与矩阵行宽 $\beta_i$ 相对应的, 顶点 $v$ 的 "行宽" 定义为

$$\beta_f(v) := f(v) - \min_{u \in N_G[v]} f(u),$$

即顶点 $v$ 的标号 $f(v) = i$ 与其闭邻集中的最小标号 $f(u) = k$ 之差. 由此得到图 $G$ 在标号 $f$ 下的侧廓

$$P(G, f) := \sum_{v \in V} \left[ f(v) - \min_{u \in N_G[v]} f(u) \right]. \tag{8.6}$$

例如, 对图 8.8 的标号 $f$, 各顶点的行宽序列为 $0, 0, 1, 3, 4, 5, 5, 5, 4, 4$, 其和为 $P(G, f) = 31$.

　　于是, 矩阵侧廓最优化问题 $\min_{X \in \Pi} P(XAX^{\mathrm{T}})$ 的图论形式是

$$P(G) := \min_{f \in \mathcal{F}} P(G, f),$$

此最小值称为图 $G$ 的侧廓. 达到上述最小值的标号 $f^*$ 称为最优标号.

## 3. 波前 (路宽) 问题

首先介绍邻集记号. 对顶点集 $V$ 的子集 $S \subseteq V$, $S$ 的邻集定义为

$$N_G(S) := \{v \in V \setminus S : 存在 u \in S 使得 uv \in E\},$$

即在 $S$ 之外而与 $S$ 内的顶点有边相连的顶点之集 (亦称为外边界). 当 $S = \{v\}$ 时, $N_G(v) := N_G(\{v\})$ 称为顶点 $v$ 的邻集 (与前述闭邻集 $N_G[v]$ 不同的是, 它不包含 $v$).

根据 (8.3), 矩阵 $A$ 的另一个参数是最大波前 $W(A)$, 其中第 $i$ 列的波前定义为 $w_i := |\{j : k \leqslant i < j, a_{jk} \neq 0\}|$. 在关联图 $G = (V, E)$ 中, 对任意标号 $f : V \to \{1, 2, \cdots, n\}$, 设顶点 $v$ 对应于 $i$ 列, 则与矩阵波前 $w_i$ 相对应的, 顶点 $v$ 的 "波前" 定义为

$$w_f(v) := |\{y : f(x) \leqslant f(v) < f(y), xy \in E\}|,$$

其中 $f(v) = i$, $f(x) = k$, $f(y) = j$. 对标号 $f$, 设具有前 $i$ 个标号的顶点集为 $S_i := \{v \in V : f(v) \leqslant i\}$, 则运用邻集的记号, 对 $f(v) = i$ 的顶点 $v$, 其波前可表示为

$$w_i = |\{y : f(x) \leqslant f(v) < f(y), xy \in E\}| = |N_G(S_i)|,$$

即前 $i$ 个顶点之集 $S_i$ 的邻集的基数. 由此得到图 $G$ 在标号 $f$ 下的最大波前 (路宽)

$$PW(G, f) := \max_{v \in V} |\{y : f(x) \leqslant f(v) < f(y), xy \in E\}| = \max_{1 \leqslant i \leqslant n} |N_G(S_i)|. \tag{8.7}$$

这里, 把波前的记号 $W$ 换成 $PW$ 是为了与路宽的记号一致. 例如, 对图 8.8 的标号 $f$, 各个 $S_i$ 的邻集依次为 (其中顶点直接用其标号表示)

$$N_G(S_1) = \{4, 5, 6\},$$
$$N_G(S_2) = \{3, 4, 5, 6, 7\},$$
$$N_G(S_3) = \{4, 5, 6, 7, 8\},$$
$$N_G(S_4) = \{5, 6, 7, 8\},$$
$$N_G(S_5) = \{6, 7, 8, 9\},$$
$$N_G(S_6) = \{7, 8, 9, 10\},$$
$$N_G(S_7) = \{8, 9, 10\},$$
$$N_G(S_8) = \{9, 10\},$$
$$N_G(S_9) = \{10\},$$
$$N_G(S_{10}) = \varnothing.$$

因此 $PW(G,f) = \max_{1 \leqslant i \leqslant 10} |N_G(S_i)| = 5$.

于是, 矩阵波前最优化问题 $\min_{X \in \Pi} W(XAX^{\mathrm{T}})$ 转化为图论的路宽问题

$$PW(G) := \min_{f \in \mathcal{F}} PW(G, f),$$

此最小值称为图 $G$ 的路宽.

上述路宽的邻集 (边界) 表示十分清晰, 比文献中的其他定义方式更为简洁 (参阅 [176, 183] 及有关的论著). 不但如此, 根据命题 8.2.1 中波前与行宽的关系, 我们得到侧廓、路宽的邻集表示以及带宽的邻集不等式如下.

**命题 8.2.2**　图 $G$ 在标号 $f$ 下的侧廓及路宽分别为

$$P(G, f) = \sum_{i=1}^{n} |N_G(S_i)|,$$

$$PW(G, f) = \max_{1 \leqslant i \leqslant n} |N_G(S_i)|.$$

**命题 8.2.3**　图 $G$ 在标号 $f$ 下的带宽满足

$$B(G, f) \geqslant \max_{1 \leqslant i \leqslant n} |N_G(S_i)| = PW(G, f).$$

为进一步揭示上述参数的关系, 考虑带宽的邻集表示. 定义集合 $S_i := \{v \in V : f(v) \leqslant i\}$ 的扩充邻集为

$$\hat{N}_G(S_i) = \{v : i < f(v) \leqslant f(y), y \in N_G(S_i)\},$$

即把标号介于 $i$ 与邻集 $N_G(S_i)$ 标号之间的顶点都并入邻集之中. 由此得到如下表达式.

**命题 8.2.4**　图 $G$ 在标号 $f$ 下的带宽为

$$B(G, f) = \max_{1 \leqslant i \leqslant n} |\hat{N}_G(S_i)|.$$

**证明**　设 $S_i = \{u_1, u_2, \cdots, u_i\}$. 对任意给定的 $i$, 设

$$p = \max\{k : u_k \in \hat{N}_G(S_i)\} = \max\{f(y) : y \in N_G(S_i)\} = i + |\hat{N}_G(S_i)|.$$

由于 $u_p$ 必相邻于某个 $u_q \in S_i$, 其中 $q \leqslant i$, 所以

$$B(G, f) \geqslant |f(u_p) - f(u_q)| = p - q \geqslant |\hat{N}_G(S_i)|,$$

从而 $B(G, f) \geqslant \max_{1 \leqslant i \leqslant n} |\hat{N}_G(S_i)|$. 另一方面, 设

$$B(G, f) = \max_{u_i u_j \in E} |f(u_i) - f(u_j)| = |f(u_p) - f(u_q)| = p - q,$$

其中 $p > q, u_p \in N_G(S_q)$, 则 $|\hat{N}_G(S_q)| = p - q = B(G, f)$, 从而得到欲证的等式. □

在以上关于带宽、侧廓及路宽的邻集表示中, 可以清楚看出这三个图论参数的含义以及相互联系.

### 4. 消去与填充问题

回到前面的矩阵填充最优化问题, 考察矩阵 $A$ 的消去运算以及填充现象如何表现在关联图 $G$ 上. 设标号 $f : V \to \{1, 2, \cdots, n\}$ 表示矩阵 $A$ 的行 (列) 顺序. 并设 $f(u_i) = i \ (1 \leqslant i \leqslant n)$, 即顶点的顺序为 $(u_1, u_2, \cdots, u_n)$. 根据消去法的变换公式 (参见图 8.6 及相应的公式), 在以 $a_{11}$ 为主元消去第一行及第一列时, 若 $a_{1i}, a_{1j} \neq 0$, 则 $a_{ij} \neq 0$. 用图论语言来说, 在图 $G$ 中消去顶点 $u_1$ 时, 若 $u_1 u_i, u_1 u_j \in E$, 则一定有 $u_i u_j \in E$. 如果原先 $u_i u_j \notin E$, 则 $u_i$ 与 $u_j$ 之间必须加连一条边, 称之为**填充边**, 对应于前述的填充非零元. 接着, 对顶点 $u_2$ 进行消去, 同样执行填充运算, 如此类推. 例如, 8.2.2 小节的 7 阶矩阵 $A$, 其关联图 $G$ 如图 8.9(a) 所示. 按照这样的顶点顺序进行消去, 得到 9 条填充边如图中虚线所示. 如果我们按照图 8.9(b) 对其顶点重新标号, 则消去运算过程只出现一条填充边.

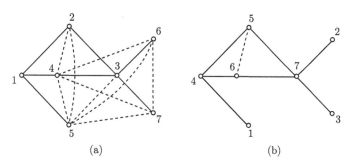

图 8.9 图中的消去顺序与填充边

现在对一般的图 $G$, 设标号 $f$ 下的顶点顺序为 $(u_1, u_2, \cdots, u_n)$. 定义图 $G$ 的消去过程如下:

(0) 令 $G_0 := G, i := 1$.

(1) 在图 $G_{i-1}$ 中消去顶点 $u_i$.

(2) 构造 $G_i$: 通过增加适当的边, 使邻集 $N_{G_{i-1}}(u_i)$ 中的顶点两两相连 (使之成为完全子图). 若 $i < n$, 则令 $i := i + 1$, 转 (1).

在步骤 (2) 中增加的边称为**填充边**. 设消去过程中增加的填充边之集为 $E_f$, 它

依赖于标号 $f$, 即消去顺序. 于是定义图 $G$ 在标号 $f$ 下的填充数为

$$F(G, f) := |E_f|. \tag{8.8}$$

进而图 $G$ 的 (最小) 填充数为

$$F(G) := \min_{f \in \mathcal{F}} F(G, f).$$

定义 (8.8) 的数学形式不清楚. 现在来看填充数的邻集表示. 对 $S_i = \{u_1, u_2, \cdots, u_i\}$, 考虑导出子图 $G[S_i]$, 即在图 $G$ 中由顶点集 $S_i$ 以及其中顶点之间的连边所构成的子图. 这个子图不一定是连通的. 我们称 $G[S_i]$ 中包含 $u_i$ 的连通分支为前沿分支, 并记其顶点集为 $\hat{S}_i$. 例如, 对图 8.9(a) 的图 $G$ 及其顶点顺序, 对 $1 \leqslant i \leqslant 7$, 导出子图 $G[S_i]$ 都是连通的, 只有一个分支, 因而 $\hat{S}_i = S_i$. 对图 8.9(b) 的图 $G$ 及其顶点顺序, $G[S_4]$ 有三个连通分支, 其顶点集分别为 $\{u_1 u_4\}, \{u_2\}$ 及 $\{u_3\}$. 此时的前沿分支的顶点集就是 $\hat{S}_4 = \{u_1, u_4\}$. 对此, 填充数将可用前沿分支的邻集 $N_G(\hat{S}_i)$ 来表示.

**命题 8.2.5**　图 $G$ 在标号 $f$ 下的填充数为

$$F(G, f) = \sum_{i=1}^{n} |N_G(\hat{S}_i)| - |E(G)|.$$

**证明**　由消去过程得知, 对 $i < j$, $u_i u_j \in E \cup E_f$ (即 $u_i u_j$ 是原有的边或填充边) 当且仅当在导出子图 $G[S_i \cup \{u_j\}]$ 中, 存在一条连接 $u_i$ 及 $u_j$ 的路 (即 $u_i$ 通过 $S_i$ 的顶点到达 $u_j$); 而这又等价于 $u_j \in N_G(\hat{S}_i)$. 因此对固定的 $i$, 这样的边 $u_i u_j$ 的数目为 $|N_G(\hat{S}_i)|$. 故有欲证的等式成立.　□

按照计算数学家的经验, 对上述几个标号问题, 最小度顶点优先标号的方法是有好处的 (如图 8.9(b) 的标号比图 8.9(a) 的标号好得多). 但从整体来看, 各个问题的标号策略又有所不同. 对带宽、侧廓、路宽问题, 由上述邻集表示来看, 进行标号时要使边界 $N_G(S_i)$ 或 $\hat{N}_G(S_i)$ 尽量 "紧缩". 但是, 对填充以及下一个问题, 为了减小前沿分支的边界 $N_G(\hat{S}_i)$, 标号时要尽量 "散开", 不断开辟新的前沿.

5. 消去波前 (树宽) 问题

前面 (8.4) 定义了矩阵 $A$ 的消去波前 $W_E(A)$, 其中消去矩阵 $A^{(i-1)}$ 第 $i$ 列的消去波前是

$$w_i^{(i)} := |\{j : j > i, a_{ji}^{(i-1)} \neq 0\}|.$$

现在翻译成图论语言. 设标号 $f$ 下的消去顺序为 $(u_1, u_2, \cdots, u_n)$. 并设图 $G_i$ 是消去顶点 $u_i$ 后的图. 那么上式改写为

$$w_i^{(i)} := |\{y : f(y) > i, u_i y \in E(G_{i-1})\}| = |N_{G_{i-1}}(u_i)|.$$

这就是顶点 $u_i$ (对应于第 $i$ 列) 的消去波前. 我们进一步证明:

$$N_{G_{i-1}}(u_i) = N_G(\hat{S}_i),$$

其中前沿分支 $\hat{S}_i$ 的定义已在前一问题给出. 事实上, 如下诸论断等价:

(i) $u_j \in N_{G_{i-1}}(u_i)$;

(ii) $u_i u_j \in E(G_{i-1}) \subseteq E \cup E_f$;

(iii) $u_i$ 可通过 $S_i$ 的顶点的路到达 $u_j$;

(iv) $u_j \in N_G(\hat{S}_i)$.

由此得到图 $G$ 在标号 $f$ 下的消去波前 (树宽) 的定义

$$TW(G, f) := \max_{1 \leqslant i \leqslant n} |\{y : f(y) > i, u_i y \in E(G_{i-1})\}| = \max_{1 \leqslant i \leqslant n} |N_G(\hat{S}_i)|. \tag{8.9}$$

这里, 把消去波前的记号 $W_E$ 换成 $TW$ 是为了与树宽的记号一致. 于是, 矩阵消去波前最优化问题 $\min_{X \in \Pi} W_E(XAX^{\mathrm{T}})$ 转化为图论的树宽问题

$$TW(G) := \min_{f \in \mathcal{F}} TW(G, f),$$

此最小值称为图 $G$ 的树宽.

例如, 对图 8.8 的标号 $f$, 各个前沿分支 $\hat{S}_i$ 的邻集依次为

$$N_G(\hat{S}_1) = \{4, 5, 6\},$$
$$N_G(\hat{S}_2) = \{3, 5, 7\},$$
$$N_G(\hat{S}_3) = \{5, 6, 7, 8\},$$
$$N_G(\hat{S}_4) = \{5, 6, 7, 8\},$$
$$N_G(\hat{S}_5) = \{6, 7, 8, 9\},$$
$$N_G(\hat{S}_6) = \{7, 8, 9, 10\},$$
$$N_G(\hat{S}_7) = \{8, 9, 10\},$$
$$N_G(\hat{S}_8) = \{9, 10\},$$
$$N_G(\hat{S}_9) = \{10\},$$
$$N_G(\hat{S}_{10}) = \varnothing.$$

因此 $TW(G, f) = \max_{1 \leqslant i \leqslant 10} |N_G(\hat{S}_i)| = 4$.

至此得到五个图的排序 (标号) 问题: 带宽问题、侧廓问题、路宽问题、填充数问题及树宽问题. 其中带宽、路宽、树宽问题是最大最小形式的. 由它们的邻集表示得到如下重要关系:

**命题 8.2.6**　对任意的图 $G$, 有 $B(G) \geqslant PW(G) \geqslant TW(G)$.

而侧廓与填充数问题是总和形式的. 由它们的矩阵定义即得如下命题.

**命题 8.2.7**　对任意的图 $G$, 有 $P(G) \geqslant F(G) + |E(G)|$.

带宽及填充问题较早被普遍关注. 路宽及树宽问题的研究热潮兴起较晚. 但追溯其起源, 却涉及多个学科, 以不同的名称及不同的定义方式出现, 例如有以下的引出文献:

- 稀疏矩阵计算见 [173, 174, 176];
- 非序列动态规划见 [177, 178];
- 图的子式理论见 [175, 179, 180];
- VLSI 设计 (超大型集成电路设计) 见 [181];
- 图的搜索见 [182];
- 图的标号见 [183].

一个概念, 能够在众多研究领域先后提出, 可见其内涵之深刻.

### 8.2.4　研究课题概述

自从带宽问题被引进图论领域, 引起了很大的兴趣. 其他问题也逐渐聚集, 形成专题. 浩繁的文献已无法罗列, 只能借助于综述文章来做检索. 这里列出几篇综述 [184~188], 可以从中一览该领域的研究状况. 今后, 未注明出处者均可在这些综述中找到.

#### 1. 计算复杂性与图子式理论

上述五个图论最优排序问题, 对一般的图 $G$ 而言, 都是 NP-困难问题. 对于特殊图, 带宽问题, 即使对最大度为 3 的树或毛长不超 3 的毛虫树 (毛虫树就是在一条路的中间点粘连上一些悬挂的路 ——"毛"), 也是 NP-困难的. 带宽问题、路宽问题、树宽问题对区间图都有多项式时间算法. 侧廓问题对树有多项式时间算法. 对树的情形, 填充问题、路宽问题及树宽问题都是平凡的. 对弦图而言, 填充与树宽问题是多项式可解的, 而路宽问题是 NP-困难的. 对平面图而言, 路宽问题是 NP-困难的, 但树宽问题是征解难题.

至于更特殊的图族, 作为多项式可解的例子, 精确求值的结果一直受人关注, 范围不断拓宽 (参见下文的典型图类公式).

一个图 $H$ 称为图 $G$ 的子式 (minor), 是指 $H$ 可通过如下运算由 $G$ 得到: 删去顶点, 删去边, 或收缩边. 这里, 收缩一条边 $uv$ 是指将这条边删去, 并将 $u$ 和 $v$ 重合为一个顶点 $w$, 使得任意与 $u$ 或 $v$ 相邻的顶点均与 $w$ 相邻. 当 $H$ 是 $G$ 的子式时, 记为 $H \preceq G$. 此关系 $\preceq$ 满足自反性及传递性, 称之为拟序(quasi-ordering), 但不是偏序 (因为没有反对称性). Robertson 与 Seymour 证明了如下的重要定理.

**图子式定理** 对任意在子式运算下封闭的图类 $\mathcal{G}$, 都存在图的有限集 $\mathcal{O}$ (称为 $\mathcal{G}$ 的障碍集), 使得每一个图 $G \in \mathcal{G}$ 当且仅当 $G$ 不含子式 $H \in \mathcal{O}$.

证明工作量浩大, 有 "子式工程" 之称 (引文 [179, 180] 只是开篇之作, 引出树宽与路宽概念). 例如, $\mathcal{G}$ 是平面图的类, 其障碍集是 $\mathcal{O} = \{K_5, K_{3,3}\}$. 所以 Kuratovski 定理说, $G$ 是平面图当且仅当 $G$ 不含子式 $K_5$ 或 $K_{3,3}$. 又如树宽不超过 3 的图类的障碍集是: 完全图 $K_5$, 八面体 $K_{2,2,2}$, Möbius 梯子 $M_8$, 乘积图 $C_5 \times K_2$. 所以一个图满足 $TW(G) \leqslant 3$ 当且仅当它不含这四个子式 (称为禁用子式). 关于路宽的刻画, 对路宽至多为 2 的图类用计算机搜索出 110 个禁用子式. 许多图类的刻画问题都归结为寻找障碍集或禁用子式. 这是一个有理论深度的研究方向.

特别值得注意的是, 图子式理论的一个重大贡献是: 对树宽有界的图, 许多困难问题 (如独立集问题、团问题、Hamilton 问题、Steiner 树问题) 都存在多项式时间算法. 这样的存在性是在没有构造出多项式时间算法的前提下, 从理论上作出的, 故有非构造性理论之称. 在肯定这样的存在性之后, 人们希望得到阶次较低的构造性算法. 这也是有意义的算法研究课题.

### 2. 刻画问题

我们在第 3 章已经介绍过区间图的概念. 一个图 $G$ 称为**区间图**, 是指它的顶点与直线上一组 (闭) 区间一一对应, 使得两个顶点相邻当且仅当它们对应的区间相交. 一个区间图 $G$ 称为**单位区间图**, 是指它对应的一组区间互不真包含 (或它们的长度相等). 进而, 一个图 $G$ 称为**弦图** (chordal graph), 是指它任意长度至少是 4 的圈都含有弦 (即连接圈中非相继顶点的边). 弦图亦称三角化图或刚性回路图, 不含长度大于 3 的导出圈 (一个图的导出子图, 是指这个子图只包含其顶点子集之间的所有连边). 弦图、区间图、单位区间图是图论中三类重要的完美图, 前者包含后者 (参见 [53, 174]).

图 $G = (V, E)$ 的一个**团**, 是指这样的顶点子集 $S \subseteq V$ 使得 $S$ 中任意两点都彼此相邻. 图 $G$ 中最大团的基数称为 $G$ 的**团数**, 记作 $\omega(G)$. 上述五个图论问题有如下的扩张刻画 (证明详见 [172]):

**定理 8.2.8** 对任意的图 $G$, 其树宽、填充数、路宽、侧廓及带宽分别为

$$TW(G) = \min\{\omega(H) - 1 : G \subseteq H, H \text{ 是弦图}\};$$

$$F(G) = \min\{|E(H)| - |E(G)| : G \subseteq H, H \text{ 是弦图}\};$$

$$PW(G) = \min\{\omega(H) - 1 : G \subseteq H, H \text{ 是区间图}\};$$

$$P(G) = \min\{|E(H)| : G \subseteq H, H \text{ 是区间图}\};$$

$$B(G) = \min\{\omega(H) - 1 : G \subseteq H, H \text{ 是单位区间图}\}.$$

即树宽是将图 $G$ 扩充为弦图 $H$ 的最小团数减 1; 填充数是将图 $G$ 扩充为弦图 $H$ 的最小增加边数. 这称为弦图完备化问题. 同样, 对侧廓与路宽有区间图完备化问题; 对带宽有单位区间图完备化问题. 从稀疏矩阵计算提出的五个参数得到这样统一的归宿, 是意想不到的. 由此可列出如下的表.

| 扩张目标 | 弦图 | 区间图 | 单位区间图 |
|---|---|---|---|
| 团数最小 | 树宽 | 路宽 | 带宽 |
| 边数最小 | 填充 | 侧廓 | * |

其中带 * 的空格是一个尚待研究的问题, 暂且叫做 "扩充侧廓" (参见习题 8.5).

　　对每个问题的刻画也有许多工作. 例如, 树的树宽为 1 ($k$- 树的树宽为 $k$), 序列平行图的树宽为 2, Halin 图的树宽为 3. 树宽 $TW(G) \leqslant 3$ 的图已刻画清楚 (前面已讲过 4 个禁用子式). $TW(G) \leqslant 4$ 的图的刻画仍未见结果. 关于路宽的刻画, 毛虫树的路宽为 1, 路宽至多为 2 的禁用子式有 110 个之多. 对它的简化刻画仍有兴趣的读者可参见 [194]. 带宽的刻画参见 [193]. 带宽为 2 的图及带宽为 3 的树的刻画也有文章讨论. 关于侧廓与填充, 刻画问题的研究尚待发展.

### 3. 典型图类的精确值公式

　　对 NP-困难问题的探索是多方面的. 典型图类的精确求值一直具有吸引力. 对编码理论有特殊意义的 $n$ 维立方体 $Q_n$ 的带宽值, 首先由 Harper (1966) 得到:

$$B(Q_n) = \sum_{i=0}^{n-1} \binom{i}{\lfloor i/2 \rfloor}.$$

所谓 $n$ 维立方体 $Q_n$, 其顶点是长度为 $n$ 的 0-1 序列, 两个序列相邻是指它们恰有一个坐标不同. Harper 使用的开创方法是前述带宽的邻集表示 (命题 8.2.3 及命题 8.2.4), 或者说带宽与路宽的关系. 由此推出的不等式是

$$B(G) \geqslant \max_{1 \leqslant k \leqslant n} \min_{|S|=k} |N_G(S)|.$$

此不等式的变形推广, 形成一种强有力的方法, 我们称之为 "Harper 方法" (见 [189]). 这也印证了计算数学家的经验: 一层一层地进行标号, 好像变分问题的等周性质那样 (如水滴的表面因其张力缩到最小), 力图使每一层的边界紧缩到最小限度. 麦结华称之为凝聚标号 (见 [187, 188] 中的引文). 上述不等式在图论中被称为离散等周问题的经典结果.

　　在用有限元素法进行结构分析时, 常常遇到各种网格, 即图论中的格子图. 两个图 $G$ 及 $H$ 的笛卡儿乘积 $G \times H$, 是指这样的图: 其顶点集是 $V(G) \times V(H)$, 其中两个顶点 $(u,v)$ 及 $(u',v')$ 是相邻的当且仅当 $[u = u', vv' \in E(H)]$ 或 $[v = v', uu' \in E(G)]$.

设 $n$ 个顶点的路、圈及完全图分别记为 $P_n, C_n, K_n$. 那么 $P_m \times P_n$ 是平面格子图, $P_m \times C_n$ 是柱面格子图, $C_m \times C_n$ 是环面格子图. 下面讲其中一个例子, 其余都是类似思想的发展.

**命题 8.2.9** 平面格子图的带宽 $B(P_m \times P_n) = \min\{m, n\}$ (Chvátalová, 1975).

**证明** 对图 $G = P_m \times P_n$, 设网格有 $m$ 个行及 $n$ 个列, 且 $m \leqslant n$ (图 8.10). 对任意给定的标号 $f$, 设 $S_i = \{v \in V : f(v) \leqslant i\}$ $(1 \leqslant i \leqslant |V|)$. 对此标号, 必存在一个整数 $k$, 使得 $S_k$ 恰好占据网格的 $m-1$ 列. 若 $S_k$ 占满 $m$ 个行, 则每一行都至少有一个外边界点, 因而 $|N_G(S_k)| \geqslant m$; 否则 $S_k$ 占据的 $m-1$ 列及一相邻的列均至少有一个外边界点, 因而 $|N_G(S_k)| \geqslant m$. 总之, 由命题 8.2.3,

$$B(G, f) \geqslant |N_G(S_k)| \geqslant m.$$

由 $f$ 的任意性得到下界 $B(G) \geqslant m$. 另一方面, 图 8.10 所示的 "逐列" 标号法 $f^*$ 达到此下界, 即 $B(G, f^*) = m$. 故得 $B(P_m \times P_n) = m$. $\qquad\square$

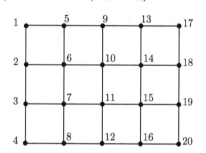

图 8.10 平面格子图 $P_4 \times P_5$ 的最优标号

进一步发展, 可得到更困难的结果 (文献详见 [187]):
- 柱面格子图的带宽 $B(P_m \times C_n) = \min\{2m, n\}$.
- 环面格子图的带宽 $B(C_m \times C_n) = 2\min\{m, n\} - \delta_{m,n}$.
- 完全图乘积的带宽 $B(K_m \times K_n) = n(m+1)/2 - 1$.

关于侧廓问题, 也有相应的结果:
- 平面格子图的侧廓 $P(P_m \times P_n) = m^2 n - \dfrac{m}{6}(2m^2 - 3m + 7)$ $(m \leqslant n)$.

- 柱面格子图的侧廓 $P(P_m \times C_n) = 2m^2 n - \dfrac{m}{3}(4m^2 - 3m + 8)$ $(2m \leqslant n)$.

- 环面格子图的侧廓 $P(C_m \times C_n) = \lceil (2m - 2n/3 + 1/2)n^2 - 16n/3 + 3 - \min\{1, m-n\} \rceil$ $(m \geqslant n \geqslant 3)$.

一个较早运用 Harper 方法的典型例子是 $(m, n)$-构形或 $(m, n)$-多重路 $P_{m,n}$ 的带宽, 曾一度列为征解问题 (见 [184]). $P_{m,n}$ 是由连接两个顶点 $u, v$ 之间的 $n$ 条内

点不交的路组成 (图 8.11). [190, 191] 给出如下结果:

$$B(P_{m,n}) = \begin{cases} \left\lceil \dfrac{(2m-1)n+2}{2m} \right\rceil, & m \leqslant 2, \\[3mm] \left\lceil \dfrac{2mn+2}{2m+1} \right\rceil, & m \geqslant 3, \left\lceil \dfrac{2mn+2}{2m+1} \right\rceil \equiv 0 \,(\mathrm{mod}\,2), \\[3mm] \left\lceil \dfrac{2mn+\delta}{2m+1} \right\rceil, & m \geqslant 3, \left\lceil \dfrac{2mn+2}{2m+1} \right\rceil \equiv 1 \,(\mathrm{mod}\,2), \end{cases}$$

其中 $\delta = \min\{n, 2m-3\}$.

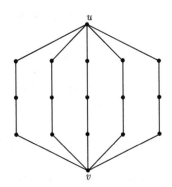

图 8.11　$(m,n)$-多重路

### 4. 上下界

确定带宽及其他参数的最小值, 一般有两个方面工作. 第一, 运用图的结构参数 (如 Harper 方法的边界大小), 推导出最小值的下界. 第二, 构造一个特殊的标号, 即一个可行解, 得到最小值的上界. 如果上下界相等, 则确定出精确值. 这也是优化问题的传统方法. 此外, 研究不同图论参数之间的关系 (如命题 8.2.6 及命题 8.2.7), 既有助于推导上下界, 也有独立的理论意义.

前面在运用边界 $N_G(S_k)$ 的下界公式中, 一层一层已标顶点集的边界大小可以认为是层次的宽度. 那么层次的深度就是层数, 这与图的直径 $D(G)$ (图中两点之间的最大距离) 有密切关系. Chvátal (1970) 给出如下的著名不等式:

**命题 8.2.10**　$B(G) \geqslant \left\lceil \dfrac{|V(G)| - 1}{D(G)} \right\rceil$.

**证明**　设图 $G$ 中两个顶点 $x, y$ 之间的距离为 $d(x,y)$, 即连接 $x, y$ 的最短路的长度 (路中的边数), 则对于最优标号 $f$ 及任意顶点 $x, y$, 有 $|f(x)-f(y)| \leqslant B(G)d(x,y)$. 取 $x = f^{-1}(1), y = f^{-1}(n)$, 则

$$B(G) \geqslant \frac{|f(x) - f(y)|}{d(x,y)} \geqslant \frac{n-1}{D(G)}.$$

由于 $B(G)$ 是整数, 所以此不等式右端可取上整. □

Chung[185] 将它称为密度下界 (density lower bound), 应用较广. 例如, 对 Petersen 图 $G$ (图 8.8), $|V(G)| = 10$, $D(G) = 2$, 故 $B(G) \geqslant \lceil (10 - 1)/2 \rceil = 5$. 另一方面, 图 8.8 的标号 $f$ 达到此下界 (最大标号差也是 5). 因此 $B(G) = 5$. 更多的例子见 [192].

对填充数问题, 我们曾经得到下面的下界公式:

**命题 8.2.11** 若图 $G$ 是 $k$-连通的, 则

$$F(G) + |E(G)| \geqslant \frac{k}{2}(2|V(G)| - k - 1).$$

完全二部图 $K_{m,n}$ 达到此下界: $F(K_{m,n}) = m(m - 1)/2 \ (m \leqslant n)$.

在命题 8.2.6 的基础上, 可以得到一些图论参数的关系:

$$B(G) \geqslant PW(G) \geqslant TW(G) \geqslant \delta(G) \geqslant \kappa'(G) \geqslant \kappa(G),$$

$$B(G) \geqslant PW(G) \geqslant TW(G) \geqslant \delta(G) \geqslant \chi(G) - 1 \geqslant \omega(G) - 1,$$

其中 $\delta(G), \kappa'(G), \kappa(G), \chi(G), \omega(G)$ 分别是图 $G$ 的最小度、边连通度、连通度、色数及团数. Erdös 等 (1981) 得到如下的不等式 (其中 $\bar{G}$ 是 $G$ 的补图):

$$B(G) + B(\bar{G}) \geqslant |V(G)| - 2.$$

原晋江将其改进为

$$TW(G) + TW(\bar{G}) \geqslant |V(G)| - 2.$$

### 5. 启发式算法及近似算法

计算数学工作者很早就致力于各种启发式算法的设计, 因为这是研究这些优化问题的初衷. 例如, 带宽问题的 CM 算法逐次取最小度顶点进行标号, GPS 算法沿着直径通道划分出层次, 然后逐层标号. 侧廓及波前 (路宽) 问题也有类似的策略, 就是尽量缩小层次的宽度 (邻集大小), 拉大层次的深度 (层数). 填充与消去波前 (树宽) 问题也有最小度算法及其改进方案 (如运用商图及多前沿技术). 时至今日, 这些基于 "包封" 概念的经典方法已被刷新, 涌现出更多先进的技术 (如并行算法). 这一领域的学者, 从数值计算的角度, 探索这些困难问题的结构性质及求解途径, 发展出系统的理论和方法, 直接满足实际工程计算问题的诉求. 建立在最劣情形分析基础上的 NP-困难性理论, 并没有使他们却步, 因为再难也要算, 而且数值计算实践的效果是最终的评判标准.

近似算法的研究起步较晚. Unger(1998) 证明了, 对带宽问题及任意常数 $k$, 存在 $k$-近似算法是 NP-困难的. 所以带宽问题不属于 APX 问题类. 但对一些特殊图

类也存在 2-近似或 3-近似算法 (详见 [187]). 关于树宽问题, [176] 给出了性能比为
$O(\log n)$ 的近似算法. 一个著名的征解难题是, 树宽问题是否存在常数性能比的近
似算法. 由于图子式理论的影响, 对树宽与路宽的研究受到很大程度的重视, 其有
关的算法结果 (也包括近似算法的结果) 不断出现在近期文献上.

6. 运算性质及极图问题

研究一个图论参数的运算性质包括两方面的内容. 第一方面, 对图 $G$ 进行加
边、消去边、收缩边或剖分边时, 这个参数如何变化. 比如当对 $G$ 进行剖分边 (包
括收缩 2 度顶点) 时, 如果此参数保持不变, 则此参数称为拓扑不变量. 如树宽及
下一节的割宽是拓扑不变量. 对于加一条边的运算, 王建方等[195] 得到如下极图问
题的解: 对 $n$ 个顶点且带宽为 $b$ 的图 $G$, 增加一条边 $e$ 的图的带宽 $B(G+e)$ 的最
大值为

$$g(n,b) = \begin{cases} b+1, & n \leqslant 3b+4, \\ \lceil(n-1)/3\rceil, & 3b+5 \leqslant n \leqslant 6b-2, \\ 2b, & n \geqslant 6b-1. \end{cases}$$

第二方面, 若已知两个图 $G$ 及 $H$ 的参数值 (比如带宽), 对 $G$ 及 $H$ 进行联
(和)、积、合成、加冠等运算时, 其参数值如何表示. 例如, 图 $G$ 与 $H$ 的联 (join,
sum), 记为 $G \vee H$, 是指这样的图: 其顶点集是 $V(G) \cup V(H)$, 边集是由 $G$ 的每一个
顶点与 $H$ 的每一个顶点之间连边得到. 设 $|V(G)| = n, |V(H)| = m$, 原晋江 (1990)
得到:

$$B(G \vee H) = \min\{m + \max\{B(G), \lfloor(n-1)/2\rfloor\}, n + \max\{B(H), \lfloor(m-1)/2\rfloor\}\}.$$

其他类似结果有:
- 侧廓 $P(G \vee H) = \min\{P(G) + mn + n(n-1)/2, P(H) + mn + m(m-1)/2\}$.
- 填充数 $F(G \vee H) = \min\{F(G) + |E(\bar{H})|, F(H) + |E(\bar{G})|\}$.
- 树宽 $TW(G \vee H) = \min\{TW(G) + m, TW(H) + n\}$.

关于笛卡儿乘积, 前面已经讲过由这种乘积运算产生的格子图. 乘积运算, 除
笛卡儿乘积之外, 还有强乘积与张量积等. 对上述各种运算, 这方面还有许多结果
(详见 [186, 187]). 与运算性质相联系的, 还有关于填充与树宽的分解定理 (详见
[196~199]).

极图问题是寻求一个图论参数达到最大值或最小值的图. 这是一类深刻的组
合最优化问题. 关于带宽的极图问题首先由 [200] 提出: 给定顶点数 $n$ 及带宽 $B$, 求
边数为最小的图 $G$; 其中边数的最小值记为 $m(n,B)$. 该文给出: 当 $B \leqslant \lfloor n/2 \rfloor$ 时,
$m(n,B) = 2B - 1$, 且极图是 $K_{1,2B-1}$, 连同一些孤立点. 尔后, [201~203] 得到进一
步的结果. 但这个极图问题还远没有解决. 其他几个参数的极图问题尚未见到.

## 8.3  电路布线与顺序嵌入

前一节从稀疏矩阵计算中提出带宽问题等. 令人称奇的是, 从其他学科领域, 如电路设计及通信网络, 也提出同样的数学模型. 可见这些时序优化模型在反映自然规律方面有典型意义.

### 8.3.1  网络嵌入的一般模型

在电路布线与网络通信中, 衡量布局安排的质量有两个参数, 一个叫做**延伸度** (dilation), 是指导线拉得有多长; 一个叫做**拥挤度** (congestion), 是指有多少导线重叠在一起. 导线拉得太长不利于信号传输; 导线拥挤重叠太多会产生信号干扰. 在下面的两个一般模型中, 延伸度引出 "带宽" 概念, 拥挤度引出 "割宽" 概念.

设 $G$ 是一个简单图, 其顶点集为 $V(G)$, 边集为 $E(G)$, 且 $|V(G)| = n$. 广义带宽问题定义如下 (见 [185]): 给定一个**主图** $H$ (表示电路底板或并行计算网络) 及一个**客图** $G$ (表示电路或计算程序), 客图 $G$ 到 $H$ 的一个**嵌入**就是单射 $f : V(G) \to V(H)$. 那么从 $G$ 到 $H$ 的嵌入 $f$ 的**广义带宽**定义为

$$B_H(G, f) := \max_{uv \in E(G)} d_H(f(u), f(v)),$$

其中 $d_H(x, y)$ 表示在图 $H$ 中 $x$ 与 $y$ 之间的距离. 进而, 图 $G$ 相对于 $H$ 的广义带宽是

$$B_H(G) := \min\{B_H(G, f) : f \text{ 是一个嵌入}\}.$$

为理解这个一般模型, 我们来看一个特殊情形, 即 $H$ 是一条路 $P_n$. 这里路 $P_n$ 的顶点集看作标号之集 $\{1, 2, \cdots, n\}$. 那么一个嵌入就是一个标号 $f : V(G) \to \{1, 2, \cdots, n\}$. 在路 $P_n$ 中, 两顶点之间的距离就是它们的标号差. 因此 $B_H(G, f) := \max_{uv \in E(G)} |f(u) - f(v)|$, 与前面带宽 $B(G, f)$ 的定义完全一致. 由此得到带宽问题的新含义: 把图 $G$ 安装在一条直线的整数点 $1, 2, \cdots, n$ 上, 使得最长边的长度 (延伸度) 为最小. 例如, 在图 8.12 所示标号与嵌入的对应中, 最大标号差与最长边长度都是 2.

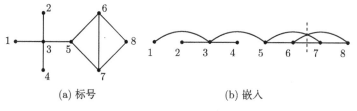

(a) 标号　　　　　　　　　(b) 嵌入

图 8.12　标号与路嵌入

对于一般的主图 $H$ 而言, 原来在 $G$ 中两个相邻顶点 $u$ 与 $v$ 的距离为 1, 嵌入后距离放大为 $d_H(f(u), f(v))$, 这就叫做延伸度. 如果主图 $H$ 代表执行并行计算的互联网, 操作 $u$ 与操作 $v$ 在程序 $G$ 中只相差一步, 而在 $H$ 中的计算则延迟为 $d_H(f(u), f(v))$ 步. 所以延迟量或延伸度越小越好. 这就是广义带宽问题的意义. 这里的主图 $H$ 类似于前面讲述的机器系统 (如装配线), 客图 $G$ 相当于工件集 (操作任务集), 嵌入对应于加工任务安排, 只是现在机器之间及工件之间都有连接关系. 目标是使任务安排的最大延迟量为最小. 因此, 当前优化模型的可行解 —— 嵌入方案可与工件–机器模型中的机程方案相类比.

其次, 介绍关于拥挤度的模型. 对给定的主图 $H$ 及客图 $G$, 客图 $G$ 到 $H$ 的一个**嵌入** 是一对映射 $(f, \varphi)$, 其中

(i) $f : V(G) \to V(H)$ 是单射;

(ii) $\varphi : E(G) \to P(H)$ 是单射, $P(H)$ 是 $H$ 中路的集合, 使得若 $uv \in E(G)$, 则 $\varphi(uv)$ 是连接 $f(u)$ 与 $f(v)$ 的一条路.

这里, 嵌入 $(f, \varphi)$ 就是把 $G$ 安装到 $H$, 使得顶点 $v$ "焊" 到顶点 $f(v)$, 同时对边 $uv$ 进行 "布线", 使之成为一条路 $\varphi(uv)$. 那么从 $G$ 到 $H$ 的嵌入 $(f, \varphi)$ 的**广义割宽**定义为

$$c_H(G, f, \varphi) := \max_{e \in E(H)} |\{uv \in E(G) : e \in \varphi(uv)\}|,$$

其中对于 $H$ 中的每一条边 $e$, $|\{uv \in E(G) : e \in \varphi(uv)\}|$ 就是通过 $e$ 的布线数目, 称为在 $e$ 处的拥挤度 (割宽). 进而, 图 $G$ 相对于 $H$ 的**广义割宽**是

$$c_H(G) := \min\{c_H(G, f, \varphi) : (f, \varphi) \text{ 是一个嵌入}\}.$$

同样可以用 $H$ 是一条路 $P_n$ 的情形来说明. 这里 $H = P_n$ 的顶点集认为是 $V(H) = \{1, 2, \cdots, n\}$, 边集是 $E(H) = \{i(i+1) : i = 1, 2, \cdots, n-1\}$. 那么一个嵌入 $(f, \varphi)$ 就是一个标号 $f : V(G) \to \{1, 2, \cdots, n\}$ 以及边的安放: 对 $uv \in E(G)$, 连接 $f(u)$ 与 $f(v)$ 的边形成 $P_n$ 中的一条子路. 在边 $i(i+1) \in E(H)$ 处, 重叠的边数就是 $|\{uv \in E(G) : f(u) \leqslant i < f(v)\}|$. 因此在嵌入的定义中, 可忽略 $\varphi$. 于是我们直接定义图 $G$ 在标号 $f$ 下的**割宽** (cutwidth) 为

$$c(G, f) := \max_{1 \leqslant i < n} |\{uv \in E(G) : f(u) \leqslant i < f(v)\}|.$$

其中主图 $H = P_n$ 省略不写. 在电路设计中, 割宽问题 (亦称 min-cut linear arrangement, folding number) 可以这样解释: 将 $G$ 的顶点安装在直线的整点 $1, 2, \cdots, n$ 上, 使得最大的重叠边数为最小. 例如, 在图 8.12 所示标号与嵌入中, 最大重叠边数为 3.

随着主图 $H$ 的选择不同, 这两个嵌入模型将衍生出一系列在信息科学中有重要应用背景的顺序优化问题. 这一节将讲述其梗概, 说明如何纳入时序最优化的范畴.

### 8.3.2 线性顺序嵌入

带宽问题无论对矩阵计算或电路设计, 其数学模型都是图的排序 (标号). 它的研究状况已在前一节讨论过. 我们从割宽问题谈起. 它也是一个图的排序问题.

设 $S$ 是 $V(G)$ 的子集, 且 $\bar{S} = V(G) \setminus S$, 则边割集 $E[S, \bar{S}]$, 即一端在 $S$ 一端在 $\bar{S}$ 的边的集, 记为 $\partial(S)$. 如前, 对标号 $f : V(G) \to \{1, 2, \cdots, n\}$, 记 $S_i = \{v \in V(G) : f(v) \leqslant i\}$. 那么上述割宽的定义等价于

$$c(G, f) = \max_{1 \leqslant i < n} |\partial(S_i)|.$$

在图 8.12 中 $c(G, f) = |\partial(S_6)| = 3$.

对一般的图, 割宽问题是 NP-完全的, 但对树的情形有 $O(n \log n)$ 算法. 对特殊图, 有下面的简单结果:

$$c(P_n) = 1, \quad c(C_n) = 2, \quad c(K_{1,n}) = \lfloor n/2 \rfloor, \quad c(K_n) = \lfloor n^2/4 \rfloor.$$

刘鸿恩与原晋江 (1995) 及 Rolim, Sykora 和 Vrto (1995) 同时得到如下结果 (见 [187]):

- 平面格子图 $c(P_m \times P_n) = \min\{m, n\} + 1$;
- 柱面格子图 $c(P_m \times C_n) = \min\{2m, n+1\} + 1$ $(m, n \geqslant 3)$;
- 环面格子图 $c(C_m \times C_n) = 2\min\{m, n\} + 2$ $(m, n \geqslant 3)$.

关于 $n$ 维立方体 $Q_n$, [204] 得到:

$$c(Q_n) = \begin{cases} \dfrac{1}{3}(2^{n+1} - 1), & n \text{ 是奇数}, \\[2mm] \dfrac{1}{3}(2^{n+1} - 2), & n \text{ 是偶数}. \end{cases}$$

此外, 双层毛虫树及三角网格的割宽在 [205, 206] 得到.

关于割宽与其他参数的关系, 有如下的不等式:

$$TW(G) \leqslant PW(G) \leqslant \min\{B(G), c(G)\}.$$

对于一些常见类型的树有 $c(G) \leqslant B(G)$. 不知对一般的树是否有此不等式成立. 无论如何, 刻画 $c(G) \leqslant B(G)$ 的图是有意义的.

图 $G$ 称为 $k$-割宽临界图, 是指 $c(G) = k$, 而对任意的真子图 $G'$ 均有 $c(G') < c(G)$, 且对剖分运算它是极小的 (不是其他图的剖分图). 关于割宽临界图, 易知唯

一的 1-割宽临界图是 $K_2$, 仅有的 2-割宽临界图是 $K_3, K_{1,3}$. 3-割宽临界图的完全刻画如图 8.13 所示, 证明见于 [207]. 最近, 张振坤与赖虹建[208] 完全刻画了 4-割宽临界树, 共 18 个树.

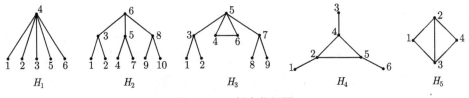

图 8.13　3-割宽临界图

文献中往往把割宽与拓扑带宽联系起来研究, 理由可能是它们都是拓扑不变量 (对 $G$ 进行剖分边时, 此参数保持不变). 一个图 $G$ 的拓扑带宽定义为

$$B^*(G) := \min\{B(G') : G' \text{是 } G \text{ 的剖分图}\}.$$

所谓剖分图是指将 $G$ 的某些边换成一条路 (即在边中插入剖分点). 这就是说, 当我们把图 $G$ 的顶点安装在直线的整点上时, 为了缩短边的延伸度 (dilation), 可以在一些边上增加 "焊接点". 这是从电路设计中提出的概念.

对一般图, 确定拓扑带宽也是 NP-完全的; 但对树的情形, 其计算复杂性仍未知. 在论述拓扑带宽的文章 (参见 [185]) 中证明了: 对树的情形有重要不等式

$$B^*(G) \leqslant c(G).$$

此外, 由前面的关系可得 $PW(G) \leqslant B^*(G) \leqslant B(G)$. 由此得到一些 $B(G) = B^*(G)$ 的特殊图.

在带宽问题家族中, 还有一个带宽和问题, 即我们在第 5 章见过的线性布列问题 (the linear arrangement problem). 这就是: 求标号 $f : V(G) \to \{1, 2, \cdots, n\}$, 使

$$s(G, f) := \sum_{uv \in E(G)} |f(u) - f(v)|$$

为最小. 其最小值记为 $s(G)$. 换言之, 将 $G$ 的顶点安装在直线的整点 $1, 2, \cdots, n$ 上, 使得边长之和为最小.

此问题起源于 Harper(1964) 对纠错码的研究, 得到 $n$ 维立方体 $Q_n$ 的带宽和:

$$s(Q_n) = 2^{n-1}(2^n - 1).$$

尔后又在网络设计及其他领域中获得应用. 对一般的图, 带宽和问题已被证明为 NP-完全问题, 但对树已有好算法. Chung(1988) 给出完全二分树的精确值

$$s(T_{2,k}) = 2^k \left( \frac{k}{3} + \frac{5}{18} \right) + (-1)^k \frac{2}{9} - 2,$$

以及一些简单结果:

$$s(P_n) = n - 1, \quad s(C_n) = 2(n-1), \quad c(K_n) = n(n^2 - 1).$$

姚兵与王建方 (1995) 及 Williams(1992) 分别补充了:

$$s(K_{1,n}) = \begin{cases} \dfrac{1}{4}n(n+2), & n \equiv 0 \,(\mathrm{mod}\,2), \\[2mm] \dfrac{1}{4}(n+1)^2, & n \equiv 1 \,(\mathrm{mod}\,2). \end{cases}$$

$$s(K_{m,n}) = \begin{cases} \dfrac{1}{12}(3n^2m - m^3 + 6m^2n + 4m), & n - m \equiv 0 \,(\mathrm{mod}\,2), \\[2mm] \dfrac{1}{12}(3n^2m - m^3 + 6m^2n + m), & n - m \equiv 1 \,(\mathrm{mod}\,2), m \leqslant n. \end{cases}$$

文献中还有平行于带宽问题的一些结果, 如上下界、格子图、运算性质等, 但一般形式比较复杂 (参见 [186, 187]).

较晚出现的边带宽问题[209, 210] 就是对图 $G$ 的边进行排序, 也有平行于顶点排序的结果. 图 $G$ 的边带宽实质上是它的线图 $L(G)$ 的带宽. 但边的邻接关系毕竟不同于顶点的邻接关系, 故有独立研究的意义.

### 8.3.3 循环顺序嵌入

作为主图 $H = P_n$ 的变形, 选择主图 $H = C_n$ 是十分自然的. 而且在网络设计中, 环状网络嵌入有应用背景. 所以 [211, 212] 同时提出了循环带宽 (cyclic bandwidth) 问题. 接着 [213, 214] 做了更深入的讨论.

主图 $H = C_n$ 的顶点集可看作整数模 $n$ 加群 $\boldsymbol{Z}_n = \{1, 2, \cdots, n\}$ (其中 $n$ 作为单位元 0). 顶点 $x, y \in \boldsymbol{Z}_n$ 之间的距离是

$$d_c(x, y) = \min\{|x - y|, n - |x - y|\}.$$

图 $G$ 的循环标号 (嵌入) 是指双射 $f : V(G) \to \boldsymbol{Z}_n$. 图 $G$ 在标号 $f$ 下的循环带宽定义为

$$B_c(G, f) := \max_{uv \in E(G)} d_c(f(u), f(v)).$$

而图 $G$ 的循环带宽是

$$B_c(G) := \min\{B_c(G, f) : f \text{ 是一个循环标号}\}.$$

例如, Petersen 图的循环标号及嵌入如图 8.14 所示, 得到循环带宽 $B_c(G) = 3$ (对照图 8.8 的 $B(G) = 5$).

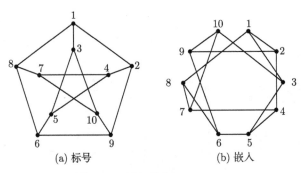

(a) 标号　　　　　　　　(b) 嵌入

图 8.14　循环带宽 $B_c(G) = 3$

一个基本的事实是: 对 $G$ 是树的情形, $B_c(G) = B(G)$. 因此对树的情形 (因而对一般图), 循环带宽问题是 NP-完全的. 其次, 另一个基本关系是

$$\frac{1}{2}B(G) \leqslant B_c(G) \leqslant B(G).$$

刻画达到这上下界的图, 成为首先关注的问题 (详见 [212, 214]). 对特殊图, 有下面的简单结果:

$$B_c(P_n) = B_c(C_n) = 1, \quad B_c(K_{1,n}) = \lceil n/2 \rceil, \quad B_c(K_n) = \lceil (n-1)/2 \rceil,$$
$$B_c(K_{m,n}) = \lceil m/2 \rceil + \lceil n/2 \rceil - 1.$$

关于平面格子图、柱面格子图及环面格子图有

$$B_c(P_m \times P_n) = B_c(P_m \times C_n) = B_c(C_m \times C_n) = \min\{m, n\} \quad (m, n \geqslant 3).$$

其中当 $2m \leqslant n$ 时, $B(P_m \times C_n) = 2m$, $B_c(P_m \times C_n) = m$; 当 $m \leqslant n$ 时, $B(C_m \times C_n) = 2m$, $B_c(C_m \times C_n) = m$, 都有 $B_c(G) = \frac{1}{2}B(G)$ 成立, 循环带宽达到下界.

由循环带宽自然联想到循环割宽. 有人提出研究, 但响应者寥寥, 可见没有得到应用领域的支持. 然而, 另一个循环嵌入问题, 称为环负载问题 (the ring loading problem), 却受到广泛关注 (参见 [215, 216] 及其引文). 设 $C_n$ 代表一个通信网络, 其中有 $m$ 对发点与收点 $(s_i, t_i)$, 它们之间有通信任务量 $a_i$ $(1 \leqslant i \leqslant m)$. 从 $s_i$ 到 $t_i$ 的信息流可以通过圈中从 $s_i$ 到 $t_i$ 沿顺时针方向的路进行 (设其流量为 $x_i$), 也可以通过圈中从 $s_i$ 到 $t_i$ 沿逆时针方向的路进行 (其流量为 $a_i - x_i$). 那么圈 $C_n$ 中每一条边的两个方向都可能有流通过. 设 $L_i^+$ 为边 $(i, i+1)$ 沿顺时针方向的流量之和, 称为正向负载; $L_i^-$ 为边 $(i, i+1)$ 沿逆时针方向的流量之和, 称为负向负载. 假定任务量 $a_i$ 及流量 $x_i$ 均为非负整数. 当所有的流都是单位流时, 上述负载相当于边的拥挤度 (割宽). 基本的问题是对每一个通信任务如何选择顺向的路与逆向的路, 进行流量分配, 称为**路由方案** (routing scheme), 使得最大的边负载为最小. 此基本问题有多种推广, 如圈的边是加权的, 路由方案中每个通信任务只能选择两个方向之一, 如此等等. 研究成果包括 NP-困难性、多项式可解及多项式时间逼近方案.

### 8.3.4 二维网格嵌入

对前面广义带宽模型, 当主图 $H = P_n$ 时, 得到通常意义的带宽 $B(G)$. 当主图 $H = C_n$ 时, 得到循环带宽 $B_c(G)$. 现在讨论主图 $H$ 是平面格子图 $P_n \times P_n$ 的情形, 得到**二维带宽** $B_2(G)$ (见 [185, 187, 217]).

二维格子图 $H$ 的顶点集是 $V(H) = \{1, 2, \cdots, n\} \times \{1, 2, \cdots, n\}$. 在电路设计中, 导线总是沿水平或垂直方向排布. 所以距离概念往往是指经纬 (直角) 距离, 即 $L_1$- 距离. 也就是两顶点 $(i, j), (i', j') \in V(H)$ 的距离是

$$d_{L_1}((i, j), (i', j')) = |i - i'| + |j - j'|.$$

那么图 $G$ 在嵌入 $f : V(G) \to V(H)$ 下的二维带宽是

$$B_2(G, f) = \max_{uv \in E(G)} d_{L_1}(f(u), f(v)).$$

进而图 $G$ 的二维带宽是

$$B_2(G) = \min\{B_2(G, f) : f \text{ 是一个二维嵌入}\}.$$

作为一个例子, Petersen 图的二维嵌入如图 8.15 所示.

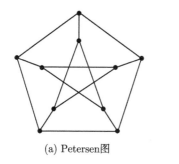

(a) Petersen图          (b) 二维嵌入

图 8.15 二维带宽 $B_2(G) = 2$

源于其他应用背景 (比如并行计算的 MasPar 计算机系统[218]), 我们考虑 $L_\infty$- 距离的嵌入. 对此, 两顶点 $(i, j), (i', j') \in V(H)$ 的 $L_\infty$- 距离是

$$d_{L_\infty}((i, j), (i', j')) = \max\{|i - i'|, |j - j'|\}.$$

它表示沿水平和垂直方向的最大延伸度. 由此得到另一个二维带宽模型: 图 $G$ 在嵌入 $f$ 下的二维带宽

$$B_2'(G, f) = \max_{uv \in E(G)} d_{L_\infty}(f(u), f(v)),$$

以及图 $G$ 的二维带宽

$$B_2'(G) = \min\{B_2'(G, f) : f \text{ 是一个二维嵌入}\}.$$

于是我们有关于 $B_2(G)$ 及 $B_2'(G)$ 的两个嵌入模型[219], 其中 $B_2(G)$ 是以笛卡儿乘积 $H = P_n \times P_n$ 为主图, $B_2'(G)$ 是以强乘积 $H = P_n \otimes P_n$ 为主图 (图 8.16).

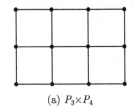
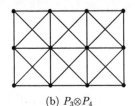

(a) $P_3 \times P_4$　　　　　　　　(b) $P_3 \otimes P_4$

图 8.16　笛卡儿乘积及强乘积

由于 $d_{L_\infty}(x, y) \leqslant d_{L_1}(x, y) \leqslant 2d_{L_\infty}(x, y)$, 下面的关系是显然的:

$$B_2'(G) \leqslant B_2(G) \leqslant 2B_2'(G).$$

关于计算复杂性, 已知判定 $B_2(G) = 1$ 是 NP-完全的 (见 [185]). 关于上下界, 作为一维带宽情形命题 8.2.10 (密度下界) 的推广, Chung[185] 首先给出:

**命题 8.3.1**　对任意 $n$ 顶点的图 $G$,

$$B_2(G) \geqslant \left\lceil \frac{\sqrt{n} - 1}{D(G)} \right\rceil,$$

其中 $D(G)$ 为 $G$ 的直径.

我们得到如下的改进 (见 [219]):

**命题 8.3.2**　对任意 $n$ 顶点的图 $G$,

$$\left\lceil \frac{\sqrt{n} - 1}{D(G)} \right\rceil \leqslant B_2'(G) \leqslant B_2(G) \leqslant \delta(n),$$

其中

$$\delta(n) = \min\left\{ 2\left\lceil \frac{\sqrt{2n - 1} - 1}{2} \right\rceil, 2\left\lceil \sqrt{\frac{n}{2}} \right\rceil - 1 \right\}.$$

此处的上下界都是紧的, 如

$$B_2'(K_n) = \lceil \sqrt{n} - 1 \rceil, \quad B_2'(K_{1,n}) = \lceil (\sqrt{n+1} - 1)/2 \rceil, \quad B_2(K_n) = \delta(n).$$

**命题 8.3.3** 对任意 $n$ 顶点的图 $G$,

$$B_2(G) \geqslant \left\lceil \frac{\delta(n)}{D(G)} \right\rceil,$$

其中不等式是紧的, 如 $B_2(K_{1,n}) = \lceil \delta(n+1)/2 \rceil$.

对其他特殊图, 例如

$$B_2(P_m \times C_n) = 2, \quad B_2'(P_m \times C_n) = 1, \quad B_2(C_m \times C_n) = B_2'(C_m \times C_n) = 2.$$

关于将图嵌入于二维或高维网格, 在电路设计及通信网络中有多种模型, 其中的嵌入方式及目标函数都有很大的变化.

### 8.3.5 书式嵌入

书式嵌入, 或书页数 (书厚度) 问题, 也是起源于 VLSI 电路设计及并行数据结构排序等领域 (见 [220, 221]). 简单地说, 一个电路安装在多层印刷线路板上, 相当于把元件 (顶点) 安装在一本书的书脊上, 而连线 (边) 不交叉地画在不同的书页 (印刷线路板) 上. 这就提出如下的嵌入问题: 把一个图 $G$ 的 $n$ 个顶点嵌入直线 $L$ (书脊) 的 $n$ 个整点上, 并将连边划分为若干组, 每一组都可以按照平面嵌入的规则, 画在以 $L$ 为边界的半平面 (书页) 上, 使得这些边 (作为约当曲线) 除了 $L$ 的顶点外别无其他交点. 这里, 每一个书页的半平面就代表一层印刷线路板, 它们都插在有 $n$ 个插口的直线 $L$ 上, 每块线路板的导线只允许在 $L$ 的插口处相交. 这种嵌入有两个优劣指标: 第一, 使用的印刷线路板数目 (页数) 尽可能少; 第二, 在每个书页的嵌入中, 使得所有边的拥挤度 (割宽) 为最小. 同时考虑两个指标比较困难, 多数文献是从页数开始研究.

给定一个 $n$ 顶点简单图 $G = (V, E)$, 一个书式嵌入是一对映射 $(f, \varphi)$, 其中

(i) $f : V \to \{1, 2, \cdots, n\}$ 是一个双射, 表示顶点在书脊上的顺序;

(ii) $\varphi : E \to \{1, 2, \cdots, p\}$ 是这样的映射, 若 $\varphi(uv) = \varphi(u'v')$, 则不出现 $f(u) < f(u') < f(v) < f(v')$, 表示同一页的边 $uv$ 与 $u'v'$ 不交叉.

问题是求图 $G$ 的一个书式嵌入 $(f, \varphi)$, 使得 (ii) 中的 $p$ 为最小; 这最小值称为图 $G$ 的书页数 (pagenumber), 记作 $PN(G)$.

例如, Petersen 图的书式嵌入如图 8.17 所示, 其中 (a) 为各顶点在书脊上的顺序标号, (b) 为各边在三个书页上的嵌入, 其中在直线 $L$ 上方的半平面表示一页, 在直线 $L$ 下方的半平面表示一页, 在直线 $L$ 上方的虚线边表示一页.

此问题即使在标号 $f$ 给定的前提下也是 NP-困难的. 一些特殊图结果如:

- $PN(G) = 1$ 当且仅当 $G$ 是外平面图.
- $PN(G) = 2$ 当且仅当 $G$ 是平面 Hamilton 图的子图.

- 对平面图 $G$, $PN(G) \leqslant 4$ (见 [222]).
- 对格子图及完全图有 (见 [223])

$$PN(P_m \times P_n) = 2, \quad PN(C_m \times P_n) = 2, \quad PN(C_m \times C_n) = 3, \quad PN(K_n) = \lfloor n/2 \rfloor.$$

关于结构性质及算法设计还有较多的成果, 可追踪相关文献.

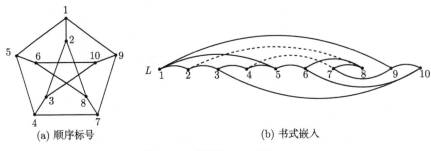

$$\text{(a) 顺序标号} \qquad\qquad\qquad\qquad \text{(b) 书式嵌入}$$

图 8.17　书页数 $PN(G) = 3$

# 8.4　走向更宽阔的时空优化领域

无论时间进程或空间布列都提出许多涉及序结构的优化问题, 它们已经不再局限于运筹学与管理科学的范围. 我们也不必刻意去讨论它们的归属, 因为这是发展中的领域. 排序理论除了其自身的发展 (如随机化、可变参数化、实时化、多目标化等) 之外, 还以时序系统的多种形式, 渗透蔓延到其他学科邻域, 如偏序集最优化 (第 4 章)、动态规划 (第 6 章)、图与矩阵排序、运行路线、布线连接、网络设计等. 这一节再列举若干接触到的例子, 算是选题拾零吧.

## 8.4.1　序贯决策最优化

我们在第 6 章讨论动态规划的多阶段决策过程, 如图 6.1 所示. 这样的决策过程是序列性的, 即在每一个时刻 $i$, 面临一个状态 $s_{i-1}$ 要作出决策 $x_i$; 于是状态转移为 $s_i = g(s_{i-1}, x_i)$, 继续要作出决策, 如此类推. 决策过程会有一个收益 (目标函数). 问题是如何动态地作出决策, 使得 $n$ 个阶段的收益达到最优. 此类序列性优化问题是动态规划的研究课题. 如果状态转移函数 $g$ 不是确定性的, 而是带有一定的转移概率, 这就称为 Markov 决策规划. 确定性与随机性的序列最优化问题形成一个很广阔的邻近领域.

在此不拟讲述太复杂的例子, 只想记述一下华罗庚在 20 世纪 70 年代推广的 "优选法"(序贯搜索法). 比如欲求一个未知函数 $f(x)$ 在区间 $[a, b]$ 上的最大值点 $x^*$. 这里 $x$ 表示某种工艺参数, 如原料用量 (配方) 或生产条件 (温度、压力等); $f(x)$

表示产量或质量指标. 由于在黑箱模型中响应函数 $f(x)$ 是未知的, 只能通过试验, 逐步求出函数值, 以便搜索最优点 $x^*$. 这也是一个多阶段决策过程. 开始时, 面临的状态是没有任何信息的搜索范围 $[a,b]$. 初始决策是选择一个试验点 $x_1 \in [a,b]$ 进行试验, 即按照工艺参数 $x_1$ 进行生产, 得到产量 (质量) 指标 $f(x_1)$. 于是状态转移为已知 $[a,b]$ 中一点 $x_1$ 的函数值 $f(x_1)$. 对此, 继续作出决策 $x_2 \in [a,b], x_2 \neq x_1$, 如此类推.

在实际工程问题中, 响应函数 $f(x)$ 虽然是未知的, 但一般地说, 在最优点 $x^*$ 附近, 它是单峰函数 (或者是凹函数), 即在区间 $[a,x^*]$ 上严格上升, 在区间 $[x^*,b]$ 上严格下降. 我们假定上述决策过程的 $f(x)$ 是单峰的, 并且已知函数值 $f(a)$ 与 $f(b)$ (已有试验记录). 可以把试验 (搜索) 范围定义为状态. 初始状态为 $s_0 = [a,b]$, 初始决策是选择 $x_1 \in [a,b]$. 得到一点 $x_1$ 的函数值 $f(x_1)$ 后, 我们还不能对搜索范围作出任何判断, 表示状态的区间没有变, 但其中已有一个试验点, 新的状态可记为 $s_1 = [a,(x_1),b]$.

接着, 面对状态 $s_1 = [a,(x_1),b]$, 决策是选择试验点 $x_2 \in [a,b], x_2 \neq x_1$, 得到 $f(x_2)$. 不妨设 $a < x_1 < x_2 < b$, 则由函数的单峰性可作出如下判断:

- 若 $f(x_1) < f(x_2)$, 则 $x^* \in [x_1,b]$;
- 若 $f(x_1) > f(x_2)$, 则 $x^* \in [a,x_2]$;
- 若 $f(x_1) = f(x_2)$, 则 $x^* \in [x_1,x_2]$.

事实上, 若 $f(x_1) < f(x_2)$, 而 $x^* \in [a,x_1)$, 则与函数 $f(x)$ 在 $[x^*,b]$ 严格下降矛盾. 其余两种情形同理可证. 由此得到状态转移规则:

$$s_2 = \begin{cases} [x_1,(x_2),b], & f(x_1) \leqslant f(x_2), \\ [a,(x_1),x_2], & f(x_1) \geqslant f(x_2). \end{cases}$$

这里不单独考虑 $f(x_1) = f(x_2)$ 的情形 (巧合的可能性很小), 而把它归入前两种对称情形. 这个 $s_2$ 就是缩小的搜索范围. 对于新的搜索区间 $s_2$, 继续安排新的试验点 $x_3$, 如此类推. 这个决策过程的优劣指标是逼近目标的速度, 或者给定搜索次数 $n$, 最终逼近最优点 $x^*$ 的精度. 设最后得到的搜索范围是 $[\alpha,(x_n),\beta]$, 其中包含最优点 $x^*$. 那么

$$\delta(n) = \max\{|x_n - x^*| : \alpha \leqslant x^* \leqslant \beta\} = \max\{x_n - \alpha, \beta - x_n\}$$

便是 $n$ 次搜索达到的精度 (即最好试验点与最优点的误差). 一个 $n$ 阶段决策过程称为最优的, 是指它的最终精度 $\delta(n)$ 达到最小. 相应的决策序列 $(x_1, x_2, \cdots, x_n)$, 即安排试验点的方法, 称为最优策略.

问题是对这样的 $n$ 阶段决策过程, 如何构造最优策略. 这里用到 Fibonacci 数

列 $\{F_n\}$, 其中

$$F_{n+1} = F_n + F_{n-1} \quad (F_0 = F_1 = 1),$$

即 $1, 1, 2, 3, 5, 8, 13, 21, 34, 55, \cdots$, 设开始时的试验范围是 $[0, 1]$, 预定做 $n$ 次试验, 华罗庚推广的 Fibonacci 分数法 (与国外文献中的 Fibonacci 法略有不同) 是:

(1) 取 $x_1 = \dfrac{F_n}{F_{n+1}}$;

(2) 当试验范围 $s_i = [\alpha, (r), \beta]$ 时, 取 $x_i = \alpha + \beta - r$.

这就是初始点取分数 $F_n/F_{n+1}$, 以后均取剩余点 $r$ 的对称点. 到第 $n$ 次试验时, 剩余区间的长度为 $2/F_{n+1}$, 其区间中点是留下的最好试验点, 最终精度为

$$\delta(n) = \frac{1}{F_{n+1}}.$$

可以证明: 这是所有可能试验策略所达到的精度的最小值. 进而, 在试验次数不限定的情形, 最优策略为上述分数 $F_n/F_{n+1}$ 替换为黄金分割数 $(\sqrt{5}-1)/2$. 作为推广, 还有分批搜索法及最优分批问题 (详见 [27]). 对多变量情形, 正交试验设计方法被广泛应用. 这些方法对各行各业的科学试验有指导意义, 它可以减少实验次数, 收效较快. 总之, 对未知目标函数, 不通过建立数学模型的最优化直接法是一个重要的研究领域. 上述直接搜索法不仅要搜索最优解, 还要考虑搜索序列的逼近精度最优化.

### 8.4.2　DNA 基因组序列排序问题

人类基因组计划是试图解读人体细胞中长达 30 亿的 DNA 序列, 破译人类遗传密码. 分子生物学近年的发展十分迅速, 其中提出了许多序列性离散优化问题.

一个重要问题是基因组序列重排问题. 简单地说, 基因组序列 (或基因序列的片段) 可以看作若干个字符的字符串. 有时也表示为元素带正负号的排列. 问题是对任意两个排列, 求出从一个排列经过逆序、移位等运算变为另一个排列的最小运算次数, 这称为两个排列的 "距离". 问题的背景是希望发现两个物种的基因组序列的差异, 或两个物种之间的进化距离. 研究表明, 不同物种的基因元素差别很小, 而它们的不同排列却造成了千差万别的物种特性.

例如, 文献 [224] 只考虑逆序运算的距离问题. 一个带符号的排列就是 $\{1, 2, \cdots, n\}$ 的排列 $\pi = (\pi_1, \pi_2, \cdots, \pi_n)$, 其中每一个元素都带有正负号. 对 $\pi$ 的一个逆序运算 $\rho(i, j)$ 是指

$$\pi' = \pi\rho(i, j) = (\pi_1, \cdots, \pi_{i-1}, -\pi_j, -\pi_{j-1}, \cdots, -\pi_i, \pi_{j+1}, \cdots, \pi_n).$$

从一个排列到另一个排列的最小逆序运算次数, 称为它们的逆序距离. 问题是寻求从任一个排列 $\pi$ 到单位排列 $(+1, +2, \cdots, +n)$ 的逆序距离. [224] 给出此问题的

$O(n^2)$ 算法. 此前, 其他作者给出阶次更高的多项式时间算法. 其次, 对不带符号的排列情形, 距离问题被证明为 NP-困难的. 这类问题拓广了排序问题的研究范围. 传统的排序问题只是在满足一定条件的排列中寻求一个 "最优" 的排列. 现在更加关注所有排列组成之集的整体结构性质, 例如, 把排列看作顶点, 由运算定义相邻关系, 由此得到一个 "变换图", 然后研究其中的优化问题, 如两顶点间的最短路问题 (即距离问题).

另外一个研究方向是基因组序列重构问题, 即已知一个基因组序列的一些断片, 根据它们之间相互重叠的信息, 确定它们在原来的基因组序列中的位置, 即把原基因组序列重新构造出来 (参见 [225]). 我们在第 3 章见过类似的问题, 可以这样想象: 如果 $\mathcal{F} = \{S_i : 1 \leqslant i \leqslant m\}$ 代表一些基因断片的集合, 而我们暂且不考虑它们内部的顺序, 只是知道它们可能相互重叠, 那么找出一个基因序列 $\pi$, 使得每一个断片 $S_i$ 都是序列 $\pi$ 的连续子序列, 这就变为类似于有连贯约束的排序问题了. 在一些文献中, 的确有类似的模型 (见 [225] 问题 D). 但是, 如果每个基因断片都是一个有顺序的子序列, 问题就不那么简单了.

实际上, 在分子生物学的实际问题中, 基因断片并不是数学上确切知道的符号串或子序列, 只是在某些简化模型中这样认为. 再者, 这些断片会通过某种机制, 复制 (克隆) 出许多的拷贝, 结构也有所变异. 它们在原基因序列中位置信息已完全丧失, 只能通过生物技术, 确定两个断片 (拷贝) 是否重叠. 这种生物技术可以获取断片的所谓 "指纹" 信息, 并通过 "指纹" 的相似程度计算其相交的概率, 由此确定其是否重叠. 总之, 根据生物背景, 可以假定两个断片是否重叠是已知的, 至于如何重叠 (谁先谁后, 重叠程度) 却不得而知.

对这类重构问题, 通常采用区间图模型. 我们在第 3 章及 8.2.4 小节已介绍过区间图的概念, 即图 $G$ 的顶点与直线上一组区间一一对应, 使得两个顶点相邻当且仅当它们对应的区间相交. 如果每一个基因组序列的断片都对应于直线上的一个区间, 使得两个断片重叠当且仅当它们对应的区间相交, 那么这些在直线上连续排列的区间就连接成一个基因组序列, 即重构问题的解.

但是, 通过生物实验及统计方法确定的断片重叠信息会有误差. 可能有些断片之间本来是不重叠的, 却判定为重叠, 这叫做 "正误差" 或 "过度误差". 如果两个断片之间本来是重叠的, 却判定为不重叠, 这叫做 "负误差" 或 "缺失误差". 所以区间图模型分为两类, 扩充型与缩减型. 下面举几个例子.

**区间图完备化 (I): 侧廊问题**　设有 $n$ 个断片, 无论它们是怎样的子序列或符号串, 暂且看作 $n$ 个顶点. 如果两个断片重叠, 则定义对应的两个顶点相邻 (二者连一边). 这样得到一个图 $G$. 如果每一个断片看作一个集合, 则图 $G$ 就是 $n$ 个集构成的集族的交图. 按照区间图模型, 我们要判定图 $G$ 是不是一个区间图, 即每一个断片是否对应于直线上一个区间. 但是用生物技术确定的重叠信息可能有 "负误

差", 即遗漏了本来应该重叠的相互关系. 因此图 $G$ 应该补充一些边, 使之成为区间图. 但是补充的边数要尽可能小. 这样就归结为区间图完备化问题: 对给定的图 $G = (V, E)$, 寻求添加边集 $E'$, 使得 $H = (V, E \cup E')$ 是区间图, 而 $|E'|$ 为最小. 这就得到定理 8.2.8 中的侧廓问题

$$P(G) = \min\{|E(H)| : G \subseteq H, H \text{ 是区间图}\}.$$

它是前面讨论过的矩阵与图的排序问题之一. 在求出图 $G$ 的区间图扩张 $H$ 之后, 输出图 $H$ 的区间表示, 即直线上的 $n$ 个区间. 然后将它们按照直线的顺序连接起来, 便得到一个完整的序列, 即基因组序列. 如果求出的 $E' = \varnothing$, 说明给定的重叠信息没有缺失.

**区间图完备化 (II): 路宽问题** 如前, 由 $n$ 个断片定义一个交图 $G$. 在讨论断片之间的重叠连接关系时, 不仅要考虑两个断片之间重叠关系, 也要考虑若干个断片之间的相互重叠关系. 这些相互重叠断片就构成图 $G$ 的一个团. 在实际问题中, 所有断片数以千计, 然而这种相互重叠的断片数目至多十几个. 该领域的研究者把这个相互重叠的断片数目, 即图 $G$ 的团数 (亦即最大团的基数 $\omega(G)$), 看作表示重叠信息的重要参数. 所以在重叠信息出现负误差的情形, 应该考虑对图 $G$ 补充一些边, 使之成为区间图, 而使其团数尽可能小. 这样就归结为另一个区间图完备化问题: 对给定的图 $G = (V, E)$, 寻求添加边集 $E'$, 使得 $H = (V, E \cup E')$ 是区间图, 且 $\omega(H)$ 为最小. 这就得到定理 8.2.8 中的路宽问题

$$PW(G) = \min\{\omega(H) - 1 : G \subseteq H, H \text{ 是区间图}\}.$$

同样, 在求出图 $G$ 的区间图扩张 $H$ 之后, 将其区间图表示的 $n$ 个区间按照直线的顺序连接起来, 便得到基因组序列.

**最大区间子图问题** 给定 $n$ 个断片, 由它们的重叠关系得到图 $G$. 但是用生物技术确定的重叠信息可能有 "正误差", 即增加了本来不重叠的相互关系. 因此图 $G$ 应该消去一些边, 使之成为区间图, 而消去的边数尽可能小. 这样就归结为最大区间子图问题: 对给定的图 $G = (V, E)$, 寻求边子集 $E' \subseteq E$, 使得子图 $H = (V, E')$ 是区间图, 而 $|E'|$ 为最大. 这也是 NP-困难问题.

类似的问题还有一些, 包括各种推广, 如考虑不同的移位及复制运算, 不仅考虑重新排列, 也考虑重新组合 (断裂与连接) 引出的问题. 在重新组合问题中, 考虑的变换是从两个序列 (父本与母本序列) 中间切开, 做交叉结合, 产生新的后代序列. 对这样的变换也有进化距离问题. 此外, 还有决定生物性状的基因组群试问题, 如同称硬币游戏中发现假币一样, 通过最少的测试次数发现病态缺损的序列. 总之, 从分子生物学中提出了众多以序列为研究对象的优化与算法问题, 为序列最优化打开一个新的领域, 并且其中保持着与图的排序与嵌入的密切联系.

### 8.4.3 移位寄存器设计

计算机中的磁鼓是移位寄存器的例子, 它可以存储所有长度为 $n$ 的 $(0,1)$ 信号, 使得磁鼓每次沿顺时针方向转动一格 (移位), 就能够从 $n$ 个连续位置读出一个不同的信号. 具体地说, 磁鼓的表面圆周等分为 $2^n$ 格, 每一格可以存储一个信号 0 (绝缘) 或 1 (导电). 磁鼓旁有 $n$ 个连续位置的 "窗口", 可以读出长度为 $n$ 的 $(0,1)$ 信号 (或者说, 通过 $n$ 个接触点输出 $n$ 个连续位置的 $(0,1)$ 信号). 设计的要求是考虑对磁鼓的 $2^n$ 格如何赋予 0 或 1, 使得磁鼓每转动一格, 读出的 $(0,1)$ 信号均不相同; 当磁鼓的转动遍历所有 $2^n$ 个位置时, 可以读出所有 $2^n$ 个不同的二元信号序列.

用前一问题的重构术语来说, 每一个长度为 $n$ 的 $(0,1)$ 序列看作一个断片, 要把所有 $2^n$ 个不同的断片排列连接成一个长度为 $2^n$ 的循环序列. 那么, 相邻的两个断片必有 $n-1$ 个位置是重叠的, 通过一次移位, 由一个子序列变成另一个子序列. 这是一个序列遍历问题.

现构造一个有向图 $D_n$, 其有向边集是所有长度为 $n$ 的 $(0,1)$ 序列, 顶点集是所有长度为 $n-1$ 的 $(0,1)$ 序列, 其中顶点 $(p_1 \cdots p_{n-1})$ 有引入边 $(p_0 p_1 \cdots p_{n-1})$ 及引出边 $(p_1 \cdots p_{n-1} p_n)$ (这里 $p_i$ 为 0 或 1). 也就是说, 边 $(p_0 p_1 \cdots p_{n-1})$ 与边 $(p_1 \cdots p_{n-1} p_n)$ 是前后相邻的, 其关联的公共顶点 $(p_1 \cdots p_{n-1})$ 是它们的重叠部分. 于是, 前后相邻的边可代表读出的相继信号. 例如, $D_3$ 及 $D_4$ 中一个顶点关联的 4 条边如图 8.18 所示.

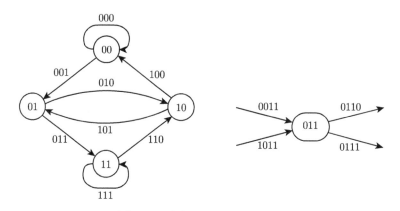

图 8.18 有向图 $D_3$ 及 $D_4$ 局部

回忆 8.1 节的有向 Euler 图, 就是每一个顶点的引入边数 (入度) 等于引出边数 (出度) 的有向图. 在上述有向图 $D_n$ 中, 每个顶点的入度与出度都是 2, 所以它是有向 Euler 图. 从而 $D_n$ 存在有向的 Euler 环游, 历遍所有 $2^n$ 条边. 用图论算法求出 $D_n$ 的 Euler 环游之后, 将 Euler 环游所有的边排成一个循环序列, 并将前后相邻的两条边重叠其 $n-1$ 个公共元素, 这样便得到一个长度为 $2^n$ 的 $(0,1)$ 序列, 其中每连续 $n$ 个位置都显示一个不同的二元信号. 例如, 图 8.18 中的 $D_3$, 按其一个 Euler 环游可排列为 00101110. 于是把这个 $(0,1)$ 序列标刻到磁鼓的表面上去, 即为所求.

前一例子用区间图来实现从局部到整体的重构, 此例用 Euler 图来实现从局部到整体的排序, 它们都是逆向思维的范例.

### 8.4.4    频道分配问题

在前面 8.3 节中讲过网络通信中, 有关优化延伸度及拥挤度的问题. 其中延伸度太大会引起信号的衰减, 拥挤度太大会导致信号的干扰. 在网络通信的频道 (频率) 分配中也要考虑信号干扰: 位置相近的发射机必须选择差别较大的频道, 否则信号干扰会影响传输效率. 这就提出图的 $T$-染色问题. 设 $T$ 是若干非负整数之集 (包括 0). 图 $G = (V, E)$ 的一个 $T$-染色就是映射 $f : V \to \{0, 1, 2, \cdots, k\}$, 使得当 $uv \in E$ 时, $|f(u) - f(v)| \notin T$. 这里, $G$ 的顶点表示发射站, 边表示冲突关系. 问题是把频道分配给各个发射站, 使得任意两个有冲突关系的机站收到频道的相隔距离都不在禁用范围 $T$ 之内, 且使得频道范围 $k$ 为最小. 当 $T = \{0\}$ 时, 要求相邻顶点不同色, 这是通常的正常染色问题. 当 $T = \{0, 1\}$ 时, 相邻顶点的频道相隔距离至少为 2. 对一般的集合 $T$, 这是图的染色理论的新课题, 已有较深入的研究 (详见 [226]).

频道分配的另一种模型如下. 图 $G = (V, E)$ 的一个 $L(2,1)$-标号 是指这样的映射 $f : V \to \{0, 1, 2, \cdots, k\}$, 使得当 $d_G(u, v) = 1$ 时, $|f(u) - f(v)| \geqslant 2$; 当 $d_G(u, v) = 2$ 时, $|f(u) - f(v)| \geqslant 1$. 这里 $d_G(u, v)$ 表示图 $G$ 中顶点 $u, v$ 之间的距离. 这就是说, 当 $u, v$ 相邻时 (非常接近), 频道的相隔距离至少为 2; 当 $u, v$ 的距离为 2 时 (比较接近), 频道的相隔距离至少为 1. 其意向也是为了防止位置接近时信号干扰. 问题是求这样的 $L(2,1)$-标号, 使得频道范围 $k$ 为最小. 这个最小的 $k$ 值记为 $\lambda_{2,1}(G)$. 当然, 这里的整数 2, 1 也可以替换为任意的正整数 $d_1, d_2$, 得到更一般的模型. 注意现在的标号问题与前面两节的标号问题不同: 以前的标号 $f$ 是双射, 即每个顶点的标号各不相同; 而此处的标号 $f$ 只是映射, 不同顶点可以得到相同标号 (只要它们的距离超过 2). 所以此问题的排序特征减弱了, 却保留着分配性质. 这是图的标号理论的新课题, 曾一度引起热烈的讨论 (详见 [227]).

对这个新型的标号问题, 确定图论参数 $\lambda_{2,1}(G)$ 已被证明为 NP-完全的. 但对树而言, 已知有多项式时间算法. 已有的工作较多地关注着上下界的改进. 例如, 一个著名猜想是 $\lambda_{2,1}(G) \leqslant \Delta^2$, 这里 $\Delta$ 是图 $G$ 的最大度. 对一些典型图类, 除了路、圈、星、完全二部图等有精确表达式之外, 其他如超立方体 $Q_n$ 及区间图等均只有上下界结果. 极图问题, 即给定顶点数及 $\lambda_{2,1}$ 值, 求边数的最小值及最大值, 已得到完整结果.

## 8.4.5 竞赛排名问题

在 $n$ 个参赛者进行的循环赛中, 任意两个参赛者都要决出胜负. 如何根据两两的战绩, 对 $n$ 个参赛者进行排序 (排名次), 这是普遍存在的问题. 又如在多方案比较或多指标评判中, 对任意两个方案的优劣容易作出判断, 如何由此得到所有方案的排序, 也需要有合理的方法. 这也类似于前面从局部到整体的重构或序扩张.

每一个参赛者看作一个顶点, 如果 $u$ 战胜 $v$, 则从 $u$ 到 $v$ 引一条有向边, 这样得到的有向图 $G$ 称为竞赛图. 这里, 任意两个顶点之间都有连边, 或者 $u$ 胜 $v$, 或者 $v$ 胜 $u$. 所以 $G$ 是完全图 $K_n$ 的定向. 如果有向图 $G$ 确定一个偏序关系 (胜负关系满足传递性), 那么排名是很容易的, 只要取这个偏序关系的线性扩张 (如拓扑序) 即可. 但在实际问题中, 这种情形十分罕见.

在体育比赛中, 常常采用对每场比赛计算积分的办法. 进一步精确化, 有下面利用得分向量的排序方法.

给定竞赛图 $G = (V, E)$, 其中 $V = \{v_1, v_2, \cdots, v_n\}$, $(v_i, v_j) \in E$ 当且仅当 $v_i$ 胜 $v_j$. 记 $N^+(v_i) := \{v_j \in V : (v_i, v_j) \in E\}$, 称为 $v_i$ 的后邻集 (即被 $v_i$ 战败的选手之集). 定义 $v_i$ 的第一层得分为

$$d_1(v_i) := |N^+(v_i)| = \sum_{v_j \in N^+(v_i)} 1, \quad 1 \leqslant i \leqslant n.$$

即 $v_i$ 胜一人得一分. 由此得到第一层得分向量

$$s_1 := (d_1(v_1), d_1(v_2), \cdots, d_1(v_n)).$$

按得分向量 $s_1$ 的分量的大小来排序, 是把各选手的水平看作一样的, 所以胜一局得一分. 进一步应按第一层得分对选手加权: 胜一个得 $k$ 分的人应该得 $k$ 分, 即胜一个高水平的人应该得高分. 于是定义 $v_i$ 的第二层得分为

$$d_2(v_i) := \sum_{v_j \in N^+(v_i)} d_1(v_j), \quad 1 \leqslant i \leqslant n.$$

由此得到第二层得分向量

$$s_2 := (d_2(v_1), d_2(v_2), \cdots, d_2(v_n)).$$

按照向量 $s_2$ 的分量大小来排序更合理些. 如此类推, 可得第 $k$ 层的得分向量 $s_k$, 其中

$$d_k(v_i) := \sum_{v_j \in N^+(v_i)} d_{k-1}(v_j), \quad 1 \leqslant i \leqslant n.$$

那么, 当 $k$ 趋向无穷时, 得分向量是否有稳定趋势呢?

设 $A = (a_{ij})$ 为有向图 $G$ 的邻接矩阵, 其中当 $(v_i, v_j) \in E$ 时 $a_{ij} = 1$, 否则 $a_{ij} = 0$. 并设 $J$ 为 $n$ 个元素全为 1 的列向量, 则

$$s_1 = AJ, \ s_2 = As_1 = A^2 J, \ \cdots, s_k = A^k J, \ \cdots.$$

如果我们可以得到当 $k \to \infty$ 时得分向量 $s_k$ 的极限, 则可按照它来进行排序. 这里用到非负矩阵理论中的著名定理[①]:

**Perron-Frobenius 定理**　若 $A$ 是本原矩阵, $r > 0$ 是 $A$ 的最大特征值, $s$ 是相应的特征向量, 则

$$\lim_{k \to \infty} \left( \frac{1}{r} A \right)^k J = s.$$

这里, 实矩阵 $A$ 称为本原的, 是指存在 $k$ 使得 $A^k > 0$. 对竞赛图 $G$ 的邻接矩阵 $A$, $A$ 是本原的当且仅当 $G$ 是双向连通的 (即对任意两个顶点 $u, v$, 都存在从 $u$ 到 $v$ 及从 $v$ 到 $u$ 的有向路), 且 $n \geqslant 4$. 由上述定理得到结论: 若 $G$ 是双向连通的竞赛图且 $n \geqslant 4$, 则

$$\lim_{k \to \infty} \left( \frac{1}{r} \right)^k s_k = s.$$

因此, 假定 $G$ 是双向连通的, 我们得到 $n$ 个参赛选手的排序方法: 求出矩阵 $A$ 的最大特征值的特征向量 $s$, 则它是得分向量的极限, 然后按照 $s$ 的分量从大到小对所有顶点进行排序.

若图 $G$ 不是双向连通的, 则所有双连通分支 $G_1, G_2, \cdots, G_l$ (即双连通性的等价类) 可以排成一个线性序, 保持优胜顺序 (前者胜后者). 所以参赛选手的排序只要在每一个双连通分支中进行, 然后按所有双向分支再排序.

以上讲述的是一种排序的图论方法 (参见 [23]). 在管理科学中, 对多指标评判有层次分析法 (analytic hierarchy process), 可以处理更加复杂的决策排序问题.

### 8.4.6　从路嵌入到树嵌入

如前所述, 图的排序问题, 可看作图 $G$ 的顶点嵌入到一条路上 (表示线性序). 随后的推广包括嵌入到圈 (表示循环序) 及嵌入到网格 (表示二维的序) 等. 图的嵌入问题的发展, 其中一个方面表现为嵌入主图的变化. 主图是超立方体及二分树等的嵌入问题在通信网络设计中有重要背景, 故而引起热议. 近年出现的一个课题是讨论嵌入于支撑树 (例如 [228, 229]), 使得网络嵌入从 "路嵌入" 向 "树嵌入" 推进.

---

① Berman A, et al. Nonnegative Matrices in the Mathematical Sciences. New York: Academic Press, 1979, Chapter 2.

已知网络嵌入有两个重要参数: 拥挤度引出割宽, 延伸度引出带宽. 现在仍从这两方面介绍支撑树嵌入. 所谓图 $G$ 的支撑树 $T$, 是指包含 $G$ 中所有顶点的连通子图且不含圈, 即作为支撑子图的树.

设 $G = (V, E)$ 是一个无向图, $T$ 是 $G$ 的支撑树. 对 $T$ 的任一条边 $e$, $T - e$ 有两个分支; 设 $X_e$ 是其中之一的顶点集. 关于树边 $e$ 的基本边割集 (余圈) 是指

$$\partial(X_e) := \{uv \in E(G) : u \in X_e, v \notin X_e\}.$$

而边 $e$ 的拥挤度 (割宽) 是指 $|\partial(X_e)|$. 例子见图 8.19, 其中支撑树用实线表示, 非树边用虚线表示, 边 $e$ 的拥挤度为 $|\partial(X_e)| = 4$.

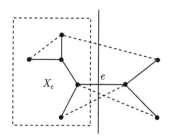

图 8.19　边 $e$ 的拥挤度为 4

由此定义图 $G$ 的**支撑树拥挤度**为

$$c_T(G) := \min \left\{ \max_{e \in T} |\partial(X_e)| : T \text{ 是 } G \text{ 的支撑树} \right\}.$$

而**最小拥挤度支撑树问题**就是: 对给定的图 $G$, 求它的支撑树 $T$, 使得所有边的最大拥挤度为最小, 即确定支撑树拥挤度 $c_T(G)$.

按照前面网络嵌入一般模型的广义割宽问题的观点, 上述问题就是将图 $G$ 嵌入支撑树 $T$ (其中顶点的映射是恒等映射, $G$ 的边映射为 $T$ 中连接其两端点的唯一路), 使得图 $G$ 相对于 $T$ 的广义割宽为最小. 一个直观的应用解释是这样: 城市下了一场大雪, 铲雪车要铲出一些道路; 设 $G$ 是城市的街道图, 铲出的道路构成支撑树 $T$ (使得任意两点都有道路相通). 城市 $G$ 中原来每一条边上的车流都要沿着 $T$ 的道路行驶. 问题是寻求这样的支撑树 $T$, 使得 $T$ 的所有边的最大车流拥挤度为最小.

此问题已被证明为 NP-困难的. 但是对平面图、度有界或树宽有界等图, 是固定参数可解的, 即对固定的 $k$, 判定 $c_T(G) \leqslant k$ 有多项式时间算法. 对特殊图有一系列结果, 如

$$c_T(K_n) = n - 1, \quad c_T(K_{m,n}) = m + n - 2,$$

$$c_T(P_m \times P_n) = \begin{cases} m, & m = n \text{ 或 } m \text{ 为奇数}, \\ m+1, & \text{否则 } (m \leqslant n). \end{cases}$$

$$c_T(C_m \times C_n) = 2\min\{m, n\},$$

$$c_T(K_{n_1,n_2,\cdots,n_k}) = \begin{cases} n - n_2, & n_1 = 1, \\ 2n - n_k - n_{k-1} - 2, & \text{否则}. \end{cases}$$

其中 $n = n_1 + n_2 + \cdots + n_k$ 且 $n_1 \leqslant n_2 \leqslant \cdots \leqslant n_k$.

其次来看延伸度对应的问题. 设 $G = (V, E)$ 是一个图, $T$ 是 $G$ 的支撑树. 对 $uv \in E(G)$, 记 $d_T(u, v)$ 为 $T$ 中 $u$ 与 $v$ 之间的距离. 那么图 $G$ 的支撑树延伸度是

$$\sigma_T(G) := \min\left\{\max_{uv \in E(G)} d_T(u, v) : T \text{是 } G \text{ 的支撑树}\right\}.$$

而最小延伸度支撑树问题就是: 对给定的图 $G$, 求它的支撑树 $T$, 使得所有边的最大延伸度为最小, 即确定支撑树延伸度 $\sigma_T(G)$.

按照前面广义带宽问题的观点, 上述问题就是将图 $G$ 嵌入支撑树 $T$, 使得图 $G$ 相对于 $T$ 的广义带宽为最小. 还是用铲雪的例子来说, 铲出的道路构成支撑树 $T$, $G$ 中每条边的车流都要沿着 $T$ 的道路绕行; 问题是要求这样的支撑树 $T$, 使得 $G$ 中所有边的最大绕行距离为最小. 例子见图 8.20, 其中边 $uv$ 的绕行距离 $d_T(u, v) = 4$.

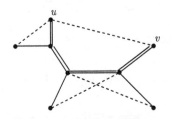

图 8.20　边 $uv$ 绕行距离为 4

对不属于 $T$ 的边 $e = uv$, $T + e$ 的唯一圈称为关于 $e$ 的基本圈. 最小延伸度支撑树问题等价于: 寻求支撑树 $T$, 使得最大的基本圈长度为最小 (延伸度是这个圈的边数减 1). 这与最小拥挤度支撑树问题恰好形成对偶 (基本圈与基本余圈是对偶概念). 也就是以支撑树为主图, 广义割宽问题与广义带宽问题是对偶的.

相应地, 最小延伸度支撑树问题也有 NP-困难性及固定参数可解性的结果. 其刻画问题, 即判定 $\sigma_T(G) \leqslant k$, 对 $k \leqslant 2$ 问题已经解决 (多项式可解); 对 $k \geqslant 4$ 问题为 NP-困难的; 对 $k = 3$ 为未解问题. 对特殊图, 如对区间图、置换图及正则二部图等有 $\sigma_T(G) \leqslant 3$. 其他简单的结果还有: ① $\sigma_T(K_n) = 2$; ② $\sigma_T(C_n) = n - 1$; ③ $\sigma_T(W_n) = 2$; ④ $\sigma_T(K_{m,n}) = 3$ $(m, n \geqslant 2)$; ⑤ 对 $n_1 \leqslant n_2 \leqslant \cdots \leqslant n_k$ 及 $k \geqslant 3$,

$$\sigma_T(K_{n_1,n_2,\cdots,n_k}) = \begin{cases} 2, & n_1 = 1, \\ 3, & \text{否则}. \end{cases}$$

在信息科学中还提出许多序结构优化问题, 有待我们去探讨. 在数学结构的分类中, 有一学派的观点认为序结构是数学的三大母结构之一 (另外两个是拓扑结构与代数结构). 对序结构的优化问题研究, 无论在理论上或应用上, 都会有深远的发展前景.

# 习 题 8

8.1 运输问题的图上作业法的最优性判定要检查一个图的所有圈. 试证明一个 $n$ 顶点的图 (比如平面图), 可以有 $n$ 的指数那么多个圈. 所以图上作业法不是多项式时间算法. 如用网络单形法改造图上作业法, 可以减少圈的检验, 但还不是多项式时间的. 追溯运输问题及最小费用流算法从指数算法到多项式算法的发展历史.

8.2 在利用图上作业法组织循环运输中, 如何把 Euler 图分解出的有向圈尽量平均地分配给 $k$ 辆车?

8.3 证明: 在有向图情形, 存在有向 Euler 环游的充要条件是每个顶点的入度等于出度.

8.4 证明 8.1.4 小节的服务路线问题是 NP-困难的 (选择最短 Hamilton 路问题为参照问题, 其中 $V = \{s\} \cup D$ 并加大 $s$ 到其他顶点的距离).

8.5 在矩阵存储中, 还有另一种变带宽存储方式. 在带状存储中, 带子的宽度是统一的 $\beta$, 规则简单, 但对大型矩阵而言可能有些浪费. 在变带宽存储中, 每行的存储宽度是 $\beta_i$, 参差不齐, 不便编制程序. 考虑一种折中方案, 就是分块对齐. 首先定义扩充包封

$$\mathrm{ENV}^*(A) := \{a_{ij} : k \leqslant j < i \leqslant h, a_{hk} \neq 0\},$$

即若 $a_{hk}$ 属于扩充包封, 则其右方和上方的 $a_{ij}$ 亦然. 例如, 8.2.1 小节开始时的矩阵 $A$ 的扩充包封为

$$\begin{pmatrix} \circ & & & & & & \\ \times & \circ & & & & & \\ \times & \times & \circ & & & & \\ \times & \times & \times & \circ & & & \\ & \times & \times & \times & \circ & & \\ & \times & \times & \times & \times & \circ & \\ & & & \times & \times & \times & \circ \end{pmatrix}.$$

试根据此类存储方案, 引出新的参数及相应的最优化问题 (8.3.4 小节刻画问题中遗留的扩充侧廓问题).

8.6 $n$ 阶对称方阵 $A = (a_{ij})$ 称为满带宽矩阵, 是指当且仅当 $|i - j| \leqslant k$ 时, $a_{ij} \neq 0$

$(1 \leqslant k \leqslant n-1)$, 即其包封是宽度为 $k$ 的带状区域, 如下所示 $(k=3)$:

$$
\begin{pmatrix}
\circ & & & & & & \\
\times & \circ & & & & & \\
\times & \times & \circ & & & & \\
\times & \times & \times & \circ & & & \\
\cdot & \times & \times & \times & \circ & & \\
\cdot & \cdot & \times & \times & \times & \circ & \\
\cdot & \cdot & \cdot & \times & \times & \times & \circ
\end{pmatrix}.
$$

满带宽矩阵的关联图是这样的 $G=(V,E)$, 其中 $V=\{v_1,v_2,\cdots,v_n\}$, $E=\{v_iv_j:|i-j| \leqslant k\}$, 称为路 $P_n$ 的 $k$ 次幂, 记为 $P_n^k$. 试证明: $B(G)=\min\{k:G \subseteq P_n^k\}$.

8.7 根据弦图的刻画, 证明: $F(G)=0$ 当且仅当 $G$ 是弦图. 证明: $TW(G) \geqslant \omega(G)-1$ 且当 $G$ 是弦图时等号成立.

8.8 根据区间图的刻画, 证明: $P(G)=|E|$ 当且仅当 $G$ 是区间图. 证明: $PW(G) \geqslant \omega(G)-1$ 且当 $G$ 是区间图时等号成立.

8.9 设 $n$ 个顶点的路、圈及完全图分别记为 $P_n,C_n,K_n$, 完全二部图记为 $K_{m,n}$ $(m \leqslant n)$. 试证明: $B(P_n)=1$, $B(C_n)=2$, $B(K_n)=n-1$, $B(K_{m,n})=m+(n-1)/2$; $P(P_n)=n-1$, $P(C_n)=2n-3$, $P(K_n)=\frac{1}{2}n(n-1)$, $P(K_{m,n})=mn+m(m-1)/2$; $F(P_n)=0$, $F(C_n)=n-3$, $F(K_n)=0$, $F(K_{m,n})=m(m-1)/2$.

8.10 对割宽问题, 试证明完全二部图 $K_{m,n}$ 的公式: $c(K_{m,n})=\left\lfloor \dfrac{m}{2} \right\rfloor \left\lfloor \dfrac{n}{2} \right\rfloor + \left\lceil \dfrac{m}{2} \right\rceil \left\lceil \dfrac{n}{2} \right\rceil$ $(m \leqslant n)$.

8.11 圈 $C_n$ 的 $k$ 次幂, 记为 $C_n^k$, 定义为这样的图, 其顶点集为 $\{v_1,v_2,\cdots,v_n\}$, 边集为 $\{v_iv_j:\min\{|i-j|,n-|i-j|\} \leqslant k\}$. 仿照习题 8.6, 试证明循环带宽的等价定义 $B_c(G)=\min\{k:G \subseteq C_n^k\}$.

8.12 试证明循环带宽的性质 $\lceil \Delta/2 \rceil \leqslant B_c(G) \leqslant \lfloor n/2 \rfloor$, 其中 $\Delta$ 为图 $G$ 的最大度.

8.13 Möbius 梯子 $M_{2k}$ 是一个长度为 $2k$ 的圈加上距离为 $k$ 的两点连边得到的图. 已知 $B(M_{2k})=4$ (见 [184]). 试证明: 其二维带宽 $B_2(M_{2k})=B_2'(M_{2k})=2=\sqrt{4}$ (参见图 8.21 的嵌入).

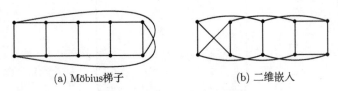

(a) Möbius梯子　　　　　　　　　(b) 二维嵌入

图 8.21　Möbius 梯子的嵌入

8.14 试证明: Möbius 梯子 $M_{2k}$ 的书页数为 $PN(M_{2k})=3$.

8.15 试证明: 最小拥挤度支撑树问题及最小延伸度支撑树问题关于特殊图 $P_n,C_n,K_n$ 及 $K_{m,n}$ 的结果.

# 参 考 文 献

[1] Lawler E L. Combinatorial Optimization: Networks and Matroids. New York: Holt, Rinehart and Winston, 1976.

[2] Papadimitriou C H, Steiglitz K. Combinatorial Optimization: Algorithms and Complexity. Englewood Cliffs: Prentice-Hall, 1982. [中译本: 蔡茂诚, 刘振宏, 译. 北京: 清华大学出版社, 1986.]

[3] Schrijver A. Combinatorial Optimization: Polyhedra and Efficiency. Berlin: Springer-Verlag, 2003.

[4] Korte B, Vygen J. Combinatorial Optimization: Theory and Algorithms. 4th ed. Berlin: Springer-Verlag, 2008. [中译本: 越民义, 林诒勋, 姚恩瑜, 张国川, 译. 北京: 科学出版社, 2013.]

[5] 越民义. 组合优化导论. 杭州: 浙江科技出版社, 2001. [第 2 版: 越民义, 李荣珩. 组合优化导论. 北京: 科学出版社, 2014.]

[6] 哈代 G H, 李特伍德 J E, 波利亚 G. 不等式. 越民义, 译. 北京: 科学出版社, 1965.

[7] 华罗庚. 统筹方法平话及补充. 北京: 中国工业出版社, 1965.

[8] 康特洛维奇 L V. 生产组织与计划中的数学方法. 列宁格勒大学, 1939. 中国科学院力学研究所运筹室, 译. 北京: 科学出版社, 1959.

[9] Dantzig G B, Fulkerson D R. Minimizing the numbers of tankers to meet a fixed schedule. Naval Research Logistic Quarterly, 1954, 1: 217-222.

[10] Dantzig G B. Linear Programming and Extensions. Princeton: Princeton University Press, 1963.

[11] Graham R L, Lawler E L, Lenstra J K, Rinnooy Kan A H G. Optimization and approximation in deterministic sequencing and scheduling: A survey. Annals of Discrete Mathematics, 1979, 5: 287-326.

[12] Graham R L, 高彻. 组合时间表理论. 运筹学杂志, 1982, 1(1): 36-46.

[13] Lawler E L. Recent results in the theory of machine scheduling//Bacem A, et al, eds. Mathematical Programming: The State of the Art, Bonn, 1982: 202-234.

[14] Chen B, Potts C N, Woeginger G J. A review of machine scheduling: Complexity, algorithms and approximability//Du D Z, Pardalos P M, eds. Handbook of Combinatorial Optimization. Dordrecht: Kluwer Academic Publishers, 1998: 21-169.

[15] Potts C N, Strusevich V A. Fifty years of scheduling: A survey of milestones. Journal of Operational Research Society, 2009, 60: S41-S68.

[16] Pinedo M. Scheduling: Theory, Algorithms and Systems. Englewood Cliffs: Prentice-Hall, 1995. [4th ed. New York: Springer, 2012.]

[17] Błazewicz J, Ecker K, Schmidt G, Węglarz J. Scheduling in Computer and Manufacturing Systems. Berlin: Springer-Verlag, 1993.

[18] Błazewicz J, Ecker K, Pesch E, Schmidt G, Węglarz J. Handbook on Scheduling: From Theory to Applications. Berlin: Springer-Verlag, 2007.

[19] Brucker P. Scheduling Algorithms. 3rd ed. Berlin: Springer-Verlag, 2001. [5th ed. Berlin: Springer, 2007.]

[20] 常庆龙. 排序与不等式. 南京: 东南大学出版社, 1994.

[21] 唐恒永, 赵传立. 排序引论. 北京: 科学出版社, 2002.

[22] 唐国春, 张峰, 罗守成, 刘丽丽. 现代排序论. 上海: 上海科学普及出版社, 2003.

[23] Bondy J A, Murty U S R. Graph Theory. Berlin: Springer-Verlag, 2008.

[24] 田丰, 张运清. 图与网络流理论. 2 版. 北京: 科学出版社, 2015. [田丰, 马仲蕃. 图与网络流理论. 北京: 科学出版社, 1987.]

[25] 中国科学院数学研究所运筹研究室. 线性规划的理论及应用. 北京: 高等教育出版社, 1959.

[26] 林诒勋. 线性规划与网络流. 开封: 河南大学出版社, 1996.

[27] 林诒勋. 动态规划与序贯最优化. 开封: 河南大学出版社, 1997.

[28] 张惟明. 铁路矿区专用线取送车问题初探. 郑州大学学报, 1981, 13(1): 44-54.

[29] 林诒勋. 排序论在铁路专用线调车中的应用. 郑州大学学报, 1987, 19(2): 1-8.

[30] Lin Y, Wang X. A two-stage scheduling problem arising from locomotive dispatching in mine railway. Foundations of Computing and Decision Sciences, 2007, 32(2): 125-137.

[31] 林诒勋. 关于汽轮机叶片动平衡中的一个最优排序问题. 运筹学杂志, 1987, 6(2): 51-54, 44.

[32] 俞文䰾, 谭永基. 截断切割中的最优排列问题. 数学的实践与认识, 1998, 28(1): 94-96.

[33] Johnson S M. Optimal two and three-stage production schedule with setup times included. Naval Research Logistic Quarterly, 1954, 1: 61-68.

[34] Jackson J R. Scheduling a production to minimize maximum tardiness. Research Report 43, Management Science Research Project, UCLA 1955. [Naval Research Logistic Quarterly, 1956, 3: 201-203.]

[35] Smith W E. Various optimizers for single-stage production. Naval Research Logistic Quarterly, 1956, 3: 59-66.

[36] Moore J M. An $n$ job, one machine sequencing algorithm for minimizing the number of late jobs. Management Science, 1968, 15: 102-107.

[37] Lawler E L. Optimal sequencing of a single machine subject to precedence constraints. Management Science, 1973, 19: 544-546.

[38] Horn W A. Some simple scheduling problems. Naval Research Logistic Quarterly, 1974, 21: 177-185.

[39] Burkard R E, Klinz B, Rudolf R. Perspectives of Monge properties in optimization. Discrete Applied Mathematics, 1996, 70: 95-161.

[40] Gonzalez T, Sahni S. Open shop scheduling to minimize finish time. Journal of the Association for Computing Machinery, 1976, 23: 665-679.

[41] Kise H, Ibaraki T, Mine H. A solvable case of the one-machine scheduling problem with ready and due times. Operations Research, 1978, 26: 121-126.

[42] 越民义, 韩继业. $n$ 个零件在 $m$ 台机床上的加工顺序问题. 中国科学, 1975, 5(5): 462-470.

[43] 越民义, 韩继业. 排序问题中的一些数学问题. 数学的实践与认识, 1976, 6(3): 59-70; (4): 62-77.

[44] 越民义, 韩继业. 同顺序 $m \times n$ 排序问题的一个新方法. 科学通报, 1979, 24(18): 821-824.

[45] 林诒勋, 邓俊强. Properly weighted independent systems and applications to scheduling problems. 运筹学学报, 1997, 1(2): 41-47.

[46] 林诒勋, 邓俊强. On the structure of all optimal solutions of the two-machine flowshop scheduling problem. 运筹学学报, 1999, 3(2): 10-20.

[47] Lin Y, Wang X. Necessary and sufficient conditions of optimality for some classical scheduling problems. European Journal of Operational Research, 2007, 176(2): 809-818.

[48] Hoogeveen H, T'kindt V. Minimizing the number of late jobs when the start time of the machine is variable. Operations Research Letters, 2012, 40: 353-355.

[49] Zhao Q, Yuan J. A note on Lin-Wang's algorithm for scheduling on a single machine to minimize the number of tardy jobs. Submitted 2018.

[50] Fan B, Sun Y, Chen R, Tang G. A revised proof of the optimality for the Kise-Ibaraki-Mine algorithm. Optimization Letters, 2012, 6: 1951-1955.

[51] Huo Y M, Leung J Y T, Zhao H R. Bi-criteria scheduling problems: Number of tardy jobs and maximum weighted tardiness. European Journal of Operational Research, 2007, 177(1): 116-134.

[52] He C, Lin Y, Yuan J. A note on the single machine scheduling to minimize the number of tardy jobs with deadline. European Journal of Operational Research, 2010, 201(2): 966-970.

[53] Golumbic M C. Algorithmic Graph Theory and Perfect Graphs. New York: Academic Press, 1980.

[54] Ahuja R K, Magnanti T L, Orlin J B. Network Flows: Theory, Algorithms, and Applications. Englewood Cliffs: Prentice-Hall, 1993.

[55] Bruno J, Coffman E G, Sethi R. Scheduling independent tasks to reduce mean finishing time. Communication of the ACM, 1974, 17(7): 382-387.

[56] Garey M R, Johnson D S, Simons B B, Tarjan R E. Scheduling unit-time tasks with arbitrary release times and deadlines. SIAM Journal on Computing, 1981, 10: 256-269.

[57] 林诒勋. 一类连续匹配问题的 Hall 定理. 运筹学学报, 1998, 2(4): 82-90.

[58] Lin Y, Li W. Parallel machine scheduling of machine-dependent jobs with unit-lenghth.

European Journal of Operational Research, 2004, 156(1): 261-266.

[59] Li C L. Scheduling unit-length jobs with machine eligibility restrictions. European Journal of Operational Research. 2006, 174: 1325-1328.

[60] Ou J, Leung J Y T, Li C L. Scheduling parallel machines with inclusive processing set restrictions. Naval Research Logistic, 2008, 55(4): 328-338.

[61] Leung J Y T, Li C L. Scheduling with processing set restrictions: A survey. International Journal of Production Economics, 2008, 116: 251-262.

[62] Booth K S, Lueker G S. Testing of the consecutive ones property, interval graphs, and graph planarity using $PQ$-tree algorithms. Journal of Computer and System Science, 1976, 13: 335-379.

[63] Hsu W L. A simple test for the consecutive ones property. Journal of Algorithms, 2002, 43: 1-16.

[64] Lin L, Lin Y. Machine scheduling with contiguous processing constraints. Information Processing Letters, 2013, 113: 280-284.

[65] Lin L, Lin Y. Consecutive ones property and contiguity scheduling problems. Applied Mathematics: Journal of Chinese Universities, 2019.

[66] Du J, Leung J Y T. Minimizing total tardiness on one machine is NP-hard. Mathematics of Operations Research, 1990, 15(3): 483-495.

[67] Emmons H. One-machine sequencing to minimize certain functions of job tardiness. Operations Research, 1968, 17: 701-703.

[68] Shwimer J. On the $n$-job, one machine, sequence-independent scheduling problem with tardiness penalties: A branch-bound solution. Management Science, 1972, 19: 301-313.

[69] Fisher M L. A dual algorithm for the one-machine scheduling problem. Mathematical Programming, 1976, 11: 229-251.

[70] Baker K R, Bertrand J W M. A dynamic priority rule for scheduling againt due-dates. Journal of Operations Management, 1982, 3(1): 37-42.

[71] 林诒勋. 最小化误时损失的一台设备排序问题. 应用数学学报, 1983, 6(2): 228-235.

[72] 林诒勋. 单机总误时排序问题的序扩张. 应用数学学报, 1994, 17(3): 411-418.

[73] 俞文鱀, 刘朝晖. 总延误问题顺时安排法的性能比. 运筹学学报, 1997, 1(1): 89-96.

[74] Yu W. Augmentations of consistent partial orders for the one-machine total tardiness problem. Discrete Applied Mathematics, 1996, 68(1-2): 189-202.

[75] Croce F D, Grosso A, Paschos V T. Lower bounds on the approximation ratios of leading heuristics for the single machine total tardiness problem. Journal of Scheduling, 2004, 7: 85-91.

[76] Zhou S, Liu Z. A theoretical development for the total tardiness problem and its application in branch and bound algorithms. Computers and Operations Research, 2013, 40: 248-252.

[77] Lawler E L. A "pseudopolynomial" algorithm for sequencing jobs to minimize total tardiness. Annals of Discrete Mathematics, 1977, 1: 331-342.

[78] Lawler E L. Sequencing jobs to minimize total weighted completion time subject to precedence constraints. Annals of Discrete Mathematics, 1978, 2: 75-90.

[79] Lawler E L. A fully polynomial approximation scheme for the total tardiness problem. Operations Research Letters, 1982, 1: 207-208.

[80] Potts C N, van Wassenhove L N. A decomposition algorithm for the single machine total tardiness problem. Operations Research Letters, 1982, 1: 177-181.

[81] Potts C N, van Wassenhove L N. Dynamic programming and decomposition approaches for the single machine total tardiness problem. European Journal of Operational Research, 1987, 32: 405-414.

[82] Szwarc W. Decomposition in single-machine scheduling. Discrete Applied Mathematics, 1998, 83: 271-287.

[83] Szwarc W. Some remarks on the decomposition properties of the single machine total tardiness problem. European Journal of Operational Research, 2007, 177: 623-625.

[84] Chang S, Lu Q, Tang G, Yu W. On decomposition of the total tardiness problem. Operations Research Letters, 1995, 17: 221-229.

[85] Koulamas C. The single-machine total tardiness scheduling problem: Review and extensions. European Journal of Operational Research, 2010, 202: 1-7.

[86] Valdes J, Tarjan R E, Lawler E L. The recognition of series parallel digraphs. SIAM Journal on Computing, 1982, 11: 298-313.

[87] Adolphson D, Hu T C. Optimal linear ordering. SIAM Journal of Applied Mathematics, 1973, 25: 403-423.

[88] Hu T C. Parallel sequencing and assembly line problems. Operations Research, 1961, 9: 841-848.

[89] Brucker P, Garey M R, Johnson D S. Scheduling equal-length tasks under treelike precedence constraints to minimize maximum lateness. Mathematics of Operations Research, 1977, 2(3): 275-284.

[90] Coffman E G, Graham R L. Optimal scheduling for two-processor systems. Acta Informatica, 1972, 1: 200-213.

[91] Garey M R, Johnson D S. Scheduling tasks with non-uniform deadlines on two processors. Journal of the Association for Computing Machinery, 1976, 23: 461-467.

[92] Sidney J B. The two-machine maximum flow time problem with series parallel precedence relations. Operations Research, 1979, 27: 782-791.

[93] Monma C L. The two-machine maximum flow time problem with series-parallel precedence constraints: An algorithm and extensions. Operations Research, 1979, 27: 792-798.

[94] Duffus D, Rival I, Winkler, P. Minimizing setups for cycle-free ordered sets. Procee-

dings of American Mathematical Society, 1982, 85(4): 509-513.

[95]   Rival I. Optimal linear extensions by interchanging chains. Proceedings of American Mathematical Society, 1983, 89(3): 387-394.

[96]   EI-Zahar M H, Rival I. Greedy linear extensions to minimize jumps. Discrete Applied Mathematics, 1985, 11: 143-156.

[97]   Rival I, Zaguia N. Constructing greedy linear extensions by interchanging chains. Order, 1986, 3: 107-121.

[98]   Sysło M M. The jump number problem on interval orders: A 3/2 approximation algorithm. Discrete Mathematics, 1995, 144: 119-130.

[99]   Krysztowiak P. An improved approximation ratio for the jump number problem on interval orders. Theorectical Computer Science, 2013, 513: 77-84.

[100]  Monma C L, Potts C N. On the complexity of scheduling with batch setup times. Operations Research, 1989, 37(3): 798-804.

[101]  Edmonds J. Paths, trees and flowers. Canadian Journal of Mathematics, 1965, 17: 449-467.

[102]  Garey M R, Johnson D S. Computers and Intractability: A Guid to the Theory of NP-completeness. San Francisco: W. H. Freeman and Company, 1979.

[103]  Papadimitriou C H. Computational Complexity. Reading: Addison-Welsley, 1994. [北京: 清华大学出版社, 2004.]

[104]  Lenstra J K, Rinnooy Kan A H G, Brucker P. Complexity of machine scheduling problems. Annals of Discrete Mathematics, 1977, 1: 343-362.

[105]  Lenstra J K, Rinnooy Kan A H G. Complexity of scheduling under precedence constraints. Operations Research, 1978, 26(1): 22-35.

[106]  Garey M R, Johnson D S, Sethi R. The complexity of flowshop and jobshop scheduling. Mathematics of Operations Research, 1976, 1(1): 117-129.

[107]  Garey M R, Tarjan R E, Wifong G T. One-processor scheduling with symmetric earliness and tardiness penalties. Mathematics of Operations Research, 1988, 13(2): 330-348.

[108]  Gonzalez T, Sahni S. Open shop scheduling to minimize finish time. Journal of ACM, 1976, 23(4): 665-679.

[109]  Gafarev E R, Lazarev A A. A special case of the single-machine total tardiness problem is NP-hard. Journal of Computer and Systems Sciences International, 2006, 45(3): 450-458.

[110]  Lazarev A A, Gafarev E R. Algorithms for special cases of the single machine total tardiness problem and an application to the even-odd partition problem. Mathematical and Computer Modelling, 2009, 49: 2061-2072.

[111]  Yuan J J. The NP-hardness of the single machine common due date weighted tardiness problem. Systems Science and Mathematical Sciences, 1992, 5(4): 328-333.

[112] Baptiste P, Brucker P, Chrobak M, Dürr C, Kravchenko S A, Sourd F. The complexity of mean flow time scheduling problems with release times. Journal of Scheduling, 2007, 10: 139-146.

[113] Yuan J J. Unary NP-hardness of minimizing the number of tardy jobs with deadlines. Journal of Scheduling, 2017, 20(2): 211-218.

[114] Lu L F, Yuan J J. The single machine batching problem with identical family setup times to minimize maximum lateness is strongly NP-hard. European Journal of Operational Research, 2007, 177: 1302-1309.

[115] Rudek R. The strong NP-hardness of the maximum lateness minimization scheduling problem with the processing-time based aging effect. Applied Mathematics and Computation, 2012, 218: 6498-6510.

[116] 周贤伟, 朱健梅, 杜文, 张拥军. 电网检修排序问题. 系统工程学报, 1998, (2): 52-56.

[117] Lin L, Lin Y, Zhou X, Fu R. Parallel machine scheduling with a simultaneity constraint and unit-length jobs to minimize the makespan. Asia-Pacific Journal of Operational Research, 2010, 27(6): 669-676.

[118] 原晋江, 林诒勋. 关于具有主次指标的单机排序的注记. 高校应用数学学报, 1996, 11A(2): 207-212.

[119] Bellman R. Dynamic Programming. Princeton: Princeton University Press, 1957.

[120] Bellman R, Dreyfus S E. Applied Dynamic Programming. Princeton: Princeton University Press, 1962.

[121] Bellman R, Esogbue A O, Nabeshima I. Mathematical Aspects of Scheduling and Applications. Oxford: Pergamon Press, 1982.

[122] Dreyfus S E, Law A M. The art and theory of dynamic programming. New York: Academic Press, 1977.

[123] Hu T C. Combinatorial Algorithms. Reading: Addison-Wesley, 1982.

[124] 马仲蕃, 魏权龄, 赖炎连. 数学规划讲义 (第三部分: 动态规划). 北京: 中国人民大学出版社, 1981.

[125] 吴仓浦. 动态规划//徐光辉, 刘彦佩, 程侃. 运筹学基础手册. 北京: 科学出版社, 1999.

[126] 秦裕瑗. 嘉量原理 —— 有限型多阶段决策问题的一个新处理. 武汉: 湖北教育出版社, 1990.

[127] 秦裕瑗. 离散动态规划与 Bellman 代数. 北京: 科学出版社, 2009.

[128] 王鸣鹤. 桥梁加载的动态计算方法. 公路工程, 1978, (3): 22-26.

[129] 钟万勰. 利用动态规划计算桥梁断面的最大内力. 数学的实践与认识, 1979, 9(1): 42-47.

[130] 林诒勋. 最优化原理的逻辑基础. 运筹学杂志, 1992, 11(1): 24-27.

[131] 林诒勋. 同顺序 $m \times n$ 排序问题的动态规划方法. 数学进展, 1986, 15(4): 337-346.

[132] Lawler E L, Moore J M. A functional equation and its applications to resource allocation and sequencing problems. Management Science, 1969, 16: 77-84.

[133] Brucker P, Gladky A, Hoogeveen H, Kovalyov M Y, Potts C N, Tautenhahn T, van

de Velde S L. Scheduling a batching machine. Journal of Scheduling, 1998, 1: 31-54.

[134]  Potts C N, Kovalyov M Y. Scheduling with batching: A review. European Journal of Operational Research, 2000, 120: 228-249.

[135]  Wagelmans A P M, Gerodimos A E. Improved dynamic programs for some batching problems involving the maximum lateness criterion. Operations Research Letters, 2000, 27: 109-118.

[136]  He C, Lin Y, Yuan J. Bicriteria scheduling on a batching machine to minimize maximum lateness and makespan. Theoretical Computer Science, 2007, 381: 234-240.

[137]  Lin S, Computer solutions of traveling salesman problem. Bell System Technical Journal, 1965, 44(10): 2245-2269.

[138]  李乐园, 林诒勋. 电力网调度时间表问题的动态规划算法. 河南科学, 1988, 6(2): 13-18.

[139]  Graham R L. Bounds for certain multiprocessing anomalies. Bell System Technical Journal, 1966, 45: 1563-1581.

[140]  Graham R L. Bounds on multiprocessing timing anomalies. SIAM Journal of Applied Mathematics, 1969, 17: 416-426.

[141]  Hall L A. Approximation algorithms for scheduling//Hochbaum D S, eds. Approximation Algorithms for NP-Hard Problems. Boston: PWS Publishing Company, 1997, 1-45.

[142]  Vazirani V V. Approximation Algorithms. Berlin: Springer-Verlag, 2001.

[143]  Chen B, Vestjens A. Scheduling on identical machines: How good is LPT in an on-line setting? Operations Research Letters, 1997, 21(4): 165-169.

[144]  Potts C N. Analysis of a heuristic for one-machine sequencing with release dates and delivery times. Operations Research, 1980, 28: 1436-1441.

[145]  Nowicki E, Smutnicki C. An approximation algorithm for a single-machine scheduling problem with release times and delivery times. Discrete Applied Mathematics, 1994, 48(1): 69-79.

[146]  Hall L A, Shmoys D B. Jackson's rule for the single-machine scheduling: Making a good heuristic better. Mathematics of Operations Research, 1992, 17(1): 22-35.

[147]  Hall L A, Schulz A S, Shmoys D B, Wen J. Scheduling to minimize average completion time: Off-line and on-line approximation algorithms. Mathematics of Operations Research, 1997, 22(3): 513-544.

[148]  Koulamas C. A faster fully polynomial approximation scheme for the single-machine total tardiness problem. Eueopean Journal of Operational Research, 2009, 193: 637-638.

[149]  Sahni S. Approximation for scheduling independent tasks. Journal of the ACM, 1976, 23: 116-127.

[150]  Schuurman P, Woeginger G J. Approximation schemes – A tutorial//Moehring R H, et al, eds. Lectures on Scheduling. Berlin: Springer, 2007.

[151] Kellerer H, Strusevich V A. A fully polynomial approximation scheme for the single machine weighted total tardiness problem with a common due date. Theoretical Computer Science, 2006, 369: 230-238.

[152] Hochbaum D S, Shmoys D B. Using dual approximation algorithms for scheduling problems: Theoretical and practical results. Journal of the ACM, 1987, 34: 144-162.

[153] Williamson D P, Shmoys D B. The Design of Approximation Algorithms. Cambridge: Cambridge University Press, 2011.

[154] Lenstra J K, Shmoys D B, Tardos E. Approximation algorithms for scheduling unrelated parallel machines. Mathematical Programming, 1990, 46: 259-271.

[155] Williamson D P, Hall L A, Hoogeveen J A, Lenstra J K, Sevast'janov S V, Shmoys D B. Short shop schedules. Operations Research, 1997, 45(2): 288-294.

[156] Afrati F, Bampis E, Chekuri C, Karger D, Kenyon C, Khanna S, Milis I, Queyranne M, Skutella M, Stein C, Sviridenko M. Approximation schemes for minimizing average weighted completion time with release dates. Proceedings of 40th IEEE Symposium on Foundation of Computer Science, New York, 1999: 32-43.

[157] Kellerer H, Tautenhahn T, Woeginger G J. Approximability and nonapproximability results for minimizing total flow time on a single machine. SIAM Journal on Computing, 1999, 28: 1155-1166.

[158] Hoogeveen J A, Schuurman P, Woeginger G J. Nonapproximability results for scheduling problems with minsum criteria. Lecture Notes in Computer Science, 1998, 1412: 353-366.

[159] Lawler E L, Lenstra J K, Rinnooy Kan A H G, Shmoys D B. The Traveling Salesman Problem: A Guided Tour of Combinatorial Optimization. Wiley Series in Discrete Mathematics and Optimization. vol. 3. New York: Wiley, 1985.

[160] 管梅谷. 奇偶点图上作业法. 数学学报, 1960, 10: 263-266. [Chinese Mathematics, 1962, 1: 273-277.]

[161] Edmonds J. The Chinese postman problem. Operations Research, 1965, 13 (Supplement): B-73.

[162] Edmonds J, Johnson E L. Matching, Euler tour and the Chinese postman problem. Mathematical Programming, 1973, 5: 88-124.

[163] Toth P, Vigo D. The Vehicle Routing Problem//SIAM Monographs on Discrete Mathematics and Applications. Philadelphia: SIAM, 2002. [清华大学出版社影印, 2011.]

[164] Golden B, Raghavan S, Wasil E. The Vehicle Routing Problem: Latest Advances and New Challenges. New York: Springer, 2008.

[165] Lenstra J K, Rinnooy Kan A H G. Complexity of vehicle routing and scheduling problems. Networks, 1981, 11: 221-227.

[166] Laporte G. Fifty years of vehicle routing. Transportation Science, 2009, 43(4): 408-

416.

[167] Papadimitriou C H. On the complexity of edge traveling. Journal of the ACM, 1976, 23: 544-554.

[168] Eiselt H A, Gendreau M, Laporte G. Arc routing problems, Part 1: The Chinese postman problem. Operations Research, 1995, 43(2): 231-242. Part 2: The rural postman problem. Operations Research, 1995, 43(3): 399-414.

[169] Guan M G. On the windy postman problem. Discrete Applied Mathematics, 1984, 9: 41-46.

[170] Benavent E, Carberán A, Plane I, Sanchis J M. Min-max $k$-vehicle windy rural postman problem. Networks, 2009, 54(4): 216-226.

[171] Lin Y, Yuan J. A service routing problem. Proceedings of APORS'91, Peking University Press, 1992: 410-414.

[172] Lin Y. Graph extensions and some optimization problems in sparse matrix computation. Advances in Mathematics, 2001, 30(1): 9-21.

[173] Pissanetzky S. Sparse Matrix Technology. London: Academic Press, 1984.

[174] Blair J R S, Peyton B W. An introduction to chordal graphs and clique trees//George A, Gilbert J R, Liu J W H, eds. Graph Theory and Sparse Matrix Computation. New York: Springer, 1993: 1-29.

[175] Bodlaender H L. A tourist guide through treewidth. Acta Cybernetica, 1993, 11(1-2): 1-12.

[176] Bodlaender H L, Gilbert J R, Hafsteinsson H, Kloks T. Approximating treewidth, pathwidth, frontsize, and shortest elimination tree. Journal of Algorithms, 1995, 18: 238-255.

[177] Bertele U, Brioschi F. Nonserial Dynamic Programming, New York: Academic Press, 1972.

[178] Bertele U, Brioschi F. On nonserial dynamic programming. Journal of Combinatorial Theory (A), 1973, 14: 137-148.

[179] Robertson N, Seymour P D. Graph minors I: Excluding a forest. Journal of Combinatorial Theory (B), 1983, 35: 39-61.

[180] Robertson N, Seymour P D. Graph minors II: Algorithmic aspects of tree-width. Journal of Algorithms, 1986, 7: 309-322.

[181] Möhring R H. Graph problems related to gate matrix layout and PLA folding. Computing Supplement, 1990, 7: 17-51.

[182] Bienstock D. Graph search, path-width, tree-width and related problems (a survey). DIMACS Series in Discrete Math and Theoret. Computer Science, 1991, 5: 33-49.

[183] Yuan J. Weak-quasi-bandwidth and forward bandwidth of graphs. Science in China (A), 1996, 39(2): 148-162.

[184] Chinn P Z, Chvatalova J, Dewdney A K, Gibbs N E. The bandwidth problem for

graphs and matrices — a survey. Journal of Graph Theory, 1982, 6(3): 223-254.

[185] Chung F R K. Labelings of graphs//Beineke L W, Wilson R J, eds. Selected Topics in Graph Thory. London: Academic Press Limited, 1988, 3: 151-168.

[186] Lai Y L, Williams K. A survey of solved problems and applications on bandwidth, edge-sum and profile of graphs. Journal of Graph Theory, 1999, 31(1): 75-94.

[187] Diaz J, Petit J, Serna M. A survey of graph layout problems. ACM Computing Surveys, 2002, 34: 313-356.

[188] 林诒勋. 图的最优标号与最优嵌入. 运筹学杂志, 1995, 14(2): 14-22.

[189] 林诒勋. 图的带宽问题的 Harper 方法. 运筹学杂志, 1983, 2(2): 11-17.

[190] 林诒勋. $(m,n)$ 构形的带宽. 科学通报, 1982, 27(12): 764-765. [全文见郑州大学学报, 1983, 15(2): 18-30.]

[191] 麦结华. 球面上 $n$ 条经线构成的图的带宽. 数学研究与评论, 1983, 3(1): 53-60.

[192] Lin Y. A level structure approach on the bandwith problem for special graphs. Annals of the New York Academy of Sciences, 1989, 576: 344-357.

[193] Lin Y. On characterization of graph bandwidth. OR Transaction, 2000, 4(2): 1-6.

[194] Barat J, Hajnal P, Lin Y, Yang A. On the structure of graphs with path-width at most two. Studia Scientiarum Mathematicarum Hungarica, 2012, 49(2): 211-222.

[195] Wang J, West D B, Yao B. Maximum bandwidth under edge addition. Journal of Graph Theory, 1995, 20(1): 87-90.

[196] 李文权, 林诒勋. 图的最小填充的分解定理. 应用数学与计算数学学报, 1994, 8(1): 39-46.

[197] 原晋江. 图的填充和运算. 中国科学 (A 辑), 1994, 24(10): 1021-1028.

[198] 杨爱民, 林诒勋. 图的 min-max 型最优消去顺序问题. 系统科学与数学, 1997, 17(4): 354-361.

[199] Lin Y X. Decomposition theorems for the treewidth of graphs. 数学研究, 2000, 33(2): 113-120.

[200] Dutton R D, Brigham R C. On the size of graphs of a given bandwidth. Discrete Mathematics, 1989, 76: 191-195.

[201] Lai Y L, Tian C S. An extremal graph with given bandwidth. Theoretical Computer Science, 2007, 377: 238-242.

[202] Hao J X. Two results on extremal bandwidth problem. Mathematica Application, 2000, 13(3): 73-78.

[203] Lin L, Lin Y. New classes of extremal graphs with given bandwidth. Graphs and Combinatorics, 2015, 31(1): 149-167.

[204] Lin Y X, Li X L, Yang A F. A degree sequence method for the cutwidth problem of graphs. Applied Mathematics: Journal of Chinese Universities. Ser. B, 2002, 17(2): 125-134.

[205] Lin L, Lin Y. Cutwidth of iterated caterpillars. RAIRO - Theoretical Informatics and

Applications, 2013, 47(2): 181-193.

[206]   Lin L, Lin Y, West D B. Cutwidth of triangular grids. Discrete Mathematics, 2014, 331: 89-92.

[207]   Lin Y, Yang A. On 3-cutwidth critical graphs. Discrete Mathematics, 2004, 275: 339-346.

[208]   Zhang Z K, Lai H J. Characterization of $k$-cutwidth critical trees. Journal of Combinatorial Optimization, 2017, 34(1): 233-244.

[209]   Jiang T, Mubayi D, Shastri A, West D B. Edge-bandwidth of graphs. SIAM Journal on Discrete Mathematics. 1999, 12(3): 307-316.

[210]   Lin L, Lin Y. New bounds on the edge-bandwidth of triangular grids. RAIRO - Theoretical Informatics and Applications, 2015, 49(1): 47-60.

[211]   Lin Y. The cyclic bandwidth problem. Systems Science and Mathematical Science, 1994, 7(3): 282-288.

[212]   Hromkovic J, Müller V, Sykora O, Vrto I. On embeddings in cycles. Imformation and Computation, 1995, 118: 302-305.

[213]   Lin Y. Bandwidth and cyclic bandwidth. Systems Science and Systems Engineering, 1996, 5(3): 296-302.

[214]   Lin Y. Minimum bandwidth problem for embedding graphs in cycles. Networks, 1997, 29(3): 135-140.

[215]   Yuan J, Zhou S. Polynomial time solvability of the weighted ring arc-loading problem with integer splitting. Journal of Interconnection Networks, 2004, 5(2): 193-200.

[216]   Nong Q, Yuan J, Lin Y. The weighted link ring loading problem. Journal of Combinatorial Optimization, 2009, 18: 38-50.

[217]   Lin Y. Two-dimensional bandwidth problem//Alavi Y, et al, eds. Combinatorics, Graph Theory, Algorithms and Applications. Singapore: World Scientific Publishing, 1994: 223-232.

[218]   Opatrny J, Sotteau D. Embeddings of complete binary trees into grids and extended grids with total vertex-congestion 1. Discrete Applied Mathematics, 2000, 98: 237-254.

[219]   Lin L, Lin Y, Two models of two-dimensional bandwidth problems. Information Processing Letters, 2010, 110: 469-473.

[220]   Bernhart F, Kainen B. The book thickness of a graphs. Journal of Combinatorial Theory (B), 1979, 27: 320-331.

[221]   Chung F R K, Leighton F T, Rosenberg S L. Embedding graphs in book: A layout problem with application to VLSI design. SIAM Journal on Algebraic and Discrete Methods, 1987, 8: 33-58.

[222]   Yannakakis M. Embedding planar graphs in four pages. Journal of Computer and System Science, 1989, 38: 36-67.

[223]   王敏娟. 关于格子图的书式嵌入结果. 郑州大学学报 (自然科学版), 1997, 29(2): 31-34.

[224] Kaplan H, Shamir R, Tarjan R E. Faster and simpler algorithm for sorting signed permutations by reversals. SIAM Journal on Computing, 2000, 29(3): 880-892.

[225] Goldberg P W, Golumbic M C, Kaplan H, Shamir R. Four strikes against physical mapping of DNA. Journal of Computational Biology, 1995, 2(1): 139-152.

[226] Roberts F S. T-coloring of graphs: Recent results and open problems. Discrete Mathematics, 1991, 93: 229-245.

[227] Yeh R K. A survey on labeling graphs with a condition at distance two. Discrete Mathematics, 2006, 306: 1217-1231.

[228] Ostrovskii M I. Minimal congestion trees. Discrete Mathematics, 2004, 285: 219-326.

[229] Bodlaender H L, Fomin F V, Golovach P A, Otachi Y, van Leeuwen E J. Parameterized complexity of the spanning tree congestion problem. Algorithmica, 2012, 64: 85-111.

# 时序优化问题分类索引

## I. 单 机 模 型

- **总完工时间及费用和问题**

  $1||\sum C_j$  例 1.1.1, 例 2.1.2

  $1|r_j, \text{pmtn}|\sum C_j$  例 2.1.6

  $1||\sum w_j C_j$  例 2.2.2

  $1|\text{chains}|\sum w_j C_j$  例 2.2.3

  $1|\bar{d}_j|\sum w_j C_j$  例 5.2.3

  $1|r_j, p_j = 1|\sum f_j(C_j)$  例 3.1.2

- **最大延迟及最大费用问题**

  $1||L_{\max}$  例 2.1.3

  $1|r_j, p_j = 1|L_{\max}$  例 2.1.5

  $1|r_j, d_j = d|L_{\max}$  习题 2.8

  $1|\text{prec}|f_{\max}$  例 2.4.1

  $1|\bar{d}_j|f_{\max}$  例 2.4.2

  $1|r_j, \text{prec}, \text{pmtn}|f_{\max}$  例 2.4.3

- **(加权) 总延误问题**

  $1||\sum T_j$  例 2.1.7, 例 4.1.1, 习题 4.6~习题 4.10, 例 5.4.1, 例 6.2.4, 例 7.2.3

  $1|p_j = 1|\sum w_j T_j$  例 3.1.1

  $1||\sum w_j T_j$  例 5.3.3

  $1|d_j = d|\sum w_j T_j$  例 5.4.2, 例 6.2.3

- **(加权) 延误数问题**

  $1|r_j, p_j = 1|\sum w_j U_j$  例 2.3.1

  $1||\sum w_j U_j$  例 5.2.1, 例 6.2.1, 例 7.2.2

  $1||\sum U_j$  例 2.3.2

  $1|p_i < p_j \Rightarrow w_i \geqslant w_j|\sum w_j U_j$  例 2.3.3

  $1|r_i < r_j \Rightarrow d_i \leqslant d_j|\sum U_j$  例 2.3.4

  $1|d_i < d_j \Rightarrow \bar{d}_i \leqslant d_j, p_i \leqslant p_j|\sum U_j$  例 2.3.5

  $1|\bar{d}_j|\sum U_j$  习题 2.12

- **分批排序问题**

$1|\text{p-batch}|\sum w_j C_j$    例 6.3.1, 习题 6.9

$1|\text{p-batch}|L_{\max}$    例 6.3.2

$1|\text{p-batch}|\sum U_j$    例 6.3.3

$1|\text{p-batch}|f_{\max}$    习题 6.10

$1|\text{p-batch}|\sum f_j$    习题 6.11

# II. 平行机模型

- **全程问题**

$P|\text{prec}|C_{\max}$    例 1.3.1

$P2||C_{\max}$    例 5.1.1, 例 7.2.8, 习题 7.8

$Pm||C_{\max}$    例 7.2.5, 习题 7.13

$P||C_{\max}$    例 7.1.1, 例 7.1.2, 例 7.2.6

$P|r_j|C_{\max}$    例 7.1.6

$Rm||C_{\max}$    例 7.1.8, 习题 7.13

$R2||C_{\max}$    例 7.2.9, 习题 7.10

$R||C_{\max}$    例 7.1.9, 例 7.3.2

$Q||C_{\max}$    习题 7.5

- **完工时间和问题**

$P||\sum w_i p_j$    例 2.1.1

$P||\sum C_j$    例 2.1.9

$Pm||\sum C_j$    习题 7.10

$P2||\sum w_j C_j$    例 5.2.2, 例 6.2.2, 习题 6.8, 例 7.2.4

$Q||\sum C_j$    例 2.1.8

$R||\sum C_j$    例 3.1.3

- **可中断问题**

$P|\text{pmtn}|C_{\max}$    例 3.3.1

$Q|\text{pmtn}|C_{\max}$    例 3.3.2

$Q|\text{pmtn}|\sum C_j$    例 3.3.3

$R|\text{pmtn}|C_{\max}$    例 3.3.5

$P|r_j, \text{pmtn}|L_{\max}$    例 3.3.6

$R|\text{pmtn}|L_{\max}$    习题 3.8

$P|\text{pmtn}|\sum U_j$    例 5.4.3

- **有偏序约束问题**

$P|\text{intree}, p_j = 1|C_{\max}$　例 4.3.1

$P|\text{prec}, p_j = 1|C_{\max}$　例 5.3.1, 例 7.3.1

$P|\text{intree}, p_j = 1|L_{\max}$　例 4.3.2

$P|r_j, \text{prec}|L_{\max}$　习题 7.6

$P2|\text{prec}, p_j = 1|C_{\max}$　例 4.3.3

$P2|\text{prec}, p_j = 1|L_{\max}$　例 4.3.4

$P|\text{intree}, p_j = 1|\sum C_j$　习题 4.16

- **单位工时及有可匹配约束问题**

$P|p_j = 1|\sum w_j U_j$　习题 2.16

$P|p_j = 1, \mathcal{M}_j|C_{\max}$　例 3.2.1

$Q|p_j = 1, \mathcal{M}_j|C_{\max}$　例 3.2.2

$Q|p_j = 1, \mathcal{M}_j|f_{\max}$　例 3.2.3

$Q|p_j = 1, \mathcal{M}_j|\sum f_j(C_j)$　例 3.2.4

$P|p_j = 1, \mathcal{M}_j(\text{conv})|C_{\max}$　例 3.2.5

$P|p_j = 1, \mathcal{M}_j(\text{conv})|f_{\max}$　习题 3.5

# III. 串联机模型

- **流水作业问题**

$F||C_{\max}$　例 6.1.1

$F2||C_{\max}$　例 2.2.4, 4.1.1 小节, 习题 2.3

$F2|SP\text{-graph}|C_{\max}$　例 4.3.5

$F3||C_{\max}$　例 5.2.4, 命题 5.3.7, 算法 6.4.1

$F2|r_j|C_{\max}$　习题 5.6

$F2||L_{\max}$　习题 5.7

- **自由作业问题**

$O2||C_{\max}$　例 2.2.5, 习题 2.4

$O3||C_{\max}$　例 5.1.4

$O|\text{pmtn}|C_{\max}$　例 3.3.4

$O|p_{ij} = 1|C_{\max}$　习题 3.12

$O|p_{ij} = 1|\sum w_j C_j$　习题 3.13

$O||C_{\max}$　例 7.1.3, 例 7.3.3

- **异序作业问题**

$J2||C_{\max}$　习题 2.15

# IV. 其他序结构优化模型

# 索　引

# 《运筹与管理科学丛书》已出版书目